EXPLORATIONS SCIENTIFIQUES AU BRÉSIL

TRAITÉ

D'ASTRONOMIE

APPLIQUÉE

ET

DE GÉODÉSIE PRATIQUE

COMPRENANT

L'EXPOSÉ DES MÉTHODES SUIVIES DANS L'EXPLORATION DU RIO DE S. FRANCISCO

PRÉCÉDÉ

D'UN RAPPORT AU GOUVERNEMENT IMPÉRIAL DU BRÉSIL

PAR

EMM. LIAIS

Astronome de l'Observatoire impérial de Rio, en mission scientifique

AUTEUR DE L'ESPACE CÉLESTE, ETC., ETC.

PARIS

GARNIER FRÈRES, LIBRAIRES-ÉDITEURS

6, RUE DES SAINTS-PÈRES, ET PALAIS-ROYAL, 215

1867

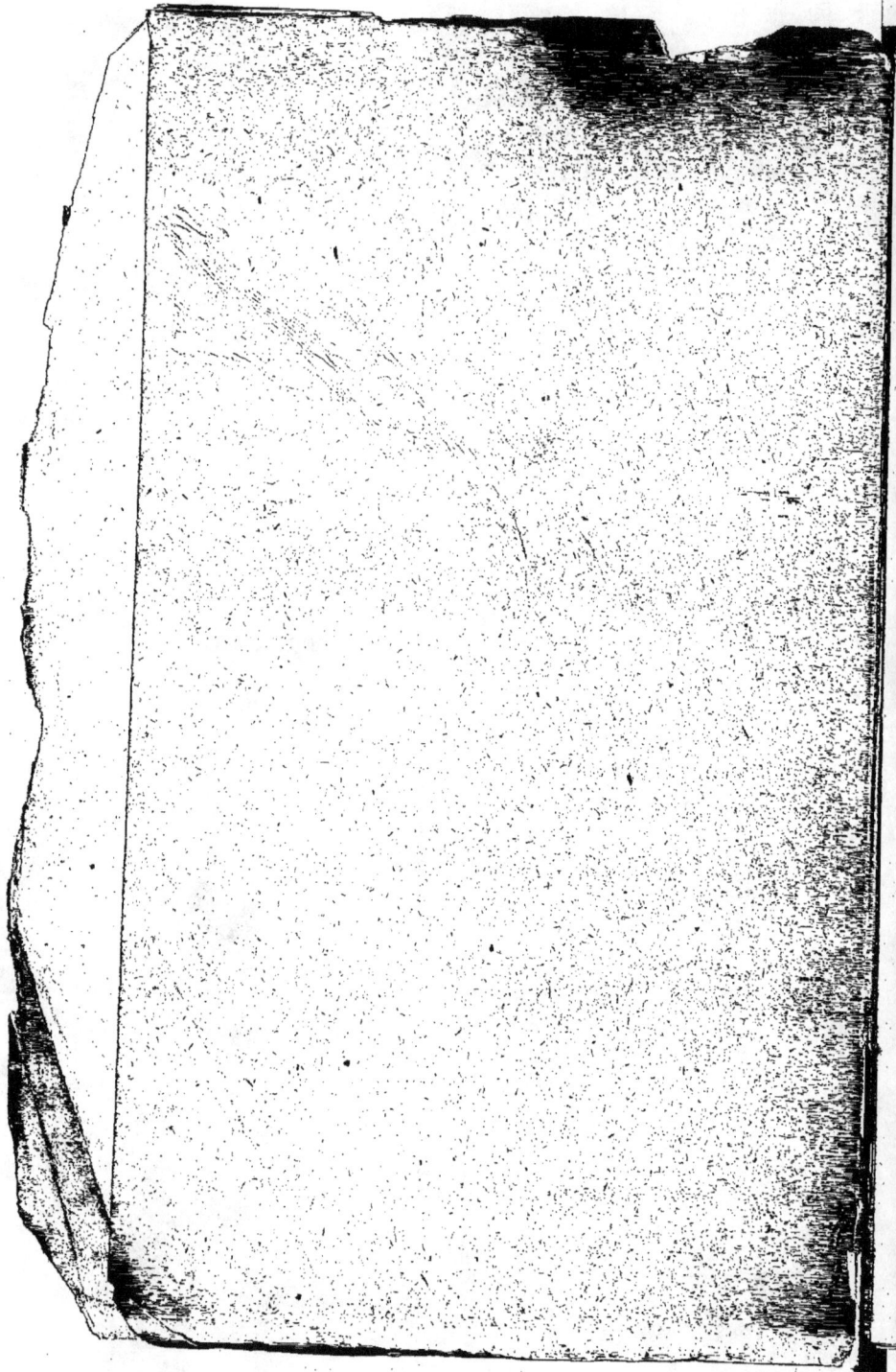

TRAITÉ
D'ASTRONOMIE

APPLIQUÉE

ET DE GÉODÉSIE PRATIQUE

Paris. — Imprimerie de Ad. Lainé et J. Havard, rue des Saints-Pères, 19.

EXPLORATIONS SCIENTIFIQUES AU BRÉSIL.

TRAITÉ
D'ASTRONOMIE

APPLIQUÉE

ET

DE GÉODÉSIE PRATIQUE

COMPRENANT

L'EXPOSÉ DES MÉTHODES SUIVIES DANS L'EXPLORATION DU RIO DE S. FRANCISCO

ET PRÉCÉDÉ

D'UN RAPPORT AU GOUVERNEMENT IMPÉRIAL DU BRÉSIL

PAR

EMM. LIAIS

Astronome de l'Observatoire Impérial de Paris, en mission scientifique,

AUTEUR DE L'ESPACE CÉLESTE, ETC., ETC.

PARIS
GARNIER FRÈRES, LIBRAIRES-ÉDITEURS
6, RUE DES SAINTS-PÈRES ET PALAIS-ROYAL, 215

1867

RAPPORT

sur

L'EXPLORATION DU RIO DE SAN-FRANCISCO

Dans mon ouvrage intitulé *Hydrographie du haut San-Francisco et du Rio das Velhas*, j'ai décrit avec détail les difficultés que ces deux rivières présentent à la navigation, et j'ai indiqué les travaux à effectuer pour les rendre navigables. J'ai de plus traité avec de longs développements les questions d'intérêt général qui me paraissent se lier à l'établissement de routes ou de chemins de fer conduisant de la capitale du Brésil au val du San-Francisco. Il me reste donc, pour achever de faire connaître les résultats de mon exploration de ce grand fleuve, à parler des résultats de mes études au point de vue du sol, des productions et du climat des régions que j'ai parcourues, et surtout à faire connaître avec les plus minutieux détails les méthodes que j'ai employées pour fixer les positions géographiques et pour tracer le cours du fleuve.

Je ne présenterai ici que sous la forme d'un résumé les études que j'ai faites sur le sol et le climat du Brésil; le développement considérable auquel m'a conduit l'exposition des méthodes de la géographie de précision et de la géodésie ne m'a laissé que peu de place et bien peu de temps pour ce sujet, que je me trouve obligé d'exposer brièvement, sauf à y revenir dans d'autres publications.

En partant de Rio de Janeiro et en se dirigeant vers le bassin du Rio de San-Francisco, on traverse une région dont les terrains sont composés entièrement de roches stratifiées métamorphiques. Ce dépôt, dont la puissance est considérable, et atteint souvent plus de 1000 mètres, se compose près de Rio de Janeiro de couches de gneiss et

de leptinite, alternant fréquemment entre elles, et reposant sur des roches granitiques. Ces dernières ne sont pas toujours elles-mêmes de
vrais granits. Souvent ce sont des gneiss porphyroïdes à structure massive et sans stratification, lesquels renferment de grands cristaux de
feldspath rose ou gris et des grenats. Ces gneiss porphyroïdes passent
fréquemment au vrai granit et à la pegmatite, qui sur d'autres points
les remplacent. En quelques lieux même, les gneiss stratifiés reposent sur la syénite. Les leptinites se montrent aussi quelquefois massifs, mais en général ils sont stratifiés, et leur couches, le plus
communément, reposent sur les couches de gneiss.

Les gneiss et les leptinites sfratifiés forment les sommets des
montagnes qui entourent la baie de Rio de Janeiro. Leurs bancs fortement redressés donnent à ces sommets les formes les plus pittores-
ques, et c'est au-dessous d'eux et dans les flancs de ces montagnes
qu'on aperçoit les roches granitoïdes qui les ont soulevés. Les leptinites, comme on le voit à la montagne de Sainte-Thérèse, ont une
structure fréquemment schistoïde et se chargent de grenats et de
quartz. Ce dernier devient même parfois assez abondant pour que la
roche passe à une véritable pegmatite. D'autres fois les gneiss et les
leptinites sont fortement altérés, et forment alors de puissantes couches d'argile schisteuse, légèrement micacée; sous cette forme ils
constituent la majeure partie des buttes qui entourent la baie de
Rio de Janeiro. De nombreux filons granitiques traversent fréquemment ces buttes dans des directions diverses, dont les plus fréquentes
sont voisines de celles de l'est à l'ouest, et en divers points, surtout
vers la base des massifs montagneux, se montrent des filons ou des
dykes de diorite, de pétrosilex ou même d'argilolite.

Les mêmes roches continuent de former tout le terrain de la vallée
de la Parahyba. Des calcaires cristallins blancs ou bleuâtres se font
voir toutefois en quelques points, et, dans leur voisinage, les gneiss parfois se chargent tellement de grenats qu'ils composent réellement une
roche dont cette espèce forme la partie dominante. Sur certains
points, le quartz devient assez abondant pour que la roche passe au
micaschiste. Dans une multitude de localités, les gneiss sont devenus
tellement argileux qu'il est difficile de les reconnaître, et au milieu
des montagnes qu'ils forment se montrent souvent des affleurements
de pétrosilex ou de quartzites. Toute cette partie du sol est d'une fertilité prodigieuse; c'est la région des forêts, dans laquelle la puissance
de la végétation rend souvent difficile l'examen du terrain.

En approchant de la Mantiqueira, des couches de quartzites stratifiés se montrent subordonnées aux gneiss, et après avoir traversé
cette chaîne, on les trouve en beaucoup plus grande abondance. En

quelques points de la chaîne de la Mantiqueira, ces quartzites se chargent de lames de mica qui leur donnent une structure grossièrement schistoïde. D'autres fois ils sont à gros grains et renferment des tourmalines noires. Dans des parties élevées de la chaîne, des diorites se sont épanchées à la surface.

Depuis la Mantiqueira jusqu'à la Serra d'Ouro-Branco, ce sont encore les gneiss qui composent la masse du terrain, mais les quartzites jouent ici un rôle beaucoup plus important. Ils forment d'immenses couches qui alternent et souvent recouvrent les argiles gneissiques. On les aperçoit dans les parties élevées du sol, où ils forment parfois des affleurements considérables. Leur abondance donne une certaine aridité au terrain de cette région, où les sommets des collines ne montrent qu'une végétation rabougrie. Mais sur leurs flancs et dans les vallées, partout où les argiles gneissiques abondent, des lambeaux de forêts réapparaissent. Des micacites se montrent fréquemment dans cette région, comme dans la vallée de la Parahyba, et leur tendance à être remplacés par des talcites devient plus fréquente et plus manifeste. Enfin aux roches quartzeuses, micaciques et talqueuses se montrent parfois subordonnées des couches de calcaires cristallins et dolomitiques d'une puissance de 40 à 50 mètres, couches dans lesquelles, comme à Candarahy, se trouvent ouvertes des grottes et des cavernes. Les oxydes et les hydrates de manganèse se font remarquer dans les quartzites, et parfois même s'isolent au point de former des couches puissantes, comme à Queluz. Enfin des pyrites aurifères plus ou moins décomposées existent dans les quartzites et les talcites.

A la Serra d'Ouro-Branco, nous voyons les talcites prendre une importance considérable et se substituer complètement aux micacites, qui jusqu'ici s'étaient, avec les quartzites, montrés de préférence au-dessus des gneiss. Ces talcites alternent avec des quartzites à grain fin, ou des quartzites talcifères, de façon à représenter identiquement, sauf la substitution du talc au mica, les couches de micacites de la zone précédente. Comme eux, ils reposent directement sur les gneiss, et je n'ai pu nulle part constater leur superposition aux micacites. Au contraire, ils se substituent en se juxtaposant et ils forment des lambeaux détachés et sans continuité. Leur puissance, parfois réduite à moins de 100 mètres, atteint d'autres fois jusqu'à plus de 1000 mètres. Tantôt gris, tantôt colorés en rouge par l'oxyde de fer, ces talcites très-variables dans leur dureté se chargent fréquemment de quartz au point de passer à des quartzites talcifères, et même à des quartzites sans talc, qui forment de puissantes couches interposées dans leur masse. Ces quartzites eux-mêmes présentent un très-grand nombre de variétés. Tantôt composés d'un grain très-fin et d'un

aspect saccharoïde, d'autres fois formés de grains grossiers faiblement
réunis, d'autres fois enfin montrant l'assemblage d'un quartzite à
grain fin et blanc servant de ciment à des parties plus ou moins volu-
mineuses de quartz enfumé, leurs couches, avec des épaisseurs variables s'intercalent au milieu des talcites en conservant toujours une
stratification concordante avec ceux-ci. D'autres fois le talc forme des
feuillets continus entre les grains de quartz, et on a alors les variétés
désignées sous le nom de grès flexible ou itacolumite flexible.

Dans cette zone des talcites se montrent toutes les variétés possibles,
depuis les talcites purs jusqu'aux quarzites complétement dénués de
talc, et ces variétés passent de l'une à l'autre par des nuances insensibles. Cette formation, à laquelle sont dus les sommets des Serras
d'Ouro-Branco, d'Itacolumi, de Caraça, de Piedade, d'Espinhaço,
da Onça, etc., doit être regardée comme l'analogue des micacites et
des quartzites de la Serra da Mantiqueira.

De même que nous venons de voir le talc se substituer au mica, on
voit souvent dans la zone des talcites le peroxyde de fer se substituer
au talc et aux autres silicates magnésiens. Cette substitution se fait
souvent sur une immense échelle, et on retrouve le peroxyde de fer
remplaçant les silicates de magnésie dans toutes les variétés de texture
des quartzites talcifères ou itacolumites. Avec cette substitution, ces
dernières roches prennent le nom d'itabirites, et on voit les itacolumites et les itabirites passer d'une manière incessante de l'une à
l'autre. En réalité, les itabirites enclavées dans les itacolumites, où
elles forment des strates parallèles à celles de ces dernières roches, et
occupant toutes les positions possibles dans le groupe des itacolumites, où elles se montrent parfois dans les couches inférieures, quoiqu'elles aient tendance à occuper les couches supérieures, ne peuvent
être regardées que comme une transformation métamorphique des
itacolumites. Si elles en diffèrent par leur composition minérale,
elles leur sont intimement unies par leurs relations géologiques, et
ne doivent être considérées que comme un accident subordonné à la
présence de roches amphiboliques, qui forment des dykes et des filons dans leur voisinage.

Le groupe des talcites que nous venons de citer renferme un grand
nombre d'espèces minérales et de puissantes couches subordonnées
de calcaires dolomitiques. Mais avant d'entrer dans des détails à ce
sujet, nous allons suivre la transformation que ce groupe présente
lorsqu'on descend dans le val du Rio de San-Francisco.

Après avoir franchi la série des chaînes qui séparent le bassin de
ce grand fleuve de ceux du Parana et du Rio-Doce, chaînes qui nous
montrent les couches de talcites fortement redressées et s'appuyant à

leur base sur des gneiss plus ou moins décomposés en argile ou sur des pegmatites, on entre dans une région ondulée formée de collines peu élevées, dont les couches beaucoup moins redressées montrent une stratification ondulée et plissée. Les roches qui composent ces collines sont des talschistes passant au schiste argileux et fréquemment calcarifères. A ces talschistes sont subordonnées de puissantes couches de calcaires bleuâtres, et c'est dans ces couches calcaires que sont ouvertes les innombrables et majestueuses cavernes à ossements où le D^r. Lund a fait de si intéressantes découvertes. A ces talschistes sont aussi subordonnés des grès quartzeux, et parfois les schistes se chargent tellement de quartz qu'ils passent au jaspe.

Quoique moins fortement cristallins que ceux de la zone des itacolumites et des itabirites, les calcaires de cette région sont cependant cristallisés et dépourvus de fossiles, ce qui rend très-difficile de reconnaître à quel âge géologique ils appartiennent. Cependant, à peu de distance de Pitangui, on trouve des calcaires un peu moins cristallins et noduleux dans lesquels on aperçoit quelques traces indéterminables de fossiles, parmi lesquelles j'ai remarqué des corps lenticulaires. Ces traces de fossiles m'ont semblé appartenir à des foraminifères, mais le degré d'altération ne permet de rien affirmer de définitif. Je dirai toutefois que, par des recherches longtemps prolongées et dirigées dans ce but spécial, il y a quelque espoir de parvenir à découvrir des fossiles dans quelques-uns des calcaires de cette région.

Il n'existe pas de passage brusque du groupe des talcites à celui des talschistes ou même des schistes argileux. L'un et l'autre alternent avec des quartzites et présentent de puissantes couches calcaires subordonnées, et dans le groupe des talcites se montrent fréquemment intercalés dans la masse des bancs schisteux semblables à ceux de la région des talschistes, et inversement. Il est impossible d'affirmer que l'un des groupes disparaisse sous l'autre. Il y a plutôt transition, et je crois que l'on ne doit voir dans les micacites qui reparaissent quelquefois au milieu des talschistes, dans les talcites avec les itacolumites et itabirites subordonnés, et dans les talschistes et les schistes argileux, qu'un seul et même étage plus ou moins modifié par des actions postérieures à son dépôt primitif. Je suis porté à considérer la région des talschistes comme la plus voisine de l'état primitif de la contrée. Ce sont encore des schistes argileux dépourvus presque complétement d'espèces minérales, peu redressés et à couches souvent presque horizontales. Ce sont donc très-probablement d'anciens dépôts ayant subi un premier degré de métamorphisme, qui n'a pas complétement amené la cristallisation des calcaires. Sur les points, au contraire, où l'action souterraine s'est fait sentir avec plus de violence,

où les couches ont été redressées, une nouvelle action métamorphique s'est produite, les calcaires ont été complétement changés en
dolomie, les silicates de magnésie sont devenus dominants, et de
nombreuses espèces minérales ont été introduites dans la masse par
les actions thermales.

D'après ce que j'ai vu de la concordance des stratifications avec
celle des gneiss inférieurs, à peine me paraît-il possible de considérer les gneiss comme formant un étage distinct. Sur les points où
l'action métamorphique a eu pour effet de donner naissance au mica
au lieu d'introduire les silicates magnésiens, on comprend en effet
que la transformation des silicates argileux en gneiss a pu s'étendre
jusqu'à la surface, de sorte que les gneiss stratifiés et les micacites,
réunis forment un ensemble dont la puissance égale à peu près celle
des groupes des talcites. Comme ceux-ci, ils reposent sur les gneiss
porphyroïdes et les granites et sont, suivant toute probabilité, les
représentants dans la Serra do Mar et dans la Mantiqueira, des itacolumites et des talcites de la Serra d'Espinhaço. En outre, quand des
couches minces de gneiss stratifiés se montrent entre les roches granitiques et les talcites, la présence du mica au lieu du talc s'explique
facilement à la base du dépôt.

La concordance des stratifications des diverses couches que j'ai
citées est un fait important et qui, à en juger par les notes géologiques recueillies par les divers voyageurs qui ont traversé le Brésil,
me paraît s'étendre à tous les terrains métamorphiques de cet empire. J'ajouterai, d'ailleurs, qu'en visitant les collections recueillies, j'ai pu voir que la grande uniformité que j'avais notée dans
mes voyages s'étend à des régions beaucoup plus vastes que celles
que j'ai parcourues, c'est-à-dire que les aspects des couches métamorphiques sont toujours ou des gneiss et des micaschistes, ou des
talcites avec les itacolumites et itabirites subordonnés, ou enfin les
schistes argileux et les talschistes. Ces trois ordres de terrains présentent d'ailleurs des amas de calcaires subordonnés et dans des
situations correspondantes, ce qui semble indiquer leur parallélisme.
Enfin, les roches de l'un ou l'autre groupe sont presque identiques
même quand elles proviennent de points très-distants.

Un autre fait très-digne de remarque est qu'on observe fréquemment des dépôts modernes sur les flancs des vallées, à des niveaux
très-élevés au-dessus du fond de celles-ci. Ces dépôts sont formés de
galets, de sables ou d'argiles en stratification discordante avec les
roches précédentes, comme si, à des époques relativement très-
récentes, des dénivellations importantes s'étaient produites. D'un
autre côté, ce n'est que dans ces dépôts récents qu'on trouve les

sables aurifères. L'or ne se montre qu'au milieu de gangues quartzeuses
et dans des gisements où il a dû être apporté par des sources thermales.
Quand on l'aperçoit dans d'autres roches, il est accompagné d'oxydes
de manganèse ou de pyrites postérieurement amenés dans ces roches
elles-mêmes, et dans le voisinage de filons ou de gîtes irréguliers.
Mais il est certain que les anciens dépôts que le métamorphisme a
solidifiés ne le renferment pas comme les dépôts modernes. On doit
donc en conclure que son introduction est postérieure aux grands
cataclysmes qu'a éprouvés la région ; et, en réfléchissant à l'existence
de dépôts observables sur les flancs des vallées actuelles, et même parfois jusque sur des points voisins des sommets, on est obligé d'admettre que ce n'est qu'à des époques assez rapprochées de nous que
le Brésil a pris son relief actuel, encore bien qu'il soit possible que
les roches qui composent son sol soient très-anciennes, de même
qu'elles pourraient être récentes. Mais en l'absence de fossiles caractéristiques, on ne peut rien affirmer de complétement définitif sur ce
point, pour lequel on est réduit à de simples inductions.

Je dois toutefois entrer dans quelques détails de plus au sujet de
cette conclusion, car on pourrait croire que je veux dire que les montagnes du Brésil sont toutes récentes, et d'autres motifs me portent
au contraire à affirmer le contraire. En effet, tandis que, comme
je viens de le dire, certains faits tendent à démontrer que les actions
souterraines ont encore agi à des époques peu éloignées de la période actuelle, d'autres montrent que ces actions avaient agi avant
le commencement de l'époque tertiaire. En effet, tout le long des côtes
de l'empire, on trouve des lambeaux de roches tertiaires. Je les ai observés dans la province de Pernambuco, d'autres observateurs les
ont vus dans celles de Bahia et de Saint-Paul. Or ces terrains tertiaires qui, par leurs fossiles, paraissent pour la plupart se rapporter
à l'époque de l'argile plastique, se montrent appuyés contre les roches
métamorphiques soulevées avec lesquelles ils sont en stratification
discordante. Donc il y avait eu déjà soulèvement avant eux, et il y en
a eu pendant leur dépôt et depuis, puisqu'ils ont eux-mêmes parfois
leurs couches redressées. Mes observations sur la côte de Pernambuco
m'ont indiqué que, conformément aux vues de M. Élie de Beaumont,
un soulèvement suivant la direction du N.-N.-E. avait eu lieu vers
l'époque de l'argile plastique. Ce soulèvement, qui a dû se faire non
subitement, mais pendant une longue durée, correspondrait donc à
celui des Alpes occidentales, dont il a la direction. Or nous retrouvons
cette direction comme dominante dans un grand nombre des chaînes
du Brésil, et j'ai remarqué qu'un soulèvement suivant la direction
du N.-O., et qui n'a donné que des chaînes de second ordre, mais

très-étendues, paraît avoir eu lieu avant lui, ainsi que des soulèvements
suivant la direction de l'E.-N.-E., car en divers points on voit les plis-
sements suivant ces deux directions se manifester jusque sur les chaînes
du N.-N.-E., comme si le plissement dans cette dernière direction avait
été postérieur aux autres. Si donc le relief tout à fait complet du Brésil
n'a été définitif qu'à des époques relativement récentes, et probablement à l'époque de l'achèvement des Andes, cependant il faut admettre que cette région était déjà hors des eaux au commencement de
l'époque tertiaire, et peut-être depuis très-longtemps déjà, peut-être
même avant la période secondaire, du moins pour les zones de terrains métamorphiques stratifiés dont nous avons parlé jusqu'ici.

Mais indépendamment des terrains métamorphiques stratifiés et
redressés par les soulèvements successifs, on voit dans l'empire du
Brésil d'immenses régions où le sol, composé de grès, de macignos
et d'argiles, est découpé de profondes vallées de dénudation. Tel est
le caractère de la région que j'ai rencontrée après le confluent du Rio
das Velhas et du Rio Parauna, et de celle que j'ai observé également le
long du cours supérieur du San-Francisco. Ici l'aspect des montagnes
est bien différent de celui des grandes chaînes que j'ai précédemment
nommées. Formées par des bords de plateaux, elles se présentent vues
des vallées, sous la forme de montagnes en table ou en toit, montagnes
qui souvent gardent le même niveau pendant un espace considérable,
et forment des lignes droites fort remarquables. Cette disposition est
due à la présence de filons de diorites et surtout d'eurites, le plus souvent altérées ultérieurement par les actions atmosphériques, et transformées en argilolites, mais ces roches ont cependant, à l'origine, déterminé une plus grande solidification des grès de leur voisinage, de
façon à permettre à ceux-ci de résister à la dénudation mieux que les
parties plus éloignées des filons. On aperçoit fréquemment à la base des
montagnes ces roches pyroïdes sous forme de dykes, et il n'est pas rare
de voir les montagnes de grès présenter deux versants presque également inclinés, la dénudation ayant entraîné des deux côtés les matériaux moins solides que ceux qui avoisinent les dykes et les filons des
roches pyroïdes. Il importe d'ailleurs de remarquer que les directions
du N.-N.-E. et du N.-N.-O. sont celles qu'affectent de préférence les
filons que je viens de citer, et par conséquent les montagnes en table
auxquelles ils ont donné naissance. Dans les chaînes de la rive gauche
du San-Francisco, on remarque un grand nombre de dômes qui dépassent le niveau supérieur des chaînes et tables sur lesquelles ils
reposent. Ces dômes, formés d'argilolites dans lesquelles on trouve
d'immenses blocs ovoïdes, qui se délitent en couches concentriques
à la façon de certains trachytes, sont dus à des roches d'éruption

probablement euritiques, ou même peut-être trachytiques. Sur d'autres
points, ces roches se sont épanchées en nappes et ont formé des séries
de gradins dans le lit des petites rivières. En résumé, toutes les roches
d'éruption de cette région sont très-fortement altérées par les actions
atmosphériques. Cependant, en quelques points on rencontre des
diorites légèrement micacées et qui se sont assez bien conservées, ou
des dykes de serpentine.

Les grès qui forment la masse des montagnes en table dont je viens
de parler ont été appelés par M. Clausen grès itacolumites, et il est
certain que dans le voisinage des filons dioritiques on les voit parfois
passer à l'itacolumite. Ils sont le plus souvent rougeâtres et d'autres fois
verdâtres, et ils paraissent exister dans tout le Brésil. Ce sont eux qui,
d'après M. Plant, recouvrent les terrains carbonifères de Rio Grande
du Sud, et M. Gardner les a observés jusque dans le Céara, où, à la
base d'une colline formée par eux, il a trouvé les ossements fossiles
de plusieurs poissons semblant appartenir à l'époque crétacée. Sur la
rive gauche du Rio de San-Francisco, leur puissance est moindre que
dans la Serra de Curumataby, et ils reposent sur des macignos qui renferment des empreintes de coquilles marines du genre ostrea. Il y a, en
outre, comme M. Clausen l'a remarqué, des fragments de coquilles uni-
valves indéterminables. Les couches de ces grès, presque horizontales,
malgré leur élévation au-dessus du niveau de la mer, semblent indiquer
que, vers la fin de l'époque crétacée, le continent américain aurait, sur
une immense extension, éprouvé un changement de niveau, comme
cela paraît d'ailleurs avoir eu lieu pour les Pampas à des époques plus
récentes. Peut-être aussi ce dernier soulèvement ne serait-il que la
continuation du premier, puisque nous avons vu que les changements de niveau au Brésil se sont continués jusqu'à des époques très-
voisines de nous.

Quoi qu'il en soit, deux natures de montagnes très-différentes se
montrent à la surface du Brésil, les unes composées de roches métamorphiques stratifiées et à couches fortement redressées, les autres
formées de couches de grès presque horizontales, solidifiées par des
roches éruptives qui se sont fait jour par de longues crevasses, et se
sont parfois épanchées à la surface de ces grès, dont les parties non
solidifiées ont été enlevées par la dénudation. Ces deux genres de
montagnes affectent les mêmes directions, qui sont aussi celles des
filons de diverses natures traversant les couches métamorphiques. Ces
directions outre le N.-N.-E., le N.-N.-O., le N.-O. et l'E.-N.-E. que j'ai
déjà cités, sont la direction E. et O. et la direction sensiblement perpendiculaire à celle du N.-N.-E. Il y a donc six directions principales.

Les grès qui constituent les montagnes dont nous avons parlé en dernier lieu doivent-ils être regardés comme une formation géologique distincte de celle des couches métamorphiques? Je ne le pense pas, vu le passage de ces grès à l'itacolumite, et l'absence de toute preuve directe que les grès en question reposent sur les roches métamorphiques. Il est possible que les grès ne soient que l'étage supérieur d'un immense dépôt, dont la base aurait subi une action métamorphique énergique. Mais, quoi qu'il en soit à cet égard, on ne peut trop insister sur l'absence de constatation de stratifications discordantes entre toutes ces couches, de sorte qu'on peut les considérer comme un immense dépôt unique, plus ou moins modifié par des actions ultérieures. Lorsque toute la surface du Brésil aura été explorée, on pourra acquérir la certitude sur ce fait que l'on ne peut présenter maintenant que comme probable.

Au point de vue minéral, comme au point de vue botanique et agricole, de grandes différences existent entre les cinq zones de terrains dont nous avons parlé jusqu'ici, et qui sont : 1° la zone des gneiss ; 2° celle des micacites et des quartzites ; 3° celle des talcites, des itacolumites et des itabirites ; 4° la zone des talschistes et des schistes argileux ; 5° celle des grès et des macignos.

Dans les gneiss, on ne trouve guère d'exploitation d'or ou de métaux précieux. Les grenats sont les minéraux particulièrement abondants dans cette roche, ainsi que dans les leptinites. Sur quelques points où des filons quartzeux ayant traversé les gneiss montrent des tourmalines, des pyrites aurifères et des hydrates de fer ou de manganèse, c'est alors dans le voisinage des quartzites et des micacites subordonnés au gneiss, c'est-à-dire dans la zone mixte entre celle des gneiss et celle de ces dernières roches. Nous ajouterons toutefois qu'en quelques lieux, des tourmalines noires se trouvent dans des pegmatites décomposées, mais c'est à la base des talcites.

Les filons qui traversent les gneiss sont surtout des filons granitiques ou dioritiques. Parfois des épanchements des diorites se montrent à leur surface. On remarque aussi des filons et des dykes pétrosiliceux.

La zone des gneiss est la véritable zone des forêts vierges. On comprend que je ne puisse énumérer ici les milliers d'espèces d'arbres qui composent ces forêts dont j'ai décrit l'aspect général dans mon livre l'*Espace céleste*. Je ne peux cependant me dispenser de citer les *Bougainvillea* comme un des végétaux les plus caractéristiques de cette région. De même que le *Bougainvillea spectabilis* se montre en abondance aux environs de Rio, le *Bougainvillea splendens* pullule sur les bords de la Parahyba. C'est aussi la zone des gneiss que recherchent particulièrement les palmistes et les grandes graminées ligneuses si abondantes dans le Brésil. On les y trouve beaucoup plus nombreuses que dans les autres terrains. Enfin, vers la limite de la zone des gneiss et à partir des sommets de la Mantiqueira, on rencontre les forêts d'*Araucaria*, forêts qui abondent surtout dans les parties élevées au milieu des argiles dioritiques et gneissiques, mais qui disparaissent dans la zone des quartzites.

Dans cette dernière zone, comme je l'ai déjà dit, la végétation se rabougrit sauf en certains points des vallées où se montrent encore les argiles gneissiques, et où se retrouvent les végétaux de la région des forêts. Sur les plateaux où les quartzites dominent, on ne voit que des graminées peu vigoureuses, au milieu desquelles se font remarquer dans le plateau de Barbacena des arbrisseaux très-petits. Parmi eux se montrent surtout les *Byrsonima*, de la famille des malpighiacées, et quelques mélastomacées rabougries. Sur les flancs des collines, la végétation redevient plus variée, les espèces d'arbustes se multiplient, et des lambeaux de forêts d'une très-belle végétation se font voir parfois dans les vallées.

Cette zone des quartzites est beaucoup plus riche en minéraux que la précédente. L'or s'y montre dans des couches quartzeuses avec des oxydes et des hydrates de manganèse, et parfois au milieu de pyrites superficiellement décomposées. Les amas quartzeux qui le contiennent forment des couches de quartz compacte présentant parfois des renflements considérables, et d'autres fois formant des veines minces. Ce sont évidemment des gîtes irréguliers peu riches, mais qui, attaqués par les actions atmosphériques, ont sur divers points donné lieu dans les vallées à la formation de placers jadis exploités. J'ai déjà dit que près de Queluz on voit des bancs immenses d'oxyde de manganèse formant des couches reposant sur le gneiss. L'hydrate de fer épigène se trouve aussi disséminé dans les couches de quartz de cette région. Enfin, sur certains points se montrent des couches de calcaires gris ou bleuâtres fortement cristallisés. Vers le nord du plateau de Barbacena, en se dirigeant vers Pitangui, on trouve une chaîne de montagnes peu élevées et formées de pegmatites décomposées. Elles sont couvertes de bois. D'une manière générale, partout où les quartzites font défaut, la végétation reprend une nouvelle vigueur.

La zone des talcites renferme les riches terrains métallifères du Brésil. C'est elle qui contient les véritables filons aurifères, d'une richesse prodigieuse et à peine exploités. Le quartz est toujours la gangue de ces filons, et l'or est joint aux pyrites sulfureuses et arsenicales. Près de la surface, les pyrites sont souvent décomposées, et des quartz cariés renfermant des oxydes de manganèse aurifères se montrent à la partie supérieure des filons. Plus bas, les pyrites se sont conservées, et toutes leurs variétés se font voir en magnifiques

cristaux. Ceux de pyrite magnétique sont particulièrement remarquables. Dans certains filons où la pyrite arsénicale domine, les tourmalines noires se montrent en grande quantité, et parfois elles sont
assez abondantes pour que la roche passe à une roche de tourmaline.
Les gîtes tourmalifères se montrent toutefois plutôt en amas irréguliers qu'en filons.

Les directions que suivent de préférence les filons aurifères sont
celles de l'E. à l'O. et du N. au S. Ces filons ont quelquefois des
longueurs considérables et se font voir de distance en distance par
leurs affleurements. Le quartz enfumé, qui est fréquent dans les
filons aurifères, se montre aussi dans des filons d'argile magnésienne
paraissant provenir de la décomposition de certaines roches éruptives,
et c'est dans ces mêmes filons qu'on rencontre les topazes jaunes et
blanches, les tourmalines vertes et des euclases. Des dykes d'amphi-
bolite et de serpentine se font voir en certains points et dans le voisinage des premiers surtout, le peroxyde de fer, se substituant aux
silicates de magnésie des itacolumites, produit les immenses couches
d'itabirite où l'oligiste spéculaire apparaît en beaux cristaux. Le titane
et la magnésie se joignent souvent au fer dans les roches d'itabirite,
et l'amiante forme parfois des veines au milieu des serpentines et des
amphibolites.

Il est remarquable de voir que les grenats se montrent dans les itacolumites comme dans les gneiss et les leptinites des environs de Rio
de Janeiro, et de magnifiques cristaux de quartz hyalin ou enfumé
existent au milieu de veines de talc. La wavelite tapisse souvent les
fissures des quartz compactes dans les filons qu'ils forment au milieu
des talcites et des quartzites talcifères. La néoctèse se montre également très-abondante dans les filons pyriteux, et la barytine grenue,
ainsi que la dolomie et l'arragonite y forment des amas parfois très-
considérables. Enfin le disthène se montre souvent en aiguilles à la
surface des quartz, et parfois en petites masses.

Près de Congonhas do Campo, on rencontre des quartzites blancs
formés de quartz hyalin et de kaolin, et qui contiennent dans les
fissures du plomb chromaté et de la vauquelinite. Les améthystes se
montrent dans les fissures des filons quartzeux de la même région.

C'est aussi dans les quartz compactes des filons voisins d'Ouro-Preto
qu'on rencontre ces belles aiguilles de rutile engagées dans les cristaux de quartz et qui composent une des curiosités les plus remarquables des collections minéralogiques. Le titane anastase se montre
aussi en veines dans des filons quartzeux.

Le fer oxydulé octaédrique se trouve dans beaucoup de gisements,
notamment dans des hydrates de manganèse stratiformes intercalés

dans les couches de l'itabirite. Les itabirites sont souvent aurifères et constituent alors des gîtes irréguliers de ce métal, gîtes parfois très-riches, mais dont le produit ne peut être considéré comme égal à celui qu'on pourrait tirer des filons convenablement exploités. Dans les calcaires subordonnés aux itabirites, on trouve aussi le carbonate de fer manganésié. Enfin, dans les filons pyriteux se montrent encore les pyrites cuivreuses, mais en moins grande quantité que les autres, encore bien que le cuivre natif cristallisé existe dans la province de Minas-Geraes. Les sulfures de bismuth et d'antimoine existent également dans les quartz, ainsi que le palladium natif.

Dans les calcaires on rencontre aussi des filons quartzeux contenant la galène, la blende et le cuivre carbonaté vert.

Déjà il existe de nombreuses exploitations de fer dans la province de Minas-Geraes, et si des moyens faciles de communication existaient, nul doute qu'elles prendraient un plus grand développement. Mais malheureusement jusqu'ici la houille n'a pas été trouvée dans le voisinage des gîtes d'oligiste de cette province, et la nature du sol ne donne guère d'espoir de l'y rencontrer. On a trouvé seulement des lignites disséminés dans des argiles. Les mines de houille trouvées au sud du Brésil paraissent, comme je l'ai déjà dit, être inférieures aux terrains qui, par le métamorphisme, ont pris l'aspect qu'on leur aperçoit dans la province de Minas-Geraes. Je dois à M. Plant communication de documents intéressants sur ces mines, et notamment des spécimens de lepidodendrums fossiles. Leurs empreintes et celles de fougères ayant vécu soit à l'époque carbonifère, soit peut-être encore à l'origine de la période secondaire, obligent à considérer les houilles du Sud comme très-anciennes et comme remontant au moins à l'origine de la période secondaire, à laquelle, quant à présent, paraîtraient, d'après le peu de documents qu'on possède, devoir être rapportés les dépôts métamorphiques de la province de Minas-Geraes.

Au point de vue de la végétation, la zone des talcites nous montre de puissantes forêts dans les vallées, mais les sommets des montagnes sont dénudés. Les Vellosias arborescents sont les plantes les plus dignes d'attention sur les points élevés. Les lavoisierias, quelques fuchsias que j'ai retrouvés jusque sur les sommets de l'Itacolumi, des épidendrums, des asclépias, une jolie magnoliacée, (un *Talauma*) trouvé dans la Serrra d'Ouro-Branco, etc., composent avec quelques petites graminées et des mousses le gros de la végétation des lieux arides et très-élevés au-dessus du niveau de la mer.

Dans la zone des talschistes et des schistes argileux disparaissent les minéraux précieux, sauf dans les dépôts superficiels et d'alluvion accompagnant le lit des rivières qui, comme le Rio das Velhas, ont pris leur source dans les montagnes du groupe précédent. Dans l'*Hydrographie du Rio de San-Francisco*, j'ai déjà parlé de la richesse aurifère du cours supérieur du lit de ce fleuve. La zone dont nous parlons nous conduit aux Campos Geraes. Les graminées y dominent ainsi qu'un assez grand nombre d'arbustes, parmi lesquels le *Caryocar brasiliense* est un des plus remarquables. Les genres *Bauhinia, Hymenœa, Anona, Echites,* y sont représentés par plusieurs espèces très-fréquentes. A eux se joignent les vochysiacées, qui sont très-caractéristiques de cette région, et notamment la *Salvertia convallariodora*, mais qui se montre plus fréquente encore dans la zone suivante, celle des grès itacolumites, où, avec le *Cochlospermum insigne* et les *Kielmeyera*, elle forme l'espèce dominante.

Dans la Serra de Curumatahy, les Kielmeyeras se montrent en abondance et constituent avec les melocactus les végétaux les plus communs sur les points élevés. Près des rivières, on rencontre une variété immense de végétaux, parmi lesquels les Ficus, les bignoniacées, les sapindacées, les térébinthacées, les acacias et les Bombax dominent. Les cecropias se montrent fréquents dans cette région comme dans toute la zone des forêts dont ils forment un des végétaux les plus caractéristiques. Le long des ruisseaux, on admire les *Mauritia vinifera*, très-abondants dans les vastes plaines remplissant l'intervalle des montagnes en table dont j'ai antérieurement parlé. Dans *l'Espace céleste* j'ai donné une description des campos de cette région. Il est donc inutile de m'étendre davantage sur ce sujet.

Mais, au point de vue minéralogique, une substance d'un grand intérêt va appeler notre attention. Je veux parler du diamant qu'on trouve dans les dépôts de graviers de la région des grès. En certains points, comme aux environs de Diamantina, les dépôts diamantifères sont aussi aurifères, et cela a souvent fait croire que le gisement des diamants était le même que celui de l'or. Il n'en est rien cependant, car le diamant manque dans des régions très-aurifères, telles que le haut bassin de Rio das Velhas, et il se montre abondant dans des dépôts comme ceux de l'Abaété, où l'or manque complètement. Mais on comprend qu'appartenant à des dépôts de transport, le diamant ait pu parfois se trouver dans des amas de graviers, provenant les uns des régions aurifères, d'autres des régions diamantifères. En résumé, son gisement dans les dépôts du bassin de l'Abaété montre qu'au lieu d'appartenir à l'itacolumite, il se trouve dans la zone des grès. Les substances qui l'accompagnent sont des conglomérats ferrugineux, des jaspes rouges assez abondants dans ces grès, et nommés caboclos par les Garimpeiros ou chercheurs de diamants. D'autres jaspes jaunes en forme de fèves sont aussi très abondants dans les dépôts diamantifères, ainsi que les silex et divers minéraux, parmi lesquels on remarque les titanates de fer, les fers oxydulés, gris ou noirâtres, les topazes jaunes et blanches, les grenats rouges, les péridots et des phtanites noires. La présence de ces diverses substances et celles des galets de serpentine semble indiquer que c'est au contact des roches d'éruption qui ont traversé les grès itacolumites que le diamant a pris naissance. Peut-être est-ce en agissant sur des schistes ou des calcaires bitumineux subordonnés aux grès que les roches éruptives ont déterminé cette substance sur le mode de production de laquelle la science ne possède encore rien de précis. Mais la relation du diamant avec les roches éruptives me paraît hors de doute, d'après la nature des dépôts dans lesquels on le trouve.

Les belles recherches du docteur Lund nous ont appris l'intérêt qu'offrent les cavernes à ossements du Rio das Velhas, et nous ont montré, au milieu des restes d'une multitude d'animaux appartenant à la faune américaine, les ossements de diverses espèces du genre cheval, qui avait disparu du nouveau continent à l'époque de sa découverte.

C'est un fait très-frappant que la présence, dans les anciennes alluvions de l'Amérique du Sud, d'un nombre d'espèces éteintes plus grand proportionnellement que dans les alluvions correspondantes de l'ancien monde, et il semblerait résulter de là que ces alluvions ne sont pas de même époque dans les deux continents. Celles du nouveau continent seraient antérieures aux autres. Parmi les fossiles que j'ai obtenus, ne se trouvent que des espèces déjà indiquées par Lund. Je ne m'arrêterai donc pas davantage sur ce sujet. Je citerai seulement ici une molaire du Mastodon angustidens, provenant de la province de Pernambuco.

J'ai déjà cité les végétaux les plus caractéristiques des régions que j'ai parcourues dans la province de Minas-Geraes. Quant à présent, je limiterai là l'énumération spécifique, qui serait fastidieuse et sans profit, à moins d'entrer dans de très-grands développements, mais je ne puis négliger de mentionner quelques recherches qui intéressent la botanique générale. Les unes sont des observations de cas tératologiques que j'ai eu occasion de remarquer en voyage. Ainsi, dans des *cissus*, j'ai vu partir de l'aisselle de la feuille des faisceaux parfaitement détachés et qui, soudés avec la tige, se séparent pour former la vrille en face de la feuille suivante, montrant ainsi nettement que la vrille des ampelidées n'est pas, comme on le dit généralement, la tige principale, mais bien un des rameaux latéraux qui, restant soudé à la tige principale, s'en détache au verticille suivant. Je citerai les bourgeons multiples du caféier, dont on aperçoit jusqu'à neuf à l'état rudimentaire dans une coupe bien faite, et dont trois seulement se développent simultanément dans la tige centrale.

Cette simultanéité de développement fait que dans cet arbuste les branches latérales ont leur moelle en correspondance évidente avec la moelle de la tige d'où elles naissent, phénomène qui se retrouve aussi nettement dans d'autres rubiacées telles que les psychotrias, tandis que dans la majeure partie des autres végétaux, l'arrêt du développement des bourgeons permettant aux couches ligneuses de se développer avec les branches latérales, celles-ci tendent à isoler la moelle de ces dernières, qui ne communique plus alors qu'avec les rayons médullaires. J'aurais encore à citer dans cette intéressante famille des rubiacées un cas tératologique curieux. C'est une branche de caféier où il s'était formé un verticille de trois feuilles. Or il y avait trois stipules interpétiolaires, ce qui montre que ces stipules ne sont pas les analogues des feuilles complétant le verticille de certaines rubiacées des régions tempérées, mais qu'ils ont une autre signification.

L'étude du port d'un grand nombre de végétaux du Brésil et celle de leur phyllotaxie m'a donné lieu à des remarques nombreuses. Je citerai ici dans les graminées la curieuse propriété des feuilles d'être enroulées en formant des spires alternativement contraires, chose qui n'a pas lieu dans les cannées et les musacées, où l'enroulement est toujours demême sens. Les graminées ne renferment dans leurs tiges que des vaisseaux annulaires, sur la naissance desquels j'ai eu occasion de faire de nombreuses observations qui m'ont appris qu'ils dérivent toujours réellement des vaisseaux spiraux. Ce fait a lieu même dans les racines des dicotylédones où des vaisseaux spiraux se transformant rapidement en vaisseaux annulaires se montrent d'une manière constante. La famille des euphorbiacées a d'autant plus attiré mon attention qu'Auguste de Saint-Hilaire avait dit que les espèces du genre *Euphorbia* qu'il avait observées au Brésil confirmaient l'opinion que la fleur des plantes de cette famille est une inflorescence. De nombreux faits m'ont conduit à l'opinion contraire, et à ne voir dans l'articulation du filet des étamines que l'articulation avec un connectif se prolongeant lui-même en filet. Mais je réserve pour un autre ouvrage l'ensemble de ces détails, ainsi que les recherches que j'ai faites sur le développement des feuilles et l'ensemble des études que dans mon voyage j'ai eu l'occasion de faire en admirant la belle végétation du Brésil.

Dans *l'Espace céleste*, j'ai déjà parlé du climat du Brésil et j'ai cité les principaux phénomènes météorologiques que j'ai eu occasion d'observer dans mes voyages. J'ai aussi indiqué cette curieuse opposition qui existe pour la saison des pluies entre les côtes des provinces du nord et du sud de l'empire. Ainsi, tandis qu'à Rio de Janeiro les mois de juin, juillet et août sont les mois les plus secs de l'année; tandis que, dans les plateaux élevés de Minas-Geraes, cette même saison est remarquable par une sécheresse excessive, sur la côte de Pernambuco, au contraire, les mêmes mois sont ceux de la saison des pluies. Jusqu'ici, toutefois, je n'avais pu trouver une explication rationnelle de ce fait bizarre en apparence, puisqu'il s'agit de lieux tous situés au sud de l'équateur. Mais j'ai reconnu dernièrement que la disposition du continent et les brises des montagnes expliquent aisément ce phénomène. En effet le continent s'élève progressivement à partir de la côte. Il en résulte, lorsque le soleil est voisin du tropique du Capricorne, que les plateaux élevés de l'intérieur, étant fortement chauffés, donnent lieu à des courants ascendants qui déterminent de forts orages. De là résulte un appel d'air vers les lieux élevés, c'est-à-dire en partant de la côte. La brise des montagnes et le vent alisé se trouvent par conséquent avoir une composante commune, celle de l'Est. Le vent alisé ne produit pas alors de courants ascendants à la côte de Pernambuco, mais il est entraîné vers l'intérieur, et ce n'est que quand il a passé dans cette province, dont les terrains sont bas relativement à ceux de l'intérieur, qu'il dépose en montant l'eau dont il était chargé. On a donc à la fois pluies et orages dans l'intérieur, sécheresse à la côte. Dans le Sud, au contraire, les grandes montagnes étant près de la côte, le courant ascendant se fait dès celle-ci, et les orages y ont lieu comme dans l'intérieur, ainsi que nous le voyons à Rio de Janeiro. En hiver, au contraire, les plateaux de l'intérieur sont plus froids que l'Océan, le mouvement de l'air tend à se faire des plateaux vers la côte; mais le vent alisé l'entrave, et il en résulte que l'air apporté par le courant régulier ne pouvant s'avancer vers l'intérieur, s'élève à partir de la côte elle-même, et de ces courants ascendants naissent les pluies d'hiver de Pernambuco. Au Sud, la limite du vent alisé se rapproche de l'équateur, de sorte que les côtes du Sud échappent à cette action, et pour elles, comme pour l'intérieur, l'absence de courants ascendants, mais au contraire la tendance de l'air à descendre des plateaux élevés, arrête la formation des pluies, et l'hiver devient la saison sèche.

M. le baron de Prados, qui a fait une longue série d'observations météorologiques à Barbacena, a remarqué que les vents du côté ouest de l'horizon sont ceux qui amènent de préférence la grêle et les orages. A Rio de Janeiro aussi les orages viennent de l'intérieur. Ce fait me paraît se lier à la présence des masses d'électricité que répandent vers l'ouest les cimes volcaniques des Andes, et à ce sujet je rappellerai les considérations que j'ai développées dans *l'Espace céleste* sur les relations entre l'électricité atmosphérique et les régions volcaniques.

Les grandes sécheresses accidentelles du sertaõ de Bahia sont faciles à expliquer par l'opposition des deux climats entre lesquels cette région est située. Les limites n'étant pas rigoureuses entre eux, mais dépendant d'une plus ou moins grande extension de la zone des courants ascendants, on comprend que si dans deux saisons consécutives cette région intermédiaire est soumise à l'influence du climat du Sud pendant la première, à celle du climat du Nord pendant la seconde, elle pourra se trouver dépourvue de pluies pendant deux saisons, et même, si ce fait se continue davantage, pendant plusieurs saisons consécutives. D'autres fois, au contraire, les pluies pourront, comme en effet on l'observe, s'y montrer très-persistantes. Je n'ai pas visité la province de Ceara, mais je crois que les sécheresses de cette province peuvent souvent provenir de la même cause qui fait que l'été de Pernambuco se trouve très-sec, c'est-à-dire de l'appel des courants ascendants vers l'intérieur. Or ce fait est plus grave au Ceara qu'à Pernambuco, parce que cette dernière côte, se présentant perpendiculaire au vent alisé, possède en hiver les courants ascendants dus à ce vent, tandis que la côte de Ceara, qui est parallèle à la direction de l'alisé, ne jouit pas de cet avantage, dont l'effet est de compenser les sécheresses d'été.

L'abondance des roches feldspathiques au Brésil et la facilité de leur décomposition, qui a déterminé la formation d'immenses dépôts d'alluvion dans toutes les vallées, sont les circonstances principales auxquelles ce pays doit sa prodigieuse fertilité. La variété du climat, qu'augmente la différence des niveaux, permet dans certaines parties toutes les cultures de la zone tempérée, tandis que les produits des tropiques et de l'équateur peuvent être obtenus sur d'immenses surfaces. La présence des sols calcaires dans le bassin de Rio de San-Francisco est, pour certaines cultures, d'un avantage inappréciable. J'ai vu près de Jaguara des cultures de froment qui donnaient de très-bons produits, et ce résultat est singulièrement favorisé par la présence des calcaires. Les terrains gneissiques conviennent par excellence à la culture du caféier, surtout dans les lieux où les forêts ont mêlé un riche humus aux argiles alcalines provenant de la décomposition du gneiss. Par une culture soignée, il est certain que le caféier pourrait être cultivé sur le même terrain un temps beaucoup plus considérable qu'aujourd'hui. Il demande évidemment des engrais, comme le prouve le bel état de ces végétaux dans le voisinage des habitations, où des engrais se trouvent jetés d'une manière incessante. Ne portant de fruits que sur les rameaux secondaires, cet arbuste aurait besoin d'être rabattu quelquefois, quand ceux-ci, très-longs, deviennent

trop dépourvus de feuilles. Il naîtrait alors de nouvelles tiges principales, avec de nouveaux rameaux fructifères jeunes et vigoureux. En
dirigeant convenablement les soins à donner à cet arbuste, il n'est
pas douteux qu'on pourra le faire produire abondamment sur des terrains qu'on regarde aujourd'hui comme fatigués par sa culture. D'autres rubiacées qui mériteraient une attention spéciale sont le quinquina, dont de nombreuses espèces indigènes se montrent sur le
sommet de la Mantiqueira. La destruction des forêts de quinquina
dans les Andes, l'élévation incessante du prix de la quinine, indiquent que dans un avenir rapproché cette culture sera d'un très-grand
rapport au Brésil. A Ouro-Preto, j'ai vu des cultures de l'arbre à thé
très-dignes d'intérêt. Tout porte à croire que plus tard le Brésil pourra,
par ce produit, faire une concurrence sérieuse à la Chine. Mais je ne
puis énumérer toutes les cultures possibles sous ce climat favorisé ; il
faudrait pour cela passer en revue presque tous les végétaux utiles du
globe.

Des voies de communication, voilà ce qu'il faut au Brésil pour
mettre en valeur ses richesses minérales et agricoles, et pour appeler
une population plus condensée. Dans l'*Hydrographie* du Rio de San-
Francisco, j'ai traité en détail de l'utilité de la canalisation du Rio das
Velhas et de celle d'une route pénétrant de Rio de Janeiro au cœur de
la province de Minas-Geraes. Des explorations multipliées sur le territoire de l'empire permettront, en faisant connaître les obstacles à vaincre
pour profiter des voies tracées déjà par la nature, de donner une direction générale à l'ensemble des travaux que l'avenir fera certainement exécuter dans cet immense territoire. Il faut pour cela perfectionner les cartes géographiques, afin d'éviter de conduire les routes
par des régions où des obstacles presque invincibles viendraient souvent réduire à néant de grands sacrifices déjà faits.

L'astronomie appliquée à la géographie et à la géodésie pratique
sont des sciences qui doivent devenir familières aux ingénieurs tra-
vaillant dans les régions où, comme au Brésil, les cartes sont encore
imparfaites. Il n'existe pas aujourd'hui d'ouvrage où ces sciences se
trouvent exposées avec les détails nécessaires. En réunissant les diverses méthodes que j'ai employées dans mes explorations, j'ai donc
cru devoir les développer au point de former de ce complément
de l'*Hydrographie du Rio de San-Francisco* un véritable traité des
deux sciences que je viens de citer. Il entrait dans mon plan primitif
de donner moins de détails, mais j'ai bientôt reconnu la nécessité,
pour être compris, de présenter ces deux sciences dans leur totalité
et leur ensemble. Le présent livre est donc destiné à les vulgariser.

Il se divise en trois parties. La première présente une théorie com-

plète des instruments. Cette branche de l'astronomie de précision,
dont la connaissance forme le véritable observateur, ne se trouve
exposée que dans des mémoires excellents, mais disséminés, et la pratique m'y a fait introduire beaucoup de choses nouvelles. La seconde
partie comprend la détermination des positions géographiques. Elle est
précédée de la théorie de la réfraction astronomique, dont j'ai obtenu
une expression très-simple donnant la valeur de la réfraction depuis le
zénith jusqu'à l'horizon. Cette seconde partie, dans laquelle sont traités
les moyens d'obtenir rapidement les positions géographiques, dans les
conditions où se trouve le voyageur, renferme une multitude de solutions pour des difficultés pratiques qu'on rencontre sur le terrain, et
qui ne sont pas prévues dans les ouvrages. Enfin, la troisième partie
traite de la géodésie appliquée à la géographie. On y voit une solution
simple et nouvelle de tous les problèmes géodésiques, dans le cas général
de l'ellipticité quelconque de la terre, et les moyens d'obtenir, par les
procédés mêmes de la géodésie expéditive, la valeur de l'aplatissement
terrestre dans la région qu'on explore. On y trouve de plus des méthodes sûres et faciles pour le tracé du cours des rivières.

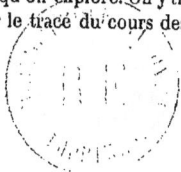

PREMIÈRE PARTIE.

DESCRIPTION

DES

INSTRUMENTS D'ASTRONOMIE

ET DES

MÉTHODES A EMPLOYER POUR RENDRE LES OBSERVATIONS INDÉPENDANTES DES ERREURS INSTRUMENTALES.

---

1. — On emploie en astronomie deux systèmes d'instruments : les uns destinés à la mesure des angles, les autres à celle du temps. Ce sont les premiers qui nous occuperont d'abord.

Les instruments destinés à la mesure des angles se composent de combinaisons diverses de cercles gradués, sur lesquels tournent des lunettes assujetties à des règles qu'elles entraînent dans leur mouvement et que l'on nomme *alidades*. Souvent dans divers instruments, les théodolites, par exemple, au lieu d'une simple règle alidade, il existe un second cercle concentrique au premier et sur lequel la lunette est fixée. Ce second cercle reçoit alors le nom de *cercle alidade*, et il porte sur sa circonférence des traits qui servent de repère pour faire juger de la rotation de la lunette par rapport au cercle gradué. D'autres fois l'alidade (règle ou cercle, ou même simple ligne de visée définie par des microscopes) reste fixe, et c'est le cercle gradué que la lunette entraîne dans son mouvement. Il est évident, d'ailleurs, qu'il est indifférent pour la mesure des angles de faire mouvoir l'alidade par rapport au cercle ou le cercle par rapport à l'alidade.

1

Les instruments qui ne sont pas simplement destinés à la mesure des angles compris entre deux lignes de visée, mais qui sont employés à mesurer des angles horizontaux ou verticaux, portent en outre des niveaux à bulle d'air.

Nous avons donc à considérer séparément dans les instruments : 1° les niveaux ; 2° les lunettes ; 3° les cercles gradués avec leur combinaison d'alidade ou de cercle alidade. Nous allons procéder à une étude générale sur ces diverses parties constituantes des instruments. Mais auparavant, nous décrirons succinctement les combinaisons de cercles, de lunettes et de niveaux employées pour la mesure des angles, c'est-à-dire les instruments proprement dits.

Des divers genres d'instruments propres à la mesure des angles.

2. — On peut diviser en quatre classes les instruments d'astronomie :

La première classe se compose des instruments destinés à faire des observations dans un seul plan fixe, lequel est ordinairement le méridien, quelquefois le premier vertical. Elle comprend deux instruments distincts, la *lunette méridienne* et le *cercle mural*. Ces deux instruments sont parfois réunis en un seul portant alors le nom de *cercle méridien*.

La deuxième classe comprend les instruments destinés à mesurer à la fois des distances angulaires au zénith et des angles autour de la verticale, c'est-à-dire des angles d'azimut. Ce sont donc des instruments pour observer dans tous les plans verticaux et pour mesurer les angles de deux plans verticaux contenant deux astres, ou un astre et une mire. Ces instruments portent le nom de *théodolites,* quand ils sont de petite dimension et portatifs. On les nomme *alt-azimuts,* quand ils sont grands et établis solidement en un lieu fixe.

La troisième classe se compose d'un instrument destiné à mesurer directement les distances des astres à l'équateur et l'angle des plans passant par l'axe du monde et par deux astres. Cet instrument porte le nom d'*équatorial* ou *machine parallactique.* C'est en réalité un grand théodolite dont l'axe principal est parallèle à l'axe du monde, au lieu d'être vertical comme pour le théodolite proprement dit.

Enfin, la quatrième classe comprend les instruments destinés à mesurer des angles dans un plan quelconque. Elle se compose du *cercle répétiteur* et des instruments de réflexion, *sextant, octant, cercle de réflexion*.

Il y aurait encore à joindre à cette nomenclature un instrument spécial d'un usage très-restreint, la *lunette zénithale*, destinée à faire des observations dans le voisinage immédiat du zénith, et les instruments tels que l'*héliomètre*, destinés à mesurer seulement de très-petits angles dans une direction quelconque. Nous en par-. lerons plus tard brièvement.

Les deux premières classes renferment les instruments employés à terre par les géographes, et qui sont le cercle méridien portatif et le théodolite. La quatrième classe contient ceux qui sont employés en mer par les géographes et par les navigateurs ; ce sont les instruments de réflexion, dont les géographes se servent aussi quelquefois à terre. Mais leur précision est inférieure à celle des cercles méridiens et des théodolites, qui doivent toujours leur être préférés dans les observations à terre. Le cercle répétiteur est aujourd'hui presque abandonné ; on lui préfère le théodolite, qui offre de plus grands avantages. Les instruments de la troisième classe, les équatoriaux ne sont employés que par les astronomes. Leur ressemblance générale avec un grand théodolite dont l'axe serait incliné de façon à se trouver dans le méridien et dans l'axe du monde, fait que leur théorie peut être expliquée rapidement comme un corollaire de celle du théodolite lui-même.

Pour le moment, nous nous bornerons donc à donner une description succincte des instruments des deux premières classes. Nous renvoyons à plus tard celle des instruments de réflexion et les quelques considérations que nous aurons à présenter sur l'équatorial. Il y a avantage à ajourner la description des instruments les moins précis après celle des instruments les plus exacts que possède l'astronomie.

3. — *Instruments de la première classe, lunette méridienne, cercle mural, cercle méridien.* — La lunette méridienne (fig. 1), appelée aussi *instrument des passages,* se compose d'une lunette AA assujettie perpendiculairement sur un axe horizontal BB qui se termine par deux tourillons d'un diamètre plus petit, tour-

nant dans deux coussinets solidement établis sur des piliers en maçonnerie CC. Cet axe est placé perpendiculairement au méridien,
de telle sorte que la lunette soit toujours dans le méridien et que par
sa rotation autour de son axe, elle puisse parcourir entièrement
ce plan. Un niveau sert à établir et à vérifier l'horizontalité de

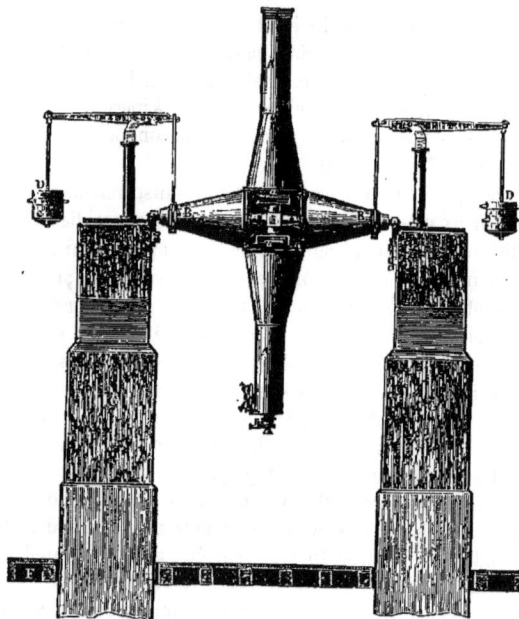

Fig. 1.

l'axe (1). L'instrument est d'ailleurs construit avec solidité, et on
cherche à lui donner la plus grande stabilité possible en veillant

(1) Outre ce grand niveau dont nous parlerons plus loin, Gambey plaçait sur
les lunettes méridiennes un système de deux petits niveaux à bulle d'air représentés en *a a* sur la figure et tournant autour d'un axe *b b* porté par la
monture de la lunette. Cet axe était assez élevé au-dessus d'elle pour que dans
toutes les positions de celle-ci les niveaux pussent être amenés l'un au-dessus de
l'autre. Cet appareil était destiné à s'assurer si l'inclinaison conservait la même
valeur dans les positions de la lunette où on ne pouvait pas placer le grand ni-

à ce que les piliers en maçonnerie soient bien établis et avec des fondations profondes, et à ce que le plancher sur lequel l'observateur se place pour observer soit indépendant de ces piliers, afin que les mouvements de ce plancher n'impriment aucune vibration à l'instrument. En outre, un système de contre-poids DD porté par des leviers à l'autre extrémité desquels est une tringle terminée inférieurement par un collier à galets dans lequel roule l'axe BB, sert à équilibrer la majeure partie du poids de la lunette, afin que celle-ci ne pèse pas entièrement sur les tourillons qui assurent sa position, ce qui en usant ces derniers, nuirait à la perfection de l'instrument.

Près de la lunette méridienne on place une bonne horloge astronomique dont l'observateur entend le battement, et il compte les secondes pendant qu'il a l'œil à la lunette. Cette horloge marque le temps sidéral.

L'usage de la lunette méridienne est de noter les instants de l'horloge auxquels les astres passent par le méridien en vertu du mouvement apparent du ciel.

Si l'horloge est bien réglée au temps sidéral, une même étoile passera tous les jours au méridien au même instant de l'horloge. Si donc on observe une différence dans les instants des passages d'une même étoile en deux jours consécutifs, on en déduit la quantité dont l'horloge avance ou retarde en 24 heures sidérales. La marche de l'horloge étant ainsi connue, l'intervalle du temps des passages de deux astres au méridien fait connaître, après l'avoir corrigé de l'avance ou du retard de l'horloge pendant sa durée, la différence d'ascension droite des deux astres observés, différence qui se trouve ainsi exprimée en temps. En réduisant le temps en arc, on a alors cette différence exprimée en arc. On voit donc que la lunette méridienne mesure les angles d'ascension droite par le moyen de l'horloge, sans intervention d'aucun cercle gradué.

Le cercle mural est destiné à la mesure des déclinaisons. Son nom de cercle mural vient de ce qu'il se compose d'un cercle gradué (fig. 2) portant une lunette, et appliqué le long d'un mur ou pilier dont la face est dans le méridien. L'axe du cercle est engagé

veau et dans celles où on employait ce dernier. Seulement Gambey mettait des niveaux trop peu sensibles. En général, on a renoncé à cette disposition qui aurait eu cependant des avantages en employant des niveaux un peu plus grands.

horizontalement dans le mur, de façon que le cercle tourne dans son plan, qui est aussi celui du méridien. Dans ce mur se trouvent scellées des pièces métalliques portant des index tenant lieu d'alidade fixe. Ils sont destinés à manifester la quantité de la rotation du cercle, dont la mesure est donnée par les divisions du cercle gradué qui passent devant eux. Les index sont composés, comme nous le verrons plus loin, de microscopes fixes F pointant sur les divisions du cercle.

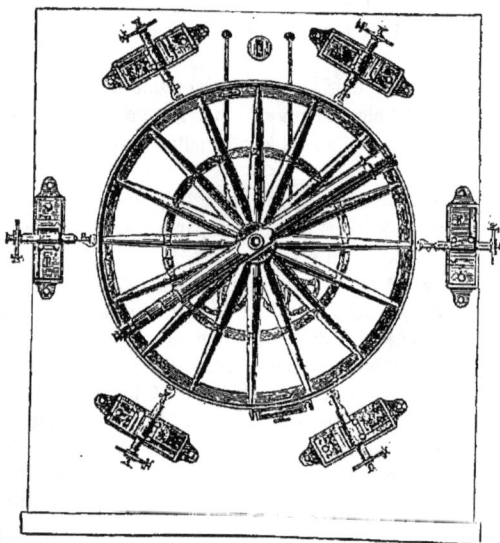

Fig. 2.

Cet instrument est destiné à viser sur les astres à leur passage au méridien. Après chaque pointé, on lit sur le limbe les divisions répondant aux index. La différence des lectures obtenues pour deux astres mesure directement leur différence de déclinaison. En observant une même circompolaire à son passage supérieur et inférieur, la moyenne des deux lectures donne la lecture de l'instrument qu'on obtiendrait si on pouvait viser sur le pôle lui-même (nous supposons ici les lectures corrigées des erreurs dont elles ont été affectées par la réfraction qui augmente

la hauteur apparente de l'étoile au-dessus de l'horizon). La différence de la lecture du cercle ainsi obtenue comme répondant au
pôle et des lectures répondant aux divers astres, donne les distances polaires de ces derniers, et par conséquent fait connaître
leur déclinaison.

Si pendant plusieurs jours, avant et après l'équinoxe, on détermine, à l'aide de la lunette méridienne, les différences d'ascension droite du soleil à son passage méridien et d'une même
étoile, et si on mesure, les mêmes jours, au passage méridien
la déclinaison du soleil à l'aide du cercle mural, on peut par interpolation entre les déclinaisons aux instants du passage méridien
chercher à quel moment le centre du soleil s'est trouvé dans l'équateur. Alors par interpolation entre les différences d'ascension droite
aux mêmes instants méridiens avec l'étoile considérée, on obtient
la différence d'ascension droite répondant à l'instant où le centre
du soleil était vu dans l'équateur, différence qui n'est autre que
l'ascension droite de l'étoile considérée, après toutefois les petites
corrections d'aberration et de nutation connues par la théorie.
Comme on peut déterminer avec la lunette méridienne les différences d'ascension droite des autres étoiles avec l'étoile en question, on en déduit les ascensions droites de toutes les étoiles; de
même on a celles des planètes et de la lune au moment des observations.

Ce que nous venons de dire fait concevoir comment la réunion
des observations à la lunette méridienne et au cercle mural donne
les positions de tous les astres en ascension droite et en déclinaison.

Nous avons déjà indiqué comment on peut connaître la lecture
du cercle mural qui répond au pointé que l'on ferait sur le pôle;
nous verrons plus tard comment on peut obtenir celle qui répondrait au zénith. La différence fait connaître la distance du
pôle au zénith ou le complément de la latitude de la station.

Quand les ascensions droites de diverses étoiles sont connues
par des observations antérieures, la détermination avec la lunette
méridienne de l'heure de l'horloge à laquelle l'une de ces étoiles
passe au méridien fait connaître l'avance ou le retard de l'horloge
en cet instant sur le temps sidéral, puisque celle-ci devrait marquer exactement pour heure l'ascension droite de l'étoile exprimée en temps. Cette observation fait donc connaître l'état de l'hor-

loge, et si on transforme le temps sidéral en temps moyen, on a l'heure moyenne du lieu.

Si, en un lieu donné, on observe les instants des passages de la lune et d'une étoile au méridien, on déduit du passage de l'étoile la correction de l'horloge, et on a l'heure du lieu à laquelle la lune a passé au méridien, et par conséquent l'ascension droite de la lune. Cherchant dans les éphémérides quelle heure moyenne il est au 1er méridien quand la lune possède cette ascension droite, la différence de l'heure moyenne du lieu et de celle du 1er méridien fait connaître la longitude de la station.

On voit donc par ce qui précède que les instruments méridiens sont à la fois des instruments d'astronomie, puisqu'ils mesurent les ascensions droites et les déclinaisons, et des instruments de géographie, puisqu'ils déterminent les latitudes et les longitudes.

Plus tard, nous verrons comment on place ces instruments exactement dans le méridien.

Un inconvénient du système des instruments méridiens est d'être formé de deux instruments distincts, dont l'emploi a souvent besoin d'être simultané : de là la nécessité de deux observateurs. En fixant un cercle sur l'axe de la lunette méridienne de sorte que ce cercle tourne avec elle, et en mettant sur le pilier de la lunette méridienne les index qu'on mettait sur celui du cercle mural, on a réuni les deux instruments en un seul qu'on appelle *cercle méridien.* L'observateur pointe alors en hauteur l'instrument sur l'astre au méridien, en même temps qu'il note les instants des passages marqués par l'horloge. Il lit ensuite la graduation du cercle. De cette façon, le système entier des observations est fait par un seul observateur. Cette amélioration importante n'a été que récemment réalisée d'une manière satisfaisante dans les observatoires.

Nous avons vu comment les instruments méridiens peuvent servir aux géographes, mais pour cela il faut qu'ils soient petits et portatifs. On a construit dans ce but des cercles méridiens portatifs qu'on pose sur un pilier quelconque en maçonnerie quand on peut en établir, ou quand on trouve un pan de mur bas qui puisse servir ; ou bien sur un pied en bois et portatif, quand on ne trouve pas dans la localité les ressources nécessaires pour mieux placer son instrument.

Dans quelques observatoires, on a établi dans le premier vertical un instrument construit comme la lunette méridienne. Cet instrument porte alors le nom d'instrument des passages dans le premier vertical. La combinaison des passages dans le premier vertical avec ceux qu'on observe avec la lunette méridienne au méridien, donne des équations d'où on tire à la fois l'ascension droite et la déclinaison des astres observés, sans intervention de la réfraction qui n'agit pas sur les azimuts. Ces observations, qui répondent en réalité à des observations d'azimut faites dans des plans distants de 90°, ne sont qu'un cas particulier des combinaisons d'observations azimutales faites dans deux plans quelconques. Comme nous traiterons cette dernière question générale qui comprend le cas particulier dont nous venons de parler, nous n'aurons pas à revenir sur ce dernier, et par conséquent nous n'entretiendrons pas davantage nos lecteurs de l'instrument des passages dans le premier vertical. Sa construction et les moyens optiques à employer pour déterminer ses erreurs sont d'ailleurs en tout identiques à ceux de la lunette méridienne. Ce que cet instrument renferme de particulier pour la détermination de ses erreurs par la combinaison des observations elles-mêmes, se déduit de la théorie du cas général des observations d'azimut.

4. — *Instruments de la deuxième classe, théodolite et alt-azimut.* — Le théodolite (fig. 3) se compose d'un axe vertical avec lequel tourne toute la partie supérieure de l'instrument ; cet axe est engagé dans une monture fixe portée par trois pieds munis de vis à caler, à l'aide desquels on amène l'axe à la verticalité. Cette monture supporte un cercle gradué, horizontal, solidaire avec elle dans les théodolites non répétiteurs, et l'axe vertical porte un cercle alidade tournant avec lui et intérieur au cercle gradué. Ce cercle gradué et l'alidade ont d'ailleurs leur surface dans le même plan, de sorte que les repères ou index portés par le cercle alidade sont en contact avec la graduation du limbe. Le cercle alidade permet donc de mesurer la rotation de l'axe vertical. A la partie supérieure de cet axe se trouve une barre métallique horizontale placée en T et fixée solidement sur lui, de manière à tourner avec l'axe en question. Cette barre supporte un axe horizontal portant à l'une de ses extrémités un cercle alidade vertical solidaire avec lui. Ce cercle alidade tourne dans un cercle gradué vertical comme lui, et assujetti fixement, quand l'instrument n'est pas répétiteur, à la barre portant l'axe horizontal. Ce deuxième système de cercle

alidade et de cercle gradué est destiné à la mesure des hauteurs,
et les surfaces de ces deux cercles sont dans un même plan, les
repères du cercle alidade étant en contact avec la graduation du
cercle gradué, comme nous avons dit que cela a lieu dans le
système des cercles horizontaux destinés aux mesures d'azimut.

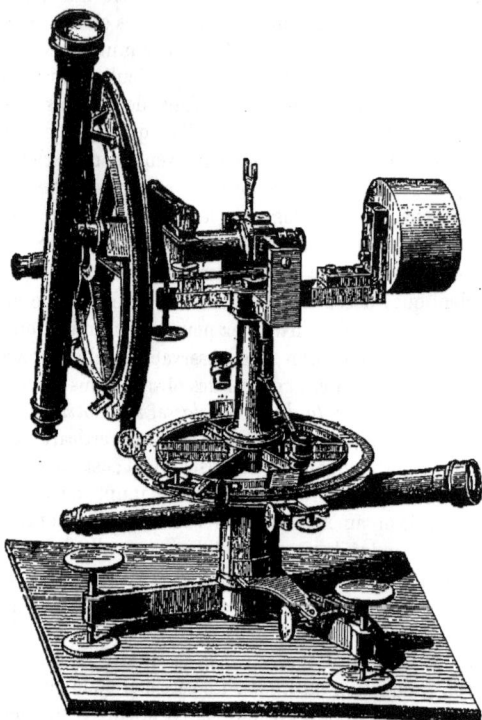

Fig. 3.

Enfin le cercle alidade vertical porte la lunette d'observation,
qui est assujettie sur lui parallèlement à son limbe. Cette lunette
est donc placée excentriquement par rapport à l'axe vertical de
l'instrument, puisque le cercle alidade vertical qui la porte est à
l'une des extrémités de l'axe horizontal, et déborde la barre hori-

zontale assujettie à l'extrémité supérieure de l'axe vertical. A l'autre extrémité de cette barre horizontale est un contre-poids équilibrant le poids de la lunette et des cercles verticaux, pour que le centre de gravité du système tournant se trouve dans l'axe vertical lui-même, afin d'égaliser les frottements de cet axe dans tout son pourtour.

Pour compléter l'instrument, à la monture inférieure portant l'axe vertical et les vis à caler de l'instrument est adaptée une deuxième lunette qu'on peut pointer sur une mire fixe et éloignée, pour s'assurer que pendant les observations l'observateur ne fait pas, en le touchant, dévier l'instrument en azimut, c'est-à-dire pour reconnaître que le zéro du cercle gradué horizontal porté par cette monture reste bien dans le même azimut. L'instrument est muni en outre de niveaux sur lesquels nous reviendrons plus tard.

La disposition que nous venons d'indiquer pour le théodolite est celle des théodolites de Gambey. Leur lunette, comme nous l'avons déjà fait remarquer, est excentrique.

D'autres constructeurs ont fait des théodolites dans lesquels la lunette d'observation est au centre des mouvements de l'instrument. La partie inférieure de ces théodolites est la même que dans les théodolites de Gambey : seulement, l'axe vertical, au lieu de se prolonger, comme dans ces derniers, au-dessus du cercle alidade horizontal pour recevoir la barre en T, portant le système supérieur pour la mesure des hauteurs, s'arrête au cercle alidade horizontal, et ce dernier porte vers les deux extrémités d'un de ses diamètres deux colonnes verticales, recevant à leur partie supérieure les coussinets de l'axe horizontal au milieu duquel se trouve la lunette d'observation. Celle-ci est ainsi placée au-dessus de l'axe vertical lui-même et au centre des mouvements de l'instrument. Dans ces derniers théodolites, la lunette est alors disposée au milieu de son axe horizontal, comme les lunettes des instruments des passages. Un cercle gradué vertical porté par l'axe de la lunette et tournant avec lui, sert à la mesure des hauteurs. Ce cercle gradué est vers l'une des extrémités de l'axe, près d'une des colonnes et souvent en dehors de celle-ci, à laquelle est assujetti un système de repères tenant lieu d'alidade fixe pour ce cercle gradué, et permettant de mesurer la rotation de l'axe horizontal. Chaque colonne porte un semblable système d'index, afin qu'on puisse retourner à volonté la lunette, de sorte que le cercle soit à droite ou à gauche. Nous verrons plus tard le but de ce retournement.

Ainsi, il existe deux modèles généraux de théodolites, les uns à lunette d'observation excentrique, les autres à lunette centrée. Ces derniers ne permettent pas de pointer les astres voisins du zénith, à moins de donner aux colonnes une très-grande hauteur et d'employer des oculaires à prisme, dont nous parlerons plus tard, en ayant soin en outre de joindre une alidade à l'une des extrémités de l'axe pour viser et amener facilement l'astre dans le champ. Les colonnes trop hautes ont toutefois l'inconvénient d'éloigner trop le système supérieur du cercle alidade azimutal, et elles exposent à une torsion de l'instrument par laquelle l'axe horizontal de la lunette ne tournerait pas de la même quantité que ce cercle alidade. On peut, il est vrai, dans ce cas, éviter la hauteur des colonnes par l'emploi de lunettes coudées suivant l'axe horizontal ; mais ce genre de lunettes a aussi des inconvénients, comme nous le verrons plus tard en parlant des lunettes. Toutefois comme on ne fait pas ordinairement d'observations azimutales dans le voisinage du zénith, les théodolites centrés conviennent particulièrement dans les cas où on ne veut se servir de l'instrument que pour des mesures d'azimut. Leur système supérieur, qui rappelle l'instrument des passages, permet de les employer comme instrument des passages dans tous les verticaux.

5. — Nous avons dit que le cercle gradué horizontal du théodolite était fixement assujetti sur la monture portant les vis à caler et l'axe vertical de l'instrument. Cela a lieu dans beaucoup de théodolites, mais dans ceux qu'on appelle *répétiteurs*, le cercle gradué horizontal est assujetti sur un axe vertical creux dans lequel tourne l'axe vertical proprement dit de l'instrument ou axe du cercle alidade horizontal. Par cette disposition, le cercle gradué horizontal peut tourner sur lui-même, de sorte que la monture ou pied de l'instrument restant fixe, son zéro peut répondre à tous les azimuts possibles. Une vis de pression sert d'ailleurs à fixer ce cercle gradué dans une position quelconque par rapport au pied, et une autre vis de pression sert à fixer le cercle alidade par rapport au cercle gradué (à ces vis de pression sont jointes des vis de rappel pour faciliter les très-petits mouvements des cercles). Le but de cette disposition est de rendre l'instrument répétiteur en azimut,

c'est-à-dire de permettre de faire mouvoir plusieurs fois successives et au moyen de la répétition des observations le cercle alidade de l'angle qu'on veut mesurer, de telle sorte que l'angle final de son déplacement par rapport au cercle gradué soit égal à autant de fois l'angle cherché qu'on a répété de fois l'observation. En faisant donc la lecture de cet angle final et en la divisant par le nombre des répétitions, on obtient l'angle cherché, avec une exactitude plus grande que ne le comporte la graduation de l'instrument. Cette exactitude vient du diviseur, qui a divisé l'erreur commise sur la lecture de l'angle en même temps que l'angle final lui-même. Comme l'erreur possible qu'on commet en lisant, ainsi que celle qu'auraient pu introduire les défauts de la graduation est la même sur un arc simple ou un arc multiple, on voit que l'erreur possible de lecture ou de graduation qu'on aurait pu commettre dans une seule observation est, par le moyen de la répétition, divisée par le nombre des observations.

Pour faire voir que la disposition que nous venons d'indiquer permet réellement de sommer plusieurs fois le même arc sur le limbe, supposons qu'on veuille mesurer la différence d'azimut de deux points : alors on arrête d'abord le cercle gradué par rapport au pied de l'instrument à l'aide de la vis de pression qui lui correspond, puis laissant libre le cercle alidade par rapport au cercle gradué, on amène son index en contact avec le zéro du limbe, après quoi on assujettit les deux limbes l'un par rapport à l'autre à l'aide de la vis de pression du cercle alidade sur le cercle gradué. Cela fait, on rend libre le cercle gradué, et les deux cercles peuvent tourner en restant unis. Alors avec la lunette d'observation qui entraîne les deux cercles, on pointe le premier objet et on arrête avec la vis agissant sur le cercle gradué le limbe de ce dernier, puis on lâche le cercle alidade, et on pointe le deuxième objet avec la lunette d'observation qui n'entraîne plus que ce dernier cercle; le cercle alidade tourne alors avec cette dernière lunette de l'angle compris entre les deux objets. Son index se déplace donc par rapport au zéro du cercle gradué d'une quantité égale à ce dernier angle. Quand la lunette est bien pointée sur le deuxième objet, on arrête le cercle alidade sur le cercle gradué, puis on rend de nouveau ce dernier libre en lâchant la vis de pression qui l'assujettissait par rapport au pied fixe de l'instrument. Le système des deux cercles tourne ainsi de nouveau avec la lunette, mais la lecture du limbe du cercle gradué ne varie pas dans cette rotation. On ramène alors la lunette d'observation sur le premier objet, en arrêtant le cercle gradué dans la position qu'il a alors acquise ; puis on lâche de nouveau le cercle alidade, et on ramène la lunette sur le deuxième objet. Dans cette nouvelle rotation, le repère de l'alidade qui, à l'origine de ce nouveau mouvement, faisait déjà avec le zéro du cercle gradué un angle égal à celui des deux objets, va alors faire l'angle double à la fin de ce même mouvement. On arrête de nouveau l'alidade dans cette position par rapport au cercle gradué ; puis, lâchant celui-ci, on revient au pointé sur le dremier objet, et on arrête le système des deux cercles dans cette nouvelle position par la vis du cercle gradué, après quoi lâchant de nouveau la vis de pression du cercle alidade, on pointe le deuxième objet. Le repère du cercle alidade qui, comme nous l'avons vu, faisait déjà avec le zéro du limbe l'angle double de celui des deux objets, va faire l'angle triple, et en continuant de la même manière, on voit qu'on peut répéter l'angle autant de fois qu'on le veut.

Cet admirable principe de la répétition a été imaginé par Mayer. Pour pouvoir l'appliquer aux angles de hauteur de la même manière que nous venons de voir qu'on l'applique aux angles azimutaux, il suffit dans les théodolites, au lieu de fixer le cercle gradué vertical par rapport à la barre en T de la partie supérieure de l'axe vertical, d'assujettir ce cercle gradué vertical sur un axe horizontal creux porté par cette barre en T. Dans cet axe horizontal creux tourne alors l'axe horizontal du cercle alidade vertical portant la lunette. Une pièce métallique fixée à la barre en T porte alors une vis de pression munie d'un rappel et qui arrête le cercle gradué dans une position quelconque, de sorte que son zéro peut alors être placé à toutes les hauteurs possibles. Le cercle alidade est muni d'une vis de pression avec rappel serrant alors sur la circonférence du cercle gradué de manière à pouvoir rendre les deux limbes solidaires. Cette disposition, en tout semblable à celle que nous avons décrite pour les limbes azimutaux, réalise les conditions nécessaires pour que la répétition puisse se faire pour les angles de hauteur comme pour les angles d'azimut. Un peu de réflexion montre d'ailleurs que les deux répétitions peuvent même se faire simultanément, c'est-à-dire qu'en pointant alternativement à deux objets, on peut répéter à la fois leur différence d'azimut sur le cercle azimutal, et leur différence de hauteur sur le cercle de hauteur : il suffit pour cela de serrer à la fois les vis des deux cercles gradués de hauteur et d'azimut par rapport aux montures dans le pointé sur le premier objet, et les vis des cercles alidades dans le pointé sur le deuxième objet.

Nous venons de parler de la répétition en hauteur pour les théodolites excentriques. Elle peut par des dispositions correspondantes exister dans les théodolites centrés. Toutefois le plus souvent on ne rend ces derniers répétiteurs qu'en azimut, parce que c'est spécialement aux observations d'azimut qu'ils sont destinés.

La disposition des théodolites est très-variée dans les détails, chaque constructeur ayant adopté un modèle différent. Toutefois, elle rentre toujours dans son ensemble, dans les deux dispositions que nous avons décrites. Il y a des théodolites répétiteurs en hauteur seulement, d'autres en azimut seulement. La plupart des théodolites excentriques sont répétiteurs dans les deux sens à la fois. D'autres ne le sont dans aucun.

La construction des théodolites que nous venons d'indiquer montre que dans ces instruments il existe deux positions, dans lesquelles la lunette peut viser au même point. Supposons, en effet, que la lunette soit pointée sur un objet : en faisant tourner de 180° le système supérieur à l'aide de l'axe vertical qui le porte, la lunette et le cercle vertical se trouvent ramenés dans un plan parallèle au premier ; seulement , si l'axe est bien vertical, la lunette pointe à la même distance du zénith que d'abord, mais du côté opposé. En rendant alors libre l'alidade pour ramener la lunette sur l'objet en question, celle-ci et l'alidade tournent d'un angle égal au double de la distance de l'objet au zénith ; et par conséquent l'instrument donne directement la mesure des doubles distances au zénith par deux pointés dans les deux positions inverses de l'instrument. Nous appellerons à l'avenir l'une de ces deux positions *position directe*, ce sera celle qui a lieu quand la lunette est à la droite par rapport à l'observateur ; nous donnerons à l'autre position le nom de *position inverse*. Il est évident d'ailleurs que si le théodolite est répétiteur, les doubles distances au zénith se répètent comme les angles entre deux objets différents , en ayant soin de rendre toujours le limbe libre pour passer de la position inverse à la position directe, et l'alidade libre dans le passage de la position directe à la position inverse. Le théodolite mesure donc directement les distances au zénith aussi bien que les différences d'azimut.

Comme nous l'avons déjà dit, l'alt-azimut n'est autre qu'un théodolite de grande dimension établi solidement sur un pilier en maçonnerie. On peut lui donner toutes les formes des théodolites. Généralement les alt-azimuts sont à lunette centrée et ne sont pas répétiteurs, quoiqu'il y eût avantage à leur donner ce dernier perfectionnement. Leurs cercles gradués tournent avec les axes, et des microscopes forment des repères fixes pointant sur ces cercles et tenant lieu d'alidades fixes. Ceux du cercle azimutal sont fixés dans le pilier comme ceux des cercles muraux. Les autres sont portés par une monture fixée aux colonnes qui supportent l'axe horizontal.

Nous allons maintenant examiner comment on rend horizontaux ou verticaux les axes des instruments que nous venons de décrire.

Des niveaux à bulle d'air et du nivellement dans les instruments méridiens et alt-azimutaux.

6. — Les niveaux employés pour régler les axes des instruments astronomiques sont les niveaux à bulle d'air. Ils se composent d'un tube en verre presque complétement rempli d'un liquide et fermé par les deux bouts. Il reste donc avec le liquide dans le tube une bulle d'air ou de vapeur du liquide employé. Le tube étant très-légèrement courbé en arc de cercle dans le sens de la longueur, cette bulle vient se placer vers le milieu de ce tube quand celui-ci est sensiblement horizontal, puisque ce milieu est son point le plus élevé. Il est évident d'ailleurs que la moindre variation d'inclinaison fait porter la bulle d'un côté ou de l'autre vers le bout qui s'élève. Le tube en verre dont nous venons de parler est renfermé dans une garniture métallique destinée à le protéger (fig. 4), et

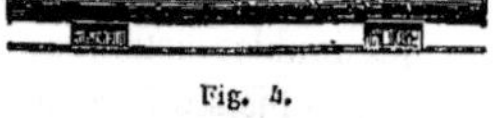

Fig. 4.

qui ne laisse à découvert que la partie supérieure, sur laquelle sont tracées des lignes servant de repères pour juger de la position de la bulle. Cette garniture repose, comme on le voit dans la figure, sur une planche métallique parfaitement dressée, quand le niveau est destiné à niveler une surface horizontale.

Supposons maintenant qu'il s'agisse de niveler un axe horizontal, tel que celui de la lunette méridienne. Dans ce cas, le niveau est assujetti sur une tringle horizontale (fig. 5) portant à ses extrémités deux tiges verticales qui s'élèvent au-dessus d'elle et se recourbent vers leur extrémité supérieure de façon à contourner l'axe horizontal de la lunette en revenant après la courbe dans la verticale

Fig. 5.   Fig. 6.

du bas de la tige. Là, chaque tige se bifurque et sa fourche, nommée *patte du niveau*, vient par deux points tangentiels reposer sur l'axe de l'instrument (fig. 6). La longueur de la tringle horizontale est d'ailleurs combinée de telle sorte que les deux pattes reposent vers les deux extrémités de l'axe horizontal. Comme on le voit donc d'après ce qui précède, dans la lunette méridienne le niveau pend au-dessous de l'axe. On a soin, quand on veut niveler, de placer la lunette horizontalement, afin qu'elle ne gêne pas pour le placement du niveau sur l'axe.

Examinons maintenant comment on peut niveler l'axe de la lunette méridienne avec cet appareil. Pour cela, appliquons le niveau sur cet axe, en faisant reposer les pattes sur ce dernier. Nous allons voir alors la bulle, après quelques oscillations, s'arrêter en un certain point du tube. Quand nous reconnaîtrons qu'elle ne varie plus, notons, au moyen des repères, la position qu'elle occupe dans ce tube, c'est-à-dire les divisions et fractions de division auxquelles répondent ses extrémités.

Cela posé, dans la position occupée maintenant par le niveau,

2

la ligne passant par les points de contact de l'axe et des pattes fait avec l'horizon un angle inconnu qui est nul peut-être, si cette ligne est horizontale. Mais quoique cet angle nous soit réellement inconnu, il jouit de la propriété de rester constant tant que la bulle occupera la même position dans le tube, car tout changement de la position de cette bulle indiquerait que l'une des pattes s'élève ou s'abaisse par rapport à l'autre. D'après cette considération, on voit que si l'axe est horizontal, en changeant, bout pour bout, le système formé par le niveau et son porte-niveau, de telle sorte que la patte qui reposait sur l'extrémité droite de l'axe vienne reposer sur celle de gauche, et inversement, la bulle doit de nouveau s'arrêter dans la même position. Nous avons donc là un moyen bien simple de reconnaître si la ligne passant par les contacts de l'axe et du porte-niveau est réellement horizontale.

Mais si l'axe est incliné, en retournant le niveau bout pour bout, la patte, qui dans la première position reposait sur le bout le plus haut, va reposer sur le bout le plus bas : conséquemment elle va baisser par rapport à l'autre précisément du double de l'excès de hauteur du bout de l'axe le plus haut sur le bout le plus bas. La bulle va donc, dans la nouvelle position, se porter du côté le plus élevé de l'axe et exactement du double de la quantité dont elle aurait dévié si au lieu de renverser le niveau on l'avait laissé dans la première position, et si on avait abaissé le point le plus haut de l'axe pour le ramener à la hauteur de l'autre ou à l'horizontalité. On obtiendra donc l'horizontalité en notant de nouveau la position de la bulle après le retournement du niveau bout du bout, puis en descendant le bout de l'axe vers lequel la bulle s'est portée, ou en élevant l'autre, jusqu'à ce que la bulle prenne la position moyenne entre celle qu'elle occupait dans le premier et le deuxième cas.

Remarquons toutefois que la déviation de la bulle dans son tube n'est rigoureusement proportionnelle à la variation de l'angle des pattes, qu'autant que la courbure du tube du niveau est rigoureusement circulaire. Par suite du soin apporté par les artistes dans le choix des tubes avec lesquels ils forment les niveaux, cette condition est toujours très-approximativement remplie. Toutefois, elle n'est pas rigoureuse. Il en résulte donc que la position qu'on doit donner à la bulle pour l'horizontalité parfaite de l'axe n'est pas rigoureusement la moyenne des deux positions qu'elle occupait dans la situation première et la situation inverse, mais elle est seulement très-voisine de cette moyenne. Après donc avoir ramené l'axe, en agissant sur la hauteur d'une de ses extrémités, à une situation telle que la bulle occupe sensiblement cette situation moyenne, on fait la lecture de la position où les extrémités de cette bulle se sont arrêtées, et on retourne de nouveau le niveau. Si la bulle varie encore dans ce nouveau retournement, on examine le sens et la grandeur de la variation, qui est beaucoup plus petite, dans tous les cas, que la première fois, et on agit de nouveau sur l'axe, de façon à avoir la bulle dans la position moyenne entre ses deux nouvelles situations, et ainsi de suite, jusqu'à ce qu'on arrive à avoir la même lecture dans la position inverse et directe du niveau; chose à laquelle on parvient très-vite, parce que le défaut de circularité dans l'étendue des variations est de moins en moins grand, à mesure que l'amplitude de ces dernières diminue.

7.—Quand l'axe de la lunette est rendu horizontal par le procédé que nous venons d'indiquer, on peut modifier l'inclinaison du niveau sur le porte-niveau, de telle sorte que la bulle occupe exactement le milieu de la longueur du tube. Cette opération s'appelle le *réglage du niveau*. Afin de la rendre possible, l'artiste pose le niveau sur la tringle du porte-niveau, de telle sorte qu'il puisse tourner un peu autour de l'une de ses extrémités, et une vis placée à l'autre extrémité permet d'élever plus ou moins cette extrémité par rapport à la tringle. On voit donc qu'après avoir rendu l'axe de la lunette horizontal, en posant le niveau sur cet axe, on peut, à l'aide de la vis en question, changer la position de la bulle du niveau, qu'on amène alors au milieu du tube. Lorsqu'un niveau est ainsi réglé, le nivellement se fait ensuite avec rapidité, toutes les fois qu'on a besoin de le rétablir. Il suffit alors de placer le niveau sur l'instrument, et on n'a plus qu'à modifier la hauteur d'un des bouts de l'axe de ce dernier, jusqu'à ce que la bulle occupe le milieu du niveau. Il est toutefois toujours prudent de renverser ensuite le niveau pour reconnaître s'il ne s'est pas déréglé. Il suffit en effet qu'en un instant donné, une des tringles soit plus chaude que l'autre, ou que l'instrument ait reçu un petit choc, pour que la position de la bulle répondant au nivellement exact ne soit plus le milieu du tube. Mais si elle en a dévié, cette déviation après le réglage est petite, de sorte que le nivellement se fait toujours avec plus de rapidité pour un niveau qui a été réglé que pour un niveau dans une position quelconque.

Quand un niveau n'a pas été réglé du tout, l'opération du nivellement est toujours assez longue et exige quelques tâtonnements préalables. En effet, pour que le niveau soit sensible, il faut que la bulle passe d'un bout à l'autre du tube pour une très-petite variation d'inclinaison, et quand la bulle est arrivée à se loger tout-à-fait à l'un des bouts du tube, on ne peut plus juger de la quantité dont il faut modifier l'inclinaison de l'axe pour l'amener à l'horizontalité. Voici comment on doit opérer avec un niveau qui n'est pas réglé. A l'aide de la vis on rend d'abord approximativement le niveau parallèle à sa tringle qui par construction est sensiblement parallèle aux pattes, puis on le pose sur l'instrument. On agit alors sur l'axe de ce dernier de façon à amener la bulle au milieu de son tube ; puis on renverse le niveau. En général, à moins que par hasard on ne soit tombé sur une position très-voisine de l'horizontalité, la bulle va se loger à un des bouts du tube et ce bout indique le côté de l'axe qui est le plus haut. On abaisse alors un peu ce bout de l'axe ou on élève l'autre d'une petite quantité, mais pas assez pour que la bulle quitte le bout du tube, puis on ramène la bulle au milieu à l'aide de la vis qui fait varier l'angle du niveau et du porte-niveau. On cherche à faire marcher, autant qu'on peut en juger, l'axe et le niveau de la même quantité.

Par cette première opération, on a un peu rapproché l'axe de l'horizontalité. On retourne alors de nouveau le niveau. Si la bulle se rejette encore au bout du tube on descend encore un peu le bout de l'axe indiqué comme le plus haut, et qui est généralement le même que la première fois. Si la bulle s'est jetée à l'autre bout, c'est qu'on a dépassé l'horizontalité, et on agit sur la vis en sens contraire, en la faisant moins tourner que la première fois. Puis on ramène de nouveau la bulle au milieu à l'aide de la vis du niveau sur son support. Par une série de tâtonnements successifs, on finit par arriver à faire que la bulle dans la position directe et inverse soit entièrement dégagée des extrémités du tube de manière à pouvoir effectuer la lecture des repères auxquels répondent ses deux extrémités. Quand on est parvenu à cela, le niveau est presque réglé et l'axe presque horizontal. Alors on peut effectuer le nivellement comme nous l'avons indiqué, après quoi on règle le niveau tout-à-fait, afin de n'avoir pas à l'avenir à répéter ces tâtonnements.

8. — Il y a encore pour le niveau une autre espèce de réglage très-importante. C'est celle du parallélisme du niveau avec sa tringle, ou mieux avec la ligne de contact des pattes du porte-niveau et de l'axe, dans le sens perpendiculaire au plan du porte-niveau. L'importance de ce parallélisme provient de ce que le frottement des pattes et de l'axe permet aux tringles du porte-niveau de prendre plusieurs positions différentes par rapport à la verticale. La pesanteur n'est pas en effet suffisante pour amener le niveau dans la verticale exacte de l'axe, elle ne peut que le rendre voisin de cette verticale ; mais à cause de ce qu'on appelle en mécanique *l'angle de frottement*, il y a une certaine étendue dans laquelle le porte-niveau peut s'arrêter d'une manière quelconque suivant la manière dont il est posé. On n'est donc pas sûr que chaque fois qu'on le place, et par conséquent dans les deux positions directes et inverses nécessaires à un nivellement, les tringles occupent la même position par rapport à la verticale. Or si le niveau n'est pas rigoureusement parallèle à la ligne joignant les points de contact de ses deux pattes avec l'axe, il est évident qu'en le tirant en avant ou le poussant en arrière, de façon à le faire tourner autour de l'axe qu'il doit niveler, l'une de ses extrémités montera plus que l'autre. Si au contraire il est parallèle, ses deux extrémités monteront ou baisseront de la même quantité. On voit donc que le défaut de parallélisme se manifeste en ce que la lecture du niveau varie en le poussant un peu en arrière ou en le tirant en avant. On doit donc à l'aide d'une vis disposée par l'artiste dans le sens perpendiculaire au plan du porte-niveau, agir sur l'une des extrémités, jusqu'à ce qu'on reconnaisse que la position de la bulle ne varie pas pour un changement d'inclinaison du plan du porte-niveau. Si le bout sur lequel agit la vis est celui vers lequel tend à se porter la bulle quand on pousse le niveau en arrière, il est évident alors qu'il faut agir sur la vis pour ramener ce bout en avant. Ce dernier réglage se fait quand l'instrument est déjà presque nivelé et il est nécessaire pour pouvoir achever le nivellement rigoureux.

9. — Nous venons de voir que par suite de la forme de sa monture ou porte-niveau, le niveau de la lunette méridienne se trouve suspendu sous l'axe. Dans d'autres instruments, dans le cercle mural, par exemple, et dans le théodolite, on emploie pour niveler

l'axe horizontal des niveaux qui se trouvent placés au-dessus de cet axe. Dans ce cas ils sont posés sur une tringle horizontale de la même manière que pour la lunette méridienne, et avec le même système de vis pour le réglage. Aux deux bouts de la tringle sont aussi assujetties deux tiges verticales, seulement elles descendent directement au-dessous de cette tringle et se terminent par les pattes du niveau, qui viennent reposer sur l'axe. Il faut seulement, pour empêcher le système de chavirer, que les montures portant les coussinets de l'axe supportent en outre deux petites tringles parallèles et verticales qui empêchent le niveau de tomber soit à droite, soit à gauche, sans d'ailleurs exercer aucune influence sur la quantité dont il peut descendre ou monter pour reposer sur l'axe, et par conséquent sans agir sur le nivellement.

Ce que nous avons dit sur la manière de faire le nivellement et de régler le niveau quand ce dernier est au-dessous de l'axe, est identiquement le même quand il est au-dessus. La forme du porte-niveau est sans influence à cet égard. Ce n'est que pour fixer les idées que nous avions pris pour exemple le niveau de la lunette méridienne.

Plus les niveaux sont sensibles, plus les tâtonnements pour les régler sont longs, car plus la bulle tend à rester fréquemment à l'extrémité du tube, puisque la différence d'inclinaison pour laquelle elle passe d'un bout à l'autre est d'autant plus petite à égalité de longueur du niveau, que celui-ci est plus sensible. Or, comme on a avantage à avoir sur les instruments des niveaux très-sensibles, les constructeurs devraient avoir le soin d'accoler toujours deux niveaux, l'un très-sensible, l'autre très-peu sensible. Avec ce dernier on effectuerait le nivellement provisoire, et ce n'est que quand l'axe serait déjà presque horizontal qu'on aurait à régler le niveau sensible et à achever le nivellement avec lui. On gagnerait par là beaucoup de temps pour le nivellement des instruments portatifs, et beaucoup plus de précision ; du temps, parce que les niveaux qu'on met à ces instruments sont déjà trop sensibles en général pour un nivellement rapide ; de la précision, parce qu'ils ne le sont pas assez pour un nivellement parfait et pour la mesure des inclinaisons avec le niveau, mesure dont nous parlerons plus loin.

10.—Examinons maintenant comment, avec un niveau, on peut amener un axe à la parfaite verticalité. Pour cela nous allons nous occuper du nivellement du théodolite. Cet instrument porte deux niveaux, l'un qui est assujetti fixement sur une tringle métallique perpendiculaire à la barre en T du sommet de l'axe vertical pour les théodolites excentriques, ou sur une tringle fixée à une des colonnes dans une situation correspondante pour les théodolites centrés. Ce niveau est donc en même temps perpendiculaire à l'axe horizontal de l'instrument et parallèle au limbe du cercle vertical. L'autre niveau est mobile et se pose à volonté sur l'axe horizontal de l'instrument. Ce dernier est généralement moins sensible que l'autre, et c'est à tort; il est susceptible de retournement sur l'axe horizontal, et son but est de niveler cet axe après que l'axe vertical ou axe principal de l'instrument est nivelé. On peut à volonté se servir de l'un ou de l'autre de ces niveaux et même des deux ensemble pour le nivellement de l'axe vertical. Ce nivellement doit d'ailleurs être toujours achevé avec le plus sensible des deux niveaux. On diminue au contraire le nombre des tâtonnements en commençant avec le moins sensible; quel que soit au reste celui des niveaux qu'on emploie, la méthode est toujours la même.

Pour l'exposer, nous supposerons qu'on emploie un seul niveau, celui qui est parallèle au limbe du cercle vertical et qui est fixement assujetti sur l'instrument et n'est pas retournable. Nous supposerons d'abord que ce niveau est à peu près réglé, c'est-à-dire que pour la position verticale de l'axe, la bulle serait dégagée des extrémités et voisine du milieu de son tube, et nous rappellerons d'abord que l'instrument est muni de trois vis à caler, formant un triangle équilatéral, à l'aide desquelles l'axe doit être amené à la verticalité. Après avoir posé l'instrument sur son pied, on tourne d'abord ces trois vis de sorte qu'à vue le pied semble vertical, puis on procède au nivellement. Pour cela, on fait d'abord tourner l'instrument autour de son axe vertical, de telle sorte que le niveau soit parallèle à deux des vis du pied, puis on tourne l'une de ces vis de manière à amener la bulle au milieu du tube du niveau, et on lit les divisions où s'arrêtent ses extrémités. Ensuite, on fait tourner l'instrument de 180° autour de son axe vertical; par là le niveau devient alors de nouveau parallèle aux deux mêmes vis, mais du côté opposé. On observe le déplacement de la bulle, et le sens vers lequel elle s'est portée indique la vis qui est trop haute. On note d'ailleurs les divisions sur lesquelles s'arrête le niveau, et on tourne la vis qui est trop haute jusqu'à ce que la bulle s'arrête à la position moyenne entre celles qu'elle occupait dans les positions directes et inverses de l'instrument. Le retournement de 180° autour de l'axe vertical équivaut ici au renversement du niveau que nous faisions sur la lunette méridienne. Quand la bulle a pris la position moyenne en question, l'axe du théodolite est vertical dans le sens des deux premières vis. Alors on procède au réglage de la troisième. Pour cela par la rotation de l'axe on amène le niveau à se trouver perpendiculaire aux deux premières vis qu'on vient de régler, et on tourne la troisième vis jusqu'à ce que la bulle occupe la position que l'opération sur les deux premières vis a indiquée comme correspondant à l'horizontalité. Le théodolite serait alors complétement nivelé si ce n'est que dans la première opération sur les deux premières vis, alors que la troisième vis n'était pas réglée, on n'a pas en général rendu le niveau rigoureusement parallèle à ces deux premières vis. On ne l'y a mis qu'à vue et à peu près, et de plus le retournement n'a pas été rigoureusement de 180°, il en a été seulement très-voisin. Or il se passe par là quelque chose d'analogue au défaut du réglage du niveau de la lunette méridienne dans le sens perpendiculaire au plan du porte-niveau (n° 8). Par l'effet du défaut du parallélisme rigoureux avec les deux premières vis, l'abaissement ou l'élévation trop grande de la troisième exerce une petite influence sur la lecture en ce qu'ils tiennent un bout du niveau plus haut que l'autre. Il résulte de là que l'opération ne doit être regardée que comme une première approximation du nivellement. On recommence donc l'opération entière, et cette fois l'influence de la troisième vis sur le nivellement des deux premières est beaucoup moindre, parce qu'on est déjà beaucoup plus près du vrai nivellement. On trouve donc en ramenant le niveau parallèle aux deux premières vis, puis en le retournant, la moyenne lecture répondant au vrai nivellement avec plus d'exactitude que la première fois. On touche une des vis seulement pour y amener la bulle, puis on ramène le niveau perpendiculaire avec deux premières vis et on règle la troisième à la même lecture, qu'on vérifie par un retournement de 180° et qu'on corrige encore un peu, s'il y a lieu. (Il y a avantage à amener le niveau parallèle à la ligne passant par la vis qu'on n'a pas touchée et qu'on ne touchera plus et par la troisième, au lieu de l'amener perpendiculairement aux deux premières, parce qu'on donne alors directement à la troisième vis la vraie position qu'elle doit occuper, tandis que dans le cas où on revient au parallélisme avec les deux premières vis, en corrigeant par la vis qu'on touche on modifie de nouveau le nivellement répondant à la troisième.) Enfin, en revenant au parallélisme avec les deux premières vis, on achève la correction. L'axe ayant été rendu ainsi vertical dans deux sens, l'est dans tous les sens possibles. Quand on est arrivé à cette position, à laquelle on ne s'arrête qu'après l'avoir vérifiée par le retournement de 180° du niveau, on peut alors régler ce dernier de manière que sa bulle soit au centre de son tube; ce qui facilitera la rapidité du nivellement pour l'avenir, et permettra de rétablir plus facilement le nivellement si, par un accident quelconque, il vient à se détruire.

Mais dans ce qui précède, nous avons supposé le niveau déjà approximativement réglé. Quand cela n'a pas lieu, il y a à faire une série de tâtonnements pour l'amener à cette condition. Ces tâtonnements sont analogues à ceux que nous avons indiqués pour le niveau de la lunette méridienne, et plus longs encore à cause de l'influence de la troisième vis, qu'il faut en même temps amener progressivement à l'horizontalité. Ainsi quand le niveau n'est pas réglé du tout, après avoir mis la bulle au milieu dans le premier parallélisme avec les deux premières vis, en agissant sur une de ces dernières, il arrive en renversant de 180° pour obtenir le parallélisme dans l'autre sens, que la bulle s'en va tout-à-fait à un des bouts du niveau; on baisse alors un peu la vis du côté où cette bulle s'est portée, puis, à l'aide de la vis de réglage du niveau sur son support, on ramène la bulle au centre. Ensuite on recommence le retournement, et on continue ainsi jusqu'à ce qu'on arrive à avoir la bulle visible en totalité dans les deux positions directes et inverses. Alors on place le niveau perpendiculairement aux deux premières vis et on amène la bulle au centre par le moyen de la troisième vis du pied; puis on revient au parallélisme des deux premières vis, et souvent il arrive, après la correction de la troisième vis, que la bulle qu'on avait vue entière dans les deux positions directes et inverses n'est plus dégagée du bout du tube que dans l'une de ces deux positions. On refait alors de nouveaux tâtonnements pour rendre ses deux extrémités visibles dans ces deux positions différentes de 180°, puis on revient à la troisième vis, qu'on corrige de nouveau pour que la bulle soit au

centre, et c'est alors que le niveau est assez approximativement
réglé, et le pied assez approximativement vertical, pour qu'on
puisse achever le nivellement comme nous l'avons dit d'abord.

11. — Quand l'axe principal du théodolite est ainsi rendu bien
vertical, on procède au nivellement de son axe horizontal, dont une
vis de rappel sur la barre en T qui le supporte, vis agissant sur l'un
des coussinets de cet axe, permet de faire varier l'inclinaison sans
agir sur celle de l'axe vertical. Dans les théodolites centrés, cette
vis de rappel agit sur le coussinet fixé sur l'une des colonnes portant
l'axe horizontal. Pour le nivellement de ce dernier axe on se sert du
deuxième niveau mobile qui se pose sur lui, et qu'on peut retourner à volonté en posant la patte de gauche sur l'extrémité droite
de l'axe et inversement, comme pour le niveau de la lunette méridienne. L'opération du nivellement de l'axe horizontal du théodolite est alors en tout semblable à celle du nivellement de l'axe de la
lunette méridienne, opération que nous avons décrite (nᵒˢ 6 et 7).
Après ce nivellement de l'axe horizontal du théodolite, il est évident
alors que les deux axes de l'instrument sont bien perpendiculaires.

12. — Un nivellement absolu et parfaitement rigoureux des
axes des instruments est une opération difficile, et faisant perdre
beaucoup de temps; car quand on est arrivé très-près du nivellement exact, le jeu à imprimer aux vis est si petit qu'on dépasse souvent l'effet qu'on veut atteindre et cela d'autant plus,
que la bulle, par suite des vibrations imprimées par l'élasticité de
l'instrument quand on vient à toucher les vis, se déplace d'une
quantité beaucoup plus grande que l'erreur du nivellement, et demande un certain temps pour revenir à son équilibre. De plus, en
prolongeant trop longtemps l'opération, la chaleur de l'observateur
lui-même suffit pour agir sur la dilatation des diverses parties et
d'une manière non uniforme sur les deux extrémités du niveau :
de là, de très-petites variations incessantes sur la lecture précise
répondant au nivellement exact. Enfin, pendant la série des observations elles-mêmes, le niveau souvent varie. Il résulte de là qu'il
faut se contenter de niveler très-approximativement, et de déduire des lectures du niveau, après les observations, les erreurs du
nivellement, dont on corrige ensuite les observations par des formules simples de correction que nous allons examiner. Mais pour
pouvoir faire ces corrections, il faut connaître à quel angle correspondent les divisions du niveau, afin que des lectures de ce

dernier on puisse déduire les erreurs du nivellement. Il convient de plus que le niveau soit gradué dans toute sa longueur en parties égales chiffrées d'un bout à l'autre de 10 en 10 divisions, un trait plus long que les autres accusant les divisions auxquelles répondent ces chiffres, et un autre trait également plus long, mais sans numérotage, indiquant les divisions intermédiaires de 5 en 5, pour rendre la lecture plus facile et plus sûre. Anciennement, les artistes Gambey par exemple, ne graduaient pas leur niveau d'un bout à l'autre, mais seulement par les deux bouts et dans l'unique but de juger si la bulle était au centre. Pour eux le niveau était un instrument uniquement destiné à niveler exactement et non à mesurer les erreurs du nivellement. Mais nous avons vu que le nivellement rigoureux est réellement impossible, et de plus l'absence de divisions dans le milieu de la longueur du niveau rend même le nivellement beaucoup plus long, car alors ce nivellement se fait entièrement par tâtonnements, tandis qu'avec la graduation complète, deux lectures directes et inverses indiquent immédiatement la lecture intermédiaire à laquelle on doit amener la bulle, ce qui permet d'effectuer l'opération beaucoup plus vite. Quand donc on se sert d'un de ces anciens instruments dont le niveau n'est pas gradué dans toute sa longueur, on a avantage à tracer une échelle divisée sur une bande de papier qu'on colle latéralement sur le niveau. Cette échelle est d'ailleurs entièrement arbitraire, on se contente seulement de la rendre régulière. Nous supposerons donc toujours, dans ce qui va suivre, que les niveaux sont gradués d'un bout à l'autre avec un chiffrage croissant dans un seul sens. Nous allons maintenant indiquer le moyen d'obtenir la valeur angulaire de ces divisions du niveau.

Pour cela, supposons d'abord qu'il s'agisse du niveau fixe du théodolite, c'est-à-dire, de celui qui est parallèle au limbe du cercle gradué vertical. On commence par bien niveler l'instrument, puis, par la rotation autour de l'axe vertical, on amène le limbe et le niveau dans une direction perpendiculaire à deux des vis : il est alors évident qu'en agissant sur la troisième vis, on élève ou on abaisse un des bouts du niveau ; et comme l'instrument a été nivelé primitivement, les deux autres vis qui sont réglées et autour de la pointe desquelles l'instrument tourne, font que dans le petit déplacement qu'on lui détermine en agissant sur la troisième vis, l'axe de l'instrument se meut dans un plan vertical. Ces con-

sidérations étant établies, on voit qu'en agissant sur la troisième
vis, on .peut amener la bulle du niveau à une des extrémités de
ce dernier, et on lit les divisions auxquelles elle s'est arrêtée,
c'est-à-dire celles qui répondent à ses deux extrémités et on en
prend la moyenne. Ceci étant fait, on pointe la lunette sur un
objet éloigné, puis on agit de nouveau sur la troisième vis, de
manière à amener la bulle à l'autre extrémité du niveau. Dans ce
déplacement la lunette dépointe d'une quantité égale à la déviation que subit l'axe vertical en passant de la première à la
deuxième position. On lit les divisions devant lesquelles se sont
arrêtées les deux extrémités de la bulle et on en prend la moyenne
qui répond au milieu de cette dernière. Puis, ramenant la lunette
au pointé, le déplacement de l'alidade sur le limbe dans ce retour
fait connaître l'angle répondant au nombre de divisions dont on
a fait mouvoir la bulle. Ce déplacement de l'alidade est connu
en arc sur le cercle gradué si on a eu soin de lire les divisions
correspondant à l'index de l'alidade aux deux pointés. Ce même
déplacement représente en arc la différence des deux lectures du
niveau. En le divisant par le nombre de divisions du niveau dont
s'est déplacée la bulle, nombre qui n'est autre que la différence
des moyennes des lectures des deux extrémités de cette dernière
au premier et au deuxième pointé, on a le nombre de secondes
représenté par chaque division du niveau.

Si le théodolite est répétiteur, on peut répéter l'opération un
grand nombre de fois, en ajoutant les arcs bout à bout par la
méthode de la répétition que nous avons déjà exposée dans le numéro 5, et alors l'arc final, qui n'est autre que la somme des arcs
obtenus chaque fois qu'on fait passer la bulle d'un bout à l'autre
du niveau, représente la valeur de la somme des déplacements de
la bulle dans toutes les opérations. Comme on ne peut pas chaque fois ramener la bulle juste au même point, on lit, à chaque
opération, les divisions où s'arrêtent ses extrémités, et on fait la
moyenne pour avoir la division répondant au milieu de la bulle,
et cela pour chacune des extrémités du niveau. La différence des
deux moyennes donne le déplacement répondant à l'observation
considérée, exprimé en divisions et fractions de divisions du niveau. On fait la somme de ces déplacements calculés pour chaque
opération, et on a le diviseur par lequel on doit diviser l'arc
final pour avoir la valeur d'une des divisions du niveau.

Quand on veut étudier le niveau dans ses diverses parties pour voir si toutes les divisions sont égales, on opère de la même manière; seulement au lieu de faire varier la bulle d'une extrémité à l'autre du niveau, on ne la fait varier que de 5 ou 6 divisions à la fois, et toujours sensiblement entre les mêmes divisions. On a alors, de la manière indiquée, la valeur des parties du niveau dans cette portion de l'instrument, et la moyenne de toutes les lectures donne la division moyenne où la valeur doit être regardée comme égale au nombre trouvé. On fait cette opération successivement sur toutes les parties de la division, et on a ainsi, de 5 en 5 ou de 6 en 6 parties, les valeurs des divisions de l'instrument. Comme ces divisions ne passent pas d'une manière discontinue de l'une à l'autre de ces valeurs, une interpolation donne la valeur répondant à toutes les divisions intermédiaires. On construit alors une table de la valeur des parties du niveau donnant pour chaque division l'arc total représenté depuis la division zéro, et en face on inscrit la valeur de la partie ou division correspondante. Alors, quand on veut connaître l'erreur d'un nivellement, on fait la moyenne des lectures répondant aux deux extrémités de la bulle dans la position directe, puis on prend dans la table le nombre répondant à la division entière de cette moyenne, on y ajoute, d'après la valeur de la division, la quantité proportionnelle à la fraction de division complétant la moyenne trouvée. On fait ensuite la même opération pour la lecture dans la position inverse, et la différence des deux nombres de minutes et secondes obtenus représente le double de l'erreur du nivellement exprimé en arc, car le vrai nivellement correspond à la moyenne des lectures, position directe et position inverse, et par conséquent la différence de ces deux lectures est le double de la différence de l'une d'elles avec la moyenne, c'est-à-dire avec le vrai nivellement.

Si maintenant on veut déterminer la valeur des divisions de l'autre niveau du théodolite, on l'assujettit sur le premier, de telle sorte qu'il soit fixé momentanément sur l'instrument d'une manière invariable et parallèlement au limbe, comme le premier l'est par construction. Puis on opère comme pour le premier niveau. Les artistes, pour faciliter la détermination de la valeur des parties de ce second niveau, devraient disposer à côté du grand niveau un système de tiges verticales destinées à empêcher le niveau de l'axe de tomber quand on le place sur le niveau fixe.

Mais quoiqu'ils négligent cette précaution, on y remédie en liant ce niveau momentanément sur l'autre et en employant pour le maintenir de petits morceaux de bois qu'on attache avec les deux niveaux.

On peut, de cette manière, déterminer avec un théodolite la valeur des parties ou divisions d'un niveau quelconque.

On peut également se servir, à cet effet, du cercle mural, et c'est ainsi qu'en général on étudie les niveaux des lunettes méridiennes. On détache le niveau de son porte-niveau et on l'assujettit fixement sur un des rayons du cercle mural, puis au moyen de la vis de rappel de ce cercle, on modifie progressivement l'inclinaison du rayon en question, de façon que la bulle passe successivement d'un bout à l'autre du niveau. On lit après chaque mouvement qu'on a donné à cette vis de rappel les divisions du niveau auxquelles s'arrêtent les extrémités de la bulle et on en prend la moyenne; on lit en même temps avec les microscopes du cercle les divisions correspondantes de ce dernier. Les différences successives font connaître exprimés en partie du niveau les déplacements de la bulle correspondant aux déplacements du cercle exprimés en arc. La division des derniers par les premiers donne la valeur des divisions du niveau dans toute la longueur de celui-ci, comme nous l'avons indiqué pour la détermination de cette valeur avec le théodolite.

13. — Une fois les valeurs des divisions des niveaux connues, il est facile de calculer les corrections que les erreurs de nivellement doivent faire appliquer aux observations, pourvu qu'on ait lu le niveau après ces dernières dans la position où s'est arrêté l'instrument.

Considérons premièrement les observations de double distance zénithale faites avec le théodolite, et supposons d'abord que l'axe horizontal de l'instrument soit rigoureusement horizontal, de sorte que la lunette se trouve bien exactement dans un plan vertical, et admettons aussi que le limbe soit bien vertical dans les deux positions directe et inverse de l'instrument. Nous supposerons de plus, pour fixer les idées, que le théodolite est à lunette excentrique, quoique tout ce que nous allons dire s'applique de même au théodolite à lunette centrée.

Comme nous l'avons déjà dit, pour obtenir une double distance zénithale avec le théodolite, on pointe d'abord l'objet dont on veut la distance au zénith dans la position directe de l'instrument, c'est-à-dire, par exemple, avec la lunette à droite de l'observateur. Puis on retourne l'instrument de 180° autour de son axe vertical et, en ramenant la lunette sur l'objet en question, le cercle alidade décrit un arc égal au double de la distance zénithale cherchée et dont on a la mesure sur le cercle gradué.

Cela posé, comme il faut préciser le sens de la graduation du niveau parallèle au limbe vertical, supposons ce niveau chiffré de telle sorte que le zéro soit du côté de l'observateur quand la lunette est à droite ou dans la position directe par laquelle nous commençons le pointé ; il sera alors du côté opposé à l'observateur dans la position inverse de l'instrument.

Pointons d'abord l'objet dans la position directe, puis, avant de toucher de nouveau à l'instrument, effectuons la lecture du niveau parallèle au limbe vertical, dans la position où la bulle s'est arrêtée (1), puis retournons l'instrument, pointons dans la direction inverse, et lisons ensuite le même niveau dans cette position avant de toucher de nouveau à l'instrument et de lire l'angle, de peur qu'en effectuant cette lecture nous n'exercions sur l'instrument quelque influence de pression ou de température modifiant le nivellement sous lequel a eu lieu le pointé.

Si la lecture du niveau est identiquement la même dans la position directe et la position inverse, cela vient de ce que la ligne horizontale menée perpendiculairement à l'axe horizontal du cercle, répond aux mêmes divisions de ce cercle dans les deux cas, et l'angle obtenu n'a pas besoin de correction. Mais si la deuxième lecture diffère de la première, alors la ligne qui était horizontale dans le premier cas ne l'est plus dans le second, et a dévié de l'horizontalité d'une quantité égale à la différence des lectures du niveau réduite en arc. L'angle double est donc altéré de cette erreur, puisque, indépendamment du mouvement de l'alidade pour décrire la double distance zénithale vraie, il y a eu le mouvement du cercle gradué.

Supposons que la deuxième lecture du niveau, ou lecture de la position inverse, dépasse la première lecture position directe ; puisque dans la position inverse le zéro est du côté opposé à l'obser-

_____

(1) Rappelons ici une fois pour toutes qu'à l'avenir nous appellerons lecture du niveau la moyenne des deux lectures des deux extrémités de la bulle.

vateur, cela vient de ce que le bout du niveau, dirigé du côté de l'observateur, est plus haut dans la position inverse que cette même extrémité ne l'était dans la position directe ; c'est donc comme si l'instrument avait tourné autour d'un axe incliné du côté opposé à l'observateur, au lieu d'avoir tourné autour d'un axe rigoureusement vertical. Au lieu donc d'avoir mesuré la double distance au zénith, on a mesuré la double distance à un point plus bas que le zénith du côté de l'objet, d'où il résulte qu'on a sur le limbe un angle trop petit. En appelant donc D la lecture directe du niveau, I la lecture inverse, A l'arc décrit par l'alidade et mesuré par les graduations du limbe ; I—D, que nous supposons réduit en arc, est une correction additive à l'arc A pour avoir la double distance zénithale exacte. La vraie distance zénithale est donc :

$$\frac{A}{2} + \frac{I-D}{2}$$

Si, au contraire, la lecture inverse est plus petite que la lecture directe, alors l'instrument penche du côté opposé : on a donc une mesure trop grande pour l'arc ; il faut par conséquent en retrancher la différence D—I des deux lectures pour avoir la double distance zénithale vraie : donc la vraie distance zénithale est encore

$$\frac{A}{2} - \frac{D-I}{2} \quad \text{ou} \quad \frac{A}{2} + \frac{I-D}{2}$$

comme dans le premier cas. Cette formule convient donc à tous les cas.

Mais si le niveau était gradué en sens contraire, c'est-à-dire si dans la position directe le niveau avait son zéro du côté opposé à l'observateur, l'augmentation des divisions répondrait à la diminution dans le cas que nous avons considéré, et le signe de I—D dans la formule devrait être changé. Ainsi, d'une manière générale, on a pour la vraie distance zénithale

$$\frac{A}{2} + \frac{I-D}{2}$$

si le zéro du niveau est du côté de l'observateur, position directe, c'est-à-dire lunette à droite ;

$$\frac{A}{2} - \frac{I-D}{2}$$

si le zéro du niveau est du côté opposé.

Et cela a lieu, quels que soient les déplacements que l'instrument ait pu prendre entre les deux observations directes et inverses. Si on a une série avec répétition, la correction sur l'arc final est alors la somme de tous les I—D correspondant à chaque observation individuelle.

14. — Si l'axe horizontal du théodolite est bien horizontal dans les deux positions directe et inverse, nous n'avons pas à appliquer aux distances zénithales mesurées d'autre correction que celle que je viens d'indiquer. Mais si l'axe horizontal est incliné, les angles ont été mesurés dans des plans obliques. Pour reconnaître l'influence que le mouvement de la lunette dans un plan oblique peut exercer sur la mesure de la distance zénithale d'un objet, soit h la hauteur de cet objet complément de sa distance zénithale mesurée, et soit i l'inclinaison de l'axe horizontal de l'instrument. De l'objet observé abaissons un arc de grand cercle perpendiculaire sur l'horizon, c'est dans le plan de cet arc que la hauteur aurait dû être mesurée. Du même point abaissons un autre arc de grand cercle faisant avec l'horizon un angle égal à $90°—i$; c'est dans cet arc de grand cercle, dirigé d'un côté ou de l'autre du premier suivant le sens de l'inclinaison de l'axe, que l'angle a été mesuré. Cela posé, dans le triangle rectangle, formé par ces deux arcs de cercle et l'horizon, on connaît l'hypoténuse ou la hauteur mesurée h, et l'angle $90°—i$ de cette hauteur avec l'horizon, on a donc pour la hauteur vraie opposée à cet angle :

$$\text{sinus de la hauteur vraie} = \sin h \sin (90 - i) = \sin h \cos i,$$

ou en appelant z la distance zénithale mesurée, complément de h,

$$\cos. \text{ de la dist. zénith. vraie} = \cos z \cos i = \cos z - 2 \cos z \sin^2 \tfrac{1}{2} i.$$

En appelant c la correction à appliquer à la distance mesurée pour avoir la distance vraie, auquel cas la distance zénithale vraie égale $z + c$, cette équation devient :

$$\cos (z + c) = \cos z - 2 \cos z \sin^2 \tfrac{1}{2} i$$

ou

$$\cos z \cos c - \sin z \sin c = \cos z - 2 \cos z \sin^2 \tfrac{1}{2} i$$

ou encore :

$$2 \cos z \sin^2 \tfrac{1}{2} c + \sin z \sin c = 2 \cos z \sin^2 \tfrac{1}{2} i.$$

3

Comme c et i sont de très-petits arcs, car l'axe est toujours approximativement nivelé, on peut remplacer $\sin c$ par $c \sin 1''$ et $\sin \frac{1}{2} i$ par $\frac{1}{2} i \sin 1''$, il vient alors :

$$\tfrac{1}{2} c^2 \cos z \sin 1'' + c \sin z = \tfrac{1}{2} i^2 \cos z \sin 1''.$$

Cette équation peut se mettre sous la forme :

$$(a) \qquad c = \frac{i^2 \sin 1'' \cos z}{2 \sin z + c \cos z \sin 1''}$$

·formule dans laquelle c est exprimé en secondes.

Tant que z est grand, $c \cos z \sin 1''$ est négligeable par rapport à $2 \sin z$ et on a :

$$(b) \qquad c = \tfrac{1}{2} i^2 \sin 1'' \cot z$$

formule qui montre que la correction est négligeable si i n'est que de quelques secondes, car si z est grand et plus grand que $45°$, $\cot z$ est plus petit que l'unité, et il ne prend de valeur importante que si z est voisin de zéro. Mais si on fait $z = o$ dans la formule complète (a), auquel cas $\sin z = 0$, on aura $c^2 = i^2$, d'où $c = i$, comme on devait s'y attendre.

La correction, dont la valeur maximum est l'inclinaison même de l'axe horizontal, n'est donc sensible que dans le voisinage immédiat du zénith. Elle est nulle à l'horizon où $z = 90°$ et où par conséquent $\cos z = 0$.

Pour $i = 60''$ ou $1'$, quand $z = 45°$, la valeur de c est égale à moins d'une centième de seconde, car on a $c = 0'',0087$, et pour $z = 5°$ seulement, elle n'égale pas encore un dixième de seconde, car on a alors $c = 0'',0998$; pour une inclinaison de l'axe de $20''$, elle n'atteint à $5°$ du zénith que 1 centième de seconde.

On voit donc qu'il suffit de niveler l'axe à moins de $20''$ près pour n'avoir à appliquer aucune correction provenant de l'inclinaison de l'axe, pour toutes les distances au zénith supérieures à $5°$. Or on nivelle facilement dans cette limite.

Si l'astre est très-voisin du zénith, il est utile de niveler l'axe horizontal avec soin, et si on veut tenir compte de son erreur, on prendra l'inclinaison dans la position directe, en retournant le niveau de l'axe dans cette position et faisant les 2 lectures dont la différence fera connaître cette inclinaison. On fera la même chose dans la position inverse. Prenant alors pour valeur de z la moitié de la distance zénithale observée, on transformera la première moitié par la formule :

$$\cos z' = \cos z \cos i',$$

i' étant l'inclinaison de l'axe dans la position directe (ici le sens de l'inclinaison est indifférent), et la deuxième moitié par la formule :

$$\cos z'' = \cos z \cos i'',$$

i'' étant l'inclinaison de l'axe dans la position inverse, inclinaison qui peut être différente de celle de la position directe si l'instrument a été touché, ou si son axe vertical n'est pas bien vertical. Alors $z' + z''$ sera la vraie double distance zénithale qu'on aurait mesurée si l'axe avait été rigoureusement horizontal.

Lorsqu'on tient compte, par les procédés que nous avons indiqués, des lectures du niveau parallèle au limbe et des inclinaisons de l'axe horizontal mesurées dans les positions prises par l'instrument, l'axe vertical n'intervient pas par son défaut de nivellement dans le calcul des corrections.

On voit donc, d'après ce qui précède, que l'inclinaison de l'axe horizontal a peu d'influence sur les hauteurs observées et que s'il est passablement nivelé, cette inclinaison ne donne aucune correction à faire pour les distances zénithales supérieures à 5 ou 6 degrés. Mais l'inclinaison de l'axe horizontal influe notablement sur les azimuts, pour lesquels nous allons maintenant étudier les corrections provenant de l'imperfection du nivellement. Toutefois, nous présenterons auparavant quelques considérations sur la définition de l'axe horizontal dans les instruments à lunettes excentriques et centrés, et sur les moyens avec ces derniers, et notamment avec la lunette méridienne, de déduire du nivellement effectué sur la surface supérieure la vraie inclinaison de l'axe.

15. — Comme nous l'avons vu, tous les théodolites sont munis de trois vis à caler, à l'aide desquelles l'axe de l'instrument, qui est en même temps l'axe du cercle azimutal, peut être rendu vertical, et de plus, dans tous ces instruments également, l'axe du cercle de hauteur supporte un niveau, à l'aide duquel ce dernier axe peut être rendu horizontal. Mais lorsque la lunette est excentrique, c'est-à-dire quand elle est portée, ainsi que le limbe, à l'une des extrémités de l'axe horizontal, la flexion due aux poids très-notables de

cette lunette et de ce limbe fait que la lunette se meut en réalité dans un plan incliné, lors même que le niveau indiquerait que l'axe serait horizontal. Cette expression : *lors même que l'axe serait horizontal*, demande une explication, car, par suite des flexions, l'axe est une courbe ; aussi doit-on définir l'axe par la ligne droite qui joint les centres des deux sections verticales de l'axe passant par le milieu des coussinets. Si les deux portions de l'axe qui reposent sur les coussinets étaient parfaitement cylindriques et de même diamètre, les deux pattes du niveau feraient exactement connaître si l'axe est horizontal, pourvu que ces deux pattes du niveau pussent reposer au-dessus des coussinets. En général, cette dernière condition n'est pas possible, mais les pattes du niveau reposent tout près des coussinets, ce qui ne peut pas produire d'erreur appréciable (1), à la condition toutefois d'une répartition symétrique des poids sur l'axe, ce qui revient à équilibrer le cercle et la lunette à l'autre extrémité de leur axe lui-même. Ordinairement, dans les théodolites excentriques, cette répartition symétrique n'a pas lieu. Les artistes ne s'en préoccupent pas, parce que l'erreur du nivellement qu'il s'agissait d'éviter par là est petite par rapport à l'erreur déjà citée plus haut et résultant de ce que, par la flexion, la lunette se meut dans un plan incliné, lors même que l'axe serait horizontal.

Il résulte des procédés même employés dans la construction des axes que le défaut de cylindricité est peu à craindre. C'est ainsi qu'à la lunette méridienne de l'Observatoire de Paris il n'a pas été possible, par des nivellements faits pour diverses hauteurs de l'instrument, de reconnaître d'erreur appréciable dans la cylindricité des tourillons. En citant cette lunette, nous venons d'indiquer le moyen d'apercevoir les défauts de cylindricité et de les mesurer même au moyen du niveau. On pourrait donc en tenir compte s'il y avait lieu.

16.—Il n'en est pas de la différence de diamètre des deux tourillons comme de leur cylindricité. On peut dire qu'il est pratiquement impossible d'obtenir des tourillons rigoureusement de même

---

(1) Ceci suppose toutefois que les tourillons ne sont pas coniques et ne font pas un angle entre eux, contrairement à ce qui a lieu généralement. Aussi il importe que les pattes du niveau reposent sur les coussinets autant que possible.

diamètre. Par suite de cela, le niveau qui fait connaître l'inclinaison de certaines arêtes supérieures du tourillon (1), celles sur lesquelles reposent ses pattes, ne donne pas l'inclinaison réelle de l'axe. Pour savoir ce qu'était cette inclinaison, il faudrait, comme cela a lieu pour la lunette méridienne, pouvoir faire un second nivellement en renversant la lunette, de telle sorte que le tourillon de gauche vînt reposer sur le coussinet de droite et inversement. En effet, soit i l'inclinaison des arêtes reposant sur les coussinets, et $i + \varphi$ l'inclinaison des arêtes supérieures dans la position directe donnée par le niveau ; cette inclinaison sera $i - \varphi$ dans la position inverse, et elle sera également donnée par le niveau ; soient donc i_1 et i_2 les inclinaisons données par le niveau, position directe et position inverse, on aura

$$i + \varphi = i_1, \qquad i - \varphi = i_2$$

d'où

$$i = \frac{i_1 + i_2}{2}, \qquad \varphi = \frac{i_1 - i_2}{2}.$$

Or $i + \dfrac{\varphi}{2}$ est l'inclinaison de l'axe, qui est alors égale à $\dfrac{3\,i_1 + i_2}{4}$.

A la lunette méridienne, quand φ a été déterminé comme nous venons de le dire, par un nivellement bien fait, il suffit de niveler dans une seule position pour avoir l'inclinaison de l'axe, car φ est une constante à l'aide de laquelle on peut corriger le nivellement effectué sur les arêtes supérieures pour avoir celui de l'axe.

Dans les théodolites excentriques de Gambey, le renversement de l'axe sur les coussinets n'est pas possible, et d'ailleurs ce renversement ne servirait à rien, à cause du défaut de symétrie et de la flexion de l'axe qui fait que la lunette, comme nous l'avons dit, se meut dans un plan incliné lors même que le nivellement indiquerait l'axe horizontal. Le niveau ne peut donc faire connaître que l'inclinaison des arêtes supérieures de l'axe et nullement celle de l'axe lui-même. Cet inconvénient, joint à celui que nous avons déjà signalé et d'après lequel la lunette se meut par suite de la flexion

_____

(1) Par la disposition des pattes du niveau et des coussinets, ces arêtes supérieures sont symétriques des arêtes inférieures qui reposent sur les coussinets.

dans un plan incliné lors même que l'axe serait horizontal, fait
que, dans les théodolites excentriques, le niveau ne peut servir
à déterminer l'inclinaison du plan dans lequel se meut la lunette.
Or, pour obtenir des observations azimutales précises, cette inclinaison, comme nous allons le voir, doit être connue avec une grande
exactitude, afin de corriger ces observations de l'erreur qu'elle
introduit sur l'azimut. Au contraire, en employant des théodolites
centrés, dans lesquels la lunette puisse être renversée sur les coussinets et où les poids soient reportés symétriquement sur l'axe, par
un équilibrage du cercle de hauteur à l'aide d'un second cercle
semblable, il résulte de la symétrie des flexions que la lunette se
meut dans un plan perpendiculaire à son axe défini comme précédemment. Le niveau peut alors par les formules précédentes,
donner l'inclinaison réelle de cet axe, en même temps qu'au
besoin, il fait connaître le défaut de cylindricité des tourillons.

17. — On peut sans doute, sans recourir au niveau, parvenir à
éliminer à peu près l'influence de l'inclinaison de l'axe horizontal
sur les mesures azimutales, que les théodolites soient ou non
excentriques, en observant successivement dans la position directe
et dans la position inverse de l'instrument, c'est-à-dire par un
changement de 180° sur les mesures azimutales, pourvu que l'axe
vertical soit rigoureusement vertical, car alors les inclinaisons de
l'axe horizontal seront rigoureusement égales mais inverses dans
les deux positions directes et inverses de l'instrument. Si l'astre
a été observé exactement à la même hauteur dans les deux cas,
l'élimination de l'influence de l'axe horizontal sera même complète. Il est évident, en effet, que dans ce mode d'opérer, les déviations azimutales de la lunette en passant de l'horizon à la hauteur
de l'astre observé seront égales, mais de signe contraire dans les
deux positions inverses de l'instrument. La moyenne des lectures sur le limbe ne sera donc pas influencée par l'inclinaison
de l'axe horizontal. Il est rare toutefois que dans les deux positions on puisse observer l'astre à la même hauteur, car les observations sont consécutives et généralement la hauteur de celui-ci
varie avec le temps. Mais si les deux observations sont très-rapprochées, et si l'axe est déjà presque horizontal, de sorte que
dans chaque cas l'erreur soit déjà très-petite, la différence de ces
deux erreurs très-petites sera du deuxième ordre et négligeable.
Si l'axe horizontal n'est pas également incliné en sens contraire

dans les deux positions directes et inverses, ce fait se manifeste par la différence de lecture du niveau dans les deux positions, bien que ce dernier repose sur les arêtes supérieures, et sans qu'il soit nécessaire pour cela de le retourner chaque fois. Il suffira alors de corriger la moyenne des lectures de l'effet de cette différence d'inclinaison, comme si cette dernière était l'inclinaison même de l'axe dans une observation unique.

On peut encore déduire l'inclinaison d'observations de passages par des azimuts donnés faites sur un même astre observé directement et par réflexion sur un bain de mercure. Car l'astre est réfléchi dans son vertical même, à une distance au-dessous de l'horizon égale à sa hauteur au dessus. Conséquemment, les lectures des observations faites sur l'image directe et l'image réfléchie, après avoir tenu compte de la portion de leur différence due au mouvement azimutal de l'astre pendant le temps écoulé entre elles, doivent s'accorder si l'axe est horizontal. Dans le cas contraire, leur différence représente le double de l'influence de l'inclinaison de l'axe sur la mesure azimutale dans le pointé à l'image directe, influence qui est égale, comme nous le verrons plus loin, à l'inclinaison de l'axe multipliée par la tangente de la hauteur de l'astre. Cette hauteur étant connue par observation ou par calcul, on voit qu'en divisant la demi-différence des lectures en question par la tangente de cette hauteur, on aura l'inclinaison de l'axe. On voit de plus que la moyenne des deux observations faites sur l'image directe et l'image réfléchie, est indépendante de l'inclinaison de l'axe, pourvu que cette dernière n'ait pas varié dans l'intervalle de ces observations. Mais il résulte de tout cela des complications dans les observations que le temps et les circonstances ne permettent pas toujours. Dans tous les cas, le niveau fournit des vérifications trop précieuses pour y renoncer; et fréquemment on ne possède que lui pour déterminer l'inclinaison de l'axe et éliminer les erreurs qu'elle produit. Il serait donc à désirer qu'on pût toujours n'employer que des théodolites dans lesquels la lunette est centrée. Cette condition est importante surtout lorsqu'on veut une grande précision, et lorsqu'on augmente les dimensions du théodolite pour en faire un alt-azimut. Toutefois, plus tard, en traitant des lunettes, nous indiquerons des moyens optiques par lesquels on peut avoir à chaque instant l'inclinaison du plan dans lequel se meut la lunette, et en appliquant les dispositions que nous indiquerons alors, on pourra faire jouir les théodolites excentriques de tous les avantages des théodolites centrés.

18.— L'inclinaison de l'axe horizontal d'un théodolite varie avec l'azimut de la lunette, si l'axe vertical de l'instrument n'est pas rigoureusement vertical. Les vis de calage permettent de rendre ce dernier axe sensiblement vertical, mais il est difficile d'arriver à la rigueur absolue. D'un autre côté, pendant la durée d'une série d'observations, il importe de s'assurer plusieurs fois de l'état de cet axe, et d'en tenir compte pour les réductions. La manière d'opérer consiste à observer l'inclinaison dans deux plans rectangulaires. Calant le cercle azimutal sur une certaine division, on fait une lecture du niveau (porté soit par le cercle azimutal, soit par l'axe de la lunette), on décale ensuite le cercle azimutal, qu'on fait tourner de 180°, puis on le cale de nouveau, et on fait une nouvelle lecture du niveau. La différence de ces deux lectures égale le double de l'angle de la perpendiculaire à l'axe vertical avec la ligne horizontale dirigée suivant l'azimut où ont été faites ces opérations. Elle fait conséquemment connaître l'inclinaison de l'axe dans le sens de cette ligne. On répète les mêmes observations dans un nouvel azimut faisant avec le premier un angle de 90°, et on a de même l'inclinaison de la perpendiculaire à l'axe vertical dans ce nouvel azimut (1).

Soient alors i l'inclinaison pour la lecture a du limbe horizontal, et i' l'inclinaison pour la lecture $90° + a$ du même limbe ; i et i' étant positifs si le niveau relève du côté où on fait la lecture du limbe, négatifs dans le sens contraire ; en appelant a_1 la lecture inconnue du limbe horizontal pour laquelle l'inclinaison est nulle, ou en d'autres termes l'azimut de la ligne des nœuds du plan du limbe et de l'horizon ; enfin, I l'inclinaison inconnue de l'axe vertical ; on aura les deux équations :

$$\sin i = \sin (a - a_1) \sin I$$

$$\sin i' = \sin (90° + a - a_1) \sin I$$

d'où

(1) Il est évident qu'en se servant à la fois des deux niveaux perpendiculaires de l'instrument, on déterminera simultanément l'inclinaison dans deux azimuts perpendiculaires, par une seule position directe et une seule position inverse du théodolite.

$$\tang (a - a_1) = \frac{\sin i}{\sin i'},$$

$$\sin I = \sqrt{\sin^2 i + \sin^2 i'}.$$

Dans ces formules, il faut bien faire attention à donner leurs signes à i et i'. Ces signes n'influent pas sur la détermination de la valeur absolue de I, mais ils influent sur celle $a - a_1$, dont la tangente peut être positive ou négative. A une même tangente répondent deux arcs distants de 180°. Mais cela n'influe pas sur le résultat, car ces deux arcs sont les deux lectures répondant à la ligne des nœuds. On peut prendre pour $a - a_1$, l'un ou l'autre de ces arcs; mais pour pouvoir faire I positif, a_1 doit être le nœud ascendant, c'est-à-dire la lecture pour laquelle en suivant le sens de la graduation, le limbe va en s'élevant au-dessus de l'horizon; si i' est positif, on devra prendre alors pour $a - a_1$ qu'on fera du signe de sa tangente, la valeur soit positive ou négative, qui est inférieure à 90° comme valeur absolue. Si i' est négatif, il faudra prendre celle qui est supérieure à 90°. En appelant x cette valeur de $a - a_1$, on aura

$$a - a_1 = x \quad \text{d'où} \quad a_1 = a - x$$

et a_1 ainsi déterminé sera la lecture du limbe qui répondra au nœud ascendant, de sorte que $a_1 - 90°$ sera la lecture du cercle vers laquelle l'axe penche de l'angle I donné par l'équation

$$\sin I = \sqrt{\sin^2 i + \sin^2 i'}.$$

Connaissant ainsi a_1 et I, on aura l'inclinaison i'' dans un azimut a'' quelconque par l'équation

$$\sin i'' = \sin (a'' - a_1) \sin I,$$

équation dans laquelle I est toujours positif, de sorte que le signe de i'' est donné par celui de $\sin (a'' - a_1)$. Cette formule peut s'écrire

$$i'' = I \sin (a'' - a_1).$$

19. — L'inclinaison de l'axe de la lunette ou axe horizontal de l'instrument est, comme nous l'avons vu, déterminable directement,

si l'instrument est centré, au moyen du niveau porté par cet axe. Cette inclinaison, étant déterminée, resterait la même dans tous les azimuts, si l'axe de l'instrument était parfaitement vertical ; mais, en général, il n'en est pas ainsi, et il importe alors de noter l'azimut dans lequel on a fait une détermination de l'inclinaison de l'axe horizontal. Retranchant alors de l'inclinaison trouvée celle de la perpendiculaire à l'axe vertical de l'instrument dans l'azimut considéré, inclinaison que l'on a par les formules précédentes, on obtient l'angle A formé par l'axe horizontal et la perpendiculaire à l'axe vertical. Si alors on cale l'instrument dans un nouvel azimut, on aura l'inclinaison de l'axe horizontal dans ce nouvel azimut en joignant à l'angle A l'inclinaison de la perpendiculaire à l'axe vertical fournie par la formule précédente :

$$\sin i'' = \sin (a'' - a_i) \sin I.$$

20. — Supposons maintenant l'axe vertical rigoureusement vertical. Si l'axe horizontal n'est pas alors exactement horizontal, on commettra une erreur sur les azimuts mesurés, puisque la lunette ne se meut pas dans un plan vertical ; la grandeur de l'erreur commise dépend de la hauteur du point observé. Soient h la hauteur de ce point et i l'inclinaison de l'axe horizontal de l'instrument. Le plan décrit par la lunette, et qui passe par l'objet considéré, fait alors l'angle i avec la verticale. L'intersection, avec la sphère céleste, de ce plan et du plan vertical passant par l'objet détermine deux arcs de grands cercles, et ces deux arcs composent avec l'arc d'horizon qu'ils interceptent un triangle sphérique rectangle dont l'un des côtés de l'angle droit est égal à h, et dont l'autre côté de cet angle droit est l'erreur ε cherchée sur l'azimut ; l'angle adjacent à ce dernier côté est égal à $90° - i$. Si h' est la longueur de l'hypothénuse, qui n'est autre que la hauteur donnée par l'instrument, on a

$$\tan \varepsilon = \tan h' \cos (90° - i) = \tan h' \sin i.$$

On peut donc, au moyen de cette formule, corriger les observations azimutales de l'erreur due à l'inclinaison. Cette erreur et l'inclinaison étant deux très-petites quantités, on peut sans erreur sensible substituer les arcs aux tangentes et sinus, et il vient

$$\varepsilon = i \tan h' = i \cot z',$$

en appelant z' la distance zénithale, complément de la hauteur h'.

Cette formule fait voir que si la hauteur de l'astre est inférieure à 45°, l'erreur commise sur l'azimut est moindre que celle que l'on commet sur l'inclinaison ; mais quand la hauteur est plus grande que 45°, l'inverse a lieu, puisqu'alors tang h' devient plus grand que l'unité.

Quant au signe de la correction à appliquer aux azimuts observés, il faut remarquer que si nous comptons les azimuts à partir du méridien (côté du pôle nord vers l'ouest), et jusqu'à 360°, cette correction sera additive si le tourillon le plus élevé est celui de la droite de l'observateur regardant l'objet visé, et soustractive dans le cas contraire.

Si on différencie la formule

$$\varepsilon = i \tan g\, h'$$

par rapport à ε et h', il vient

$$\delta\varepsilon = i \sec^2 h'\, \delta h',$$

ce qui prouve qu'une erreur sur h' introduit sur ε une erreur d'autant plus grande que h' est plus grand. Si nous remarquons que i et $\delta h'$ sont du premier ordre, nous voyons que $\delta\varepsilon$ est du second ordre, tant que h' est petit, mais quand h' approche de 90°, une erreur sur h' peut introduire sur ε une erreur très appréciable. Les observations azimutales ne doivent donc pas être faites très-près du zénith (1), parce que les erreurs instrumentales ont alors une trop grande influence. Des observations près du zénith, combinées avec d'autres observations éloignées de ce point, peuvent au reste, par cette même raison, être employées à l'étude de ces erreurs instrumentales.

21. — Dans ce qui précède, nous avons supposé que l'axe principal du théodolite était rigoureusement vertical. S'il est un peu incliné, il en résulte qu'au lieu de mesurer des différences azimutales autour de la vraie verticale, on a mesuré des différences azimutales autour d'une verticale un peu inclinée à celle du lieu. Nous

(1) Nous verrons toutefois plus tard le moyen d'employer les observations voisines à la fois du zénith et du méridien.

allons nous proposer d'obtenir les vraies différences azimutales
de deux points dont l'un peut être une mire, à l'aide des différences azimutales observées pour l'inclinaison connue de l'axe
vertical, inclinaison qui a lieu dans un azimut connu, si on a fait
la détermination de cette inclinaison de la manière indiquée précédemment. Mais auparavant, nous remarquerons que les corrections à faire aux azimuts observés pour l'erreur de perpendicularité de l'axe horizontal par rapport à l'axe vertical doivent être
appliquées conformément à la méthode que nous venons d'indiquer, de manière à avoir les vrais azimuts autour de la verticale
erronée, d'où nous nous proposons de déduire les vrais azimuts
autour de la verticale réelle. Il faut toutefois remarquer que dans
le cas en question, l'angle i ne représente plus l'inclinaison de
l'axe horizontal par rapport à l'horizon, mais par rapport à la
perpendiculaire à notre verticale inclinée, perpendiculaire située
dans le plan passant par cette verticale et par l'axe horizontal.
Nous avons vu d'ailleurs (n° 19) le moyen, connaissant l'inclinaison de l'axe vertical, de déduire de l'inclinaison donnée par le
niveau pour l'axe horizontal, le défaut de perpendicularité de cet
axe par rapport à l'autre, défaut qui est notre angle i dans le cas
présent. Après donc avoir corrigé les angles observés du défaut
de perpendicularité de l'axe horizontal par rapport au vertical, les
observations sont devenues ce qu'elles auraient été dans le cas
d'une perpendicularité rigoureuse. Cela revient donc au même
que si cette perpendicularité avait existé, de sorte que nous n'avons
plus à nous occuper que de l'effet de l'inclinaison de l'axe vertical.

Soit a_i la lecture du limbe répondant au nœud ascendant a'

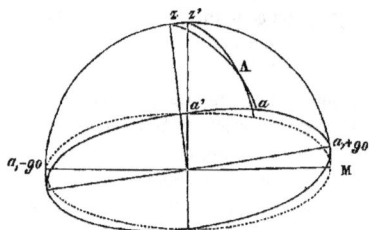

Fig. 7.

(fig. 7) sur la ligne des
nœuds du plan du limbe
et de l'horizon, a_i étant
déterminé, comme nous
l'avons dit précédem-
ment, et soit I l'inclinaison de l'axe vertical qui
a lieu dans la direction
de la lecture $a_i - 90°$.
Soient de plus a la lec-
ture azimutale du limbe répondant à un certain objet A, et z
la distance de cet objet au zénith Z incliné déterminé par le pro-

longement de l'axe de l'instrument. Joignons par des arcs de grand
cercle ce zénith Z et le zénith vrai Z' avec l'objet A, et faisons
passer un troisième arc de grand cercle par les deux zéniths,
nous aurons ainsi le triangle sphérique Z Z' A, dans lequel
nous connaissons le côté Z Z = I, le côté Z A = z et l'angle
A Z Z' = 90° + a_1 — a. Nous voulons l'angle A Z' M, qui est la différence d'azimut du point A et du point du limbe 90° + a_1, ou
l'angle 90° + a_1 — a', a' étant l'azimut du point A qu'on lirait
sur le limbe si ce dernier devenait vertical en tournant autour de
la ligne des nœuds.

Dans le triangle Z Z' A, on a l'équation

$$\cos Z A = \cos Z' A \cos Z Z' - \sin Z' A \sin Z Z' \cos A Z' M$$

ou

$$\cos z = \cos Z' A \cos I - \sin Z' A \sin I \sin (a' - a_I) ;$$

pour éliminer Z' A, remarquons qu'on a

$$\cos Z' A = \cos Z A \cos Z Z' + \sin Z A \sin Z Z' \cos A Z Z'$$

ou

$$\cos Z' A = \cos z \cos I + \sin z \sin I \sin (a - a_1)$$

et

$$\frac{\sin Z' A}{\sin A Z Z'} = \frac{\sin Z A}{\sin A Z' M}$$

ou

$$\sin Z' A = \frac{\sin z \cos (a - a_1)}{\cos (a' - a_1)}.$$

Substituant ces deux valeurs de cos Z' A et de sin Z' A dans l'équation précédente, il vient, en remarquant que

$$1 - \cos^2 I = \sin^2 I,$$

et divisant l'équation par sin I sin z,

$$\cot z \sin I = \cos I \sin (a - a_1) - \cos (a - a_1) \tan (a' - a_1)$$

d'où

(A) $$\tan (a' - a_1) = \tan (a - a_1) \cos I - \frac{\cot z}{\cos (a - a_1)} \sin I,$$

équation qui donne $a' - a_1$ quand $a - a_1$, I et z sont connus.

Au lieu de calculer avec la formule complète, ce qui ne serait nécessaire que si z était très-voisin de zéro (mais ce ne sont pas là les conditions dans lesquelles on fait ordinairement les observations azimutales, car nous avons vu que près du zénith ces observations perdent leur précision), on peut en remarquant donc que I est très-petit faire $\cos I = 1$, ce qui revient à négliger les termes de l'ordre I^2, et alors l'équation devient

$$\text{tang}\,(a' - a_i) = \text{tang}\,(a - a_i) - \frac{\cot z}{\cos (a - a_i)} \sin I$$

dans laquelle $\dfrac{\cot z}{\cos (a - a_i)} \sin I$ est une très-petite correction, à cause de la petitesse de $\sin I$. Si donc nous posons $a' = a + c$, c étant la quantité à joindre à a pour avoir a', l'équation deviendra

$$\frac{\text{tang}\,(a - a_i) + \text{tang}\,c}{1 - \text{tang}\,(a - a_i)\,\text{tang}\,c} = \text{tang}\,(a - a_i) - \frac{\cot z}{\cos (a - a_i)} \sin I$$

ou en développant $\left(1 - \text{tang}\,(a - a_i)\,\text{tang}\,c \right)^{-1}$ et négligeant les termes en $\text{tang}^2 c$, à cause de la petitesse de la correction c, il vient

$$\left(1 + \text{tang}^2\,(a - a_i) \right) \text{tang}\,c = - \frac{\cot z}{\cos (a - a_i)} \sin I$$

ou

$$\sec^2\,(a - a_i)\,\text{tang}\,c = - \cot z \sec\,(a - a_i) \sin I$$

ou enfin

$$\text{tang}\,c = - \cot z \cos\,(a - a_i) \sin I.$$

Dans cette formule on peut remplacer $\text{tang}\,c$ par $c \sin 1''$ et $\sin I$ par $I \sin 1''$, et elle se réduit alors à

$$c = - I \cot z \cos\,(a - a_i):$$

telle est la correction très-petite à appliquer à la lecture a pour avoir la lecture qu'on aurait observée si l'axe avait été vertical. Si on observe un deuxième objet, on aura une correction semblable à appliquer à sa lecture, et alors la différence de ces deux lectures ainsi corrigées sera la différence d'azimut des deux objets corrigée de l'effet de l'inclinaison de l'axe vertical.

22. — La formule

$$c = - \text{I} \cot z \cos (a - a_{\scriptscriptstyle 1})$$

se prête à une remarque importante. L'inclinaison i'' que l'axe vertical imprime à l'axe horizontal perpendiculaire a pour expression, en appelant a'' l'azimut de cet axe,

$$i'' = \text{I} \sin (a'' - a_{\scriptscriptstyle 1}).$$

Mais l'azimut du côté trop élevé de l'axe horizontal diffère de 90° en plus de celle de l'objet observé, on a donc $a'' = 90° + a$ et par conséquent

$$\sin (a'' - a_{\scriptscriptstyle 1}) = \sin (90° + a - a_{\scriptscriptstyle 1}) = \cos (a - a_{\scriptscriptstyle 1}),$$

donc

$$\text{I} \cos (a - a_{\scriptscriptstyle 1}) = i''.$$

Comme l'élévation du tourillon tendait à augmenter la lecture, le signe de la correction c se trouve donc celui qui répondait à l'inclinaison de l'axe horizontal dans le cas considéré, et cette valeur de c égale l'inclinaison i'' de cet axe multipliée par $\cot z$. Or c'est là précisément (n° 20) la correction d'une inclinaison de l'axe horizontal. On voit donc que la correction de l'azimut provient uniquement, aux termes près de l'ordre I^2 que nous avons négligés, de l'inclinaison de l'axe horizontal, conséquence de celle de l'axe vertical; de sorte qu'au lieu de corriger d'abord de l'effet du défaut de perpendicularité des axes, puis de l'inclinaison provenant de celle de l'axe vertical, il suffit, puisque le facteur $\cot z$ est le même pour les deux inclinaisons, de prendre leur somme qui n'est autre que l'inclinaison de l'axe horizontal mesurée directement par le niveau, et en appelant i cette inclinaison, on a toujours pour la correction des azimuts,

$$\varepsilon = i \cot z' = i \tang h',$$

comme précédemment.

23. — En corrigeant, comme nous venons de le dire, de l'effet de l'inclinaison réelle de l'axe horizontal, on voit donc que celle de l'axe vertical se réduit à un terme de l'ordre I^2. Pour le connaître, remplaçons, dans la formule complète (A) du n° 21, $\cos \text{I}$ par $1 - 2 \sin^2 \frac{1}{2} \text{I}$, nous aurons alors

$$\tan (a' - a_{\text{\tiny i}}) = \tan (a - a_{\text{\tiny i}}) - \frac{\cot z}{\cos (a - a_{\text{\tiny i}})} \sin \mathrm{I}$$
$$- 2 \tan (a - a_{\text{\tiny i}}) \sin^2 \tfrac{1}{2} \mathrm{I}$$

Faisant encore $a' = a + c$, et gardant le terme en $\tan^2 c$ dans le développement de $\left(1 - \tan (a - a_{\text{\tiny i}}) \tan c \right)^{-1}$ mais négligeant les termes du 3e ordre, il vient

$$\sec^2 (a - a_{\text{\tiny i}}) \tan c + \tan (a - a_{\text{\tiny i}}) \sec^2 (a - a_{\text{\tiny i}}) \tan^2 c =$$
$$- \cot z \sec (a - a_{\text{\tiny i}}) \sin \mathrm{I} - 2 \tan (a - a_{\text{\tiny i}}) \sin^2 \tfrac{1}{2} \mathrm{I}.$$

Mettant dans cette équation, dans le terme en $\tan^2 c$, pour $\tan c$ sa valeur $- \cot z \cos (a - a_{\text{\tiny i}}) \sin \mathrm{I}$, valeur exacte aux termes près du 2e ordre, ce qui, pour le carré de $\tan c$, sera exact aux quantités près du 3e ordre en I, il vient

$$\sec^2 (a - a_{\text{\tiny i}}) \tan c = - \tan (a - a_{\text{\tiny i}}) \cot^2 z \sin^2 \mathrm{I}$$
$$- \cot z \sec (a - a_{\text{\tiny i}}) \sin \mathrm{I} - 2 \tan (a - a_{\text{\tiny i}}) \sin^2 \tfrac{1}{2} \mathrm{I}$$

ou en remplaçant $\tan c$ par $c \sin 1''$, $\sin \mathrm{I}$ par $\mathrm{I} \sin 1''$, et multipliant par $\cos^2 (a - a_{\text{\tiny i}})$

$$c = - \mathrm{I} \cot z \cos (a - a_{\text{\tiny i}}) - \mathrm{I}^2 \sin 1'' \sin (a - a_{\text{\tiny i}}) \cos (a - a_{\text{\tiny i}}) \left(\cot^2 z + \tfrac{1}{2} \right)$$

Or dans cette valeur de c, le terme en I est déjà renfermé dans la correction due à l'inclinaison de l'axe horizontal. Après avoir fait cette correction il ne reste plus que le terme en I^2. La correction de la lecture de l'angle due à l'inclinaison de l'axe vertical en l'appelant c' est donc

$$c' = - \mathrm{I}^2 \sin 1'' \sin (a - a_{\text{\tiny i}}) \cos (a - a_{\text{\tiny i}}) \left(\cot^2 z + \tfrac{1}{2} \right)$$

ou

$$c' = - \frac{\mathrm{I}^2}{2} \sin 1'' \sin 2 (a - a_{\text{\tiny i}}) \left(\cot^2 z + \tfrac{1}{2} \right),$$

correction qui atteint son maximum, toutes choses égales d'ailleurs pour $a - a_{\text{\tiny i}} = 45°$, auquel cas elle devient :

$$c' = - \frac{\mathrm{I}^2}{2} \sin 1'' \left(\cot^2 z + \tfrac{1}{2} \right).$$

Pour $z = 90°$ et $I = 1'$, cette correction n'atteint pas un demi-millième de seconde; pour la même valeur de I et pour $z = 45°$, elle n'atteint guère qu'un centième de seconde. Pour $z = 10°$, c'est-à-dire très-près du zénith et pour $I = 10''$, la correction maximum n'atteindrait pas un centième de seconde, enfin pour $z = 5°$ et $I = 10''$, elle ne serait encore que de 3 centièmes de seconde.

On voit donc que l'inclinaison de l'axe vertical n'agira pas jusque tout près du zénith s'il est nivelé à moins de $10''$ près, pourvu qu'on corrige l'azimut de l'erreur introduite par l'inclinaison absolue de l'axe horizontal, au moyen de la formule.

$$\varepsilon = i \cot z.$$

24. — Pour le cercle mural, l'influence de l'inclinaison de l'axe sur les hauteurs observées se calcule comme celle de l'influence de l'axe horizontal du théodolite sur les hauteurs, et de même que cette dernière elle est presque nulle. Mais pour la lunette méridienne, il faut calculer l'influence de l'inclinaison de l'axe horizontal sur les instants des passages observés. Si le tourillon de l'ouest est le plus haut, les passages seront observés à l'instrument avant que l'astre arrive au méridien, du moins pour tous les passages supérieurs des étoiles. Ce sera après le passage au méridien pour les passages inférieurs des circompolaires où l'astre marche en sens inverse. Nous regarderons l'inclinaison comme positive quand le tourillon de l'ouest est le plus haut, comme négative dans le cas contraire.

Soient h la hauteur de l'astre au-dessus de l'horizon sud, et i l'inclinaison de l'axe; la lunette décrit un plan faisant l'angle i avec le méridien, et comme i est très-petit, si du point où l'astre coupe le plan décrit par la lunette, on abaisse un arc perpendiculaire sur le méridien, cet arc se confondra sensiblement avec le petit arc de parallèle décrit par l'astre. Dans le triangle rectangle formé par ce petit arc, par le méridien et par l'arc de grand cercle décrit par la lunette, on aura en appelant b ce petit arc et nommant h' la distance de l'astre à l'horizon sud dans le cercle décrit par la lunette

$$\sin b = \sin h' \sin i.$$

Mais à cause de la petitesse de l'angle i, h' est sensiblement égal à h, on peut donc sans erreur sensible poser

$$\sin b = \sin h \sin i$$

ou
$$b = i \sin h.$$

Remarquons maintenant qu'en appelant l la latitude et D la déclinaison de l'astre, on a

$$h = 90 - (l - D)$$

pour les passages supérieurs; D et l étant positifs au nord de l'équateur, négatifs au sud.

Pour le passage supérieur on a donc

$$\sin h = \cos (l - D),$$

d'où

$$b = i \cos (l - D).$$

Mais la vitesse de l'étoile pour parcourir l'arc b est proportionnelle au cosinus de la déclinaison (voir n° 33). En appelant donc t le temps employé par l'étoile pour parcourir l'arc b, et remarquant qu'à l'équateur l'étoile parcourt 15″ par seconde de temps, et qu'à la déclinaison D elle parcourt 15″ cos D, on voit qu'on aura pour la valeur de t exprimée en secondes de temps

$$t = \frac{i}{15} \frac{\cos (l - D)}{\cos D}$$

pour le passage supérieur, i étant exprimé en secondes d'arc. Alors t sera le nombre des secondes à ajouter au passage observé pour avoir le passage au méridien.

Pour le passage inférieur il faut remplacer D par $180 - D$, on a donc pour la correction

$$t = -\frac{i}{15} \frac{\cos (l + D - 180)}{\cos D},$$

car la correction doit être appliquée avec signe contraire, puisque pour i positif, le passage est retardé au lieu d'être avancé comme pour le passage supérieur : la correction devient donc, en remarquant que $\cos (l + D - 180) = - \cos (l + D)$,

$$t = \frac{i}{15} \cos \frac{(l + D)}{\cos D}.$$

La correction à ajouter au passage observé est donc :

$$t = \frac{i}{15} \frac{\cos (l \mp D)}{\cos D}.$$

Le signe supérieur se rapporte aux passages supérieurs, l'inférieur aux passages inférieurs, et t est donné en secondes de temps, si i est en secondes d'arc, i étant d'ailleurs positif quand le tourillon ouest est le plus élevé.

Dans le chapitre suivant où nous traiterons des lunettes, nous indiquerons des moyens optiques pour obtenir la mesure des inclinaisons des axes des instruments d'une manière plus parfaite qu'avec le niveau, mais les formules de correction que nous venons d'indiquer ne seront pas modifiées. Ce seront seulement les valeurs des inclinaisons employées, qui, par ces procédés, seront plus précises.

Des lunettes.

25. — La théorie générale des lunettes appartient à la physique, et son exposition complète nous entraînerait en dehors de notre sujet. Nous nous contenterons donc ici d'indiquer les dispositions générales des lunettes employées dans les instruments astronomiques de précision (1).

Comme système optique, les lunettes destinées aux instruments de précision se composent simplement d'un objectif, formé par une simple lentille achromatique (fig. 8), et d'un système oculaire formé de deux verres biconvexes. Dans ces lunettes, le foyer de l'objectif est situé entre ce dernier et le système oculaire, qui appartient alors à la classe des oculaires dits *positifs* (2), de sorte qu'au foyer de l'objectif on peut placer des fils croisés, et le système entier de l'oculaire est interposé entre ces fils et l'œil.

Fig. 8.

Rappelons maintenant les propriétés générales des lentilles, propriétés que l'on démontre dans les cours de physique.

(1) Nous n'entreprendrons pas non plus ici d'exposer la théorie de l'achromatisme, c'est-à-dire de cette partie de la physique qui indique les moyens de construire des instruments réfracteurs sans la formation de couleurs irisées sur les bords. Nous dirons seulement que les lunettes doivent, pour la précision des pointés, donner des images aussi nettes que possible, de sorte qu'il faut qu'elles soient achromatiques.

(2) On appelle oculaires négatifs ceux pour lesquels le foyer de l'objectif tombe entre les deux verres de l'oculaire.

Soit MN (fig. 9) une lentille quelconque (sur la figure nous représentons un objectif achromatique, puisque ce sont particulièrement ceux que nous avons à considérer dans les lunettes astronomiques), il existe, dans l'intérieur de cette lentille, un

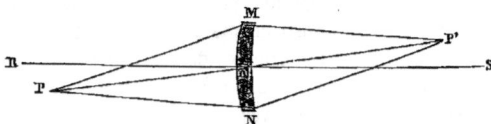

Fig. 9.

point O qui jouit de la propriété que si un faisceau conique de rayons émané d'un même point quelconque P tombe sur la surface de la lentille, ces rayons, après s'être réfractés dans cette dernière, viendront tous passer par un même point P' situé sur le prolongement de la ligne PO. Le point O, qui jouit de cette propriété, porte le nom de *centre optique* de la lentille. Lorsque la lentille est l'objectif achromatique d'une lunette astronomique, on lui donne alors le nom de centre optique de l'objectif.

La position du point O est fixe dans l'objectif, où sa situation est déterminée par les formes que dans la construction on a données à ce dernier.

Si le point P était à l'infini, les rayons émanés de ce point et tombant sur la lentille seraient parallèles; dans ce cas, ils se réuniraient après la réfraction sur la ligne OP' menée par le point O parallèlement aux rayons incidents.

Nous appellerons axe de la lentille la ligne RS qui renferme tous les centres de courbure de ses diverses surfaces, car si la lentille est rigoureusement construite, les centres de courbure de ses diverses surfaces sont sur une même ligne droite, autour de laquelle la lentille est alors parfaitement symétrique. Cette symétrie montre que dans les cas d'une construction et d'une homogénéité parfaites de la lentille, le point O se trouve lui-même sur la ligne RS (1).

(1) Dans la pratique, la ligne RS n'existe pas, car on ne peut, dans la rigueur mathématique, placer tous les centres sur une seule ligne. Toutefois ils en sont très-approchés, et assez approchés même pour que la sensation soit la même que s'ils étaient sur la même droite rigoureusement, c'est-à-dire que

Si nous supposons un point placé à l'infini sur la ligne RS (fig. 10) qui, comme nous venons de le voir, passe par le point O, les rayons émanés de ce point et devenus parallèles, se réunissent sur la ligne RS en un même point A, et la distance OA est nommée la *distance focale principale de la lentille*. Nous l'appellerons *a*.

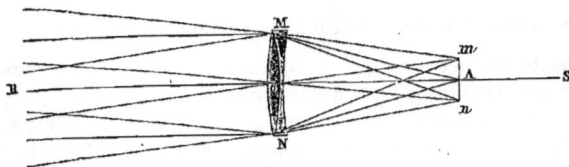

Fig. 10.

Cela posé on démontre en physique que les rayons émanés de divers objets situés à l'infini et dont les rayons incidents font de petits angles avec RS, se réunissent pour chaque objet en un point situé dans le plan *m n* perpendiculaire à RS, où ils forment l'image de chacun de ces objets. Le plan perpendiculaire à RS mené par le foyer principal A porte alors le nom de plan focal principal, et renferme l'image de tous les points situés à l'infini devant la lentille.

Si nous supposons maintenant, sur la ligne de symétrie RS, un point P placé à une distance *p* du point O, son foyer se formera derrière la lentille en un autre point P', dont nous appellerons *p'* la distance au point O. Or on démontre en physique que les distances *p* et *p'* sont reliées à la distance focale principale *a* par la relation

$$\frac{1}{p}+\frac{1}{p'}=\frac{1}{a} \quad \text{d'où} \quad p'=\frac{ap}{p-a} \quad \text{ou} \quad p'=\frac{a}{1-\dfrac{a}{p}}.$$

pour nos sens les choses se passent comme si la ligne RS existait en réalité. Les raisonnements que nous faisons dans l'hypothèse de l'existence de cette ligne pour juger de l'effet des sensations, sont donc applicables à la réalité, c'est-à-dire que, pour nous, une ligne passant par le centre optique O, et autour de laquelle la lentille peut être regardée comme symétrique, se comporte comme la ligne RS. Ainsi, dans la limite de nos sens, nous pouvons regarder le plan focal comme lui étant perpendiculaire.

Dans cette formule si on fait :

$$p = \propto, \quad \text{on a} \quad p' = a,$$

c'est-à-dire qu'on retombe comme cela devait être sur le foyer principal. Mais à mesure que p diminue, la fraction $\dfrac{a}{p}$ augmente, de sorte que le dénominateur $1 - \dfrac{a}{p}$ diminue et par suite p' augmente. On voit donc qu'à mesure que l'objet qu'on vise se rapproche, la distance focale de l'image va en augmentant.

On démontre d'ailleurs en plus que si une série de points sont placés dans un même plan perpendiculaire en P à la ligne RS de symétrie, leurs foyers se forment dans un autre plan élevé en P′ perpendiculairement à RS. Le plan focal s'éloigne donc de l'objectif à mesure que les objets se rapprochent.

26. — Venons maintenant à la disposition générale des lunettes astronomiques d'observation. Elles se composent d'un tube portant à son extrémité l'objectif, qui est placé perpendiculairement au tube, c'est-à-dire de manière que sa ligne apparente de symétrie soit sensiblement dans l'axe de ce tube. A l'autre extrémité du tube se trouve un autre petit tube B C (fig. 11) qui entre à

Fig. 11.

frottement doux dans le premier D et qui porte un diaphragme A avec une ouverture, limitant le champ de l'instrument, et ce tube porte lui-même en avant de ce diaphragme un autre petit tube F E formant le système oculaire, qui peut ainsi plus ou moins s'approcher du diaphragme, de même que la distance de ce dernier à l'objectif peut varier à l'aide de son tirage particulier.

Dans le diaphragme A, dont l'ouverture est circulaire, sont tendus en croix deux fils, dont le croisement sert à définir un point de l'axe de la lunette. Le diaphragme est assujetti dans sa position par quatre petites vis de pression disposées de telle sorte qu'en en lâchant une et serrant l'opposée, on puisse pousser le diaphragme de haut en bas ou de gauche à droite, de façon à faire mouvoir le point de croisement des fils dans l'intérieur de la lunette et l'amener sur l'axe du tube. Ces vis servent à corriger ce qu'on appelle *l'erreur de collimation* de l'instrument, erreur dont nous parlerons plus tard. Quant à présent supposons le diaphragme complétement solidaire avec le tube BC. Ajoutons toutefois ici qu'une rainure dans l'extrémité du tube D, rainure dans laquelle s'engage une petite cheville portée par le tube BC, empêche ce tube de tourner sur lui-même dans son tirage. Quand donc on fait mouvoir le tube BC, les fils croisés sont mus parallèlement à eux-mêmes. Disons de plus que le système de fils porté par le diaphragme porte le nom de *réticule*.

Supposons maintenant qu'on veuille viser des objets situés à une très-grande distance, par rapport à la distance focale a de l'objectif; soit p cette distance. Nous avons vu que ces objets formeront leur image derrière l'objectif à une distance p' liée à p et à a par la relation $p' = \dfrac{a}{1 - \dfrac{a}{p}}$. Or quand p est tellement grand par rapport à a que $\dfrac{a}{p}$ est une fraction très-voisine de zéro, on voit qu'on a sensiblement $p' = a$. Donc pour des points très-éloignés on peut regarder la distance focale comme sensiblement constante, et par conséquent tous les points très-éloignés font sensiblement leur image dans le plan focal principal. Il faudra donc amener le réticule dans ce plan, et alors le point de croisement des fils que nous appellerons u coïncidera avec l'image d'un des points compris dans le champ de l'instrument. Il est clair que le point dont l'image coïncidera ainsi avec u sera situé exactement sur la ligne qui joint le point u au centre o de l'objectif, puisque l'image d'un point se fait sur la ligne qui joint ce point au centre de l'objectif. Les fils et l'image des objets donnés par l'objectif étant alors dans le même plan, l'oculaire placé entre l'œil et ce plan n'intervient que pour grossir les fils et l'image semblablement. Il ne modifie donc en rien les coïncidences. Conséquemment, la direction de visée d'une lunette est définie par la ligne joignant le point o au point u.

Cela posé, supposons qu'on dirige la lunette vers un premier objet éloigné A de telle manière que l'image du point A tombe sous l'image du point *u*, croisée des fils. En ce moment, comme nous l'avons dit, le point A sera dans le prolongement de la ligne occupée alors par les points *o* et *u*. Dirigeons maintenant de la même manière la lunette vers un autre point A′ qui sera alors dans le prolongement de la nouvelle position de la ligne *u o*. L'angle formé alors par les deux positions successives de cette ligne sera l'angle compris entre les deux points A et A′, au point de croisement de ces deux positions successives. On voit donc que si la lunette était assujettie sur un cercle gradué dont le plan aurait été rendu parallèle aux deux positions successives que doit prendre la ligne *u o* pour se trouver dans les directions des points A et A′, c'est-à-dire sur un cercle gradué dirigé de telle sorte que par une simple rotation de ce cercle sur lui-même dans son plan, la lunette pût viser successivement aux points A et A′, le cercle en question aurait tourné sur lui-même quand la lunette passe du pointé sur A à celui sur A′ d'une quantité égale à l'angle compris entre les deux positions de la ligne *u o* dans ces deux pointés. La rotation du cercle mesurerait donc l'angle compris entre les points A et A′.

27.—Il est bon de remarquer qu'il n'est pas nécessaire pour qu'il en soit ainsi que la ligne *u o* passe par l'axe de rotation du cercle gradué. Pour le faire voir, supposons cette ligne excentrique, et soient *o′ u′*, *o″ u″* (fig. 12) ses positions successives en visant aux objets A et A′. Il est évident alors que *o′ m o″* est l'angle des deux points A et A′ au point *m* de croisement des deux lignes. Or si du point *c*, intersection de l'axe prolongé de rotation du cercle avec le plan des lignes *o′ u*, *o″ u″*, nous menons les parallèles *c k′* et *c k″* à ces lignes, l'angle *k′ c k″* est égal à l'angle *o′ m o″*. Or *k′ c k″* mesure la rotation du cercle nécessaire pour que la ligne *o′ u′* prenne la position *o″ u″*; donc la rotation du cercle mesure bien l'angle *o′ m o″*.

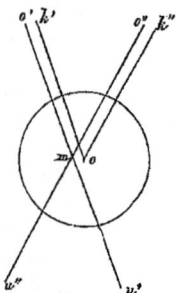

Fig. 12.

La ligne *u o* porte le nom de *ligne de collimation* de la lunette. Cette ligne que nous ne voyons pas et qui est définie par la croisée des deux fils et par le point mathématique *o* fixé dans l'objectif n'en est pas moins apte malgré son invisibilité pour nous à manifester la direction d'un objet, puisqu'il suffit que l'image de ce point se forme pour nous derrière la croisée *u* des fils pour que nous soyons certains que l'objet en question est dans le prolongement de la ligne *u o*. On voit donc que c'est sur la propriété optique du point *o* que repose le merveilleux emploi de lunettes pour la fixation des visées et la précision de la mesure des angles. La propriété de l'oculaire de ne pas agir sur le pointé réel, mais de grossir les images de manière à faire juger de la qualité de ce dernier, donne au pointé par les lunettes un avantage immense par rapport aux procédés anciens de pointé par des règles portant des plaques percées de trous ou de fentes, qu'on nommait pinnules (fig. 13 et 14). Les pointés par des règles portant des pinnules sont encore em-

Fig. 13.

Fig. 14.

ployés dans quelques instruments de topographie, usités dans des cas où il n'est pas nécessaire que la précision soit poussée aussi loin que pour la géodésie et l'astronomie.

28. — Nous avons maintenant à indiquer comment dans la pratique on amène exactement le réticule dans le plan focal.

On tire ou on enfonce d'abord l'oculaire E F (fig. 11) dans le tube B C portant le réticule, jusqu'à ce qu'on voie les fils de ce dernier le plus nettement possible. Les fils se trouvent alors *au point* par rapport à l'oculaire, c'est-à-dire à la distance de ce dernier où les images doivent être placées pour être vues avec netteté. Cela fait, on ne touche plus à l'oculaire, puis dirigeant la lunette vers un objet très-éloigné, on tire ou on enfonce dans le tube D de la lunette le tube B C portant alors à la fois le réticule et l'oculaire, jusqu'à ce qu'on voie avec le plus de netteté possible l'image de l'objet éloigné qu'on a visé, et on laisse le tube B C dans cette position. Il est évident qu'alors l'image de l'objet éloigné en question, et par conséquent d'après ce que nous avons dit, celle de tous les autres objets très-éloignés se forment derrière l'oculaire à la distance du maximum de netteté, c'est-à-dire précisément dans le plan occupé par les fils derrière cet oculaire. Cette opération s'appelle la *mise au point*.

Si après qu'une personne a mis ainsi la lunette au point pour les objets éloignés, une autre personne veut regarder dans l'instrument, il résulte de la différence qui peut exister dans la convexité de l'œil des deux observateurs, que l'oculaire devra être écarté ou rapproché du plan focal, mais il n'y a plus à toucher au tube B C, dont les fils ont été par l'opération précédente placés dans le plan focal principal de l'objectif. Le second observateur n'a donc qu'à tirer ou enfoncer l'oculaire dans le tube B C et quand il a obtenu la position de cet oculaire qui lui donne le maximum de netteté pour les fils, il voit en même temps l'image des objets éloignés avec le maximum de netteté. La ligne de collimation de la lunette reste donc pour toutes les vues fixée invariablement par les deux points *o* et *u*.

29. — Nous venons de voir avec quelle facilité on peut placer les fils dans le plan focal. Nous allons montrer maintenant l'importance de cette condition. Pour cela supposons que les fils soient un peu trop enfoncés dans la lunette, de sorte que l'image formée par l'objectif à son foyer se trouve entre ces derniers et l'oculaire. Chaque point de l'image est formé par un faisceau conique de rayons lumineux ayant le contour de l'objectif pour base et le point en question de l'image pour sommet. Les fils trop rapprochés de l'objectif traversent ce cône pour quelques-uns des points de l'image, mais ils n'interceptent alors qu'une partie de leurs rayons se dirigeant au foyer. Les rayons restants continuent de converger et forment également les images des points en question. On voit donc que l'image se forme entière entre l'oculaire et les fils, comme si ceux-ci n'existaient pas.

Cela posé, les fils et l'image n'étant pas à la même distance de l'oculaire, ce dernier forme leurs images virtuelles à deux distances différentes, puisque nous avons vu que les distances des images pour des objets rapprochés varient avec la distance aux lentilles. L'œil perçoit donc à travers l'oculaire deux images placées à des distances différentes de lui, l'une celle des fils, l'autre celle des objets éloignés. Suivant donc que l'œil se transporte d'un côté ou de l'autre, ce n'est pas le même point de l'image qui se projette sur la croisée des fils. Il se passe là exactement ce qui aurait lieu en regardant un paysage à travers une fenêtre, dont les barreaux cachent des objets différents, suivant la position de l'œil. La même chose aurait lieu, si le foyer de l'objectif au lieu de tomber entre les fils et l'oculaire, était compris entre les fils et l'objectif.

On voit donc que si les fils ne sont pas exactement dans le plan focal, le pointé dépend de la position de l'œil, et on dit alors qu'il y a une *parallaxe des fils*.

De là résulte un moyen simple de vérifier si les fils sont exactement dans le plan focal. Après les y avoir amenés par la condition du maximum de netteté des images, comme nous l'avons dit précédemment, il suffit de déplacer un peu l'œil à droite ou à gauche, et si le même point de l'image est toujours intercepté par les fils, en d'autres termes, si ce déplacement de l'œil ne fait pas varier le pointé, on est sûr que la parallaxe des fils est bien nulle, c'est-à-dire que les fils sont exactement dans le plan de l'image.

Le placement des fils dans le plan focal d'une manière rigoureuse est donc une opération très-simple dont la vérification se fait avec la plus grande facilité.

30. — Supposons maintenant qu'après avoir visé à des objets très-éloignés, on veuille viser à un objet rapproché. L'image de cet objet se formera plus loin de l'objectif que celle des objets éloignés, et si le réticule a été amené dans le plan focal principal pour ces derniers, il en résulte que l'image sera plus près de l'oculaire que le réticule. Il y aura alors parallaxe des fils. Comme l'oculaire était ajusté pour la vision nette des fils, on sera obligé dans ce cas de tirer le tube BC (fig. 11) qui entraîne avec lui l'oculaire en même temps que les fils, jusqu'à ce que l'on obtienne la vision nette de l'objet rapproché en question, et alors la parallaxe des fils disparaîtra.

Mais on voit qu'il se produit ici un inconvénient, car la ligne de collimation ne sera rigoureusement identique à celle qui a servi pour les objets éloignés que si dans le tirage du tube BC, le point u de la croisée des fils s'est mû exactement sur la direction uo primitive. Comme la ligne uo est sensiblement dans l'axe de la lunette, et comme le tirage se fait aussi sensiblement dans la direction de cet axe, cette condition est remplie à très-peu près par construction. Toutefois, on a toujours à craindre qu'elle ne soit pas complétement rigoureuse, et cette circonstance jette quelque léger doute sur les angles mesurés entre un objet éloigné et un autre rapproché, ou entre deux objets rapprochés et situés à des distances différentes,

c'est-à-dire dans tous les cas où pour anéantir la parallaxe des
fils, on est obligé de modifier la position du réticule.

Heureusement que l'inconvénient dont nous venons de parler
n'existe pas pour les observations sur le ciel ; car tous les objets
célestes sont tellement éloignés que la mise au point est la même
pour tous, et leurs images se forment dans le plan focal principal. Dans les opérations géodésiques, on n'a aussi à pointer en
général que sur des objets très-éloignés, pour lesquels la mise
au point ne varie pas, et quand il y a nécessité de viser à des
objets un peu plus rapprochés, la variation de position du réticule est extrêmement petite dans les cas ordinaires. Or, comme
par construction le mouvement du réticule se fait sensiblement
suivant la direction même de la ligne de collimation, on voit
qu'un très-petit déplacement de ce réticule ne peut produire d'effet d'appréciable sur le changement de direction de cette ligne.
Enfin pour les objets très-rapprochés, les seuls pour lesquels le
déplacement du réticule soit un peu grand, une petite erreur sur
l'angle a peu d'influence sur la fixation de leur position, et il est
rare d'ailleurs qu'on ait à pointer assez près pour que le déplacement du réticule soit notable.

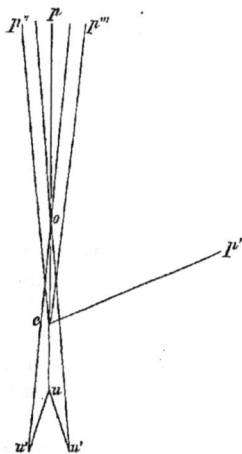

Fig. 15.

Toutefois, pour les instruments destinés à la fois à l'astronomie et à la
géodésie, comme le théodolite, les
constructeurs pourraient prendre une
disposition bien simple, qui ferait entièrement disparaître l'inconvénient
dont nous venons de parler. Elle con-
sisterait à permettre à la lunette de
tourner sur elle-même de 180° autour
de son axe de figure qui se confond
presque avec sa ligne de collimation.
Pour le faire voir, exagérons l'angle
formé par le sens du déplacement du
réticule et par la ligne de collimation,
et soient uo cette dernière (fig. 15),
quand le réticule est dans le plan
focal, et uu' le sens dans lequel se
déplace le réticule. Supposons main-
tenant qu'on vise à un objet p pour lequel le réticule est en u,

puis qu'on déplace le réticule en u' pour pouvoir viser à un objet plus rapproché p'. Il est clair que l'angle réel entre les points p et p' vus du centre c de l'instrument est $p\,c\,p'$, et c'est cet angle qu'aurait décrit la ligne de collimation si le point u n'avait pas été déplacé. Mais quand nous venons à transporter le point u de u en u', cela revient au même que si nous avions, sans changer la position de l'instrument, déplacé la ligne de collimation, qui serait devenue $u'o$ au lieu de uo; de sorte que les choses se passent comme si au lieu d'avoir visé le point p, nous avions, comme point de départ, visé un autre objet éloigné p'', situé sur la parallèle à $u'o$, menée par le centre c. Pour porter ensuite la lunette sur p', il a fallu faire tourner l'instrument de l'angle $p''\,c\,p'$, qui est trop grand de $p''\,c\,p$, lequel est égal à $u\,o\,u'$. Supposons qu'après cette première mesure, on retourne la lunette après avoir ramené le réticule en u, puisqu'on pointe de nouveau le point p. En éloignant ensuite le réticule, le mouvement de ce dernier par suite du retournement se fera suivant $u\,u''$, dont la direction est telle que $o\,u\,u' = o\,u\,u''$; d'ailleurs $uu'' = uu'$. Les choses se passent donc comme si on avait visé un objet éloigné p''', situé sur une parallèle $c\,p'''$ à ou'', et le déplacement de l'instrument pour viser maintenant le point p' sera l'angle $p'''\,c\,p'$. Mais $p'''\,c\,p'$ est égal à $p\,c\,p' - p\,c\,p'''$ et $p\,c\,p''' = u\,o\,u'' = u\,o\,u'$, puisque les triangles $u\,o\,u''$ et $u\,o\,u'$ sont égaux. Ainsi le premier angle mesuré dans la position primitive de la lunette sera égal à $p\,c\,p' + u\,o\,u'$, et le second à $p\,c\,p' - u\,o\,u'$. La demi-somme de ces angles sera donc égale à $p\,c\,p'$.

Ainsi par la disposition que nous venons d'indiquer, on voit qu'on peut par deux opérations obtenir l'angle exact entre un objet éloigné et rapproché, ou plus généralement entre deux objets à deux degrés divers de rapprochement.

La différence des deux angles mesurés dans les deux positions de la lunette fait connaître l'angle $u\,o\,u'$. Si donc on mesure la quantité $u\,u'$ dont le tirage du réticule a varié dans les deux cas, et si on connaît la distance focale $o\,u$, on connaît dans le triangle $u\,o\,u'$ deux côtés et l'angle opposé à l'un d'eux, on en peut donc déduire $o\,u\,u'$, ou l'angle formé par la direction du tirage et la ligne de collimation principale. Mais il serait inutile de calculer cet angle, puisqu'on l'élimine directement par la moyenne des deux opérations, et si on veut le faire disparaître, on peut y arriver en déplaçant par tâtonnement le réticule jusqu'à ce que la lunette donne dans les deux positions le même angle entre un objet éloigné et un objet rapproché. Dans ce cas, la ligne de collimation se trouverait exactement dans la direction du tirage du réticule, de façon à ne pas changer par ce tirage (1).

31. — De jour, on voit facilement les fils du réticule parce qu'ils se projettent sur un fond éclairé, mais il n'en est pas de même pendant la nuit quand on pointe sur les étoiles, auquel cas les fils se projettent sur un fond obscur. Il est donc important d'organiser un système d'éclairage qui permette de les voir. Pour cela, la plupart des instruments portent au milieu du tube de la lunette une ouverture fermée par un verre dépoli. Un diaphragme incliné à 45° est placé à l'intérieur de la lunette devant cette ouverture, de manière à renvoyer de la lumière diffuse dans le champ, lorsqu'on place une lumière devant l'ouverture de la lunette. Ce diaphragme est d'ailleurs percé d'une ouverture elliptique assez grande pour ne rien intercepter du cône tronqué de rayons, ayant pour grande base l'objectif, et pour petite base l'ouverture portant le réticule, lequel cône renferme tous les rayons lumineux allant former l'image visible à travers l'oculaire. La lumière diffuse ainsi répandue dans l'intérieur de la lunette et éclairant l'air qu'elle renferme, est suffisante pour permettre de distinguer les fils qui se projettent en noir sur ce fond lumineux, et, d'un autre côté, cette lumière est assez faible pour ne pas éteindre l'image des étoiles. On fait d'ailleurs varier l'intensité de cet éclairage du champ en écartant plus ou moins la lumière de l'ouverture de la lunette, de façon à obtenir le degré d'intensité qu'on juge le plus avantageux, suivant l'éclat de l'astre observé.

Il arrive quelquefois qu'on se trouve avoir des instruments pour lesquels l'artiste n'a pas pris les mesures nécessaires pour l'éclairage du champ, et que cependant on veut s'en servir pour

---

(1) Il est évident, d'ailleurs, que si les artistes se décidaient à faire cette modification aux instruments, ils devraient pour le parallélisme de la ligne de collimation avec le limbe, ne pas le faire établir par le mouvement du réticule, mais par un mouvement de l'une des extrémités de la lunette elle-même. Il n'y a pas de difficulté sérieuse à réaliser cette condition tout en conservant la solidité de l'instrument. Il va sans dire que la lunette devrait pouvoir être solidement fixée dans chacune de ses positions inverses.

des observations de nuit. Cela m'est arrivé avec une très-bonne boussole de Lenoir, pour obtenir de nuit des déclinaisons magnétiques. Dans ce cas, il est bon que l'observateur sache suppléer à cette négligence de l'artiste. Or il y a pour cela un moyen très-facile. On découpe une lame de métal ou de carton, dans laquelle on fait un trou elliptique dont le petit axe est égal au diamètre de l'ouverture de l'objectif, et le grand axe à ce même diamètre multiplié par $\sqrt{2}$. On assujettit ensuite cette lame devant l'objectif sous un angle de 45°, de telle sorte que les rayons lumineux arrivant à l'objectif passent par l'ouverture de la lame et ne soient pas interceptés. En éclairant avec une lumière artificielle la lame en question par sa face tournée vers l'objectif, la lumière diffuse qu'elle projette éclaire le champ de la lunette comme dans le cas précédent.

L'éclairage du champ a l'inconvénient d'éteindre l'image des astres très-faibles, et si pour diminuer cet inconvénient on réduit l'éclairage dans une très-grande proportion, les fils du réticule quand ils sont trop fins, ne se perçoivent plus. De gros fils se voient avec un éclairage extrêmement réduit; aussi peut-on recourir à des réticules à gros fils dans le cas d'observation d'astres faibles ayant, comme les comètes, des dimensions sensibles. Mais s'il s'agit de très-petites étoiles, les gros fils ont l'inconvénient de détruire la précision, parce qu'ils cachent l'étoile entièrement, et on ne sait pas si celle-ci est sous leur milieu ou sous leur bord. Toutefois, en employant des fils doubles pour pointer au milieu de leur intervalle, on peut, avec un champ très-peu éclairé, observer des astres très-faibles.

On peut encore, en éclairant avec une lumière de couleur, par l'interposition d'un verre coloré sur le trajet des rayons lumineux de la lampe à l'instrument, obtenir pour les astres très-faibles plus de visibilité qu'avec l'éclairage blanc. Car sur le champ coloré, l'astre brille de sa teinte complémentaire qui n'est pas éteinte. Ceci n'a aucun inconvénient pour les observations d'azimut, mais pour celles de hauteur, si l'astre est bas sur l'horizon, la réfraction par l'air atmosphérique n'étant pas la même pour tous les rayons lumineux, l'extinction de certains d'entre eux, dans l'image totale de l'astre, change la position apparente du maximum de lumière, et, par conséquent, la hauteur apparente de l'astre. Cette remarque est également applicable à l'emploi de verres colorés pour l'extinction de la lumière dans les observations de hauteur du soleil. Il est donc toujours utile pour les observations de hauteur où on veut de la précision d'employer pour le champ des lunettes un éclairage blanc, et pour le pointé au soleil des verres absorbants ne colorant pas la lumière.

Au lieu d'éclairer le champ des lunettes, on peut éclairer directement les fils, en projetant de la lumière latéralement sur eux, de façon qu'ils paraissent lumineux. Dans ce cas, il faut les éclairer de deux côtés opposés, afin qu'il n'y ait pas un côté plus ombré que l'autre, ce qui ferait juger leur position différente de celle qui a lieu dans le cas où ils sont éclairés par derrière, pendant le jour par exemple. Cet éclairage des fils n'a pas autant d'avantage qu'on le suppose au premier abord. Dès qu'on veut rendre les fils très-visibles, ils éteignent aussi par leur éclat les astres très-faibles qui approchent très-près d'eux. Toutefois, cette disposition a été réalisée par plusieurs artistes pour des instruments d'observatoire. Mais en général et surtout pour les instruments portatifs, c'est le champ et non les fils qu'on éclaire.

32. — Les fils qu'on emploie pour former les réticules des lunettes, sont des fils d'araignée. On choisit ceux qui composent la trame de la toile de l'araignée, parce que se sont les plus réguliers. Comme il arrive quelquefois que des fils se trouvent rompus, il est essentiel qu'en voyage les observateurs sachent les remplacer. Cette opération est facile. La plaque soutenant les fils du réticule porte des traits fins, tracés par l'artiste et que les fils doivent recouvrir. Après avoir sorti cette plaque de son tube, il est facile de poser un fil un peu long, de manière à passer sur les traits, et on le tient tendu avec les doigts d'une main en le repliant aux deux extrémités en arrière de la plaque; alors de l'autre main on applique une goutte de cire sur les parties du fil recouvrant la plaque, et on coupe ensuite les extrémités qui débordent.

Wollaston a imaginé un moyen d'obtenir des fils de platine d'une finesse extrême pour les substituer aux fils d'araignée. Ne pouvant obtenir une filière assez fine, il a fait passer par une filière aussi petite que possible, un cylindre d'argent portant dans son axe un fil de platine. Les deux métaux passent ensemble à la filière. En faisant ensuite dissoudre l'argent dans du mercure qui ne dissout pas le platine, on a des fils de platine d'une finesse extrême. Mais quoique divers livres d'astronomie disent que c'est de cette manière qu'on fait les fils des lunettes, ce procédé n'est que rarement employé. Les fils d'araignée sont usités de préférence, sauf quand on veut des fils plus gros auquel cas on emploie des fils métalliques très-fins directement obtenus par la filière.

33. — Dans la plupart des instruments, notamment dans les théodolites et les cercles muraux, les réticules se composent simplement de deux fils croisés à angle droit. Dans d'autres instruments, dans la lunette méridienne, par exemple, on emploie des réticules composés d'un plus grand nombre de fils.

Le réticule de la lunette méridienne se compose d'une série impaire de fils verticaux équidistants, le plus souvent au nombre de 5 ou de 7. On observe les instants des passages des astres à tous ces fils, et la moyenne de ces instants est celle du passage au fil milieu, qui se trouve ainsi donnée, non comme une observation unique, mais comme une moyenne de plusieurs observations. Il est bon de noter toutefois que, malgré les soins apportés par les artistes au placement équidistant de ces fils, la rigueur absolue de l'égalité des intervalles n'est pas possible. La moyenne des passages à tous les fils ne répond donc pas au fil réel du milieu du réseau, mais à un fil fictif qui occuperait la position moyenne des cinq fils. C'est ce fil fictif qu'on appelle le fil moyen. Comme l'intervalle des fils peut bien aussi n'être pas le même dans le haut et dans le bas du champ, on observe les passages au milieu de la longueur des fils verticaux. A cet effet, l'instrument renferme deux fils horizontaux rapprochés, et on dirige la lunette de telle sorte, que l'astre traverse le champ au milieu de leur intervalle. On rend d'ailleurs les fils parfaitement verticaux au moyen de la rotation du réticule sur lui-même; on le dévie jusqu'à ce qu'on reconnaisse qu'un astre traverse le champ en restant continuellement à égale distance des deux fils horizontaux, lesquels alors sont rigoureusement horizontaux. Les autres fils qui leur sont sensiblement perpendiculaires par construction sont donc verticaux, ou du moins tellement près de la verticale, qu'une légère différence sur la hauteur à laquelle l'astre traverse le fil, ne modifie pas sensiblement le passage, surtout tant que l'astre reste entre les deux fils horizontaux. On peut encore rendre les fils verticaux en pointant la lunette méridienne sur une mire éloignée ; l'axe étant bien nivelé, le même point de la mire doit rester sous le même fil en faisant varier la hauteur de l'instrument.

Il arrive parfois qu'un nuage en passant empêche d'observer

les passages d'un astre à quelques-uns des fils du réticule, et que l'observation a été possible aux autres fils. Quelquefois aussi on manque l'observation à un ou plusieurs fils, si, par exemple, l'astre est déjà passé au premier fil, quand on commence l'observation, ou par diverses autres causes. Dans ces cas, l'observation ne peut être comparée à celles qui sont faites à tous les fils, à moins de connaître l'intervalle des fils entre eux, ou mieux au fil moyen fictif. Cet intervalle est facile à déduire d'une série d'observations complètes aux cinq fils.

En effet, le temps qu'une étoile emploie pour parcourir un même intervalle dans le champ de la lunette est d'autant plus grand, que la déclinaison de cette étoile est plus grande. En effet, soit z le pôle (fig. 16). Pendant qu'une étoile équatoriale décrira l'arc de cercle kl, une étoile de déclinaison $D = ik$ décrira l'arc ij. Or on a $ij : kl :: mi : vk :: \cos.D : 1$. En appelant donc θ le temps employé par une étoile équatoriale pour parcourir un certain espace, comme les temps nécessaires pour parcourir un espace donné sont en raison inverse des vitesses, il s'ensuit que l'étoile de déclinaison D emploie un temps $\dfrac{\theta}{\cos.D}$ pour parcourir l'espace que l'étoile équatoriale parcourt dans le temps θ (1). On voit donc que si on multiplie par le cosinus de la déclinaison l'intervalle de temps compris entre le passage par la moyenne des cinq fils et par un fil donné, on obtient le temps qu'emploierait une étoile exactement équatoriale pour passer du fil moyen au fil en question. On calcule ainsi dans une bonne série d'observations complètes l'intervalle de temps en question pour chaque observation, et on fait la moyenne pour l'ensemble de cette série. On a ainsi en secondes de temps la distance des fils au fil moyen, et en la multipliant par 15 on a cet intervalle en arc. Il est évident d'ailleurs qu'on peut obtenir de cette manière l'intervalle de deux fils quelconques.

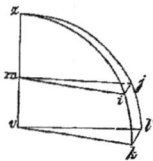

Quand les intervalles des fils au fil moyen sont ainsi connus en temps, si on a une observation incomplète à quelques-uns des fils

Fig. 16.

____

(1) Ceci suppose toutefois que l'espace parcouru est rectiligne sensiblement et c'est ce qui a lieu pour les intervalles de quelques minutes existant entre les fils du réticule et le fil central, intervalles qui permettent de considérer l'arc comme se confondant avec sa tangente sans erreur sensible.

seulement, on en déduit l'instant du passage au fil moyen, en ajoutant à l'observation à chaque fil, s'il précède le fil moyen, ou en en retranchant, s'il le suit, l'intervalle équatorial connu divisé par le cosinus de la déclinaison, et on prend la moyenne des nombres ainsi donnés par chaque fil auquel a eu lieu l'observation. Cette moyenne représente alors le passage au fil moyen, et l'observation devient comparable à celles qui ont été faites à tous les fils.

34. — Dans les théodolites et les alt-azimuts, au lieu de disposer seulement deux fils perpendiculaires en croix, on peut mettre et on met quelquefois deux séries de fils parallèles perpendiculaires entre elles, dans les cas surtout où on veut observer des séries de passages par une hauteur ou un azimut donné. Cette multiplication des fils est de même que pour la lunette méridienne un moyen de multiplier le nombre des pointés d'une observation. Comme dans un très-petit espace, on peut regarder le mouvement d'un astre comme sensiblement rectiligne, la moyenne des passages par les fils de hauteur ou par les fils azimutaux donne les passages par le fil moyen de hauteur ou d'azimut. Toutefois ici le procédé n'offre pas autant d'avantage que pour la lunette méridienne à moins qu'on n'observe aussi des passages dans le méridien, car les fils ne sont pas toujours coupés aux mêmes points à cause des inclinaisons diverses du mouvement de l'astre par rapport aux fils. Il en résulte que les inclinaisons ou les défauts de parallélisme des fils interviennent un peu pour modifier le résultat.

Au théodolite et à l'alt-azimut, pour déterminer l'intervalle des fils, on peut employer pour les fils verticaux le procédé de la lunette méridienne, en observant dans le méridien comme si l'instrument était une lunette méridienne. Mais on a ici un procédé de plus. On peut faire usage de la graduation des limbes, en visant successivement avec les divers fils un même point fixe éloigné. Le déplacement de l'alidade qui suit la lunette donne alors sur le limbe la mesure de l'angle compris entre les fils. Cette opération, si le théodolite est répétiteur, peut être faite en employant la répétition, comme pour la mesure des parties des niveaux. Elle peut se faire d'ailleurs séparément pour les fils horizontaux et pour les fils verticaux. Pour les premiers, le cercle de hauteur donne directement la mesure ; pour les seconds, si le point observé n'est pas dans l'horizon, il faut multiplier l'angle obtenu sur le limbe par le cosinus de la hauteur.

En réglant le réticule d'un théodolite de telle sorte que le même point soit bissecté par le même fil horizontal quand on fait tourner l'instrument autour de son axe vertical, ou par le même fil vertical, en faisant tourner la lunette autour de l'axe horizontal, on peut faire en sorte que les fils soient perpendiculaires aux axes. Quand alors ceux-ci sont nivelés, les fils destinés à être verticaux deviennent verticaux, et les autres horizontaux.

Dans l'équatorial les fils peuvent de la même manière être réglés perpendiculairement aux axes. On peut aussi en tenant la lunette fixe vérifier si une étoile suit exactement un fil en vertu du mouvement du ciel. Quant à l'intervalle des fils, pour ceux qui sont perpendiculaires au mouvement diurne, il peut être obtenu comme pour la lunette méridienne, et pour les autres il peut se traduire sur le limbe comme pour le théodolite en visant successivement le même objet avec les divers fils. Dans le cas présent l'objet peut même être une étoile, les différences des lectures obtenues sur le cercle de déclinaison suivant le fil employé font connaître l'intervalle des fils.

35. — Outre les fils fixes, les instruments ont souvent en outre un fil mobile, c'est-à-dire un fil fixé sur une plaque mobile qui glisse dans une coulisse, de telle sorte que dans ce mouvement le fil se transporte parallèlement à lui-même. Ce fil est sensiblement dans le même plan focal que les fils fixes, car il n'en est éloigné que de son épaisseur qui est presque négligeable et cela pour passer devant ou derrière eux. Parfois, il y a deux fils mobiles, situés l'un en avant, l'autre en arrière des fils fixes, et marchant dans deux plans rectangulaires. Les plaques portant ces fils sont conduites par des vis à pas très-réguliers dont un grand nombre de tours d'hélice sont pris dans l'écrou assujetti sur le support ou la plaque mobile, de manière à compenser les irrégularités très-petites de la vis. Il en résulte que la plaque avance proportionnellement à la rotation de la vis, rotation que mesure un cercle gradué porté par la tête de cette dernière. Si le pas de la vis est d'un demi-millimètre, et si la tête de la vis est divisée en cent parties, on voit qu'en la faisant mouvoir d'un dixième de partie, quantité qu'on peut estimer à vue, le fil avance seulement d'un deux-millième de millimètre. Les appareils à fil mobile ainsi disposés sont appelés *micromètres*.

Le système du micromètre porte l'oculaire et s'adapte à la

lunette par un tube entrant dans cette dernière. Il peut quelquefois tourner de telle sorte que le fil mobile fasse tous les angles possibles avec l'horizon ; il y a alors un fil perpendiculaire au fil mobile, et un cercle gradué dont le limbe est perpendiculaire à l'axe optique de la lunette permet de mesurer la rotation et l'angle du fil avec l'horizon ou avec le mouvement diurne des astres. Dans ce cas le micromètre porte le nom de *micromètre de position*. Il sert à mesurer la distance de deux étoiles voisines, spécialement dans les équatoriaux munis d'un mouvement d'horlogerie pour suivre le mouvement du ciel. La lunette accompagne les deux étoiles et celles-ci paraissent fixes dans son champ ; on amène parallèlement à elles le fil fixe du micromètre, et avec le fil mobile on mesure leur distance en divisions du micromètre. Les micromètres de position servent aussi à déterminer la direction des queues des comètes.

Mais le plus souvent le micromètre ne tourne que de la quantité nécessaire pour pouvoir régler le parallélisme des fils avec les axes, et par suite avec l'horizon ou un vertical. Ce réglage se fait de la même manière que pour les fils fixes. La valeur des divisions des micromètres se détermine aussi par le même procédé que pour les intervalles des fils. Ainsi à la lunette méridienne on observe les passages par diverses positions du fil répondant à des divisions du micromètre dont on a fait la lecture. On a ainsi l'intervalle de ces divisions, comme s'il s'agissait de fils fixes, en le divisant par le nombre des divisions, on a la valeur d'une division. Aux théodolites ou alt-azimuts ou aux équatoriaux, dans le cas où on n'emploie pas le même procédé que pour la lunette méridienne, on place le fil à des divisions connues du micromètre et on pointe un même objet avec ces positions du fil, les différences des lectures des limbes divisées par le nombre des divisions répondant aux intervalles choisis donnent la valeur de ces divisions en arc. On peut étudier de cette manière les diverses partis de la vis, de manière à tenir compte de ses irrégularités.

Les micromètres ont malgré leur précision apparente un inconvénient notable. Les vis possèdent toujours un léger jeu et en passant du mouvement dans un sens au mouvement en sens contraire, quelque petit que soit ce qu'on appelle *le temps perdu de la vis*, il se produit toujours une légère différence dans la lecture avant même que le fil se meuve, différence qui vient de l'intervalle

nécessaire à la vis pour comprimer son filet jusqu'au point nécessaire pour pouvoir vaincre les résistances passives dues à l'inertie
et au frottement de la plaque mobile. Il résulte de là qu'on doit
toujours pointer en poussant le fil dans le même sens, de sorte
que quand il est trop avancé, on le recule en dévissant plus qu'il
n'est nécessaire, puis on visse pour effectuer le pointé.

36. — Mais malgré la précaution que je viens d'indiquer, les
lectures faisant coïncider le fil mobile avec les fils fixes éprouvent à
chaque instant de légères variations. Or comme la vis joue dans
l'instrument, d'une part, le rôle de vis de rappel, et, d'autre part, celui d'appareil amplificateur, dans lequel elle peut être remplacée
par un microscope, je trouve qu'il y aurait avantage au point de vue
de la précision à mettre une simple vis de rappel, et à graduer le
bord de la plaque mobile portant le fil, bord qu'on rendrait visible
à l'extérieur de l'instrument, et qui l'est le plus souvent au moins
en partie. Ces divisions de la plaque avanceraient donc devant un
repère tracé sur le bord de la coulisse, et un microscope d'un fort
grossissement remplaçant alors la vis dans ce qu'elle a d'amplificateur, permettrait de mesurer la distance du repère à la division la
plus voisine. Pour cela il porterait au foyer de son objectif une
plaque de verre divisée. L'image des deux divisions successives de
la plaque entre lesquelles serait compris le repère, et celle de ce
dernier venant alors tomber amplifiées sur cette échelle, on pourrait voir combien de divisions et dixièmes de division de l'échelle
micrométrique renferment les deux divisions successives de la plaque, et combien il y a de ces mêmes divisions et dixièmes de
division entre une des divisions et le repère. Le rapport de ces
deux nombres donnerait en fraction d'une division la distance du
repère à la division de l'échelle la plus proche.

On m'objectera peut-être que les divisions sont elles-mêmes
tracées au moyen d'une vis, et peuvent présenter des inégalités
aussi bien que la vis, mais on peut étudier la valeur de chacune
d'elles par les procédés que nous avons indiqués. Cette valeur une
fois connue sera invariable, tandis que la vis varie en usant, ainsi
que par le déplacement de l'huile ou l'interposition de la poussière.
En promenant le microscope sur toutes ces divisions et voyant combien des mêmes divisions du dernier chacune d'elles renferme,
on a encore un moyen d'avoir leur valeur relative. Il est bon dans
ce cas de pouvoir en comparer deux à la fois dans le champ du mi-

croscope, car la variation de distance de ce dernier à la plaque pourrait intervenir. Les divisions du microscope lui-même peuvent être comparées, en faisant tomber la même image d'une division de la plaque sur les diverses parties de l'échelle de ce dernier. Les plaques graduées portant le fil mobile étant faites de la même substance que le tube de la lunette, la dilatation par la chaleur agissant également sur elles et sur ce dernier, ne peuvent non plus modifier les angles, comme avec les vis qui sont d'une matière différente de celle du tube. En somme le microscope aurait sur la vis l'avantage des procédés optiques sur les procédés mécaniques. Son seul inconvénient serait que la lecture serait un peu plus longue que celle des divisions du tambour de la vis; mais il ne faut pas sacrifier la précision à la rapidité des opérations.

37. — Je viens de parler d'un microscope, je n'ai pas donné la théorie de ces instruments. Au point de vue des mesures de précision, le microscope est une lunette avec une ligne de collimation définie par le centre optique de son objectif et par son réticule (qu'on peut remplacer par des traits sur une lame de verre); seulement c'est une lunette dont l'objectif très-petit est destiné à observer un objet très-rapproché qui donne un foyer conjugué plus éloigné de l'objectif que l'objet et par conséquent plus grand que ce dernier, tandis que c'est le contraire dans les lunettes proprement dites. A part cela, sa théorie est en tout semblable à celle des lunettes. L'oculaire y joue comme dans celles-ci le rôle de grossir l'image et le réticule situés dans le même plan. Il faut ajouter toutefois que la mise au point de l'oculaire pour le réticule se fait comme dans les lunettes, mais ensuite en variant la distance du microscope à l'objet on fait varier la distance focale de l'image, de manière à l'amener dans le plan du réticule, tandis que dans les lunettes ce sont les fils qu'on amène dans le plan focal. La théorie de la parallaxe des fils est au reste la même dans les deux instruments. Nous allons maintenant revenir à l'étude de la lunette astronomique.

38. — Vue dans une lunette, l'image d'un point lumineux, quelque petit qu'on suppose ce dernier, est toujours un cercle d'un petit diamètre. Cela provient d'une part des imperfections de la lunette et de l'aberration de sphéricité qui font que tous les rayons émanés d'un même point ne se croisent pas en un point mathématique, d'autre part de la diffraction qui se fait sur les bords des ouvertures des lunettes. Toutefois le maximum de lumière est toujours

au centre de l'image où se croisent la majorité des rayons. Il résulte de ce phénomène que les étoiles se montrent d'autant plus larges qu'elles sont plus brillantes, effet qui est encore augmenté dans l'œil de l'observateur par le phénomène subjectif connu en physique sous le nom d'irradiation. Il est clair en effet que, pour une étoile brillante, il faut plus que pour une étoile faible s'écarter du centre de l'image pour atteindre le degré de décroissement voulu pour que la visibilité disparaisse. Les images des étoiles brillantes paraissent donc plus larges en apparence que celles des étoiles faibles, indépendamment même de l'irradiation qui a lieu dans l'œil, laquelle à son tour est d'autant plus grande que l'astre est plus brillant. En outre l'irradiation nous fait paraître la lumière plus également répartie dans toute l'image qu'elle ne l'est réellement.

Il résulte de cet effet qu'une étoile brillante ne peut être complétement cachée par les fils fins d'araignée du réticule. Aussi pour la pointer on veille à diviser en parties égales le très-petit cercle lumineux qu'elle produit. Il n'y a que les étoiles d'une faiblesse extrême que les fils font disparaître entièrement. Pour ces dernières le pointé est plus exact en plaçant l'étoile à égale distance de deux fils parallèles très-rapprochés (fig. 17) qu'en voulant la cacher derrière un fil unique, car dans ce dernier cas, on n'est pas sûr qu'elle soit rigoureusement derrière l'axe du fil, vu que les fils, quelque minces qu'ils soient, soustendent toujours un angle visible.

Fig. 17.

39. — La difficulté du pointé est beaucoup plus grande quand il s'agit d'un astre ayant un grand diamètre, comme le soleil, par exemple. Dans ce cas on ne peut placer avec certitude la croisée des fils au centre de l'astre, dont les dimensions trop grandes, même dans le cas où elles ne dépassent pas le champ de la lunette, ne permettent pas de juger avec exactitude de la bissection. Il semble, au premier abord, que dans les instruments dont le grossissement modéré permet de voir l'astre entier, on pourrait faire usage de deux fils parallèles très-écartés, en plaçant les bords de l'astre à égale distance de ces fils, dont l'écartement aurait été combiné pour qu'ils en fussent très-voisins. Mais un peu de réflexion fait voir que ce procédé n'est pas possible. D'abord quand on observe le soleil c'est pour le comparer à quelque autre objet qui ne pourrait être observé avec les mêmes fils, puisqu'en le plaçant au milieu de leur intervalle, il serait trop éloigné d'eux pour qu'on pût

juger avec exactitude de l'égalité de son écart par rapport à chacun d'eux. De plus, une autre difficulté capitale s'oppose à l'emploi de ce moyen. Nous ne voyons nettement que les objets sur lesquels porte l'attention, et l'attention ne peut être, à un instant donné, fixée que dans un champ très-restreint. Or l'image amplifiée du soleil forme un champ beaucoup trop étendu pour que l'attention puisse se porter simultanément sur les deux bords opposés. De là l'impossibilité de juger simultanément si l'écart de chacun d'eux, au fil voisin, est le même des deux côtés.

Il résulte de là que les astronomes ont adopté de pointer au bord du soleil, en rendant le fil de la lunette tangent à ce bord. On ramène les observations à ce qu'elles auraient été au centre de l'astre au moyen du calcul et en ayant égard à la valeur de ce diamètre donnée dans les tables astronomiques, ou mieux encore pour rendre le résultat indépendant des erreurs qui pourraient affecter le diamètre inscrit dans les tables, on fait deux observations consécutives aux deux bords opposés, observations dont on prend le résultat moyen. Ce résultat est indépendant du diamètre, parce que dans un cas ce dernier est intervenu comme additif à la mesure cherchée, et dans l'autre comme soustractif.

Le pointé tangentiel, au bord du soleil, est loin d'être aussi satisfaisant que celui d'une étoile qu'on peut bissecter par le fil. En effet, il y a plusieurs manières d'établir la tangence. On peut l'obtenir avec le bord du fil, mais dans ce cas, l'observation se trouve rapportée à la ligne de collimation formée par le centre optique de l'objectif et le bord du fil, et non à celle qui passe par l'axe même de ce dernier comme dans le cas des étoiles. Pour que l'observation soit satisfaisante, il faut faire deux observations, de manière à mettre un bord du soleil en contact avec un côté du fil, dans la première observation et le bord opposé du soleil avec le bord opposé du fil dans la deuxième observation. La moyenne des deux résultats est alors rapportée au centre du soleil et à l'axe du fil, de sorte qu'elle devient comparable aux observations des étoiles elles-mêmes, et peut donner les différences d'ascension droite ou de déclinaison du soleil ou d'une étoile avec exactitude, ce qui n'aurait pas lieu pour une observation d'étoile rapportée au centre du fil, et une observation solaire rapportée à un même bord du fil.

Mais si on n'observe qu'un des bords de l'astre, comme il arrive quelquefois pour le soleil, si par exemple les nuages empêchent l'observation de l'autre bord, et comme cela arrive presque toujours pour la lune, dont, sauf l'instant de la pleine lune, un seul bord est éclairé, il est évident que l'observation faite comme nous venons de l'indiquer n'est plus comparable à celle des étoiles qu'on a bissectées avec le fil.

Aussi, ce n'est pas par le procédé que nous venons d'indiquer que pointent la plupart des astronomes. Ils font mordre le fil sur le bord de l'astre de la quantité qu'ils jugent nécessaire pour que l'axe du fil soit tangent à ce bord. Mais ce mode de pointé est loin d'être satisfaisant. On comprend, en effet, que, ne voyant plus le bord extrême du soleil alors couvert par le fil sur une assez grande extension, il est impossible de se rendre compte nettement si ce bord est tangent à l'axe du fil, ou bien s'il est plus ou moins distant de cet axe. Il y a là une question d'appréciation que chacun fait à sa manière, et souvent même avec quelque différence d'une époque à une autre, et cela d'autant plus que, l'irradiation diminuant du côté de l'astre la largeur du fil, l'axe lui-même de ce fil se trouve déplacé différemment suivant les diverses vues et même suivant l'état de fatigue du même observateur. De plus, à cause du mouvement de l'astre, il n'y a même pas symétrie pour les observations des deux bords opposés, l'astre dans un cas marchant vers l'axe du fil, dans l'autre cas s'en éloignant. Les deux erreurs, commises ainsi sur les deux bords, ne se compensent pas rigoureusement, comme l'a fait voir M. Goujon.

Il résulte de cet état de choses que les observations du soleil et de la lune sont moins précises que celles des étoiles, et c'est en vain qu'on essayerait d'y remédier en pointant entre deux fils parallèles et rapprochés, au milieu desquels on amènerait le bord du soleil. En effet, le pointé entre deux fils est symétrique pour une petite étoile, et si ces deux fils sont très-rapprochés, on peut mettre cette dernière exactement au milieu de l'intervalle. Mais pour le bord d'un astre, comme le soleil et la lune, il n'y a plus de symétrie. En outre, les deux fils, dont l'un se projette sur l'astre, et l'autre en dehors, ne sont pas vus avec la même intensité, second effet qui se joint au défaut de symétrie pour vicier l'appréciation.

Le meilleur procédé, pour pointer à un bord du soleil ou de la lune, me paraît donc être celui dans lequel on amène ce bord tangentiellement au bord du fil, en compensant, quand c'est possible, par un deuxième pointé du deuxième bord effectué tangentielle- ment à l'autre bord du fil. A défaut de ce second pointé, il faut corriger l'observation de l'erreur résultant de ce que la tangence a eu lieu au bord du fil au lieu de se faire avec son axe. Cette erreur est facile à connaître, si on mesure le diamètre du fil, car la tangente de l'angle que le fil sous-tend au centre de l'objectif est égale à ce diamètre divisé par la longueur focale de l'objectif, et la moitié de cet angle est l'erreur de pointé (1).

Au lieu de mesurer le diamètre linéaire du fil, on peut d'ailleurs obtenir directement l'angle que ce diamètre sous-tend au centre optique de l'objectif en plaçant très-loin de l'instrument un signal formé de deux triangles blancs se touchant par les pointes et tracés sur une surface noire (fig. 18). Mettant alter- nativement chaque côté du fil en contact avec la pointe de l'un des triangles, de façon à cacher la pointe voisine de l'autre, et mesurant l'angle de rotation de la lunette nécessaire pour passer de l'une à l'autre des positions, on peut ainsi obtenir l'angle cherché, dont la moitié est l'erreur de pointé en question. Si l'instrument est répétiteur, cet angle répété un certain nombre de fois devient mesurable avec précision. Il en est de même si la lunette est munie d'un micromètre.

Fig. 18.

Mais, même sans faire aucune opération spéciale pour mesurer l'angle en question, la comparaison d'une moyenne d'observations faites sur les deux bords du soleil fera connaître la correction qui

(1) Cette erreur de pointé est l'erreur même commise sur l'observation, s'il s'agit d'une observation de hauteur avec un théodolite ou un alt-azimut, ou d'une observation de déclinaison avec l'équatorial, et il est facile de voir que s'il s'agit d'une observation azimutale, l'erreur commise sur l'angle observé est égale à l'erreur de pointé divisée par le sinus de la distance apparente au zénith. En effet, soient z le zénith (fig. 16), zv le vertical, i la position qui était occupée par le point en contact du bord du fil, j celle qui était occupée par le point correspondant de l'axe du fil, de sorte que la distance ij est égale à l'erreur de pointé en question. En menant les arcs de grand cercle zik, zjl, l'angle compris entre ces arcs de cercle est l'erreur sur l'azimut, et cet angle est mesuré par l'arc kl. Or on a $ij : kl :: im : kv$, ou, en prenant kv pour unité, $ij : kl :: \sin zi : 1$, d'où $kl = \frac{ij}{\sin zi}$. On verrait de même que s'il s'agit de l'é- quatorial, l'erreur commise sur l'ascension droite est égale à l'erreur de pointé divisée par le sinus de la distance de l'astre au pôle, lequel sinus n'est autre que le cosinus de la déclinaison.

a lieu pour l'instrument employé et qu'il faut appliquer au diamètre donné par les tables pour accorder les deux séries. Cette correction étant connue, on s'en servira pour réduire au centre les observations faites à un seul bord. On aura de même la correction pour la lune à l'aide des séries faites dans les cas où les deux bords de cet astre sont observables.

Pour les planètes supérieures dont le diamètre est petit, on peut pointer à leur centre comme pour les étoiles. Pour Mars, toutefois, cela n'est possible que quand la planète est en opposition, seul cas où sa surface dirigée vers nous est totalement éclairée. Pour les planètes à grand diamètre, dans le cas où on emploie de forts grossissements, on pointe au bord, de même que pour les planètes dont toute la surface n'est pas éclairée, et on ramène les observations au centre comme pour le soleil et la lune. Le pointé peut être alors fait avec avantage avec le bord du fil, si on tient compte du diamètre de ce dernier, comme nous venons de le dire.

40. — D'après les détails dans lesquels nous sommes entré au sujet du pointé des astres à grand diamètre, on voit qu'il serait bien avantageux d'obtenir un moyen facile d'observer directement au centre de l'astre. Or, comme dans les observations astronomiques on n'a besoin de mesurer à la fois les angles que dans un seul sens, par exemple, dans le sens de la hauteur ou dans celui de l'azimut, et non simultanément des angles de hauteur et d'azimut, il existe un moyen très-simple de mesurer directement l'azimut du centre du soleil, ou la hauteur de ce centre. Ce procédé, que l'expérience m'a fait reconnaître comme le meilleur, n'a pas encore été signalé. Il a d'ailleurs l'avantage d'abréger les opérations de réduction, vu qu'il dispense du calcul nécessaire pour ramener au centre de l'astre les observations du bord. Pour faire

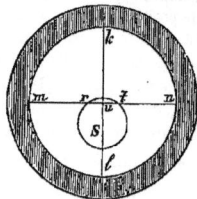
Fig. 19.

comprendre ce procédé, supposons d'abord qu'il s'agisse d'une observation d'azimut, et que le fil de la lunette destiné à être horizontal ait été amené à l'horizontalité absolue. Soient mn (fig. 19) ce fil horizontal, kl le fil vertical de la lunette, S l'image du soleil. On fait mordre légèrement sur l'image le fil horizontal mn de la lunette de façon à obtenir au-dessus ou au-dessous de lui un petit segment du soleil; le bord de cet astre coupe ce fil en deux points *r* et *t*, d'autant plus voisins que ce segment est plus petit. On le rend donc le plus petit possible, et il est facile alors de diriger la lunette de façon que les deux points *r* et *s* soient également distants de la croisée *u* des deux fils. Il est alors évident que cette croisée des fils est exactement dans l'azimut du centre du soleil, azimut qui se trouve alors indiqué sur le cercle gradué, de sorte que l'observation azimutale est identiquement la même que si on avait pointé au centre du soleil.

Supposons maintenant que le fil *m n*, qu'il est, du reste, facile de rendre horizontal, ne soit pas cependant rigoureusement horizontal. En prenant alternativement le segment *m n* sur le bord supérieur et sur le bord inférieur du soleil, il est évident que si le segment est de même grandeur dans les deux cas, la moyenne des deux résultats est la même que si les deux opérations avaient été faites au centre même du soleil; car si dans le pointé du bord supérieur, le défaut d'horizontalité du fil *m n* a fait porter l'observation trop à droite d'une certaine quantité, le même défaut, lors du pointé inférieur, la fait porter trop à gauche de la même quantité. Si le fil est sensiblement horizontal, les erreurs commises ainsi dans chaque cas et qui s'anéantissent dans la moyenne, sont déjà presque nulles. Si on n'a pas fait les deux segments exactement égaux, mais seulement à peu près égaux, les deux erreurs ne s'anéantissent pas rigoureusement, et il subsiste une très-petite partie de l'une d'elles; mais comme celle-ci est déjà très-petite, cette erreur restante devient du deuxième ordre et de beaucoup en dessous des erreurs commises dans une bissection, et qui constituent les incertitudes du pointé ordinaire. L'erreur restante peut donc être regardée comme nulle. Il est encore bon de remarquer que, les deux bords du soleil n'étant pas à la même hauteur, une même erreur de pointé, suivant qu'on emploie l'un ou l'autre bord, ne correspond pas exactement à une même erreur azimutale, celle-ci étant, comme nous l'avons vu dans la note du numéro 39, égale à l'erreur du pointé divisée par le sinus de la distance au zénith. Ainsi, même avec des segments exactement égaux pour les deux bords, les deux erreurs commises ne s'anéantiraient pas rigoureusement comme nous l'avons dit. Mais les sinus des distances des deux bords au zénith sont peu différents, de sorte que les deux erreurs s'anéantissent à part une très-petite fraction de la valeur de l'une d'elles. Il en est donc de cet effet comme de la différence des segments, l'erreur restante est du deuxième ordre et négligeable.

Supposons maintenant qu'il s'agisse du pointé en hauteur. Si le fil kl est parfaitement vertical, il est facile de voir qu'en faisant mordre ce fil sur le bord du soleil à droite, de façon à avoir le

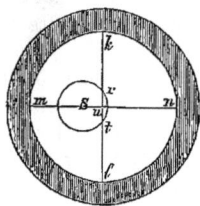

Fig. 20.

petit segment rt (fig. 20), si on bissecte ce segment par la croisée u des fils, le centre du soleil est à la même hauteur que le point u. En effet, le diamètre horizontal du soleil est compris dans le plan mené par le centre optique de l'objectif et la ligne horizontale passant par le centre de l'image solaire, et ce plan intersecte sur la sphère céleste un arc de grand cercle qui renferme le diamètre solaire, et, par conséquent, son extrémité. Le plan mené par le centre optique de l'objectif et une horizontale passant par u se confond donc avec le plan renfermant le diamètre solaire horizontal, et par conséquent le centre du soleil est à la hauteur du point u.

Si le fil kl n'est pas rigoureusement vertical, la moyenne de deux hauteurs mesurées, l'une en prenant le segment rt sur le bord droit du soleil, l'autre en le prenant sur le bord gauche, donnera, comme dans le cas de l'azimut, évidemment le même résultat que la moyenne des deux hauteurs directement prises aux mêmes instants sur le centre.

Dans ce qui précède, nous n'avons pas eu égard à la réfraction qui diminue le diamètre vertical du soleil en agissant inégalement sur le bord supérieur et le bord inférieur, et qui fait que l'image solaire, au lieu de nous paraître ronde, nous paraît elliptique et avec son grand axe horizontal. Mais cela ne change rien au résultat. Pour l'azimut, la symétrie est toujours complète, et peu importe que le segment rt soit pris dans un cercle ou dans une ellipse. Pour la hauteur, la symétrie existe aussi, parce que, dans la petite extension du segment rt, la réfraction peut être regardée comme proportionnelle à la distance de chaque point au zénith, de sorte que ce segment peut être considéré comme symétrique par rapport à une ligne horizontale le coupant par son milieu, puisque la différence de réfraction de son milieu et de ses extrémités est égale. De plus, la réfraction du segment est précisément celle du centre du soleil. Ainsi l'observation est identiquement la même que si on avait pointé au centre de l'astre, soit qu'il s'agisse de l'azimut, soit qu'il s'agisse de la hauteur.

Si on a mis du soin à rendre les fils horizontaux, un pointé à un seul bord peut suffire, et par conséquent cette méthode est applicable à la lune et aux planètes éclairées par un seul bord.

Sauf d'ailleurs quand le soleil est tout près de l'horizon, l'image entière du soleil peut être regardée comme une ellipse exacte. Elle est donc symétrique, et cette seule condition de symétrie est suffisante pour qu'on puisse avec l'équatorial mesurer directement soit la distance du centre au pôle, soit l'angle horaire du centre d'une manière semblable à celle que nous venons d'indiquer pour l'azimut et la hauteur.

En comparant entre elles des observations faites par la méthode que je viens d'indiquer, j'ai reconnu que les écarts qu'elles présentent entre elles n'étaient pas plus grands que ceux que j'avais avec le même instrument pour la bissection d'une grande étoile. Cette méthode est donc, d'après l'expérience, supérieure à toutes les autres; elle rend les observations indépendantes des corrections de diamètre, en même temps que des incertitudes sur le mode de pointé par tangence, et par conséquent des erreurs personnelles que ce dernier genre de pointé introduit. Je la recommande donc spécialement aux observateurs. Il est évident, d'ailleurs, que mon procédé est applicable aussi bien avec un champ ne donnant qu'une fraction de l'image solaire qu'avec un champ donnant l'image entière de l'astre.

41. — J'ai déjà parlé des verres absorbants qu'on emploie devant l'oculaire de la lunette pour pointer le soleil, et j'ai indiqué l'utilité qu'il y a dans le cas des observations de hauteur à employer des verres laissant la lumière blanche. Deux prismes de Nicol croisés à angle droit et interposés entre les deux verres de l'oculaire forment aussi un système à la fois extincteur de la lumière et de la chaleur si dangereuse pour l'œil, système qui ne colore nullement l'image. Dans ce cas, l'extinction se fait par polarisation. Mais, pour employer ce moyen, il faut un oculaire disposé pour laisser entre les deux verres l'intervalle nécessaire; et comme l'accroissement de cet intervalle diminue le grossissement, on remédie à cet inconvénient en faisant un oculaire de trois verres

formant, par conséquent, un microscope composé. Nous avons vu, d'ailleurs, que l'oculaire est sans influence sur la ligne de collimation, de sorte qu'on peut changer d'oculaire suivant l'astre qu'on veut observer.

Mais il existe, pour le soleil, un moyen d'observation excellent dû à M. Quetelet. Il consiste à éloigner l'oculaire d'une quantité suffisante pour que ce dernier, au lieu de former une image virtuelle en avant de lui, forme une image réelle en arrière. Le déplacement à imprimer dans ce but à l'oculaire est assez petit. Alors on reçoit l'image du soleil sur une feuille de carton ou de papier blanc qu'on éloigne ou approche de l'oculaire pour reconnaître la distance à laquelle l'image et les fils se dessinent le plus nettement sur la feuille. On augmente à volonté la distance à laquelle répond le maximum de netteté en rapprochant l'oculaire des fils, ou on la diminue, s'il le faut, en éloignant ce dernier. Quand on a obtenu ainsi une image nette et un peu grande de l'astre et des fils, car les deux images se forment ensemble, puisque les fils sont dans le plan de l'image donnée par l'objectif, on peut, par le mouvement de la lunette qui entraîne son cercle gradué, amener le point que l'on veut de l'image solaire sous la croisée des fils; et le point ainsi placé sous cette croisée des fils n'est autre que celui qu'on verrait au même instant sous ce point de croisement, si, l'oculaire étant plus enfoncé, on regardait dans la lunette. Il s'ensuit donc qu'on peut soit placer le bord du soleil en contact avec les fils par la méthode du pointé tangentiel, soit bissecter par un des fils un segment séparé de l'image par l'autre fil suivant ma méthode de pointé. L'image du soleil sur le papier est alors blanche et trop faible pour fatiguer la vue, si on lui a donné une amplification convenable. Un écran percé d'un trou placé devant l'oculaire et laissant passer les rayons qui ont traversé ce dernier, sert à empêcher les rayons directs du soleil extérieurs à la lunette de tomber sur la feuille de papier. La lunette est, d'ailleurs, facilement dirigée sur le soleil à l'aide de l'examen de son ombre.

La méthode de M. Quetelet, que nous venons d'indiquer, a, en outre, l'avantage de permettre à plusieurs observateurs d'observer à la fois avec le même instrument, de façon à comparer leur manière de pointer et d'estimer le temps du passage d'un bord du soleil derrière les fils, et il dispense de l'emploi des verres absorbants.

42. — Je viens de dire que, pour diriger une lunette sur le soleil, on peut se guider sur l'examen de son ombre. Aussi, quand on veut observer le soleil, parvient-on très-vite à obtenir dans le champ l'image solaire. Mais il n'en est pas de même pour les étoiles quand la lunette grossissant convenablement pour l'observation a un champ très-restreint. Dans les très-grands instruments, on assujettit sur les grandes lunettes une autre petite lunette grossissant peu et offrant par conséquent un très-grand champ; puis, au moyen de vis, on amène la ligne de collimation de cette petite lunette à être parallèle à celle de la grande, résultat qui est obtenu si un même objet éloigné est à la fois bissecté par les fils des deux instruments, lorsque l'un d'eux est dirigé vers lui. Quand cette position relative des deux lunettes a été obtenue, il suffit de chercher un objet avec la petite lunette, qui le fait trouver facilement, puis d'amener ensuite cet objet sous la croisée des fils, pour qu'en mettant ensuite l'œil à la grande lunette, cet objet se trouve dans le champ de cette dernière. Les petites lunettes, ainsi accolées aux grandes, portent le nom de *chercheurs*.

Les artistes négligent à tort de munir les lunettes des théodolites répétiteurs d'un moyen de mettre rapidement dans le champ l'astre qu'on veut observer. Le grossissement de ces instruments ne nécessite pas de chercheur, mais il devrait y avoir une alidade avec des *pinnules*, l'une très-petite près de l'œil, l'autre au bout opposé très-grande et circulaire, de façon à soustendre un angle de 3° à 5° pour l'œil placé près de la pinnule oculaire. On pointerait alors beaucoup plus vite, car il suffirait de mettre l'astre au milieu du cercle, dont la lanterne de l'observateur éclairerait faiblement le pourtour, pour que cet astre se montrât dans la lunette. Il n'y aurait qu'avantage à tendre des fils dans ce cercle pour en marquer le milieu. Je ne peux trop recommander aux voyageurs qui veulent se servir des instruments répétiteurs, de faire ajouter cette disposition à leurs instruments. La pratique apprend qu'on perd plus de temps à chercher une étoile qu'à l'observer, lorsqu'il n'a pas été pris une bonne disposition pour faciliter la recherche ; et quand on multiplie les observations, la perte de temps, indépendamment de la fatigue qu'elle impose à l'observateur, devient alors très-regrettable, surtout quand l'atmosphère chargée de nuages oblige à profiter rapidement des éclaircies. La disposition que je viens d'indiquer a de plus l'avantage

de permettre à l'observateur de reconnaître avec sûreté que l'é-
toile qu'il voit dans le champ est bien celle qu'il veut observer. La
facilité des pointés, en permettant de multiplier les observations,
est aussi un moyen d'augmenter la précision des résultats.

43. — Quand un astre est très-voisin du zénith, ce qui obligerait
l'observateur à prendre une position fatigante et dans laquelle il
serait exposé à heurter l'instrument, on place devant l'oculaire un
prisme à réflexion totale à 45°, prisme qui change la direction de
l'image et permet de regarder toujours horizontalement, si la face
devant laquelle on place l'œil est parallèle au limbe horizontal de
l'instrument, ou de regarder en bas si elle lui est perpendiculaire.
On donne d'ailleurs au prisme, en le tournant, la direction qu'on
veut. Il peut aussi être placé entre les deux verres de l'oculaire.
Le prisme, comme l'oculaire, ne change rien à la précision des
pointés, puisqu'il n'influe pas sur la ligne de collimation ; il
lui est extérieur, et dévie à la fois de la même manière l'image
des objets et celle des fils. Son unique inconvénient est de forcer
à diminuer un peu le grossissement de l'oculaire, à cause de la nécessité d'écarter les deux verres si on interpose le prisme entre eux,
ou d'écarter l'œil de l'oculaire si ce prisme est situé en dehors de ce
dernier. On peut remédier à cet inconvénient en employant pour
oculaire un microscope composé, et en interposant le prisme entre
l'objectif de ce microscope et l'oculaire. Cet oculaire microscope
composé ne diffère de l'oculaire ordinaire, ou microscope simple,
que par l'interposition de son objectif, qui reforme en arrière de
lui dans un même plan, et plus ou moins amplifiées, l'image des
fils et la répétition de l'image de l'objet formée par l'objectif. C'est
ensuite sur cette image amplifiée qu'agit l'oculaire. L'amplification,
dans le cas que nous considérons, peut être calculée de telle
manière que, combinée avec celle du nouvel oculaire, elle repro-
duise l'amplification de l'oculaire ordinaire. Il n'y a alors comme
inconvénient qu'une très-petite perte de lumière en plus par suite
des réflexions par les surfaces de l'objectif du microscope composé oculaire.

44. — Outre l'erreur d'inclinaison dont nous avons déjà parlé,
il existe dans les instruments une autre erreur, que l'on appelle
erreur de collimation, et qui consiste en ce que l'axe optique
de la lunette n'est pas perpendiculaire à l'axe horizontal de
rotation de cette dernière. Il résulte de cette erreur que l'axe

optique de la lunette, au lieu de décrire un plan, décrit un cône.

Dans les instruments de grande dimension, pour lesquels la lunette n'est pas excentrique, on détermine la collimation à l'aide des collimateurs. On appelle ainsi une lunette fixe composée d'un objectif et d'un réticule formé de deux fils croisés, placés à son foyer principal et éclairés par derrière. Les rayons émanés de ces fils sortent de l'objectif parallèles entre eux et à l'axe optique du collimateur, de sorte que, si on vise avec la lunette de l'instrument dans cette direction, on obtient, dans cette lunette, une image des fils du collimateur, image qui se forme au foyer exactement comme si ces fils étaient placés à l'infini. Quand on amène l'image de la croisée des fils du collimateur sous celle des fils de la lunette d'observation, on est sûr alors que l'axe optique de la lunette d'observation est, sinon dans le prolongement de l'axe optique du collimateur, du moins parallèle à cet axe. L'emploi du collimateur exige impérieusement que son objectif soit de même grandeur que celui de la lunette d'observation, ce qu'on exprime en disant que les deux objectifs sont de même ouverture : si, en effet, l'objectif du collimateur était plus petit que celui de la lunette, la totalité de la surface de ce dernier ne serait pas employée pour la formation de l'image des fils du collimateur. Or, à cause des petites imperfections des objectifs, comme nous l'avons déjà vu, tous les rayons qui concourent à la formation d'une image ne se croisent pas en un point mathématique. Il en résulte que l'image d'un point possède une certaine dimension. En supprimant l'intervention d'une partie de la surface de l'objectif, on est donc exposé à supprimer une partie de cette image, et dès lors le centre de la partie restante peut être différent de celui de l'ensemble. Donc la ligne de collimation, répondant à un objectif entier, peut différer de celle qui répond à une portion seulement de sa surface. Conséquemment, l'objectif entier doit servir dans le pointé sur le collimateur comme il sert pour les astres.

Pour obtenir avec un collimateur la collimation d'un théodolite centré ou d'un alt-azimut, on peut opérer de la manière suivante :

On pointe d'abord la lunette de l'alt-azimut sur le collimateur, qui est à peu près horizontal, et que, pous fixer les idées, nous supposerons au nord. Le pointé étant fait avec soin, on lit la division correspondante du limbe azimutal, puis on fait tourner la lunette autour de son axe horizontal, de telle sorte que l'objectif qui était au nord se trouve au sud; on décale ensuite le cercle azimutal et on fait tourner l'instrument autour de son axe vertical, jusqu'à ce que l'on ait ramené l'axe optique de la lunette sur le collimateur. Cette rotation de l'instrument devra être exactement de 180° si la collimation est nulle; mais s'il existe une collimation, la rotation sera de 180°, plus ou moins le double de l'angle de collimation, et cette rotation, connue par une seconde lecture du limbe azimutal, fera, par conséquent, connaître la collimation.

Dans cette manière d'opérer, il est facile de voir que, si la graduation du limbe azimutal est exacte, on aura exactement la collimation, quelle que soit l'excentricité de ce limbe, pourvu que les lectures qui donnent la rotation soient faites à la fois par deux verniers ou deux microscopes opposés, en prenant ensuite la moyenne ; ce qui, comme nous le verrons plus tard, compense l'influence de l'excentricité du cercle gradué.

Mais si la graduation n'est pas exacte, on aura une erreur sur la collimation. On pourrait faire disparaître cette erreur si l'instrument était répétiteur, en employant successivement les diverses parties du limbe; mais alors une détermination de la collimation serait une opération longue, puisque cela revient à la déterminer plusieurs fois. Il y a conséquemment avantage à se servir de deux collimateurs opposés.

Pour faire comprendre cette nouvelle méthode, nous ferons remarquer que, si l'on a deux collimateurs opposés, dirigés l'un vers l'autre, et si l'on munit l'un d'eux momentanément d'un oculaire, on apercevra à la fois dans le champ ses fils et celui du collimateur opposé. On pourra donc pointer ce collimateur sur l'autre de sorte que les deux axes optiques des collimateurs soient parallèles ; après quoi on enlèvera l'oculaire du collimateur et on rétablira l'éclairage (1).

Il faut toutefois remarquer que, si on place ainsi deux collimateurs opposés des deux côtés de l'alt-azimut, par exemple l'un au nord et l'autre au sud, l'opération du pointé dont nous venons de parler, présentera une difficulté résultant de ce que la lunette de l'alt-azimut se trouvera sur le trajet des rayons allant de l'un des

---

(1) L'éclairage peut au besoin se faire à travers les oculaires des collimateurs.

collimateurs à l'autre. Pour lever cette difficulté, on perce le tube
de la lunette de l'alt-azimut dans un sens perpendiculaire à l'axe
optique et à l'axe de rotation de cette lunette, et alors, pour pointer
les deux collimateurs l'un sur l'autre, il suffit de mettre la lunette
de l'alt-azimut dans une situation verticale, et d'ouvrir le tube de
cette lunette.

Les deux collimateurs étant pointés l'un sur l'autre, on a la collimation de l'instrument avec la plus grande facilité. Il suffit pour
cela de pointer la lunette de l'alt-azimut sur le collimateur nord,
par exemple, puis de faire tourner cette lunette autour de son axe
horizontal, de manière à porter son objectif au sud. Alors, si la
collimation est nulle, la lunette doit se trouver pointée sur le collimateur sud ; s'il en est autrement, la quantité dont il faut faire
tourner l'instrument pour qu'il en soit ainsi, fait connaître le
double de la collimation, et le sens de la rotation donne le signe
de cette erreur.

Dans cette seconde manière d'opérer, les erreurs de graduation
ne sont pas tant à craindre que dans la première, puisque les erreurs sur les arcs de 180° sont éliminées, et puisque la quantité
de la rotation qui est très-petite, se trouve aisément mesurée d'ailleurs par les microscopes, abstraction faite de la graduation de
l'instrument. De plus, si la lunette de l'instrument est munie d'un
micromètre, c'est-à-dire d'un fil mobile à son réticule, fil conduit par une vis de rappel micrométrique, on peut, en pointant le
premier collimateur avec ce fil mobile, puis pointant le deuxième
avec le même fil, connaître, en prenant la moyenne des lectures
(en ayant égard, s'il y a lieu, aux différences des valeurs en arc
des divisions micrométriques), la position du fil mobile pour laquelle la collimation est nulle. Pointant alors les fils fixes avec ce
dernier, la différence transformée en arc des lectures obtenues sur
ces fils fixes et de la lecture sans collimation, donne la collimation pour chaque fil.

De cette façon, la graduation des limbes n'a plus à intervenir
dans la détermination de la collimation. C'est le moyen qu'on emploie pour la lunette méridienne, quand on veut déterminer sa
collimation à l'aide de deux collimateurs opposés.

Si l'instrument n'a pas lui-même de micromètre à sa lunette,
on peut encore déterminer la collimation avec deux collimateurs
opposés dans le cas de la lunette méridienne qui n'a pas de cercle

gradué horizontal comme les alt-azimuts, pourvu que l'un des deux collimateurs soit lui-même muni d'un micromètre, dont les valeurs des divisions peuvent être connues, si on pointe successivement sur les divers fils de la lunette méridienne dont les intervalles sont eux-mêmes connus. Pour cela, on pointe le premier collimateur qui n'a pas de micromètre, celui du nord par exemple, sur la lunette méridienne, puis on pointe le deuxième collimateur sur le premier, et on dirige la lunette méridienne sur le deuxième collimateur. Pointant alors avec le micromètre de ce dernier le fil du milieu de la lunette, la quantité réduite en arc dont il faut déplacer le fil mobile donne le double de la collimation de ce fil du milieu, et comme la distance de ce dernier au fil moyen fictif est connue, on en déduit la collimation de ce dernier. Le deuxième collimateur, dans ce cas, au lieu d'un fil mobile, peut avoir un fil fixe, pourvu qu'un appareil micrométrique mesure sa rotation pour pointer. Cela revient évidemment au même qu'un micromètre à fil mobile.

Nous ferons remarquer que, d'après ce qui précède, la combinaison de l'emploi d'un seul ou de deux collimateurs peut être employée à l'étude des erreurs de la graduation des cercles azimutaux pour les arcs de 180 degrés.

Nous avons vu précédemment qu'il était utile, pour la détermination de la différence de diamètre des tourillons de l'axe horizontal de la lunette, que cet axe pût être renversé, c'est-à-dire que l'on pût placer le tourillon de droite sur le coussinet de gauche et inversement. Lorsque l'instrument est ainsi disposé, on peut utiliser aussi le renversement pour la détermination de la collimation, à l'aide d'un seul collimateur. Supposons en effet que la lunette soit pointée sur ce collimateur. Si la collimation est nulle, après le retournement de l'axe, la lunette sera encore pointée sur le collimateur, mais s'il y a collimation, il faudra pour rétablir le pointé faire mouvoir le micromètre du double de la collimation.

Ce procédé, qu'on emploie dans les lunettes méridiennes pour déterminer la collimation avec un seul collimateur, est toutefois moins bon que celui des deux collimateurs ; parce que, dans l'opération du retournement, le poids des appareils peut donner lieu à des accidents et à un changement de la collimation. Il est donc toujours bon que les grands instruments soient munis de deux collimateurs.

Il est important, pour donner à la détermination de la collimation une précision égale à celle du pointé de la lunette, de noter que les collimateurs, ou du moins celui qu'on doit pointer sur l'autre, doivent avoir au moins la même distance focale que la lunette, sans quoi le réglage des collimateurs l'un sur l'autre n'aurait pas la précision du pointé de la lunette d'observation.

Quand on détermine la collimation par retournement de l'axe horizontal, on peut se passer de collimateurs et faire usage d'une mire éloignée. C'est de cette manière que l'on détermine la collimation pour les petits théodolites à lunette centrée. Il faut pour cela que la lunette soit, aussi exactement que possible, au milieu de l'axe horizontal. C'est ce qui a lieu généralement par construction avec une précision suffisante, mais qui, n'étant pas rigoureusement nécessaire pour le procédé des collimateurs, donne toujours l'avantage à ce dernier moyen. Pour les lunettes d'un fort pouvoir amplifiant, c'est-à-dire pour les grands instruments, les oscillations dues à l'atmosphère réduisent considérablement la précision de la mesure, ce qui rend les collimateurs nécessaires.

Il importe bien de remarquer que la différence entre un collimateur et une mire consiste en ce que le premier définit une direction, de sorte que l'instrument peut se déplacer un peu parallèlement à lui-même sans modification du pointé. La mire au contraire ne permet pas le transport parallèle sans dépointement. Elle sert donc à définir une ligne d'une manière complète.

Avec les théodolites excentriques, on ne peut pas déterminer la collimation par l'emploi d'un seul collimateur. Pour l'obtenir, il faut déterminer l'écart des deux positions de la lunette lorsqu'elle est à gauche ou à droite du limbe dans deux situations parallèles, et on place à une grande distance deux mires, à un éloignement l'une de l'autre égal à l'écart de ces deux positions de la lunette et de telle sorte que la ligne qui joint ces deux mires soit perpendiculaire à celle qui joindrait le centre du théodolite au milieu de leur intervalle. La lunette du théodolite étant à gauche du limbe, on pointe sur la mire de gauche et on cale le limbe azimutal. On fait ensuite tourner la lunette autour de son axe horizontal, de sorte que son objectif, s'il était au nord, par exemple, se trouve au sud, puis on décale et on vise à la mire de droite. S'il n'y a pas de collimation, le cercle azimutal doit tourner exactement de 180° degrés pour ce second pointé, autrement, il tourne de 180°, plus ou moins le double de la collimation, suivant le sens de cette erreur.

On pourrait également n'employer qu'une seule mire, mais il faudrait alors exactement connaître la distance de cette mire au centre de l'instrument. On déduirait alors de là l'angle A sous-tendu à la mire par les deux positions de la lunette à gauche et à droite du limbe. En visant alors à la mire, lunette à droite et lu-nette à gauche, on ferait les lectures azimutales correspondantes, ce qui donnerait la quantité de la rotation. Or, la lunette ayant dû tourner de $180° + A +$ le double de la collimation, on connaî-tra la collimation puisqu'on connaît A.

Lorsqu'on possède deux collimateurs opposés pointés l'un sur l'autre, on peut également s'en servir pour déterminer la col-limation des théodolites excentriques. Il suffit pour cela, après avoir calé convenablement le cercle azimutal, de faire tourner la lunette autour de son axe horizontal pour pointer sur ces deux collimateurs.

Nous verrons plus loin (n° 57) d'autres moyens d'obtenir la collimation du théodolite excentrique sans collimateur, par le pointé au nadir, suivant la méthode de Bohnenberger, et par le pointé zénithal suivant la méthode de Porro. Nous verrons aussi le parti qu'on pourrait tirer d'un collimateur dans l'axe.

45. — Lorsque la collimation est connue, il est facile de calcu-ler l'erreur qu'elle peut introduire sur les mesures azimutales.

En effet, par le centre de l'instrument, menons un plan vertical M perpendiculaire à l'axe horizontal de la lunette, et par la verti-cale et l'axe optique de la lunette, menons un second plan vertical N. Ces deux plans couperont la sphère céleste suivant deux arcs de grand cercle verticaux qui intercepteront sur l'horizon un arc δa, qui est la mesure de l'erreur introduite sur l'azimut par la collimation de l'instrument. Par l'axe optique de l'instrument, menons un plan perpendiculaire au plan M; l'arc de cercle inter-cepté sur la sphère céleste par ce troisième plan, entre les deux plans précédents, est précisément égal à la collimation c, de sorte que si, du point où l'axe optique perce la sphère céleste, on abaisse une perpendiculaire sur le plan M, la longueur de cette perpendi-culaire sera égale à sin c. Cette perpendiculaire à M est d'ailleurs horizontale, puisque M est vertical. Par cette perpendiculaire me-nons donc un plan horizontal, l'intersection de ce plan par la sphère céleste sera un arc de petit cercle, dont le rayon sera égal au cosinus de l'angle de l'axe optique de la lunette avec l'horizon, ou au cosinus de la hauteur apparente de l'astre, hauteur que nous appellerons h.

Or le triangle rectangle formé par l'intersection du plan de ce petit cercle par les plans M et N d'une part, et par la perpendiculaire sin c abaissée de l'extrémité de l'axe optique sur M, est semblable au triangle rectangle formé par l'intersection de M et N par l'horizon et par la perpendiculaire sin δa abaissée sur M du point où l'intersection de N par l'horizon coupe la sphère céleste.

On aura donc la proportion :

$$\sin \delta a : \sin c :: 1 : \cos h,$$

d'où

$$\sin \delta a = \sin c \sec h.$$

c ou la collimation étant un très-petit arc, on peut remplacer le sinus par l'arc. Il en est de même de δa, excepté dans le voisinage du zénith.

On peut donc poser sans erreur sensible

$$\delta a = c \sec h,$$

formule de correction très-simple.

La correction δa à joindre à l'azimut compté du nord vers l'ouest sera positive quand la collimation portera l'axe optique vers la gauche de l'observateur, et négative dans le cas contraire.

Dans le voisinage du zénith, l'erreur sur la collimation peut introduire une erreur considérable sur l'azimut, comme on le voit par la formule. Il semble donc qu'on doit proscrire les observations près du zénith, autrement que pour l'étude même des corrections de l'instrument ; mais nous verrons plus loin le moyen d'employer les observations voisines à la fois du zénith et du méridien.

Tant que h est loin de 90°, une erreur sur h n'introduit qu'une erreur du second ordre sur δa ; on a en effet en différentiant la formule

$$\delta a = c \sec h,$$

par rapport à h

$$\delta . \, \delta a = c \sec h \tan g \, h \, \delta h,$$

expression dans laquelle le second membre est du second ordre, tant que le produit sec h à h n'est pas très-grand, puisque c et δh sont très-petits.

Il est évident qu'au théodolite, l'influence de la collimation sur les lectures azimutales est de sens contraire dans la position directe et dans la position inverse de l'instrument, et si les observations sont faites à la même hauteur, les erreurs sont alors égales et de signe contraire. Il en résulte qu'on élimine l'influence de la collimation en observant dans les deux positions et en prenant la moyenne des lectures. L'élimination est d'autant plus parfaite que les hauteurs sont plus voisines de l'égalité dans les deux cas.

46. — A la lunette méridienne, la collimation forme un angle constant que l'astre doit traverser entre l'instant de l'observation et celui de son passage au plan méridien. En appelant c la collimation de l'instrument exprimée en secondes d'arc, une étoile équatoriale emploiera donc un nombre de secondes de temps égal à $\frac{c}{15}$ pour parcourir cet intervalle, puisqu'une seconde de temps répond à 15 secondes d'arc parcourues. Une étoile de déclinaison D emploiera pour parcourir cet angle constant un temps plus long dans le rapport inverse de sa vitesse à celle d'une étoile équatoriale, vitesse qui, comme nous l'avons vu en parlant de l'intervalle des fils des lunettes (n° 33), est cos D, en appelant 1 celle d'une étoile équatoriale. Le temps employé par une étoile quelconque à traverser le petit angle c est donc $\frac{c}{15 \cos D}$.

Si la collimation est vers l'est, c'est-à-dire si la lunette dévie vers l'est, le passage aura lieu à la lunette pour les passages supérieurs des étoiles plus tôt qu'au méridien; le contraire aura lieu pour les passages inférieurs. En regardant donc c comme positif quand la déviation est vers l'est, comme négatif quand elle est vers l'ouest, on devra, pour avoir le vrai instant du passage au méridien, joindre à l'instant observé le nombre de secondes donné par l'équation

$$t = \pm \frac{c}{15 \cos D},$$

le signe supérieur se rapportant au passage supérieur, l'inférieur au passage inférieur. A la lunette méridienne comme au théodolite, la moyenne d'observations position directe et inverse de l'instrument élimine la collimation quand celle-ci n'a pas changé dans le retournement de l'axe sur les coussinets.

47. — Il nous reste maintenant à corriger les observations de hauteur de l'erreur introduite par la collimation.

La distance zénithale mesurée avec un instrument dont la collimation est c, est celle du pied de la perpendiculaire abaissée de l'extrémité de l'axe optique de la lunette sur le limbe supposé rigoureusement perpendiculaire à l'axe horizontal. (Nous verrons plus tard les effets du défaut de perpendicularité du limbe et les moyens de les compenser et d'y avoir égard; pour le moment, nous supposons cette perpendicularité rigoureuse.)

Appelons z la distance zénithale de l'astre ainsi mesurée, et z' sa distance réelle. La première est dans le vertical du plan du limbe, la seconde dans celui qui passe par l'axe optique de la lunette. Par le même axe optique menons un plan perpendiculaire au limbe. L'intersection de ce plan avec la sphère céleste sera un arc de grand cercle qui avec la distance zénithale vraie et celle qui est mesurée formera un triangle sphérique rectangle dont l'hypothénuse est la distance zénithale vraie; l'un des côtés est la distance mesurée, et le 3e côté est égal à la collimation c de l'instrument.

On aura donc

(1)
$$\cos z' = \cos z \cos c$$

ou

$$\cos z' = \cos z - 2 \cos z \sin^2 \tfrac{1}{2} c.$$

Si nous posons $z' = z + m$, m étant la correction à appliquer à z pour avoir la distance zénithale vraie z', l'équation deviendra

$$\cos z \cos m - \sin z \sin m = \cos z - 2 \cos z \sin^2 \tfrac{1}{2} c$$

ou

$$2 \cos z \sin^2 \tfrac{1}{2} m + \sin z \sin m = 2 \cos z \sin^2 \tfrac{1}{2} c.$$

En remplaçant $\sin m$ par $m \sin 1''$ et $\sin \frac{1}{2} c$ par $\frac{1}{2} c \sin 1''$, puisque les arcs m et c sont très-petits, l'équation devient

$$\tfrac{1}{2} m^2 \sin 1'' \cos z + m \sin z = \tfrac{1}{2} c^2 \sin 1'' \cos z$$

d'où

$$m = \frac{c^2 \sin 1'' \cos z}{2 \sin z + m \sin 1'' \cos z}.$$

Si dans cette expression on fait $z = 0$, auquel cas $\sin z = 0$ et $\cos z = 1$, il vient

$$m^2 = c^2.$$

Ce qui montre qu'au zénith l'erreur est égale à la collimation même, comme on devait s'y attendre. Mais dès que z est de quelques degrés, $m \sin 1''$, $\cos z$ est négligeable par rapport à $\sin z$, et la valeur de m se réduit à

$$(2) \qquad m = \frac{c^2}{2} \sin 1'' \cot z,$$

ce qui prouve que l'erreur croît à mesure que z diminue et qu'elle est nulle à l'horizon. Cette erreur étant du 2ᵉ ordre en c est négligeable jusqu'aux environs du zénith. Pour $c = 20''$ et $z = 5°$, elle n'atteint encore qu'un centième de seconde.

Dans le voisinage immédiat du zénith, on calculerait la distance zénithale vraie par l'équation (1); la formule de correction approchée (2) cesse de lui être applicable. Les formules (1) et (2) s'appliquent au cercle mural comme au théodolite. Nous reviendrons plus tard sur ce point en traitant d'une manière plus spéciale du cercle mural.

Avec l'équatorial, les effets de la collimation se calculent comme avec le théodolite, tant pour les angles de déclinaison que pour ceux d'ascension droite, en substituant seulement le pôle au zénith, c'est-à-dire les distances polaires aux distances zénithales. L'identité de forme des deux instruments fait que ce que nous avons dit pour l'un s'applique à l'autre, en remarquant que l'axe vertical du théodolite devient l'axe polaire de l'équatorial.

Sur les procédés optiques qui peuvent, dans les instruments méridiens ou alt-azimutaux, faire connaître avec précision les erreurs instrumentales au moment même des observations.

48. — Nous avons antérieurement indiqué les moyens de déterminer l'inclinaison des axes horizontaux et verticaux des instruments et de corriger les observations d'azimut et de hauteur des erreurs dues à ces inclinaisons. Nous avons examiné les dispositions qu'il convient de donner à l'axe horizontal, et nous avons fait voir comment, à l'aide du niveau, on peut reconnaître l'inégalité des deux tourillons de cet axe et les irrégularités qui proviennent du défaut de cylindricité de ses tourillons. Nous avons vu qu'il est nécessaire, pour que le nivellement soit bon ; que les pattes du niveau reposent sur la partie des tourillons qui supporte le poids de l'instrument (1).

Or, les tourillons ont forcément, pour la solidité, une certaine longueur, et conséquemment, si, indépendamment de la courbure que leur donne la flexion et de leur défaut de cylindricité dans le sens des génératrices des cylindres, ils n'ont pas leurs axes situés exactement sur une même ligne droite, mais au contraire s'ils font un angle entre eux, la distance des points des tourillons qui porteront sur les coussinets variera suivant l'inclinaison de la lunette, tandis que la distance des pattes du niveau est constante. Conséquemment la condition précédente pour que le nivellement soit bon ne sera pas possible. C'est là le cas général. Toutefois, vu les soins apportés dans la construction des tourillons et des coussinets, les erreurs à craindre sont petites. C'est ce qui fait qu'avec les niveaux on peut connaître très-approximativement la situation des axes. Il reste cependant une petite incertitude.

Nous venons de parler ici des axes horizontaux. Hâtons-nous d'ajouter que des faits analogues ont lieu pour les axes verticaux. Remarquons, de plus, que la sensibilité des niveaux est limitée à l'angle où le frottement fait équilibre à la force ascensionnelle de la bulle d'air, et que cette sensibilité est restreinte par de petites anomalies dans la capillarité, anomalies provenant des variations

---

(1) Cette condition elle-même ne suffit pas lorsqu'on a égard au défaut d'homogénéité de l'axe et aux variations de diamètre qu'il éprouve dans la partie centrale. C'est ainsi, par exemple, que M. Porro a fait remarquer que dans la lunette méridienne de l'observatoire de Paris, construite par Gambey, la partie centrale de l'axe composée de deux cônes opposés forme une pièce massive peu flexible, pour ainsi dire liée presque invariablement à la lunette, de telle sorte que les flexions doivent avoir lieu surtout près des tourillons. C'est sans doute pour ce motif que Gambey avait disposé son niveau de manière qu'il portât sur les deux extrémités de cette pièce centrale. Toutefois, comme la flexion n'est nulle dans aucune partie de l'instrument, il ne suffit pas, lorsqu'on veut une grande précision, de s'en rapporter aux mesures de l'inclinaison fournies par le niveau.

de densité, de courbure et peut-être d'état électrique du verre. Il est donc à désirer que, sans abandonner les niveaux à cause de la facilité de leur emploi, on se serve, pour la détermination des erreurs instrumentales, d'autres procédés qui, n'admettant pas les mêmes objections, puissent servir à l'étude des tourillons, et, par suite, perfectionnent l'emploi du niveau, en faisant connaître les erreurs laissées par ce dernier dans les diverses situations de l'instrument. Un système convenable de collimateurs va nous permettre d'atteindre ce résultat.

49. — Considérons d'abord l'axe vertical du théodolite ou de l'alt-azimut, dont les variations de direction réagissent sur l'inclinaison de l'axe de la lunette.

La disposition donnée ordinairement à cet axe par les constructeurs est celle d'un cylindre terminé à ses deux extrémités par des cônes tronqués, dont les sommets, en supposant les cônes prolongés, seraient du même côté, de telle sorte que l'axe entre facilement dans son support et est soutenu par ces deux cônes qui frottent dans toute leur surface, tandis que la partie cylindrique ne frotte pas. Lorsque l'axe est en place dans la situation verticale, les deux cônes sont donc renversés.

Quand l'instrument est lourd, on place à l'extrémité du cône tronqué inférieur une pointe qui vient appuyer sur un ressort équilibrant en partie le poids de l'instrument. Par là, le frottement de l'axe sur les coussinets coniques dans lesquels il repose est diminué de la quantité nécessaire, tout en laissant un poids suffisant pour l'adhérence.

Par une bonne exécution de ces diverses pièces, les artistes arrivent à faire que l'axe d'un théodolite étant ramené à la verticale par deux nivellements faits dans deux plans rectangulaires, le niveau de l'instrument ne varie presque pas en le faisant tourner autour de cet axe. Pour éviter tout ballottement, il faut porter une attention spéciale à ce que les deux cônes frottent à la fois, résultat pour lequel l'élasticité des pièces et la flexion due au poids de l'instrument facilitent beaucoup les constructeurs. Il est de plus nécessaire que les axes des deux cônes soient exactement en ligne droite, sans quoi la direction de l'axe varierait pendant la rotation.

Quelque soin que l'on mette à la réalisation de ces diverses conditions, on ne peut parvenir à l'exactitude mathématique ; il y a donc lieu d'étudier les variations de direction que prend l'axe en tournant, variations qui se reproduisent identiques lors d'un retour à une même position.

50. — Ces changements de direction peuvent être étudiés dans chaque situation du limbe alidade par rapport au cercle gradué, à l'aide d'un collimateur pointant, comme nous allons l'indiquer, sur un bain de mercure, collimateur placé dans l'axe vertical ou à côté de cet axe et parallèlement à lui. La situation du collimateur dans l'axe même est préférable, d'abord parce que le bain de mercure ne devra pas être aussi grand que si ce collimateur était excentrique, et, de plus, parce que les lectures pourront avoir lieu dans toutes les situations de l'instrument, sans que l'on soit jamais gêné par les pieds-supports.

Quand on veut placer le collimateur dans l'axe vertical lui-même, il faut supprimer la pointe placée à la partie inférieure de cet axe et qui, portant sur un ressort, annule une partie du poids de l'instrument. Mais cet allégement peut également avoir lieu en plaçant vers le milieu de l'axe un deuxième cône renversé comme celui de l'extrémité inférieure. Ce second cône entrerait dans une pyramide tronquée triangulaire, qui ne serait nullement fixe et que des ressorts ou des contre-poids pousseraient de bas en haut, sans exercer d'action latérale appréciable. L'axe alors étant creux et ses deux bouts étant dégagés, l'extrémité inférieure pourra recevoir une lentille, et l'extrémité supérieure des fils croisés et un oculaire.

Par des mouvements de rappel, on doit pouvoir faire varier la position de ces fils croisés de manière à rendre l'axe optique du collimateur (qui est déterminé par la croisée des fils et le centre optique de l'objectif) parallèle à l'axe de rotation.

Au-dessous de ce collimateur doit être disposé un vase rempli de mercure (1). L'oculaire du collimateur est formé d'un micros-

_____

(1) Il faut employer des bains rectangulaires de 30 à 40 centimètres de côté. On a toujours alors de belles images, comme me l'a prouvé l'expérience, même quand de petits bains circulaires sont très-agités par les oscillations du sol. On peut poser le bain directement sur le sol ; mais il faut l'abriter contre les courants d'air.

Dans les lieux où, par suite des trépidations du sol dues aux voitures, comme à Paris, par exemple, les pointés sur le bain de mercure ne peuvent avoir lieu à toutes les heures du jour, on pourrait, après avoir pointé sur le bain de mercure à un instant de la nuit où il y aurait tranquillité, disposer un miroir

cope composé. Entre ce microscope et les fils est placée une lame de verre plane, transparente et à faces sensiblement parallèles. A l'aide de cette lame, inclinée de 45°, on réfléchit vers les fils la lumière d'une lampe assez voisine de la lame pour que les rayons réfléchis tombent sur toute la surface de l'objectif (condition indispensable pour que tout l'objectif soit employé, sans quoi on pourrait avoir des erreurs). On voit alors dans le microscope composé, et à travers la lame transparente, les fils du collimateur et leur image réfléchie par le bain de mercure, car les rayons émanés d'un même point des fils, après avoir été rendus parallèles par l'objectif, viennent se réfléchir sur la surface du mercure, qui les renvoie vers l'objectif. Celui-ci alors les fait converger dans son plan focal principal en un point unique, qui est l'image du point dont ils sont partis. Il est alors évident que si l'axe optique du collimateur est vertical, la croisée des fils doit coïncider avec son image. Outre les fils fixes dont nous venons de parler, il convient de plus que le collimateur soit muni de deux micromètres rectangulaires, dont l'un ait son mouvement parallèle à l'axe horizontal de la lunette, axe dont les supports sont fixés sur le cercle alidade qui tourne avec l'axe vertical et par suite avec son collimateur.

Le micromètre, dont le mouvement est parallèle à l'axe de rotation de la lunette de l'alt-azimut, fera connaître l'inclinaison de l'axe vertical dans ce sens, qui est celui où cette inclinaison réagit sur celle de l'axe horizontal de l'instrument. Le second micromètre fera connaître l'inclinaison dans le sens perpendiculaire, c'est-à-dire dans le sens où on mesure les hauteurs des astres. Les valeurs angulaires des parties de ces micromètres doivent d'ailleurs avoir été déterminées. Si cette détermination n'a pas été faite au préalable en employant la lunette collimateur comme lunette d'observation après l'avoir assujettie sur un autre instrument, et en se servant des procédés que nous avons indiqués pour déterminer

sur des vis de calage au-dessus de ce bain et amener ce miroir à l'horizontalité parfaite à l'aide du collimateur vertical auquel on n'aurait pas touché après son pointé sur le bain de mercure. On se servirait de ce miroir jusqu'à ce que l'on trouvât un nouvel instant de tranquillité, et comme on n'y toucherait pas dans cet intervalle, ce miroir aurait nécessairement une stabilité plus grande que l'axe de l'instrument, dont il pourrait servir à mesurer les variations de verticalité.

la valeur des parties des micromètres des lunettes d'observation, soit de la lunette méridienne, soit des théodolites et alt-azimuts, on peut la faire sur place, de la même manière qu'on détermine la valeur des divisions des niveaux. Ainsi, considérons le micromètre dont le fil est parallèle à l'axe horizontal de l'alt-azimut, et dont le jeu est conséquemment perpendiculaire à cet axe. Après avoir sensiblement nivelé l'instrument, on amène la lunette d'observation dans une direction perpendiculaire à 2 des vis de calage du pied, et on la pointe dans cette direction sur un objet éloigné, après avoir, au moyen de la troisième vis du pied, fait varier l'inclinaison de sorte que l'image du fil réfléchie par le mercure tombe sous ce fil pour une lecture choisie à volonté du micromètre. On choisit ensuite une deuxième lecture de ce micromètre et à l'aide de la même vis du pied de l'instrument on fait en sorte que, pour cette nouvelle lecture, l'image réfléchie du fil coïncide avec l'image directe; puis avec la lunette d'observation, on pointe sur l'objet éloigné en question : le mouvement de l'alidade indique l'angle répondant à la différence des deux lectures du micromètre employées. Si l'instrument est répétiteur, il est évident qu'on peut dans ce cas se servir de la répétition comme pour le niveau. Le deuxième micromètre, perpendiculaire à celui que nous venons de considérer, se détermine de même, en faisant tourner de 90° le système micrométrique, de sorte qu'il prenne la position du premier.

Pour régler les fils croisés du collimateur, de telle sorte que l'axe optique de ce collimateur puisse être considéré comme l'axe de l'instrument, il faut leur donner par tâtonnement une position telle que l'axe de rotation soit vertical et que l'image réfléchie des fils tombe sur l'image directe. La vérification de la verticalité de l'axe a lieu comme avec le niveau, en ce que la rotation de 180° ne doit pas modifier cette coïncidence de l'image directe et de l'image réfléchie. Cette vérification doit se faire dans deux plans rectangulaires. Après cet ajustement, lorsqu'il n'y a pas coïncidence, la distance des deux images, mesurée avec chacun des micromètres, fait connaître l'inclinaison dans le sens du mouvement de ces micromètres.

On voit donc d'après ce qui précède qu'un collimateur vertical destiné à pointer sur l'image des fils réfléchie par un bain de mercure équivaut à un niveau en permettant de rendre un axe rigoureusement vertical et de reconnaître si, dans toutes ses positions,

l'inclinaison de cet axe ne varie pas ; en même temps ce collimateur fait connaître la grandeur de la variation, si elle existe.

La nécessité d'interposer une lame de verre pour l'éclairage des
fils entre ceux-ci et l'oculaire est la cause qui oblige à employer
dans ce cas pour oculaire un microscope composé, afin de pouvoir
obtenir une distance suffisante pour le placement de cette lame
sans d'ailleurs diminuer le grossissement. Nous avons dit que le
collimateur devait être muni de deux micromètres à fil mobile
croisés à angle droit. On peut ne lui en établir qu'un seul, pourvu
qu'il puisse par une rotation de 90° prendre deux portions rectangulaires. Il y a avantage à ne mettre au foyer de l'objectif du
collimateur que deux fils fixes croisés, et à placer le micromètre
dans le système oculaire, c'est-à-dire dans le plan focal de l'objectif du microscope composé tenant lieu d'oculaire, car alors ce
micromètre est plus sensible. Dans ce cas, il sert à mesurer la
distance des fils à leur image réfléchie. Ceci ne change rien à
ce que nous avons dit de la détermination de la valeur des parties du micromètre. Quand le micromètre est dans le système oculaire, il peut consister simplement en une lame de verre divisée,
afin d'éviter l'emploi de la vis micrométrique. Il est au reste toujours possible d'éviter cette dernière en employant une simple
vis de rappel pour le fil mobile, et un microscope supplémentaire
pour le mouvement de ce dernier comme nous l'avons indiqué pré-
cedemment (n° 36).

51. — Le placement d'un collimateur dans un axe vertical
augmente nécessairement la grosseur de ce dernier, et accroît
notablement le travail de sa construction. On peut y substituer,
si la lunette d'observation n'est pas au centre des mouvements,
un collimateur horizontal porté par l'instrument. Il suffit pour cela
d'ajouter en dehors de l'objectif de ce collimateur un prisme à réflexion totale, renvoyant les rayons verticalement de manière à
pointer sur un bain de mercure placé sous lui mais au-dessus de
l'axe vertical et soutenu par un système indépendant de l'instrument. Toutefois cela gêne toujours les mouvements pour certaines
positions de ce dernier. Mais dans le théodolite ou l'alt-azimut
excentrique, la lunette d'observation elle-même en la munissant
d'un système oculaire avec un micromètre pour pointer sur les fils
réfléchis, peut tenir lieu de collimateur dans l'axe pour juger de
l'inclinaison de l'instrument et étudier les déviations de l'axe ver-

tical pour toutes les lectures du limbe, et conséquemment pour connaître les défauts de cet axe de manière à en tenir compte ensuite. Il suffit dans ce cas de déplacer le bain de mercure pour lui faire suivre la lunette alors fixée verticalement et qui de cette manière joue le rôle d'un collimateur latéral à l'axe. Comme exactitude, ce procédé l'emporte même sur l'emploi des collimateurs dans l'axe vertical en ce qu'il accuse les déviations de la partie supérieure de l'instrument par l'effet des inégalités et des courbures de l'axe vertical, et ce sont ces déviations qu'on a besoin de connaître ; mais en revanche il est moins commode et il ne donne pas les inclinaisons de l'axe répondant aux positions de l'instrument pendant l'observation, puisque la lunette n'a pas dans le pointé nadiral la direction qu'elle possède en visant aux astres. A cause de cela, c'est aux niveaux qu'il faut recourir avec les instruments dépourvus de collimateur dans leur axe vertical, et il y a en cela d'autant moins d'inconvénient que, pour les azimuts, comme nous l'avons vu, l'inclinaison de l'axe vertical, dès qu'elle est petite, est sans importance pour les hauteurs auxquelles on mesure les angles azimutaux, pourvu qu'on tienne compte de l'inclinaison de l'axe horizontal dans la position où a été faite l'observation ; et pour la mesure des hauteurs, si on ne veut pas se contenter des niveaux, la lunette d'observation elle-même peut être employée soit pour viser successivement au nadir, c'est-à-dire à ses propres fils réfléchis par le bain de mercure, soit pour viser directement à un astre, ou à l'image réfléchie de ce dernier, par un autre bain de mercure. Il est vrai que, dans ces cas, il faut toujours s'assurer à l'aide du niveau si la position de l'instrument n'a pas varié entre ces deux observations successives. Au reste, avec de bons niveaux, on a facilement pour les théodolites une précision en rapport avec celle du pointé des petites lunettes de ces instruments. Ce n'est donc que pour les grands alt-azimuts que le collimateur dans l'axe vertical offre réellement des avantages. Dans les petits théodolites, c'est par la répétition des observations qu'on affaiblit à la fois les influences des anomalies et du frottement de la bulle du niveau et celles du pointé de la lunette, les unes comme les autres pouvant également prendre des signes contraires.

52. — Nous allons maintenant nous occuper de l'emploi des collimateurs pour le nivellement de l'axe horizontal.

Nous avons déjà fait voir que, pour une bonne détermination de

la collimation, la lunette méridienne, le cercle mural ou l'alt-azimut devaient être munis de deux collimateurs opposés pouvant
être dirigés l'un sur l'autre et que nous appellerons A et B. Cette
détermination de la collimation deviendra très-rigoureuse si, dans
l'axe horizontal de la lunette méridienne ou de l'alt-azimut, se
trouve un collimateur comme celui dont nous venons de parler
pour les axes verticaux, avec cette différence que, comme il ne
s'agit pas ici d'observer par réflexion, un oculaire ordinaire est
suffisant. Perpendiculairement au méridien et horizontalement,
doit être disposée une lunette collimateur que nous appellerons C,
pouvant être pointée sur celle de l'axe de l'instrument, et réciproquement. On peut alors pointer la lunette de l'instrument sur le
collimateur nord A, le collimateur de l'axe étant en même temps
pointé sur le collimateur C perpendiculaire au méridien. Faisant
tourner alors la lunette pour pointer sur le collimateur sud B,
en veillant à ce que la lunette de l'axe reste pointée azimutalement sur le collimateur C, on peut déterminer exactement la
collimation de l'instrument. Il est évident d'ailleurs que, pour
bien placer suivant l'axe le collimateur de cet axe, on a fait
préalablement varier la position de son réticule jusqu'à ce que,
pour les deux positions opposées de la lunette dans deux plans rectangulaires, ce collimateur reste pointé sur le collimateur C, auquel
on a donné la position convenable. Ceci est facile, car on pointe d'a-
bord C sur la moyenne des deux positions que prend le collimateur
dans les deux positions horizontales de la lunette objectif nord et
objectif sud, puis dans le sens des hauteurs sur la moyenne des
deux positions répondant à la lunette objectif en haut et en bas.
Après quoi, on règle le collimateur de l'axe sur C. Ensuite, pour le
cas où on n'aurait pas bien pointé sur les positions moyennes, on
recommence jusqu'à ce que, pour les quatre positions considérées
de la lunette, le pointé persiste.

La collimation étant déterminée, si on pointe la lunette méridienne ou celle de l'alt-azimut sur un bain de mercure en lui
appliquant un oculaire tel que celui que j'ai décrit (n° 50) pour
le collimateur dans l'axe vertical, l'image réfléchie des fils devra se
former sur les fils eux-mêmes si l'axe optique de la lunette est vertical. Dans le cas contraire, la distance des deux images mesurée
avec le micromètre de la lunette d'observation fera connaître l'angle de cet axe optique et de la verticale. Cet angle est égal à la

somme de la collimation, plus l'inclinaison de l'axe horizontal de rotation. La collimation étant connue, on connaît donc l'inclinaison. Dirigeant alors le collimateur C sur le collimateur de l'axe horizontal de la lunette de façon à le pointer en hauteur comme en azimut, on peut amener ce collimateur C à une parfaite horizontalité ou connaître son erreur d'horizontalité. Si, outre ses fils fixes, le collimateur C est muni de deux micromètres rectangulaires de l'un quelconque des divers systèmes de micromètres que nous avons décrits pour les collimateurs dans l'axe vertical, l'un dans le sens des hauteurs, l'autre dans celui des azimuts, on voit alors qu'on peut, dans toutes les positions de la lunette méridienne, connaître l'inclinaison de l'axe de la lunette et la différence de l'azimut de cet axe avec celui qu'il occupe quand la lunette est horizontale. Il est pour cela nécessaire que les valeurs des parties de ces micromètres soient connues, et elles le sont facilement, si, ayant placé un instant le collimateur C dans le méridien, en donnant successivement à chacun de ses micromètres la direction horizontale, on a avec ce micromètre visé aux divers fils de la lunette dont les intervalles sont connus, ou visé à des positions connues du fil mobile du micromètre de la lunette méridienne dont les valeurs des parties sont connues. On peut de cette manière étudier parfaitement les micromètres du collimateur C, qu'on pose ensuite à sa place définitive perpendiculaire au méridien en visant le collimateur de l'axe de la lunette. Dans le cas de l'alt-azimut, le même procédé de pointé sur la lunette d'observation ferait connaître la valeur des parties des micromètres de C.

53. — S'il s'agit d'un alt-azimut à lunette centrée et si, pendant les expériences précédentes, on a eu soin que le collimateur de l'axe vertical fût exactement pointé sur le bain de mercure, on peut faire tourner l'instrument de 90° autour de cet axe. Puis alors, agissant sur le calage de l'instrument de manière à ramener cet axe à la verticalité, s'il s'en est écarté, on peut rendre les collimateurs A et B horizontaux comme le collimateur C.

On peut encore rendre horizontaux les collimateurs A et B de la manière suivante : ces deux collimateurs étant pointés l'un sur l'autre, on dirige la lunette de l'instrument sur un d'eux, A par exemple, le collimateur de l'axe vertical étant en même temps pointé sur le bain de mercure. On fait ensuite tourner l'instrument de 180° autour de son axe vertical, et si on a maintenu le collimateur de l'axe vertical pointé sur le bain de mercure, la lunette doit être pointée sur le collimateur B, si les collimateurs B et A sont horizontaux. Dans le cas contraire, la différence de pointé en hauteur fait connaître le double de l'inclinaison de ces collimateurs. Il faut toutefois, dans ce cas, que le collimateur de l'axe vertical ait deux micromètres rectangulaires.

Les collimateurs A, B, C étant horizontaux, si on dirige sur l'un d'eux le collimateur de l'axe horizontal, et si on fait prendre à la lunette de l'instrument les diverses positions qu'elle peut prendre autour de son axe en mesurant avec le niveau dans chacune de ces positions l'inclinaison de cet axe, la comparaison de ces nivellements avec celui que l'on déduira du pointé sur le collimateur fera connaître la correction à appliquer au niveau, par suite des inégalités de l'axe, pour les différentes hauteurs de la lunette. Après cette étude, le niveau pourra être employé à la mesure de l'inclinaison dans tous les azimuts où on ne peut pas pointer sur un collimateur (1). On aura un contrôle de ces opérations par la détermination de l'inclinaison par les pointés directs et par réflexion d'une circompolaire à ses azimuts extrêmes, comme nous le verrons plus tard.

Le collimateur nadiral de l'axe vertical permettra de même de comparer les inclinaisons de cet axe obtenues par le pointé sur le bain de mercure avec celles que fournissent les niveaux dans deux plans rectangulaires ; par là on fera la table des corrections à appliquer au niveau, par suite des erreurs de l'axe, pour les divers azimuts du zéro de l'alidade, de sorte que, dans les instants où le pointé au nadir n'est pas possible à cause des oscillations du sol, on pourra se servir du niveau avec une grande exactitude.

On voit que, par les moyens qui précèdent, on obtiendra une détermination très-précise des erreurs instrumentales, et on s'en servira pour corriger les observations. Cela vaut beaucoup mieux que d'éliminer les erreurs instrumentales par des renversements

---

(1) Ceci a aussi bien lieu avec les alt-azimuts à lunette excentrique qu'avec les alt-azimuts à lunette centrée ; la seule différence est que pour les alt-azimuts à lunette excentrique, les collimateurs A et B placés excentriquement ne peuvent servir que pour la collimation. Mais le collimateur C sert de la même manière avec la lunette soit centrée ou excentrique.

de l'instrument, parce que ces renversements supposent les axes parfaits, ce qui n'a pas lieu ordinairement.

54. — Quand le bain de mercure est observable, on peut, quels que soient l'azimut et la hauteur où l'on observe, déterminer l'inclinaison de l'axe horizontal de la lunette sans le niveau. Il suffit, en effet, pour cela d'amener le collimateur de l'axe de la lunette sur le collimateur C, ce qui donne dans la position actuelle de l'instrument l'inclinaison de l'axe horizontal. On détermine alors par le collimateur nadiral l'inclinaison de l'axe vertical dans le sens où elle agit sur celle de l'axe horizontal, et on déduit de ces deux déterminations l'angle des deux axes. Amenant ensuite l'instrument dans un azimut quelconque, il n'y a plus qu'à mesurer l'inclinaison de l'axe vertical par le collimateur nadiral pour en déduire celle de l'axe horizontal. A la rigueur, notre système de collimateurs permettrait d'abandonner l'emploi des niveaux, qui ne doivent être conservés qu'à cause de leur commodité.

Remarquons ici que l'alt-azimut se change en lunette méridienne et fournit des observations de même nature et de même précision que celles de ce dernier instrument, quand le collimateur de l'axe horizontal de la lunette est pointé sur le collimateur C (1). On a au contraire l'instrument des passages dans le premier vertical si ce même collimateur de l'axe horizontal est pointé sur l'un des collimateurs A et B.

55. — En général, quand deux collimateurs doivent être visés l'un sur l'autre, on peut remplacer l'un d'eux par un miroir, en observant avec le second collimateur l'image réfléchie de ses propres fils sur le miroir qui remplace le premier collimateur. Cela ne change rien aux diverses vérifications de collimation ou d'inclinaison, et offre même l'avantage de doubler la sensibilité du micromètre, en ce qu'il ne faut donner à la valeur de ses parties que la moitié de leur valeur déterminée comme précédemment, car la réflexion a pour effet de doubler la déviation. Ainsi on peut remplacer l'un des collimateurs A et B par un miroir.

Mais de tous les collimateurs, celui qu'il est le plus avantageux de remplacer par un miroir est celui de l'axe horizontal de la lunette de l'instrument, soit méridien, soit alt-azimutal. Ce miroir peut alors être placé très-près du milieu de cet axe hori-

_____

(1) Cela a lieu aussi bien avec un alt-azimut à lunette excentrique qu'avec un alt-azimut à lunette centrée.

zontal (1). Il se trouve de cette manière invariablement lié au corps même de la lunette, et donne la vraie inclinaison de l'axe, c'est-à-dire celle du milieu de cet axe, tandis qu'un collimateur dont l'objectif serait dans un des tourillons et le réticule dans l'autre, ne servirait qu'à faire connaître les variations de hauteur de ces tourillons, lesquelles, à cause des anomalies des flexions de l'axe qui est composé de pièces hétérogènes et de diamètre variable, peuvent être très différentes des variations d'inclinaison de l'élément milieu de l'axe, celui autour duquel en réalité la lunette tourne. Le miroir placé comme nous venons de le dire est observé à l'aide du collimateur C et à travers l'un des tourillons qui est percé (2). Les considérations que nous venons de développer prouvent que, dans l'alt-azimut à lunette centrée, il faudrait bien se garder de placer le miroir collimateur de l'axe à l'une des extrémités de cet axe. On n'aurait pas alors la vraie inclinaison.

Le miroir, dont nous venons de parler, et qui doit être placé vers le centre de l'axe horizontal de la lunette, ne sert pas seulement à mesurer les variations d'inclinaison de cet axe, il sert aussi à mesurer les variations d'azimut que ce même axe peut éprouver dans la rotation de la lunette. A cet effet, le collimateur C doit être muni de deux micromètres, l'un vertical, l'autre horizontal. De plus, dans l'alt-azimut, le collimateur C, au lieu d'être invariablement fixé perpendiculairement au méridien, peut partager le mouvement azimutal de l'instrument autour de son axe vertical; mais il ne doit pas tourner avec l'axe horizontal de la lunette, dont il faut qu'il soit entièrement indépendant. Dans ces conditions, il joue le même rôle que le collimateur fixe C, dont nous avons parlé en indiquant

(1) Il peut être presque sensiblement à ce milieu même si l'oculaire est au centre des mouvements de l'instrument, et dans le cas où la lunette est portée par son centre, il pourrait sans intercepter le cône des rayons allant de l'objectif à l'oculaire, n'être éloigné du milieu de cet axe horizontal que du quart du diamètre de l'objectif environ. On pourrait même le former de deux miroirs demi-circulaires, placés l'un d'un côté de ce cône de rayons, l'autre du côté opposé, et réglés parallèlement de manière à réfléchir dans le même sens.

(2) Si l'alt-azimut est à lunette excentrique, il est inutile que l'axe soit creux, car le miroir peut être tourné du côté opposé à l'axe. Mais si on veut que le collimateur C soit mobile et soit porté par le limbe alidade, comme nous le verrons plus loin, il est pour la construction avantageux de le placer du côté opposé à la lunette, dont alors l'axe de rotation doit être creux et ouvert, pour permettre de pointer sur le miroir porté par la lunette elle-même.

le moyen de s'assurer de la constance de la collimation, et comme il est naturellement amené à la perpendicularité au méridien quand la lunette est visée sur l'un des collimateurs A ou B, et comme il est indépendant de la rotation de l'axe horizontal de cette lunette, il se trouve servir exactement aux mêmes usages que s'il était invariablement fixé dans le méridien, comme nous l'avons supposé précédemment.

Pour tourner avec l'instrument, le collimateur C doit être solidement fixé sur le cercle alidade, et par là il sert à reconnaître si, dans la rotation de l'instrument autour de son axe vertical, la pression exercée à la partie supérieure de cet axe pour le faire tourner et la résistance due au frottement de la partie inférieure ne produisent pas une torsion de cet axe dans la région comprise entre la lunette et le limbe, torsion qui aurait pour effet de changer la lecture du limbe à laquelle répond la direction de la lunette, mais qui, si elle a lieu, pourra être mesurée, à l'aide de ce collimateur C, de la même manière que toute variation d'azimut de l'axe pendant la rotation de la lunette dans le changement de hauteur. L'angle de ce collimateur C et de celui de l'axe vertical étant connu par les procédés que nous avons indiqués précédemment, le collimateur dans l'axe vertical fera, dans chaque position, connaître sa propre inclinaison, et on en déduira celle du collimateur C.

Ainsi, en résumé, le collimateur dans l'axe vertical pour viser au bain de mercure, le miroir collimateur dans l'axe horizontal, le collimateur C porté par le cercle alidade, et les collimateurs opposés A et B dans le méridien ou un plan quelconque, suffisent pour déterminer avec précision, dans toutes les positions de la lunette, les erreurs instrumentales de l'alt-azimut, soit à lunette centrée, soit à lunette excentrique.

56.—Il est évident, d'ailleurs, qu'avec les moyens de rectification que nous venons d'indiquer, et qui permettent de connaître l'inclinaison du vrai axe horizontal de rotation de la lunette dans chaque position de l'instrument, les alt-azimuts et les théodolites excentriques seront aussi exacts que les mêmes instruments à lunette centrée, et comme la position de la lunette y est plus commode pour les observations, ils deviennent réellement préférables.

Mais, en général, dans les théodolites, comme nous l'avons déjà dit, on n'a pas le collimateur de l'axe vertical. Ce collimateur est moins important que celui de l'axe horizontal, ou mieux que le

collimateur C visant sur un miroir porté par la lunette. Cependant
on n'a pas pensé à munir les théodolites excentriques de ce dernier
système; mais c'est regrettable, et nous ne pouvons trop recommander ce perfectionnement aux artistes. Quant au collimateur de
l'axe vertical, on peut s'en dispenser, en plaçant sur le collimateur C porté par le cercle alidade, ou mieux situé à la place ordinaire du contre-poids· de ces théodolites, un niveau sensible
destiné à faire juger des variations d'inclinaison que peut recevoir
ce collimateur. Il est évident, en effet, qu'après avoir annulé ou
déterminé la collimation par les deux collimateurs opposés A et B,
ce qui revient à annuler ou à connaître l'angle de la ligne de collimation et du miroir, il suffit de pointer la lunette d'observation
sur un bain de mercure, dans une position quelconque de l'instrument, pour rendre le miroir vertical ou connaître son angle avec
la verticale. On peut alors rendre le collimateur C horizontal en le
pointant sur le miroir, ou bien déterminer son angle avec la verticale dans la position actuelle de l'instrument, et on fait la lecture
correspondante du niveau porté par ce collimateur. Dans toute
autre position de l'instrument, l'angle du collimateur C avec l'horizon sera donc connu en faisant la lecture de son niveau ; car la différence de cette lecture avec celle qui a été effectuée dans la position
où on a déterminé son angle avec l'horizon fait connaître la différence de l'angle actuel avec ce dernier qui est connu, et on déduit alors de la lecture sur le miroir dans le sens de la hauteur
l'angle de la perpendiculaire au miroir et de l'horizon. Or la
perpendiculaire au miroir n'est autre que l'axe même, puisque le
miroir a été réglé perpendiculairement à cet axe par la méthode
que nous avons indiquée pour les collimateurs dans les axes.
En même temps l'angle entre la projection sur l'horizon de cette
perpendiculaire au miroir et de la ligne de collimation du collimateur C est mesuré par l'autre micromètre de C perpendiculaire au premier, c'est-à-dire par le micromètre dans le sens azimutal, et en comparant cet angle avec celui qui a lieu quand la
lunette d'observation est horizontale, on a pour la hauteur actuelle la déviation de la lunette en azimut par suite des inégalités de son axe, déviation dont les azimuts doivent être corrigés.

Le niveau sur le collimateur C remplace, dans le cas que nous
venons de considérer, le niveau placé sur l'axe horizontal dans les
théodolites ordinaires où le collimateur C n'existe pas. L'autre ni-

veau, parallèle au limbe vertical, reste comme d'habitude et sert pour les observations de hauteur de la manière que nous avons indiquée précédemment (n° 13).

57. — Dans les théodolites portatifs, il serait assez long et difficile, surtout sur un sol inégal, de placer les deux collimateurs A et B pour la détermination de la collimation. Heureusement on peut se passer de ces collimateurs en combinant avec le pointé nadiral de la lunette d'observation sur un bain de mercure toujours facile à placer sous la lunette, le pointé zénithal sur un bain d'eau par la méthode de M. Porro, méthode imaginée par cet ingénieux constructeur pour sa lunette zénithale.

Le procédé de M. Porro consiste à placer au-dessus de la lunette de l'instrument un vase plein d'eau dont le fond est formé par une glace à faces parallèles. L'oculaire de la lunette est alors le même que pour le pointé sur le bain de mercure. Quand la lunette est verticale, l'objectif en haut, on voit alors l'image des fils réfléchis par la surface inférieure de l'eau, en même temps qu'on voit ces fils directement. En faisant coïncider ces deux images, on est sûr de rendre l'axe optique de la lunette parfaitement vertical. Le bain d'eau, dans le cas que nous considérons, est soutenu au-dessus de la lunette par un support spécial, et il est recouvert d'un couvercle noir pour que la lumière extérieure n'éteigne pas l'image réfléchie des fils. Le défaut de parallélisme de la glace inférieure, s'il existe, peut être compensé en retournant le vase de 180° pour faire un deuxième pointé. (La même considération a lieu si on couvre par une glace le bain de mercure dans le pointé nadiral pour empêcher le vent d'agiter la surface du mercure); seulement les faces de la glace donnent aussi des images réfléchies, mais on les distingue facilement de celle que renvoie l'eau à cause de leur fixité, tandis que l'image donnée par l'eau, se reconnaît de suite par la moindre agitation.

Il est évident qu'en combinant le pointé zénithal sur l'eau avec le pointé nadiral sur le mercure, cela revient pour la détermination de la collimation à pointer sur deux collimateurs opposés, puisque les deux surfaces réfléchissantes sont horizontales, et par conséquent parallèles. Ainsi les collimateurs opposés, pour les théodolites comme pour la lunette méridienne et le cercle mural, peuvent être remplacés par les pointés zénithaux et nadiraux.

On voit donc que, pour les théodolites, les procédés optiques de rectification sont des plus simples et se bornent au seul collimateur C, portant le niveau qu'aujourd'hui on place sur l'axe horizontal, et pointant sur un miroir assujetti sur la lunette. Il suffit d'y joindre deux vases, l'un pour recevoir du mercure, l'autre à fond transparent pour recevoir de l'eau.

58. — Quand on n'a pas ces moyens optiques de rectification, il faut toujours observer de la manière indiquée précédemment dans les deux positions directes et inverses, pour sinon éliminer radicalement, au moins atténuer considérablement les erreurs d'axe.

C'est aussi ce qu'on est toujours obligé de faire avec les théodolites excentriques lorsqu'on veut prendre des différences d'azimut entre deux objets terrestres inégalement distants et assez rapprochés pour qu'on ne puisse pas regarder comme parallèles les rayons qui leur sont menés du centre de l'instrument et de l'extrémité de l'axe horizontal portant la lunette ; car dès que les objets sont assez éloignés pour que ce parallélisme existe, les angles mesurés dans une seule position, directe ou inverse, sont évidemment les mêmes, soit que le théodolite porte sa lunette au centre, soit qu'il la porte excentriquement. Mais si les objets sont rapprochés et inégalement distants, l'angle azimutal mesuré entre eux, position directe, par exemple (ou lunette à droite de l'observateur), est égal à l'angle existant au centre de l'instrument, plus l'angle formé par les rayons visuels menés à l'objet de gauche du centre de l'instrument et de la position de la lunette, moins l'angle formé par les rayons visuels menés à l'objet de droite et émanant du centre de l'instrument et de la lunette visant vers lui. Dans la position inverse, ou lunette à gauche de l'observateur, l'angle mesuré sera égal à l'angle qui aurait été mesuré au centre, moins l'angle qu'on ajoutait dans la position directe et plus celui qu'on retranchait. La demi-somme des deux angles sera donc égale à l'angle des deux objets mesuré du centre de l'instrument. On voit donc que l'inconvénient du théodolite excentrique pour les angles azimutaux des objets terrestres, disparaît en prenant la moyenne des angles mesurés, position directe et position inverse de l'instrument ; et l'angle ainsi obtenu est le même que si l'instrument avait été centré. Pour les objets célestes, une seule position suffit si les moyens de rectification des axes sont

ceux que nous avons indiqués. Les deux positions ne sont nécessaires que si ces rectifications n'existent pas. Mais il est toujours
bon de les employer toutes les deux quand le temps le permet.

59. — Nous terminerons la longue digression que nous avons
faite sur les collimateurs et les procédés optiques de rectification
des axes en signalant un autre emploi des collimateurs. C'est pour
s'assurer que la lunette méridienne ne change pas d'azimut. On
peut, dans ce but, se servir d'une mire éloignée; mais comme,
dans ce cas, les réfractions terrestres provenant du sol échauffé
sur une grande étendue, et les ondulations qui en résultent dans
les images, jettent du doute sur la valeur de ce procédé et souvent empêchent les observations, on emploie avec avantage un
collimateur fixe situé dans le méridien. Mais la stabilité d'un tel
collimateur est d'autant plus grande que son foyer est plus long.
Celui de l'observatoire de Paris possède 80 mètres environ de
distance focale. Deux piliers, éloignés de cette distance, portent
l'un l'objectif, l'autre les fils croisés au foyer de ce dernier.
Il est évident, d'ailleurs, que plus est grande la distance entre
eux, moins les petits déplacements que chacun peut subir, influent
sur la direction de la ligne de collimation, et conséquemment
plus cette dernière est stable. Les fils croisés des collimateurs-
mires, comme ceux des autres collimateurs, sont placés de manière à faire un angle de 45° avec les fils des lunettes d'observation, car alors il est plus facile d'obtenir un bon pointé de ces
dernières sur les collimateurs que si les fils étaient parallèles.

Sur la flexion des lunettes.

60. — Il nous reste maintenant, pour terminer l'étude des
lunettes, à parler de leur flexion sous l'action de la pesanteur.

Concevons une lunette fixée sur son axe par son centre : la pesanteur tend à courber son tube en abaissant ses deux extrémités.
Si le tube est symétrique des deux côtés de l'axe jusqu'au système
objectif et au système oculaire, et si ces deux systèmes sont égaux
en poids, condition qu'on peut toujours réaliser à l'aide d'un poids
additionnel à celui d'entre eux qui serait le plus léger, la flexion
sera symétrique des deux côtés de l'axe, c'est-à-dire que le système
objectif et le système oculaire seront également abaissés par la
flexion, de sorte que la ligne menée du centre optique de l'objectif

à la croisée des fils sera parallèle à la position qu'elle occuperait s'il n'y avait pas flexion. Ce fait se voit à première vue si la lunette est horizontale; mais si elle est inclinée il faut, pour s'en apercevoir, décomposer la pesanteur en deux autres forces, l'une suivant la longueur du tube, l'autre perpendiculaire à ce dernier. Or la première composante n'agit pas pour courber la lunette, c'est la seconde seule qui influe sur la courbure. Comme les secondes composantes, aussi bien du côté de l'objectif que de celui de l'oculaire sont égales, on voit que la flexion est symétrique de part et d'autre, de sorte que le centre optique de l'objectif et la croisée des fils s'écartent également de l'axe du tube supposé sans flexion, et conséquemment la ligne qui joint ces deux points reste parallèle à ce qu'elle serait sans la flexion elle-même.

Lorsque les lunettes sont symétriques et portées par leur centre, leur flexion n'influe donc pas sur la direction de leur ligne de collimation, et conséquemment cette flexion est sans influence sur les hauteurs mesurées. Il est évident, d'ailleurs, que la flexion, se faisant dans un plan vertical, n'agit pas sur les azimuts de la ligne de collimation. Il y a, toutefois, une petite restriction à faire au sujet des angles de hauteur : elle vient de ce que les anomalies existant dans l'homogénéité de la matière peuvent bien faire que, malgré la symétrie, l'élasticité ne soit pas rigoureusement égale des deux côtés du centre. Mais il est certain qu'elle ne différera que très-peu; de sorte qu'avec une disposition symétrique la flexion ne modifie la direction de la ligne de collimation que d'une quantité du deuxième ordre, par rapport à ce qu'elle ferait s'il n'y avait pas symétrie. Ainsi les lunettes coudées à angle droit à l'aide d'un prisme, pour que le bout oculaire se trouve dans l'axe horizontal même afin de regarder par l'axe, n'ont pas leur flexion du côté de l'objectif compensée par celle du côté de l'oculaire. Cette construction est donc vicieuse.

Dans les petits instruments, il est vrai, les flexions sont très-petites, mais il est bon que, malgré la petitesse des dimensions, les lunettes soient assez longues et débordent notablement les cercles, car la précision du pointé dans la lunette doit être égale à celle de la lecture du limbe pour laquelle on peut employer de forts grossissements; et pour que cette condition existe, il faut nécessairement des lunettes plus longues que le diamètre des cercles. C'est fort à tort que les anciens artistes, comme Gambey, limitaient la longueur des lunettes à ce diamètre; et il en résultait que les soins extrêmes qu'ils prenaient à la graduation étaient perdus, puisque le pointé n'offrait pas avec la lunette la précision de cette graduation.

La flexion des lunettes constitue la cause principale pour laquelle dans les lunettes astronomiques, on n'interpose pas, comme dans les longues-vues terrestres, plusieurs lentilles entre le système objectif et le foyer de l'oculaire où sont les fils du réticule, dans le but, par exemple, d'augmenter le grossissement sans allonger notablement la lunette. En effet, quand la lunette se courbe, les divers centres optiques de ces diverses lentilles et le réticule formeraient une ligne courbe à courbure variable suivant l'inclinaison de la lunette, et il est facile de voir que cette courbure changerait la ligne de collimation. Par la même raison, il y a aussi inconvénient à replier la ligne de collimation par l'emploi de prismes à réflexion totale, car les courbures par la flexion empêchent toujours de considérer l'objectif et les diverses pièces interposées comme faisant un système invariable, ce qui serait la condition nécessaire pour que la ligne de collimation pût être repliée sans inconvénient.

61. — Dans la taille de l'objectif d'une lunette, on peut disposer de quatre surfaces, et les conditions de l'achromatisme laissent indéterminé un des rayons de courbure. M. Porro a eu l'ingénieuse idée de mettre cette propriété à profit pour éliminer la flexion des lunettes et pour faire dépendre de la position de l'objectif la situation du réticule. Ce procédé consiste à donner à l'une des surfaces pour rayon de courbure la longueur focale de l'objectif, de sorte que les fils du réticule, si on les éclaire comme dans le cas où on observe leur image réfléchie par un bain de mercure, se réfléchissent dans cette surface et viennent former leur image dans le plan focal. Il existe alors une position du réticule, position dépendant seulement de l'objectif et dans laquelle les fils coïncident avec leur image. Cette disposition, très-importante pour éliminer la flexion, ne suffit pas à assurer la constance de la collimation, puisque tout déplacement de l'objectif sur la sphère ayant pour centre le milieu du réticule n'empêche pas la réflexion de la croisée des fils sur elle-même ; seulement, avec la disposition prise par M. Porro, la ligne de collimation ne dépend plus que de l'objectif, puisqu'elle n'est autre que la ligne

joignant le centre optique de l'objectif au centre de courbure
de l'une de ses surfaces. On peut profiter de cela pour s'assurer
à l'aide de la disposition suivante si la collimation reste constante pour les diverses inclinaisons de l'instrument :

Latéralement, sur un point du contour de l'objectif serait une
petite surface plane parallèle à l'axe optique, et argentée électro-
chimiquement de façon à former miroir.

En plaçant alors ce miroir dans le prolongement de l'axe horizontal de rotation de la lunette et perpendiculairement à cet axe
de telle sorte que l'objectif se trouvât lui-même parallèle à l'axe
horizontal de rotation et situé dans son prolongement, le collimateur C du n° 55 situé dans le prolongement de l'axe horizontal
viserait sur ce miroir qui lui réfléchirait ses fils, et alors le miroir
en question, solidaire avec l'objectif qui seul détermine maintenant la ligne de collimation, remplacerait celui que nous avions
supposé dans le n° 55 au milieu de la longueur de la lunette et
dans le prolongement de l'axe horizontal. De cette façon la constance de la collimation serait assurée, ou du moins ses variations
seraient mesurées par le collimateur C.

Cette disposition oblige à placer l'objectif au centre de rotation
du limbe vertical ; mais ceci n'est pas une objection, car, avec la
disposition de M. Porro pour anéantir la flexion, il y aurait inconvénient à le laisser hors de ce centre. La flexion de la portion
du tube comprise entre le centre de rotation du limbe et l'objectif, si cette portion de tube existait, aurait pour effet de changer la direction de l'objectif, et par conséquent de modifier
l'angle avec l'horizon de la ligne de collimation fixée par cette
direction de l'objectif. On voit donc que les angles de hauteur seraient modifiés et que la flexion ne serait pas en réalité éliminée si l'objectif n'était pas sur le prolongement de l'axe de rotation du limbe vertical. Mais comme avec la disposition de
M. Porro, on peut ensuite recourber par des prismes autant qu'on
veut la ligne de collimation, de même qu'on peut interposer entre
l'oculaire et l'objectif autant de lentilles qu'on veut sans que la
direction du prolongement de cette ligne de collimation dans l'espace au dehors de l'objectif soit modifiée, le placement de l'objectif
au centre n'a plus d'inconvénient, puisqu'on peut à la fois recourber et raccourcir la lunette tout en conservant le grossissement
désiré.

Toutefois il faut considérer qu'il est assez difficile de donner pour rayon de courbure à une des surfaces de l'objectif exactement la distance focale de ce dernier. Mais au lieu de faire réfléchir les fils de la lunette sur l'une des surfaces de l'objectif, comme l'a proposé M. Porro, on peut également les faire réfléchir sur l'anneau qui maintient l'objectif, pourvu que la surface intérieure de cet anneau (qu'on pourrait faire en verre argenté) appartienne à une surface sphérique, ayant pour rayon de courbure la distance focale de l'objectif. On éviterait par là les difficultés d'exécution, car l'objectif pourrait être assujetti dans cet anneau au point où son foyer coïnciderait avec le centre de courbure de la surface interne de l'anneau. Par là on serait dispensé de donner à l'une des courbures de l'objectif exactement la distance focale, et on rendrait pratique l'idée ingénieuse de M. Porro.

La réflexion des fils sur eux-mêmes par l'anneau de l'objectif offre l'avantage de pouvoir changer de réticule à volonté sans changer la collimation. On pourrait donc employer des fils de grosseur variable, suivant le grossissement de chaque oculaire de rechange, sans pour cela avoir à déterminer chaque fois la collimation.

Les artistes pourront, dans divers instruments, tirer parti de l'idée que nous venons d'indiquer en passant. Pour de grandes lunettes, ce serait un notable avantage d'anéantir ainsi complétement l'effet des flexions par la pesanteur, et même celui des flexions anormales qu'une différence de température entre les deux côtés du tube d'une lunette exposée au soleil peut introduire.

Des cercles gradués.

62. — Les cercles gradués, dans les instruments astronomiques, ont leur limbe divisé en 360 parties égales, qui alors représentent des degrés. Pour faciliter la lecture des angles, le trait de division de 5 en 5 degrés est un peu plus long, et le chiffrage est fait de 10 en 10° depuis 0° jusqu'à 350°, car le n° 360 retomberait sur le degré chiffré 0.

Ces divisions sont effectuées par les artistes à l'aide de machi-

8

nes à graduer, dans le détail de la construction desquelles nous n'entrerons pas ici. Nous dirons seulement que les artistes parviennent à effectuer des graduations très-régulières ; mais toutefois, malgré tous les soins qu'ils apportent à la graduation, elle n'est jamais complétement rigoureuse. Aussi les astronomes doivent-ils se préoccuper de rendre leurs observations aussi indépendantes que possible des erreurs de graduation. C'est ce à quoi on parvient par divers procédés que nous exposerons. Si donc nous ne donnons pas ici la description de la manière dont on gradue un cercle en parties sensiblement égales, en revanche nous décrirons avec détail les moyens d'étudier la graduation d'un cercle, de manière à connaître l'erreur dont chaque division est affectée, afin d'en corriger les observations, et de façon à pouvoir se servir d'un cercle aussi mal gradué que possible, dont les divisions entièrement arbitraires n'auraient aucune égalité entre elles, en un mot d'un cercle dont le limbe serait simplement couvert de traits de repère chiffrés. Mais auparavant nous allons indiquer les moyens par lesquels on mesure les fractions des divisions ou degrés tracés sur le limbe.

On comprend en effet que, même dans le cercle le plus parfaitement gradué, il n'est pas possible de subdiviser le degré jusqu'à la seconde, car les traits seraient alors tellement rapprochés qu'ils se confondraient. Il faut donc limiter à un petit nombre de parties la subdivision des degrés sur le limbe. Dans les petits cercles, on subdivise le degré en 6 parties seulement, qui valent alors chacune 10'. Cette subdivision se trouve effectuée à l'aide de 5 traits qu'on fait plus courts que ceux qui marquent les degrés afin d'éviter la confusion, et de plus, parmi ces 5 traits, afin de rendre la lecture plus facile, celui du milieu, qui marque le demi-degré ou 30', est un peu plus long que les autres, sans atteindre toutefois la longueur des traits marquant les degrés. Dans les grands cercles, les cercles muraux, par exemple, on pousse généralement plus loin la subdivision du degré, le plus souvent on le subdivise par 11 traits en 12 parties égales qui alors valent 5', et on facilite la lecture en faisant toujours plus long que les autres le trait du milieu, qui marque le demi-degré. Le demi-degré se trouve alors divisé en 6 parties égales par 5 traits dont celui du milieu, indiquant le quart de degré ou 15', est également plus long que les autres sans atteindre la longueur de celui des demi-degrés. D'autres fois on subdivise le degré en 20 parties valant alors chacune 3', avec des traits plus longs de 5 en 5 pour faciliter la lecture. La première chose à faire quand on se sert d'un cercle gradué est de voir en combien de parties le degré est subdivisé, et cela fait savoir de suite la valeur de la plus petite des divisions du limbe.

63. — Pour avoir les fractions de degré au-dessous de la plus petite des divisions du limbe, deux moyens sont employés : le vernier et le microscope avec micromètre. Le vernier n'est en usage que dans les petits cercles, ceux des théodolites portatifs, par exemple. C'est lui que nous décrirons en premier.

Supposons, par exemple, pour fixer les idées, que la plus petite des divisions du limbe vaille 10' et qu'on veuille que le vernier donne directement les dizaines de secondes. Dans 10', qui valent 600 secondes, il y a 60 dizaines de secondes. L'artiste prend alors sur la circonférence du cercle alidade dont le limbe est, comme nous l'avons dit en décrivant le théodolite, exactement dans le plan du limbe du cercle gradué et avec sa périphérie en contact avec les divisions de ce cercle gradué, un arc de 60 moins une des plus petites divisions du cercle, qui sont de 10', c'est-à-dire un arc de 590 minutes ou de 10° moins 10', et il divise cet arc en 60 parties qui valent alors chacune 10'-10''. On les chiffre ensuite dans le sens de la graduation du limbe.

Cela posé, supposons que la division zéro du vernier tombe sur une division exacte du cercle; dans ce cas, la lecture de l'angle est cette division même qui est un certain nombre de degrés et de dizaines de minutes. Mais si la division zéro du vernier tombe entre deux divisions du cercle, alors la lecture sera la plus petite de ces deux divisions, plus une certaine fraction. La plus petite des deux divisions en question fait connaître le nombre entier de degrés et de dizaines de minutes, et c'est la fraction restante que le vernier doit permettre de mesurer. Si cette fraction est de 10'', on le reconnaîtra de suite en ce que la deuxième division du vernier, celle qui suit le zéro, coïncidera exactement avec la première division du limbe après celle dont la lecture a donné le nombre entier de degrés et de dizaines de minutes; car puisque la division du vernier vaut 10'-10'', si le zéro du vernier dépasse de 10'' une division, la division suivante du vernier est en coïncidence avec la division suivante du cercle. Si mainte-

nant le zéro dépasse de 20″, ce sera de la même manière la
deuxième division du vernier qui coïncidera avec la deuxième
division du cercle après celle dont on a fait la lecture ; si le zéro
déborde cette division de 30″, ce sera la troisième division du
vernier qui sera en coïncidence avec la troisième division du
cercle, et ainsi de suite. On voit donc qu'on n'a, pour avoir les
dizaines de secondes, qu'à chercher quelle est la division du vernier qui coïncide avec une division du cercle, et le numéro de
cette division indique le nombre de dizaines de secondes à ajouter au nombre déjà obtenu de degrés et de dizaines de minutes.

Pour faciliter la réduction des dizaines de secondes en minutes,
et en même temps pour rendre la lecture plus facile, on ne fait pas
égaux en longueur tous les traits des soixante divisions du vernier.
Puisque chacune de ces divisions est destinée à représenter 10″,
on fait de six en six les traits plus longs, car les traits de six
en six indiquant 60″ donnent une minute. Il y a donc dans le
vernier, gradué tel que nous venons de le dire, 10 divisions longues marquant les minutes, et on facilite encore la lecture en
faisant dans ces 10 grandes divisions les traits zéro, 5 et 10 plus
longs que les autres et chiffrant seulement ces traits plus longs.
Chacune de ces 10 grandes divisions est partagée en 6 autres par
5 traits, dont celui du milieu représentant les 30 secondes est un
peu plus long que les autres sans atteindre d'ailleurs la longueur
des traits des 10 grandes divisions. Il en résulte que pour lire le
vernier, après avoir trouvé la division coïncidente, le grand trait,
le plus rapproché du côté du zéro du vernier, donne par son
rang le nombre de minutes, et le nombre de petites divisions
après lui donne le nombre de dizaines de secondes. De cette
façon la lecture est faite très-rapidement.

Nous avons supposé que le degré était divisé en 10′ sur le
limbe et qu'on voulait les 10″ seulement; si on voulait les 5″, il
est évident que puisque 10′ renferment 120 fois 5″, il aurait fallu
prendre sur le limbe alidade un arc de 120—1 divisions qu'on aurait divisé en 120 parties, de sorte que chaque partie aurait valu
10′ — 5″. On aurait ensuite suivi la même règle de chiffrage
en faisant les traits plus longs de 12 en 12, c'est-à-dire pour
les divisions représentant les minutes, puisque 12 fois 5″ égalent
une minute.

Si la plus petite division avait été de 5′ sur le limbe, on aurait eu les 5″ en prenant 60 — 1 de ces divisions divisées en 60 parties, comme si, avec des divisions minimum de 10′, on voulait les dizaines de secondes.

D'une manière générale, soit α la valeur de la plus petite des divisions du limbe, et β la valeur du plus petit arc qu'on veut avoir par le vernier ; on prend sur le limbe alidade un arc de $\dfrac{\alpha}{\beta}$ — 1 des divisions du limbe, et on le divise en $\dfrac{\alpha}{\beta}$ parties. Alors on fait les traits plus longs de n en n parties, n étant déterminé par la condition que $n\,\beta = 1'$.

A la première inspection d'un vernier, on voit de suite quelle est la valeur que donne une de ses divisions, en remarquant d'abord quelle est la valeur de la plus petite fraction de degré que donne le cercle gradué, et en notant combien le vernier renferme de grandes divisions. Cette valeur de la plus petite fraction de degré du cercle, divisée par le nombre des grandes divisions du vernier, donne la valeur représentée par une des grandes divisions de ce dernier. Voyant ensuite combien les grandes divisions du vernier renferment de petites divisions, on a la valeur de ces dernières, en divisant par ce nombre la valeur d'une des grandes divisions du vernier.

Si on voulait que le chiffrage du vernier fût fait en sens contraire de celui du cercle, alors au lieu de prendre $\dfrac{\alpha}{\beta}$ — 1 divisions pour les diviser en $\dfrac{\alpha}{\beta}$ parties, il faudrait que l'artiste prît $\dfrac{\alpha}{\beta}$ + 1 divisions pour les diviser en $\dfrac{\alpha}{\beta}$ parties. Il est facile de se rendre compte de ce fait. Mais cela ne change rien à la manière de lire.

L'emploi du vernier exige une graduation parfaitement effectuée ; on comprend, en effet, que si les divisions n'étaient pas bien égales, on pourrait rencontrer parmi les traits plusieurs coïncidences au lieu d'une seule. Il faut de plus que les traits soient fins, et alors pour lire on se sert d'un verre grossissant. Pour bien juger de la coïncidence d'un trait du vernier avec un trait du limbe, on regarde en même temps les deux traits à droite et à gauche de celui qui coïncide le mieux, et quand on juge les écarts symétriques de part et d'autre, c'est qu'alors la coïncidence est bien parfaite. Pour permettre d'employer ce moyen de juger les coïncidences, les artistes prolongent de deux traits au-delà du zéro la division du vernier.

64. — Quand on juge qu'aucun trait du vernier ne coïncide rigoureusement avec aucun trait du limbe, on choisit toujours la division qui approche le plus de la coïncidence. Si on juge qu'il y a deux divisions également coïncidentes, on prend alors le nombre moyen des deux nombres qu'elles fournissent. Ainsi si le vernier donne les $10''$, et si on trouve que les divisions $1'\,20''$ et $1'\,30''$, par exemple, coïncident également bien avec deux divisions du limbe, on adopte pour lecture $1'\,25''$. Si on juge que les deux divisions, quoique presque également coïncidentes, diffèrent cependant très-légèrement, on adoptera pour lecture $1'\,24''$ ou $1'\,26''$, suivant que la meilleure coïncidence est du côté de la division $1'\,20''$ ou $1'\,30''$. Si on juge l'écart trois fois plus grand du côté d'une des divisions, par exemple du côté de la division $1'\,30''$ que du côté de la division $1'\,20''$, la lecture serait alors intermédiaire entre $1'\,20''$ et $1'\,25''$, et par conséquent de $1'\,22'',5$. On pourra noter alors $1'\,22''$ ou $1'\,23''$, suivant qu'on jugera que la lecture doit être un peu diminuée ou augmentée. Si la coïncidence est tout près de $1'\,20''$, mais dépasse un peu ce chiffre, on notera alors $1'\,21''$. On voit ainsi comment avec un bon vernier donnant directement les dizaines de secondes seulement, on peut lire l'angle avec la précision de la seconde. Mais, je le répète, ceci n'est possible que si les verniers sont très-parfaits, les traits très-déliés et la loupe un peu forte. J'ajouterai même que l'expérience m'a appris qu'un vernier bien fait donnant seulement les dizaines de secondes est plus avantageux pour lire la seconde elle-même qu'un vernier où l'artiste a voulu donner les 5 secondes ou les 3 secondes. L'œil se fatigue moins entre moins de traits, et des écarts un peu plus grands se prêtent mieux à la comparaison, indépendamment de ce que l'artiste, par de plus grands écarts, arrive à une perfection proportionnellement plus grande, d'autant plus que les erreurs de graduation, même en restant constantes, sont alors une plus petite fraction des écarts, et se partagent entre des nombres plus grands.

65. — La nuit, pour lire les limbes des théodolites, une petite lanterne fermée de côté et en arrière par des parois opaques pour

ne pas projeter la lumière dans l'œil, et tenue à la main, mais munie d'un réflecteur en arrière de la lumière et d'une lentille en avant, sert à projeter la lumière sur le limbe. Un verre dépoli incliné que les artistes placent en arrière du vernier est alors éclairé par dessous, et ce verre en se réfléchissant dans le métal fait parfaitement ressortir la graduation. Il est important pour lire les verniers de mettre au milieu du champ de la loupe la division la mieux coïncidente, et de regarder bien perpendiculairement au limbe, afin de juger avec certitude des différences d'écarts des divisions voisines à droite et à gauche, écarts que l'obliquité, à cause de la profondeur des traits, peut modifier en apparence. Il est bon aussi d'éclairer toujours dans la même direction pour que les influences des flancs des traits éclairés soient les mêmes dans toutes les lectures. Cette condition est importante pour que les différences de lecture que donnent les angles observés ne soient pas affectées par les différences de l'éclairage.

Le vernier n'est pas seulement employé pour les théodolites portatifs, il est également en usage dans les cercles répétiteurs, les sextants, les octants et les cercles de réflexion. Pour les grands instruments, tels que les cercles muraux, les alt-azimuts et même les grands théodolites, on emploie les microscopes avec micromètres pour obtenir la subdivision des dernières divisions du limbe. Ce procédé est bien supérieur au vernier. Il n'a pas comme ce dernier le défaut d'exiger une graduation parfaite, car les imperfections de la graduation ne réagissent pas sur la lecture des subdivisions du limbe, comme avec le vernier. Aussi, dans les instruments où les lectures se font avec microscope, peut-on par une bonne étude de la graduation, tenir compte des erreurs de cette dernière. Comme d'ailleurs la lecture des micromètres est plus facile que celle du vernier et expose à moins d'erreurs, on devrait, même dans les petits théodolites, employer les microscopes au lieu des verniers. C'est une recommandation qu'on ne peut trop faire aux artistes qui construisent les instruments.

66. — Nous allons maintenant expliquer l'emploi des microscopes pour la subdivision des dernières divisions du limbe. Pour cela nous considérerons d'abord la disposition qu'on leur donne dans le cercle mural où ils sont fixes. Nous indiquerons ensuite les perfectionnements qu'il serait bon de leur faire subir et la dispo-

sition qu'ils doivent recevoir quand ils sont portés par une alidade
mobile.

Au cercle mural on met plusieurs microscopes, de même
qu'au théodolite on met plusieurs verniers. Nous verrons
tout à l'heure la cause de cette répétition des verniers et des
microscopes. Pour expliquer l'usage des derniers, il nous suffit
d'en considérer un seul. Nous supposerons donc d'abord que
l'instrument n'a qu'un seul microscope.

Dans le cercle mural, le limbe tourne en même temps que la
lunette, et le microscope repère est scellé fixement dans le mur. Généralement le cercle est divisé sur sa tranche, et le microscope est
extérieur à lui de manière à pointer sur les divisions comme l'indique la figure 21. Un miroir, porté par le microscope, sert à proje-

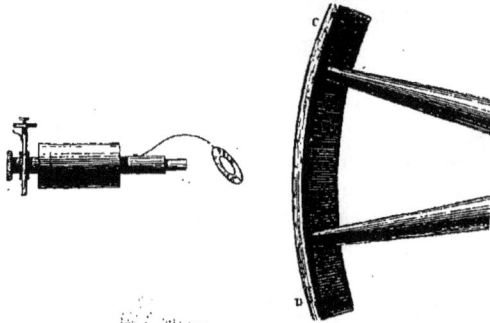

Fig. 21.

ter la lumière d'une lampe sur les divisions du limbe, et ce miroir est percé de telle sorte que le microscope puisse pointer à
travers le trou.

Le microscope, comme nous l'avons déjà dit n° 37, est une pe-

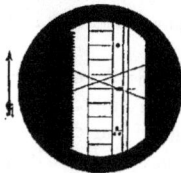

tite lunette; le centre optique de son objectif et la croisée de ses fils définissent sa
ligne de collimation, et on voit ensemble,
à travers l'oculaire, ces fils et une partie
de la division du limbe, fig. 22. Nous avons
d'ailleurs déjà indiqué dans le n° 28 comment on met les images au point. Le système des fils croisés du microscope micro-

Fig. 22.

mètre est mu par une vis micrométrique dont la tête divisée marque les fractions de tour, et un index spécial le nombre de tours entiers. Cela posé, supposons les fils amenés à la position répondant à zéro tour, zéro fraction de tour, c'est-à-dire à la position répondant à l'origine du mouvement de la vis. Dans cette situation, la ligne de collimation du microscope, définie par le centre optique de son objectif et la croisée de ses fils, forme le repère destiné à juger de la rotation du limbe. Alors, si une division entière du limbe se trouve sous la croisée des fils, le nombre de degrés et de minutes de cette division représente la lecture correspondante du limbe. Mais si, après l'observation, ce n'est pas une division exacte qui est venue se placer sous les fils, mais un intervalle, comme dans la figure 22 où nous supposons toujours que les fils ont la position répondant à zéro tour, zéro fraction de tour de la vis, c'est-à-dire la position où ils font repère, alors on fait tourner la vis jusqu'à ce que la croisée des fils tombe sur la division inférieure en chiffrage parmi les deux divisions au milieu desquelles se trouve cette croisée de fils. Pour cela la graduation du mouvement de la vis est en sens contraire de la graduation apparente du limbe vue dans le microscope, c'est-à-dire dans le sens même de la graduation réelle du limbe, puisque le microscope renverse les images. En lisant alors la quantité dont on a fait tourner la vis pour que la croisée des fils tombe sur la division en question, la lecture de l'angle se compose de celle qui répond à la division sur laquelle on a pointé, plus la rotation de la vis. On combine ordinairement la grandeur du pas de la vis et la distance focale de l'objectif de telle sorte qu'un tour de la vis représente une minute. Alors le tambour de la vis est gradué en soixante parties qui représentent des secondes, et on estime à vue le dixième de ces parties du tambour qui tourne devant un repère fixe, et ces dixièmes de partie donnent dans ce cas des dixièmes de seconde. Il est toujours facile par le rapprochement entre l'objectif et le limbe d'éloigner de l'objectif le foyer où se fait l'image, dans la proportion voulue pour que le déplacement des fils, dû à un tour de vis, représente une minute exactement. Cela dépend de la longueur qu'on donne au microscope, et l'artiste règle cette longueur en conséquence.

Pour faciliter la lecture des divisions du limbe, une pointe fixe scellée dans le mur indique la division du limbe qui se trouve voisine du repère du microscope, et, par là, on peut lire à l'œil nu sur le limbe le nombre de degrés et de fractions de degré inscrites sur ce limbe. Dans le microscope, un repère fixe placé sur le côté du champ indique la position qu'occupe toujours la croisée des fils quand la vis marque zéro tour, zéro fraction de tour, et le sens de la graduation étant connu et se distinguant d'ailleurs aux signaux marqués par des points sur le limbe d'une manière différente pour les 10, 20, 30 minutes, etc., on voit du premier coup d'œil la division sur laquelle on doit pointer sans avoir besoin de ramener la vis à zéro tour, zéro fraction de tour, quand elle en a été écartée par le dernier pointé.

67. — Nous avons maintenant à indiquer deux précautions à prendre dans l'emploi du micromètre. D'abord, comme nous l'avons déjà dit (n° 35), il faut toujours, en pointant, tourner la vis dans le même sens. A cause de cela, les artistes n'ont pas placé à l'origine même du mouvement de la vis la division zéro tour, zéro fraction de tour qui fait le repère. Quand on veut mettre les fils à cette division, on dévisse un peu plus qu'il ne faut de manière à la dépasser, puis on y revient en vissant, car, d'après ce que nous avons dit du jeu des vis, un pointé ne peut être regardé comme constant qu'à la condition d'être toujours fait dans le même sens. De même, lorsqu'on amène les fils sur une division, s'ils sont déjà au-delà de cette division, il faut dévisser de manière à dépasser la division en question, puis y revenir en vissant.

La seconde précaution consiste à se défier de ce que le tour de vis représente exactement la minute, comme l'artiste a cherché à l'établir en ajustant l'instrument. Outre qu'on ne peut y arriver d'une manière complétement rigoureuse, les variations de température, en dilatant les rayons du cercle et en modifiant la distance de ce dernier à l'objectif du microscope, font sans cesse varier la grandeur de l'image d'une de ces divisions dans le champ du microscope, et par conséquent la valeur des tours de vis. Mais si, après avoir effectué le pointé sur la division voisine la plus faible en chiffrage, on pointe ensuite la division suivante, la différence de ces pointés, lue sur le tambour de la vis, fait connaître le nombre de tours et de fractions de tour de la vis répondant à une des divisions du limbe. En réduisant alors les tours et fractions de tour à une même unité, pour laquelle on choisit la plus petite division du tambour de la vis, et en appelant n le nombre de divisions du tambour qu'on a eues en pointant sur la division inférieure du cercle pour faire la lecture du limbe, m celui qu'on a obtenu pour la valeur d'une des divisions de ce dernier, et K le nombre de secondes d'une des divisions du cercle, $\frac{n}{m}$ K est le nombre de secondes à ajouter au nombre de degrés et minutes donné par la division du cercle sur laquelle on a pointé pour avoir la lecture répondant à l'observation.

Dans les observatoires, on fait expérimentalement une table des valeurs des divisions de la vis répondant aux diverses températures du limbe, et on s'en sert pour corriger les observations sans avoir chaque fois besoin de déterminer la valeur des tours de la vis. On se contente d'effectuer la lecture de chaque observation, et de temps en temps on observe, en prenant note de l'heure, la température du cercle à l'aide de thermomètres qui sont assujettis sur ses rayons, afin d'en déduire, en tenant compte de sa variation avec le temps, les températures répondant à chaque observation, et de voir le nombre qu'on doit prendre dans la table pour la valeur correspondante des parties de la vis. Mais il est évident que les thermomètres pouvant bien ne pas donner la vraie température du cercle, laquelle peut différer dans les diverses parties, il est toujours plus exact de déterminer la valeur des tours de la vis à l'instant même des observations, ce qui dispense de lire les températures. C'est un peu plus long, il est vrai, mais mieux vaut faire moins d'observations et les faire meilleures.

La disposition que nous venons d'indiquer pour les microscopes à micromètre des cercles muraux est aussi celle qu'on emploie pour les mêmes appareils dans les cercles azimutaux des alt-azimuts fixés sur des piliers de pierre. Pour le cercle de hauteur des mêmes instruments qui peut se transporter dans tous les azimuts, les microscopes ne peuvent plus être scellés dans un mur ; il en est de même pour les microscopes et micromètres des instruments portatifs. Dans ces divers cas, ces microscopes sont portés par des pièces métalliques fixes assujetties sur les supports des axes des cercles. Mais dans cette position, les microscopes ont moins de stabilité que s'ils sont scellés dans des murs, car les pièces qui les portent peuvent plus facilement fléchir. C'est d'ailleurs là la seule différence qui existe entre les micromètres des divers instruments qui en sont munis et ceux des cercles muraux.

68. — Dans les petits instruments portatifs, c'est surtout la crainte du défaut de stabilité des microscopes à micromètre qui empêche de les employer et qui fait qu'on leur substitue le vernier. Mais c'est à tort, car quand on donne au théodolite, comme on le fait pour les cercles répétiteurs, un cercle alidade tournant au milieu d'un cercle gradué, la stabilité des microscopes cesse d'être nécessaire. En effet, dans ce cas, il suffit que le cercle alidade porte un seul trait et un microscope pointant sur ce trait, microscope dont l'axe soit perpendiculaire au limbe. Alors ce microscope ferait voir à la fois dans son champ le trait en question du cercle alidade et une partie de la graduation du cercle gradué. Il suffirait donc d'amener avec le micromètre la croisée des fils sur la division du limbe la plus faible en chiffrage parmi les deux divisions entre lesquelles est renfermé le trait du limbe alidade : on ferait alors la lecture du micromètre, puis on pointerait le trait du limbe alidade; on en ferait également la lecture, ensuite on pointerait la division suivante du limbe. Le rapport de la différence des lectures entre le trait du limbe alidade et la première division du cercle gradué, à la différence des lectures sur les deux divisions de ce cercle gradué donnerait la fraction de division qui, jointe au nombre de degrés et de minutes de la première division pointée sur le limbe, serait la lecture répondant à l'observation. Quand même le microscope dévierait avant qu'on fît une autre observation, cela ne ferait rien ; on aurait, de la même manière, pour cette seconde observation la lecture qui lui correspond. Car ici ce n'est pas l'axe optique du microscope qui serait repère, mais bien le trait tracé sur le cercle alidade. Les microscopes, se trouvant d'ailleurs entraînés avec le cercle alidade et étant portés par lui, tourneraient avec la lunette et ne gêneraient en rien les mouvements de l'instrument, ni dans le système des cercles azimutaux, ni dans celui des cercles verticaux. Cette disposition serait évidemment bien supérieure aux verniers et donnerait plus de précision dans les lectures, puisque, bien que le cercle soit petit, on peut compenser ses petites dimensions par l'amplification du microscope.

69. — Malgré la précaution de tourner les vis toujours dans le même sens, nous avons vu que les micromètres, à cause des pous-

sières et du déplacement des huiles, peuvent fort bien ne pas toujours donner la même lecture pour un même pointé des fils sur une même division fixe. Il y aurait donc avantage à remplacer les fils mobiles par une plaque de verre à divisions fixes. Supposons un tel système appliqué sur un cercle de 18 centimètres de rayon, dont nous supposerons de 5′, qui feront alors sensiblement un quart de millimètre, les divisions du limbe les plus petites. Supposons que l'objectif grossisse dix fois, alors une division du limbe occupera une longueur de 2 millimètres ½ au foyer de l'objectif. Si l'ouverture du champ à ce foyer est de 12 millimètres, plus de quatre de ces divisions seront visibles dans le champ, ce qui suffira si elles sont marquées de 3 en 3, c'est-à-dire de 15′ en 15′ sur le limbe par un point pour les 15′, deux pour les 30′, trois pour les 45′, et quatre pour les degrés, ce qui suffira, dis-je, pour qu'on voie toujours dans le champ du microscope, afin de ne pas se tromper, le sens de la graduation et le rang de chaque division dans le degré. Supposons la plaque de verre graduée en douzièmes de millimètre et l'oculaire grossissant douze fois : chaque division de la plaque paraîtra comme 1 millimètre à la distance de la vue distincte, tandis qu'une division du limbe, occupant $2^{mm},5$ au foyer de l'objectif, couvrira trente de ces divisions (le grossissement total du microscope serait alors 120 fois). Une division de la plaque, vue comme 1 millimètre, représenterait donc le trentième de 5′ ou 10″. Or comme à vue on estime assez bien le dixième de millimètre, on aurait le moyen de lire directement la seconde, ce qui est tout ce qu'on peut désirer pour un cercle de 18 centimètres de rayon. Avec des divisions deux fois plus petites sur la plaque de verre, on estimerait la seconde avec plus de certitude encore, et même on irait presque jusqu'à la demi-seconde avec de l'exercice, car on peut à vue estimer passablement le dixième d'une division d'une échelle divisée en demi-millimètres. Ainsi un grossissement de soixante fois seulement pourrait déjà donner la seconde mieux que le vernier. Pour un cercle d'un rayon cinq fois plus grand ou de près d'un mètre de diamètre, avec le grossissement de cent cinq fois, on arriverait à estimer le dixième de seconde, puisque la seconde serait représentée par des divisions d'un demi-millimètre en apparence ; c'est là plus qu'on n'obtient aujourd'hui avec les micromètres des cercles muraux ; car bien qu'on estime les dixièmes des divisions du tambour représentant la seconde, la précision du pointé ne répond pas à ces dixièmes : il faudrait pour cela des grossissements plus forts que ceux qu'on emploie, et, malgré cela, le jeu de la vis ne permettrait pas d'atteindre la précision en question. On voit donc que l'emploi des plaques divisées au lieu des micromètres, serait un grand perfectionnement. On objectera, il est vrai, la confusion qui pourrait s'établir entre les traits de la plaque et ceux du limbe; mais cette confusion sera impossible, si on fait la graduation de la plaque comme une échelle de proportion, fig. 23, avec cinq divisions longitudinales et des traits obliques, qui ne peuvent alors qu'intersecter les divisions du limbe traversant toute la largeur de l'échelle. La position du point d'intersection donnerait le dixième de partie par mesure au lieu de le donner par estime ; car si l'intersection a lieu au premier trait longiutdinal après le chiffrage mais du côté du chiffrage, il y aurait deux dixièmes de plus que la division, au deuxième trait quatre dixièmes, etc. Entre le premier et le deuxième trait longitudinal, ce serait un dixième, entre le deuxième et le troisième, trois dixièmes, et ainsi de suite.

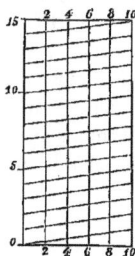

Fig. 23.

Dans le théodolite où il faut d'une part pointer sur la division du cercle gradué, d'autre part sur le repère du cercle alidade, on ferait dix divisions longitudinales à l'échelle, et à partir du trait du milieu, les divisions obliqueraient en sens contraire. Sous la moitié gauche par exemple se montreraient les traits du limbe, sous celle de droite, le repère de l'alidade. On pourrait alors faire les lectures répondant aux uns et aux autres comme précédemment. Il serait bon au reste à cause de l'intervalle des limbes que ces deux systèmes de divisions obliquant en sens inverse fussent séparés sur la plaque de verre par un intervalle répondant à celui des limbes grossi par l'objectif.

Nous avons déjà dit, d'ailleurs (n° 36), comment les inégalités des divisions peuvent être déterminées. Cela fait disparaître l'objection que la graduation ayant été faite par une vis ne peut être plus rigoureuse que les déterminations données directement par une vis micrométrique.

70. — Nous allons maintenant nous occuper du placement des cercles sur leurs axes. Deux sortes d'erreurs peuvent ici interve-

nir. 1° Le centre du cercle peut ne pas être exactement sur l'axe;
2° le plan du limbe peut être incliné sur ce dernier.

Le défaut de centrage s'élimine facilement si on a soin de placer
deux microscopes opposés à 180° de distance l'un de l'autre (ou
deux verniers opposés lorsqu'on emploie des verniers au lieu de
microscopes). On sait, en effet, par la géométrie élémentaire, que
l angle, entre deux lignes qui se coupent dans un cercle et dont
le point d'intersection est excentrique, est égal à la demi-somme
des arcs opposés, interceptés par ces lignes. Ainsi, supposons, par
exemple, que l'axe de rotation du cercle soit hors du centre de ce
dernier : soit o (fig. 24) le centre du cercle , c la
projection sur le plan de la figure de l'axe de rotation, ou le point autour duquel le cercle tourne.
Si nous visons un premier objet A suivant la ligne
cA, puis si nous visons ensuite un deuxième objet
B suivant la ligne cB, l'angle entre les deux objets est AcB, qui a pour mesure $\frac{1}{2}(ab + a'b')$, ab

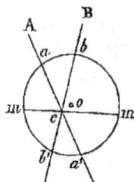

Fig. 24.

et $a'b'$ étant les arcs opposés interceptés par les lignes cA et cB,
et cet angle est précisément la rotation du cercle autour de son axe
pour passer de la visée sur A à la visée sur B. Si donc on avait
deux microscopes fixés en a et a', les arcs ab et $a'b'$ seraient ceux
qui auraient passé sous ces microscopes quand la lunette s'est portée de la direction cA à la direction cB. La moyenne de la différence des lectures de ces microscopes opposés lors du pointé sur
A et du pointé sur B fera donc connaître l'angle AcB, quelle que
soit l'excentricité co. Il est évident d'ailleurs que les microscopes,
au lieu d'être en a et a' sur la ligne cA, peuvent être sur une autre
ligne fixe quelconque mm'; la rotation du cercle sous les microscopes est toujours la même, quelle que soit la position de ces derniers, et elle a pour mesure la demi-longueur des arcs qui ont
passé sous les microscopes opposés.

Comme, par construction, l'excentricité des cercles est toujours
très-petite et de quelques secondes seulement, chaque lecture sous
le microscope m est égale à quelques secondes près à celle qui a
lieu sous le microscope m' plus 180°. Pour le nombre des degrés
d'une lecture, on adopte donc le nombre donné par un seul des
microscopes, m par exemple, et on fait la moyenne des minutes et
des secondes lues sous les deux microscopes opposés. On ramène

ainsi la lecture faite sous les deux microscopes opposés à ce qu'elle serait sous un seul microscope avec le cercle parfaitement centré, de telle sorte que les différences des deux lectures pour les pointés à deux objets donnent les angles sous-tendus au centre de l'axe de l'instrument entre ces deux objets.

Il est bien évident que quelquefois, si le nombre des minutes et des secondes du microscope m est très-voisin de 60', celui du microscope opposé m' pourra être, par l'effet de l'excentricité, égal au nombre de degrés lus sous le microscope m plus 181° + n secondes. Dans ce cas, il faut considérer la lecture sous le microscope m' comme égale au même nombre de degrés que sous le microscope m' plus 180° + 60' + n secondes. Ainsi, par exemple, si on a lu sous le microscope m 117° 59' 53", 2, et si on lit sous le microscope m', 298° 0' 4", 4 (cas d'une différence de 181° entre les lectures des degrés puisque 298 — 117 = 181), la lecture à inscrire sera

$$117 + \frac{59'\,53'',2 + 60'\,4'',4}{2} \text{ ou } 117°\,59'\,58'',8.$$ Si on avait eu 117°

59' 58",4 et 298° 0' 7",6 pour les deux lectures des microscopes, la lecture à inscrire serait de même $117° + \dfrac{59'\,58'',4 + 60'\,7'',6}{2}$

ou 117° 60' 3",0, ou enfin 118° 0' 3",0, puisque la moyenne des minutes et des secondes dépassant 60', il faut remplacer 60' par un degré.

Ce que nous venons de dire dans le cas des microscopes a lieu de la même manière dans le cas des verniers opposés, et il résulte de ce qui précède que l'influence de l'excentricité des cercles est complétement éliminée du moment où on fait usage, pour établir la lecture répondant au premier microscope ou au premier vernier, de la lecture moyenne des minutes et des secondes aux deux microscopes ou aux deux verniers opposés. Pour éviter toute confusion dans la lecture des angles, il est toujours bon de marquer par un signe spécial celui des microscopes dont on adopte la lecture pour les degrés, car il faut dans ce cas prendre garde de se tromper de microscope ; si, par exemple, on adoptait les degrés du premier microscope pour la lecture d'un pointé sur un premier objet et ceux du deuxième pour la lecture du pointé sur le deuxième objet, on commettrait une erreur de 180° sur l'angle cherché, et souvent, après avoir quitté la station où on aurait fait les observations dont on aurait ensuite à se servir, on n'aurait plus les moyens de reconnaître cette erreur. Il importe donc de faire une attention spéciale à lire toujours le nombre des degrés avec le même microscope ou le même vernier.

71. — Examinons maintenant l'effet de l'inclinaison du plan du cercle par rapport à son axe. Quelque bien gradué et centré qu'on suppose le cercle, cette inclinaison agira en ce que les arcs lus sur le cercle ne représenteront pas exactement la rotation de ce dernier. En effet, parmi les diamètres du cercle, il s'en trouve un qui est perpendiculaire à l'axe. Si, par ce diamètre, nous menons un plan perpendiculaire à l'axe, les rotations devraient être mesurées non par les angles lus sur le cercle incliné, mais par ces mêmes angles projetés sur ce plan perpendiculaire. En appelant a un angle sur le cercle compté depuis le diamètre perpendiculaire, et i l'inclinaison du plan du limbe au plan perpendiculaire à l'axe, l'angle a' projeté sur ce plan sera donné par la formule $\cos a' = \dfrac{\cos a}{\cos i}$.

Comme, par construction, i est un très-petit arc, son cosinus est presque égal à l'unité, de sorte que $\cos a'$ est presque égal à $\cos a$. L'erreur commise, lorsqu'on se sert d'une même graduation, est toujours constante puisque l'angle a est constant pour cette graduation; on peut donc considérer les erreurs dues à l'inclinaison du cercle sur son axe comme des erreurs même de graduation; il est évident, en effet, qu'un cercle incliné sur son axe et même à surface un peu irrégulière et courbe pourrait être gradué en place sur son axe même, de telle sorte que les arcs lus sur le limbe fussent les arcs réels sur le plan perpendiculaire à l'axe projetés sur le limbe (ceci a également lieu si le cercle est gradué sur sa tranche; les traits marqués représenteraient alors la rotation réelle depuis une certaine division). Ainsi les défauts des cercles provenant soit de leur inclinaison sur l'axe, soit de leur manque de circularité rigoureuse, soit de ce que leur surface ne serait pas rigoureusement plane, se confondent avec les erreurs de graduation. Les erreurs auxquelles ces divers défauts de construction donnent lieu pour chaque trait depuis le trait zéro, jointes à l'erreur commise par l'artiste en plaçant le trait sur son cercle supposé parfait, circulaire et perpendiculaire à l'axe, constituent, par leur ensemble, l'erreur totale sur chaque trait à laquelle il convient de donner le nom d'*erreur de graduation*, et que l'astronome doit déterminer pour chaque division s'il veut bien con-

9

naître son instrument, et corriger les angles lus des erreurs dont
les observations sont altérées par l'instrument, de manière à ramener les lectures à ce qu'elles seraient avec un instrument parfait.

Nous ferons remarquer au reste que toutes les erreurs dont
nous venons de parler sont toujours très-petites, parce que le po-
lissage final des cercles s'opère sur leurs axes, et en les faisant
tourner autour de ces axes. Par là, les outils qui se trouvent fixes
rendent la surface bien réellement perpendiculaire à l'axe et le limbe
bien circulaire. Le même mode de construction rend même le cercle
bien centré en réalité. Mais quand on vient à effectuer la graduation il peut s'introduire une petite excentricité de la machine à
graduer, de sorte que le cercle même bien circulaire peut être gradué un peu excentriquement, ce qui revient au même que s'il était
excentrique. Ceci explique pourquoi l'erreur d'excentricité est relativement plus grande que les autres, et rend nécessaire l'emploi
de microscopes et de verniers opposés. Il semble toutefois que, de
même que les autres erreurs, on pourrait la regarder comme comprise dans les erreurs de graduation et l'éliminer avec ces dernières ; mais on la considère à part, parce que l'axe peut éprouver de
petits déplacements dans ses coussinets, déplacements qui rendent momentanément le cercle excentrique par rapport à l'alidade ou aux lignes de repère des microscopes, en portant le
cercle vers la droite ou la gauche. Or l'erreur d'excentricité n'est
pas seulement celle qui peut exister dans le cercle gradué, erreur
qui est fixe, et peut être comprise dans les erreurs de graduation ; il y a aussi à considérer l'excentricité par rapport à l'alidade :
aussi les microscopes ou verniers opposés sont-ils toujours nécessaires, même pour une graduation étudiée. Sauf l'erreur d'excentricité, qui s'anéantit toujours par les lectures opposées de
180° (1), toutes les autres erreurs peuvent être éliminées par l'é-

_____

(1) Il est évident que si le cercle se déplace, on peut décomposer ce déplacement en deux autres, l'un suivant la direction des deux microscopes opposés,
l'autre perpendiculairement à cette direction. Le premier déplacement ne
modifie pas les lectures, le deuxième augmente la lecture d'un côté du limbe,
autant qu'il la diminue de l'autre. Les lectures moyennes faites aux deux
bouts opposés de l'alidade sont donc toujours indépendantes des très-petits
déplacements que l'axe peut éprouver, et conséquemment les angles mesurés,
en tenant compte des lectures des microscopes ou verniers opposés, sont toujours indépendants de ces déplacements.

tude bien faite de la graduation en appliquant les corrections indiquées par cette étude.

72. — Il est d'ailleurs évident, d'après la considération précédente, que puisqu'on fait toujours les lectures à deux microscopes
ou verniers opposés pour prendre la moyenne, les erreurs de graduation dont on a à corriger les lectures quand on veut rendre
l'observation parfaite sont la demi-somme des erreurs de graduation répondant aux deux traits opposés. Dans la détermination
des erreurs de graduation, c'est donc toujours directement cette
demi-somme des erreurs des traits opposés qu'on détermine, et
pour cela on fait toujours des lectures opposées de 180° pendant
cette détermination des erreurs. Par là, on a l'avantage de
n'avoir pas à craindre les petits déplacements de l'axe pendant
les opérations, et le nombre des déterminations à faire est réduit
de moitié, puisque l'étude d'une demi-circonférence se fait en
même temps que celle de la demi-circonférence opposée.

L'étude des erreurs de la graduation d'un cercle étant une opération très-longue et les erreurs étant très-petites à cause de l'ha-
bileté des constructeurs, on a cherché le moyen de dispenser les
observateurs de faire cette étude en atténuant l'influence de ces
erreurs. Deux procédés sont employés dans ce but. L'un d'eux
est la répétition dont nous avons déjà parlé (n° 5) en traitant du
théodolite répétiteur, et qui a pour effet de réduire à la fois non-
seulement l'erreur de graduation, mais encore celle de lecture en
introduisant pour l'une et l'autre un diviseur aussi grand que l'on
veut, puisque ce diviseur n'est autre que le nombre des répétitions.

L'autre procédé, qu'on combine même avec la répétition, consiste dans l'emploi de plusieurs systèmes de microscopes ou de
verniers opposés. Ainsi sur les cercles muraux on met généralement 6 microscopes opposés 2 à 2, quelquefois on en met 8 et
même 12. On fait alors la moyenne des minutes et des secondes lues à tous les microscopes, et on adopte pour lecture des degrés le nombre indiqué par le microscope principal choisi comme
repère. En faisant cette moyenne des minutes et des secondes, on
a soin d'ailleurs, comme nous l'avons indiqué pour les deux microscopes opposés, de remplacer 1° par 60′ dans les lectures individuelles
des microscopes, quand la différence des nombres de degrés entiers
avec ceux du microscope principal dépasse d'une unité le nombre
normal, qui est 60 et ses multiples, s'il y a 6 microscopes, 45 et

ses multiples s'il y en a 8, 30 et ses multiples s'il y en a 12 (1).

Il est évident d'ailleurs que plus on multiplie les microscopes ou les verniers opposés, moins les erreurs de graduation sont à craindre, car elles ne peuvent être de même sens dans toutes les parties du limbe, vu que si les traits sont trop espacés dans certaines régions, c'est parce qu'ils le sont trop peu dans d'autres; de telle sorte même que si on pouvait avoir autant de microscopes qu'il y a de divisions sur le limbe, la moyenne de toutes les rotations indiquées par chacun de ces microscopes pour une même rotation du limbe serait exempte de toutes les erreurs de graduation, puisque ces dernières erreurs se compensent précisément dans toute l'étendue du limbe. La multiplication des microscopes et des verniers a.aussi l'avantage de diminuer l'influence des erreurs de lecture aussi bien que l'influence des erreurs de graduation, car on ne fait pas la même erreur de lecture dans tous les microscopes. Plus donc les lectures sont nombreuses, moins on a à craindre que le résultat ne soit affecté de l'erreur maximum de lecture, aussi bien que de l'erreur maximum de graduation, et le calcul des probabilités indique que la grandeur de l'erreur probable s'atténue avec le nombre des lectures, de telle sorte qu'on regarde l'erreur à craindre comme à peu près égale à l'erreur possible dans une seule lecture divisée par la racine carrée du nombre de lectures.

Il y a des théodolites répétiteurs munis de 4 verniers et dont par conséquent l'erreur de lecture et de graduation sur l'arc final, déjà affaiblie par cette multiplicité des verniers, est encore divisée par le nombre des répétitions. On voit que dans ce cas, si le nombre des répétitions est seulement d'une dizaine, les erreurs de graduation et de lecture sont bien peu à craindre.

73. — Nous n'ignorons pas que le principe si remarquable de la répétition des angles a été l'objet d'attaques nombreuses dans ces dernières années, si bien même que quelques artistes ont été jusqu'à renoncer à faire des théodolites répétiteurs. Ces attaques proviennent surtout de ce que d'habiles observateurs,

_____

(1) Il est clair que si le microscope principal avait sa lecture du nombre entier de degrés trop forte d'un degré par rapport aux autres microscopes, en tenant compte des intervalles normaux, ce serait sa lecture qu'on diminuerait de 1° en ajoutant 60′ au nombre des minutes pour faire ensuite la moyenne des minutes et des secondes.

parmi lesquels je citerai Arago et Biot, ont, en observant des hauteurs méridiennes avec le cercle répétiteur, trouvé pour la latitude du même lieu une valeur différente suivant qu'ils employaient des étoiles coupant le méridien au nord ou au sud du zénith. On aurait pu, il est vrai, rejeter ces différences sur les flexions du cercle vertical sous l'action de la pesanteur; mais avec les cercles d'un petit rayon les flexions sont presque nulles. Des recherches que j'ai entreprises sur la cause de ces anomalies m'ont montré qu'il fallait les attribuer au jeu des vis de rappel. Dans les instruments, les cercles ne sont rendus solidaires que par l'intermédiaire des vis de rappel destinées à leur donner de petits mouvements relatifs, car les vis de pression n'assujettissent pas directement les limbes l'un sur l'autre ou sur les alidades. Ces dernières vis ne servent qu'à fixer le support de la vis de rappel sur un des limbes, et c'est celle-ci qui, dans la position où on l'a arrêtée, retient l'autre limbe dans une situation fixe par rapport à la vis de pression. Il en résulte que, si la vis de rappel n'est pas très-serrée dans son écrou, les limbes peuvent recevoir un petit mouvement relatif, suivant que cette vis appuie sur un côté ou sur l'autre de son filet. On a l'habitude pour les observations de ne pas tenir les vis de rappel très-serrées dans leur écrou, afin que leur rotation puisse se faire sans effort (1). Or quand on fait entraîner un des limbes par l'autre, le jeu des vis fait que, suivant le sens de la rotation par rapport à la graduation, le repère du limbe alidade avance ou recule un peu par rapport à cette graduation; et en employant la répétition dans la mesure des distances au zénith, il arrive qu'on fait toujours mouvoir dans le même sens les limbes assujettis ensemble lorsqu'on passe de la position inverse à la position directe, tandis que le limbe alidade se meut en sens opposé pour passer de la position directe à la position inverse, de sorte que par son frottement contre le cercle gradué, celui-ci tend à le retenir et par conséquent à se déplacer en sens contraire de ce qu'il avait fait la première fois; il résulte de là que l'angle lu est modifié d'une quantité égale

(1) Les écrous des vis de rappel sont fendus et leurs deux moitiés sont pressées sur la vis de rappel par des ressorts dont on augmente la tension à l'aide de vis agissant sur ces ressorts. On peut donc rendre les vis de rappel plus ou moins libres à volonté.

au jeu de la vis. Si d'après le sens de la graduation, la distance zénithale est augmentée, elle l'est aussi bien pour les étoiles du nord que pour celles du sud ; mais alors les latitudes déduites des observations faites au nord et au sud du zénith sont différentes d'une quantité égale au double du jeu de la vis, car, si, pour les étoiles du sud passant au méridien, une distance zénithale trouvée trop grande augmente la latitude obtenue, elle la diminue pour celles du nord. Dans diverses séries d'observations, j'ai reconnu que les différences observées augmentent à mesure qu'on rend plus libre la vis de rappel, et si celle-ci est très-lâche, la différence dans de petits théodolites peut atteindre jusqu'à plusieurs minutes, tandis que, si on serre fortement la vis jusqu'à ce qu'elle soit très-dure, on obtient identiquement la même latitude par les étoiles du nord et du sud, du moins dans les limites des erreurs de lecture et de pointé avec l'instrument employé. Dans les séries d'observations que j'ai faites pour déterminer des latitudes dans la province de Minas-Geraes, au Brésil, les différences entre les latitudes par les étoiles passant au méridien, au nord ou au sud du zénith, n'ont jamais pour dix répétitions seulement atteint $1'',5$ et sont presque toujours restées au-dessous de $1''$ avec une lunette grossissant 40 fois, et un vernier donnant les 10 secondes. On ne peut pas demander une précision plus grande à un instrument de cette taille, car les erreurs moyennes sont alors de moins de $\frac{3}{4}$ de seconde pour chaque série, et le pointé avec un instrument grossissant 40 fois est à peine exact à la seconde. C'est donc déjà la répétition de ces pointés qui avait diminué l'erreur moyenne du pointé pour la faire tomber au-dessous de cette limite, et à cette erreur se joignait encore celle de la lecture. Je dois dire ici que, pour parvenir à ce résultat, je rendais les vis de rappel très-dures à tourner, ce qui expose par le petit effort fait à modifier légèrement le nivellement de l'instrument. Mais comme j'avais la précaution de lire toujours le niveau dans la situation où j'avais arrêté la lunette et comme la valeur des parties de ce dernier était bien déterminée, il me suffisait d'appliquer les corrections de nivellement par la méthode que j'ai exposée (n° 13), et par laquelle la dénivellation entre l'observation de la position directe et celle de la position inverse se trouve éliminée, pour qu'il n'en résultât aucun inconvénient.

Les anciens observateurs n'opéraient pas ainsi ; pour eux, le niveau n'était pas destiné à faire connaître les corrections à appliquer à l'observation par l'effet de la dénivellation, mais bien à niveler juste chaque fois; leurs niveaux n'étaient même pas gradués d'un bout à l'autre et la valeur des parties n'était pas déterminée. On comprend donc que, s'ils avaient rendu trop dures les vis de rappel, ils se seraient exposés à introduire une nouvelle erreur par la dénivellation entre la position directe et la position inverse. Ils laissaient donc les vis très-douces, et telle est la cause des différences qu'ils ont trouvées.

Avant d'observer, je m'assurais d'ailleurs, en pointant un objet éloigné, si les vis de rappel de mon instrument étaient suffisamment serrées pour empêcher tout jeu. Exerçant avec le doigt une légère pression sur la lunette, celle-ci fléchissait un peu par l'effet de son élasticité, et l'objet s'écartait un peu de la croisée des fils ; mais en lâchant la lunette, elle revenait au pointé, ce qui n'a pas lieu quand les vis ne sont pas bien serrées. Il va sans dire que cette pression doit être faible, sans quoi on s'exposerait à déniveler l'instrument. On reconnaît facilement par la lecture du niveau avant et après cet essai si on a dénivelé et si le dépointement, dans le cas où il persisterait, peut être attribué à une dénivellation, ou s'il provient des vis de rappel.

Lorsque des vis de rappel sont un peu usées, leur serrage ne suffit pas pour empêcher le jeu, et des vis très-serrées usent très-vite. Il est vrai qu'on peut facilement les changer, car ce sont des pièces de peu de valeur. Toutefois, cet inconvénient et la nécessité dans certains modes de pointé de pouvoir tourner les vis avec facilité, fait qu'il serait bon que les artistes ajoutassent à l'instrument des vis de pression supplémentaires. Ces vis agiraient sur une grande surface, et pourraient servir à arrêter les limbes directement et solidement entre eux, après qu'avec la vis de rappel on les aurait amenés dans la position relative que leur donne le pointé. L'expérience a indiqué à M. Le Cyre, à qui j'avais communiqué cette idée, que dans ce cas la vis de pression agit sans modifier le pointé obtenu, et alors, dans les diverses rotations qu'on a à leur faire faire, les limbes fixement solidaires quand ils doivent tourner ensemble ne peuvent plus prendre aucun jeu relatif entre eux. Quand l'un d'eux doit tourner seul, l'autre reste dans ce cas parfaitement immobile par rapport aux pièces fixes de l'instrument. Ces vis de pression supplémentaires et directes suffisent seules, d'ailleurs, dans certains modes de pointé, où on n'a plus besoin de se servir des vis de rappel, par exemple, lorsqu'on veut observer des passages de plusieurs astres par un même azimut ou une même hauteur, comme dans certaines méthodes dont nous parlerons plus tard, pour la détermination des longitudes. Ce petit perfectionnement si simple et si précieux ne devrait pas être négligé pour les instruments répétiteurs.

74. — Il serait même prudent de doubler le système de ces vis de pression supplémentaires, c'est-à-dire de placer pour rendre les limbes solidaires entre eux, deux vis de pression supplémentaires à 180° de distance l'une de l'autre. Cette disposition aurait pour effet de parer aux inconvénients qui peuvent résulter du jeu de l'axe du cercle alidade à l'intérieur de l'axe du cercle gradué dans lequel il tourne. Ce jeu relatif des axes n'est pas sensible dans les instruments neufs, pour lesquels, comme je l'ai dit précédemment, le jeu des vis de rappel influe seul pour produire sur les hauteurs observées les anomalies d'où il résulte qu'on n'obtient pas les mêmes valeurs de la latitude par les étoiles passant au méridien au nord et au sud du zénith. Le théodolite de Brunner que j'ai employé dans la province de Minas-Geraes, pour faire les observations dont j'ai parlé plus haut, et qui était un instrument neuf, m'a, par l'accord des séries, montré qu'aucune influence de jeu des axes ne se produisait. D'un autre côté, par la disposition de ressorts d'une force suffisante pour établir une bonne adhérence des parties coniques des axes, on peut faire en sorte que, même malgré l'usure, le jeu de l'axe du cercle alidade dans l'axe du cercle gradué soit anéanti. Mais par excès de prudence, et comme on ne peut prendre trop de précaution pour la stabilité des diverses parties des instruments, les doubles vis de pression supplémentaires, dont nous venons de parler, donneront le moyen de parer à tous ces inconvénients provenant du jeu des axes. Pour le faire voir, il faut d'abord que nous fassions bien comprendre l'effet que pourrait produire un jeu des axes.

Supposons donc qu'on vise à un astre dans la position directe de l'instrument, et qu'on effectue la lecture des limbes *dans la position même où a eu lieu le pointé sur l'astre*, puis admettons qu'on renverse l'instrument pour viser dans la position inverse, après quoi on fera de nouveau la lecture du limbe, toujours dans la position même où l'astre a été visé. Si, dans les deux positions, on a lu les niveaux parallèles au cercle de hauteur, on peut corriger l'angle observé, comme nous l'avons vu n° 13, de la déviation qu'entre les deux pointés le zéro du cercle gradué a éprouvée, quelle que soit l'origine de cette déviation, de sorte que le jeu des axes du système azimutal n'intervient pas dans le résultat. Il ne peut donc rester comme influent que le jeu de l'axe du cercle alidade dans l'axe du cercle gradué considéré comme étant resté immobile. Or les lectures ayant été faites dans les positions mêmes où les pointés sur l'astre ont eu lieu, si on examine les positions alors occupées dans l'espace par les lignes des zéros des deux verniers opposés du cercle alidade solidaire avec la ligne de collimation de la lunette, il est clair que ces deux lignes se coupent en un point unique, de sorte que les choses se sont passées exactement comme si la rotation avait eu lieu autour de ce point d'intersection. La demi-somme des différences des lectures des verniers dans les deux positions de l'instrument représente donc exactement l'angle décrit par la ligne de leurs zéros, ou l'angle décrit par la ligne de collimation de la lunette, ligne solidaire avec celle des zéros. Donc cette demi-somme mesure bien l'angle réel, quel qu'ait pu être le jeu de l'axe du cercle alidade. Mais pour répéter l'angle, il faut avec les deux limbes solidaires passer de la position inverse à la position directe, et la lecture donnée par l'alidade ne doit pas varier dans ce passage. Or c'est ce qui n'aura pas lieu si l'axe du cercle alidade a du jeu, car avec la vis unique de rappel, les deux limbes ne sont rendus solidaires que par un point de leur circonférence; dans la rotation du système, l'axe du cercle alidade, sollicité par la pesanteur, viendra appuyer sans cesse sur un nouveau point de l'intérieur de l'axe du cercle gradué, et, par la petite rotation que le cercle alidade subira ainsi autour du point de sa circonférence solidaire avec le cercle gradué par suite de la vis unique, il est facile de voir que les deux verniers se déplacent dans le même sens par rapport à la graduation du limbe. La lecture est donc un peu modifiée en effectuant la répétition, car le second arc ne s'ajoute pas exactement au bout du premier. Mais si le cercle alidade, dans le retour de la position inverse à la position directe de l'instrument, était assujetti sur le cercle gradué par deux points opposés de sa circonférence, la petite rotation des verniers ne serait plus possible, les deux limbes tourneraient ensemble sans que la lecture fût modifiée, et par conséquent le

2⁰ pointé de la position directe serait vraiment effectué avec la lecture répondant à la fin de la première observation. Le point de départ du deuxième arc serait donc bien à la suite du premier arc, et puisque, comme nous l'avons vu, les arcs eux-mêmes ne sont pas altérés, tout inconvénient du jeu des axes aurait disparu. Or notre système de doubles vis supplémentaires permet d'obtenir ce résultat. Par lui toute influence soit du jeu des vis de rappel, soit du jeu des axes, aurait cessé (1).

Il serait bon aussi d'employer deux vis de pression supplémentaires pour lier le cercle gradué aux pièces fixes de l'instrument, afin qu'aucun entraînement venant du cercle alidade, dans le mouvement de ce dernier, n'agisse pour déplacer l'axe du cercle gradué, dont la ligne des zéros éprouverait par là une déviation indépendante de celle du niveau parallèle à ce cercle et porté par le système des pièces fixes.

Dans le système azimutal, le jeu des axes est moins à craindre que dans le système vertical des cercles, parce que la pesanteur tend à supprimer le jeu et n'agit plus pour modifier les points

(1) Quand l'axe du cercle alidade se meut par suite du jeu qu'il possède, les deux points sur lesquels il repose dans les deux positions de l'instrument sont, sur cet axe lui-même comme dans l'intérieur de l'axe du cercle, évidemment éloignés l'un de l'autre d'un arc égal au double de la distance zénithale, arc dont la corde est le double du sinus de la distance zénithale. La différence de la longueur de ces deux cordes proportionnelles l'une et l'autre au sinus de la distance au zénith est elle-même proportionnelle à ce sinus, et cette différence est le déplacement que l'axe a éprouvé, déplacement qui, divisé par le rayon du cercle, puisque le centre de rotation est sur la circonférence de ce dernier, mesure la déviation des verniers. Donc les erreurs que le jeu des axes peut produire sont proportionnelles au sinus de la distance au zénith. Ainsi dans un cercle où, par la méthode que nous avons indiquée, on s'est assuré qu'on a rendu nul le jeu des vis de rappel, et où cependant la différence des latitudes obtenues par les étoiles du nord et du sud persisterait, on serait sûr qu'il y aurait un jeu des axes. La grandeur de la différence trouvée, divisée par la somme des sinus des distances zénithales des deux astres correspondants observés nord et sud, donnerait alors un coefficient qui, multiplié par le sinus d'une distance zénithale mesurée par le même instrument, serait la correction à appliquer avec le signe contraire à la distance zénithale mesurée pour avoir la distance zénithale vraie. Avec des instruments bien faits et neufs, cette correction n'existe pas; mais on doit toujours s'assurer de la perfection de son instrument, et recourir à la correction en question s'il n'est pas parfait. Avec notre système de vis de pression supplémentaires, on serait débarrassé de ce soin,

des axes en contact. Mais là aussi le système des vis supplémentaires de pression sera cependant toujours doublé avec avantage.

Il importe de remarquer que, si on n'emploie pas notre système de vis de pression supplémentaires, le jeu des axes ne perd son influence, même pour un arc obtenu sans l'emploi de la répétition, qu'autant que les lectures au premier et au deuxième pointé sont faites dans les positions mêmes données à l'instrument pour viser. Or, dans le système vertical, où le jeu des axes est le plus à craindre, le vernier de dessous est, par l'effet de la position que lui donnent les artistes, toujours assez incommode à lire, et souvent même il est impossible de l'éclairer pour la lecture dans cette position. D'où il résulte qu'en supprimant la répétition, on n'a que supprimé les avantages de cette dernière en gardant ses inconvénients.

75. — Les différences entre les latitudes déterminées par les passages méridiens d'étoiles situées des deux côtés du zénith se ramenant, comme nous venons de le voir, à la question du jeu des vis de rappel et parfois des axes des théodolites ou cercles répétiteurs, les objections qu'on a faites à l'emploi de la répétition dans les instruments se réduisent à deux seulement : la première consiste en ce que les vis des instruments peuvent céder pendant les divers mouvements de rotation, et conséquemment elle se confond avec l'objection fondée sur les différences de latitude par les observations du nord et du sud ; la seconde repose sur ce qu'on peut se tromper sur le nombre des répétitions ou des circonférences, par faute d'attention.

Il y a lieu de répondre qu'au lieu de rejeter pour quelques petits défauts un principe aussi fécond que celui de la répétition des angles, il vaut mieux s'occuper des moyens de faire disparaître les inconvénients reconnus, ce qui, dans le cas présent, n'offre aucune difficulté.

En effet, nous avons déjà vu que par l'emploi des vis de pression supplémentaires on se met à l'abri des effets du jeu des vis de rappel, et d'ailleurs pourquoi se fier aveuglément à la fixité des vis? Outre les vis de pression supplémentaires, il y a d'autres procédés auxquels on pourrait recourir. Ainsi on pourrait faire supporter au cercle alidade deux microscopes très-puissants munis de micromètres à l'aide desquels on pût pointer la division la plus rapprochée du cercle gradué, avant de faire mouvoir ensemble le système des deux cercles. Si alors l'un de ces cercles tourne plus que l'autre, les microscopes l'accuseront immédiatement, et l'erreur pourra être corrigée. De même le support de l'instrument peut être muni de microscopes que l'on pointera sur le cercle gradué lorsque le cercle alidade doit tourner seul, afin de s'assurer que ce dernier n'entraîne aucunement le premier. Avec ces précautions si simples et si faciles, l'inconvénient du défaut de stabilité des vis disparaît. Au reste, comme nous l'avons déjà vu, les vis de pression supplémentaires suffisent pour obtenir ce résultat, et si, au lieu de verniers, l'instrument est muni de microscopes, ceux-ci permettraient de juger du déplacement s'il existait et en donneraient la grandeur si on faisait la lecture avant et après la rotation, puisque des microscopes placés perpendiculairement au limbe peuvent être lus dans toutes les positions de l'instrument.

Quant aux erreurs sur le nombre des répétitions ou des circonférences. il est aisé de les éviter en faisant à chaque opération une lecture de l'angle obtenu, non pour s'en servir comme résultat définitif, mais pour pouvoir vérifier le nombre des opérations.

76. — Les cercles horizontaux sont ceux dont la graduation est la plus facile à étudier, parce que la pesanteur ne les déforme pas, tandis que les cercles verticaux changent incessamment de forme, en tendant à s'allonger dans le sens vertical. Pour un limbe horizontal, lorsque l'instrument est répétiteur, on peut, en prenant les précautions faciles que nous venons d'indiquer, étudier aisément la graduation à l'aide de collimateurs. Nous avons déjà vu les moyens de placer des collimateurs exactement perpendiculaires les uns aux autres. A l'aide de ces collimateurs, les arcs de 90° pourraient être étudiés si la lunette était centrée; mais on peut étudier un arc quelconque (que la lunette soit au centre ou excentrique) en faisant usage d'un collimateur fixe que nous appellerons A et d'un collimateur horizontal et mobile que nous appellerons D. Alors, pour déterminer l'erreur de l'arc de N degrés, on amènera d'abord le cercle alidade sur le zéro du cercle gradué, puis on fera tourner le système des deux cercles pour pointer la lunette de l'instrument sur le collimateur A. Arrêtant alors le cercle gradué, on amènera le zéro de l'alidade sur la N° division; puis, calant l'instrument, on pointera le collimateur D sur la lunette de l'alt-azimut. Les axes optiques des collimateurs A et D feront ainsi entre eux un angle égal à celui des divisions zéro et N du limbe azimutal. On n'aura plus alors qu'à mesurer cet angle par la méthode de la répétition, en

le répétant un grand nombre de fois, de manière à employer plusieurs fois la circonférence entière. Si l'arc N est trop petit pour
que, par suite des dimensions de leurs objectifs, les collimateurs
A et D puissent faire l'angle N en restant pointés sur l'instrument,
on étudiera de cette manière les arcs M et N+M, M étant un angle arbitraire choisi en conséquence. Ces deux angles étant connus, leur différence N sera également connue.

77. — Pour parvenir à employer plusieurs fois la circonférence
entière en faisant les répétitions, on peut, après avoir répété l'arc N
un nombre K de fois, déplacer le collimateur D et le pointer sur la
lunette de l'instrument qui alors a décrit l'arc NK. On répétera
alors l'arc NK comme on répétait l'arc N. De cette manière, on
peut répéter l'arc suivant les puissances d'un nombre, et par suite
répéter un nombre immense de fois en quelques instants. Les
erreurs de graduation peuvent être obtenues par ce moyen avec
une extrême précision. Nous remarquerons de plus que, par ce
procédé, l'erreur de graduation est connue sans intervention de la
valeur des parties des microscopes qui servent à lire les fractions
sur le limbe. On ne se sert, en effet, de ces microscopes que pour
la lecture de l'angle final, et alors la fraction mesurée par eux
est divisée par un nombre tellement grand qu'elle n'influe pas
sensiblement sur l'angle primitif. J'avais indiqué, dès 1847, cette
méthode de répétition suivant les puissances d'un nombre (Comptes
rendus). En répétant, par exemple, un premier arc 10 fois,
puis 10 fois l'arc décuplé, puis 10 fois celui-ci et ainsi de suite, 7
fois en tout, ce qui équivaut comme longueur à 70 répétitions
ordinaires, on obtient l'arc 10 millions de fois plus grand que l'arc
primitif. Or une circonférence entière ne renferme que 1 296 000
secondes : l'erreur d'une circonférence entière sur l'arc final ne ferait donc guère qu'un huitième de seconde sur l'arc primitif.
Il est évident qu'il faut compter chaque fois le nombre de circonférences déjà obtenu dans la répétition précédente et le multiplier par 10 en même temps que l'arc qui surpasse les circonférences. Ainsi donc la répétition suivant les puissances d'un nombre
conduit à cette singulière conclusion de pouvoir mesurer un angle
sans que le cercle soit gradué. Mais il est évident qu'on peut toujours posséder une graduation passable qui abrégerait considérablement le nombre des répétitions. Je ne fais donc cette remarque qu'à cause de la curiosité du fait.

78. — Si l'instrument n'est pas répétiteur on pourrait également employer la méthode que j'ai décrite dans le n° 76, surtout si la lunette est centrée.

Il suffirait pour cela d'ajouter un nouveau collimateur E, pouvant, comme D, être déplacé; mais E serait situé à une distance du centre de l'instrument plus grande que D et que A, de façon à pouvoir passer derrière ces deux collimateurs (1). Il faudrait en plus que l'on ajoutât sur le cercle alidade une lunette F, coudée à l'aide d'un prisme, et pouvant être arrêtée sur une partie quelconque de ce cercle et dirigée sur un des collimateurs horizontaux. La lunette F devrait être coudée pour que son mouvement ne fût pas gêné par la lunette de l'alt-azimut. Sans cette précaution, cette dernière ne permettrait pas que F fût pointée sur des collimateurs horizontaux de même niveau qu'elle. Pour que l'axe optique de F et celui de l'alt-azimut pussent faire un angle quelconque, F devrait tourner autour d'un axe vertical supporté par une pièce s'ajustant à volonté sur les piliers qui, fixés sur le cercle alidade, soutiendraient la lunette de l'instrument.

Cela posé, on opérera de la manière suivante : ayant pointé le premier microscope du cercle alidade sur la division zéro du limbe, on pointera le collimateur A sur la lunette de l'instrument. Puis on fera tourner le cercle alidade jusqu'à ce que son microscope soit pointé sur la division N du limbe, et on pointera le collimateur D sur la lunette dans cette nouvelle position. A et D feront alors, comme précédemment, le même angle que les divisions zéro et N du limbe. Ramenant alors la lunette sur A, on pointera F sur D, puis, faisant tourner le cercle alidade de manière à diriger la lunette sur D, on pointera E sur la nouvelle position prise par F. Alors A et E feront un angle double de A et D. En amenant ensuite la lunette sur E, et pointant E sur F dans sa nouvelle position, A et E feront un angle triple de A et D, et ainsi de suite. On répétera l'angle autant qu'on le voudra; après quoi, on fera la lecture de l'angle final, et on la divisera par le nombre des répétitions. On pourra, comme précédemment, augmenter le

(1) Nous ferons remarquer que, pendant qu'on se sert des collimateurs D et E, on ne se sert pas des collimateurs B et C, dont nous avons parlé précédemment (n° 52); D et E peuvent donc n'être que ces derniers que l'on déplacerait à volonté. Trois collimateurs horizontaux en tout suffisent ainsi pour toutes les vérifications de collimation, de nivellement et de graduation.

nombre des répétitions en répétant des angles multiples, de manière à obtenir que la totalité du limbe serve plusieurs fois pour bien éliminer, par la grandeur du diviseur, l'erreur finale due à la graduation. Quand les angles à répéter seront trop petits, on y joindra un angle arbitraire comme précédemment.

Au reste, on pourrait abréger les opérations en déterminant de cette manière les grandes divisions seulement, et se servant ensuite des microscopes pour juger de la division de ces grandes parties en plusieurs autres.

79. — Dans tout ce qui précède, nous n'avons pas tenu compte de l'excentricité du cercle. Si cette excentricité était rigoureusement constante, il est clair qu'en opérant comme nous venons de le dire, on serait en droit de la négliger, puisqu'on aurait déterminé les angles formés par les lignes idéales menées de l'axe aux divers traits, de sorte que le défaut d'excentricité rentrerait dans les erreurs de graduation.

Mais si les cônes frottants de l'axe n'ont pas leurs génératrices rigoureusement droites, et si ces cônes ne sont pas rigoureusement des surfaces de révolution, circonstances qui se produisent nécessairement dans la pratique, il arrive, comme nous l'avons déjà dit, que, dans la rotation de l'instrument, l'axe s'élève et s'abaisse dans la verticale suivant les parties frottantes, et l'axe idéal change à chaque instant. Par conséquent l'angle formé par les lignes idéales réunissant deux divisions à cet axe idéal varie avec la rotation. Ce n'est donc pas cet angle variable que l'on doit se proposer de déterminer. Mais dans ces variations de l'axe idéal, quand l'angle que forment avec lui les divisions zéro et N, par exemple, augmente, l'angle formé avec ce même axe idéal par les divisions 180° et 180°+N diminue, de telle sorte que la moyenne de ces deux angles est constante ; c'est donc cette moyenne qui doit être déterminée, et c'est pour cela que, dans la pratique, quand on mesure un angle, on doit, comme nous l'avons vu n° 70, toujours lire deux microscopes opposés, et la moyenne des deux lectures est la mesure de l'angle cherché.

Ainsi, dans la détermination des erreurs de graduation, on ne doit pas rechercher, comme nous venons de l'indiquer, l'erreur des divisions 0° et N, mais la moyenne des erreurs des arcs 0°, N et 180°, 180° + N. Pour cela, il suffit de modifier très-légèrement les procédés que nous venons d'indiquer.

D'abord, dans le cas d'un cercle répétiteur, on amène la division zéro du cercle alidade sur la division 0° du cercle gradué, puis, faisant tourner le système des deux cercles, on pointe la lunette de l'instrument sur le collimateur A. Laissant alors calé le cercle gradué, on décale le cercle alidade et on amène sa division 180° sur la division 180° du cercle gradué. La lunette ne se trouve plus alors exactement pointée sur le collimateur A, mais avec le micromètre on mesure la distance du fil milieu de cette lunette à l'image du fil de A et on amène le fil du micromètre au milieu de cette distance; après quoi on dirige A sur le fil de ce micromètre.

On amène ensuite le zéro de l'alidade sur la N° division du limbe, puis, calant l'instrument, on pointe le collimateur D sur la lunette de l'alt-azimut. On décale de nouveau le cercle alidade, on amène sa division 180° sur la division 180° + N du cercle gradué. La lunette n'est plus alors pointée sur D. On mesure comme précédemment avec son micromètre l'écart de son fil milieu et de l'image du fil de D, puis, mettant le fil de son micromètre au milieu de l'intervalle, on pointe D sur ce fil. Les collimateurs A et D font alors entre eux un angle égal à la moyenne des angles 0°, N et 180°, 180° + N. On n'a plus alors qu'à répéter cet angle en suivant la méthode indiquée dans les n°⁸ 76 et 77. A part ces précautions, cette répétition peut se faire comme nous l'avons dit précédemment.

Dans le cas où l'instrument ne serait pas répétiteur, il faudrait également faire en sorte que l'angle des collimateurs A et D fût égal à la moyenne des angles des divisions 0° et N, 180° et 180°+N. Pour cela on calera d'abord les microscopes sur les divisions 0° et 180° du limbe, et on pointera A sur la lunette de l'instrument. On décalera alors l'alidade, et on amènera sur la division N le microscope qui était sur 0°, et on pointera D sur la lunette dans sa nouvelle position. On décalera de nouveau l'alidade et on amènera le microscope qui était sur 180° sur la division 180° + N. On mesurera alors comme précédemment avec le micromètre de la lunette la distance de son fil milieu à l'image du fil de D, puis, mettant le fil de ce micromètre dans le milieu de l'intervalle, on pointera D sur lui, et A et D feront l'angle cherché. La mesure de l'angle de A et D se fera ensuite en répétant cet angle, comme nous l'avons dit.

Dans ce qui précède, nous avons supposé le cercle gradué fixe et l'alidade mobile. En général, c'est le contraire qui a lieu, mais cela ne change rien à la manière d'opérer. Pour la stabilité, et afin de ne pas toucher à l'instrument quand il est pointé, il vaut mieux que ce soit le cercle gradué qui soit mobile, et que les microscopes soient scellés dans les piliers, du moins si le limbe est horizontal, car, comme nous allons le voir, le contraire a lieu s'il est vertical.

Nous ferons remarquer que les collimateurs nécessaires pour déterminer les erreurs de graduation par les procédés que nous venons d'indiquer doivent être pointés sur la lunette de l'instrument, et réciproquement, de sorte qu'ils ne peuvent être remplacés par des miroirs.

80. — Si le cercle que l'on veut étudier est vertical, on peut encore employer la méthode précédente par les collimateurs, seulement il est bon que ce soit le cercle qui soit fixe et alors l'alidade est une règle mobile. Cette dernière, fléchissant symétriquement des deux côtés sous l'action de la pesanteur, il en résulte que la lecture moyenne des deux microscopes qu'elle porte n'est pas modifiée par la flexion. En cela les choses se passent comme pour la flexion des lunettes. Il y a, au contraire, un grand inconvénient à ce que le cercle tourne, car dans ce cas il se déforme sans cesse. Les métaux se comportent d'une manière très-bizarre sous l'influence de la pesanteur. Ainsi, par exemple, un cercle qui reste peu de temps dans une position se déformera peu, mais s'il reste longtemps dans la même position, il se déformera davantage, souvent par soubresauts, et si on le fait tourner de 180°, la totalité de cette déformation ne disparaît pas de suite pour prendre la déformation contraire. Il en résulte que la forme d'un limbe vertical est une fonction de la série des diverses positions qu'il a dernièrement occupées et du temps pendant lequel il est resté dans chacune d'elles, et très-probablement une fonction des changements de température éprouvés dans chacune de ces positions. Donc un cercle vertical tournant autour de son axe ne peut être considéré comme se déformant toujours de la même manière. C'est pourquoi on ne peut étudier d'une manière satisfaisante sa graduation qui varie dans les déformations successives. Un cercle vertical qu'on veut étudier doit donc être fixe et depuis longtemps en place avant de commencer son étude, afin qu'il ait pris sa forme définitive sous l'influence de la pesanteur. C'est fort à tort que, dans

10

les cercles muraux, on fait le cercle mobile et les microscopes fixes.
Ce serait le contraire qui devrait exister; et si surtout les microscopes étaient à plaque divisée au lieu d'être à fil mobile, comme
alors on n'aurait pas besoin de toucher à ces microscopes, la rotation des alidades qui les porteraient n'aurait aucun inconvénient.

Dans les petits cercles, on peut considérer les flexions comme sensiblement nulles. Au lieu de grands cercles, mieux vaut donc faire
de petits cercles et employer des microscopes plus forts. Le théodolite
répétiteur, où les erreurs de graduation se trouvent sensiblement
anéanties par le diviseur introduit par la répétition, et où la petitesse du cercle favorise déjà l'absence des flexions, est avec les précautions convenables supérieur aux grands cercles pour la précision
de ses résultats. Son principal défaut, comme je l'ai déjà dit, est
la faiblesse trop grande de sa lunette. Aussi les artistes devraient-
ils adapter à ces instruments des lunettes plus fortes.

81. — On peut encore déterminer les erreurs de graduation des
cercles en faisant passer successivement tous les intervalles des
traits sous les deux mêmes microscopes opposés. La somme de
tous ces intervalles étant pour chaque microscope égale à 360°,
on en déduit la valeur angulaire des tours des micromètres de ces
microscopes ou des divisions de leurs plaques de verre. On a ensuite la valeur en arc de chacun des intervalles, puisqu'on connaît
cette valeur en tours et fractions de tour ou en divisions de la
plaque. Cette méthode, qui est celle dont on se sert ordinairement,
donne un résultat qu'on peut rendre indépendant des irrégularités
de circularité du limbe, en ayant soin que les microscopes ne tournent pas sur eux-mêmes et conservent leur position bien stable
sur l'alidade. Toutefois, mais seulement pour les cercles verticaux
gradués sur la tranche, elle offre l'inconvénient que les axes
des microscopes s'inclinent par la flexion de l'alidade, ce qui
change par obliquité la valeur trouvée pour les divisions, tandis
que la méthode des collimateurs, telle que nous venons de la décrire,
est totalement indépendante de cette flexion de l'alidade.

82. — Il importe que, pendant ces opérations, toutes les parties des limbes soient à la même température autant que possible,
encore bien que le rôle des températures, dans le cas où on emploie les collimateurs, soit beaucoup moindre que dans celui où
l'opération dépend des valeurs des tours des micromètres des microscopes, comme cela a lieu dans les études faites jusqu'ici sur les

graduations des cercles. Pour un limbe horizontal surtout, la condition de température constante dans toutes ses parties ne présente
pas de difficultés pour sa réalisation.

Il importe encore de remarquer qu'un cercle vertical, tournant
sur son axe, devrait être étudié dans la position horizontale plutôt que dans la position verticale. Il serait alors étudié dans sa vraie
forme et indépendamment des déformations qui ont lieu en place.
Son étude serait donc plus sûre. On compterait alors sur la
multiplicité des microscopes pour diminuer sinon pour anéantir
l'effet des déformations variables.

83. — Il est évident, en outre, que pour un cercle dont la graduation est bien étudiée, une graduation arbitraire devient équivalente à une graduation régulière. On forme dans ce cas une table
donnant l'angle répondant à chaque trait depuis le trait zéro.

L'étude des graduations est toujours une opération très-longue.
Aussi le plus souvent les astronomes n'étudient pas leurs cercles.
C'est là une chose regrettable. Mais on pourrait rendre l'étude des
graduations très-facile en employant toujours, comme dans le cercle
répétiteur, un cercle alidade et un cercle gradué. Alors le cercle
gradué ne porterait qu'un petit nombre de divisions, par exemple,
un trait de 10 en 10 degrés. Le cercle alidade porterait deux arcs
d'une douzaine de degrés divisés jusqu'aux dizaines de minutes et
opposés aux extrémités d'un même diamètre. Les microscopes ser-
viraient pour achever la lecture comme d'usage. Il est évident que
cette disposition serait équivalente à celle d'un cercle entièrement
gradué, mais l'étude de la graduation serait bien simplifiée. Par
juxtaposition de l'alidade devant tous les intervalles de 10° du cercle,
on comparerait ces derniers intervalles entre eux de manière à avoir
la mesure de leur différence, et on aurait en même temps la vraie
valeur de l'arc subdivisé sur l'alidade. Il ne resterait plus ensuite
qu'à étudier les subdivisions des deux petits arcs de l'alidade,
étude qui se ferait avec le microscope. L'étude des divisions du
microscope lui-même serait effectuée en comparant la longueur
d'une même division de l'alidade avec toutes les parties de l'é-
chelle de ce microscope. Cette disposition simplifierait à la fois le
travail pour les artistes et pour les astronomes. Elle serait précieuse en ce que ces derniers n'hésiteraient plus à étudier leurs
cercles, ce qui vaut beaucoup mieux que de compter sur la précision mise par les artistes. Ce mode de graduer les cercles n'a
pas encore été indiqué. Ce serait certainement le meilleur.

THÉORIES RELATIVES A DIVERS INSTRUMENTS.

84. — Après les considérations dans lesquelles nous sommes précédemment entré au sujet de la détermination des erreurs instrumentales et des moyens de corriger les observations de l'effet de ces erreurs, il faut que nous examinions d'une manière particulière les divers procédés de pointé à employer pour les observations et les erreurs particulières connues sous le nom d'équations personnelles. Ces dernières erreurs résultent de la mobilité apparente des astres sur lesquels on pointe, mobilité qui fait que le temps entre comme élément dans les observations. La lunette méridienne est l'instrument qui se prête le mieux à une étude des équations personnelles, parce qu'avec elle l'observation repose entièrement et uniquement sur les temps des passages des astres derrière les fils du réticule. Nous ne parlerons donc des équations personnelles qu'après avoir donné la théorie complète de cette lunette, à laquelle nous joindrons la théorie du cercle mural, qui souvent compose avec elle un seul instrument, connu alors sous le nom de cercle méridien. Nous ne pouvons toutefois traiter complétement la théorie des instruments méridiens qu'après avoir parlé de l'aberration diurne, dont nous allons maintenant nous occuper, et nous examinerons l'effet de cette dernière sur les temps des passages observés à la lunette méridienne et sur les azimuts et les hauteurs observés avec les instruments alt-azimutaux. Nous traiterons immédiatement après de la théorie des instruments méridiens.

De l'aberration diurne.

85. — Outre les erreurs dues aux défauts des instruments, il y a encore une autre cause d'erreur à considérer. Cette erreur provient du mouvement diurne de la terre combiné avec le mouvement de la lumière, et porte le nom d'aberration diurne.

Par suite de la révolution de la terre sur elle-même, le mouvement d'un point de la surface de la terre est dirigé de l'ouest à l'est, et si v désigne la vitesse d'un point de l'équateur, $v \cos l$ est la vitesse sous le parallèle dont la latitude est l, en regardant la terre comme exactement sphérique, ce qui n'a pas d'inconvénient, vu la petitesse des corrections provenant de l'aberration diurne.

Pour un astre situé dans le méridien d'un certain point du globe, la direction des rayons lumineux est perpendiculaire au mouvement de ce point, et par conséquent les deux mouvements du globe et de la lumière se combinent de telle sorte que l'astre paraît un peu à l'est du méridien, sans que sa hauteur soit aucunement altérée. En effet, pendant que la lumière parcourt l'intervalle compris entre le centre optique de l'objectif et le réticule, la lunette avance. La lumière qui aurait traversé celle-ci suivant sa ligne de collimation si cette ligne avait été immobile, tombera donc par suite du mouvement à l'ouest de la croisée des fils, c'est-à-dire qu'elle paraîtra venir d'un point situé un peu à l'est du méridien. L'angle entre la direction apparente de l'astre observé et le plan du méridien est d'ailleurs le même, quelle que soit la hauteur de l'astre. L'effet de l'aberration diurne est donc exactement semblable à celui que produirait une petite collimation de l'instrument, collimation précisément égale à la déviation due à cette aberration, et dirigée vers l'ouest, puisque le passage au méridien est vu plus tard qu'il n'a lieu réellement.

86. — L'aberration diurne est très-faible, elle égale $0'',31$ à l'équateur, et, par conséquent, $0'',31 \cos l$ à la latitude l. Comme elle produit pour une lunette méridienne le même effet qu'une collimation de la même grandeur vers l'ouest, il s'ensuit que le passage est observé trop tard du nombre de secondes de temps donné par la formule $\pm \dfrac{0'',31 \cos l}{15 \cos D}$, puisque nous avons vu (n° 46) qu'une collimation c (c exprimant un nombre de secondes d'arc) modifie l'instant des passages de la quantité $\pm \dfrac{c}{15 \cos D}$, le signe $+$ se rapportant au passage supérieur, et le signe $-$ au passage inférieur. En regardant la collimation c comme positive à l'est, la quantité $\pm \dfrac{c}{15 \cos D}$ doit être ajoutée à l'instant du passage observé pour avoir le vrai passage au méridien, tandis que l'aberration correspondant à une collimation ouest, la quantité $\pm \dfrac{0'',31 \cos l}{15 \cos D}$ doit être retranchée.

La réunion de la collimation et de l'aberration diurne fait donc qu'il faut, pour avoir les instants des vrais passages au méridien, ajouter aux passages observés la quantité $\pm \dfrac{c - 0'', 31 \cos l}{15 \cos D}$, expression dans laquelle c entre avec son signe, qui est positif à l'est, négatif à l'ouest, et où le signe supérieur se rapporte aux passages supérieurs, et le signe inférieur aux passages inférieurs.

87. — Lorsque l'astre est dans un plan vertical autre que le méridien, on peut décomposer le mouvement de la terre en deux autres, le premier perpendiculaire à ce plan vertical, le second situé dans ce plan. La composante perpendiculaire au plan vertical ne peut influer sur la hauteur de l'astre, dont elle est d'ailleurs indépendante, mais elle détermine la déviation apparente de l'astre hors du plan vertical qui le renferme. L'autre composante, au contraire, influe sur la hauteur et ne modifie pas la déviation apparente de l'astre hors du plan qui le contient. Cette dernière conclusion n'est toutefois pas tout à fait rigoureuse, parce que la seconde composante modifie la vitesse relative du rayon lumineux par rapport au point d'observation ; mais cette modification est tellement petite, en comparaison de la vitesse de la lumière, qu'on peut la négliger et regarder les deux composantes du mouvement diurne comme agissant indépendamment l'une de l'autre.

Ainsi donc, quel que soit le plan dans lequel on observe, l'aberration diurne influe sur les mesures azimutales comme le ferait une petite collimation de l'instrument, mais la valeur de la collimation, qui produirait le même effet que l'aberration diurne, varie avec l'azimut dans lequel on observe. Soit a cet azimut, compté du nord en passant par l'ouest, le mouvement $v \cos l$ de la surface terrestre se décompose en deux autres, le premier $v \cos l \cos a$ perpendiculaire au plan vertical d'azimut a, le second $v \cos l \sin a$ situé dans ce plan et horizontal.

C'est à la première composante qu'est due la déviation de l'image hors du plan vertical, et si V désigne la vitesse de la lumière et k cette déviation, on a $v \cos l \cos a = V \tang k$.

Mais k étant très-petit, on peut substituer l'arc à la tangente, et il vient pour la déviation

$$k = \frac{v}{V \sin 1''} \cos l \cos a.$$

$\dfrac{v}{V \sin 1''}$ est la constante de l'aberration diurne, elle est égale à $0'',31$. On a donc

$$k = 0'',31 \cos l \cos a;$$

les valeurs positives de k indiquent une déviation diminuant l'azimut et les valeurs négatives une déviation inverse.

La correction correspondante sur l'azimut sera donc par la même formule que celle qui provient de la collimation (n° 45),

$$\delta a = 0'',31 \cos l \cos a \sec h.$$

Les corrections de l'aberration diurne sur l'azimut se calculant comme celles de la collimation, on corrige ces deux erreurs à la fois.

88. — Cherchons maintenant l'expression de l'erreur que l'aberration diurne peut introduire sur la hauteur d'un astre.

Si on décompose la composante horizontale $v \cos l \sin a$ du mouvement de la terre dans le plan vertical dont l'azimut est a en deux autres composantes, l'une dirigée suivant le rayon visuel venant de l'astre de hauteur h, l'autre perpendiculairement à ce rayon visuel, la seconde composante modifiera seule la hauteur de l'astre (en négligeant, vu sa petitesse, comme nous l'avons dit dans le n° 87, l'influence de la première composante sur le mouvement relatif du rayon lumineux et du point d'observation). Or cette seconde composante a pour expression $v \cos l \sin a \sin h$.

On aura donc

$$V \tang \delta h = v \cos l \sin a \sin h,$$

ou en remplaçant la tangente par l'arc

$$\delta h = 0'',31 \cos l \sin a \sin h.$$

Et les hauteurs observées devront être diminuées de cette valeur de δh prise avec son signe pour avoir les hauteurs vraies, ou, en d'autres termes, la valeur de δh donnée par cette expression est la quantité à ajouter aux distances zénithales observées, pour avoir les distances zénithales vraies.

89. — Outre l'aberration diurne, il y a aussi l'aberration annuelle, qui provient du mouvement de translation de la terre autour du soleil.

Cette dernière erreur, étant la même pour tous les points du globe à la fois, n'a plus besoin d'être corrigée en chaque lieu séparément comme l'aberration diurne. Elle se reporte conséquemment sur les tables astronomiques, qui alors donnent les positions apparentes des astres au lieu des positions vraies. Cette erreur ne vient donc pas, comme l'aberration diurne, se mêler aux erreurs instrumentales, et nous n'avons pas à nous en occuper maintenant.

Théorie des instruments méridiens.

90. — Nous avons déjà vu (n° 24) que si l'axe horizontal de la lunette méridienne est incliné de i secondes d'arc, il faut, pour avoir l'heure du vrai passage au méridien, joindre à l'heure donnée par l'horloge pour les passages observés la quantité de secondes de temps fournie par l'expression $\dfrac{i}{15}\,\dfrac{\cos(l \mp D)}{\cos D}$, i étant positif si le tourillon ouest est le plus élevé, négatif dans le cas contraire, et le signe supérieur se rapportant aux passages supérieurs, l'inférieur aux passages inférieurs.

Nous avons vu aussi (n° 46) que si on appelle c la collimation de la lunette exprimée en secondes d'arc, et regardée comme positive si la lunette incline à l'est, négative dans le cas contraire, il faut joindre à l'heure observée la quantité de secondes de temps donnée par l'expression $\pm \dfrac{c}{15 \cos D}$, le signe supérieur se rapportant au passage supérieur, l'inférieur au passage inférieur, et, dans le n° 86, nous avons montré que cette correction se change en $\pm \dfrac{c - 0'' 31 \cos l}{15 \cos D}$ pour avoir égard à l'aberration diurne.

Mais les passages au méridien peuvent être altérés par une troisième cause d'erreur provenant de ce que l'axe de rotation de la lunette n'est pas exactement dans un plan perpendiculaire au méridien, de sorte que cette dernière, même en supposant nulles la collimation et l'inclinaison, ne se mouvrait pas dans le plan méridien, mais dans un autre plan vertical un peu dévié du méridien.

Supposons-nous dans l'hémisphère nord, et nommons a cette déviation azimutale, que nous regarderons comme positive si la lunette pointée au sud se porte à l'est du méridien, comme négative si elle se porte à l'ouest : a est alors l'angle formé par la lunette et le plan méridien quand la lunette est horizontale, et c'est en même temps l'angle du méridien et du plan vertical dans lequel se meut la lunette, angle qu'on appelle l'erreur d'azimut de l'instrument.

Quand la lunette est dirigée vers un astre, à la hauteur h, si nous menons par son axe optique un plan perpendiculaire au méridien, ce plan interceptera sur la sphère céleste un arc de grand cercle L M (*fig.* 25) qui fera avec le méridien M′Z M et le vertical LZL′ dans lequel se meut la lunette un triangle sphérique ZML, rectangle en M, et dans lequel on connaît le côté ZL $= 90 - h$, côté qui est la distance zénithale de l'axe optique de la lunette et du zénith Z et l'angle LZM $= a$ du vertical ZL dans lequel se meut la lunette et du méridien ZM. Dans ce triangle, le côté LM égale l'angle de l'axe optique de la lunette et du méridien, et on a

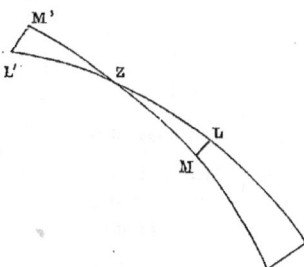

Fig. 25.

$$\sin L M = \sin ZL \sin L Z M = \cos h \sin a.$$

Vu la petitesse de l'arc a, on peut, sans erreur sensible, considérer h ou la hauteur de l'astre tout près du méridien comme la hauteur méridienne elle-même, sans qu'il en résulte d'erreur sensible sur LM. On peut en outre remplacer sin LM et sin a par leurs arcs, et on a

$$LM = a \cos h.$$

A cause de sa petitesse, l'arc LM, distance de l'astre au méridien, se confond sensiblement avec l'arc de parallèle que cet astre doit, à partir de l'instant où il passe par l'axe optique de la lunette, décrire pour atteindre le méridien. Ainsi le temps qu'une étoile emploierait à l'équateur pour atteindre le méridien, temps exprimé en secondes serait $\frac{a}{15} \cos h$, a étant exprimé en secondes d'arc. Pour une étoile de déclinaison D, ce temps serait $\dfrac{a \cos h}{15 \cos D}$, puisque les temps employés par une étoile pour parcourir un même espace sont, comme nous l'avons vu n° 33, en raison inverse de la déclinaison. Si l'astre passe au sud du zénith, cette quantité de secondes sera à joindre à l'instant du passage observé pour avoir le vrai instant du passage au méridien.

Si l'astre est au nord du zénith, on a toujours dans le triangle Z′L′M′

$$\sin L'\,M' = \sin Z L' \sin M' Z L' = \cos h' \sin a,$$

h' étant compté depuis l'horizon nord, ou

$$L'M' = a \cos h'.$$

Mais de ce côté du zénith le passage a lieu plus tard à la lunette qu'au méridien si c'est un passage supérieur; au lieu donc d'ajouter aux passages observés la correction $\dfrac{a \cos h'}{15 \cos D}$, il faudra la retrancher; mais si on veut continuer de compter la hauteur de l'horizon sud, en appelant toujours h cette dernière, on a $h' = 180 - h$, d'où $\cos h' = -\cos h$. La quantité à retrancher des instants des passages observés deviendrait alors $-\dfrac{a \cos h}{15 \cos D}$, c'est-à-dire qu'il faudrait toujours ajouter à ces instants la quantité $\dfrac{a \cos h}{15 \cos D}$. Ainsi, pour tous les passages supérieurs, il faut ajouter aux instants des passages observés la quantité $\dfrac{a \cos h}{15 \cos D}$ pour avoir les passages vrais, h étant la hauteur de l'astre au-dessus de l'horizon sud. Si au contraire le passage de l'astre est inférieur, le passage à la lunette, au lieu de se faire plus tard qu'au méridien se fera plus tôt, et conséquemment il faudra ajouter au passage observé la quantité $\dfrac{a \cos h'}{15 \cos D}$ au lieu de la retrancher, ou en remplaçant $\cos h'$ par $-\cos h$ pour compter toujours de l'horizon sud, il faudra ajouter aux passages observés la quantité $-\dfrac{a \cos h}{15 \cos D}$.

La quantité de secondes à ajouter au passage observé sera donc

$$\pm \frac{a \cos h}{15 \cos D}$$

le signe supérieur se rapportant aux passages supérieurs, l'inférieur aux passages inférieurs. Mais en appelant toujours l la latitude de la station et D la déclinaison de l'astre, on a pour les passages supérieurs

$$h = \text{hauteur de l'équateur} + D = 90 - l + D = 90 - (l - D),$$

d'où

$$\cos h = \sin(l - D).$$

Pour les passages inférieurs on a

$$h = \text{hauteur de l'équateur} + 180 - D = 90 - l + 180 - D,$$

d'où

$$\cos h = - \cos\left[90 - (l + D)\right] = -\sin(l + D).$$

Pour le passage supérieur, la quantité à ajouter aux passages observés devient donc

$$+ \frac{a\cos h}{15\cos D} = + \frac{a\sin(l - D)}{15\cos D},$$

et pour le passage inférieur

$$- \frac{a\cos h}{15\cos D} = + \frac{a\sin(l + D)}{15\cos D};$$

donc la quantité de secondes de temps à ajouter aux passages observés pour avoir les vrais passages au méridien est

$$a\frac{\sin(l \mp D)}{15\cos D},$$

le signe supérieur se rapportant au passage supérieur, l'inférieur au passage inférieur; et a étant positif quand la lunette pointée vers le sud dévie vers l'est. Cette formule convient également à l'hémisphère sud; seulement les latitudes comme les déclinaisons doivent être regardées comme positives dans l'hémisphère nord et négatives dans l'hémisphère sud, car il faut remarquer que si on faisait le contraire, il faudrait aussi regarder a comme négatif quand la lunette pointée au sud dévie à l'est. C'est ce dont on se rend facilement compte en répétant pour l'hémisphère sud le raisonnement que nous venons de faire pour l'hémisphère nord.

91. — Si nous appelons θ le temps sidéral marqué par l'horloge auquel un passage a été observé et τ le retard de l'horloge, le

temps réel de l'observation du passage par la ligne de collimation
de la lunette est $\theta + \tau$; mais pour ramener ce temps à ce qu'il aurait été si l'instrument s'était trouvé dans le méridien, il faut y
ajouter les trois corrections que nous avons reconnues relativement à l'inclinaison de l'axe de la lunette, à la collimation et à
l'erreur d'azimut. Le temps sidéral réel du passage au méridien
qui est égal à l'ascension droite AR de l'astre est donc

$$(1) \quad AR = \theta + \tau + \frac{i}{15} \frac{\cos(l \mp D)}{\cos D} + \frac{a}{15} \frac{\sin(l \mp D)}{\cos D} \pm \frac{c - 0'',31 \cos l}{15 \cos D}$$

Les signes supérieurs se rapportent aux passages supérieurs,
les inférieurs aux passages inférieurs, et il ne faut pas perdre de
vue que i est positif si le tourillon ouest est le plus élevé, a est
positif si la lunette pointée au sud dévie à l'est du méridien, et c
est positif si par sa collimation la lunette dévie à l'est; i est l'inclinaison, a la déviation azimutale du plan dans lequel se met la lunette, et c la collimation, et dans la formule ces trois quantités sont
exprimées en secondes d'arc, de façon que chacun des termes dans
lesquels elles entrent donne des secondes de temps.

Dans la formule précédente, nous n'avons pas eu égard au
mouvement diurne de l'astre en ascension droite. Elle ne s'applique donc qu'aux étoiles, astres pour lesquels le mouvement
d'ascension droite est nul, mais elle s'appliquera à tous les astres
si on multiplie le numérateur des trois corrections par $1 + \alpha$,
α étant l'accroissement diurne de l'ascension droite de l'astre,
réduit en fraction de la circonférence.

Quand l'instrument est assez bien réglé, i, a et c sont très-petits
et par conséquent il suffit de connaître approximativement l et D
pour calculer AR avec une précision suffisante.

92. — La formule (1) donne l'ascension droite d'un astre observé
quand τ, i, a et c sont connus, savoir : i et c par les vérifications
des axes et τ et a par des observations antérieures d'astres dont
l'ascension droite est connue. Quand on a à déterminer l'erreur τ
de la pendule et l'azimut a de l'instrument, deux cas peuvent se
présenter.

1° Si l'instrument est muni d'un collimateur dans l'axe, collimateur à l'aide duquel les variations de l'azimut, ainsi que celles de
l'inclinaison, ont été déterminées pour chaque observation, et si l'inclinaison a été bien mesurée pour une des observations, de sorte qu'à

l'aide de ses variations, on la connaît pour toutes, ainsi que la colli-
mation, les termes $\dfrac{i\,(\cos l \mp \mathrm{D})}{15\cos \mathrm{D}}$ et $\pm\ \dfrac{c - 0''31\cos l}{15\cos \mathrm{D}}$ pourront être
calculés pour toutes les observations séparément, et en posant

$$\theta' = \theta + \frac{i\cos\,(l \mp \mathrm{D})}{15\cos \mathrm{D}} \pm \frac{c - 0''31\cos l}{15\cos \mathrm{D}}.$$

θ' sera connu pour toutes les observations. Nous appellerons θ'_1
sa valeur pour la 1re, θ'_2 sa valeur pour la 2e, et ainsi de suite.
Nous appellerons AR_1 et D_1 l'ascension droite et la déclinaison du
1er astre observé, AR_2 et D_2 celle du 2e, etc.

Si alors nous appelons a l'erreur inconnue d'azimut pour la 1re
observation, celle de la 2e observation sera $a + \alpha$, celle de la 3e a
$+\ \alpha'$, etc., α, α', etc., étant connus puisqu'on a mesuré avec le collimateur les différences d'azimut aux diverses observations.

Si maintenant nous appelons τ la correction de l'horloge répondant à la 1re observation et μ le retard diurne de l'horloge, et si
nous nommons θ le temps écoulé entre la 1re et la 2e observation,
θ' le temps écoulé entre la 1re et la 3e, et ainsi de suite, la correction de l'horloge pour la 2e observation sera $\tau + \theta\mu$, pour la 3^e
$\tau + \theta'\mu$, etc., et nous aurons les équations

$$(\mathrm{A}) \quad \left\lbrace \begin{aligned}
\mathrm{AR}_1 &= \theta'_1 + \tau + a\,\frac{\sin\,(l \mp \mathrm{D}_1)}{15\cos \mathrm{D}_1}, \\[4pt]
\mathrm{AR}_2 &= \theta'_2 + \tau + \theta\mu + a\,\frac{\sin\,(l \mp \mathrm{D}_2)}{15\cos \mathrm{D}_2} + \alpha\,\frac{\sin\,(l \mp \mathrm{D}_2)}{15\cos \mathrm{D}_2}, \\[4pt]
\mathrm{AR}_3 &= \theta'_3 + \tau + \theta'\mu + a\,\frac{\sin\,(l \mp \mathrm{D}_3)}{15\cos \mathrm{D}_3} + \alpha'\,\frac{\sin\,(l \mp \mathrm{D}_3)}{15\cos \mathrm{D}_3}, \\
&\quad\vdots
\end{aligned} \right.$$

Ces équations ne renfermeront d'inconnu que a, τ et μ. Trois
d'entre elles suffiront donc à déterminer ces trois inconnues,
pourvu que l'un des coefficients θ soit grand, et que les déclinaisons de la 1re et de la 3e étoile étant petites, celle de la 2e soit très-
grande. Si on a plus de trois observations, on emploie la méthode
des équations de condition pour les résoudre.

Si on a deux observations très-rapprochées, de telle sorte que
θ soit très-petit, il suffit de connaître μ approximativement pour
calculer $\theta\mu$ qui, si l'horloge est bien réglée, pourra être regardé
comme nul. Dans ce cas, en faisant $\theta\mu = 0$ dans la 2e équation ; la
1re et la 2e équation suffiront pour calculer a et τ, car en les retranchant l'un de l'autre on élimine τ, et si les déclinaisons D_1 et D_2 sont

très-différentes, si, par exemple, l'une des étoiles est à peu près
équatoriale et l'autre très-voisine du pôle, le coefficient de a dans la
différence des deux équations sera grand et a pourra être bien déterminé. En reportant ensuite sa valeur dans la 1re équation, on
aura τ.

Pour une étoile très-voisine du pôle, telle que la polaire, par
exemple, le coefficient de a dans l'équation (1) est très-grand, car
son dénominateur cos D devient très-petit, et sin $(l \mp D)$ n'est pas
très-petit, puisque les observations ne se font pas ordinairement
dans des lieux situés près du pôle. Pour une étoile voisine de
l'équateur, cos D est presque égal à l'unité. Le coefficient de a
est alors fractionnaire. Cette circonstance fait que la valeur de
a est donnée toujours avec assez d'exactitude par une seule observation d'une étoile polaire et d'une étoile équatoriale, puisque dans
la différence des deux équations le coefficient de a est généralement
de plusieurs unités, et ce coefficient devient diviseur des erreurs des
observations, dans l'obtention de la valeur de a. Quant a est connu,
la valeur de τ est donnée par l'observation de l'étoile équatoriale,
mais elle est affectée de l'erreur d'observation avec sa grandeur
totale. Pour avoir τ, il y a donc avantage à observer plusieurs étoiles
équatoriales, et à faire la somme des équations qui leur répondent.
Cette équation-somme donne alors la valeur de τ répondant à l'instant moyen des observations. Ces observations d'étoiles équatoriales
peuvent être faites les unes avant celle de l'étoile voisine du pôle, les
autres après, de sorte que l'équation-somme, divisée par le nombre
des observations, c'est-à-dire l'équation moyenne, fournit à peu
près la valeur de τ répondant à l'instant de l'observation voisine du
pôle, ce qui légitime davantage l'hypothèse de $\varepsilon_\mu = o$. On élimine
alors τ entre l'équation moyenne en question donnée par les étoiles
équatoriales et l'équation donnée par l'étoile polaire, en retranchant
ces deux équations l'une de l'autre. On a ainsi une bonne détermination de a et en en reportant la valeur dans l'équation moyenne
fournie par les étoiles équatoriales, on obtient une bonne détermination de τ. Si le lendemain ou deux jours après, on fait une nouvelle
série d'observations d'étoiles équatoriales, on a une nouvelle valeur de τ par la moyenne de leurs équations, et la différence de ces
deux valeurs de τ divisée par le temps écoulé entre l'instant moyen
des deux séries fait connaître la valeur de μ. On obtient a encore
d'une manière très-exacte si on a observé une même circompolaire

à son passage supérieur et à son passage inférieur; en retranchant alors les deux équations l'une de l'autre, τ disparaît, tandis que a n'est pas éliminé, et son coefficient est grand à cause de la petitesse de cos D. Alors l'ascension droite de tous les autres astres qu'on a pu observer dans l'intervalle est donnée par l'équation (1).

Mais le plus souvent les instruments méridiens ne sont pas, et cela fort à tort, munis des moyens d'avoir continuellement les valeurs de i et de c et les variations de a. Généralement on détermine seulement de temps en temps ces corrections, et on suppose que les variations constatées entre deux déterminations sont proportionnelles au temps. Les variations de a supposées proportionnelles au temps sont alors déduites de la variation des pointés effectués à de longs intervalles sur la mire ou le collimateur mire.

2° Le deuxième cas que nous avons à examiner, a lieu si on applique à une série entière la moyenne des déterminations de i et de c faites à l'origine et à la fin de cette série, ou bien les déterminations faites vers le milieu de la série, et si on compte sur la stabilité de l'instrument pour que a n'ait pu varier dans l'intervalle. Dans ce dernier cas, on suppose l'instrument rigoureusement stable, et alors la formule (1) peut être mise pour le calcul sous une forme plus commode. En effet, en développant les sinus et les cosinus de l'arc $l \mp D$, il vient

$$AR = \theta + \tau + \frac{i}{15}\cos l + \frac{a}{15}\sin l \pm \left(\frac{i}{15}\sin l - \frac{a}{15}\cos l \right)\tan D \pm (c - 0'',31 \cos l)\sec D.$$

Or i, a et c étant supposés constants dans toute la série, $\frac{i}{15}\cos l + \frac{a}{15}\sin l$ est une constante pour la station, puisque la latitude est aussi une constante. En appelant donc m cette constante, et remarquant de même que $\frac{i}{15}\sin l - \frac{a}{15}\cos l$ est aussi une constante que nous appellerons n, et enfin que $c - 0'',31 \cos l$ est une troisième constante que nous appellerons c', l'équation devient

(2) $AR = \theta + \tau + m \pm n \tan D \pm c' \sec D,$

m, n et c' étant des constantes, et le signe supérieur se rapportant aux passages supérieurs, l'inférieur aux passages inférieurs.

Proposons-nous maintenant d'obtenir la valeur de ces constantes au moyen des équations de la forme précédente données par celles des étoiles de la série dont l'ascension droite est connue. Mais remarquons toutefois que τ et m entrant avec le même coefficient dans toutes les équations, on ne peut éliminer l'un sans l'autre, de sorte que $\tau + m$ est en réalité une seule inconnue que nous appellerons τ'. Toutefois, à cause du retard diurne de l'horloge (nous parlons ici de retard, puisqu'une avance n'est autre qu'un retard négatif), que nous appellerons μ, τ étant le retard à la première observation, $\tau + 6\mu$ est le retard à la deuxième, $\tau + 6'\mu$ le retard à la troisième, etc. 6, $6'$, $6''$, etc., étant les temps écoulés entre la première observation et la deuxième, la première et la troisième, etc.; les valeurs réelles de $\tau + m$ dans les diverses équations seront ainsi τ' pour la première étoile, $\tau' + 6\mu$ pour la deuxième, $\tau' + 6'\mu$ pour la troisième, etc. Nous aurons donc la série des équations

$$(B) \quad \begin{cases} AR_1 = \theta_1 + \tau' \pm n \tan D_1 \pm c' \sec D_1 \\ AR_2 = \theta_2 + \tau' + 6\mu \pm n \tan D_2 \pm c' \sec D_2 \\ AR_3 = \theta_3 + \tau' + 6'\mu \pm n \tan D_3 \pm c' \sec D_3 \\ \vdots \end{cases}$$

Dans cette série d'équations, nous avons 4 inconnues seulement, τ', μ, n et c'.

Si l'horloge est à peu près exactement au temps sidéral, et si la série est de courte durée, de sorte que 6, $6'$, etc., qui sont des fractions de jour, soient petits, on peut supposer 6μ, $6'\mu$, etc., égaux à zéro. Si on connaît approximativement μ, on peut calculer leurs valeurs à l'aide des petits intervalles 6, $6'$, etc., et en corriger les valeurs de θ_2, θ_3, etc. En observant toujours, d'ailleurs, deux jours de suite la même étoile voisine de l'équateur, on a la valeur de μ, car, pour cette même étoile, les corrections $n \tan D$ et $c' \sec D$ sont les mêmes dans les deux équations obtenues, et on a pour le premier jour

$$AR' = 6' + \tau' + n \tan D' + c' \sec D'$$

et pour le deuxième jour

$$AR' = 6'_1 + \tau' + \mu + n \tan D' + c' \sec D'.$$

En retranchant ces deux équations l'une de l'autre, il vient

$$o = 6'_1 - 6' + \mu \quad \text{d'où} \quad \mu = 6' - 6'_1$$

et μ se trouve ainsi connu. On peut donc, en général, connaître μ, et on calcule alors 6μ, $6'\mu$, etc. Les quantités $\theta_2 + 6\mu$, $\theta_3 + 6'\mu$,... seront conséquemment connues, et en les appelant θ'_2, θ'_3,... on aura la série d'équations

$$(C) \quad \left\{ \begin{array}{l} A\,R_1 = \theta_1 + \tau' \pm n \tang D_1 \pm c' \sec D_1 \\ A\,R_2 = \theta'_2 + \tau' \pm n \tang D_2 \pm c' \sec D_2 \\ A\,R_3 = \theta'_3 + \tau' \pm n \tang D_3 \pm c' \sec D_3 \end{array} \right.$$

$$\vdots$$

équations qui ne renferment plus que trois inconnues, τ', n et c'.

Si les déclinaisons des étoiles observées sont très-différentes entre elles, si les unes sont presque nulles et les autres très-grandes, et si surtout quelques-unes sont négatives et les autres positives, ou bien encore s'il y a quelques passages inférieurs, les coefficients des inconnues dans ces équations seront très-différents. Trois équations suffiront alors pour déterminer les trois inconnues, et, si on a un plus grand nombre d'équations, on emploiera la méthode des équations de condition pour avoir les valeurs de ces trois inconnues. De même, si on n'avait pas déterminé μ et si l'intervalle des observations était grand, le système des équations (B), pourvu que leur nombre fût au moins égal à quatre, avec quatre déclinaisons bien différentes, donnerait les valeurs des quatre inconnues τ', μ, n et c'.

93. — Mais, en général, quand on se propose de déterminer les inconnues τ', n et c' par les observations, il n'est pas nécessaire de multiplier beaucoup le nombre de celles-ci pour avoir avec exactitude les valeurs des inconnues, si on choisit bien les étoiles qu'on observe ; et dans ce cas, en général, on prend d'abord des mesures pour connaître μ comme nous l'avons dit, de sorte que le système d'équations à employer est celui des équations (C), qui ne renferme plus que les trois inconnues τ', n et c'.

Cela posé, remarquons que, pour une étoile équatoriale, la tangente de la déclinaison égale zéro, et pour toutes les étoiles voisines de l'équateur, cette tangente est presque nulle, de sorte que, pour les étoiles rigoureusement équatoriales, le terme en n disparaît, et pour les étoiles rapprochées de l'équateur, il est très-petit. D'un autre côté, le terme en n change de signe avec la déclinaison, tandis que le terme en c' reste le même, car les secantes sont de même signe pour les arcs positifs et négatifs. Supposons

11

donc qu'on ait pu observer deux étoiles de même déclinaison, mais des deux côtés opposés de l'équateur, de sorte que l'une ait pour déclinaison D', et l'autre $- D'$. Comme il s'agit ici de passages supérieurs, on aura les deux équations

$$AR_1 = \theta_1 + \tau' + n \tan D' + c' \sec D'$$

pour l'étoile de déclinaison D', et

$$AR_2 = \theta_2 + \tau' - n \tan D' + c' \sec D'$$

pour celle de déclinaison $- D'$.

Retranchant la deuxième équation de la première, il vient

$$AR_1 - AR_2 = \theta_1 - \theta_2 + 2 n \tan D'$$

équation où tout est connu moins n, et qui conséquemment détermine n. Cette détermination serait très-bonne si surtout la déclinaison D' était grande. Si elle était seulement de $45°$, auquel cas $\tan D' = 1$, le coefficient de n deviendrait le facteur 2. Si on était dans une basse latitude, on pourrait choisir des étoiles dont la déclinaison serait beaucoup plus grande encore, et alors le facteur $2 \tan D'$ qui multiplie n dans l'équation précédente deviendrait de plusieurs unités; conséquemment, dans la détermination de la valeur de n, les erreurs d'observation seraient divisées par un grand facteur.

En réalité, il est rare qu'on puisse observer des étoiles dont la déclinaison soit égale des deux côtés de l'équateur, mais il suffit que les déclinaisons ne soient pas très-différentes pour que la soustraction des deux équations fournies par l'étoile du nord et par celle du sud donne une équation toujours indépendante de τ', et dans laquelle, si les déclinaisons sont grandes, le coefficient de n sera grand et celui de c' très-petit.

Cette équation sera de la forme

$$(a) \quad AR_1 - AR_2 = \theta_1 - \theta_2 + n (\tan D_1 + \tan D_2) + c' (\sec D_1 - \sec D_2).$$

Supposons maintenant qu'on ait pu observer une même circompolaire à son passage supérieur et à son passage inférieur, en appelant D la déclinaison de cette circompolaire, AR son ascension droite, le passage supérieur donnera l'équation

$$AR = \theta + \tau' + n \tan D + c' \sec D,$$

et le passage inférieur donnera

$$12^h + AR = 6' + \tau' - n\,\mathrm{tang}\,D - c'\sec D.$$

En retranchant la seconde de la première il viendra

(b) $-12^h = 0 - 0' + 2n\,\mathrm{tang}\,D + 2\,c'\sec D,$

équation indépendante de τ' et dans laquelle le coefficient de c' sera plus grand que celui de n. En combinant les deux équations (a) et (b), on obtiendra par leur résolution une bonne détermination de n et de c'.

94. — Si on n'a pu observer qu'un des deux passages d'une circompolaire, mais si on a observé une étoile équatoriale (si on a observé une série d'étoiles équatoriales, c'est mieux encore, car on fait la somme des équations fournies par ces observations, et on prend l'équation moyenne en divisant l'équation somme par le nombre, ce qui répond à une observation plus parfaite), en retranchant l'équation fournie par l'étoile équatoriale de l'équation fournie par l'étoile voisine du pôle, on a également une équation indépendante de τ', et dans laquelle les coefficients de n et de c' sont très-grands et voisins de l'égalité. Cette équation combinée avec l'équation (a) fait connaître n et c'. Dans les très-basses latitudes, où on ne peut pas observer les passages inférieurs des circompolaires, c'est cette dernière méthode qu'il faut employer; dans ce cas, on peut sommer les équations fournies par les deux étoiles de très-grande déclinaison nord et sud et qui ont donné l'équation (a) par leur différence. Dans cette somme, le coefficient de n s'annule presque, puisqu'il est de signe contraire dans les deux équations, tandis que les deux coefficients de c' s'ajoutent. Divisant l'équation somme par 2, et retranchant de cette équation celle qui est fournie par l'étoile équatoriale dans laquelle le coefficient de n est aussi nul, ou presque nul, on élimine τ', et il reste une équation avec un fort coefficient pour c' et un coefficient presque nul pour n. Combinée avec l'équation (a), cette équation donne alors n et c'. On voit donc que dans les très-basses latitudes, trois observations, dont une sur une étoile équatoriale, une sur une étoile de grande déclinaison nord, une autre sur une étoile de grande déclinaison sud, suffisent à déterminer n, τ' et c'.

Quand n et c' sont connus, en reportant leurs valeurs dans l'équation fournie par l'observation d'une étoile voisine de l'équa-

teur, ou mieux dans l'équation moyenne fournie par les observations de plusieurs étoiles voisines de l'équateur, il ne reste plus
d'inconnu dans cette équation que τ', qu'on obtient alors aussi indépendant que possible des erreurs sur n et c', puisque dans
cette équation les coefficients de n et de c' sont minimum.

Une fois n, τ' et c' connus, l'équation générale (2) fait connaître
l'ascension droite d'un astre quelconque observé, pourvu que sa
déclinaison soit connue, et il suffit que cette dernière soit seulement connue approximativement si l'instrument est réglé de
façon à rendre n et c' très-petits.

95. — Dans les très-hautes latitudes, on ne peut plus former l'équation (a) avec des étoiles très-distantes de l'équateur au sud et au
nord. Bien que trois observations d'étoiles, l'une équatoriale,
l'autre vers le 45° degré, la troisième très-voisine du pôle, ou
mieux les passages supérieurs et inférieurs d'une même circompolaire, combinés avec l'observation d'une étoile équatoriale, ou
plus généralement encore le passage supérieur d'une circompolaire, le passage inférieur d'une deuxième circompolaire et celui
d'une étoile équatoriale, puissent donner les valeurs de n et de c',
et ensuite celle de τ', toutefois les coefficients de n et de c' ne peuvent
pas être rendus aussi distincts que dans les basses latitudes où on
peut faire intervenir des étoiles très-distantes de l'équateur et de déclinaison opposée. C'est donc surtout dans les hautes latitudes qu'on
a avantage à combiner deux observations, ou mieux, deux séries
d'observations faites l'une avec la lunette dans la position directe, l'autre avec la lunette dans la position inverse, afin de
renverser la collimation. La première étoile, position directe de
la lunette, donne en remplaçant c' par sa valeur $\dfrac{c-o,31\cos l}{15}$

$$A R_1 = \theta_1 + \tau' + n \tan D_1 + \frac{c}{15}\sec D_1 - \frac{0'',31\cos l}{15}\sec D_1,$$

la deuxième, position inverse de l'instrument, donne

$$A R_2 = \theta_2 + \tau' + n \tan D_2 - \frac{c}{15}\sec D_2 - \frac{0'',31\cos l}{15}\sec D_2,$$

car c a changé de signe par le retournement, tout en gardant la
même valeur. En remplaçant $\dfrac{c}{15}$ par c_1 pour simplifier, et retranchant ces deux équations l'une de l'autre, il vient

(c) $\quad AR_1 - AR_2 = \theta_1 - \theta_2 + n\,(\text{tang } D_1 - \text{tang } D_2)$

$\quad + c_1\,(\sec D_1 + \sec D_2) - \dfrac{0'',31 \cos l}{15}\,(\sec D_1 - \sec D_2).$

Si les deux étoiles étaient rigoureusement équatoriales, tang D_1 et tang D_2 seraient égaux à zéro, et par conséquent le coefficient de n s'évanouirait, mais le coefficient de c_1 serait minimum, puisque sec D_1 et sec D_2 seraient minimum. Si les étoiles sont de grande déclinaison, le coefficient de n pourra encore s'anéantir si la déclinaison est la même, tandis que celui de c_1 sera très-grand. Si les deux déclinaisons ne sont pas rigoureusement égales, il suffit qu'elles soient peu différentes pour que le coefficient de n soit très-petit, tandis que celui de c_1 serait très-grand. Cette équation remplacerait alors l'équation (a) que, dans les basses latitudes, on obtient sans déplacer l'instrument et à l'aide des étoiles du sud et du nord très-éloignées de l'équateur; seulement, au lieu que ce fût le coefficient de n qui serait très-grand par rapport à celui de c, ce serait le contraire. Il en résulte que, dans les basses latitudes, on peut également employer l'équation ainsi obtenue et la combiner avec l'équation (a). On a alors deux équations indépendantes de τ', dans l'une desquelles le coefficient de n est très-grand et celui de c presque nul, tandis que c'est le contraire dans l'autre. En les combinant ensemble, on remplace dans (a) c' par sa valeur $\dfrac{c - 0,31 \cos l}{15}$ ou $c_1 - \dfrac{0,31 \cos l}{15}$.

96. — Dans l'équation obtenue en combinant des observations, position directe et inverse, il y a toutefois une remarque à faire au sujet de l'élimination de τ'; cette élimination n'est complète que si les deux tourillons de la lunette sont égaux, condition nécessaire pour que i soit égal dans les deux positions inverses et directes. S'il en est autrement, en appelant i_1 l'inclinaison moyenne des deux positions, l'inclinaison de la position directe serait $i_1 + \varphi$, et celle de la position inverse $i_1 - \varphi$. Or, τ' est égal à $\tau + m$; τ est le même dans les deux cas, puisque c'est la correction de l'horloge à l'instant de la première observation (nous supposons toujours l'heure de la deuxième observation corrigée de 6μ), mais m varie avec l'inclinaison, sa valeur est $\dfrac{i}{15}\cos l + \dfrac{a}{15}\sin l$. Ainsi dans la position directe on a $m = \dfrac{i_1}{15}\cos l + \dfrac{a}{15}\sin l + \dfrac{\varphi}{15}\cos l$, en remplaçant i

par sa valeur $i_1 + \varphi$. Dans la position inverse, $m = \dfrac{i_1}{15}\cos .$
$+ \dfrac{a}{15}\sin l - \dfrac{\varphi}{15}\cos l$. La première moins la deuxième des valeurs
de m égale donc $\dfrac{2\varphi}{15}\cos l$, et 2φ est, comme nous l'avons vu, la différence des nivellements, position directe et inverse. En appelant
donc τ'_1 la valeur de τ' de la position directe, τ'_2 celle de la position
inverse, on a $\tau'_1 - \tau'_2 = \dfrac{2\varphi}{15}\cos l$ qui est une quantité connue.

Les deux valeurs de n ne seront pas non plus tout à fait égales,
car on a $n = \dfrac{i}{15}\sin l - \dfrac{a}{15}\cos l$; la valeur de n dans la position
directe sera donc $\dfrac{i_1}{15}\sin l - \dfrac{a}{15}\cos l + \dfrac{\varphi}{15}\sin l$; dans la position
inverse elle sera $\dfrac{i_1}{15}\sin l - \dfrac{a}{15}\cos l - \dfrac{\varphi}{15}\sin l$. En posant donc
$n = \dfrac{i_1}{15}\sin l - \dfrac{a}{15}\cos l + \dfrac{\varphi}{15}\sin l$, valeur de n de la première observation, on a pour la deuxième $n' = n - \dfrac{2\varphi}{15}\sin l$. En ayant égard
à ces valeurs, l'équation (c) devient

$$(c') \quad \mathrm{AR}_1 - \mathrm{AR}_2 = \theta_1 - \theta_2 + \dfrac{2\varphi}{15}\cos l + n\,(\tan\mathrm{D}_1 - \tan\mathrm{D}_2)$$
$$+ \dfrac{2\varphi}{15}\sin l \tan\mathrm{D}_2 + c_1(\sec\mathrm{D}_1 + \sec\mathrm{D}_2) - \dfrac{0'',31\cos l}{15}(\sec\mathrm{D}_1 - \sec\mathrm{D}_2)$$

2φ étant connu, l'équation (c') ne renferme que les deux inconnues n et c_1 dont la deuxième a un très-fort coefficient, tandis que
celui de n est très-petit, et c'est cette équation qui, dans le cas
d'irrégularité des tourillons, doit être substituée à l'équation (c).

Le retournement expose, par suite des chocs que l'instrument
peut éprouver, à déterminer un changement dans les constantes.
Il faut donc une grande attention pour retourner la lunette. Les
grandes lunettes d'observation surtout ne doivent pas être re-
tournées trop souvent; elles acquièrent en place, avec le temps,
une certaine stabilité, et dans ce cas le retournement donne lieu
à des modifications dans les constantes.

97. — Quand n, c' et τ' sont connus, on peut, comme nous l'avons
déjà dit, obtenir par une seule observation l'ascension droite d'un

astre, sans connaître les valeurs de i et de a. Mais si on veut avoir l'heure exacte, c'est-à-dire la correction exacte de l'heure de l'horloge, ce n'est pas τ' (qui est égal à cette correction τ plus la constante m) qu'il faut connaître, mais bien τ lui-même. Pour cela, il faut déterminer m. Or, si à l'aide du niveau on mesure l'inclinaison i de l'axe de l'instrument, la valeur de m est ensuite facile à obtenir, car on connaît n, et si on remonte aux expressions de m et de n qui sont

$$m = \frac{i}{15} \cos l + \frac{a}{15} \sin l,$$

$$n = \frac{i}{15} \sin l - \frac{a}{15} \cos l;$$

en mettant pour i sa valeur dans la seconde de ces équations, on en tirera la valeur de a, et en mettant ensuite pour i et a leurs valeurs dans l'expression de m, on aura la valeur de m. En retranchant alors de τ' cette valeur de m, on aura τ ou la correction de l'horloge.

98. — Nous venons de voir comment de la valeur de n on tire celle de a, c'est-à-dire la déviation de l'instrument hors du méridien, pourvu qu'on connaisse i, que le niveau permet de déterminer. Si cette valeur de a est grande, auquel cas l'instrument ne serait pas orienté avec une exactitude suffisante, on peut rectifier la position de la lunette en déplaçant un des bouts de l'axe à l'aide du rappel horizontal, puis on détermine de nouveau n et on en tire la nouvelle valeur de a. Par une série de tâtonnements, on arrive ainsi à placer une lunette dans le méridien d'une manière sensiblement exacte, et c'est alors qu'on règle le collimateur ou la mire à l'aide desquels on pourra toujours, par la suite, ramener sensiblement l'instrument dans le méridien s'il vient à s'en écarter. Mais quelque bien réglée que soit la lunette méridienne, comme son réglage n'est pas rigoureusement parfait, on a toujours soin de déterminer les valeurs de i, a et c pour corriger les observations des erreurs que le défaut de réglage peut introduire.

Pour placer une lunette méridienne dans le méridien, il suffit donc de l'y placer d'abord à peu près. C'est ce à quoi on parvient très-facilement, si on connaît la correction approchée d'une horloge ou d'un chronomètre, car il suffit alors de calculer l'heure de l'horloge à laquelle aura lieu le passage d'une étoile au méridien, et ensuite on pointe la lunette sur cette étoile à l'instant de ce passage. Plus l'étoile sera voisine du pôle, moins une erreur sur l'heure du passage supposé aura d'influence. Avec les étoiles presque polaires, une lunette méridienne est donc très-facilement mise dans le méridien d'une manière approximative. Une série d'observations fait ensuite connaître, par les procédés que nous avons indiqués, l'heure exacte de [l'horloge et la déviation hors du méridien. La meilleure manière de régler alors la lunette consiste à calculer l'influence de la collimation sur l'instant du passage au méridien. Avec l'heure exacte, on calcule ensuite l'instant précis du passage au méridien en temps de l'horloge, on en retranche ou on y ajoute la quantité c' sec D pour la déclinaison de l'étoile qu'on veut observer, suivant qu'il s'agit d'un passage supérieur ou inférieur, et alors, à l'instant en question, on pointe une étoile très-voisine du pôle ; si on a eu soin de rendre sensiblement nulle l'inclinaison de l'axe ou de retrancher aussi de l'instant auquel on doit

pointer la quantité $\dfrac{i}{15}\dfrac{\cos(l\mp D)}{\cos D}$ (le signe — pour un passage

supérieur, l'inférieur pour un passage inférieur), la lunette se trouve exactement dans le mériden, pourvu que i n'ait pas varié. S'il a varié, la quantité de cette variation est bien petite, et elle ne donne lieu qu'à une déviation très-petite en azimut, et qu'il devient alors inutile de corriger de nouveau. Connaissant la distance du fil moyen au fil milieu du réticule, il faut remarquer que c'est l'heure du passage au fil milieu quand le fil moyen est dans le méridien qui doit être calculée, si on veut que l'opération soit rigoureuse.

Les formules de correction que nous avons obtenues pour la lunette méridienne supposent que les corrections sont petites. Les formules cesseraient d'être rigoureusement exactes si i, a et c étaient grands ; mais dans ce dernier cas elles seraient encore approchées : c et i peuvent être rendus très-petits dès la première fois qu'on place l'instrument. Toutefois si l'heure du chronomètre était très-mal connue, la valeur de a pourrait être grande la première fois ; mais après la première série d'observations, l'heure de l'horloge serait connue très-approximativement, et on pourrait, par le procédé que nous venons d'indiquer, placer la lunette très-près du méridien. Dès-lors les formules de correction pourraient être regardées comme exactes, et par un deuxième pointé en suivant la méthode indiquée ci-dessus, la lunette serait orientée avec exactitude. On voit donc que le placement d'une lunette méridienne dans le méridien est toujours une opération facile. Si on possède un théodolite ou un sextant, ou tout autre instrument, l'heure de l'horloge peut être déterminée d'abord par les procédés spéciaux à ces instruments, procédés que nous indiquerons plus tard, avec une assez grande exactitude pour que la lunette méridienne puisse être bien placée dès le premier essai. Si on a un théodolite, on peut encore, avec lui, déterminer le méridien par divers procédés que nous indiquerons également, et ensuite on peut se servir de sa lunette placée dans le méridien comme d'un collimateur pour la lunette méridienne, qu'on établit alors très près du méridien dès la première fois.

99. — On a fait des cercles méridiens portatifs qui servent aux voyageurs géographes. Quand même ces derniers seraient dépourvus de tout instrument autre que ce cercle et leur chronomètre, on voit d'après ce que nous venons de dire qu'ils placeraient facilement leur cercle dans le méridien. A l'équateur même, on ne peut pas généralement observer des étoiles très-voisines des pôles, car les étoiles polaires y sont si près de l'horizon que souvent elles sont invisibles à cause des brouillards; mais on peut avec facilité observer des étoiles à 8 ou 10° des pôles, et cela suffit pour régler l'instrument quand l'heure est bien connue, et même pour le régler approximativement dès la première fois avec l'heure approchée, qu'on connaît toujours. Si on a d'autres instruments, comme le théodolite, par exemple, c'est le cas de s'en servir pour déterminer l'heure ou le méridien lui-même, afin, dès la première fois, de placer l'instrument d'une manière très-approchée. Mais, au reste, quand on possède un bon théodolite, on peut, comme nous le verrons plus tard, faire avec lui, mieux qu'avec l'instrument méridien lui-même, toutes les opérations dont on a besoin.

Toutefois la théorie de la lunette méridienne, théorie que nous venons d'exposer, est utile à connaître, même pour l'emploi des théodolites. Dans ceux de ces instruments qui sont excentriques, si on n'a ni collimateur, ni oculaire disposé pour viser aux fils réfléchis sur le bain de mercure, il suffit de fixer l'instrument dans le plan méridien, et on a, par la théorie précédente, une méthode commode pour déterminer la collimation. Nous en indiquerons plus tard une meilleure par l'observation des azimuts extrêmes des circompolaires; mais cette dernière méthode n'est guère applicable dans les très-basses latitudes, où précisément la méthode de la lunette méridienne fait le mieux connaître la collimation, puisqu'on peut observer des étoiles de très-grande déclinaison nord et sud. Bien que les observations destinées alors à donner c soient des observations de temps, cependant la division par un grand coefficient, permet d'atteindre un degré de précision assez notable. Le procédé pour placer la lunette méridienne dans le méridien peut aussi servir pour déterminer le méridien avec le théodolite.

Pour placer le cercle mural dans le méridien, on opère de la même façon que pour la lunette méridienne. On pointe avec son fil vertical et on se sert des passages par ce fil vertical pour calculer la collimation et la valeur de n, comme si l'instrument était une lunette méridienne.

100. — Quand le cercle mural est bien orienté, une petite collimation de sa lunette n'influe pas sur les résultats qu'il fournit. En effet, s'il s'agissait de mesurer des distances au zénith, la collimation interviendrait quand l'astre serait près du zénith, comme nous l'avons déjà vu (n° 47); mais il faut remarquer qu'au cercle mural, on ne se propose pas de mesurer la distance actuelle de l'astre au zénith, mais bien sa distance au zénith quand il sera réellement au méridien.

Or, quand ils sont tout près du méridien, les astres décrivent sensiblement une petite ligne droite perpendiculaire à ce plan. Pour passer de l'une à l'autre de ces petites droites perpendiculaires au méridien, la rotation de la lunette et par conséquent la rotation du cercle est évidemment la même, soit que la lunette décrive le plan méridien lui-même, soit qu'elle décrive un cône en conservant toujours le même angle très-petit avec le méridien, car tant que cet angle est très-petit, la trajectoire apparente d'un astre peut être toujours regardée comme une droite perpendiculaire au méridien. La collimation du cercle mural, pourvu qu'elle soit très-petite, et elle l'est toujours par construction, est donc complétement sans influence sur les observations qu'on fait avec cet instrument. Cette collimation dans un pointé nadiral effectué au cercle mural sur le bain de mercure n'empêche pas le fil perpendiculaire au méridien de se réfléchir lui-même, de la même manière que si la collimation n'existait pas ; donc soit les distances polaires des étoiles, soit leurs distances zénithales méridiennes, soit leurs hauteurs obtenues par la combinaison d'observations directes avec des observations sur les images réfléchies par un bain de mercure, sont données par le cercle mural de la même manière, qu'il y ait ou non collimation.

L'inclinaison de l'axe du cercle mural influe un peu sur les hauteurs mesurées, car en appelant h une hauteur mesurée et i l'inclinaison, la hauteur vraie h' est donnée par l'équation tang $h' =$ tang h cos i; mais si on a soin de rendre i très-petit, comme cos i est égal à 1 à une quantité près de l'ordre i^2, on peut faire $h' = h$ sans erreur sensible. Il en est de même de l'erreur d'azimut du même cercle. En appelant a cette erreur d'azimut, la distance zénithale vraie z' est donnée par l'équation tang $z' =$ tang z cos a dans laquelle z est la distance observée; mais si a est très-petit, on peut, à une quantité près de l'ordre a^2 et tout à fait négligeable, faire cos $a = 1$, et alors $z' = z$. Il suffit donc de rectifier avec un peu de soin le cercle mural pour n'avoir aucune correction à appliquer aux observations faites à la condition toutefois de toujours pointer sous la croisée des fils. En outre, comme nous l'avons déjà vu, l'aberration diurne est sans influence sur les hauteurs méridiennes.

101. — Quand une étoile circompolaire très-voisine du pôle est dans le champ du cercle mural, elle y reste assez longtemps pour qu'on puisse l'observer plusieurs fois, à la condition de corriger les observations faites hors du méridien de façon à les ramener à ce qu'elles seraient au méridien même. Il y a à cela l'avantage de pouvoir profiter du passage d'une circompolaire pour avoir plusieurs observations au lieu d'une. Or, quand on pointe l'étoile hors du méridien, le fil horizontal du cercle, qui est perpendiculaire au méridien, intercepte sur la sphère céleste un arc de grand cercle. En plaçant l'étoile sous ce fil, c'est donc comme si on visait dans le méridien au pied de l'arc perpendiculaire abaissé de l'étoile sur le méridien lui-même. La correction à appliquer à l'observation est donc égale à la différence entre la distance polaire de l'étoile et la distance du pied de cet arc de cercle au pôle; c'est-à-dire entre la distance polaire réelle de l'étoile et cette distance polaire projetée sur le méridien. Or en appelant P l'angle horaire de l'étoile, p sa distance réelle et p' sa distance polaire projetée, la correction b à appliquer à la lecture faite sur le cercle pour avoir celle qu'on aurait eue si l'étoile avait été au méridien est $p - p'$, de sorte que $b = p - p'$ d'où : $p' = p - b$, et on a d'ailleurs

$$\text{tang } p' = \text{tang } p \cos P.$$

Remplaçant p' par sa valeur $p - b$, et cos P par $1 - 2 \sin^2 \frac{1}{2} P$, il vient

$$\frac{\tang p - \tang b}{1 + \tang p \, \tang b} = \tang p - 2 \tang p \sin^2 \frac{1}{2} P,$$

ou en chassant le dénominateur et résolvant par rapport à tang b

$$\tang b = \frac{2 \tang p \sin^2 \frac{1}{2} P}{1 + \tang^2 p - 2 \tang^2 p \sin^2 \frac{1}{2} P}.$$

Remarquant que $1 + \tang^2 p = \sec^2 p = \dfrac{1}{\cos^2 p}$ et multipliant par $\cos^2 p$ les deux membres, il vient

$$\tang b = \frac{2 \sin p \cos p \sin^2 \frac{1}{2} P}{1 - 2 \sin^2 p \sin^2 \frac{1}{2} P} = \frac{\sin 2 p \sin^2 \frac{1}{2} P}{1 - 2 \sin^2 p \sin^2 \frac{1}{2} P}$$
$$= \frac{\sin 2 D \sin^2 \frac{1}{2} P}{1 - 2 \cos^2 D \sin^2 \frac{1}{2} P}$$

car $p = 90° - D$;

en développant en série $\left(1 - 2 \cos^2 D \sin^2 \frac{1}{2} p\right)^{-1}$, il vient

$$\tang b = \sin 2 D \sin^2 \frac{1}{2} P \, (1 + 2 \cos^2 D \sin^2 \frac{1}{2} P + 4 \cos^4 D \sin^4 \frac{1}{2} P + \dots)$$

Pour les étoiles voisines du pôle $\cos^2 D$ est petit, et P est d'ailleurs nécessairement petit, puisque l'astre est dans le champ de la lunette : $\cos^2 \frac{1}{2} D \sin^2 \frac{1}{2} P$ est donc une très-petite quantité. En négligeant donc les termes en $\sin^4 \frac{1}{2} P$ et remplaçant dans l'équation tang b par $b \sin 1''$, on a

$$b = \frac{\sin 2 D \sin^2 \frac{1}{2} P}{\sin 1''}.$$

Telle est la correction à faire à la lecture du cercle et qui doit être appliquée du côté opposé au pôle. S'il s'agit d'un passage supérieur et si le cercle est gradué de telle sorte que les divisions croissent en allant du pôle de l'hémisphère de la station vers le zénith, la correction sera positive pour le passage supérieur, négative pour l'inférieur. Les corrections à appliquer à la lecture seraient de signe contraire si la graduation du cercle était en sens contraire. L'angle P est d'ailleurs connu si on note l'heure du pointé et si on connaît celle du passage au méridien, car il n'est autre que la différence de ces deux instants réduite en arc.

102.—Mais pour que ce mode d'observation soit possible, il faut que le fil de la lunette soit bien horizontal. Si ce fil est incliné, il y aura une autre correction à faire à cause de cette inclinaison. Soit i l'inclinaison du fil, la distance φ de l'étoile au méridien est donnée par l'expression $\sin \varphi = \sin P \sin p$, comme on le voit dans le triangle sphérique rectangle, pôle, étoile et pied de l'arc perpendiculaire abaissé de l'étoile sur le méridien, et comme $p = 90 - D$, $\sin p = \cos D$, on a donc $\sin \varphi = \sin P \cos D$. Or sur le méridien la distance de la croisée des fils au pied de l'arc perpendiculaire abaissé de l'étoile sur le méridien, distance que nous appellerons j, est donnée dans le triangle sphérique rectangle formé par cet arc, le méridien et l'arc de grand cercle passant par le fil, triangle dans lequel on connaît l'angle i de ce dernier arc et de celui qui est perpendiculaire au méridien, et le côté φ. On a donc l'équation :

$$\tang j = \sin \varphi \, \tang i = \sin P \cos D \, \tang i$$

ou, en remplaçant les tangentes des petits arcs i et j par les arcs

$$j = i \sin P \cos D.$$

Si le cercle est gradué dans le sens du pôle de l'hémisphère de la station vers le zénith, et si nous considérons comme d'usage P comme positif à l'ouest du méridien, et i comme positif si la lunette étant pointée vers l'horizon nord dans l'hémisphère nord, sud dans l'hémisphère sud, le fil incline en baissant de l'ouest vers l'est, négatif dans le cas contraire, la correction à ajouter à la lecture du cercle sera du signe de j : on a donc pour la correction totale $b + j$ que nous appellerons k, exprimée en secondes d'arc

$$k = i \cos D \sin P \pm \frac{\sin 2 D \sin^2 \frac{1}{2} P}{\sin 1''},$$

le signe supérieur se rapportant au passage supérieur, l'inférieur au passage inférieur.

À l'aide de cette formule, on voit que si i et P sont connus, une observation extraméridienne faite au cercle mural sera ramenée à une observation rigoureusement méridienne, et comme i et P sont petits, il suffit pour cela que D soit connu seulement d'une manière approximative.

103. — Si i n'est pas connu, on peut se servir de cette formule elle-même pour le déterminer. Dans ce cas on observe une circom-

polaire voisine du pôle dont la déclinaison soit bien connue, et
pour mieux déterminer i, on peut observer cette étoile jusqu'aux
limites mêmes du champ, auquel cas il convient d'avoir égard au
deuxième terme de l'expression de b. Alors la formule à employer est

$$k = i \cos D \sin P \pm \frac{\sin 2D \sin^2 \frac{1}{2} P}{\sin 1''} \pm \frac{2 \sin 2D \cos^2 D \sin^4 \frac{1}{2} P}{\sin 1''}.$$

Si on fait en effet une série de lectures répondant à une série d'observations d'une même polaire dans toute l'étendue du champ, en
appelant l_1, l_2 .... l_n ces lectures, P_1 P_2 .... P_n les angles horaires
correspondants, les lectures méridiennes seront

$$l_1 + i \cos D \sin P_1 \pm \frac{\sin 2D \sin^2 \frac{1}{2} P_1}{\sin 1''} \pm \frac{2 \sin 2D \cos^2 D \sin^4 \frac{1}{2} P_1}{\sin 1''}$$

$$l_2 + i \cos D \sin P_2 \pm \frac{\sin 2D \sin^2 \frac{1}{2} P_2}{\sin 1''} \pm \frac{2 \sin 2D \cos^2 D \sin^4 \frac{1}{2} P}{\sin 1''}.$$

$$\vdots$$

Ou en appelant l'_1, l'_2,... l'_n les lectures corrigées des termes
de la forme $\pm \dfrac{\sin 2D \sin^2 \frac{1}{2} P}{\sin 1''} \pm \dfrac{2 \sin 2D \cos^2 D \sin^4 \frac{1}{2} P}{\sin 1''}$ qui sont
connus dès que P est connu, on aura la série des lectures :

$$l'_1 + i \cos D \sin P_1,$$
$$l'_2 + i \cos D \sin P_2,$$
$$\vdots$$
$$l'_n + i \cos D \sin P_n,$$

lectures qui devraient être toutes égales, puisque chacune d'elles
répond à la lecture au méridien. En en faisant la somme et prenant la moyenne, on peut donc égaler chacune d'elles à la moyenne,
laquelle moyenne est sensiblement indépendante de i à cause des
signes contraires de sin P des deux côtés du champ. Les équations
étant ainsi formées, après avoir mis dans le premier membre tous
les termes en i, et passé dans le second les termes indépendants,
on change le signe des deux membres des équations où i se trouvait négatif, puis on fait la somme de ces équations et on a une
équation finale, dans laquelle le coefficient de i est maximun,
comme étant la somme des coefficients de cette même inconnue
rendus tous positifs dans toutes les équations, et de cette équation
finale on tire la valeur de i.

Dans le cercle mural qui ne peut se déplacer azimutalement, cette manière de déterminer l'inclinaison du fil horizontal est précieuse, car on ne peut pas, comme avec le théodolite, faire qu'un même point fixe choisi sur la terre semble parcourir la longueur du fil lorsque l'instrument tourne autour de l'axe vertical. Le procédé que nous venons d'indiquer est au reste applicable au théodolite ou à l'alt-azimut lui-même, quand on emploie ces instruments à la mesure des hauteurs méridiennes de la même manière qu'un cercle mural.

104. — L'inclinaison obtenue comme nous venons de le dire est la projection, sur un plan perpendiculaire à l'axe optique, de l'angle du fil et de la perpendiculaire au méridien. Mais la projection de cet angle ne reste constante pour toutes les hauteurs que si l'axe du cercle est parfaitement horizontal ; si ce dernier axe est incliné, la projection en question se compose de l'angle du fil et de l'axe de rotation de la lunette, plus l'inclinaison de ce dernier axe projetée sur un plan perpendiculaire à l'axe optique. La première partie de cette inclinaison, c'est-à-dire l'angle que nous appellerons i_2 du fil et de l'axe de rotation, est constante par construction ; mais la seconde partie, que nous appellerons i_3 est variable comme se composant de l'inclinaison i_1 de l'axe de rotation projetée sur un plan diversement incliné suivant la hauteur. L'angle du plan vertical perpendiculaire au méridien (dans lequel on mesure l'inclinaison de l'axe de rotation) et du plan perpendiculaire à l'axe optique de la lunette est égal à h, h étant la hauteur au-dessus de l'horizon à laquelle la lunette est pointée ; on a donc

$$\tan i_3 = \tan i_1 \cos h$$

ou, vu la petitesse des angles i_1 et i_3,

$$i_3 = i_1 \cos h;$$

or comme

$$i = i_2 + i_3$$

il s'ensuit que l'on a

$$i = i_2 + i_1 \cos h.$$

Lors donc qu'on a déterminé i par les observations extraméridiennes d'une circompolaire, comme nous venons de le voir, on en déduit i_2 en en retranchant $i_1 \cos h$ qui est connu, si on a déterminé l'inclinaison de l'axe, et on a l'inclinaison des fils pour toute hauteur h_1 de l'instrument en joignant à i_2 ainsi obtenu l'angle $i_1 \cos h_1$.

105. — Si i_1 était inconnu, et si on voulait le déduire des observations, on le pourrait en déterminant i pour deux hauteurs assez différentes de l'instrument, par exemple, pour un passage supérieur d'une circompolaire et pour un passage inférieur de la même étoile ou d'une autre circompolaire pas trop voisine du pôle. Soient alors i' la première inclinaison obtenue pour l'astre de hauteur h_1, i'' la deuxième pour l'astre de hauteur h_2, on aura les deux équations

$$i' = i_2 + i_1 \cos h_1$$
$$i'' = i_2 + i_1 \cos h_2$$

et de ces deux équations on tirerait i_2 et i_1. On voit donc qu'on a par les observations le moyen de déterminer l'inclinaison de l'axe d'un cercle mural sans recourir au niveau. Ce procédé peut servir à juger des erreurs données par ce dernier et provenant des irrégularités du diamètre de l'axe à ses deux bouts. La même méthode est également applicable aux théodolites et aux alt-azimuts, lorsqu'on fixe le cercle vertical de l'instrument dans le plan du méridien.

Dans chaque détermination des inclinaisons du fil horizontal par les observations circumméridiennes d'une étoile, il importe que les lectures soient corrigées de l'effet de la réfraction. Cette précaution serait inutile si la pression barométrique et la température restaient constantes pendant toute la durée d'une série de pointés sur une même étoile, car les hauteurs étant sensiblement les mêmes pour tous les pointés, la réfraction serait sensiblement constante pendant toute la durée de l'opération. Mais si le baromètre et le thermomètre varient du commencement à la fin de la série, il en résulte des différences dans les lectures, différences qui, si on ne corrigeait pas ces dernières, altéreraient la détermination de l'inclinaison du fil.

Théorie de l'équatorial.

106. — Nous avons déjà dit que l'équatorial n'est autre qu'un grand théodolite dont l'axe principal AA (*fig.* 26), répondant à l'axe vertical du théodolite, est incliné de façon à se trouver parallèle à l'axe du monde. Pour cela cet axe doit faire avec l'horizon un angle égal à la latitude du lieu, et doit être situé dans le plan méridien.

L'équatorial se comporte donc exactement comme un théodolite qui serait placé au pôle. Son cercle azimutal devient un cercle d'ascension droite et son cercle de hauteur un cercle de déclinaison. De même que les théodolites, les équatoriaux sont les uns à lunette centrée, les autres, et c'est la majorité, à lunette excentrique; et ils peuvent prendre les deux positions que nous avons appelées directes et inverses.

Pour placer un équatorial, on détermine d'abord le méridien,

Fig. 26.

puis on établit l'instrument en faisant faire à son axe relativement à l'horizon un angle égal à la latitude du lieu. Mais quelque soin qu'on apporte à la pose de l'instrument, on ne peut le placer que d'une manière approximative. Il lui arrive d'ailleurs de dévier avec le temps. Il faut donc que l'instrument fasse lui-même connaître les déviations de son axe en hauteur et en azimut.

12

107. — Or il est facile de déterminer l'inclinaison de l'axe par rapport à l'horizon. Amenons, en effet, l'axe du cercle de déclinaison à l'horizontalité et visons à l'image des fils de la lunette réfléchie par un bain de mercure; calons la lunette dans cette position, puis effectuons la lecture du cercle de déclinaison. Renversons ensuite l'instrument pour lui faire prendre la position inverse : l'angle de la lunette et de l'axe principal reste constant dans ce renversement, et cet angle est celui de cet axe principal avec la verticale. Détachons alors la lunette et faisons la tourner autour de l'axe de déclinaison que nous avons rendu horizontal, pour la ramener à viser sur l'image de ses fils réfléchie par le bain de mercure. La lunette aura dans ce cas à décrire l'angle double de celui qu'elle faisait avec l'axe principal, et qui n'était autre que l'angle de ce dernier et de la verticale. En lisant alors le cercle de déclinaison, la différence de cette lecture avec la précédente donne l'angle double de celui de l'axe principal et de la verticale, angle dont le complément est celui de cet axe et de l'horizon.

Sans viser au bain de mercure, la même opération peut se faire avec un niveau porté par la lunette perpendiculairement à peu près à son axe optique. En effet, rendons la lunette sensiblement verticale, auquel cas le niveau est horizontal, et amenons la bulle du niveau entre deux divisions dont on fait la lecture; faisons aussi la lecture du cercle de déclinaison. Donnons ensuite à l'instrument la position inverse. La ligne perpendiculaire à celle qui passe par les deux divisions du niveau qui limitaient la bulle, continuera dans ce renversement de faire le même angle avec l'axe principal, puisque le porte-niveau est invariablement lié à la lunette : détachons alors la lunette et ramenons-la à peu près à la verticalité, jusqu'à ce que la bulle du niveau occupe les deux mêmes divisions qu'auparavant, ou, en d'autres termes jusqu'à ce que la lecture du niveau soit ce qu'elle était dans la première opération. La lunette décrira pour cela l'angle double de celui de l'axe et de la ligne perpendiculaire à celle qui passe par les deux divisions en question, c'est-à-dire l'angle double de la verticale et de l'axe, et la lecture de l'instrument fera connaître cet angle double. Il est évident que si la bulle s'est allongée pendant l'opération, elle ne se placera plus entre les deux mêmes divisions, mais entre deux autres divisions également distantes des premières et telles que la moyenne des lectures répondant à ses deux extrémités soit la même dans les deux opérations. Si d'ailleurs on n'a pu ramener la lecture du niveau à être identiquement la même dans les deux cas, la différence indiquera, si la valeur des parties du niveau est connue, la correction à faire à l'angle donné par le cercle pour avoir l'angle qui aurait eu lieu si la deuxième lecture avait été parfaitement ramenée à l'égalité avec la première.

108. — Proposons-nous maintenant de déterminer la déviation de l'axe principal hors du méridien. Supposons d'abord, pour fixer les idées, que l'axe du cercle de déclinaison soit rigoureusement perpendiculaire à l'axe principal (1).

Rendons horizontal dans la position directe l'axe du cercle de déclinaison, et arrêtons-le dans cette situation ; il doit alors être dans le méridien si l'axe principal y e t lui-même. C'est ce que nous reconnaîtrons en employant la lunette de l'instrument comme lunette méridienne. Par là, nous déterminons à la fois la collimation de la lunette, si on ne l'a déterminée d'avance avec les collimateurs, et la déviation de l'axe du cercle de déclinaison hors de la perpendiculaire au méridien, ce qui est en même temps la déviation azimutale de l'axe principal hors du méridien, si les deux axes sont perpendiculaires.

Mais il pourrait se faire que les deux axes ne fussent pas perpendiculaires ; c'est ce que nous saurons en renversant l'instrument et en rendant son axe de déclinaison horizontal dans la position inverse, car alors ce dernier axe doit, s'il est perpendiculaire à l'axe principal, reprendre une position parallèle à celle qu'il avait dans la position directe. Employant alors la lunette comme lunette méridienne, nous devons, dans le cas de la perpendicularité des axes, retrouver la même déviation azimutale que lors de la position directe.

Si nous trouvons une déviation différente, c'est que les deux axes ne sont pas perpendiculaires, mais alors la moyenne des deux déviations, position directe et position inverse, est la déviation azimutale de l'axe principal de l'instrument, déviation qui se trouve

---

(1) L'emploi, dans les axes, du même système de collimateurs que pour les théodolites ferait savoir si cette condition existe. Seulement ici le collimateur dans l'axe principal, au lieu de viser à l'image de ses fils réfléchis par un bain de mercure, viserait à l'image de ces mêmes fils réfléchis par un miroir perpendiculaire à l'axe du monde, ou bien viserait à un autre collimateur parallèle à ce dernier axe.

ainsi connue malgré le défaut de perpendicularité des axes. La différence des deux déviations trouvées est le double de la projection sur l'horizon de la différence avec 90°, l'angle formé par l'axe du cercle de déclinaison et l'axe principal. En appelant a' la déviation azimutale dans la position directe, a'' la déviation azimutale position inverse (la déviation étant positive à l'est), $90° + \dfrac{a' - a''}{2}$ est l'angle formé par le plan vertical passant par l'axe principal, et le plan vertical passant par l'axe de déclinaison quand ce dernier est dans la position directe. Cet angle est compté entre le côté nord de l'axe principal et le côté ouest de l'autre axe dans la position directe. C'est donc l'angle de l'axe horizontal du cercle de déclinaison, côté ouest, avec la projection sur l'horizon du côté nord de l'axe principal. Cet angle forme un côté d'un triangle sphérique rectangle dont l'élévation de l'axe principal, côté nord, au-dessus de l'horizon, angle que nous appellerons l' forme l'autre côté, et dont l'hypoténuse χ est l'angle des deux axes. On a donc

$$\cos \chi = \cos l' \cos \left(90 + \frac{a' - a''}{2} \right)$$

ou

$$\cos \chi = \cos l' \sin \frac{a'' - a'}{2} \ .$$

L'angle χ des axes se trouve donc ainsi connu; il est plus grand ou plus petit que 90° suivant le signe de $a'' - a'$, et nous avons défini les extrémités des axes auxquelles il s'applique.

109. $\dfrac{a' + a''}{2}$ est la déviation azimutale de l'axe principal.

Si du point que nous appellerons N, où cet axe prolongé coupe la sphère céleste, nous abaissons un arc de grand cercle sur le méridien, et si nous appelons M le pied de cet arc de cercle, le zénith Z et les point N et M sont les trois sommets d'un triangle sphérique rectangle en M, dont le côté Z N est connu, car il est égal à $90 - l'$, et dont l'angle N Z M est égal à $\dfrac{a' + a''}{2}$. Le côté M N est l'angle de l'axe et du méridien. Or, dans le triangle Z M N, on a

$$\sin MN = \sin ZN \sin NZM$$

ou

$$\sin \mathrm{MN} = \cos l' \sin \frac{a' + a''}{2}.$$

Ou encore, en remplaçant les sinus par les arcs à cause de la petitesse de ces derniers,

$$\mathrm{MN} = \frac{a' + a''}{2} \cos l'.$$

Or M N est la projection de l'angle de l'axe principal de l'instrument et de l'axe du monde sur le plan perpendiculaire au méridien passant par ce dernier axe; la différence entre la latitude l et l'inclinaison l' de l'axe avec l'horizon fait connaître le même angle projeté sur le méridien.

110. — Comparant maintenant l'équatorial à un théodolite placé au pôle, M N représente l'inclinaison de l'axe vertical de ce théodolite vers l'ouest par rapport au méridien de la station de l'équatorial, et $l'-l$ représente l'inclinaison de ce même axe vertical, dans le méridien de cette station et du côté de cette station. On a donc l'inclinaison de l'axe vertical dans deux plans rectangulaires d'azimut défini, et on connaît de plus l'angle χ des deux axes de ce théodolite. On peut donc calculer l'inclinaison de l'axe horizontal dans tous les azimuts par rapport au méridien de la station de l'équatorial, au moyen des formules que nous avons données pour le théodolite; et on en déduira par les formules de ce dernier instrument les corrections que doivent subir les lectures azimutales, ainsi que celles qui résultent de la collimation. Or ces corrections ne sont autres que les corrections à appliquer aux lectures des angles horaires données par notre équatorial, de même que les corrections des hauteurs deviennent celles des déclinaisons.

On voit donc par là que les corrections provenant des défauts de l'instrument et qui doivent être faites aux angles mesurés par l'équatorial se trouvent complètement ramenées à celles du théodolite, de sorte que nous n'avons pas à nous en occuper davantage, puisque nous avons traité avec détail de celles de ce dernier instrument.

111. — A l'équatorial, le zéro du cercle horaire doit être dans le méridien. On détermine facilement son erreur en rendant l'axe du cercle de déclinaison sensiblement horizontal et en faisant la lecture du cercle horaire. En suivant la méthode que nous venons

d'indiquer, on corrige ensuite cette lecture en tenant compte des erreurs introduites par les axes afin de la ramener à ce qu'elle serait si les axes étaient rigoureusement placés et si l'axe du cercle de déclinaison était rigoureusement horizontal. Si cette lecture ainsi corrigée n'est pas zéro, la différence est l'erreur de position du zéro du cercle.

Les distances polaires des étoiles sont données par la demi-différence des lectures correspondant à deux pointés, position directe et position inverse de l'instrument, mais les distances qui sont ainsi obtenues sont celles au point où l'axe principal coupe la sphère céleste. En appliquant aux observations les corrections provenant des erreurs d'axe, on a les distances apparentes au pôle.

Je viens de dire les distances apparentes au pôle, parce que la réfraction modifie les distances réelles comme les angles horaires. Pour corriger de la réfraction, il faut, avec l'angle horaire apparent et la distance apparente au pôle, calculer la distance apparente au zénith, et l'azimut apparent; on corrige alors de l'effet de la réfraction la distance zénithale ainsi obtenue (on corrige en même temps la hauteur et l'azimut de l'effet de l'aberration diurne par les formules que nous avons données, si on veut une très-grande précision). Puis, avec les hauteurs et les azimuts vrais, on calcule de nouveau les distances polaires et les angles horaires vrais. — Ce problème se réduit à des solutions du triangle sphérique, pôle, zénith, astre. On peut, au reste, composer des formules qui donnent directement pour l'angle horaire actuel et la distance polaire les corrections de réfraction et d'aberration diurne en fonction de l'angle horaire et de la distance polaire apparente et de la latitude du lieu. Si l'astre a une parallaxe, on a également à appliquer les corrections dues aux parallaxes d'ascension droite et de déclinaison, sur lesquelles nous reviendrons plus tard.

112. — Mais, en général, avec l'équatorial on n'a pas à effectuer toutes ces corrections, car on n'emploie pas cet instrument pour des déterminations absolues ni pour des positions géographiques, mais seulement pour des déterminations relatives entre des astres voisins, pour lesquelles les corrections d'axes et les autres corrections sont sensiblement les mêmes, de sorte qu'elles n'agissent pas sur les différences d'ascension droite et de déclinaison.

L'équatorial sert surtout, en astronomie, pour observer les comètes et les petites planètes dont on rapporte les positions à celles d'étoiles voisines, ou pour faire des cartes du ciel en rapportant les positions des petites étoiles à celles d'autres étoiles connues de leur voisinage. On se contente donc, en général, de régler les axes le mieux possible en recourant pour déterminer leurs erreurs de position aux moyens que nous avons indiqués et en corrigeant ces erreurs de position, jusqu'à ce qu'on soit satisfait de la situation de l'instrument, après quoi on ne s'occupe plus des erreurs d'axes, à moins que, par des tassements ou toute autre cause, il ne survienne des déplacements notables.

Si on veut observer une comète, par exemple, on la pointe avec la lunette, puis, arrêtant le cercle de déclinaison, on fait tourner l'instrument d'une petite quantité autour de son axe principal, et on choisit une étoile bien reconnaissable parmi celles qu'on rencontre ainsi dans le champ de l'instrument, et qui diffèrent le moins possible de la déclinaison de la comète. Cette étoile peut être située d'ailleurs en avant ou en arrière de la comète dans le sens du mouvement diurne. On arrête alors la lunette dans une position fixe, de telle sorte que le premier des deux astres, que, pour fixer les idées, nous supposerons être la comète, passe dans le champ. On note les instants du passage derrière des fils perpendiculaires au mouvement diurne, et en même temps on pointe la comète avec le fil du micromètre de déclinaison. On attend ensuite l'étoile sans déplacer l'instrument, on note de même les instants de son passage, et on la pointe en déclinaison avec le micromètre. La différence des temps des passages donne la différence des ascensions droites, et celle des pointés micrométriques, la différence des déclinaisons. Il est évident que les deux astres ayant passé dans le même champ étaient sensiblement déplacés de la même manière par la réfraction; celle-ci n'agit donc pas sur les différences d'ascension droite et de déclinaison. L'influence serait complétement nulle si les deux astres étaient exactement de même déclinaison; car ils passeraient par le même point; on n'a à s'occuper de corrections de réfraction que si la différence de déclinaison est un peu grande, et si on veut une extrême précision. Ici les axes n'interviennent pas, puisque l'instrument ne bouge pas pendant l'observation. Il faut seulement que les fils de déclinaison soient bien parallèles au mouvement diurne, et le parallélisme se reconnaît aisément en ce qu'un astre suit le fil de déclinaison dans toute l'étendue du champ.

Il ne reste plus ensuite qu'à reconnaître l'étoile employée. Pour cela, on lit son angle horaire et sa déclinaison sur les cercles de l'instrument, et on pointe une étoile bien connue de la même région. La différence du temps de ce pointé et de celui du passage de l'étoile de comparaison de la comète, ajoutée à la différence des angles horaires lus sur l'instrument, différence réduite en temps, donne avec grande approximation la différence d'ascension droite de l'étoile connue et de l'étoile de comparaison. Cette dernière différence serait rigoureuse sans les erreurs instrumentales, qui sont très-petites ; de même la différence des lectures sur le cercle de déclinaison, corrigée des différences de position du micromètre, donne avec approximation la différence de déclinaison des deux étoiles. On connaît alors la position très-approchée de l'étoile de comparaison, et avec cette position on peut, soit la reconnaître dans les catalogues, si elle y est inscrite, soit l'observer au passage méridien et déterminer sa position exacte, si elle n'est pas dans les catalogues ; tenant compte ensuite des différences de position de cette étoile et de la comète, on a l'ascension droite et la déclinaison de cette dernière à l'instant où on l'a observée.

La même méthode est employée pour les observations des planètes, ou, lorsqu'on veut faire des catalogues d'étoiles, pour rapporter à la position d'une seule d'entre elles les positions d'une série d'étoiles traversant le champ de la lunette arrêtée fixement.

113. — L'équatorial, muni d'un micromètre de position, peut être employé pour obtenir l'angle que forme avec le cercle de déclinaison la ligne joignant les deux composantes d'une étoile double ou l'axe de la queue d'une comète. Quand un mouvement d'horlogerie conduit à la fois le cercle horaire et la lunette, le même instrument sert aussi à pointer un astre, qui reste alors immobile en apparence dans le champ, de sorte qu'avec un micromètre on peut mesurer la distance des deux composantes d'une étoile double. L'équatorial est d'ailleurs un instrument très-commode, en ce qu'on peut avec lui, et à l'aide de la graduation de ses cercles, pointer rapidement un astre invisible à l'œil nu dès qu'on connaît approximativement la déclinaison et l'ascension droite, et, par suite, l'angle horaire de cet astre à un instant quelconque. Sous ce rapport, l'équatorial se prête spécialement à l'observation des comètes et des planètes d'un très-faible éclat.

Détermination du méridien par les azimuts extrêmes des
circompolaires.

114. — Nous avons vu le moyen de déterminer le méridien avec
le théodolite, en employant cet instrument comme lunette méridienne, et nous avons vu le parti qu'on peut tirer d'observations
de ce genre pour la détermination de la collimation. On peut obtenir les mêmes avantages et la détermination du méridien mieux
encore à l'aide d'observations d'azimuts extrêmes d'une même
circompolaire.

L'observation d'une circompolaire à ses azimuts extrêmes est,
en effet, une opération de pointé, et non une observation de passage. Cette observation est donc susceptible d'une très-grande
précision. L'astre paraît s'élever ou s'abaisser suivant la verticale, et, pendant un instant, ne change pas sensiblement d'azimut. Il suit donc le fil vertical de la lunette et le pointé se fait
avec la plus grande facilité.

Si l'instrument était parfaitement réglé, il suffirait donc d'observer une circompolaire à ses deux azimuts extrêmes, et la
moyenne des deux lectures azimutales serait la lecture correspondant au méridien astronomique. Il faudrait toutefois tenir compte
du petit changement de déclinaison de l'étoile considérée pendant
le temps nécessaire pour passer de l'un de ses azimuts extrêmes
à l'autre. Ce petit changement est donné par les tables, et est
tellement petit qu'on peut le regarder comme négligeable. On
l'éliminerait d'ailleurs en observant trois azimuts extrêmes consécutifs et en prenant la moyenne des deux lectures faites du même
côté du méridien ; alors la moyenne de cette moyenne et de la
lecture faite de l'autre côté du méridien serait la lecture correspondant au méridien astronomique.

115. — Mais les instruments ne sont jamais rigoureusement réglés ; d'un autre côté, les pointés ne sont pas toujours faits à l'instant
précis de l'azimut extrême. Nous allons donc d'abord déterminer
l'influence qu'une erreur sur l'instant supposé de l'azimut extrême peut exercer sur la lecture azimutale.

La formule générale qui donne l'azimut a en fonction de l'angle horaire φ est (1),

$$\sin l \cos \varphi = \tang D \cos l - \sin \varphi \cot a$$

en appelant l la latitude et D la déclinaison de l'astre.

Supposons que l'angle horaire φ devienne $\varphi + \delta\varphi$, l'azimut a deviendra $a + \delta a$, et le rapport de δa à $\delta \varphi$ se déduira de la combinaison de l'équation précédente et de la suivante :

$$\sin l \cos (\varphi + \delta\varphi) = \tang D \cos l - \sin (\varphi + \delta\varphi) \cot (a + \delta a),$$

ou en développant

$$\sin l \cos \varphi \cos \delta\varphi - \sin l \sin \varphi \sin \delta\varphi$$
$$= \tang D \cos l - \left(\sin \varphi \cos \delta\varphi + \sin \delta\varphi \cos \varphi \right) \frac{1 - \tang a \, \tang \delta a}{\tang a + \tang \delta a}$$

Or, si on néglige les puissances de $\delta\varphi$ supérieures à la quatrième, on peut poser

$$\sin \delta\varphi = \delta\varphi - \frac{\delta\varphi^3}{6} \; ; \quad \cos \delta\varphi = 1 - \frac{\delta\varphi^2}{2} + \frac{\delta\varphi^4}{24}.$$

En faisant ces substitutions, réduisant, et ayant égard à l'équation

(1) En effet, dans le triangle PZA (*fig.* 27) formé par le pôle, le zénith et l'astre, on a

$$\cos PA = \cos PZ \cos ZA + \sin PZ \sin ZA \cos PZA,$$

mais $PZ = 90^\circ - l$, $PA = 90^\circ - D$ et $PZA = a$: cette formule devient donc

$$\sin D = \sin l \cos ZA + \cos l \sin ZA \cos a.$$

Pour éliminer $\cos ZA$ et $\sin ZA$, remarquons qu'on a

$$\cos ZA = \cos PZ \cos PA + \sin PZ \sin PA \cos ZPA$$

ou comme $ZPA = \varphi$,

$$\cos ZA = \sin l \sin D + \cos l \cos D \cos \varphi.$$

La règle des sinus donne en outre

$$\sin ZA = \sin ZPA \frac{\sin PA}{\sin PZA} = \sin \varphi \frac{\cos D}{\sin a}$$

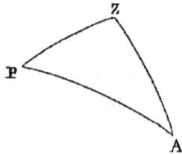

Fig. 27.

Substituant ces valeurs de $\sin PA$ et de $\cos PA$ dans l'équation précédente, il vient

$$\sin D = \sin^2 l \sin D + \sin l \cos l \cos D \cos \varphi + \cos l \sin \varphi \cos D \cot a.$$

Remplaçant $\sin D - \sin^2 l \sin D$ par $\sin D \cos^2 l$ et divisant les deux membres par $\cos l \cos D$, on a

$$\tang D \cos l = \sin l \cos \varphi + \sin \varphi \cot a,$$

d'où, par transposition, on tire l'équation donnée dans le texte.

$$\sin l \cos \varphi = \tang D \cos l - \sin \varphi \cot a$$

ou

$$\sin l \cos \varphi \tang a = \tang D \cos l \tang a - \sin \varphi \, ,$$

il vient

(A) $\left[\sin l \cos \varphi - \tang D \cos l - \sin \varphi \tang a \right.$

$$- (\sin l \sin \varphi + \cos \varphi \tang a) \, \delta\varphi - \frac{1}{2} \left(\sin l \cos \varphi - \sin \varphi \tang a \right) \delta\varphi^2$$

$$+ \frac{1}{6} \left(\sin l \sin \varphi + \cos \varphi \tang a \right) \delta\varphi^3$$

$$\left. + \frac{1}{24} \left(\sin l \cos \varphi - \sin \varphi \tang a \right) \delta\varphi^4 \right] \tang \delta a$$

$$= (\sin l \sin \varphi \tang a - \cos \varphi) \, \delta\varphi + \frac{1}{2} \left(\sin l \cos \varphi \tang a + \sin \varphi \right) \delta\varphi^2$$

$$+ \frac{1}{6} \left(\cos \varphi - \sin l \sin \varphi \tang a \right) \delta\varphi^3 - \frac{1}{24} \left(\sin l \cos \varphi \tang a + \sin \varphi \right) \delta\varphi^4.$$

Or, quand l'azimut est maximum, il faut que l'on ait

$$\frac{da}{d\varphi} = o.$$

En différentiant, par rapport à a et φ, l'équation

$$\sin l \cos \varphi = \tang D \cos l - \sin \varphi \cot a$$

on a

$$\frac{da}{d\varphi} = \frac{(\cos \varphi - \sin l \sin \varphi \tang a) \sin a \cos a}{\sin \varphi}.$$

expression qui ne peut devenir égale à zéro que si le numérateur est égal à o. On a donc à l'azimut extrême

$$\cos \varphi - \sin l \sin \varphi \tang a = o$$

À l'azimut extrême, les coefficients de $\delta\varphi$ et de $\delta\varphi^3$ du 2e membre de l'équation (A) disparaissent donc, et on voit que $\tang \delta a$ est du second ordre.

La série qui représente l'arc en fonction de la tangente nous donne

$$\delta a = \tang \delta a - \frac{1}{3} \tang^3 \delta a + \dots$$

Or, $\tang \delta a$ étant du second ordre en $\delta\varphi$, on peut, aux quantités près du sixième ordre en $\delta\varphi$, poser $\delta a = \tang \delta a$ dans l'équation (A).

En négligeant les puissances de $\delta\varphi$ supérieures à la quatrième, et en remarquant que

$$\sin l \cos\varphi \tang a + \sin\varphi = \tang D \cos l \tang a,$$

et que

$$\tang a = \frac{\sin\varphi}{\tang D \cos l - \sin l \cos\varphi},$$

l'équation (A) devient donc

(B) $\quad \delta a = \tang D \cos l \sin\varphi \left(\frac{1}{2}\delta\varphi^2 - \frac{1}{24}\delta\varphi^4\right)\left[-(\tang D \cos l\right.$

$\quad - \sin l \cos\varphi)^2 - \sin^2\varphi - \cos l \sin\varphi \,(\tang D \sin l + \cos l \cos\varphi)\,\delta\varphi$

$\quad \left. - \frac{1}{2}\left(\tang D \cos l \sin l \cos\varphi - \sin^2 l \cos^2\varphi - \sin^2\varphi\right)\delta\varphi^2\right]^{-1}.$

Or, de l'équation

$$\cos\varphi - \sin l \sin\varphi \tang a = o$$

qui a lieu à l'azimut extrême, on tire, en mettant pour $\tang a$ sa valeur,

$$\sin l = \tang D \cos l \cos\varphi$$

ou

$$\tang l = \tang D \cos\varphi.$$

Pour réduire l'équation (B), nous aurons égard à cette équation, et nous remarquerons que

$$- (\tang D \cos l - \sin l \cos\varphi)^2 - \sin^2\varphi$$
$$= - \tang^2 D \cos^2 l + 2\sin^2 l - \sin^2 l \cos^2\varphi - \sin^2\varphi$$
$$= - \tang^2 D \cos^2 l + \sin^2 l - \sin^2\varphi \cos^2 l$$
$$= - \tg^2 D \cos^2 l + \tang^2 D \cos^2 l \cos^2\varphi - \sin^2\varphi \cos^2 l$$
$$= - \sin^2\varphi \cos^2 l \sec^2 D\,;$$
$$\tang D \sin l + \cos l \cos\varphi = \tang^2 D \cos l \cos\varphi + \cos l \cos\varphi$$
$$= \cos l \cos\varphi \sec^2 D\,;$$
$$\tang D \cos l \sin l \cos\varphi - \sin^2 l \cos^2\varphi - \sin^2\varphi = - \sin^2\varphi \cos^2 l\,;$$

d'où

$$\delta a = \tang D \cos l \sin\varphi\left(\frac{1}{2}\delta\varphi^2 - \frac{1}{24}\delta\varphi^4\right)\left[-\sin^2\varphi \cos^2 l \sec^2 D\right.$$
$$\left. - \cos^2 l \sin\varphi \cos\varphi \sec^2 D\,\delta\varphi + \frac{1}{2}\sin^2\varphi \cos^2 l\,\delta\varphi^2\right]^{-1},$$

ou, en négligeant les puissances de $\delta\varphi$ supérieures à la quatrième et remplaçant δa par $\delta a \sin 1''$ et $\delta \varphi$ par $\delta \varphi \sin 1''$, pour que δa soit exprimé en secondes,

(C) $$\delta a = \frac{1}{2} \frac{\sin D \cos D}{\cos l \sin \varphi} \left[- \delta \varphi^2 \sin 1'' + \cot \varphi \, \delta \varphi^3 \sin^2 1'' \right.$$
$$\left. + \left(\frac{1}{12} - \frac{1}{2} \cos^2 D - \cot^2 \varphi \right) \delta \varphi^4 \sin^3 1'' \right].$$

Dans cette formule, l'angle φ est l'angle horaire correspondant à l'azimut extrême ; il se déduit de l'équation

$$\tan l = \tan D \cos \varphi.$$

L'angle φ diffère peu de l'angle droit pour les circompolaires voisines du pôle (excepté dans les latitudes très élevées, près du pôle lui-même), $\cot \varphi$ est donc une petite fraction, ainsi que $\cos D$. On voit par conséquent que les coefficients des puissances de $\delta \varphi$ diminuent rapidement à partir de la seconde.

Dans les latitudes basses et moyennes, le coefficient de $\delta \varphi^2$ est lui-même une petite fraction ; une erreur sur l'instant de l'observation n'introduit donc qu'une erreur très-faible sur l'azimut, et pourvu que l'on ait la déclinaison et la latitude approchées, on peut répéter les observations dans le voisinage de l'azimut extrême et les ramener à ce qu'elles auraient été à cet azimut par la formule de correction (C).

116. — Pour se rendre compte des erreurs que l'on peut commettre ainsi, nous allons en présenter une application numérique au cas de la latitude de Paris et d'une étoile, telle que la polaire, distante de un degré et demi du pôle.

Dans le cas de la latitude de Paris et d'une étoile telle que la polaire distante d'un degré et demi du pôle, le premier terme, ou terme en $\delta \varphi^2$ de l'équation (C), donnerait pour une erreur de 20 secondes de temps sur l'instant de l'azimut extrême, une correction de $0''0087$, ou de moins d'un centième de seconde d'arc sur la lecture azimutale ; les termes en $\delta \varphi^3$ et $\delta \varphi^4$, ne donnent pas de correction appréciable. Pour 1 minute d'erreur sur le temps, la correction due au terme en $\delta \varphi^2$ est de $0'',078$. Pour 10 minutes d'erreur, les termes supérieurs ne donnent encore presque rien : le terme en $\delta \varphi^3$ fournit une correction de $0'',04$; le terme en $\delta \varphi^4$ de $0'',004$; le terme en $\delta \varphi^2$ donne alors $7'',81$; de sorte que la correction totale, pour 10 minutes d'erreur sur l'instant de l'azimut extrême, est $7'',80$.

Pour une étoile à 10° du pôle, il faudrait encore une erreur de plus de 8 secondes sur l'instant de l'azimut extrême pour faire une erreur de $0'',01$ sur l'azimut. Une erreur de 1 minute donnerait une correction de $0'',52$; les termes en $\delta\varphi^3$ et $\delta\varphi^4$ ne donnent encore rien d'appréciable. Pour 10 minutes d'erreur, le terme en $\delta\varphi^3$ ne donnerait encore que $0'',468$, et le terme en $\delta\varphi^4$ $0'',0026$; le terme en $\delta\varphi^2$ donnerait alors $52'',084$.

Pour une étoile à 40° du pôle, une erreur d'une minute donnerait pour le terme en $\delta\varphi^3$ $0'',077$, et pour le terme en $\delta\varphi^4$, $0'',0012$; le terme en $\delta\varphi^2$ serait $5'',227$, de sorte que la correction totale deviendrait en ayant égard aux signes — $5'',162$.

Les erreurs que nous venons de trouver seraient encore moindres dans les latitudes inférieures à celle de Paris. Dans les basses et moyennes latitudes, on voit donc qu'il est inutile de s'occuper du terme en $\delta\varphi^4$, à moins que l'étoile ne soit très-loin du pôle ou que l'observation n'ait eu lieu à une grande distance de l'azimut extrême.

En se limitant à des étoiles distantes seulement de 3 ou 4 degrés du pôle, et en faisant les observations dans des limites comprises entre 3 ou 4 minutes avant et après l'instant de l'azimut extrême, on peut, à un centième de seconde d'arc près, ramener les observations à l'instant même de cet azimut extrême, en appliquant une correction inverse de l'erreur δa et donnée par l'expression

$$\frac{1}{2}\frac{\sin D \cos D}{\cos l \sin \varphi}\sin 1'' \delta\varphi^2.$$

A mesure que l'on se rapproche du pôle, il faut prendre des circompolaires de plus en plus voisines de ce point pour conserver à la formule de correction le même degré d'exactitude, sans employer les termes supérieurs.

Dans nos latitudes et au dessous, on peut pour la polaire, étoile observable de jour et de nuit, négliger les termes contenant les puissances de $\delta\varphi$ supérieures à la seconde, pendant 10 minutes avant et après l'instant de l'azimut extrême.

117. — Dans les quelques conclusions qui précèdent, nous supposons connu l'instant de l'azimut extrême, de sorte que la différence $\delta\varphi$ d'angle horaire (en arc), entre cet instant et celui de l'observation, est exactement connue. Or l'instant de l'azimut extrême est connu exactement si on connaît la déclinaison de l'as-

tre, la latitude et l'heure. Dans le cas contraire, si ces éléments ne sont eux-mêmes qu'approximatifs, on ne connaît qu'approximativement l'instant de l'azimut extrême et par suite $\delta\varphi$; de là une cause d'erreur sur la correction appliquée pour ramener les observations à ce qu'elles auraient été à l'instant de l'azimut extrême exact.

Or la déclinaison de l'astre, la latitude 'et l'heure sont ou au moins peuvent toujours être connues assez approximativement pour que l'erreur sur $\delta\varphi$ ne dépasse pas quelques secondes de temps, 5 à 6 au plus dans le cas où on n'aurait qu'une mauvaise pendule.

Il résulte de ce qui précède que, si les observations ont été faites à l'instant de l'azimut extrême, à cette limite d'erreur près, l'erreur correspondante sur l'azimut observé sera, dans les latitudes basses et moyennes, négligeable pour les circompolaires voisines de plus de 10° du pôle. Pour la polaire, une erreur de 20 secondes ne donnerait encore, comme nous l'avons déjà vu, aucune erreur sensible sur l'azimut observé.

Ainsi faites, les observations des azimuts extrêmes des circompolaires voisines du pôle ne seront donc entachées que des erreurs de pointé et des erreurs instrumentales. Ces dernières, qui sont les erreurs d'inclinaison des axes et l'erreur de collimation à laquelle se joint l'aberration diurne, pourront, d'ailleurs, être corrigées par les formules que nous avons données précédemment. Il ne restera donc que les erreurs de pointé, qui sont petites comparativement à celles que l'on commet sur un passage.

118. — Mais, pour diminuer autant que possible les erreurs de pointé, on peut répéter les observations dans le voisinage de l'azimut extrême et ramener les lectures à ce qu'elles auraient été à cet azimut même, à l'aide de la formule de correction que nous avons donnée, formule très-simple et qui peut être très-rapidement calculée.

La quantité $K = -\delta a$ à joindre à l'azimut pour opérer cette réduction étant donnée par la formule

$$K = \frac{1}{2}\frac{\sin D \cos D}{\cos l \sin \varphi}\sin 1'' \delta \varphi^2$$

une erreur sur $\delta\varphi$ introduit sur K une erreur proportionnelle à $\delta\varphi$ lui-même, car on a

$$\Delta \mathrm{K} = \frac{\sin \mathrm{D} \cos \mathrm{D}}{\cos l \sin \varphi} \sin 1'' \delta \varphi \, \Delta \delta \varphi.$$

En négligeant les puissances de l'erreur sur $\delta\varphi$ supérieures à la première,

Soit $\qquad \Delta\delta\varphi = 6^s = 90''$ et $\quad \delta\varphi = 10^m = 9000''$

on aura à Paris, pour une étoile située à $1° 30'$ du pôle, $\Delta \mathrm{K} = 0'',078$, erreur encore très-faible et inférieure à l'erreur possible sur le pointé. Nous avons supposé d'ailleurs une erreur très-forte sur $\delta\varphi$, erreur beaucoup plus grande que celle que l'on commet en général.

On voit donc que l'on peut, pendant une limite de temps assez étendue, répéter les pointés dans le voisinage de l'azimut extrême, et ramener par une formule très-simple les lectures de l'azimut à ce qu'elles auraient été à cet azimut extrême. Alors on prend une moyenne entre toutes ces lectures réduites. On a ainsi une détermination de l'azimut extrême dans laquelle les erreurs de pointé ont dû s'annuler en grande partie.

119. — Il résulte de ce que nous avons dit précédemment que l'on a un moyen très-commode et très-précis pour observer l'azimut extrême d'une circompolaire en opérant de la manière suivante :

1° A l'aide de la déclinaison et de la latitude approchées, calculer l'instant approché de l'azimut extrême ;

2° Pointer l'astre dans les environs de cet instant en notant l'heure approchée du pointé ;

3° Ramener l'observation à ce qu'elle aurait été à l'azimut extrême à l'aide des formules de correction que nous avons données ;

4° Corriger de l'effet des erreurs instrumentales, c'est-à-dire des erreurs introduites par les inclinaisons d'axes et la collimation, à l'aide de la hauteur approchée et des formules que nous avons données précédemment.

Cette méthode offre d'ailleurs l'avantage de permettre de répéter les pointés un grand nombre de fois.

120.—Si on ne voulait faire aucun usage de la pendule dans les opérations de pointé de l'azimut extrême, et chercher par tâtonnements l'azimut maximum, on aurait un procédé beaucoup moins pratique que le précédent et qui n'admettrait qu'un seul pointé par chaque azimut extrême d'une circompolaire. Cette méthode doit donc, en-général, être rejetée. Il est utile de remarquer que, dans ce dernier mode de pointé, les erreurs de collimation et d'inclinaison d'axe de l'instrument, non seulement amènent des erreurs sur les lectures azimutales correspondant à un pointé donné, erreurs qui peuvent être corrigées par nos formules précédentes, mais encore modifient l'instant auquel on est amené à pointer, de sorte que cet instant n'est plus réellement celui de l'azimut maximum. Les erreurs qui résultent de ce dernier effet sont généralement très-petites, et par conséquent les corrections auxquelles elles donnent lieu peuvent ordinairement être négligées. Il est bon toutefois de les connaître.

Lorsque l'axe est incliné, la situation dans laquelle on juge l'azimut maximum est celle pour laquelle le plan décrit par la lunette intercepte sur la sphère céleste un arc de grand cercle tangent au petit cercle décrit par la circompolaire observée. La distance du point de tangence au point que l'astre occupe lorsque son azimut devient réellement maximum, est sur le petit cercle de l'astre un arc égal à l'inclinaison i de l'axe de l'instrument. On aura donc $i = \delta\varphi$, et l'erreur K en question sera donnée par la formule

$$ \mathrm{K} = \frac{1}{2} \frac{\sin \mathrm{D} \cos \mathrm{D}}{\cos l \sin \varphi} \sin 1'' \, \delta\varphi^2 = \frac{i^2}{4} \frac{\sin 2\,\mathrm{D}}{\cos l \sin \varphi} \sin 1'' $$

qui ramène une observation faite dans le voisinage de l'azimut extrême à l'instant même de cet azimut. L'observation ainsi ramenée devra être ensuite corrigée de l'erreur i tang h, due à l'influence de l'inclinaison sur la lecture azimutale.

Pour trouver l'influence de la collimation sur l'instant où l'on juge l'azimut maximum, nous rappellerons que la collimation c modifie la lecture azimutale d'une quantité représentée par c sec h.

Or, dans le triangle pôle, zénith, étoile, on a, par la règle des sinus :

sinus distance polaire : sinus azimut :: sinus distance zénithale : sinus angle horaire.

D'où

$$ \cos h = \frac{\cos \mathrm{D} \sin \varphi}{\sin a}, $$

13

et par suite

$$c \sec h = \frac{c \sin a}{\cos D \sin \varphi}.$$

Cela posé, soit A l'azimut extrême de la circompolaire considérée, φ l'angle horaire correspondant, et $A + \delta A$ l'azimut réel, pour lequel la collimation fait juger l'azimut maximum, et soit de plus A_1 la lecture du limbe correspondant à l'azimut jugé extrême, on a

$$A_1 = A + \delta A - \frac{c \sin (A + \delta A)}{\cos D \sin (\varphi + \delta \varphi)}.$$

Or δA est une petite quantité, ainsi que c; en développant, remplaçant δA par sa valeur en $\delta \varphi$, et négligeant les termes de l'ordre $\delta \varphi^3$ et $c \delta \varphi^2$, si on pose

$$\frac{1}{2} \frac{\sin D \cos D}{\cos l \sin \varphi} \sin 1'' = M;$$

$$\frac{c \sin A}{\cos D \sin \varphi} \cot \varphi \sin 1'' = N,$$

il vient

(D) $$A_1 = A - M \delta \varphi^2 - \frac{c \sin A}{\cos D \sin \varphi} + N \delta \varphi.$$

Or, pour que A_1 soit maximum, il faut que $N \delta \varphi - M \delta \varphi^2$ soit maximum, ce qui donne l'équation

$$N - 2 M \delta \varphi = o,$$

d'où

$$\delta \varphi = c \frac{\sin A \cos l}{\sin D \cos^2 D} \cot \varphi.$$

A l'azimut extrême, on a d'ailleurs

$$\sin A = \frac{\cos D}{\cos l},$$

car, dans le triangle pôle, zénith, étoile, la règle des sinus donne en nommant E l'angle à l'étoile,

$$\sin A = \frac{\cos D}{\cos l} \sin E.$$

Or, pour que A soit maximum, il faut que sin E soit maximum, ou égal à 1, on a donc

$$\delta \varphi = c \frac{\cot \varphi}{\sin D \cos D} = 2\,c \frac{\cot \varphi}{\sin 2\,D}.$$

Substituant pour sin A et pour $\delta \varphi$ ces valeurs dans l'équation (D), on a A en fonction de l'azimut A_1 observé, et les corrections dues à l'influence de la collimation sur l'observation de l'azimut extrême sont effectuées; mais comme nous l'avons déjà dit, cette manière d'observer les azimuts extrêmes sans faire emploi de la pendule est peu pratique, et ne permet d'ailleurs qu'un seul pointé. Il est donc toujours préférable d'employer la première méthode, exposée dans le n° 119.

121. — La méthode du n° 119 permet de répéter les observations en renversant l'instrument, ce qui, en changeant le signe des erreurs instrumentales, donne le moyen de les déterminer.

Au lieu de renverser entièrement l'instrument, on peut observer une circompolaire à l'un de ses azimuts extrêmes directement et par réflexion sur un bain de mercure. Les observations directes et réfléchies ramenées à l'instant du maximum par la formule (C) ne devront pas différer si l'inclinaison est nulle; mais s'il y a une inclinaison, les lectures azimutales différeront de i (tang h + tang h'), h étant la hauteur de l'astre à l'instant de l'observation directe, et h' la hauteur à l'instant de l'observation réfléchie. Ces hauteurs étant approximativement connues, on aura alors i sans difficulté.

122. — La moyenne des deux lectures correspondant aux deux azimuts extrêmes d'une même circompolaire ferait exactement connaître le méridien, si la déclinaison de l'étoile ne variait pas dans l'intervalle des observations; mais il peut y avoir dans les déclinaisons des changements que les tables font connaître : dans certaines saisons, quoique très-petits, ces changements peuvent, dans l'intervalle de deux azimuts extrêmes, atteindre 0″,2 pour l'étoile polaire. Il faut donc appliquer à l'un des azimuts extrêmes la correction provenant de la variation due au changement δD de déclinaison, et ensuite prendre la moyenne.

Pour obtenir cette correction, il faut remarquer qu'à l'azimut extrême on a, comme nous l'avons vu (n° 120),

$$\sin a = \frac{\cos D}{\cos i},$$

d'où, en négligeant les quantités du second ordre,

$$\delta a = -\frac{\sin D}{\cos l \cos a}\,\delta D.$$

Vu la petitesse de la correction, il suffit de connaître approximativement D, l et a.

123. — Les observations des azimuts extrêmes des circompolaires peuvent être employées à déterminer l'inclinaison du fil vertical de la lunette.

Pour le faire voir, appelons i l'angle des fils et de la verticale, et, h_2 la hauteur apparente d'un astre auquel on vise et que l'on place sous le fil vertical de l'instrument, h_1 étant en même temps la hauteur actuelle de la ligne de collimation de la lunette, c'est-à-dire la hauteur répondant à la croisée des fils, et nommons enfin α la différence d'azimut de l'astre et de la croisée des fils. Vu la petitesse de l'inclinaison des fils et le peu d'étendue du champ de la lunette, la distance de l'astre à la croisée des fils sera sensiblement égale à $\dfrac{h_2 - h_1}{\cos i}$ ou même comme $\cos i = 1$ aux quantités près du second ordre, cette distance pourra sans erreur sensible être regardée comme égale à $h_2 - h_1$. Alors, dans le triangle zénith, astre, croisée des fils, on aura

$$\sin (h_2 - h_1) : \sin \alpha :: \cos h_2 : \sin i,$$

ou

$$\alpha = i\,\frac{\sin (h_2 - h_1)}{\cos h_2}.$$

Cela posé, supposons qu'on observe une circompolaire à l'un de ses azimuts extrêmes et soit h_1 la hauteur apparente calculée de cette circompolaire à cet azimut extrême (en ayant égard à la réfraction), hauteur à laquelle l'instrument est calé d'une manière fixe : on pointe alors l'étoile en azimut en notant l'heure des divers pointés, et on voit que, par suite du mouvement de cet astre en hauteur, les pointés ont lieu sous différents points du fil vertical. A l'aide des différences $\delta\varphi$ de l'angle horaire de chaque pointé et de l'angle horaire calculé de l'azimut extrême, on calcule par les formules précédentes les corrections δa à appliquer aux lectures azimutales pour les ramener à ce qu'elles auraient été à l'azimut extrême, et toutes les observations doivent donner la même valeur pour cet azimut si l'inclinaison du fil est nulle. Dans le cas contraire, chaque résultat est altéré d'une erreur α dont nous venons de donner l'expression en fonction de l'inclinaison du fil, de la hauteur de la lunette et de celle de l'astre au moment du pointé. La hauteur de la lunette est connue; celle de l'astre facile à obtenir en remarquant que l'on a dans le triangle astre, pôle, zénith, en appelant a_1 l'azimut extrême et φ_1 l'angle horaire correspondant à cet azimut, éléments calculables en fonction de la latitude et de la déclinaison de l'astre par les formules que nous avons données précédemment, et en nommant h la hauteur vraie de l'étoile,

$$\cos h : \sin(\varphi_1 + \delta\varphi) :: \cos D : \sin(a_1 + \delta a).$$

Dans cette proportion tout est connu sauf $\cos h$, puisqu'on a déjà calculé δa en fonction de $\delta\varphi$, comme nous venons de le dire. On obtient donc h ou la hauteur vraie de l'astre, et en appliquant les corrections de réfraction on a h_2 ou la hauteur apparente, de sorte qu'on peut calculer $\dfrac{\sin(h_2 - h_1)}{\cos h_2}$, quantité que nous appellerons n.

En ajoutant alors à tous les azimuts observés et ramenés à l'instant de l'azimut extrême à l'aide de la correction δa, une quantité ni_1, i_1 étant l'inclinaison inconnue cherchée, on déterminera i_1 par la condition que toutes les valeurs de l'azimut extrême deviennent égales par l'application de la correction ni_1.

124. — L'angle du fil et de la verticale est plus ou moins modifié suivant la hauteur par l'inclinaison de l'axe horizontal de l'instrument. En effet, cet angle se compose de celui de la perpendiculaire au fil et de l'axe de rotation de la lunette, plus l'inclinaison de ce dernier axe projetée sur un plan perpendiculaire à l'axe optique, comme pour l'inclinaison du fil horizontal du cercle mural. La première partie, c'est-à-dire l'angle i_1 de la perpendiculaire au fil et de l'axe de rotation est constante par construction, mais la seconde partie i_2 est variable comme pour le cercle mural, parce qu'elle se compose d'une quantité constante, l'inclinaison i de l'axe de rotation, projetée sur un plan diversement incliné suivant la hauteur. L'angle du plan vertical dans lequel on mesure l'inclinaison de l'axe de rotation et du plan perpendiculaire à l'axe optique de la lunette est égal à h_1; on a donc

$$\tan i_2 = \tan i \cos h_1,$$

ou, vu la petitesse des angles i et i_3,

$$i_3 = i \cos h.$$

Or comme

$$i_1 = i_2 + i_3,$$

il s'ensuit que l'on a

$$i_1 = i_2 + i \cos h_1.$$

Lors donc que l'on a déterminé i_1 par les azimuts extrêmes d'une circompolaire, comme nous venons de le voir, on en déduit i_2 en en retranchant $i \cos h_1$ qui est connu, et on a l'inclinaison des fils pour toute hauteur h de l'instrument en joignant à i_2 ainsi obtenu l'angle $i \cos h$.

Cette théorie est, on le voit, en tout semblable à celle de l'inclinaison du fil horizontal dans le cas du cercle mural.

Pour les observations azimutales, on n'a pas à s'occuper de l'inclinaison du fil horizontal de la lunette; nous rappellerons toutefois qu'on peut aisément déterminer cette inclinaison en fixant l'instrument dans le méridien, pointant sous les diverses parties du fil les circompolaires dans le voisinage de leurs plus grandes ou de leurs plus petites hauteurs, et lisant les hauteurs ainsi obtenues. Les formules à employer dans ce cas sont celles que nous avons données pour déterminer l'inclinaison des fils des cercles muraux (n° 102).

125. — Si la lunette renferme plusieurs fils verticaux, on peut déterminer leur intervalle en observant, successivement avec chaque fil, une circompolaire dans le voisinage de l'azimut extrême, et on ramène chaque observation à l'azimut extrême par la formule que nous avons donnée dans ce but. Si alors on appelle c_1, c_2,... les collimations inconnues répondant à chaque fil et h_1 h_2,.... les hauteurs de la lunette pendant les observations correspondantes, on devra joindre à l'azimut extrême trouvé pour le premier fil c_1 sec h_1, pour le second fil c_2 sec h_2, et ainsi de suite, après quoi toutes les valeurs des azimuts extrêmes devront être égales. Cette condition déterminera $n-1$ équations entre les n quantités c_1,....c_n, et si l'une de ces quantités, c'est-à-dire la collimation correspondante au fil milieu est connue par les procédés ordinaires, on aura toutes les autres. Or les différences de ces collimations entre elles sont précisément les intervalles cherchés des fils. Lorsque les collimations sont grandes, la correction δa à appli-

quer à l'azimut extrême ne peut plus être regardée comme égale à $c \sec h$ que dans une première approximation, après quoi on emploie la formule exacte $\sin \delta a = \sin c \sec h$ dans laquelle on remplace $\sin \delta a$ par $\delta a \sin 1'' - \dfrac{1}{6} \delta a^3 \sin^3 1''$, et $\sin c$ par $c \sin 1''$

$- \dfrac{1}{6} c^3 \sin^3 1''$, et on met pour δa^3 et pour c^3 les valeurs déduites de la première approximation. La seconde approximation donne alors c avec une exactitude suffisante. Il importe encore de remarquer que la différence des observations, position directe et inverse, donne le double de la collimation répondant à chaque fil.

La distance des fils étant ainsi connue, soit E la distance d'un fil au fil milieu, on ramènera une observation faite à ce fil à celle que l'on aurait faite au fil milieu par la formule $\sin \delta a = \sin E \sec h$ qui se réduira le plus souvent à $\delta a = E \sec h$.

Si la lunette possède un micromètre à fil vertical, ce qui est très-utile pour la détermination des collimations par pointé sur les collimateurs opposés, on déterminera la valeur en arc des tours de la vis micrométrique, de la même manière que l'on détermine l'intervalle des fils. Il suffit pour cela de pointer sous le fil mobile une circompolaire près de son azimut extrême en variant les lectures de la vis micrométrique, et de déterminer en arc comme ci-dessus les écarts de ces diverses positions du fil. On aura alors tous les éléments nécessaires pour étudier le pas de la vis et connaître la valeur de chaque tour. L'avantage qu'il y a à employer dans ces diverses opérations les azimuts extrêmes des circompolaires consiste en ce que les observations de ces azimuts extrêmes sont des opérations de pointé et non des estimations de passages.

Le pas de la vis micrométrique étant déterminé, les observations pourront être ramenées au fil milieu sans difficulté comme pour les autres fils fixes. Le même procédé est applicable à l'étude des divisions dans le cas de mon système de micromètre sans vis micrométrique et à microscopes à plaques divisées.

Sur la manière de pointer les astres. Procédés à employer pour substituer le pointé à l'estimation des passages. Disparition des équations personnelles.

126. — Nous allons maintenant entrer dans quelques détails sur

la manière de pointer quand on veut obtenir une précision aussi grande que possible, et nous allons indiquer des moyens de substituer des opérations de pointé aux observations de passage par un azimut ou une hauteur fixe. Afin de fixer les idées nous traiterons plus particulièrement des azimuts, car ce que nous dirons des azimuts peut s'appliquer aux hauteurs.

Pour bien faire comprendre toute l'importance de ce sujet, nous rappellerons qu'une observation azimutale d'un astre se fait actuellement de la manière suivante :

L'instrument étant calé en azimut, soit dans le méridien (cas de la lunette méridienne), soit dans un azimut quelconque, on attend qu'un astre passe derrière le fil vertical de la lunette, et on note la seconde et fraction de seconde à laquelle on estime que ce passage a eu lieu.

Il résulte d'expériences faites par Arago que, dans ce système d'observations, un vingtième de seconde est la dernière limite d'exactitude que nos sens puissent atteindre. Or un vingtième de seconde correspond, de la part de l'étoile observée, à un déplacement de trois quarts de seconde d'arc. Hâtons-nous d'ailleurs d'ajouter que cette limite d'exactitude est rarement atteinte et ne se trouve que dans des moyennes ; en réalité, les observations de passage sont très-fréquemment entachées d'erreurs de deux à trois dixièmes de seconde de temps, ou de trois à cinq secondes d'arc, et cela de la part des astronomes les plus exercés, quel que soit d'ailleurs le grossissement de l'instrument employé.

Dans une opération de pointé, au contraire, comme celle que l'on fait au méridien pour déterminer la hauteur des astres, la précision du pointé augmente avec le grossissement, et près du zénith, où les images ne sont pas altérées par la dispersion, on peut dire que le pointé est exact à un quart ou même un cinquième de seconde d'arc pour des grossissements de 100 à 150 fois.

La précision ne serait pas moindre, quelle que fût la hauteur de l'astre sur l'horizon (la dispersion n'altérant les images que dans le sens vertical), pour des pointés dans le sens azimutal si le mouvement du ciel n'empêchait de pointer dans ce sens, sauf le cas de l'azimut extrême des circompolaires.

On voit donc déjà l'intérêt qui s'attache à la recherche d'un procédé qui permette de substituer le pointé à l'estime des passages; mais ce qui précède est cependant encore loin de permettre d'apprécier toute l'importance du sujet, dont on jugera beaucoup mieux quand nous aurons parlé des équations personnelles dans les appréciations des passages.

127. — Dans le cas actuel, les équations personnelles consistent dans le fait suivant : tandis que les observations d'une même personne exercée, c'est-à-dire d'une personne qui a pris une certaine habitude constante dans sa manière d'estimer le temps, s'accordent entre elles avec la précision de un à trois dixièmes de seconde de temps, celles de deux personnes différentes et également exercées présenteront entre elles des différences pouvant souvent dépasser une seconde entière, ce qui vient des habitudes différentes prises par chacune d'elles dans l'estimation du temps. Rien mieux que ce fait ne prouve que l'appréciation de l'instant d'un passage est une simple estimation personnelle que chacun fait à sa manière ; il n'y a pas là la précision d'une véritable mesure. La quantité qu'il faut ajouter aux passages observés par un astronome B, ou qu'il faut retrancher de ces mêmes instants pour les réduire aux passages déterminés par un astronome A, est ce que l'on a appelé l'*équation personnelle* de l'astronome B.

Dans un mémoire publié dans les comptes rendus de l'Académie des sciences de Paris (février 1853), Arago a cité des exemples très-curieux d'équations personnelles. Nous croyons devoir rappeler ici ces citations :

Maskelyne rapporte, dans les observations de Greenwich pour 1795, que son adjoint Kinnebrook avait pris peu à peu l'habitude d'observer les passages aux fils de la lunette méridienne, plus tard qu'il ne le faisait lui-même. Au mois d'août 1795, la différence entre les deux observateurs était de $0^s,5$; dans le cours de 1796, cette différence s'accrut jusqu'à $0^s,8$. En 1794 et au commencement de 1795, les deux observateurs étaient d'accord.

En 1820, Bessel reconnut que Walbeck observait le passage des étoiles sous le fil de la lunette méridienne de Kœnigsberg une seconde entière plus tard que lui-même.

En 1823, Bessel constata que le célèbre astronome Argelander observait les passages $1^s,2$ après lui.

En 1821, à Dorpat, Walbeck observait $0^s,24$ plus tard que Struve.

En 1823, à Dorpat, M. Argelander observait $0^s,20$ plus tard que Struve.

De ces nombres, Bessel conclut qu'en 1823 Struve (on voit, dit Arago, quelles autorités scientifiques étaient en jeu) observait plus tard que lui d'une seconde tout entière.

Bessel déduisit de diverses considérations la conséquence que les différences en question peuvent être très-variables. Il trouve, en effet :

Qu'en 1814, Struve observait au même moment que lui ;

Qu'en 1821, il observait 0ˢ,8 plus tard ;

Qu'en 1823 la différence s'était élevée à une seconde.

Pour les observations d'occultation, et non pour les passages au méridien, Bessel reconnut que Argelander notait la disparition ou la réapparition 0ˢ,3 plus tard que lui.

« En comparant, dit Arago, des observations faites avec une pendule qui battait les demi-secondes avec celles dans lesquelles on s'était servi d'une pendule ordinaire, Bessel découvrit, chose extraordinaire (1), qu'il observait les passages au méridien avec le nouvel instrument 0ˢ,49 plus tard qu'avec la pendule battant la seconde entière.

« Depuis l'époque où Bessel publiait les résultats si singuliers de ses expériences, les astronomes ne se sont pas suffisamment occupés de cet objet, quoiqu'il soit de nature à répandre sur leurs observations la plus pénible incertitude. »

On voit par cette dernière phrase l'importance qu'Arago attachait à la recherche des procédés destinés à faire disparaître l'équation personnelle.

Que font les astronomes pour se débarrasser de cette erreur ? Ils se contentent de chercher dans un observatoire quel est celui d'entre eux dont l'observation est à peu près la moyenne de celle des autres ; ils supposent nulle l'équation personnelle de cet astronome et prennent la différence de ses observations et de celles de chacun des autres observateurs pour corriger les nombres trouvés par ces derniers. Mais, outre que le nombre des astronomes d'un observatoire n'est pas assez grand pour fournir une bonne

---

(1) Je cite ici l'expression d'Arago, car le fait me paraît assez naturel. Dans l'emploi d'un nouveau fractionnement du temps, il y avait changement dans les habitudes, et j'avoue que je trouverais plutôt extraordinaire que dans les deux cas l'erreur d'habitude, appelée par les astronomes équation personnelle, se fût trouvée la même.

moyenne, comment prouver qu'il n'y a pas une prédisposition générale à observer trop tôt ou trop tard, auquel cas la moyenne elle-même serait très-loin d'être exacte, son erreur pouvant peut-être atteindre jusqu'à une demi-seconde et même au delà ?

Si les équations étaient parfaitement constantes, au moins aurions-nous les différences d'ascension droite, quoique n'ayant pas les ascensions droites absolues. Mais, comme nous venons de le voir, les équations personnelles sont variables avec le temps, et comme toutes les étoiles ne sont pas observables à la fois, il résulte de là des erreurs qui peuvent devenir fort graves.

Outre la variation avec le temps, il y a dans les équations personnelles un changement avec la distance au pôle. Il est évident qu'au pôle, l'observation des passages se réduit à un pointé azimutal pour lequel il n'y a pas d'équation personnelle. En approchant de cette limite où l'équation personnelle disparaît, il y a de grandes variations qui ne paraissent pas exactement proportionnelles au cosinus de la distance au pôle. Il résulte de là que l'effet des équations personnelles sur un catalogue correspond à une torsion du ciel, pour ainsi dire, les étoiles équatoriales éprouvant un déplacement non proportionnel à celui des autres. Les différences d'ascension droite de deux étoiles de déclinaison différente sont donc inconnues avec le procédé actuel d'observation, quand bien même on supposerait constantes les équations personnelles.

Lorsqu'on a fait un certain nombre de séries d'observations méridiennes de passages, et lorsqu'on en calcule les résultats, on trouve quelquefois de certaines séries qui s'accordent très-bien pour donner les mêmes corrections de la pendule. C'est séduits par cet accord que la plupart des astronomes supposent constantes les équations personnelles. Quand l'accord est moins bon, ce qui est le cas général, on s'en prend alors à l'atmosphère. Cette conclusion serait légitime si les étoiles étaient ondulantes ; mais on trouve des séries qui s'accordent et d'autres qui ne s'accordent pas par tous les états atmosphériques. C'est évidemment de l'observateur surtout que viennent ces différences ; leur cause est dans les variations de l'équation personnelle, dont l'hypothèse de constance est purement gratuite (1).

_____

(1) La disposition physique et morale de l'observateur joue un grand rôle sur le degré d'attention qu'il apporte, et ce degré d'attention a une immense

Il est inexact de se fonder sur l'accord fréquent de séries d'observations entre elles pour admettre la constance de l'équation personnelle. Il arrive, en effet, quelquefois qu'on conserve une manière constante d'observer pendant une série entière, mais d'autres fois on varie d'un instant à l'autre.

L'estime diffère aussi beaucoup le jour et la nuit par suite de la différence d'éclat des étoiles. Les ondulations sont encore une cause de variation considérable.

On voit, par ce qui précède, combien, dans les méthodes d'observation actuelles, il règne d'incertitude sur les résultats ; les erreurs à craindre peuvent dépasser une demi-seconde de temps, et, par conséquent, atteindre 8 à 10 secondes d'arc. L'astronomie de précision, en tant que l'on désignerait sous ce nom une détermination à une seconde près (avant de parler des centièmes et des dixièmes de seconde, comme le font certains astronomes, il faudrait tâcher d'obtenir la seconde, que l'on n'a pas encore), est pour ainsi dire à créer, et, dans ce but, il faut substituer un système de pointés à l'estime du temps.

128. — Arago a proposé l'emploi des chronomètres à pointage pour faire disparaître les équations personnelles. On appelle ainsi des chronomètres qui marquent par un point sur leur cadran l'instant auquel on presse une détente. La proposition d'Arago relative à l'emploi des chronomètres à pointage résulte de séries d'expériences qu'il a fait faire à l'Observatoire de Paris ; ces séries semblent indiquer que l'équation personnelle diminue lorsque l'observateur signale par un tope ou par un coup sec le moment où, suivant lui, l'étoile passe derrière le fil du réticule de la lunette. Une différence de 0°,6 entre les observations de MM. Mauvais et Goujon disparaissait de cette manière.

Vers l'époque où Arago proposait ce procédé, MM. Bond, en Amérique, arrivaient au même résultat à l'aide d'un chronographe électrique, c'est-à-dire à l'aide d'un de ces appareils dans lesquels une bande de papier se déroulant sous l'action d'un mouvement d'horlogerie est divisée en secondes par une horloge électrique qui commande le jeu d'une pointe, tandis qu'une autre pointe,

influence sur les habitudes. La fatigue doit certainement, dans une série, modifier progressivement l'équation personnelle, de telle façon que l'on reporte sur la pendule ce qui vient de l'observateur.

obéissant à un courant fermé à volonté par l'observateur, peut marquer sur la bande ainsi divisée l'instant où un phénomène se produit.

«Les limites des erreurs individuelles, disaient MM. Bond à l'époque de leurs premiers essais, sont beaucoup plus resserrées par cette méthode. Autant que les comparaisons faites jusqu'ici suffisent à le prouver, les équations ou les erreurs personnelles de divers observateurs sont, sinon tout à fait insensibles, du moins réduites à un petit nombre de centièmes de seconde. »

Comme on le voit, dès leurs premiers essais, MM. Bond ne constatent pas une disparition complète de l'équation personnelle. Hâtons-nous d'ajouter que le chronographe électrique, qui n'est autre, d'ailleurs, qu'une sorte de chronomètre à pointage, a été à l'observatoire de Greenwich appliqué depuis plusieurs années, aux observations astronomiques de passage, sans y avoir complétement justifié l'espoir que l'on avait fondé sur lui. Sans doute, les équations personnelles sont diminuées, mais il est maintenant bien établi qu'elles ne disparaissent pas ; elles sont seulement renfermées dans des limites environ deux fois plus petites.

Si on se sert de deux lunettes méridiennes placées dans deux localités différentes ou simplement l'une près de l'autre, et si les passages observés par les deux observateurs sont pointés sur un même chronographe électrique, au lieu que chaque étoile observée par les deux instruments donne une différence de longitude constante après correction des erreurs instrumentales, comme cela devrait avoir lieu si l'équation personnelle était constante pour chaque observateur pendant la durée de la série d'observations, on trouve des différences qui varient de quelques dixièmes de seconde, d'une manière tout à fait arbitraire. Ce fait indique que l'équation personnelle est essentiellement variable d'un instant à un autre, car, dans le cas présent, les positions absolues des étoiles n'interviennent pas, et on ne peut attribuer à elles le désaccord trouvé.

Les observations au chronographe, loin d'avoir fait entièrement disparaître les équations personnelles, nous ont donc appris, au contraire, par le nouveau mode de contrôle qu'elles ont permis d'établir, que les équations personnelles sont essentiellement variables. Seulement, dans le cas du chronographe, l'opération à faire par l'esprit étant moins compliquée, les limites des erreurs personnelles sont plus restreintes, mais elles correspondent encore à plusieurs secondes d'arc, et il importe de faire entièrement disparaître ces erreurs (1).

129. —Pour cela, il est évident que les observations, au lieu d'être *instantanées*, pour ainsi dire, devraient être prolongées, c'est-à-dire que l'observateur devrait avoir le temps de juger de la valeur de son observation. Il faut donc que l'instrument, ou au moins son micro-

(1) Si on examine les propriétés de l'attention, on reconnaît que cette faculté ne peut être fixée d'une manière complète sur deux organes à la fois. Quand l'étoile approche du fil, l'attention se concentre sur la vision, et le comptage de la seconde se continue par l'effet de ce sentiment du rhythme qui est en nous et de l'habitude du comptage ; cela est d'autant plus vrai que l'expérience apprend qu'on continue quelquefois après l'observation du phénomène, de compter, pour ainsi dire, sans s'en douter et on s'habitue même assez facilement à continuer le comptage de manière à observer à plusieurs fils consécutifs, sans être obligé de relire la seconde sur le cadran, quoique l'attention se porte à inscrire les observations après le passage à chaque fil. Or, à l'instant du passage, l'attention dévie tout à coup de l'organe de la vue sur celui de l'ouïe, en se représentant, pour ainsi dire, l'instant de ce passage comme un battement dont il faut estimer la position entre les deux battements voisins de l'horloge (ou en se représentant les battements de l'horloge comme des passages à des fils imaginaires à droite et à gauche du fil réel dont la position entre ces fils imaginaires doit être estimée). Cette déviation de l'attention ne pouvant être instantanée, l'esprit s'y prépare plus ou moins longtemps d'avance suivant les habitudes prises par l'observateur et il se forme pour la bissection de l'astre par le fil la sensation d'un retard plus ou moins grand par rapport à l'instant de la déviation de l'attention ; c'est-à-dire qu'on entend ce qu'on peut appeler le battement imaginaire du passage au fil, non à l'instant où l'œil le verrait réellement si l'attention était encore sur la vision, mais à celui où, quand l'attention était encore concentrée sur le regard, on a estimé qu'il allait avoir lieu ; et il importe de remarquer que si l'attention n'a pas dévié avant le passage même pour se porter déjà sur le battement de l'horloge, l'observation se trouve faite par une estime rétrospective sur laquelle l'habitude a encore plus d'influence. On voit par l'examen de ce mécanisme du jeu de l'attention qu'il n'est guère possible que deux observateurs fassent une estimation semblable.

Si maintenant on emploie un chronomètre à pointage ou un chrono-graphe électrique, il faut encore une déviation de l'attention pour pouvoir frapper le coup pour lequel il faut être préparé d'avance. Mais cette opération étant plus simple que l'estimation du temps du passage, l'attention reste concentrée sur l'organe de la vue beaucoup plus de temps près du passage que dans le premier cas, et de plus elle dévie moins complétement de cet organe. L'équation personnelle doit donc être renfermée entre des limites plus restreintes avec le chronographe, mais elle doit cependant encore continuer d'exister.

mètre, se meuve à l'aide d'un mécanisme convenable et d'un mouvement *continu* d'horlogerie, de telle sorte que la lunette ou son fil mobile étant pointés sur une étoile y restent pointés un temps suffisant pour que l'observateur puisse apprécier l'exactitude du pointé. Ceci est d'autant plus important que les étoiles sont souvent ondulantes, et que, par conséquent, on doit avoir le temps de juger si l'étoile , dans ses variations, s'écarte également à droite et à gauche du fil. L'observateur, étant content de son pointé, devra presser sur une touche. Cette pression, soit par un courant électrique, soit par tout autre moyen, enregistrera sur un chronographe d'une part *l'instant de la pression*, et, d'autre part, *la situation de l'instrument ou la lecture du micromètre à cet instant précis.* Après ce coup frappé sur la touche, l'observateur, continuant de regarder l'astre et le voyant encore exactement pointé par l'instrument ou par le fil mobile du micromètre, en conclura qu'il était exactement pointé à l'instant où il a frappé, c'est-à-dire à l'instant où, mécaniquement, et par suite avec autant d'exactitude que l'on voudra, ont été enregistrées à la fois l'heure et la situation de l'instrument.

De cette manière, il n'y aura rien eu de précipité ; l'observateur aura pu juger à son aise de son pointé, et une petite différence dans l'instant auquel il aura frappé n'aura introduit aucune erreur, puisque, d'une part, l'étoile reste pointée assez longtemps, et, d'autre part, l'heure et la situation de l'instrument sont enregistrées ensemble. Dans le sens horizontal surtout, toute équation personnelle aura alors disparu, car la symétrie des astres dans ce sens où il n'y a pas de dispersion due à l'atmosphère, ne donne pas lieu à une influence des différences personnelles de visibilité qui existent pour les diverses couleurs ; l'astre paraît fixe à l'observateur dans la lunette, ou du moins paraît fixement attaché à son fil mobile, et il n'y a point d'équation personnelle dans la bissection d'un point fixe symétrique sur lequel l'attention est librement portée.

Il reste maintenant à réaliser mécaniquement la condition dont nous venons de parler. Avec des équatoriaux munis d'un mouvement d'horlogerie, cela ne présenterait pas de difficulté sérieuse, mais pour obtenir des observations précises, il faut un instrument tel que l'alt-azimut réglé sur la verticale.

Dans une brochure que j'ai publiée en 1858 et intitulée *De l'emploi des observations azimutales pour la détermination des ascensions droites et des déclinaisons des étoiles*, j'ai décrit un procédé que j'ai imaginé pour faire suivre à la lunette de l'alt-azimut le mouvement d'une étoile, et pour enregistrer la position de l'instrument en même temps que l'instant de l'observation. Dans le même travail, j'indiquais déjà brièvement le parti qu'on peut tirer des micromètres de la lunette méridienne en enregistrant leur situation en même temps que l'instant de l'observation, de manière à faire disparaître l'équation personnelle. Depuis cette époque, j'ai beaucoup simplifié ces procédés, et dans un mémoire adressé à l'Académie des sciences en 1859, je suis revenu avec plus de détails sur l'emploi des micromètres, en même temps que je décrivais pour le théodolite un système de pointé qui n'exige aucun appareil spécial. J'ai encore, depuis cette époque, introduit de nouvelles simplifications dans cette question dont personne avant moi ne s'était occupé. Je me contenterai donc de décrire ici les procédés les plus simples que la pratique m'a indiqués.

130. — Comme nous l'avons déjà vu, la vitesse avec laquelle une étoile se meut dans le champ de la lunette méridienne dépend de la déclinaison de cette étoile ; si donc on veut que le fil du micromètre suive l'étoile, afin que celle-ci reste continuellement bissectée, il faut pouvoir donner à la vis un mouvement de rotation variable. Cela ne présente pas mécaniquement de conditions difficiles à réaliser, mais toutefois l'application d'un système mécanique pour faire suivre l'étoile par le fil ne laisse pas que d'être une complication assez grande. Heureusement on peut s'en passer si on applique à la vis une petite manivelle avec laquelle on puisse donner avec la main un mouvement continu, au lieu du mouvement saccadé auquel oblige l'absence de cette manivelle. Or, avec un peu d'habitude, il est très-facile avec la main de mener une manivelle d'un mouvement continu et parfaitement régulier pendant quelques secondes ; c'est ce dont on s'assure facilement en reconnaissant qu'on peut maintenir une étoile pointée avec le fil d'un micromètre dont la vis est conduite par une manivelle.

Supposons maintenant que dans ce mouvement chaque division du tambour de la vis, en passant sous une pointe qui fait repère, ferme un courant électrique (dans ce cas le tambour de la vis serait en ivoire pour être isolant, et les divisions seraient formées par des pointes de métal), et supposons que les courants fassent tracer sur une bande de papier qui se déroule dans un chronographe électrique, à côté des pointes de l'horloge indiquant la seconde, d'autres traits dont le comptage résulterait des points marqués par une troisième pointe chaque fois que la division zéro du tambour reviendrait sous le repère, car cette division zéro fermerait deux circuits électriques au lieu d'un ; il est évident qu'on lirait alors sur la bande de papier du chronographe l'instant où chaque division du micromètre a passé sous le repère. Si donc l'observateur tient à la main libre (l'autre conduisant la manivelle) une touche à l'aide de laquelle il puisse fermer un courant électrique traçant sur la feuille de papier à l'aide d'une autre pointe spéciale, quand l'observateur est satisfait du pointé, il est clair qu'en lisant sur la bande de papier quelle est à la fois à cet instant la division et fraction de division du tambour qui se trouvait sous le repère, et la seconde et fraction de seconde correspondante, on aura la situation du micromètre répondant à un instant marqué par l'horloge, où l'étoile était et restait bien bissectée par le fil. Or ici l'instant où on a frappé sur la touche n'a pas d'importance dans l'observation, puisque la bissection dure longtemps ; qu'on ait frappé un peu plus tôt ou un peu plus tard, cela ne fait rien, puisque s'il est plus tard à l'horloge, le micromètre est aussi plus avancé de la quantité correspondante. De plus, l'attention de l'observateur ne se détourne pas de la vérification de la bissection ; il sait si cette bissection se maintenait bien quand il frappait, puisque le jugement de la qualité de cette bissection, qui se continue, a été le signal pour frapper sur la touche. D'un autre côté, les mouvements automatiques, tels que la continuation d'un mouvement régulier ne cessant pas par la déviation de l'attention, la bissection se maintient pendant le coup frappé sur la touche, et après ce coup on peut encore vérifier que cette bissection n'a pas cessé.

Mais l'emploi d'un chronographe électrique est encore une complication assez grande ; en voyage, par exemple, on ne peut facilement emporter ce genre d'instrument, et son emploi transforme de fait une observation en expérience, chose qu'il faut éviter autant que possible.

131. — Je me suis donc appliqué à trouver un moyen de simplifier encore davantage le système de pointé que je viens de décrire, et voici comment j'y suis parvenu.

Le sentiment du rhythme est imprimé si profondément dans notre organisation, que l'expérience indique qu'avec le moindre peu d'habitude, on arrive, en écoutant le battement d'une horloge, à frapper des coups en coïncidence parfaite avec les battements de cette horloge, et de manière à n'entendre qu'un seul bruit. Or une différence d'un centième de seconde entre deux coups frappés est nettement perçue par l'oreille (1). Ceci nous apprend donc que nous pouvons, à moins d'un centième de seconde près, frapper un coup à la seconde précise de l'horloge. Pour parvenir à ce résultat, le mouvement de la main doit être depuis plusieurs secondes réglé, à l'aide du battement de la mesure, car on n'arrive à la coïncidence parfaite des battements qu'après avoir pris la mesure en battant la seconde pendant trois ou quatre secondes, afin de bien se pénétrer du rhythme ; quand le rhythme est bien saisi, on le maintient ensuite automatiquement d'une manière parfaite.

D'un autre côté, on peut, en même temps qu'on suit d'une main le rhythme de l'horloge, comme nous venons de le dire, conduire une manivelle avec l'autre main d'un mouvement continu. C'est une chose dont l'habitude est facile à prendre, comme je m'en suis assuré par expérience, et comme tout le monde peut aisément le vérifier.

Partant de ces deux faits expérimentaux, on évite, par le procédé suivant, l'usage du chronographe électrique et même tout emploi de l'électricité.

Le tambour du micromètre porte une aiguille indicatrice, soutenue par un canon semblable à celui d'une aiguille de montre, lequel entre à frottement sur l'axe de la manivelle de la vis. Si cette aiguille était libre à son extrémité, elle serait entraînée dans le mouvement de la manivelle, et par conséquent dans le mouvement du tambour de la vis ; par conséquent elle correspondrait toujours à la même division de la circonférence de ce tambour ; mais un butoir porté par le repère fixe empêche l'aiguille de tourner, de sorte qu'ainsi arrêtée elle marque dans la rotation du tambour la même division que le repère qui l'arrête. Alors si en

---

(1) On reconnaît facilement ce fait, si on a l'une près de l'autre deux horloges dont l'une avance par rapport à l'autre d'une seconde en cent secondes ; alors, toutes les cent secondes, on n'entend qu'un seul battement des deux horloges, mais à la seconde précédente et à la suivante, on distingue les deux battements l'un de l'autre : l'intervalle de ceux-ci n'est cependant alors que d'un centième de seconde.

frappant sur une touche, le butoir qui arrêtait la vis s'écarte instantanément par l'effet d'une détente, l'aiguille est entraînée dans
le mouvement de rotation et marque définitivement la division
du tambour qui passait devant elle au moment où elle a été rendue libre de tourner.

Cela posé, on voit qu'il suffit, en conduisant la vis par la manivelle avec la main gauche, de maintenir un astre bissecté par
le fil, tandis qu'on bat la mesure en coïncidence précise avec l'horloge de l'autre main, et en comptant mentalement le numéro de la
seconde, opération qui se fait automatiquement, pour ainsi dire,
comme le battement de la mesure. Puis, quand on est satisfait
du pointé, on frappe sur la touche et le bruit de la détente se
confondant avec le battement de l'horloge indique si on a bien
frappé en coïncidence avec ce battement. Retenant alors le numéro de la seconde, on n'a plus qu'à lire la division indiquée
par l'aiguille, division qui ne varie plus malgré la continuation du mouvement de la manivelle, et on a la lecture du micromètre répondant à la seconde précise de l'horloge dont on a
gardé le numéro. Comme après l'observation, on n'achève pas un
tour entier de la manivelle, de même qu'on ne laisse pas écouler
une minute entière, il est ensuite facile de voir à quel tour entier
du micromètre répond la fraction lue et à quelle minute répond
la seconde.

La lecture du micromètre et la remise de l'aiguille au repère
pouvant être effectuées très-rapidement, on peut faire plusieurs
observations pendant le passage d'une étoile dans le champ de la lunette. Si on disposait l'une au-dessus de l'autre plusieurs aiguilles,
dont chacune aurait son numéro d'ordre et sa détente spéciale, on
pourrait effectuer très-rapidement une série de pointés pendant le
passage d'une étoile dans le champ, surtout en plaçant sur le
tambour d'autres aiguilles semblables munies d'un numéro correspondant et destinées à marquer le nombre de tours ; alors chacune de ces aiguilles serait rendue libre en même temps que l'aiguille du numéro correspondant du tambour destinée à faire
connaître les fractions de tour de la vis.

132.—La méthode que nous venons d'indiquer, et qui ne transforme nullement une observation en une expérience compliquée, est
applicable facilement à tous les instruments munis de micromètres,
aussi bien aux alt-azimuts pour les pointés des azimuts et des

hauteurs extra-méridiennes, qu'aux lunettes méridiennes pour les
passages méridiens. On peut facilement la rendre applicable à mon
système particulier de micromètre où le mouvement de la plaque
supportant le fil mobile, mouvement conduit par une simple vis de
rappel, accuse le déplacement de ce fil mobile par les divisions que
porte la plaque, divisions qu'on observe à l'aide d'un microscope.

Soit en effet, M M (fig. 28) la plaque mobile, qu'une vis de rappel pousse dans ses coulisses CC'; cette vis est munie d'une manivelle avec contre-poids à cette manivelle, afin que le poids de cette
dernière ne la fasse pas tourner seule. Soit a un repère tracé sur
la coulisse C et devant lequel à l'origine du mouvement est placé
le repère a' de la plaque. Cette plaque porte dans une coulisse une
petite tringle ii sur laquelle est un repère r qu'on place devant le

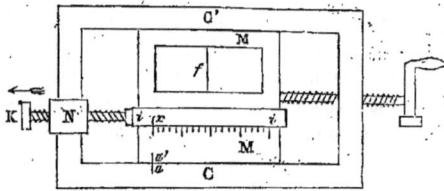

Fig. 28.

zéro de la plaque à l'aide d'une vis de rappel K qui pousse cette
tringle en agissant contre elle comme un butoir; f est le fil porté
par la plaque. Le support N de la vis K doit être retenu en place par
une détente, qu'on fait lâcher en frappant sur une touche, et alors
ce support recule, et la vis K est, par un ressort, immédiatement
et rapidement rappelée en arrière en même temps que son support, dans le sens marqué par la flèche. Cela posé, on voit que dans
le mouvement du micromètre, tant que la détente n'est pas lâchée,
la tringle ii ne peut avancer, la vis K faisant butoir contre elle.
Comme la tringle a été poussée par la vis K, la pression contre le butoir, qui est proportionnelle au frottement de ii dans sa coulisse, est
égale à la pression que cette vis a exercée pour amener cette tringle
ii à sa place, de sorte que celle-ci reste bien immobile dans le mouvement de la plaque; par conséquent le repère r reste invariablement
dans la position où il a été amené, position qui, par l'intermédiaire
du trait zéro de la plaque, est en relation constante avec celle du

repère fixe a. Le repère r de la tringle ii peut donc être regardé comme le repère de la lecture, puisqu'on peut toujours, à l'origine de chaque observation, le ramener dans sa position fixe et invariable, et c'est le mouvement de la graduation de la plaque M devant ce repère qui détermine la lecture. Ainsi donc, si à une seconde précise, on touche la détente qui arrêtait la vis butoir K en place, la tringle ii se trouve libre ; elle est entraînée par la plaque, et la lecture reste ce qu'elle était au moment où on a touché la détente ; on effectue alors cette lecture à l'aide du microscope micrométrique, soit à vis, soit à plaque divisée. Les choses se passent identiquement comme dans le cas où la rotation de la vis mesure elle-même la position du fil mobile. De même que dans ce dernier système, on peut employer plusieurs aiguilles, de même ici on peut mettre plusieurs tringles dans des coulisses de la plaque M, coulisses portant une série de graduations effectuées sur cette plaque. Les repères de ces tringles sont alors placés devant le zéro de chaque graduation, quand le repère a' de la plaque est devant le repère a de la coulisse C, et cela suffit pour que les positions de ces repères soient déterminées.

Dans ce système, comme dans celui de la vis micrométrique, le mouvement de la plaque M M peut être commandé mécaniquement d'un mouvement continu, de même que le décliquetage peut être employé pour déterminer un courant électrique marquant, sur la bande de papier d'un chronographe électrique divisée en secondes par l'horloge, l'instant de sa fermeture. Pour des observateurs inexpérimentés, ces procédés mécaniques pourraient être commodes, mais ils sont longs ; et je répète que l'expérience m'a appris que le décliquetage peut être opéré à la seconde précise, de même que le mouvement continu peut être obtenu à la main avec une grande perfection, pourvu qu'on prenne le moindre peu de soin et qu'on ait pris l'habitude de bien saisir rapidement le rhythme de l'horloge.

133. — Avec l'alt-azimut et le théodolite, on peut, sans recourir à l'emploi des micromètres, faire facilement les pointés par un procédé aussi simple que le précédent, pourvu qu'on fasse mouvoir par une manivelle une roue dont l'axe soit situé dans le prolongement de la vis de rappel, et qui soit liée à la tête de cette vis par un système d'encliquetage qu'une détente peut faire lâcher instantanément en frappant sur une touche. Alors d'une main

on conduit l'instrument d'un mouvement continu par la manivelle
en question qui agit sur la vis de rappel, et on peut maintenir
une étoile bissectée ; en touchant la détente au battement exact
d'une seconde, l'instrument s'arrête, la vis de rappel cessant d'ê-
tre conduite à l'instant précis où la détente lâche, malgré la continuation du mouvement de la manivelle. La lenteur extrême du
mouvement de l'instrument fait que l'arrêt est instantané, si
surtout un frottement suffisamment fort est créé par les vis de
pression supplémentaires des vis de rappel, vis supplémentaires
dont nous avons parlé dans les numéros 73 et 74. Ici encore
l'instant de la détente, au lieu d'être fait à la seconde exacte, pourrait être enregistré électriquement, et la conduite de la vis de
rappel pourrait avoir lieu mécaniquement (1).

134. — Enfin, avec un théodolite ordinaire, en l'absence de manivelle et d'appareil de détente pour les vis de rappel, on peut conduire ces dernières par un mouvement rhythmé réglé sur la seconde, de telle sorte que le pointé ait lieu à la seconde précise.
Pendant plusieurs secondes, on prend le mouvement rhythmé, et
on arrive bientôt à en régler l'amplitude, de façon que l'étoile se
trouve pointée à la fin de chaque seconde et en coïncidence avec
le battement de l'horloge. On s'arrête alors sur celui des pointés
ainsi obtenus, qui semble le meilleur, et on retient le numéro de
la seconde correspondante. J'ai fait à ce sujet des expériences
qui m'ont donné de très-bons résultats.

DES INSTRUMENTS DESTINÉS A OBSERVER DANS UN PLAN QUELCONQUE.

Ces instruments se composent du cercle répétiteur et des instruments de réflexion.

(1) Il est intéressant de remarquer que par ce système deux observateurs
munis chacun de leurs instruments, pourraient faire des observations rigoureusement simultanées. Chacun d'eux tiendrait une étoile pointée, et
quand l'un d'eux dirait par un tope qu'il est prêt, l'autre, s'il était également
prêt, établirait un courant électrique qui ferait lâcher les détentes simultanément. Il est encore utile de remarquer qu'en conduisant mécaniquement soit une vis de rappel de l'instrument, soit un micromètre à fil mobile, il faut toujours que l'observateur ait à sa disposition une vis de
rappel de correction pour maintenir le pointé ; cette vis de rappel agirait
sur la position relative de la vis micrométrique et de l'appareil conduc-
teur.

Du cercle répétiteur.

135. — Le cercle répétiteur (fig. 29) se compose d'un support ou pied muni de 3 vis à caler et dans lequel tourne un axe vertical terminé à sa partie supérieure par une fourchette supportant un axe horizontal que traverse un 2ᵉ axe perpendiculaire à lui, et tournant dans une douille portée en son milieu par l'axe horizontal. Ce deuxième axe se termine d'un côté par un cercle gradué dont le plan lui est perpendiculaire et qui est muni de deux lunettes entraînant des alidades; de l'autre côté, il se termine par un contrepoids, équilibrant le poids du cercle et des lunettes.

Par cette disposition, on voit que le cercle tourne dans son plan sur son axe, qui peut être amené à faire tous les angles possibles avec l'horizon; en même temps, l'instrument tournant sur son axe vertical, l'axe du cercle peut être dirigé dans tous les azimuts possibles. De cette combinaison, il résulte que le cercle peut être amené dans un plan quelconque.

Des deux lunettes du cercle, l'une, dont l'alidade porte 4 verniers opposés 2 à 2 et situés à angle droit, est placée sur la face antérieure. La rotation de cette lunette par rapport au cercle se fait autour du centre de ce dernier; l'autre lunette est située derrière le cercle, et est placée excentriquement, l'axe ne permettant pas qu'elle tourne autour du centre de ce cercle; mais l'excentricité étant très-petite, il n'en résulte pas d'erreur appréciable quand il s'agit de mesurer des angles entre deux objets éloignés. Chaque lunette est d'ailleurs munie de vis de pression et de rappel; il existe aussi une vis de pression permettant d'arrêter l'instrument dans tous les azimuts.

136. — Soient maintenant A et B deux points très-éloignés dont on veut mesurer l'angle. On commence par placer la lunette supérieure du cercle de telle sorte que le zéro de celui des verniers de son alidade, choisi comme index principal, coïncide avec le zéro de la graduation, et on la fixe au cercle dans cette position; puis on dirige le cercle dans le plan de l'angle des deux points A et B, et on le fait tourner dans ce plan de manière à pointer sur A avec la lunette supérieure. On dirige alors la lunette inférieure vers le point B, et par tâtonnement on corrige la po-

sition du plan du cercle s'il est nécessaire jusqu'à ce que les
deux points A et B soient exactement pointés par les deux lunet-

Fig. 29.

tes dont nous supposons qu'on a rendu primitivement la collimation égale en visant avec elles un même point et faisant en sorte

que ce même point se trouve simultanément sous la croisée de leurs fils. Cela posé, on arrête très-fixement le plan du cercle dans cette position, qui ne devra plus varier pendant la mesure de l'angle.

Les deux lunettes étant ainsi pointées sur les deux côtés de l'angle à mesurer, on fait tourner le système du cercle et des deux lunettes autour de l'axe de ce cercle, jusqu'à ce que la lunette inférieure soit pointée sur A. On arrête le cercle dans cette position, on détache la lunette supérieure et on l'amène à pointer sur B. Dans la rotation de cette lunette, son index décrira alors l'angle double de celui de A et B, et on pourra lire sur le cercle l'angle ainsi obtenu. Mais on peut continuer de répéter l'angle; pour cela, on fait de nouveau tourner le système entier du cercle et des lunettes jusqu'à ce que la lunette supérieure soit de nouveau dirigée vers A, puis on détache la lunette inférieure qu'on dirige sur B, où on la fixe. Faisant tourner de nouveau le système entier du cercle et des lunettes jusqu'à ce que cette lunette inférieure soit pointée sur A, il suffit de détacher la lunette supérieure et de la pointer sur B pour avoir l'angle quadruple. En faisant de nouveau la même opération, on aura l'angle sextuple, et ainsi de suite. Dans cette manœuvre, on voit que chaque fois qu'on détache une des lunettes pour la faire tourner sans déplacer le limbe entier, l'autre lunette fixée au cercle est pointée sur un des deux objets A et B. La moindre déviation qui viendrait à se produire dans le cercle par la rotation de la lunette serait alors accusée, et pourrait être corrigée en ramenant au pointé par la rotation du cercle cette lunette fixée sur lui. Mais il importe de remarquer aussi que rien n'accuse le déplacement que les lunettes pourraient éprouver par rapport au cercle, à cause de leurs vis de rappel, quand ce dernier les entraîne toutes les deux. Il importe donc que les vis de rappel soient très-serrées et dures à tourner, afin que leur jeu soit annulé.

137. — Quand on veut employer le cercle répétiteur pour la mesure des distances zénithales, on rend vertical le plan de son limbe à l'aide d'un niveau placé sur son axe, qui devient horizontal. La lunette inférieure dans ce cas ne sert plus que comme support d'un niveau. L'instrument s'emploie alors exactement comme le théodolite répétiteur (voir n° 5), et les doubles distances au zénith sont données par la série des observations faites avec l'instrument,

position directe et position inverse. Il est bien entendu que l'axe vertical se nivelle par les mêmes procédés que pour le théodolite. Dans cette situation du cercle répétiteur, on voit que celui-ci n'est autre qu'un théodolite à lunette excentrique dépourvu de son cercle azimutal, et toute la théorie des corrections de niveau, des influences des erreurs d'axe et de collimation est alors identique à celle du théodolite en ce qui a trait aux mesures des hauteurs. La collimation peut être déterminée par ceux des divers procédés que nous avons indiqués pour le théodolite excentrique, et dans lesquels le cercle azimutal ne joue aucun rôle. On l'obtient facilement en employant l'instrument dans le méridien, comme lunette méridienne, et on corrige la position de l'une des lunettes jusqu'à ce que la collimation soit extrêmement petite, auquel cas elle est sans influence sur les distances au zénith, sauf tout près de ce point, où on n'observe pas avec cet instrument. Nous avons vu (n° 136) comment alors l'autre lunette peut être rendue parallèle à celle dont on a détruit la collimation, ce qui détruit également la sienne. Du moment où la collimation des deux lunettes est la même, il est évident qu'une petite collimation n'influe pas sur les angles mesurés entre deux points situés dans un plan quelconque. En cela les choses se passent comme avec le cercle mural.

138. — Quand on veut avec le cercle répétiteur obtenir la différence d'azimut de deux points, on mesure directement l'angle α compris entre ces deux points, et les distances zénithales z et z' de chacun d'eux. Alors, dans le triangle sphérique formé par le zénith et les deux points en question on a, en appelant a_1 leur différence d'azimut

$$\cos \alpha = \cos z \cos z' + \sin z \sin z' \cos a_1,$$

ou en remplaçant a_1 par $1 - 2 \sin^2 \tfrac{1}{2} a_1$

$$\cos (z - z') - \cos \alpha = 2 \sin z \sin z' \sin^2 \tfrac{1}{2} a_1.$$

On a de même en remplaçant $\cos a_1$ par $2 \cos^2 \tfrac{1}{2} a_1 - 1$

$$\cos \alpha - \cos (z + z') = 2 \sin z \sin z' \cos^2 \tfrac{1}{2} a_1.$$

Divisant membre à membre ces deux équations, il vient

$$\tan^2 \tfrac{1}{2} a_1 = \frac{\cos (z - z') - \cos \alpha}{\cos \alpha - \cos (z + z')} = \frac{\sin \tfrac{1}{2} (\alpha + z - z') \sin \tfrac{1}{2} (\alpha - z + z')}{\sin \tfrac{1}{2} (z + z' + \alpha) \sin \tfrac{1}{2} (z + z' - \alpha)}$$

ou en posant $\alpha + z + z' = 2\,p,$

$$\tan^2 \tfrac{1}{2} a_1 = \frac{\sin(p - z')\sin(p - z)}{\sin p \sin(p - \alpha)}.$$

L'angle azimutal a_1 entre deux points terrestres est ce qu'on appelle l'angle de ces deux points réduit à l'horizon, et on désigne sous le nom de réduction à l'horizon le calcul de cet angle a_1.

139. — Si on veut avec le cercle répétiteur obtenir l'azimut d'un certain point A, on mesure l'angle entre ce point et un astre dont on connaît l'ascension droite et la déclinaison, en ayant soin de noter l'heure du pointé. Pour effectuer cette mesure, l'index de la lunette supérieure étant amené sur le zéro du limbe, on pointe A avec cette lunette en plaçant le plan du cercle dans une direction que l'astre (choisi peu élevé sur l'horizon) va incessamment couper par l'effet de son mouvement diurne. On amène alors la lunette inférieure à pointer sur A et on l'y fixe. Puis on détache la lunette supérieure et on l'amène vers la direction de l'astre; on pointe ce dernier au moment où il traverse le plan dans lequel se meut cette lunette et on note l'heure du pointé. On répète, si on veut, l'opération avec la nouvelle position de la lunette supérieure comme point de départ, et alors on a soin de faire la série des lectures consécutives. On mesure ensuite la distance zénithale du point A. Puis, à l'aide de l'heure des pointés, dans le triangle pôle, zénith, astre, on déduit de l'heure de chaque pointé l'angle horaire de l'astre, si l'état de l'horloge est connu; (nous supposons cet état de l'horloge déterminé par une série de distances zénithales de l'astre en question observées d'abord avec l'instrument, et calculées par les méthodes que nous exposerons plus tard). Il est en effet facile d'avoir, pour une heure donnée, l'angle horaire d'un astre dont l'ascension droite est connue. Cet angle horaire n'est autre que l'angle au pôle dans le triangle pôle, zénith, astre. Nous connaissons les deux côtés qui le renferment, savoir la distance de l'astre au pôle, complément de la déclinaison, et la distance du zénith au pôle, complément de la latitude. (La latitude a dû être déterminée avec l'instrument par des distances zénithales circumméridiennes d'un astre en suivant les méthodes que nous exposerons plus tard.) Connaissant ainsi deux côtés et l'angle compris, on peut calculer le troisième côté, qui n'est autre que la distance de l'astre au zénith, et en appelant z ce 3ᵉ côté, sa valeur est donnée par la formule générale

$$\cos z = \sin l \sin D + \cos l \cos D \cos P,$$

formule qu'on rend, si on veut, logarithmique par les procédés connus et dans laquelle l est la latitude, D la déclinaison de l'astre, et P l'angle horaire que nous ferons positif à l'ouest, négatif à l'est.

On a d'ailleurs l'azimut a par la formule

$$\sin l \cos P = \tang D.\cos l - \sin P \cot a,$$

que nous avons précédemment démontrée (note du n° 114), et dans laquelle a est compris entre 0 et 180°, si l'astre est à l'ouest ou s'abaisse, et entre 180° et 360° s'il est à l'est et s'élève. On a aussi a par la règle des sinus quand on a déterminé z. On diminue ensuite z de la valeur de la réfraction et on y ajoute la parallaxe de hauteur pour avoir la distance apparente au zénith.

Alors pour chacun des pointés, on connaît la distance de l'astre au zénith, ainsi que celle du point A et l'angle entre l'astre et le point A est donné par la différence des lectures consécutives. On calcule donc par la formule du n° 138 la différence a_1 d'azimut avec A, et joignant à l'azimut calculé de l'astre cet angle a_1 ou l'en retranchant suivant que l'azimut de A compté du nord vers l'ouest était plus grand ou plus petit que celui de l'astre, on a par la série des pointés une série de déterminations de l'azimut de A, dont on prend la moyenne. Dans cette opération, l'effet de la répétition pour atténuer les erreurs de graduation est le même que si, l'astre étant immobile, on avait ajouté la somme des arcs, et divisé le nombre final par le nombre des répétitions; car les erreurs sur les lectures intermédiaires, quand elles augmentent un des arcs, diminuent le suivant de manière à faire compensation.

140. — On voit donc par là que le cercle répétiteur peut servir à déterminer les azimuts astronomiques; mais les azimuts ainsi déterminés ne sont pas, comme avec l'emploi des théodolites, indépendants de la réfraction, puisqu'à cause de la mesure d'un angle oblique, il a fallu introduire dans le calcul la hauteur apparente de l'astre qu'on n'a eue qu'en recourant aux tables de réfraction pour la calculer. Cette circonstance rend les déterminations azimutales au cercle répétiteur inférieures à celles du théodolite, en même temps que les calculs sont plus longs. Il est vrai qu'on a moins d'erreurs d'axes à corriger, mais l'influence de ces der-

nières lorsqu'on observe avec le théodolite dans les deux positions inverse et directe, ou lorsqu'on se sert des moyens précis de rectification que nous avons indiqués, est tout à fait négligeable en présence des incertitudes de la réfraction atmosphérique. Aussi aujourd'hui on n'emploie plus beaucoup le cercle répétiteur, dont toute la théorie se trouve renfermée dans ce qui précède. Il est évident d'ailleurs que l'angle incliné compris entre deux points donnés peut être obtenu avec le théodolite comme avec le cercle répétiteur, puisqu'on peut mesurer la distance zénithale apparente de ces deux points et leur différence d'azimut : on connaît donc dans le triangle qu'ils forment avec le zénith deux côtés et l'angle compris et on peut calculer le troisième côté par la formule générale de la trigonométrie sphérique, ; ce troisième côté n'est autre que l'angle qu'on aurait directement mesuré avec le cercle répétiteur.

Des instruments de réflexion.

141. — Comme le cercle répétiteur, les instruments de réflexion sont destinés à mesurer des angles dans un plan quelconque. Ils

Fig. 30.

n'ont pas de pied ou support, et ils sont tenus à la main ; aussi sont-ils les seuls instruments qu'on puisse employer en mer, où les mouvements des navires ne permettraient pas de niveler des axes.

Le plus usité des instruments de réflexion est le sextant. Il se compose d'un arc de cercle gradué AA (fig. 30) d'environ un sixième de circonférence, et c'est de là qu'est venu le nom de sextant. Sur cet arc gradué se meut une alidade FF mobile autour du centre B de l'arc et portant un vernier. Cette alidade est d'ailleurs munie d'une vis de pression permettant de l'arrêter en un point quelconque des limbes, et une vis de rappel placée par rapport à la vis de pression, comme l'indique la figure, permet de donner à cette alidade des mouvements très-petits.

L'alidade FF porte en son point de rotation en B un miroir qui est perpendiculaire au plan de l'arc gradué, et qu'on appelle grand miroir. Ce miroir renvoie sur un autre miroir C, nommé petit miroir et également perpendiculaire au plan de l'arc du cercle gradué, les rayons venant d'un des objets dont on veut mesurer la distance à un autre objet ; mais ce petit miroir C est fixe et étamé seulement dans la moitié de sa surface (fig. 31). Les rayons sont renvoyés par le miroir C dans une direction DE faisant avec le plan de ce miroir un angle égal à celui que font les rayons réfléchis par B et tombant sur C : suivant cette direction DE on place une lunette ou une pinnule, et à travers cette lunette ou cette pinnule on regarde l'autre objet visible à travers la partie transparente du miroir C. La ligne

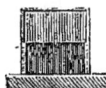
Fig. 31.

de séparation de la partie étamée et non étamée du miroir C est parallèle au plan de l'instrument, qui est complété par une poignée H destinée à le tenir à la main et par deux systèmes de verres colorés L et K tournant autour de charnières en c et b. Les verres colorés L, en tournant autour de la charnière c, viennent se placer sur le trajet des rayons allant du grand miroir B au petit miroir C, et servent à éteindre l'image réfléchie de celui des deux objets auquel on ne vise pas directement pour le cas où la lumière de cet objet serait trop intense pour l'œil. Les verres colorés K, en tournant autour de b, viennent s'interposer derrière le miroir C et atténuent en cas de besoin l'éclat de l'objet auquel on vise directement. Ces verres colorés sont d'ailleurs à surfaces parallèles pour ne pas altérer la direction des rayons lumineux qui les traversent. Enfin une loupe G tournant autour du point a se place au-dessus du vernier quand on en fait la lecture.

142. — Proposons-nous maintenant de faire comprendre comment cet instrument sert à la mesure de l'angle compris entre deux

objets. Pour cela, supposons d'abord qu'on vise à un objet très-éloigné et qu'on fasse tourner l'alidade jusqu'à ce que le miroir B soit parallèle au miroir C et occupe la position dd (fig. 32). L'éloignement de l'objet fait alors que les rayons qui traversent la lunette DE et ceux RB qui tombent sur le miroir B sont parallèles. Mais le rayon RB est réfléchi suivant BC, et NB étant la normale à dd, RBN=NBC et RBC=BCE, puisque RB et CE sont parallèles, et puisque la direction CE a été choisie de telle sorte que BC et CE fassent un même angle avec le miroir C; conséquemment RB, parallèle à CE, et BC font le même angle avec le miroir B parallèle au miroir C, et conséquemment avec sa normale, et les rayons réfléchis suivant BC étant renvoyés par le miroir C suivant DE, on voit donc que dans ce cas les rayons directs

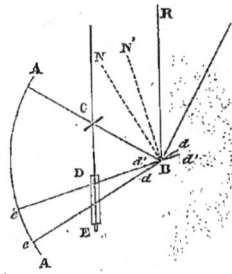

Fig. 32.

vus à travers la partie transparente du miroir C et les rayons réfléchis par le système des deux miroirs B et C concourent à former une seule image de l'objet auquel on vise.

Supposons maintenant qu'au lieu d'avoir la direction dd parallèle au miroir C, le grand miroir prenne la position $d'd'$; alors les rayons tombant suivant RB parallèle à DC ne seront plus renvoyés suivant la même direction BC qu'auparavant. Les rayons renvoyés suivant BC seront ceux qui viendront d'une autre direction SB faisant avec la normale N'B à $d'd'$ un angle SBN' égal à N'BC. Les rayons venant du point S, après avoir été réfléchis suivant BC, seront ensuite comme précédemment renvoyés suivant DE par le miroir C qui n'a pas bougé. L'image du point S se montrera donc suivant la direction DE, où on voit toujours le même objet R visé directement. Or l'angle RBS est l'angle des deux objets R et S et cet angle est double de l'angle NBN'. On a en effet,

$$RBC = 2 \times CBN \quad et \quad SBC = 2 \times CBN'.$$

On a donc

$$SBC - RBC = 2(CBN' - CBN)$$

ou

$$RBS = 2 \times NBN'.$$

Mais l'angle N BN' des normales est égal à l'angle d'Bd des deux positions du miroir B, lequel angle est mesuré par le déplacement de l'alidade pour passer de l'une à l'autre des deux positions dd et $d'd'$.

On voit donc que si on a réglé les positions du miroir de telle sorte que l'index de l'alidade marquât 0°, quand les deux miroirs étaient parallèles, c'est-à-dire quand le grand miroir avait la position dd, en déplaçant l'alidade de telle sorte qu'on voie l'image d'un point S superposée à celle d'un point R, la lecture du cercle gradué divisé comme d'usage en degrés donnerait la moitié de l'angle R B S compris entre les deux objets R et S. Mais pour éviter de doubler les angles lus sur le limbe, les artistes divisent l'arc du cercle en demi-degrés et numérotent ces demi-degrés comme des degrés. De cette manière la lecture faite sur le limbe donne directement l'angle des deux objets dont les images ont été amenées en coïncidence.

Avec le sextant, la mesure de l'angle de deux points se réduit donc à viser directement l'un d'eux en amenant le plan de l'instrument dans le plan qui passant par l'œil renferme ces deux objets ; on fait ensuite mouvoir l'alidade jusqu'à ce que l'image réfléchie du deuxième point apparaisse dans le champ ; après quoi, à l'aide de la vis de rappel, on amène les deux images en coïncidence au milieu du champ où on a placé l'objet directement visé. Il ne reste plus ensuite qu'à effectuer la lecture sur l'arc gradué. Mais il faut pour cela que l'instrument soit bien réglé, c'est-à-dire que le plan des deux miroirs soit bien perpendiculaire à celui du limbe, et que l'alidade marque 0° quand les deux miroirs sont parallèles.

143. — Il est facile de reconnaître si la surface réfléchissante du grand miroir est bien perpendiculaire au plan du limbe ; pour cela on place l'œil dans le voisinage du plan de l'instrument et de manière à voir réfléchie dans le grand miroir une partie du limbe ; on voit en même temps directement la portion de ce limbe qui se réfléchit. Or si le miroir est bien perpendiculaire, la portion vue directement et la portion réfléchie du limbe doivent paraître exactement dans le prolongement l'une de l'autre ; quand le grand miroir est oblique au limbe, ces deux portions ont une fracture apparente à leur jonction. Si le miroir n'est pas bien perpendiculaire, on corrige son inclinaison au moyen de vis de rappel adaptées dans ce but au

plateau qui supporte le miroir, vis qui font basculer ce dernier par rapport à l'alidade.

Pour la vérification de la perpendicularité du grand miroir on emploie aussi quelquefois deux petites lames de cuivre exactement de même hauteur et qu'un talon permet de faire tenir debout et verticalement sur le limbe. On pose alors les lames en question sur ce dernier, en choisissant leur position et celle du grand miroir, de telle sorte que l'un de ces viseurs cache à l'œil l'image de l'autre vue par réflexion dans le miroir : les arêtes de celui des viseurs qu'on voit par réflexion doivent paraître exactement dans le prolongement des arêtes de celui qu'on voit directement.

Quand on a rendu le grand miroir bien perpendiculaire, il est facile de rendre également le petit miroir perpendiculaire au limbe, en agissant sur les vis de rappel de son plateau support, car la perpendicularité se manifeste en ce que dans la lunette on peut faire coïncider un objet avec son image réfléchie par le système des deux miroirs, tandis que si avec le grand miroir perpendiculaire, le petit est oblique, l'image réfléchie d'un objet passe à droite ou à gauche de cet objet dans le mouvement de l'alidade, mais ne se superpose pas; la coïncidence est alors impossible.

L'instrument est aussi muni d'une vis de rappel qui fait mouvoir le petit miroir autour d'un axe vertical, afin de le rendre parallèle au grand miroir quand l'alidade est sur zéro ; ce parallélisme se reconnaît en ce qu'un objet très-éloigné se confond avec son image. Je dis un objet très-éloigné, parce que le sextant a une parallaxe sensible pour les objets rapprochés, c'est-à-dire que, pour ces derniers, on ne peut plus regarder comme parallèles les rayons qui tombent sur le grand miroir et ceux qui entrent directement dans la lunette.

Quand les deux miroirs ont été amenés à la perpendicularité, on complète donc le réglage de l'instrument en conduisant l'alidade exactement sur zéro et en faisant mouvoir le petit miroir à l'aide de la vis de rappel dont je viens de parler, jusqu'à ce que l'image d'un objet très-éloigné réfléchie par les deux miroirs vienne recouvrir cet objet vu directement dans la lunette ou à travers la pinnule.

Le plus souvent on se dispense de faire cette dernière rectification, et on se contente de lire sur le limbe l'arc qu'on obtient en

15

faisant coïncider un objet éloigné avec son image. Cet arc est
alors la correction à retrancher de tous les angles obtenus pour
avoir les angles réels, et on l'appelle l'*erreur de collimation*. Il
importe de remarquer qu'ici l'erreur de collimation n'a pas la
même signification que dans les autres instruments d'astronomie
où elle s'applique à l'angle des lunettes avec la perpendiculaire à
leur axe. Ce qui en réalité, dans le sextant, répondrait à l'erreur de
collimation des autres instruments, est le défaut de perpendicularité des miroirs. Mais dans le sextant l'usage a ratifié la dénomi-
nation d'erreur de collimation donnée à l'erreur du zéro de l'instrument. Afin de pouvoir mesurer la collimation quand elle est
additive, les artistes prolongent un peu en deçà du zéro les divisions de l'arc gradué.

144. — J'ai dit que souvent dans le sextant, comme dans les autres
instruments de réflexion, on remplace la lunette par une pinnule.
Dans ce cas, on fait en sorte d'amener sur l'objet vu directement et
au milieu de la hauteur de ce dernier la ligne de séparation de la
partie étamée et non étamée du petit miroir, et c'est sur cette
ligne qu'on amène la coïncidence des images. Mais avec la pinnule
on a la moitié du champ des objets vus directement interceptée par
la partie étamée du miroir, et la moitié du champ des images vues
par réflexion cesse d'être perceptible du côté où on voit les images
directes. Il n'en est pas de même avec la lunette, où les rayons
directs des objets situés derrière la partie étamée et qui ne peuvent
atteindre directement la pinnule, atteignent cependant la moitié
de l'objectif située devant la partie non étamée et viennent former
leur image aussi bien que si ces rayons avaient atteint tout l'objectif. Ainsi dans la lunette on voit l'image directe des objets situés
derrière la partie étamée du miroir. De même les objets qui dans
l'image réfléchie se seraient projetés dans la direction de la partie
non étamée, se voient à cause de ceux de leurs rayons qui ont atteint une portion de la surface de l'objectif. La lunette fait donc
voir deux champs superposés et non comme la pinnule deux portions de champ juxtaposées. Il en résulte donc qu'en outre de l'a-
vantage qu'elle possède de grossir les objets, la lunette a celui de
montrer l'image directe comme si tout le miroir était transparent et
l'image réfléchie comme si tout le miroir était étamé, ce qui rend
les superpositions d'image bien plus exactes. Comme c'est au milieu du champ de la lunette que les objets doivent être amenés en

coïncidence, on tend dans la lunette, pour mieux distinguer ce milieu, quatre fils formant un carré au milieu du champ.

En faisant mouvoir la lunette parallèlement à elle-même de façon à la rapprocher ou à l'écarter du limbe, on modifie la grandeur des surfaces de l'objectif situées devant la partie étamée ou non étamée du petit miroir, et par conséquent on peut par là augmenter l'intensité des images réfléchies et diminuer en même temps celle des images directes, de façon à amener à la même intensité l'image directe et l'image réfléchie d'un même objet. Des vis de rappel permettent de donner à la lunette ce mouvement parallèle.

145. — On rend aussi exactement qu'on le peut la lunette parallèle au plan du limbe. Il est d'ailleurs facile de reconnaître que pourvu que les miroirs soient bien perpendiculaires au plan du limbe, un très-petit défaut du parallélisme de la lunette et de ce dernier est sans influence sur les mesures des angles compris entre deux points. Les choses se passent en cela exactement comme pour la collimation du cercle mural. Ce n'est que si le défaut de parallélisme était très-notable qu'il pourrait y avoir une influence appréciable, car alors les arcs de grand cercle abaissés des objets dont on mesure l'angle perpendiculairement au plan du limbe ne pourraient plus être considérés comme de petites lignes droites. On règle donc toujours facilement et à vue la lunette à un degré de parallélisme suffisant pour n'avoir aucune erreur à craindre de ce côté.

L'arc de cercle du sextant étant d'un sixième de circonférence ou de 60°, et chaque degré en valant deux sur cet instrument, on voit que le sextant peut mesurer tous les arcs depuis 0 jusqu'à 120°, et même un peu au delà, car on donne généralement à l'instrument un peu plus de 60°. On a fait quelquefois des sextants du 5ᵉ de la circonférence, c'est-à-dire de 72°, et conséquemment mesurant des arcs de 144° : on les appelle alors *quintants*. L'*octant* est un sextant d'un 8ᵉ de circonférence ou de 45° mesurant conséquemment, les arcs jusqu'à 90°. Tout ce que nous avons dit du sextant est applicable au quintant et à l'octant.

146. — Le sextant, de même que le quintant et l'octant, est employé en mer pour mesurer les hauteurs du soleil et de la lune au-dessus de l'horizon, ou pour mesurer les distances de la lune au soleil ou à une étoile. Pour ces dernières mesures, on amène le bord du soleil à être tangentiel à celui de la lune, et pour avoir la distance

apparente des centres on ajouté à l'arc mesuré ou on en retranche, suivant le côté où on a effectué la tangence, la somme des demi-diamètres des deux astres donnée par les éphémérides. Pour les distances de la lune à une étoile, on ajoute ou on retranche, pour avoir la distance de l'étoile au centre de la lune, le demi-diamètre lunaire donné par les éphémérides.

Pour obtenir les hauteurs du soleil ou de la lune au-dessus de l'horizon, on mesure directement leurs distances à l'horizon de la mer (1). Pour cela, tenant l'instrument sensiblement vertical, on amène l'image réfléchie de ces astres à être tangente à l'horizon de la mer visé directement. Mais il y a ici une précaution très-importante à prendre pour s'assurer que la distance qu'on mesure est bien réellement la plus courte distance de l'astre à l'horizon de la mer, c'est-à-dire la distance mesurée réellement dans la verticale et non dans un plan oblique. Pour cela, après avoir rendu l'image tangente à l'horizon de la mer en tenant l'instrument sensiblement vertical, on fait mouvoir la lunette de manière à la promener sur un petit arc de l'horizon en même temps qu'on incline l'instrument par un léger balancement de façon à conserver toujours l'image solaire ou lunaire dans le champ. Dans ce balancement de l'instrument, l'image de l'astre décrit un arc de cercle qui ne doit pas mordre sur l'horizon de la mer, sans quoi on aurait pris une distance oblique ; l'image de l'astre doit venir toucher exactement, mais seulement toucher la surface de la mer par celui de ses bords inférieurs ou supérieurs pour lequel on voulait la mesure. Quand on a ainsi amené l'astre à toucher l'horizon de la mer, on avertit par un signal de la voix un aide qui note l'heure du chronomètre. Si c'est la hauteur méridienne du soleil qu'on veut obtenir, on commence l'observation un peu avant midi ; tant que l'astre monte, on voir son image s'écarter de la surface de la mer, de sorte qu'on a toujours à presser la vis de rappel dans le même sens pour maintenir la tangence, sans cesse vérifiée par le très-petit balancement en question. Dès qu'on s'aperçoit qu'il ne faut plus pousser la vis,

---

(1) Dans le crépuscule on peut quelquefois obtenir des hauteurs de planètes brillantes de la même manière, et par très beau clair de lune, on peut aussi, quand le ciel est très-pur et l'horizon de la mer sans brouillard, mesurer des hauteurs d'étoiles de première ou de deuxième grandeur. Mais il est rare que l'horizon de la mer se voie avec assez de netteté pour que l'observation soit très-bonne.

mais que l'image de l'astre tend, au contraire, à couper la surface de la mer, on a la preuve qu'on a obtenu sur l'instrument la plus grande hauteur apparente ou la hauteur méridienne apparente, dont on effectue alors la lecture.

147. — En tenant compte du demi-diamètre donné par les éphémérides, et en l'ajoutant à l'arc obtenu si on a observé le bord inférieur, ou le retranchant si on a observé le supérieur, on obtient la hauteur apparente du centre de l'astre. Mais il y a encore une autre correction à faire. Cette correction vient de ce que l'horizon de la mer n'est pas exactement l'horizon astronomique qui est le plan horizontal passant par l'œil de l'observateur. L'horizon de la mer se voit en dessous de ce plan d'une quantité d'autant plus grande que l'œil de l'observateur est plus élevé au-dessus du niveau des eaux. On appelle *dépression de l'horizon* l'arc dont l'horizon de la mer est vu au-dessous de l'horizon astronomique. La dépression de l'horizon doit donc être retranchée des arcs mesurés pour avoir les hauteurs au-dessus de l'horizon astronomique.

Cette dépression de l'horizon est facile à calculer. En effet, soit N M (fig. 33) la surface de la mer, $OM = h$ la hauteur de l'œil de l'observateur au-dessus de la surface de la mer, $NC = MC = R$ le rayon moyen terrestre (la terre étant ici supposée sphérique, car son défaut de sphéricité n'introduit pas d'erreur sensible). Menons O K perpendiculaire à O C, l'angle K O N est la dépression de l'horizon, et cet angle $KON = NCO$, car le triangle N C O est rectangle en N, et par conséquent NOC est le complément de N C O ; donc $KON = NCM = C$, en appelant C l'angle N C M.

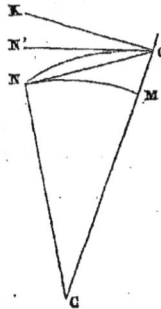

Fig. 33.

Cela posé dans le triangle rectangle O C N, on a :

$$ON^2 = OC^2 - CN^2 = (R + h)^2 - R^2,$$

ou en négligeant le carré de h

$$ON^2 = 2 R h.$$

On a d'ailleurs

$$ON = NC \tang C = R \tang C,$$

donc

$$R^2 \tan^2 C = 2 R h ,$$

d'où

$$\tan C = \sqrt{\frac{2h}{R}} ,$$

et C étant un très-petit arc, on peut remplacer tang C par C sin 1″ pour avoir C en secondes, et il vient pour la valeur de C, qui n'est autre que K O N ou la dépression de l'horizon,

$$C = \frac{1}{\sin 1''} \sqrt{\frac{2h}{R}}.$$

Mais dans ce qui précède, nous n'avons pas tenu compte de la réfraction, qui fait paraître le point N un peu plus haut en N′, de sorte que la dépression apparente de l'horizon K O N′ est plus petite du petit arc N O N′ que la dépression réelle K O N. Or, l'expérience a appris que ce petit arc N O N′, ou la réfraction terrestre, est égal pour l'état atmosphérique moyen à 0,08 C. La dépression apparente de l'horizon est donc, en l'appelant θ,

$$\theta = C - 0,08\, C = 0,92\, C = \frac{0,92}{\sin 1''} \sqrt{\frac{2h}{R}} ,$$

formule dans laquelle R = 6 366 669ᵐ, et h est la hauteur en mètres de l'œil de l'observateur au-dessus du niveau de la mer.

Afin d'abréger le calcul pour les marins, on a fait des tables qui donnent directement les valeurs de θ pour les divers valeurs de h. La formule précédente donne le moyen de construire ces tables. En retranchant le petit arc θ des hauteurs apparentes mesurées au-dessus de l'horizon de la mer, on a les hauteurs apparentes au-dessus de l'horizon astronomique. Il n'y a plus alors qu'à corriger ces hauteurs de l'effet de la réfraction astronomique pour avoir les hauteurs vraies.

148. — Lorsqu'on veut à terre employer le sextant pour mesurer la hauteur des astres au-dessus de l'horizon, comme on n'a plus alors comme en mer un horizon naturel uniforme et en relation connue avec l'horizon astronomique, on emploie ce qu'on appelle les *horizons artificiels*. Ils consistent en une surface horizontale réfléchissante dans laquelle on voit l'image de l'astre à une distance

au-dessous de l'horizon astronomique égale à celle où cet astre se montre au-dessus de ce plan. Le plus simple des horizons artificiels est un bain d'un liquide dont la surface se place d'elle-même horizontalement. Dans ce cas, on emploie généralement le mercure, et on a ce qu'on appelle l'*horizon* artificiel à mercure. Mais la grande mobilité de ce corps exposant sa surface à des ondes qui, naissant de la moindre agitation de l'air ou de petites trépidations du sol, troublent les images, on peut avec avantage lui substituer un bain de goudron, d'encre ou de cirage, dont la surface noire est très-réfléchissante. On vise alors directement à l'image réfléchie par le bain, et à l'aide des miroirs on amène l'image de l'astre à coïncider avec cette image réfléchie. L'angle lu sur l'instrument est alors le double de la hauteur apparente de l'astre au-dessus de l'horizon astronomique.

Quand l'air est agité, on place au-dessus du liquide réfléchissant un système de glaces inclinées de 45° et à faces parallèles ; ces glaces protégent contre le vent la surface de ce liquide ; mais il faut alors que les surfaces des glaces soient bien parallèles pour qu'elles ne produisent pas l'effet d'un prisme qui dévie les images. Toutefois, en faisant deux observations consécutives et en renversant pour la seconde dans leur châssis les glaces haut pour bas, l'effet du défaut de parallélisme de ces dernières disparaît de la moyenne des résultats, car il est évident que, dans la deuxième observation, la déviation des glaces est de sens contraire à ce qu'elle était dans la première.

On emploie aussi des horizons artificiels dits *à glace*. Ceux-ci consistent en une glace noire supportée par trois vis à caler. On dispose horizontalement cette glace à l'aide d'un niveau fixé sur une tablette métallique qu'on dépose sur elle. Le nivellement de la glace s'effectue alors comme celui du théodolite (n° 10), en plaçant le niveau parallèlement à deux vis et le retournant ensuite bout pour bout afin de trouver la position moyenne de la bulle qui répond au nivellement, après quoi on nivelle dans le sens d'une des premières vis et de la troisième. Les horizons artificiels à glace dont le nivellement, quelque approché qu'on le fasse, n'est pas absolument rigoureux, sont inférieurs comme précision aux horizons artificiels à mercure.

149. — Le sextant ne mesurant que des angles de 120°, on ne peut obtenir avec l'horizon artificiel que des hauteurs au-dessus

de l'horizon inférieures à 60°. Avec le quintant, on peut aller jusqu'à 72°. Dans les basses latitudes, on ne peut donc pas sur terre,
avec cet instrument, obtenir la latitude par des hauteurs méridiennes du soleil; mais comme on peut, avec un horizon artificiel, observer facilement les étoiles brillantes, on en trouve toujours quelques-unes qui passent au méridien dans les limites de
hauteur où atteint l'instrument. Pour des observations de l'heure
par les hauteurs, on n'a jamais besoin d'observer à de très-grandes
hauteurs au-dessus de l'horizon. Enfin, quant aux ascensions
droites de la lune pour les longitudes, on peut les obtenir par des
hauteurs de la lune, ou mieux encore par des distances de la lune
au soleil ou aux étoiles. Le sextant permet donc de faire les diverses opérations astronomiques nécessaires aux géographes. On
peut aussi avec lui obtenir les azimuts d'objets terrestres par la
méthode que nous avons indiquée pour le cercle répétiteur (n° 139),
car on peut mesurer avec l'horizon artificiel la hauteur des objets
terrestres et l'angle de ces derniers avec un astre à un instant
donné, ce qui permet de calculer la hauteur de ce dernier.

On voit donc qu'avec un sextant on peut faire toutes les opérations voulues pour le levé d'une carte géographique. Toutefois, à terre, on doit lui préférer le théodolite, qui est beaucoup plus précis : 1° parce que les lunettes des sextants étant,
pour que l'instrument puisse être tenu à la main, d'un grossissement six à huit fois plus faible que celui des lunettes des
théodolites, le pointé avec le sextant est six à huit fois moins
précis qu'avec le théodolite ; 2° parce que dans le sextant la précision des angles mesurés dépend uniquement des soins apportés
par l'artiste à la construction : les glaces doivent être à surfaces
rigoureusement parallèles, sans quoi les réfractions altèrent la
direction des rayons lumineux; or un de nos plus habiles artistes,
M. Brunner, convenait lui-même qu'une glace à faces rigoureusement parallèles est impossible à obtenir. 3° La totalité de la surface de l'objectif de la lunette ne sert pas pour l'image directe et
l'image réfléchie. Ce sont des parties différentes de cette surface
qui agissent pour les deux images, nouvelle cause d'erreur. 4° La
même étendue de la surface du grand miroir ne sert pas pour tous
les angles; or il en est des surfaces rigoureusement planes comme
des surfaces rigoureusement parallèles : les artistes ne peuvent
atteindre qu'un certain degré de perfection qui n'est pas l'absolu.

5° L'alidade doit être exactement centrée sur le point qui est le centre de l'arc gradué du limbe. Il n'y a pas ici, comme dans le théodolite, la lecture de deux arcs opposés pour corriger le défaut de centrage. Or c'est encore là un point pour lequel l'observateur est obligé de se rapporter à l'artiste. 6° On n'a pas les moyens de déterminer les erreurs de graduation ou d'en anéantir sensiblement les effets par la répétition comme avec les théodolites.

En revanche, le sextant a sur le théodolite l'avantage d'être beaucoup plus léger et plus transportable. Mais toutes les fois que la difficulté des transports n'est pas de nature à constituer une impossibilité, on ne doit pas pour cette raison lui donner la préférence. Les inconvénients du sextant sont trop nombreux, pour les longitudes surtout, où il faut une très-grande précision dans les observations pour avoir un résultat seulement passable. A terre, en effet, on ne peut, comme en mer, compter sur le transport des chronomètres pour obtenir les différences des longitudes des points voisins, vu que ces instruments souffrent beaucoup du cahot dans le voyage ; on est donc obligé nécessairement de recourir souvent aux déterminations de l'ascension droite de la lune, et, dans ce cas, l'instrument fût-il même parfait, ce qui n'a jamais lieu, la faiblesse optique de la lunette suffit pour que les résultats soient entachés de fortes erreurs.

150. — Dans un autre instrument (fig. 34), nommé *cercle de réflexion*, et que nous allons maintenant décrire, le sixième des inconvénients du sextant dont nous venons de parler disparaît, car le cercle de réflexion est répétiteur comme le théodolite. Mais les cinq autres inconvénients y existent comme dans le sextant. Bien que préférable au sextant, le cercle de réflexion est inférieur au théodolite dans les travaux à terre. Autant que possible, ce n'est donc qu'en mer que les instruments de réflexion doivent être employés. Là leur emploi est de rigueur.

Le cercle de réflexion repose entièrement sur le même principe que le sextant, il n'en diffère qu'en ce que le cercle est entier et divisé en 720 degrés, et en ce que le système de la lunette et du petit miroir est porté par une règle, tournant autour du centre du cercle comme l'alidade qui porte le grand miroir.

Avec cet instrument on opère alors de la manière suivante : On fixe l'alidade CE portant le grand miroir C, et qui porte aussi le vernier comme dans le sextant, sur le zéro du limbe, puis on fait

tourner la règle A B portant le système de la lunette et du petit
miroir jusqu'à ce que le petit miroir soit sensiblement parallèle au
grand, et on arrête cette règle par la vis de pression ; ensuite, avec
la vis de rappel, on rend le parallélisme rigoureux, ce dont on s'assure en reconnaissant qu'on voit en coïncidence les deux images
d'un même objet éloigné. Alors, sans déplacer la règle, on détache
l'alidade C E portant le grand miroir et le vernier, et on la fait mouvoir jusqu'à ce que l'image de celui des objets qu'on veut voir par
réflexion se montre en coïncidence avec l'autre objet vu directement dans la lunette. Dans cette position de l'alidade, on peut,

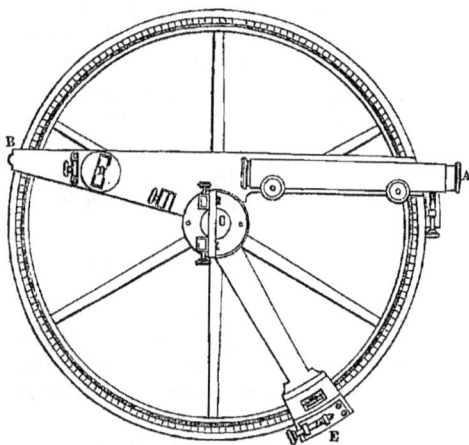

Fig. 54.

comme avec le sextant, lire, à l'aide du vernier, l'angle des deux
objets. Mais si on veut répéter l'opération, laissant l'alidade dans
sa nouvelle position, on détache en lâchant la vis de pression la
règle A B portant la lunette et le petit miroir D, et on la fait tourner jusqu'à ce que le petit miroir soit de nouveau parallèle au
grand. Partant de cette nouvelle position, on lâche de nouveau
l'alidade, qu'on déplace jusqu'à ce que l'image de l'objet qu'on
observe par réflexion revienne en coïncidence avec celui qu'on
observe directement. Dans ce nouveau mouvement, l'alidade décrit le même angle que la première fois ; mais comme, au lieu de

partir du zéro, elle part de l'angle donné par la première observation, la lecture de son vernier donne l'angle double. On ramène
de nouveau, par le déplacement de la règle, le petit miroir au
parallélisme avec le grand, et en faisant de nouveau mouvoir l'alidade, on a l'angle triple, et ainsi de suite.

On voit donc qu'avec le cercle de réflexion on peut répéter les
angles comme avec le théodolite. De plus, on peut, en fixant
la règle dans une position quelconque, mesurer un angle entre deux objets en partant d'une division quelconque de l'instrument ; on voit donc qu'on a le moyen, en effectuant ces mesures avec les diverses parties du limbe, de s'assurer si la graduation est bonne, et même de déterminer les erreurs de cette
graduation, erreurs avec lesquelles se confond en partie l'erreur
de centrage de l'alidade. Le cercle de réflexion est donc supérieur
comme précision au sextant, indépendamment de l'avantage de la
répétition, car il permet des vérifications et des corrections impossibles avec ce dernier instrument.

151. — Avec les instruments de réflexion, il est assez difficile
d'amener dans le champ l'image directe d'un objet et l'image réfléchie d'un autre objet, sauf toutefois si l'angle est à peu près connu
d'avance, auquel cas on met directement l'alidade sur la lecture
supposée, et il suffit ensuite, pour amener en coïncidence l'image
du second objet, d'imprimer à cette alidade un petit mouvement en
même temps qu'on vise l'objet direct. Lorsque la distance angulaire est totalement inconnue, on met d'abord l'alidade sur le zéro
et on vise l'un des objets, dont on voit alors à la fois l'image directe
et l'image réfléchie ; on tourne ensuite peu à peu l'alidade en dirigeant la vision directe à tous les objets situés dans la direction
du deuxième objet , et en ayant soin de conserver toujours la
vision du premier objet par réflexion. Cette image réfléchie semble
alors se transporter successivement sur tous les objets intermédiaires qui sont sur son passage, objets qu'on voit directement à
travers la partie non étamée du petit miroir ; on continue ce mouvement jusqu'à ce qu'on atteigne le deuxième objet par la vision
directe. Il est commode, quand on cherche ainsi l'angle entre deux
objets, d'enlever la lunette et de lui substituer la pinnule de rechange pour observer à l'œil nu : on arrive ainsi à trouver plus
facilement l'angle approché, après quoi on replace la lunette.

Il est évident que s'il s'agit de hauteurs au-dessus de l'ho-

rizon de la mer , il est très-facile d'amener en coïncidence
l'image de l'astre et cet horizon; en tenant le limbe sensiblement
vertical dans la direction de l'astre, on cherche à voir l'image réfléchie, puis, faisant mouvoir l'alidade en conservant la vision de
cette image réfléchie, on ne tarde pas à rencontrer avec la vision
directe l'horizon de la mer.

Avec le cercle répétiteur, la recherche de l'angle n'a lieu que
pour la première observation ; on fait ensuite les multiples de cet
arc et on y conduit directement l'alidade, dont on n'a plus alors
qu'à corriger la position à l'aide de la vis de rappel. Au reste, on
ajoute généralement à l'instrument un appareil très-simple qui
facilite cette opération. On fixe à la règle portant la lunette et le
petit miroir une portion d'anneau mince et concentrique au limbe,
munie de deux petits curseurs qui se fixent à volonté sur l'anneau
par une vis de pression. Ces curseurs sont l'un du côté de l'alidade, l'autre du côté opposé. Lors de la première observation, on
arrête un de ces curseurs dans une position telle que l'alidade bute
contre lui dans le parallélisme des deux miroirs, et l'autre est fixé
de telle sorte qu'elle bute contre lui dans le cas de coïncidence
des deux objets. Ces positions étant trouvées lors de la première
observation, et servant pour toutes les opérations ultérieures, on
n'a alors qu'à placer l'alidade contre les butoirs, et on a l'angle
approché qu'on corrige à l'aide de la vis de rappel.

Le cercle de réflexion ne peut pas mesurer des angles quelconques, mais seulement des angles d'environ 150°. Il est facile de
voir qu'au-delà de cette grandeur le grand miroir ne pourrait
plus renvoyer les rayons en quantité suffisante sur le petit.

*De l'héliomètre, des micromètres à double image, et des réticules
employés pour la formation des catalogues d'étoiles.*

152. — Pour compléter la longue théorie des instruments astronomiques que nous venons d'exposer, il nous reste à dire quelques
mots de divers instruments employés pour la mesure des petits
angles.

En premier lieu, nous devons citer l'héliomètre imaginé par
Bouguer pour la mesure du diamètre du soleil (de là le nom d'hé-

liomètre) et qui se composait primitivement de deux objectifs
placés l'un à côté de l'autre. Depuis on a eu l'idée de n'employer
qu'un seul objectif (fig. 35) coupé en deux moitiés égales, qu'une
vis micrométrique fait mouvoir l'une par rapport à
l'autre. Chaque demi-objectif donne une image. Les
deux images sont superposées et n'en font qu'une
quand les deux moitiés de la lentille sont accolées
l'une contre l'autre de façon à former un objectif
ordinaire. Les images se séparent au contraire quand
on fait mouvoir avec la vis micrométrique l'une des
moitiés de l'objectif par rapport à l'autre, et la séparation des deux images est égale à l'écartement des
centres optiques des deux objectifs. En juxtaposant

Fig. 35.

ainsi deux images du soleil (fig. 36), on voit donc que si la valeur
angulaire des parties de la vis est connue, on a un
instrument propre à déterminer le diamètre solaire.
En mesurant directement la longueur focale de l'objectif et le déplacement de l'une des moitiés de l'objectif par rapport à l'autre pour un nombre connu de
tours de la vis, le rapport de ce dernier déplacement
à la longueur focale est la tangente de l'angle représenté par ce nombre de tours. Comme il s'agit
d'arcs très-petits, on peut remplacer la tangente par

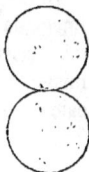

Fig. 36.

l'arc, et, en divisant par le nombre connu de tours de la vis, on a
la valeur d'un tour de cette dernière. On peut encore déterminer
la valeur des parties de la vis par une observation sur un objet
sous-tendant un angle connu et dont on juxtapose les deux
images.

La valeur des parties de la vis varie avec la température, à cause
de la dilatation du métal qui la compose, tandis que le verre conservant le même pouvoir réfringent (ou même ce pouvoir augmentant avec la température), la longueur focale reste constante, et
même diminuerait plutôt que d'augmenter. On a égard à cette variation due à la température ; c'est une chose facile du moment où
on connaît le coefficient de dilatation du métal de la vis, coefficient
qu'on peut même déterminer directement sur cette dernière (1).

_____

(1) Dans les micromètres à fil appliqués aux lunettes, micromètres dont
nous avons antérieurement parlé, la température fait bien aussi varier la

L'héliomètre sert à mesurer les distances de deux étoiles rapprochées ou les diamètres du soleil et des planètes. Comme les deux images qu'il donne se déplacent ensemble dans le champ de l'instrument par l'effet du mouvement du ciel, on a l'avantage de pouvoir effectuer les mesures comme si les astres étaient fixes. On dispose généralement l'héliomètre sur une monture parallactique. La lunette roule sur elle-même afin que la direction de séparation des images puisse faire tous les angles possibles avec le mouvement diurne, et cette rotation est mesurée par un cercle, de telle sorte que l'instrument serve de micromètre de position en même temps que de micromètre de mesure.

Le défaut principal de l'héliomètre consiste en ce que les deux images sont données par des demi-objectifs différents et dont les distances focales ne sont pas rigoureusement égales.

153. — Cet inconvénient n'existe pas dans la lunette à double image de Rochon, ainsi appelée du nom de son inventeur. Certains cristaux, tels que le quartz, ont la propriété de doubler les images des objets dont les rayons les traversent. La partie principale de la lunette de Rochon se compose de deux prismes de quartz (cristal de roche) collés l'un sur l'autre, de telle sorte que leur ensemble ABCD (fig. 37), présente deux faces parallèles.

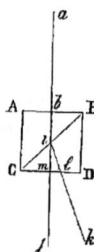

Fig. 37.

Dans l'un de ces prismes ABC, celui qu'on dirige vers l'objectif, la face AB tournée de ce côté est perpendiculaire à l'axe de double réfraction. Dans l'autre prisme, uniquement destiné à achromatiser le premier, les faces et les arêtes sont parallèles à cet axe, de sorte que ce second prisme ne double pas les images. Il suit de cette disposition qu'un rayon de lumière $a\,b$, tombant normalement sur la face A B, traverse le premier prisme sans se diviser, à cause de l'incidence normale à AB ; mais arrivé en i, à la face de sortie du premier

longueur de la vis, mais elle augmente en même temps, à cause de la dilatation du tube de la lunette, la distance des fils à l'objectif, de sorte que si le métal constituant la vis est le même que celui du tube, les rapports de longueur ne sont pas changés et la valeur des parties du micromètre reste constante. En général toutefois, la vis et le tube ne sont pas du même métal, la température agit donc un peu sur la valeur des parties des micromètres, mais elle n'agit que par la différence des dilatations. L'effet est donc moindre que sur l'héliomètre qui n'a pas de fils.

prisme, il se divise en deux autres rayons $i\,m$ et $i\,l$, la réfraction ordinaire s'opérant suivant $i\,m$, prolongement de $a\,b$, et la réfraction extraordinaire suivant $i\,l$. En arrivant à la face C D, le premier rayon continue sa marche rectiligne, puisque étant normal il n'éprouve pas de réfraction en entrant dans l'atmosphère, le second rayon $i\,l$ s'infléchit de nouveau suivant $l\,k$. Les deux rayons $i\,j$ et $l\,k$ font entre eux un angle constant dont la grandeur dépend de l'angle du prisme A B C.

On appelle prisme biréfringent l'appareil que je viens de décrire. Dans la lunette de Rochon, un tel prisme est interposé entre l'objectif et le foyer principal, et la distance de ce prisme à l'objectif peut varier. Pour cela, le prisme est placé sur une monture qu'on arrête en un point quelconque de la longueur du tube de la lunette à l'aide d'une vis de pression traversant une rainure longitudinale faite dans ce tube.

Cela posé, la séparation des images se faisant suivant un angle constant, on voit que les images d'un même point formées au foyer de l'objectif seront d'autant plus écartées que le prisme biréfringent sera plus près de celui-ci; leur écart variera proportionnellement à la distance du prisme et du foyer principal de l'objectif, et quand le prisme est à ce foyer principal, il n'y a plus qu'une image. On dispose donc sur le tube de la lunette le long de la rainure, une graduation en parties égales afin de mesurer l'écartement du prisme et du foyer principal, et, d'après l'angle du prisme, l'artiste règle cette graduation de telle sorte qu'elle représente des parties angulaires. Avec cet instrument, les petits angles se mesurent donc par juxtaposition des images comme avec l'héliomètre. On peut d'ailleurs vérifier la graduation de l'instrument et tenir compte de ses erreurs, s'il y a lieu, en juxtaposant les images d'un objet sous-tendant un angle connu.

La lunette de Rochon est employée surtout pour mesurer la distance d'un objet de grandeur connue. On mesure dans ce cas avec cette lunette l'angle sous-tendu par l'objet en question, et la distance de celui-ci est égale à sa demi-longueur divisée par la tangente de la moitié de l'angle sous-tendu. Soient en effet A B (fig. 38) la longueur d'un objet, et A O B $=\mu$ l'angle qu'il sous-tend en O; menons la perpendiculaire O M à A B. L'angle M O B $=\frac{1}{2}\mu$, et on a

$$MB = \tfrac{1}{2}AB = MO \tan MOB = MO \tan \tfrac{1}{2}\mu,$$

d'où

$$MO = \frac{\frac{1}{2}AB}{\tan\frac{1}{2}\mu}.$$

Comme nous le verrons plus tard, la lunette de Rochon est d'un emploi commode pour certaines opérations topographiques à effectuer pour la levée des cartes dans les pays inconnus.

En astronomie, elle a un inconvénient grave, provenant de ce que l'achromatisme n'est pas parfait, car au moins l'une des deux images, quelle que soit l'inclinaison qu'on donne à la face de sortie du prisme, sort inclinée par rapport à cette face, de sorte qu'il y a dispersion de la lumière ; par conséquent on ne peut pas employer de très-forts grossissements pour la mesure des diamètres des planètes et la distance des étoiles doubles, opérations qui nécessiteraient ces forts grossissements.

154. — Arago a modifié le micromètre à double image de Rochon en employant au lieu d'un seul prisme biréfringent des séries de prismes de petit angle croissant chacun de quelques secondes par rapport au précédent, prismes dont les angles sont mesurés avec soin. Ces prismes sont placés entre l'œil et l'oculaire, de sorte que leur défaut d'achromatisme n'est pas grossi par l'instrument. On cherche alors quels sont les deux prismes de la série entre lesquels aurait lieu la juxtaposition exacte des images, et on juge à vue, d'après la manière dont agissent ces deux prismes, à quelle fraction de leur intervalle (estimée en dixièmes) aurait lieu la juxtaposition exacte. Connaissant alors l'angle de ces prismes, on en déduit l'angle qu'on voulait mesurer.

155. — J'ai imaginé un système de micromètre que j'appelle à quatre images, et qui se compose d'un objectif d'héliomètre doublant une première fois les images sans les polariser. Avec cet objectif on obtient deux images égales. Un prisme biréfringent interposé entre l'œil et l'oculaire donne deux nouvelles images pour chacune des premières, ce qui fait quatre images en tout et d'égale intensité (puisque les deux images de l'héliomètre sont égales et ne sont pas polarisées, de sorte que le prisme les dédouble en images égales). Cela posé, on fait varier la distance des deux moitiés de l'objectif jusqu'à ce que l'écartement des deux images de l'héliomètre soit égal à celui que le prisme

donne entre les images qu'il dédouble. On obtient ce résultat en
rendant parallèle à la ligne de séparation des deux moitiés de l'objectif, la section principale du prisme dans laquelle se fait le dédoublement, et en réglant l'écartement des deux parties de l'objectif de telle sorte que les deux images intermédiaires se confondent,
auquel cas les images se réduisent à trois. Cela fait, on fait varier
l'angle du prisme jusqu'à ce que les deux images qui étaient superposées au centre se juxtaposent.
AB (fig. 39) est alors la direction dans laquelle l'héliomètre
dédouble, CD celle dans laquelle
le prisme dédouble. En menant
la ligne MK par le point de tangence des deux images et en
appelant φ le demi-diamètre de
l'une d'elles, on a dans le
triangle ainsi formé

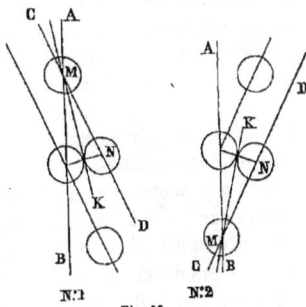
Fig. 39.

$$\varphi = MN \sin KMN = MN \sin \tfrac{1}{2} BMD$$

Or MN est l'angle dont le prisme écarte les images, BMD est l'angle dont le prisme a été dévié depuis la position où on n'avait que
trois images, et cet angle est mesuré par un cercle gradué. Si
donc on a déterminé MN, ou l'angle du prisme, angle qu'on choisit très-grand par rapport aux diamètres dont il s'agit d'avoir la
mesure, on voit qu'on a la valeur de φ. Ici l'inconvénient de l'héliomètre n'existe pas puisqu'il n'y a plus de vis micrométrique ;
d'un autre côté, comme le prisme est entre l'œil et l'oculaire, l'inconvénient du défaut d'achromatisme cesse aussi d'exister. Quant
à l'angle BMD, on l'obtient avec beaucoup de précision en effectuant une lecture dans la position n° 1 de la figure 39, après quoi
on tourne le prisme de façon que les images soient ensuite placées comme dans la position n° 2 de la même figure, et on fait
de nouveau la lecture. Il est évident qu'alors la quantité dont, pour
passer de l'un des cas à l'autre, la rotation du prisme diffère de 180°,
est le double de l'angle BMD. En appelant K cette différence, on a

$$\varphi = MN \sin \tfrac{1}{4} K.$$

Dans la formule, l'erreur sur l'angle K est donc divisée par 4,
et l'erreur sur φ qu'une erreur sur MN peut introduire, est multi-

16

pliée par la petite fraction sin $\frac{1}{4}$ K. On voit donc que les erreurs que l'on peut commettre sur φ sont petites, puisqu'elles se composent des erreurs qu'on a commises sur des quantités plus grandes, erreurs qui se trouvent multipliées par des fractions.

Le seul inconvénient de ce procédé vient de ce que tous les diamètres des planètes ne sont pas égaux, mais on dirige la ligne AB successivement suivant le grand et suivant le petit diamètre; si MN est grand par rapport aux diamètres à mesurer, on a les valeurs très-approchées des deux diamètres et par conséquent on en tire la mesure approximative de l'ellipticité. A l'aide de cette valeur de l'ellipticité, on tient compte du rapport existant entre le diamètre KN, dont on peut calculer l'angle par rapport aux axes de l'ellipse, et celui des axes dont ce diamètre est le plus rapproché; on a alors la valeur très-exacte de ce dernier axe. On fait cette opération pour les deux axes, et on obtient l'ellipticité exacte.

Ce moyen est celui que j'ai employé pour la mesure du diamètre de Mars lors de son opposition de 1860.

S'il s'agit de la distance d'étoiles doubles, on règle l'écartement des deux moitiés de l'objectif de telle sorte que les images se

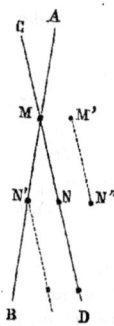

Fig. 40.

placent comme l'indique la figure 40. Les deux étoiles donnant quatre images chacune, on devrait avoir huit étoiles en tout; mais on n'en a que sept, car deux coïncident en N. AB et CD étant toujours les directions du dédoublement; on a dans le triangle MNN'

$$NN' = MN \sin BMD.$$

L'angle BMD étant connu ainsi que MN, on a la valeur de NN' ou de l'écartement des deux composantes. Ici aussi le double de l'angle BMD peut être obtenu de la même manière que pour les diamètres, par la différence entre 180° et la rotation nécessaire pour que le prisme, au lieu de dédoubler les images par en bas, les dédouble par en haut de façon à produire en sens contraire la même figure de sept étoiles.

Au lieu de superposer deux étoiles afin de réduire les huit images à sept, on peut, comme l'indique la figure 41, disposer quatre des images de telle sorte que leurs intervalles soient égaux. Cette manière de procéder est plus exacte encore que la superposition, car avec de petits intervalles on juge mieux de l'égalité des écarts que de l'exactitude de la superposition. Il est en effet difficile, comme l'a fait remarquer Bessel, de juger si, dans la superposition, ce sont bien les deux centres des images qui sont superposés. Dans le cas dont nous venons de parler, l'équation est la même que précédemment, sauf que NN' représente le dou le de l'écart des deux étoiles.

Ce système de micromètre à quatre images est plus précis à la fois que l'héliomètre et que la lunette de Rochon, et il n'en a pas les inconvénients. Il est aussi plus précis et moins compliqué que le système micrométrique d'Arago.

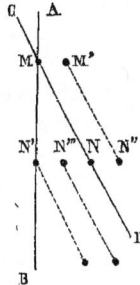

Fig. 41.

156. — Il me reste maintenant à compléter ce que j'ai précédemment dit sur les réticules, en ajoutant quelques détails sur les systèmes réticulaires qui ont été par divers observateurs appliqués à l'équatorial pour la formation des catalogues d'étoiles. Si dans un réticule on place des fils inclinés en outre des fils perpendiculaires au mouvement diurne, et si on arrête fixement la lunette, tandis que les différences des temps des passages des diverses étoiles aux fils perpendiculaires font connaître les différences d'ascension droite, les temps employés à passer d'un fil perpendiculaire à un fil incliné font connaître les différences des distances au sommet de l'angle formé par les fils. On peut donc par là obtenir sans micromètre les différences de déclinaison des étoiles qui passent dans le champ de l'instrument. On calcule ces différences de déclinaison en supposant d'abord que toutes les étoiles ont marché dans le champ avec la même vitesse ; puis avec ces premières différences on fait une petite correction provenant de ce que la vitesse apparente est proportionnelle au cosinus de la déclinaison. Par cette correction, on ramène les temps employés à passer du fil perpendiculaire au fil incliné à ce qu'ils auraient été si toutes les étoiles observées dans le même champ s'étaient mues avec la même vitesse qu'une étoile de déclinaison connue à laquelle on les compare ; après quoi un nouveau calcul donne les différences exactes de déclinaison.

Il est évident d'ailleurs qu'on peut modifier de diverses manières les dispositions relatives des fils du réticule. L'observation de deux étoiles connues de déclinaison différente fait connaître l'inclinaison des fils, élément qui entre dans le calcul. Ce que

nous venons de dire suffit pour faire comprendre le procédé, et les
calculs sont trop faciles pour que nous nous y arrêtions plus longtemps.

157. — On a aussi imaginé de placer au foyer principal de l'objectif d'une lunette une lame de verre sur laquelle sont tracés un
ou plusieurs cercles concentriques. La lunette étant fixe, si on note
les heures auxquelles les étoiles qui traversent son champ rencontrent les deux côtés d'un même cercle, la moyenne est l'heure à
laquelle ces astres auraient passé à un fil perpendiculaire au mouvement diurne, et conséquemment la différence de ces moyennes
pour diverses étoiles fait connaître les différences d'ascension
droite. Si on observe le temps employé par une étoile de déclinaison connue pour parcourir le diamètre du cercle, on en peut déduire le diamètre de ce cercle de la même manière qu'on obtient
l'intervalle des fils de la lunette méridienne (n° 33). Le diamètre
étant connu, on peut, d'après le temps qu'une étoile emploie pour
décrire une corde, calculer la longueur de cette corde, et le rapport de cette longueur au diamètre fait connaître le sinus de l'arc
sous-tendu, arc dont le cosinus est alors la différence de déclinaison de l'étoile et du parallèle sur lequel est dirigé l'axe optique
de la lunette. Si une étoile connue passe dans le champ, on pourra
donc calculer la déclinaison de ce dernier parallèle, et on en déduira la déclinaison de toutes les autres étoiles qui traverseront le
champ, pourvu qu'on note les instants de leurs passages par les circonférences des cercles. Ici, comme dans le cas des fils inclinés, on
suppose d'abord que les étoiles traversant le champ ont toutes la
même vitesse, ce qui donne les déclinaisons approchées ; à l'aide
de ces dernières on réduit les temps employés à décrire les cordes
à ce qu'ils auraient été dans le cas de vitesses égales à la vitesse
d'une étoile qui aurait eu la déclinaison voulue pour parcourir le
diamètre, et par un second calcul on a les déclinaisons exactes.

Le système de réticule que je viens de décrire porte le nom de
micromètre circulaire. Pour la détermination des différences d'ascension droite et de déclinaison, une lunette qui en est munie
remplit, quelle que soit sa monture, le même rôle qu'une lunette
montée parallactiquement. Si on veut appliquer cette lunette à
l'observation d'une comète par la méthode du n° 112, il faut, à
l'aide du mouvement diurne de cette dernière en ascension droite,
mouvement déduit de deux observations à des jours différents, ra-

mener les temps employés à parcourir la corde à ce qu'ils auraient été si la comète n'avait pas eu de mouvement propre. Puis on calcule les déclinaisons approchées qui avaient lieu en ces deux jours différents. Leur différence fait connaître le mouvement approché en déclinaison. On en déduit l'angle du mouvement apparent de la comète avec le mouvement diurne, et il est facile de trouver la petite correction qui en résulte pour la longueur de la corde, longueur qu'on ramène à ce qu'elle aurait été si l'astre n'avait pas eu de mouvement propre; après quoi on peut calculer les déclinaisons exactes. Dans ce cas, il est important de reconnaître les étoiles de comparaison à l'aide d'une bonne carte du ciel; pour cela on s'aide des configurations que les étoiles forment entre elles.

Je ne m'étendrai pas davantage sur l'emploi du micromètre circulaire, je me contente de l'indiquer ici, parce qu'au besoin l'ouverture du champ peut tenir lieu de ce micromètre, et il est bon que ce fait soit connu des observateurs.

158. — La lunette zénithale dont il nous reste encore à parler, est une lunette qu'on assujettit fixement de telle sorte que son axe optique soit rigoureusement vertical. Elle est destinée à observer dans le voisinage du zénith. Le procédé ancien pour rendre vertical l'axe d'une lunette visant au zénith consiste à employer une lunette auxiliaire située au-dessus de la première. On rend vertical l'axe optique de cette lunette auxiliaire à l'aide d'un pointé au nadir sur l'image de ses fils réfléchie par un bain de mercure, en suivant pour cela la méthode du numéro 50. On pointe ensuite la lunette zénithale sur la lunette auxiliaire qui remplit pour elle le rôle de collimateur, après quoi on enlève cette seconde lunette et la lunette zénithale à son axe optique vertical en même temps que son objectif est dirigé en haut. Le nouveau procédé, qui est dû à M. Porro, est bien préférable; il consiste dans l'emploi du bain d'eau dont nous avons parlé dans le n° 57, bain qu'il suffit de placer au-dessus de la lunette zénithale, et la seconde lunette devient inutile. Dans ce cas, les observations ont lieu à travers le bain d'eau lui-même, et cette circonstance fait que, pourvu que les fils de la lunette se réfléchissent sur eux-mêmes, le défaut de parallélisme des deux faces de la glace formant le fond du bain est sans importance, car la réfraction par cette glace est la même pour les rayons lumineux verticaux venant des astres et pour les rayons verticaux émanés des fils et réfléchis sur eux-mêmes

par la surface de l'eau. Le renversement de la glace dont nous avons parlé dans le n° 57 devient donc inutile dans ce cas.

Le but de la lunette zénithale est d'observer les plus courtes distances zénithales des étoiles passant dans le voisinage du zénith, afin d'en déduire les latitudes lorsqu'on connaît les déclinaisons des astres observés. Dans ce but, la lunette zénithale est munie d'un micromètre. Cette lunette peut aussi donner l'heure si on la munit de fils perpendiculaires au mouvement diurne, et elle n'a pas à craindre les erreurs d'axes des autres instruments. Elle est toutefois peu employée. Elle pourrait cependant servir avec avantage à l'étude des parallaxes de quelques étoiles, à la condition de choisir des stations où ces étoiles passent au zénith. La lunette zénithale permettrait encore de faire certaines observations sur la constance des latitudes, et sur les variations qu'éprouve avec la saison la réfraction zénithale due au défaut d'horizontalité des couches d'air de l'atmosphère.

DES INSTRUMENTS DESTINÉS A LA MESURE DU TEMPS.

159. — Les instruments employés en astronomie pour la mesure du temps sont de deux sortes : les uns non portatifs, les autres portatifs; les premiers sont les horloges dont la marche, réglée par les oscillations d'un pendule, est entretenue par la chute d'un poids; les seconds sont les chronomètres dont le mouvement est réglé par les oscillations d'un balancier circulaire rendu oscillant à l'aide d'un ressort spiral remplissant pour ce balancier les fonctions de la pesanteur pour le pendule. Le mouvement est d'ailleurs entretenu par le débandement d'un ressort.

Il n'entre pas dans le plan de cet ouvrage de donner la description des horloges et des chronomètres, description qui appartient à la mécanique. Nous n'avons en vue que ce qui regarde l'observateur, c'est-à-dire la connaissance des précautions relatives à l'emploi de ces instruments et à leur comparaison.

160. — Comme nous l'avons vu, les horloges astronomiques jouent un grand rôle dans les observations, notamment dans les observations à la lunette méridienne, où elles servent à la détermination des différences d'ascension droite. Malheureusement, malgré le degré de perfectionnement auquel les artistes sont par-

venus dans la construction des horloges, celles-ci laissent encore
beaucoup à désirer, et parmi leurs défauts, il y en a auxquels la
mécanique ne peut remédier. Ainsi on a bien, en profitant de la
propriété des métaux de se dilater inégalement, trouvé le moyen
de compenser l'allongement que la température tend à produire
sur le pendule, en recourant à l'emploi de tiges inverses qui relèvent par leur dilatation le centre de gravité de ce pendule à mesure
que l'allongement de la tige tend à l'abaisser ; par cette disposition, la distance entre le point de suspension et le centre de gravité semble devoir rester constante ; mais pour que cette constance
existât, il faudrait que la température des deux métaux employés
variât avec la même vitesse lors des changements de température
auxquels le système est soumis, et c'est ce qui n'a pas lieu. Pour
parer à cet inconvénient, M. Laugier a eu l'ingénieuse idée de
donner aux tiges des deux métaux un diamètre inégal, par exemple, d'employer des tringles plus grosses pour celui des deux
corps qui s'échauffe le plus vite. Toutefois cela ne suffit pas encore
à cause de la propriété des métaux en vertu de laquelle ils ne se
dilatent pas d'une manière continue sous l'influence d'un accroissement continu de température, mais s'allongent par sauts brusques successifs. Il résulte de cette propriété que la marche d'une
horloge présente toujours des anomalies, car la compensation
n'est produite que comme résultat moyen au bout d'un certain
temps, et n'a pas lieu d'une manière incessante à chaque moment.
En outre la marche des horloges astronomiques est influencée par
la variation des frottements avec la température et l'humidité,
surtout à cause du changement de fluidité des huiles. Elle est également modifiée par la variation de la pression atmosphérique,
et, malgré tous les soins apportés à la construction, par certaines
inégalités d'action du moteur lui-même. Il n'est pas jusqu'au
magnétisme terrestre qui n'exerce une petite influence. On sait en
effet qu'un corps en mouvement éprouve une résistance en présence d'un corps magnétique. La terre constitue un corps de cette
nature, et les variations périodiques de l'intensité magnétique du
globe et surtout les grandes perturbations magnétiques ne sont pas
sans action.

Parmi ces diverses causes de variation des horloges, causes
qu'on ne peut toutes éliminer, même en plaçant ces instruments
dans une enceinte de température invariable, il y en a de pério-

diques et qui ont la durée du jour pour période. De là, des anomalies périodiques qu'on reporte sur le ciel lorsqu'on suit la méthode de la lunette méridienne. Comme, aux diverses époques de l'année, les mêmes astres passent au méridien à des heures différentes de la période diurne, il est bien vrai que ces effets s'affaiblissent dans les moyennes, mais la grandeur des périodes n'étant pas la même dans toutes les saisons, les erreurs ne s'anéantissent pas.

Ces quelques considérations montrent que la mesure du temps est, comme précision, beaucoup inférieure à celle des arcs, pour lesquels nous avons vu que toutes les erreurs instrumentales peuvent être éliminées. Autant que possible, il faut donc dans les observations précises destinées à fixer la position des astres, choisir les procédés dans lesquels la marche des horloges intervient le moins.

161. — Au point de vue de la précision, les chronomètres sont encore inférieurs aux horloges. La compensation de leurs balanciers contre les variations de température offre tous les mêmes inconvénients que celle des pendules des horloges, et en plus il y a la variation d'élasticité du ressort spiral, tandis que la pesanteur est constante. Tout ce que nous avons dit à propos des pendules relativement à l'action de la pression barométrique, à celle des variations magnétiques et des changements de fluidité des huiles, enfin à la variation des frottements par la température et l'humidité est également applicable aux chronomètres. Mais les inégalités d'action du moteur sont dans ces derniers instruments beaucoup plus grandes encore que dans les horloges, car le ressort ne donne pas une force constante comme la pesanteur, et les changements de sa puissance avec la quantité dont il est bandé, interviennent toujours un peu malgré l'emploi de l'appareil nommé *fusée*, appareil qu'on adjoint au ressort pour maintenir l'action aussi constante que possible. Aussi quand un chronomètre doit conserver une marche diurne constante, comme dans le cas où, pour obtenir des déterminations de longitudes, on se propose de transporter avec lui l'heure d'un lieu dans un autre, il est important de le remonter chaque jour à la même heure, afin que le débandement du ressort soit quotidiennement le même. Mais si cette condition tend à conserver constante la marche diurne, abstraction faite de l'effet des autres causes de variation, il reste toutefois une

période diurne dans la marche de l'instrument, période qui n'est pas annulée.

162. — A bord des navires, les chronomètres sont supportés par un système de suspension à deux axes, nommé *suspension Cardan* et destiné à leur permettre de rester horizontaux malgré les mouvements du navire. Cette condition et l'absence de cahot brusque dans le transport sur mer font que la marche des chronomètres à bord des navires en mouvement se conserve assez régulière. Toutefois, cette marche est généralement un peu différente de ce qu'elle est à terre ou sur le navire en repos dans une bonne rade ou un bon port. Il en résulte que pour avoir, par le transport des chronomètres en mer, la différence des longitudes de deux points, il est utile d'effectuer le double voyage d'aller et de retour. Pour le faire comprendre, supposons que le chronomètre marche plus vite à bord qu'à terre, et admettons que le navire parte de la station qui est à l'est, station dans laquelle on a déterminé de combien le chronomètre avance par jour ; quand on arrive à la seconde station à l'ouest, on détermine de nouveau l'avance qui a lieu par jour, et on suppose que la moyenne des avances diurnes observées dans les deux stations est celle qui a eu lieu dans le trajet. Or, par cette supposition on a compté sur une avance diurne trop faible, de sorte qu'en corrigeant avec cette avance la marche du chronomètre pendant la route, on retranche une quantité trop faible; par conséquent on considère l'heure de la première station donnée par le chronomètre comme plus grande qu'elle n'est réellement. Le second point étant à l'ouest, l'heure y est moins avancée que dans le premier. Après donc avoir déterminé l'heure locale de cette seconde station par des observations astronomiques, la différence avec l'heure de la première station donnée par le chronomètre est trop grande : on obtient conséquemment pour la longitude de la seconde station une quantité trop grande.

Supposons maintenant qu'on effectue le voyage de retour, le chronomètre étant alors destiné à rapporter dans la première station l'heure de la seconde. En prenant pour son mouvement moyen d'avance pendant la route la moyenne des valeurs de ce mouvement déterminées au départ et à l'arrivée lors de ce voyage de retour, on prend de même une quantité trop petite. L'heure de la seconde station donnée à la première par le chronomètre est, si on a mis le même temps à revenir qu'à aller, trop grande d'une quantité égale à celle dont était trop grande à la deuxième station l'heure de la première transportée dans le voyage d'aller. Mais l'heure de la seconde station est plus petite que celle de la première, puisque cette seconde station est à l'ouest : la différence des deux heures sera donc maintenant trop petite, et par conséquent, dans le voyage de retour, on obtiendra une longitude trop faible d'une quantité égale à celle dont on a obtenu cette longitude trop grande dans le voyage d'aller. La moyenne des deux résultats sera donc la longitude exacte.

Mais il ne faut pas perdre de vue que cette conclusion nécessite que les voyages d'aller et de retour soient de même durée, car dans chaque cas les différences sont proportionnelles au nombre de jours de marche. Toutefois, si les deux voyages ne sont pas égaux en durée, on peut encore obtenir la vraie longitude : seulement elle n'est plus la moyenne des deux résultats. Pour le faire voir, soit α l'excès d'avance quotidienne du chronomètre pendant la marche par rapport à son avance quotidienne au repos, et soient t le nombre de jours du voyage d'aller, et t' le nombre de jours du voyage opposé. Le premier voyage a donné une longitude qui, exprimée en temps, est trop grande de αt, le second voyage a donné cette longitude trop petite de $\alpha t'$. En appelant donc λ la différence des deux valeurs obtenues pour la longitude de la station de l'ouest par rapport à celle de l'est, différence qui est connue, on aura $\lambda = \alpha t + \alpha t'$, d'où on tire

$$\alpha = \frac{\lambda}{t + t'}$$

La longitude dans le voyage de l'est à l'ouest diminuée alors de α qui devient ainsi $\dfrac{\lambda t}{t + t'}$ est la longitude de la station de l'ouest par rapport à celle de l'est, c'est-à-dire, en d'autres termes, la différence de longitude des deux stations. Telle est la manière dont doivent être calculées les différences de longitudes données par le transport des chronomètres.

Au moyen des navires à vapeur, les voyages entre des lieux éloignés s'effectuent rapidement. Mais c'est précisément sur les navires à vapeur, où les trépidations de la membrure dues à la machine se font sentir dans tout le batiment, que le mouvement des chronomètres est le plus altéré par la marche du navire. De plus, quand, avec les navires à vapeur, les voyages d'aller et de retour présentent une différence notable dans la durée, cela vient des vents contraires dans un des deux voyages ou du mauvais état de la mer dans l'une des traversées. Or les mouvements du navire n'étant pas les mêmes par vent favorable ou par vent contraire, par mer calme ou par mer agitée, on n'est plus en droit de supposer que α conserve la même valeur dans les deux voyages ; conséquemment la vraie longitude reste indéterminée entre les limites de la différence trouvée dans les deux traversées, différence toujours d'autant plus grande que les deux points sont plus éloignés, et par conséquent d'autant plus grande que le voyage est plus long. Comme les mouvements généraux des vents à la surface de la terre rendent en général différents en longueur les voyages dans le sens de l'est à l'ouest et dans celui de l'ouest à l'est, on voit donc qu'on ne doit compter sur les transports des chronomètres pour la détermination des différences de longitudes que pour des points voisins et pour des traversées de deux ou trois jours au plus.

163. — Cette conclusion, à laquelle nous venons d'arriver sans tenir compte des variations tout à fait anormales de la marche des chronomètres, variations qui se produisent même à terre pendant une durée un peu longue, devient bien plus justifiée encore si on fait entrer ces dernières anomalies en ligne de compte. Toutefois, pour atténuer l'effet de celles-ci autant que possible, on peut emporter un grand nombre de chronomètres et prendre la moyenne des résultats donnés par leur ensemble; on peut même tenir compte d'un grand nombre de voyages d'aller et retour faits avec plusieurs chronomètres. Il est certain que, dans ce cas, les anomalies purement accidentelles disparaissent sensiblement dans la moyenne; mais on ne peut annuler les influences constantes résultant des différences entre les moyennes durées des voyages d'aller et de retour, ni beaucoup d'autres influences constantes qui se produisent surtout quand les stations diffèrent beaucoup en latitude, car, dans ce dernier cas, il y a entre elles de grandes différences dans la température moyenne, dans la pression moyenne barométrique, dans l'intensité du magnétisme ou de la gravité, laquelle agit sur la grandeur des frottements, etc. Pour l'une des traversées, la grandeur des mesures de ces divers éléments climatologi-

ques va en croissant ; dans le voyage opposé elle décroît, et par conséquent les influences qui viennent de l'état de variation dans ces éléments cessent d'être identiques ; et il faut bien remarquer que ce n'est pas seulement par leur grandeur même que les éléments climatologiques agissent sur la marche moyenne, mais encore par la loi et le sens de leur variation. Or le nombre des chronomètres ne peut annuler les effets des causes constantes qui influent sur eux tous.

En ce qui concerne la température, on cherche bien à tenir compte de son effet, quand on veut obtenir la plus grande précision possible ; pour cela on étudie la marche des chronomètres dans des enceintes de diverses températures, et on construit des tables qui donnent la différence du mouvement diurne pour chaque degré de l'échelle thermométrique et du mouvement diurne existant à un certain degré fixe, de façon à tâcher de tenir compte des défauts de compensation. Alors, en ayant égard à la température de l'instrument, température connue à l'aide d'un thermomètre renfermé dans la boîte, on peut à chaque instant tenir compte des excès du mouvement diurne par rapport à la marche déterminée au départ sous une température connue. Mais les tables de correction ainsi construites, quoique diminuant par leur emploi l'étendue des erreurs, ne peuvent pas anéantir entièrement ces dernières, parce que les tables en question se rapportent à des températures fixes, et non à des températures variables dans un état d'accroissement ou de décroissement continu. De plus, quoiqu'on tienne compte des variations de température, l'influence des autres causes de variation de marche n'en persiste pas moins et altère le résultat final.

Ces considérations confirment encore notre conclusion d'après laquelle on ne peut guère employer les chronomètres avec profit à la détermination des différences de longitude, sauf quand il s'agit de points voisins.

Lorsque le transport des chronomètres doit se faire par terre, et surtout dans les pays inconnus ou peu connus, pays où les transports sont difficiles et les voyages très-longs, on ne peut plus, pour déterminer les différences de longitude même de points voisins, compter sur la marche de ces instruments qui sont exposés à trop d'accidents.

164. — Ce que nous avons dit des inconvénients des chronomè-

tres pour déterminer au moyen de leur transport les différences
des longitudes de points éloignés, ne s'applique toutefois qu'à la
fixation des positions qu'on veut connaître avec une grande exactitude. Lorsqu'il ne s'agit que d'avoir la longitude du navire, aujourd'hui les chronomètres du bord la donnent, même pour de
très-longs voyages, avec une précision suffisante pour les calculs
de la route. Dans les voyages très-longs, on voit d'ailleurs de
temps en temps quelque terre dont la position est connue. En mesurant, par les procédés que nous décrirons en traitant de la formation des cartes marines, la distance du navire à un point
dont la longitude est connue, on peut obtenir la longitude vraie
du navire. Alors, en comparant cette dernière avec celle que
donne le chronomètre on en tire l'erreur de ce dernier, c'est-à-dire
la correction à lui appliquer à cet instant pour qu'il donne l'heure
du premier méridien. Dans une longue navigation, cette rectification faite de temps en temps permet, malgré la longueur du
voyage, de conserver toujours au moyen du chronomètre du bord
l'heure du premier méridien, avec une approximation suffisante
pour les calculs de la route ; car la perfection actuelle des chronomètres ne permet pas à l'erreur commise d'atteindre une grande
valeur pendant les intervalles où on ne voit pas la terre.

165. — Lorsque, pour éliminer ou du moins pour réduire
l'influence des anomalies accidentelles des horloges astronomiques
ou des chronomètres, on emploie simultanément plusieurs de
ces instruments, il importe de les comparer entre eux après les
observations. Ordinairement on fait les comparaisons de la manière suivante : Une personne regardant l'aiguille à secondes
de l'instrument qu'on veut comparer aux autres, note la seconde et estime en dixièmes (1) la fraction de seconde marquée

(1) L'estimation de la fraction de seconde en dixièmes se fait facilement
avec les horloges astronomiques qui battent la seconde entière, et avec les
chronomètres qui battent la seconde entière ou la demi-seconde. Pour cela
l'observateur doit battre la mesure en divisant la seconde en deux parties,
ou autrement dit, en deux temps. On voit alors facilement si le tope donné
par une autre personne, ou si le passage d'un astre derrière un fil de la
lunette coïncide avec la seconde ou avec la demi-seconde exacte, auquel cas les
dixièmes à inscrire seraient 0 ou 5. S'il n'y a pas coïncidence, on remarque
si le tope ou le passage a lieu dans la première ou dans la deuxième moitié de
la seconde. Si le passage est à égale distance des deux temps de la mesure, la
fraction à inscrire sera $0^s,25$ dans le premier cas, $0^s,75$ dans le second ; on

par cet instrument, quand une autre personne, par un signal de la voix donné par un monosyllabe, indique qu'un des autres instruments arrive à battre une certaine seconde convenue d'avance. On note ensuite les heures et les minutes correspondantes. Mais il existe une méthode peu connue et bien supérieure à la précédente en précision, c'est celle des coïncidences, qui outre l'avantage de n'exiger qu'un seul observateur, possède en plus celui de donner une véritable mesure au lieu d'une estimation.

166. — Supposons qu'un des instruments qu'on veut comparer ait une marche un peu plus rapide ou plus lente que les autres, de façon, par exemple, à avancer ou retarder d'une seconde en 3, 4, ou 5 minutes environ par rapport à eux. Pour fixer les idées, admettons qu'il avance d'une seconde en 5 minu-

inscrira 0,2 ou 0,3, ou bien 0,7 ou 0,8, suivant qu'on jugera que le phénomène arrivé dans le milieu d'un temps de la mesure serait plutôt plus près de l'origine que de la fin de ce temps ou inversement. Si le phénomène a lieu un peu après le commencement du temps de la mesure ou un peu avant sa fin, mais très-près de ces instants et loin du milieu de la demi-seconde en question, on inscrira 0,1 ou 0,4 pour le premier temps de la seconde, ou 0,6 ou 0,9 pour le deuxième temps. On voit donc que tous les dixièmes de la seconde sont assez nettement caractérisés avec le battement de la mesure à deux temps, battement réglé sur la division de la seconde en deux parties, pour qu'avec un peu d'habitude on puisse assez bien distinguer ces dixièmes les uns des autres. Disons toutefois que presque toujours les observateurs ont une certaine prédisposition à inscrire certains dixièmes, par exemple 0,1 ou 0,9, de préférence aux autres; ce fait montre que le fractionnement de la seconde en dixièmes n'a pas la précision d'une mesure.

Les artistes construisent assez fréquemment des chronomètres qui battent cinq coups en deux secondes. Ce genre de fractionnement de la seconde est très-incommode et amène souvent des erreurs. Les chronomètres qui battent la seconde ou la demi-seconde sont aussi très-préférables, même pour l'estimation des dixièmes, à ceux qui battent le cinquième de seconde, et leur avantage vient de ce qu'avec ces derniers l'origine de la seconde n'est pas assez accentuée pour le comptage. La division en cinquièmes introduit des erreurs en ce qu'on se trompe alors souvent sur celui des battements qui représente l'origine de la seconde.

Dans les observations de passages, quelques personnes fractionnent encore la seconde en tâchant de se représenter par le souvenir la position de l'astre à l'origine et à la fin de la seconde pendant laquelle a lieu le passage, et en estimant la manière dont le fil de l'instrument semble diviser ce petit intervalle parcouru. Cette manière d'estimer la fraction de seconde est beaucoup plus incertaine encore que celle que j'ai décrite d'abord.

tes : alors, toutes les 5 minutes, ce chronomètre aura un battement qui coïncidera avec celui du chronomètre auquel on veut le comparer, et en cet instant si les deux instruments sont rapprochés, leurs battements se confondront en un seul coup frappé. Admettons donc que l'observateur ayant le regard dirigé vers l'un des deux instruments qu'il compare, attende la seconde où cette coïncidence de battement lui paraît la plus parfaite, puis supposons qu'il garde le souvenir du numéro de cette seconde, en continuant toutefois de compter la seconde d'après le battement qu'il continue d'entendre tout en dirigeant le regard vers le second cadran. Quand, à ce second cadran, l'aiguille tombe sur la première division qu'elle rencontre parmi les grandes divisions marquées de 5 en 5, alors l'observateur gardera le souvenir du numéro qu'il compte en même temps que celui du numéro de cette grande division, et retranchant du nombre de secondes donné par cette grande division la différence des deux nombres conservés du premier cadran (savoir celui qui répond à l'arrivée de l'aiguille du second cadran sur la grande division en question, et celui que marquait le premier cadran lors de la coïncidence des battements), il obtiendra le numéro de la seconde du second cadran où a eu lieu la coïncidence des battements. On a donc aux deux instruments les numéros des secondes coïncidentes, et cela un si petit nombre de secondes après cette coïncidence qu'on peut encore voir quelle minute et quelle heure chacun des cadrans marquait en même temps que cette seconde. Les deux instruments se trouvent alors comparés à la seconde exacte sans intervention d'aucune estimation de la fraction de seconde, comme dans le procédé ordinaire que nous avons décrit d'abord.

Si on a plusieurs chronomètres à comparer, supposons qu'on les compare ainsi tous successivement à celui qui a le mouvement d'avance en question et que nous appellerons A. Supposons de plus qu'on répète ces comparaisons tous les jours ou tous les deux jours; soit n l'intervalle des comparaisons pour un de ces chronomètres que nous appellerons B, n étant exprimé en temps du chronomètre A, et soit n' l'intervalle des heures correspondantes donné par le chronomètre B, $\dfrac{(n-n')\,3600}{n}$ sera, si n et n' sont réduits en secondes, le retard horaire du chronomètre B par rapport au chronomètre A, pour la durée d'une heure marquée par le

chronomètre A. A l'aide de ce retard horaire, et des heures correspondantes marquées par les chronomètres A et B à l'instant T
de la comparaison au chronomètre A, on obtiendra sans peine le
retard du chronomètre B sur le chronomètre A à un autre instant
quelconque T' du chronomètre A. On pourra donc calculer le retard de tous les chronomètres pour un même instant quelconque
du chronomètre A, et les différences de ces retards seront les retards relatifs des divers chronomètres, qui se trouveront ainsi
comparés entre eux et avec A, à l'instant, par exemple, d'une
observation à l'un quelconque d'entre eux. Si des comparaisons
sont faites immédiatement avant ou après une observation, l'instant de celle-ci peut alors être donné avec exactitude par tous les
chronomètres.

Ce que nous venons de dire des chronomètres s'applique également aux horloges astronomiques, seulement l'instrument comparateur doit être portatif afin de pouvoir être approché successivement de chacune d'elles. Ce comparateur doit donc consister soit
en un chronomètre, soit en un cadran portatif dont l'aiguille, mue
par l'électricité, ait son mouvement commandé par une horloge
établissant le courant à chaque seconde.

DEUXIÈME PARTIE.

SUR LA DÉTERMINATION DES POSITIONS GÉOGRAPHIQUES ET DES COORDONNÉES DES ASTRES.

167. — Ainsi que je l'ai fait voir dès 1858 dans plusieurs mémoires adressés à l'Académie des sciences, et dans une brochure intitulée *De l'emploi des observations azimutales pour la détermination des ascensions droites et des déclinaisons des étoiles*, lorsqu'il s'agit de porter dans la détermination des coordonnées des astres le maximum de précision qu'on puisse atteindre, les observations azimutales, effectuées dans tous les plans possibles, offrent un grand avantage par rapport aux observations de hauteur. Cela vient de ce que la réfraction et la dispersion de l'atmosphère, ainsi que les flexions des instruments, causes d'erreur agissant sur les observations de distance zénithale, n'exercent aucune influence sur les observations d'azimut. Relativement aux ascensions droites, mon procédé, qui rend d'ailleurs les observations azimutales indépendantes des erreurs de la pendule, donne aussi à ce genre d'observations une grande supériorité par rapport à celles de la lunette méridienne.

Mais les avantages que je viens d'indiquer ont lieu particulièrement pour les observations faites dans des observatoires avec des alt-azimuts fixes et solidement établis. En voyage, dans les longues explorations scientifiques, il est toujours difficile de donner de la stabilité aux instruments établis sur des pieds portatifs en bois ; et souvent même, au milieu des broussailles, on ne peut trouver le moyen d'établir une mire à grande distance pour s'as-

17

surer, afin d'en tenir compte, des variations en azimut de l'instrument. Pour les observations de hauteur, nous avons vu, au contraire, dans le n° 13, que le niveau donne toujours le moyen d'affranchir les observations des effets de l'instabilité du théodolite. L'installation d'un instrument pour des observations de hauteur se fait donc toujours et partout avec facilité et rapidité, tandis que, pour l'azimut, il faut des localités choisies et des préparatifs beaucoup plus longs et impossibles dans la majorité des cas. Or les défauts de stabilité de l'instrument en azimut non-seulement font perdre aux observations azimutales leur supériorité sur celles de hauteur (si on a soin d'éviter de faire celles-ci trop près de l'horizon), mais encore ces défauts exposent à des erreurs beaucoup plus grandes. Les observations de hauteur conviennent donc spécialement aux voyageurs pour la détermination des positions géographiques. Ce sont d'ailleurs les seules observations possibles en mer. Nous devons par conséquent nous en occuper d'une manière spéciale, bien que, je le répète, les observations azimutales doivent être préférées dans les observatoires fixes.

Dans la première partie de cet ouvrage, nous avons vu le moyen de rendre les observations entièrement indépendantes de l'effet des erreurs instrumentales. Mais outre ces erreurs, les observations de hauteur sont altérées par la réfraction due à l'atmosphère ; de plus, pour les astres de notre système solaire elles sont aussi modifiées par les parallaxes. Avant donc d'entrer dans le détail du calcul des observations, nous devons donner les moyens de les affranchir de ces causes d'altération, c'est-à-dire que nous devons d'abord traiter de la réfraction astronomique et des parallaxes.

DE LA RÉFRACTION ASTRONOMIQUE.

168. — Les rayons lumineux qui nous viennent des astres s'infléchissent vers la terre en traversant notre atmosphère, dont les couches sont de plus en plus denses en approchant du sol. Voyant les astres suivant le dernier élément de la trajectoire lumineuse, il en résulte que nous les apercevons plus hauts au-dessus de l'horizon qu'ils ne sont réellement, ou, en d'autres termes, leurs distances zénithales vraies sont plus grandes que leurs distances zénithales apparentes.

Dans la théorie de la réfraction, on considère comme horizontales les couches atmosphériques de même densité. C'est en effet ce qui a lieu dans l'état normal de l'atmosphère, lorsque toutes les conditions sont identiques autour d'un même point. Quelles que soient les anomalies qui peuvent se produire, l'atmosphère s'écarte toujours très-peu de cette constitution, qui représente sensiblement son état moyen.

Il résulte de là que la réfraction élève les astres dans le plan même de leur verticale. Par conséquent, elle n'agit pas sur les azimuts, mais seulement sur les distances au zénith. En ce dernier point, la réfraction est nulle, puisque les rayons lumineux traversent normalement les couches d'air.

169.—Les tables de réfraction publiées dans la *Connaissance des temps* sont calculées à l'aide des formules données par Laplace et déduites des équations que ce savant a établies pour représenter le mouvement d'un rayon lumineux dans l'atmosphère. Les constantes que les formules renferment ont été déduites des observations, et ces constantes établissent l'accord entre les formules théoriques qui donnent la loi des variations de la réfraction suivant les distances au zénith, et les valeurs absolues trouvées pour la réfraction astronomique.

La loi de la variation de la réfraction avec les distances au zénith se simplifie beaucoup quand on ne considère que des distances zénithales inférieures à 75 ou 80 degrés au plus. La formule de Laplace applicable dans ce cas, et qui est donnée dans le tome IV de la *Mécanique céleste*, page 271, est, en appelant R la réfraction, z la distance au zénith, h la hauteur barométrique exprimée en millimètres et réduite à la température zéro, n le coefficient 0,00375 de la dilatation des gaz secs, coefficient trouvé par Gay-Lussac, t la température de l'air de la station en degrés du thermomètre centigrade, et en posant $\frac{h}{760} = 1 + y$,

$$(1) \quad R = \frac{\alpha (1 + y) \tan g\, z}{1 + nt} + \frac{\alpha^2 (1 + y)^2 \sin 1''}{2 \cdot (1 + nt)^2} \cdot \frac{(1 + 2 \cos^2 z) \tan g\, z}{\cos^2 z}$$
$$- \alpha (1 + y) . 0,00125254 \frac{\tan g\, z}{\cos^2 z},$$

formule dans laquelle $\alpha = 60'',616$, valeur déduite par Delambre d'un grand nombre d'observations faites par Piazzi et par lui-même.

On peut donner à cette expression de R une forme plus simple.

Pour cela remarquons qu'on a $1 = \dfrac{1+nt}{1+nt} = \dfrac{1}{1+nt} + \dfrac{nt}{1+nt}$.

Nous pouvons donc multiplier le troisième terme par cette expression de l'unité sans changer rien à la valeur de R, et par là nous pouvons mettre $\dfrac{1+y}{1+nt}$ en facteur commun. Nous remarquerons d'ailleurs que $\dfrac{1+2\cos^2 z}{\cos^2 z} = \sec^2 z + 2 = 3 + \tang^2 z$, puisque $\sec^2 z = 1 + \tang^2 z$; en faisant ces transformations, il nous viendra donc

$$R = \frac{1+y}{1+nt}\left[\left(\alpha + \tfrac{3}{2}\alpha^2 \sin 1''\left(\frac{1+y}{1+nt}\right) - 0,00125254\,\alpha\right)\tang z \right.$$
$$+\left(\tfrac{1}{2}\alpha^2 \sin 1''\left(\frac{1+y}{1+nt}\right) - 0,00125254\,\alpha\right)\tang^3 z$$
$$\left. - nt.\,0,00125254\,\alpha\,(\tang z + \tang^3 z)\right].$$

Remarquons maintenant que y et nt étant toujours de petites fractions, on peut dans les termes en $\alpha^2 \sin 1''$, termes qui sont très-petits, remplacer le facteur $\dfrac{1+y}{1+nt}$ par $1+y-nt$, ce qui revient à négliger les carrés et les produits de nt et de y. En faisant cette substitution et en mettant pour α sa valeur $60'',616$ trouvée par Delambre, il vient

$$\text{(2)} \qquad R = \frac{1+y}{1+nt}\left[60'',566797\,\tang z - 0'',067017\,\tang^3 z\right.$$
$$+ y\,(0'',026721\,\tang z + 0'',008907\,\tang^3 z)$$
$$\left. nt\,(0'',049203\,\tang z + 0'',067017\,\tang^3 z)\right].$$

Dans cette expression, la plus grande valeur que puissent prendre les termes en y et en nt a lieu pour la plus grande distance zénithale à laquelle la formule soit applicable, distance qui est de 78°. Or pour cette distance zénithale on trouve que le coefficient de y devient $1'',0532$; de sorte que si y est égal à 0,1, l'erreur ne serait que d'un dixième de seconde, quantité inférieure aux incertitudes que donne déjà la réfraction à cette hauteur. D'un autre côté, la valeur 0,1 pour y dépasse les plus grandes excursions du baromètre autour de 760 millimètres dans les lieux voisins du niveau de la mer. Dans les constructions des tables, on peut donc négliger le terme en y.

La plus grande valeur du terme en nt, c'est-à-dire sa valeur pour $z = 78°$, est, en mettant pour n sa valeur et en faisant $t = 10°$, égale à $0'',2704$; pour $t = 30°$, ce terme n'atteint encore que $0'',81$. Or, si on remarque que les observations se font toujours entre les températures de $-20°$ et de $+40°$, dont la moyenne est $+10°$, on voit qu'on peut, dans la construction des tables, faire t constant et égal à la moyenne $10°$ des températures d'observation, sans avoir à craindre d'erreur de plus de huit dixièmes de seconde. En faisant cette hypothèse, le terme en nt se réduit à $-0,001845$ tang $z - 0,002513$ tang$^3 z$, et la formule devient simplement

$$(3) \qquad R = \frac{1+y}{1+nt}(60'',564952 \text{ tang } z - 0'',069530 \text{ tang}^3 z).$$

C'est avec cette formule ainsi réduite qu'on calcule les tables de réfraction, depuis le zénith jusqu'à la distance de 75 à 78 degrés.

170. — Lorsque les distances zénithales sont supérieures à 78°, il faut recourir à une autre formule donnée par Laplace t. IV, p. 264 de la *Mécanique céleste*. Cette formule est donnée pour la température 0 et une pression barométrique de 760 millimètres. Elle devient à peu près applicable aux autres pressions et aux autres températures en y multipliant la valeur de R par $\frac{1+y}{1+nt}$.

En y faisant cette addition et remplaçant, comme nous l'avons fait en donnant la valeur de α pour l'équation (1), les secondes décimales employées dans la *Mécanique céleste* par les secondes sexagésimales, la formule de Laplace devient, en conservant aux lettres la signification précédente :

$$(4) \qquad R = \frac{1+y}{1+nt}\bigg[(2106'',00 - 922304'',42 \cos^2 z)\sin z \, e^{T^2}$$
$$\bigg(1 - \frac{2}{\sqrt{\pi}}\bigg(T - \frac{T^3}{3} + \frac{1}{1.2}\frac{T^5}{5} - \frac{1}{1.2.3}\frac{T^7}{7} + \dots\bigg) + 100213'',3 \sin 2z\bigg],$$

formule dans laquelle e est la base des logarithmes hyperboliques et où $T = \dfrac{\cos z}{0,038517935}$ tandis que π représente le rapport de la circonférence au diamètre.

Dans cette formule, si on fait $z = 90°$, alors $\cos z = 0$, $T = 0$ et par conséquent $e^{T^2} = 1$; en même temps la série s'annule; de plus $\sin 2z = 0$, et $\sin z = 1$; la formule se réduit donc à

$$R = \left(\frac{1+y}{1+nt}\right) 2106'',00.$$

Si en même temps le baromètre marque 760 millimètres et si le thermomètre est à zéro, le rapport $\dfrac{1+y}{1+nt} = 1$; conséquemment la formule donne $2106''$ ou $35'\ 6''$ pour la réfraction horizontale à la température 0 et la pression 760 millimètres. Cette réfraction devient $33'\ 47'',9$ à la température $10°$ et à la pression de 760 millimètres de mercure supposé à cette même température de $10°$.

Dans la formule (4), la série $T - \dfrac{T^3}{3} + \dfrac{1}{1.2}\dfrac{T^5}{5} - \dfrac{1}{1.2.3}\dfrac{T^7}{7} \dots$ finit toujours par être convergente quel que soit T. Tant que T est petit, la convergence est très-grande et un petit nombre de termes suffit pour le calcul. Cette série représente le développement de l'intégrale de $dt e^{-t^2}$ prise entre les limites zéro et T, et elle jouit de la propriété d'être alternativement plus grande et plus petite que cette intégrale, suivant que l'on s'arrête à un terme positif ou négatif. Il en résulte qu'en ajoutant à un nombre quelconque des termes de la série la moitié du terme suivant, l'erreur sera moindre que cette moitié. On a donc là un moyen simple de juger du degré d'approximation.

Pour $z = 78°$, limite jusqu'à laquelle on est obligé de recourir à la formule (4), on a $T = 5,4$ environ. Pour cette valeur, on est conduit à prendre un grand nombre des termes de la série. A la page 253 du tome IV de la *Mécanique céleste*, Laplace donne une autre expression du développement de l'intégrale, expression qui devient plus convergente pour les valeurs un peu grandes de T.

171. — En calculant les valeurs de la réfraction horizontale dans l'hypothèse d'une densité de l'air décroissant en proportion géomé-

trique, hypothèse qui suppose une température uniforme dans toute l'atmosphère, Laplace a trouvé une réfraction trop forte. En calculant ensuite dans l'hypothèse d'un décroissement de la densité en progression atmosphérique, il a trouvé une réfraction trop faible. Il a donc admis une hypothèse composée des deux précédentes, et dans laquelle deux indéterminées interviennent. C'est par cette hypothèse mixte et en fixant les valeurs des indéterminées au moyen des observations que Laplace a réussi à obtenir les formules (1) et (4), qui s'accordent assez bien avec les réfractions observées. Plusieurs autres savants se sont occupés de ce sujet, mais les formules de Laplace sont encore jusqu'ici celles qui s'accordent le plus exactement avec les observations. Aussi la table de réfraction insérée dans la *Connaissance des temps,* et dont le calcul est dû à M. Caillet, est calculée avec les formules de Laplace. Cette table donne pour chaque hauteur apparente au-dessus de l'horizon et de 10 en 10 minutes dans la zone des plus grandes variations jusqu'à 14°, et ensuite de degré en degré, jusqu'au zénith, les valeurs de la réfraction à la pression barométrique de 760^{mm} et à la température de 10° pour l'air et pour le baromètre. Une seconde table donne les facteurs par lesquels cette réfraction doit être multipliée pour avoir égard à la température actuelle de l'air et à la pression barométrique réduite à ce qu'elle serait à cette température de l'air. A l'aide de cette table, par une simple interpolation, on trouve rapidement les valeurs de la réfraction pour toutes les distances zénithales. Le facteur thermométrique y est donné depuis — 29° jusqu'à + 50°, et le facteur barométrique depuis 630^{mm} jusqu'à 789^{mm}.

Si on observe dans les montagnes, à des hauteurs où le baromètre est au-dessous de 630^{mm}, on peut facilement calculer le facteur barométrique dont l'expression est $\frac{h}{760}$, h étant la pression barométrique en millimètres.

Quant au signe des corrections, il ne faut pas perdre de vue que pour transformer une distance zénithale apparente en distance vraie, on doit y ajouter la réfraction. La réfraction est, au contraire, à retrancher si on veut transformer une hauteur apparente en hauteur vraie au-dessus de l'horizon.

Si, avec les tables de réfraction, on veut calculer la réfraction correspondant à une distance zénithale vraie, on entre dans la table avec cette distance, et en retranchant de la distance vraie la réfraction ainsi obtenue, on a la valeur très-approchée de la distance zénithale apparente, valeur à l'aide de laquelle on prend de nouveau dans la table la grandeur de la réfraction qu'on retranche ensuite de la distance vraie pour avoir la vraie distance apparente.

172. — Il nous reste maintenant à faire comprendre comment on peut au moyen des observations obtenir la valeur de la réfraction correspondant à diverses distances zénithales, de manière à pouvoir, en égalant l'expression générale de la réfraction aux quantités obtenues par observation (après avoir substitué pour z, dans cette expression, les distances auxquelles ont eu lieu les observations) trouver les valeurs des constantes qui entrent dans les formules.

Une circompolaire passant au zénith, où la réfraction est nulle, a sa déclinaison connue, car celle-ci est égale à la latitude du lieu que d'abord nous supposons connue. Si l'étoile ne passe pas au méridien par le zénith même, mais dans le voisinage immédiat de ce point, on peut encore connaître sa déclinaison, car la réfraction est presque nulle dans le voisinage du zénith, où on sait qu'elle est à peu près d'autant de secondes que la distance au zénith a de degrés. On peut donc faire à la distance zénithale observée une petite correction provisoire pour la réfraction ; et ensuite la latitude du lieu, plus la distance zénithale de l'étoile à son passage, si celle-ci passe au méridien du côté du pôle de l'hémisphère, et moins cette distance, si elle passe du côté opposé, est la déclinaison de cette étoile.

La déclinaison étant connue, si on considère l'étoile en un point quelconque de son cours, on connaît deux côtés dans le triangle formé par le pôle, le zénith et l'astre, savoir : la distance polaire de l'étoile et la distance polaire du zénith, complément de la latitude ; de plus si on a noté l'heure du passage méridien, l'heure de l'observation fait connaître l'angle compris entre ces deux côtés, lequel angle n'est autre que l'angle horaire de l'étoile. On peut donc calculer le troisième côté qui donne la distance vraie au zénith. La différence avec la distance zénithale observée est la valeur de la réfraction.

Ce procédé suppose la latitude connue ; on l'obtient par les observations méridiennes des passages supérieurs et inférieurs d'une étoile voisine du pôle, en adoptant une valeur provisoire de la réfraction, sauf à modifier ensuite celle-ci, d'après une première approximation des tables de la réfraction, pour faire accorder entre eux les résultats obtenus par l'observation de diverses étoiles polaires. En rectifiant ainsi progressivement la valeur admise pour la latitude à mesure qu'on corrige les tables de réfraction, on arrive à la fin à connaître la latitude du lieu et les valeurs des constantes de la réfraction astronomique.

On pourrait aussi obtenir la déclinaison des circompolaires au moyen de l'observation de leurs azimuts extrêmes. Des observations d'azimut, sur lesquelles la réfraction n'agit pas, peuvent, au reste, donner à la fois la latitude du lieu et la déclinaison des étoiles. Après quoi la méthode que nous venons d'indiquer et qui suppose la latitude connue, devient très-facile d'application. Les anciens astronomes ont employé le procédé plus laborieux que nous avons signalé d'abord.

Quand, par le procédé que nous avons indiqué, la constante α de la réfraction pour la formule (1) est connue, on peut avoir facilement la latitude du lieu et les déclinaisons des étoiles par des observations de hauteur faites dans les limites où cette formule est applicable. Observant ensuite les mêmes astres à l'horizon, et calculant aux instants d'observation leurs distances zénithales vraies par la méthode ci-dessus, on a la valeur de la réfraction horizontale qui sert à construire la formule (4).

Nous ajouterons ici que M. Babinet a donné, dans les *Comptes rendus*, une nouvelle formule de la réfraction. En partant du pouvoir réfringent de l'air, il arrive directement à la valeur trouvée par les observations pour la réfraction à l'horizon. Il serait intéressant de réduire en table les formules de l'illustre savant.

173. — La formule (4) de Laplace repose sur une hypothèse relative à la loi du décroissement de la densité de l'air à mesure que les couches atmosphériques sont plus élevées. D'un autre côté, les coefficients ne sont en réalité que des fonctions de deux constantes seulement, constantes que les réfractions observées à 45° et à l'horizon déterminent. Il résulte de là, pour cette formule, un inconvénient très-notable. Cet inconvénient consiste en ce que, si l'hypothèse sur laquelle repose la formule n'est pas rigoureusement exacte, et elle ne l'est pas puisque cette hypothèse ne satisfait pas au décroissement de la température observé dans les régions inférieures de l'atmosphère, la formule ne sera

rigoureuse que pour les deux distances zénithales auxquelles on l'assujettit à satisfaire, et elle pourra pour toutes les autres donner de petites erreurs. Ces erreurs seront à peu près insensibles, il est vrai, entre les distances zénithales 0 et 70°, parce que dans cet intervalle, comme on peut facilement le démontrer, la réfraction est presque complétement indépendante de la loi du décroissement de la densité de l'air (sans l'être toutefois tout à fait rigoureusement). Mais dans le voisinage de l'horizon, les erreurs peuvent devenir très-notables.

Des observations que j'ai faites à Olinda sur la réfraction entre 80° et 90°, m'ont donné des différences avec la formule de Laplace. On ne peut parvenir, en changeant uniquement les coefficients de la formule, à corriger de ces différences les tables de réfraction. Il faudrait donc appliquer empiriquement les corrections à ces tables. Mais si on faisait ce travail empiriquement, à quoi alors servirait la formule ! Autant dans ce cas faire empiriquement la table de réfraction elle-même, puisque la table corrigée ne représenterait plus la formule primitive.

Cette circonstance m'a engagé à reprendre la théorie de la réfraction astronomique, et je suis parvenu à découvrir une formule très-simple qui peut être amenée à l'accord le plus parfait avec les observations.

174. — Pour parvenir à démontrer cette formule, nous examinerons d'abord la loi de la réfraction astronomique telle qu'elle est produite par une atmosphère limitée dont la densité décroît en progression arithmétique, et ensuite, nous verrons le moyen de passer de ce cas hypothétique au cas de l'atmosphère réelle.

Nous considérerons provisoirement la terre comme sphérique ; nous appellerons r son rayon et h la hauteur totale de l'atmosphère.

On démontre en physique que la loi de la réfraction des rayons lumineux, en passant d'un milieu dans un autre, consiste en ce que les sinus des angles d'incidence et de réfraction sont dans un rapport constant. Nous appellerons n ce rapport pour les rayons passant d'une couche atmosphérique très-mince d'épaisseur δh dans la couche située au-dessous d'elle, cette couche étant supposée assez mince pour qu'on puisse regarder sa densité comme constante. Comme le coefficient n est d'ailleurs proportionnel aux différences de densité des couches successives de l'atmosphère, et comme ces différences de densité entre deux couches successives sont supposées constantes depuis le sol jusqu'à la limite atmosphérique, puisque nous supposons le décroissement de densité en progression arithmétique, il en résulte que le coefficient n est constant dans toute l'épaisseur de l'atmosphère.

Si donc nous considérons la couche atmosphérique dont la limite supérieure est à la hauteur h et dont l'épaisseur est δh, et si nous appelons z' l'angle que le rayon incident atteignant cette couche forme avec la verticale au point où il l'atteint, on a, en nommant z l'angle du rayon réfracté avec la même verticale,

$$\sin z' = n \sin z.$$

n est plus grand que 1, puisque l'angle d'incidence est plus grand que l'angle de réfraction ; nous ferons donc $n = 1 + \alpha$, et α est une quantité très-petite puisque la différence de densité des deux couches consécutives très-minces est très-petite. Si nous faisons maintenant $z' = z + \beta$, β sera alors la réfraction occasionnée par la couche δh, puisque c'est la différence des angles z' et z, c'est-à-dire l'angle des rayons réfléchis ou réfractés. En substituant ces valeurs de z' et de n dans l'équation précédente, il vient

$$\sin (z + \beta) = (1 + \alpha) \sin z,$$

ou en développant $\sin (z + \beta)$ et remarquant que $\cos \beta = 1$ et $\sin \beta = \beta$, quand l'épaisseur de la couche tend vers zéro, auquel cas α tend vers zéro, il vient

(a) $$\beta = \alpha \tang z.$$

En considérant cette expression de β, il semble que β peut prendre une valeur appréciable quand z tend vers 90°, auquel cas $\tang z$ tend vers l'infini, et dès lors il semble que la substitution de l'unité à $\cos \beta$, dans le développement de $\sin (z + \beta)$, substitution qui revient à négliger un terme de l'ordre de β^2, cesse d'être légitime. Mais il faut remarquer que, quelque grand que l'on suppose $\tang z$, on peut toujours supposer la couche assez mince pour que $\alpha \tang z$ soit très-petit et du premier ordre, donc l'équation $\beta = \alpha \tang z$ est toujours rigoureuse pourvu qu'on regarde α comme infiniment petit, et alors β reste un infiniment petit du premier ordre. Cette considération légitime

l'équation en question dont la formation est d'ailleurs conforme
aux principes du calcul différentiel.

Prenons maintenant l'expression du chemin parcouru dans la
couche d'épaisseur δh par le rayon qui y entre en faisant l'angle z
avec la verticale. En appelant x' ce chemin, et remarquant que le
rayon supérieur de la couche est $r + h$ et le rayon inférieur
$r + h - \delta h$, et en posant pour abréger $r + h = r'$, nous aurons
l'équation suivante dans le triangle rectiligne formé par ces deux
rayons et par le trajet x

$$(r' - \delta h)^2 = r'^2 + x^2 - 2\,r'\,x \cos z,$$

ou en développant $(r' - \delta h)^2$, et remarquant que le carré de
δh est négligeable par rapport à $r'\delta h$,

$$2r'\delta h = 2\,r'\,x \cos z - x^2,$$

équation que nous pourrons mettre sous la forme

$$(b) \qquad x = \frac{2r'\delta h}{2r' \cos z - x} = \frac{\delta h}{\cos z - \dfrac{x}{2r'}}.$$

x est une quantité très-petite, car c'est le chemin fait par le
rayon dans la couche d'épaisseur δh, et ce chemin devient même
infiniment petit, si on fait tendre δh vers zéro, c'est-à-dire si on
le considère comme la différentielle dh. La plus grande valeur du
trajet x dans la couche δh a lieu en effet, quand, à la limite inférieure de cette couche, le rayon est horizontal. Dans ce cas, on a
$x^2 = 2r'\delta h$, d'où $\dfrac{x}{2r'} = \sqrt{\dfrac{\delta h}{2r'}}$, quantité infiniment petite quand
on substitue à δh la différentielle dh. Tant que $\cos z$ a une valeur
appréciable, on peut donc négliger $\dfrac{x}{2r'}$ par rapport à ce cosinus, et
alors on a $x = \dfrac{dh}{\cos z}$. Mais quand on fait tendre $\cos z$ vers zéro, on
peut toujours, quelque petite que soit la valeur qu'on lui attribue,
donner à δh une valeur considérablement plus petite encore, et
telle que $\sqrt{\dfrac{\delta h}{2r'}}$ soit négligeable par rapport à la valeur actuelle
de $\cos z$. Donc l'équation $x = \delta h \sec z$ continue d'exister quand

z tend vers 90°, pourvu qu'on fasse tendre en même temps vers zéro l'épaisseur δh de la couche, c'est-à-dire pourvu qu'on substitue à δh la différentielle dh. Nous pouvons donc éliminer cos z entre cette dernière équation et l'équation (a), et il vient

$$(c) \qquad \beta = x \frac{\alpha}{d h} \sin z.$$

Or, dans le cas du décroissement de densité en progression arithmétique, α est proportionnel à la différence de densité entre deux couches consécutives d'épaisseur dh, il est donc proportionnel à dh, et en posant $\alpha = kdh$, k étant une constante, l'équation précédente se réduit à

$$(d) \qquad \beta = x k \sin z.$$

L'angle z formé par le rayon lumineux avec la verticale de son point d'entrée dans chaque couche atmosphérique, n'est pas constant dans toute l'épaisseur de l'atmosphère. Il y a deux causes qui le font varier. L'une d'elles est l'inflexion du rayon vers la terre par l'effet de la réfraction elle-même, à mesure que ce rayon pénètre plus profondément dans l'atmosphère. Cette première cause tend à faire croître l'angle z à mesure qu'on considère le rayon à une distance plus grande de son point d'arrivée à la surface du sol. L'autre cause de variation de l'angle z est l'angle des verticales elles-mêmes aux divers points de la trajectoire du rayon lumineux. Or, l'angle formé par ces verticales et par celle du point de départ allant en croissant à mesure que la trajectoire s'éloigne de la surface terrestre, et l'angle z en un point quelconque de la trajectoire très-peu courbe, et que pour fixer les idées nous pouvons regarder un instant comme rectiligne, étant égal à l'angle z que cette trajectoire possède à la surface du sol, moins l'angle formé par la verticale en un point quelconque de cette trajectoire et la verticale du point où celle-ci coupe le sol, on voit que par l'effet de cette seconde cause, contrairement à celui de la première, l'angle z tend à diminuer à mesure qu'on considère la trajectoire en un point plus éloigné de son point d'arrivée.

Si on considère une atmosphère très-basse dont la densité décroisse en progression arithmétique, les variations de z dues à la seconde cause que nous venons d'examiner seront très-petites, et comme l'atmosphère terrestre est en réalité très-basse par rapport au rayon de la terre, cette hypothèse se rapproche beaucoup de la réalité. Les variations de z dues à l'une et l'autre des deux causes que nous avons examinées, sont très-petites quand dans la couche inférieure de l'atmosphère l'angle z est petit. L'une et l'autre de ces variations se réduisent alors à quelques secondes, et comme la variation réelle de z est leur différence, cette variation réelle est plus petite que la plus grande de ces deux variations particulières. On voit donc que nous pouvons, sans erreur sensible, regarder z comme constant, tant que cet angle z est . petit.

Mais, d'un autre côté, les variations de z dans les diverses couches atmosphériques, variations dues à l'une et à l'autre des deux causes considérées, ne prennent de valeur un peu grande qu'à partir de 80° pour la valeur de z (dans la couche inférieure de l'atmosphère), et encore, à cette distance zénithale, ces variations sont, pour la première cause de variation, de moins de 6′, et par l'effet de la seconde cause de variation, elles restent d'un nombre de minutes inférieur à un demi-degré, du moins pour toute la partie dense de l'atmosphère. Donc la variation totale n'excédera guère une vingtaine de minutes. Or, pour une valeur de 80°, la variation du sinus est déjà bien petite pour une variation aussi petite de l'arc. Enfin, quand en approchant tout près de 90°, les variations peuvent atteindre un degré, le changement de la valeur du sinus pour cet ordre de variation de l'arc est devenu presque négligeable. Il en résulte donc que dans l'équation (d) on peut sans erreur appréciable regarder toujours sin z comme constant, quel que soit z, et on peut donner alors à ce sinus la valeur répondant à la couche inférieure de l'atmosphère, c'est-à-dire à la distance zénithale apparente de l'astre pour lequel on veut la valeur de la réfraction.

En introduisant donc cette condition dans l'équation (d) lorsqu'on l'appliquera à toutes les couches atmosphériques, on n'aura plus que β et x de variables en passant d'une couche à une autre. Or x est l'élément de la trajectoire du rayon lumineux dans la couche considérée, et β est la réfraction due à cette couche. En faisant donc la somme des équations relatives à toutes les couches atmosphériques, la somme des β représentera la réfraction due à l'atmosphère entière, et la somme des x la longueur de la trajectoire du rayon lumineux dans cette dernière. En appelant donc R

la réfraction totale et S la longueur de la trajectoire en question,
on a

$$R = S\,k \sin z.$$

Cette dernière équation, qui, comme on le voit, n'est autre que
l'intégrale de l'équation (d) dans laquelle en réalité $\beta = d$R et
$x = d$S dans les cas où on fait sin z constant, peut encore être
simplifiée. En effet, la trajectoire du rayon lumineux est très-peu
courbe, puisque ses deux éléments extrêmes ne font entre eux que
l'angle R, qui pour l'horizon même n'est que de 35 minutes environ, et cependant cette trajectoire est alors très-longue et égale
à un assez grand nombre de fois la hauteur de l'atmosphère. On
peut donc substituer sans erreur sensible à la longueur de cette
trajectoire celle de sa corde, que nous appellerons C. Nous aurons
donc finalement l'équation

(e) $$R = C\,k \sin z.$$

175. — Cela posé, passons maintenant au cas de l'atmosphère
réelle, et supposons celle-ci partagée en une série de couches
horizontales réfractant toutes également, c'est-à-dire possédant
entre elles des différences égales dans l'indice de réfraction. Ces
couches ne seront plus maintenant égales en épaisseur, comme
dans le cas du décroissement de la densité en progression arithmétique. La loi de la variation de l'épaisseur de ces couches nous
est inconnue pour toutes les régions supérieures de l'atmosphère,
et nous ne ferons sur elle aucune hypothèse. Mais quelle que soit
cette loi, nous pouvons effectuer sur une des couches infiniment
petites les raisonnements qui nous ont conduit à l'équation (c).
Seulement nous ne pourrons plus passer de l'équation (c) à l'é-
quation (d) de la même manière que dans le cas du décroissement en progression arithmétique, car le rapport $\dfrac{\alpha}{dh}$ n'est plus
constant.

Appelons donc dh_1 l'épaisseur de la couche en contact avec le
sol, et $\mu.dh_1$ l'épaisseur de la couche de hauteur, h possédant pour
son indice de réfraction par rapport à la couche reposant sur elle
le même excès α sur l'unité que la couche en contact avec le sol
par rapport à celle qui repose sur elle. Nous aurons $dh = \mu.dh_1$,

μ étant un coefficient variable d'une couche à une autre. Substituant cette valeur de dh dans l'équation (c), et remarquant que le rapport $\dfrac{\alpha}{dh_i}$ est constant et n'est autre que le rapport k, qui aurait lieu si le décroissement de la densité était en progression arithmétique, nous aurons

(f) $$\beta = \frac{x}{\mu} k \sin z.$$

x représente toujours le chemin parcouru sous l'angle z par le rayon dans la couche d'épaisseur $\mu.dh_i$; si cette couche n'avait eu que l'épaisseur dh_i ce chemin aurait donc été seulement $\dfrac{x}{\mu}$, car dans une couche sphérique d'épaisseur infiniment petite et de très-grand rayon, on peut, quel que soit l'angle z sous lequel elle est traversée par un rayon lumineux, considérer le chemin parcouru par ce rayon dans la couche comme proportionnel à l'épaisseur de cette dernière; en effet nous avons vu qu'on a $x = \delta h \sec z$ (même pour z tendant vers 90°), quand δh est infiniment petit et devient la différentielle dh.

Ainsi, en posant $\dfrac{x}{\mu} = x'$, x' est le chemin que le rayon lumineux parcourrait dans chaque couche en supposant que celle-ci restât à la hauteur qu'elle possède dans l'atmosphère réelle, mais vînt en se contractant à se réduire à l'épaisseur constante dh_i qu'elle posséderait dans le cas du décroissement de la densité de l'air en progression arithmétique. Il est évident d'ailleurs que, par cette réduction de leurs dimensions sans changement de hauteur, les couches deviendraient séparées les unes des autres et formeraient des enveloppes sphériques ayant pour centre commun celui de la terre. Ici encore, par les raisons que nous avons exposées précédemment, nous pouvons dans la formule (f), sans erreur appréciable, regarder sin z comme constant pour toutes ces couches.

Considérons le rayon qui traverse la couche d'épaisseur dh en faisant en entrant dans cette couche l'angle z avec la verticale de son point d'entrée. Prolongeons rectilignement ce rayon jusqu'à sa rencontre avec la surface terrestre, et soit z' son angle avec la verticale en ce point de rencontre. Dans le triangle formé par le rayon $r + h$ de la couche, le rayon r de la terre et le rayon lumineux que nous venons de considérer, on a entre les angles z et z' la relation

(g) $$\sin z = \frac{r}{r+h} \sin z'.$$

Supposons maintenant que, z' restant constant, nous fassions un peu varier h, et cherchons la variation correspondante de z, ce qui revient à différencier l'équation précédente, nous aurons

$$\cos z \, dz = -\frac{r\,dh}{(r+h)^2} \sin z',$$

ou, en remplaçant sin z' par sa valeur en sin z tirée de l'équation (g);

$$dz = -\frac{dh}{r+h} \tang z.$$

Par l'effet de la réfraction produite par les couches comprises entre la surface du sol et la couche de hauteur h, l'angle z sous lequel le rayon lumineux traverse cette dernière couche est différent de l'angle z'' que ferait le rayon si, à partir du point d'observation, il continuait sa marche rectiligne. La différence est égale à la somme des valeurs de β pour toutes les couches inférieures à la couche considérée, valeurs qui, d'après l'équation (a), sont de la forme α tang z. Or, z variant peu entre toutes ces couches, on peut regarder cette somme des valeurs de β comme différant peu d'un facteur constant multiplié par tang z, z ayant la valeur répondant à la couche de hauteur h. D'un autre côté, nous venons de voir que, si on fait varier un peu la hauteur de la couche, la variation de l'angle sous laquelle le rayon la traverse est aussi proportionnelle à tang z. Il en résulte que, pour obtenir les valeurs de x' pour toutes les couches, nous pouvons, au lieu de faire varier l'angle z sous lequel ces couches sont traversées par suite de la réfraction existant entre elles et le sol, supposer une variation dans leur hauteur, de telle sorte que nous les regardions comme traversées par un rayon rectiligne partant de la surface du sol en faisant avec la verticale l'angle qui représente la distance zénithale apparente de l'astre : les variations de hauteur alors supposées, et d'ailleurs très-petites, doivent être telles qu'elles fassent traverser ces couches par le rayon rectiligne sous le vrai angle z sous lequel elles sont, à leur hauteur réelle, traversées par le rayon courbe.

18

Si nous appelons C' la somme des chemins ainsi parcourus par ce rayon rectiligne dans toutes les couches ramenées à l'épaisseur $dh_{,}$, C' sera la somme des x' ou $\frac{x}{\mu}$ de l'équation (f) qui a lieu pour chaque couche. Remarquant donc que $k \sin z$ est constant et que la somme des β égale R ou la réfraction astronomique, on voit que la somme des équations (f) pour toute l'atmosphère donnera l'équation

(h) $$R = C' k \sin z,$$

et cette équation (h) n'est autre que l'intégrale de l'équation (f).

Nous arrivons donc à la loi suivante indépendante de toute hypothèse sur la constitution de l'atmosphère.

Dans l'atmosphère réelle, la réfraction est, de même que dans une atmosphère dont la densité décroît en progression arithmétique quand la hauteur augmente suivant la même loi, égale au sinus de la distance zénithale apparente z multiplié par un coefficient constant et par la longueur du trajet effectué dans l'ensemble des couches de cette atmosphère par une ligne droite émanant du sol sous l'angle z avec la verticale, avec la différence toutefois que, dans l'atmosphère réelle, il faut, pour le calcul de ce trajet, supposer les couches atmosphériques ramenées à la même épaisseur que dans le cas du décroissement en progression arithmétique, mais ces couches ne doivent pas être regardées comme contiguës, tandis qu'elles sont contiguës dans le cas de ce dernier décroissement.

176. — Dans ce qui précède, nous avons supposé infini le nombre des couches, et infiniment petite leur épaisseur. Nous allons maintenant montrer qu'on peut, sans erreur, substituer à cette conception un nombre fini de couches d'épaisseur finie, et de plus nous allons faire voir qu'on doit nécessairement satisfaire aux valeurs de la réfraction observées pour toutes les distances zénithales, en supposant ce nombre de couches très-petit et de trois ou quatre au plus.

En effet, quand une couche atmosphérique s'éloigne de la surface de la terre, l'angle sous lequel elle est traversée par un rayon parti de cette surface en faisant l'angle z avec la verticale de son point de départ, diminue. Cet angle augmente, au contraire, si la couche se rapproche de la surface terrestre. Si donc nous considérons la série des couches infiniment petites comprises entre deux élévations au-dessus du sol h' et h'', nous pouvons supposer qu'une partie de ces couches s'abaisse et que les autres s'élèvent entre ces limites, de telle sorte qu'elles deviennent toutes contiguës et ne forment plus qu'une seule et unique couche d'épaisseur finie et égale à la somme de leurs épaisseurs individuelles, couche dans laquelle la ligne partie du sol sous l'angle z fera un chemin égal à la somme des chemins qu'elle aurait faits dans toutes les couches composantes infiniment petites si celles-ci étaient restées à leur hauteur primitive. Il est évident que, pour chaque angle z, cette condition est possible. Mais pour qu'on puisse substituer dans la formule cette couche d'épaisseur finie à la somme des couches infiniment petites, il faut que la hauteur à laquelle la couche finie doit être placée soit la même pour toutes les valeurs de z. Or c'est ce qui a lieu si les limites h' et h'' sont peu différentes.

En effet, si nous appelons h''' la hauteur (au-dessus du sol) de la limite supérieure de la couche finie en question, $r + h'''$ sera le rayon de cette limite. La distance du point A de la surface du sol d'où part, en faisant l'angle z avec la verticale, la ligne droite considérée, au point B où cette ligne sort de la couche en question, se calcule dans le triangle ABO, formé par les points A et B et le centre O de la terre, en remarquant que le côté OA égale le rayon terrestre r, OB égale $r + h'''$, et l'angle BAO égale $180° - z$.

On a donc pour la distance AB

$$(r + h''')^2 = r^2 + AB^2 + 2r \times AB \times \cos z,$$

ou, en développant, $r + h'''$ et négligeant le carré de h''', qui est négligeable par rapport à $2r\,h'''$,

$$2\,rh''' = AB^2 + 2r \times AB \times \cos z,$$

d'où

$$AB = \sqrt{r^2 \cos^2 z + 2r h'''} - r \cos z.$$

La distance AB' comprise entre le point A et le point B' où la même ligne droite coupe la limite inférieure de la couche en question, dont nous appellerons h_t''' la hauteur au-dessus du sol, sera de même

$$AB'^2 = \sqrt{r^2 \cos^2 z + 2r h_t'''} - r \cos z.$$

On aura donc pour la valeur $AB - A'B'$ du trajet de la ligne en question dans la couche considérée, en posant AB — A'B' = X,

$$X = \sqrt{r^2 \cos^2 z + 2 r h'''} - \sqrt{r^2 \cos^2 z + 2 r h_i'''}$$

Si h''' et h_i''' différaient d'une quantité infiniment petite, la différence des deux radicaux serait la différentielle du second radical par rapport à h_i''', et en appelant x cette différentielle, on a

$$x = \frac{r\,dh_i'''}{\sqrt{r^2 \cos^2 z + 2 r\, h_i'''}} = \frac{dh_i'''}{\sqrt{\cos^2 z + \dfrac{2 h_i'''}{r}}},$$

ou, en remplaçant dh_i''' par $h''' - h_i''$,

$$x = \frac{h''' - h_i'''}{\sqrt{\cos^2 z + \dfrac{2 h_i'''}{r}}},$$

expression dans laquelle $h''' - h_i''$ est une différence infiniment petite. Mais cette équation existera encore à des quantités près du 2ᵉ ordre en $h''' - h_i'''$, si, sans être infiniment petite, cette différence $h''' - h_i''$ est seulement très-petite.

Or, pour chaque couche infiniment petite d'épaisseur dh_i, située à la hauteur h comprise entre les hauteurs peu différentes h' et h'', on a de même, pour l'expression du chemin parcouru par le rayon,

$$\frac{dh_i}{\sqrt{\cos^2 z + \dfrac{2h}{r}}}$$

ou, en posant $h = h_i''' + \gamma$, elle devient, en négligeant les quantités du 2ᵉ ordre en γ,

$$\frac{dh_i}{\sqrt{\cos^2 z + \dfrac{2 h_i'''}{r}}} \left(1 - \frac{\gamma}{r \cos^2 z + 2 h_i'''} \right),$$

et la somme pour toutes les couches comprises entre les hauteurs h' et h'' sera, en remarquant que la somme des dh_i est égale à $h''' - h_i'''$, et que h_i''' peut être déterminé de sorte que la somme des γ soit nulle

$$\frac{h''' - h_i''}{\sqrt{\cos^2 z + \dfrac{2h_i'''}{r}}},$$

c'est-à-dire qu'elle sera égale au chemin parcouru dans la couche d'épaisseur finie aux termes près du 2e ordre, c'est-à-dire de l'ordre du rapport de γ^2 et de $(h''' - h_1''')^2$ au carré du rayon de la terre.

Nous pourrons donc considérer l'atmosphère comme composée d'un nombre limité de couches d'épaisseur finie ; et, d'après ce qui précède, en remarquant que pour la couche inférieure en contact avec le sol, et dont nous appellerons h' la hauteur, le trajet est $\sqrt{r^2 \cos^2 z + 2 r h'} - r \cos z$, et que pour une autre couche dont nous appellerons h''' et h'' les hauteurs des limites, le trajet est $\sqrt{r^2 \cos^2 z + 2 r h'''} - \sqrt{r^2 \cos^2 z + 2 r h''}$, nous aurons, pour la valeur de C' de l'équation (h),

$$C' = \sqrt{r^2 \cos^2 z + 2 r h'} - r \cos z$$
$$+ \sum \left(\sqrt{r^2 \cos^2 z + 2 r h'''} - \sqrt{r^2 \cos^2 z + 2 r h''} \right).$$

La somme des épaisseurs des couches sera alors

$$h' + \sum (h''' - h''),$$

et cette somme est une quantité constante.

Pour que la formule (h) donne la réfraction en secondes, nous poserons $k = \dfrac{m'}{h' + \sum (h''' - h'')}$, ce qui rendra la formule (h) homogène, et alors l'expression générale de la réfraction, dans laquelle R, c'est-à-dire la réfraction totale atmosphérique, et m' seront exprimés en secondes, sera

$$(i) \quad R = \frac{m' \sin z}{h' + \sum (h''' - h'')} \left[\sqrt{r^2 \cos^2 z + 2 r h'} - r \cos z \right.$$
$$\left. + \sum \left(\sqrt{r^2 \cos^2 z + 2 r h'''} - \sqrt{r^2 \cos^2 z + 2 r h''} \right) \right].$$

177. — Le nombre des termes sous le signe $\sum$ est resté indéterminé dans notre formule, et cela vient de son caractère particulier de généralité en vertu duquel elle est indépendante de toute hypothèse, et convient à toutes les atmosphères possibles, aussi bien à celles des planètes qu'à celle de la terre. Mais il est facile de reconnaître que la formule satisfera nécessairement aux observations avec un nombre très-petit de termes sous le signe $\sum$.

En effet, si nous mettons r en facteur commun hors des radicaux, chacun des termes sous le signe $\sum$ peut s'écrire

$$r\left(\sqrt{\cos^2 z + \frac{2\,h'''}{r}} - \sqrt{\cos^2 z + \frac{2\,h''}{r}}\right).$$

Or les fractions $\dfrac{2\,h''}{r}$ et $\dfrac{2\,h'''}{r}$ sont extrêmement petites, car la hauteur totale de l'atmosphère est très-petite par rapport au rayon de la terre, et les diverses valeurs de h''' et de h'' sont moindres que cette hauteur. Dans le développement des radicaux, dès que $\cos z$ a une valeur un peu grande, les carrés des fractions $\dfrac{2\,h''}{r}$ et $\dfrac{2\,h'''}{r}$ seront presque négligeables, et la différence des deux radicaux se réduit à très-peu près aux termes du 1ᵉʳ ordre en h''' et en h'', termes qui, multipliés par le facteur r de cette différence, se transforment en $(h''' - h'') \sec z$, c'est-à-dire en l'épaisseur de la couche multipliée par $\sec z$. La somme de ces termes du 1ᵉʳ ordre pour toutes les différences de deux radicaux sous le signe $\sum$ est alors égale à la somme des épaisseurs de toutes les couches multipliée par $\sec z$, et on voit que ces termes du 1ᵉʳ ordre sont tout à fait indépendants de la hauteur à laquelle on suppose les couches situées. Il est donc pour eux indifférent que celles-ci soient contiguës ou séparées. Or je vais montrer que ceci a lieu aussi pour le terme suivant, et que les autres termes sont négligeables jusqu'à une très-grande distance du zénith.

En effet, prenons le développement de l'expression

$$r\left(\sqrt{\cos^2 z + \frac{2\,h'''}{r}} - \sqrt{\cos^2 z + \frac{2\,h''}{r}}\right),$$

il est

$$(h''' - h'')\sec z - \frac{1}{1.2}\frac{h'''^2 - h''^2}{r}\sec^3 z + \frac{1.3}{1.2.3}\frac{h'''^3 - h''^3}{r^2}\sec^5 z$$
$$- \frac{1.3.5}{1.2.3.4}\frac{h'''^4 - h''^4}{r^3}\sec^7 z + \ldots\ldots$$

Or $(h''' - h'')\sec z$ est facteur commun de tous les termes; on peut donc écrire la série de la manière suivante

$$(h''' - h'')\sec z\left(1 - \frac{1}{1.2}\frac{h''' + h''}{r}\sec^2 z + \frac{1.3}{1.2.3}\frac{h'''^2 + h'''h'' + h''^2}{r^2}\sec^4 z\right.$$
$$\left. - \frac{1.3.5}{1.2.3.4}\frac{h'''^3 + h'''^2 h'' + h''' h''^2 + h''^3}{r^3}\sec^6 z + \ldots\ldots\right).$$

Dans cette série, chaque terme se trouve, par rapport au précédent, multiplié par une quantité qui, en appelant n son rang, est $\dfrac{2n-3}{n}$ sec$^2 z$ multiplié par une quantité de l'ordre $\dfrac{h}{r}$, ou, plus simplement, chaque terme est par rapport au précédent multiplié par une quantité de l'ordre $\left(2-\dfrac{3}{n}\right)$ sec$^2 z \dfrac{h}{n}$. Cette série est donc très-convergente tant que sec z n'est que d'un petit nombre d'unités. Or, pour $z=60°$, sec$^2 z$ n'égale encore que 4 ; pour $z=70°$, sec$^2 z$ n'atteint que $8,5$. Ainsi, on voit que, pour toutes les distances zénithales comprises depuis zéro jusqu'à 70 ou 75°, les termes au-delà du 2e ordre sont négligeables, de sorte que la série se réduit alors à

$$(h'''-h'') \sec z \left(1-\frac{h'''+h''}{2r}\sec^2 z\right).$$

Si nous remarquons que $h'''-h''$ égale l'épaisseur ε de la couche et que $\dfrac{h'''+h''}{2}$ n'est autre que l'élévation u du milieu de cette couche au-dessus du sol, nous voyons que la différence des deux radicaux se réduit à

$$\varepsilon \sec z - \varepsilon \frac{u}{r} \sec^3 z.$$

Or la somme des ε sec z, comme nous l'avons déjà dit, est complétement indépendante de la hauteur des couches. Le second terme devient $\dfrac{\sec^3 z}{r} \sum \varepsilon u$; or il existe toujours une hauteur u' pour laquelle on peut poser $\sum \varepsilon u = u' \sum \varepsilon$. Une seule couche située à cette hauteur u' et d'épaisseur égale à la somme des épaisseurs de toutes les autres pourra donc les remplacer toutes, et cela est même d'autant plus vrai que le chemin parcouru dans la couche en question représente en outre une grande partie de la valeur des termes réellement négligeables et que nous avons négligés, de sorte qu'il n'y a en réalité de négligé qu'une fraction de la valeur de ces termes déjà négligeables en totalité.

Il résulte donc de là que, dans toute la zone comprise depuis le zénith jusqu'à environ 75° de distance zénithale, le nombre des couches supposées sera indifférent : par conséquent la distribution

atmosphérique admise pour rendre compte de la réfraction vers 75°
de distance zénithale satisfera à toutes les distances inférieures;
en effet, si on n'a admis qu'une seule couche, on lui aura donné
la hauteur u' qui, convenant à cette distance zénithale convient à
toutes les autres : si pour satisfaire aux distances zénithales plus
grandes, on a admis 2, 3 ou n couches, on leur a donné des hauteurs telles que la valeur de $\sum \varepsilon u$ fournie par leur ensemble satisfait
à la réfraction à 75°, et par conséquent aux réfractions qui ont
lieu pour toutes les distances moindres.

On voit donc d'après ce qui précède que, si nous cherchons la
distribution atmosphérique, c'est-à-dire le nombre de couches qu'il
faut admettre pour satisfaire à la fois à la réfraction obtenue pour
une seule distance zénithale inférieure à 75° et aux réfractions observées pour les distances comprises entre 75° et l'horizon et même un
peu au-dessous de ce plan, dans les limites où on peut y observer,
la formule sera exacte pour toutes les distances zénithales possibles.

D'un autre côté, il est évident que si nous admettons pour la disposition des couches atmosphériques un nombre de couches et une
distribution des hauteurs à l'aide desquels on satisfasse à la réfraction observée pour deux distances zénithales peu distantes,
cette distribution satisfera, à des quantités près d'un ordre très-
petit, à la réfraction observée dans l'intervalle de ces deux distances
zénithales, car il est évident que la disposition des couches à adopter pour les angles intermédiaires ne peut pas beaucoup différer de
celle qui convient à deux angles limites peu différents entre eux.
Cela se voit de suite en remarquant que, pour une petite variation
dans la hauteur d'une couche, le chemin parcouru dans cette
couche par le rayon lumineux varie peu, de sorte que la loi dé la
variation avec la distance au zénith est à bien peu près la même
que si les couches dont il aurait fallu supposer un léger déplacement restaient fixes entre deux limites peu distantes.

Si, maintenant nous remarquons que chaque terme de la forme
$\sqrt{r^3 \cos^2 z + 2 r h'''} - \sqrt{r^2 \cos^2 z + 2 r h''}$, introduit 2 coefficients
indéterminés, on voit qu'il faudra bien peu de ces termes pour
assujettir la formule à représenter les réfractions observées dans les
15 degrés voisins de l'horizon, car, outre les indéterminées de ces
termes, nous avons encore dans la formule les indéterminées
m' et h. On aperçoit donc que, dans la pratique, deux ou trois termes
au plus sous le signe $\sum$ doivent suffire pour permettre à la formule

de représenter rigoureusement 6 ou 8 réfractions pour des distances zénithales distribuées entre 90° et 75°, et par conséquent pour lui faire donner les réfractions pour toutes les distances intermédiaires, avec un degré d'exactitude suffisant. Donc on voit *à priori* que le nombre des termes sous le signe $\sum$ doit être regardé comme très-petit et ne doit pas excéder 3 ou 4.

Mais pour fixer ce nombre qui dépend uniquement de la constitution de l'atmosphère réelle, il devient utile de s'adresser aux observations. On pourrait y parvenir par des hypothèses, mais ce n'est pas un moyen conforme à la vraie méthode scientifique. Il faut donc essayer d'abord si un seul des termes placés sous le signe $\sum$ peut représenter les réfractions dans toute la région voisine de l'horizon. Si la formule faite dans l'hypothèse d'un seul terme ne suffit pas pour représenter les réfractions dans la limite des erreurs d'observation, il faudra essayer 2 termes, puis 3 au besoin, et il est très-douteux déjà à *priori* qu'on soit obligé d'aller jusqu'à 4 termes.

Or, en passant de la théorie à la pratique et en essayant, comme je le dirai plus loin, la comparaison de ma formule avec diverses valeurs que j'ai obtenues en 1860 à Olinda pour la réfraction entre 75° et l'horizon, j'ai trouvé qu'un seul des termes placés sous le signe $\sum$ était suffisant, et que par conséquent la formule définitive de la réfraction se réduit à

$$(j) \qquad \mathrm{R} = \frac{m' \sin z}{h' + h''' - h''} \left[\sqrt{r^2 \cos^2 z + 2\, r h'} - r \cos z \right.$$
$$\left. + \sqrt{r^2 \cos^2 z + 2\, r h'''} - \sqrt{r^2 \cos^2 z + 2\, r h''} \right].$$

178. — On peut donner à cette formule une forme beaucoup plus commode pour le calcul, et d'autant plus nécessaire que le calcul des radicaux, quand l'un des deux termes qu'ils contiennent est très-petit par rapport à l'autre, ne peut se faire avec une grande exactitude à l'aide des logarithmes. Pour cela nous remarquerons que si on considère un triangle rectangle dont on ferait un côté égal à $r \cos z$ et l'autre à $\sqrt{2\, r h'}$, l'hypothénuse de ce triangle sera égale à $\sqrt{r^2 \cos^2 z + 2 h'}$. Or, en appelant a l'angle opposé au côté $\sqrt{2\, r h'}$, on a pour déterminer cet angle a la relation

$$(k) \qquad \tan a = \sqrt{\frac{2 h'}{r}} \sec z.$$

De plus, l'hypothénuse qui n'est autre que le radical est alors égale à $\dfrac{r\cos z}{\cos a}$, on a donc

$$\sqrt{r^2\cos^2 z + 2rh'} - r\cos z = r\cos z \left(\frac{1}{\cos a} - 1\right)$$
$$= r\cos z\,\frac{1-\cos a}{\cos a},$$

mais

$$\frac{1-\cos a}{\cos a} = \frac{2\sin^2\frac{1}{2}a}{\cos a} = \frac{2\sin\frac{1}{2}a}{\cos a}\sin\frac{1}{2}a.$$

Or de l'équation (k) on tire, en remplaçant $\tan a$ par $\dfrac{\sin a}{\cos a}$ et remarquant que $\sin a = 2\sin\frac{1}{2}a\cos\frac{1}{2}a$,

$$\frac{2\sin\frac{1}{2}a}{\cos a} = \sqrt{\frac{2h'}{r}}\,\frac{\sec z}{\cos\frac{1}{2}a}.$$

Substituant cette valeur dans l'expression de $\dfrac{1-\cos a}{\cos a}$, on a

$$\frac{1-\cos a}{\cos a} = \sqrt{\frac{2h'}{r}}\,\tan\frac{1}{2}a\sec z$$

et par conséquent

$$\sqrt{r^2\cos^2 z + 2rh'} - r\cos z = r\sqrt{\frac{2h'}{r}}\tan\frac{1}{2}a = \sqrt{2rh'}\tan\frac{1}{2}a.$$

Maintenant nous remarquerons que

$$\sqrt{r^2\cos^2 z + 2rh'''} - \sqrt{r^2\cos^2 z + 2rh''} =$$
$$\sqrt{r^2\cos^2 z + 2rh'''} - r\cos z - \left(\sqrt{r^2\cos^2 z + 2rh''} - r\cos z\right)$$

et nous trouverons de même en posant

$$(k')\qquad \tan a' = \sqrt{\frac{2h''}{r}}\,\sec z$$

$$(k'')\qquad \tan a'' = \sqrt{\frac{2h'''}{r}}\,\sec z$$

$$\sqrt{r^2\cos^2 z + 2rh'''} - \sqrt{r^2\cos^2 z + 2rh''} = \sqrt{2rh'''}\tan\frac{1}{2}a''$$
$$- \sqrt{2rh''}\tan\frac{1}{2}a'.$$

La formule (j) devient donc, en substituant ces valeurs des radicaux,

$$(l) \quad R = \frac{m'\sin z}{h' + h''' - h''}\left[\sqrt{2rh'}\,\tan\tfrac{1}{2}\,a + \sqrt{2rh'''}\,\tan\tfrac{1}{2}\,a'' \right.$$
$$\left. - \sqrt{2rh''}\,\tan\tfrac{1}{2}\,a'\right],$$

les valeurs des arcs a, a' et a'' étant données par les 3 équations (k), (k') et (k''). Dans ces 3 équations quand $z = 90°$, $\sec z = \infty$, et par conséquent les tangentes des arcs a, a' et a'' égalent l'infini ; donc les arcs égalent alors $90°$ et leurs moitiés sont des arcs de $45°$, dont les tangentes égalent l'unité, et on a à l'horizon où $\sin z = 1$

$$R = m'\frac{\sqrt{2rh'} + \sqrt{2rh'''} - \sqrt{2rh''}}{h' + h''' - h''}$$

Ce qui est, comme on le voit, la valeur donnée pour R par l'équation (j) quand on y fait $z = 90°$, auquel cas $\cos z = 0$.

Quand z devient plus grand que $90°$, $\sec z$ devient négatif ; les tangentes des arcs a, a' et a'' sont donc négatives, et ainsi ces arcs deviennent supérieurs à $90°$; par conséquent leurs moitiés dépassent $45°$, de telle sorte que les tangentes des arcs $\tfrac{1}{2}\,a$, a' et $\tfrac{1}{2}a''$ continuent de croître, quand z croît au-delà de $90°$. Bien que, pour transformer la formule (j) dans la formule (l), nous ayons raisonné dans le cas de $\cos z$ positif, il est facile de voir que la formule (l) continue de représenter la formule (j) pourvu qu'on donne à $\cos z$ son signe dans les équations (k), (k') et (k'').

En effet, quand z dépasse $90°$, nous pouvons poser $z = 180° - z'$, z' étant le supplément de z, lequel supplément est alors positif. Nous avons donc $\cos z = -\cos z'$ et par conséquent

$$\sqrt{r^2\cos^2 z + 2rh'} - r\cos z = \sqrt{r^2\cos^2 z' + 2rh'} + r\cos z'.$$

Or, si nous considérons toujours notre triangle rectangle, dans lequel nous ferons un côté égal à $r\cos z'$ et l'autre à $\sqrt{2rh'}$, nous aurons pour l'angle opposé à $\sqrt{2rh'}$, angle que nous appellerons a'

$$\tan a' = \sqrt{\frac{2h'}{r}}\,\sec z'$$

et il nous viendra

$$\sqrt{r^2\cos^2 z' + 2rh'} + r\cos z' = r\cos z'\left(\frac{1}{\cos a'} + 1\right)$$
$$= r\cos z'\,\frac{2\cos^2\tfrac{1}{2}\,a'}{\cos a'},$$

car on sait que $1 + \cos a' = 2\cos^2\tfrac{1}{2}\,a'$.

De l'équation qui nous donne tang a', on tire ensuite comme précédemment,

$$\frac{2 \sin \frac{1}{2} a' \cos \frac{1}{2} a'}{\cos a'} = \sqrt{\frac{2\,h'}{r}} \sec z',$$

d'où

$$\frac{2 \cos \frac{1}{2} a'}{\cos a'} = \sqrt{\frac{2\,h'}{r}} \frac{\sec z'}{\sin \frac{1}{2} a'},$$

et par conséquent

$$\sqrt{r^2 \cos^2 z + 2\,r\,h'} - r \cos z = \sqrt{r^2 \cos^2 z' + 2\,r\,h'}$$
$$+ r \cos z' = \sqrt{2\,r\,h'} \cot \tfrac{1}{2} a'.$$

Maintenant, comme $\cos z' = - \cos z$, d'où $\sec z' = - \sec z$, si on remplace z' par z dans l'expression de tang a', on a

$$\text{tang } a' = - \sqrt{\frac{2\,h'}{r}} \sec z$$

et par conséquent, en continuant de faire tang $a = \sqrt{\frac{2h'}{r}} \sec z$, on a tang $a' = -$ tang a, d'où $a' = 180° - a$, et par conséquent $\frac{1}{2} a' = 90° - \frac{1}{2} a$; donc cot $\frac{1}{2} a' =$ tang $\frac{1}{2} a$. Ainsi on a toujours pour les valeurs de z supérieures à 90°

$$\sqrt{r^2 \cos^2 z + 2\,r\,h'} - r \cos^2 z = \sqrt{2\,r\,h'} \text{ tang} \tfrac{1}{2} a,$$

a étant déterminé par la formule

$$\text{tang } a = \sqrt{\frac{2\,h'}{r}} \sec z,$$

La même remarque s'appliquant à a' et a'', on voit donc que la formule (l) peut être substituée à la formule (j) pour toutes les valeurs inférieures, égales ou supérieures à 90°.

Si on fait $h''' = w'h'$ et $h'' = wh'$, w' et w étant les rapports constants de h''' et de h'' à h', en substituant ces valeurs de h''' et de h'' dans l'équation (l) et dans les équations (k') et (k''), qui donnent les valeurs de a' et de a'', il vient, en faisant $m' = m\,\dfrac{1+y}{1+nt}$, m étant alors la valeur constante de l'indice de réfraction pour la température 0 et la pression barométrique $0^m,760$.

$$(m) \begin{cases} R = \dfrac{m \sin z}{1+w'-w} \sqrt{\dfrac{2\,r}{h'}} \left(\tang \tfrac{1}{2}\,a + \sqrt{w'}\,\tang \tfrac{1}{2}\,a'' \right. \\ \qquad\qquad \left. -\sqrt{w}\,\tang \tfrac{1}{2}\,a' \right) \dfrac{1+y}{1+nt} \\[2mm] \tang a = \sqrt{\dfrac{2\,h'}{r}}\,\sec z \\[2mm] \tang a'' = \sqrt{w'}\,\sqrt{\dfrac{2\,h'}{r}}\,\sec z = \sqrt{w'}\,\tang a \\[2mm] \tang a' = \sqrt{w}\,\sqrt{\dfrac{2\,h'}{r}}\,\sec z = \sqrt{w}\,\tang a \end{cases}$$

Les 4 indéterminées de la formule deviennent alors m, h', w et w' (1).

179. — Pour parvenir à déterminer ces 4 coefficients, il faut d'abord chercher leurs valeurs approchées, après quoi on procède à la correction de ces valeurs afin d'avoir les valeurs exactes.

La valeur de m s'obtient facilement, car c'est à très-peu près la réfraction à 45° du zénith. En effet, tant que $\sec z$ ne dépasse pas beaucoup l'unité, et tel est le cas pour 45°, les angles a, a' et a'' sont très-petits, car $\sqrt{\dfrac{2h'}{r}}$ est très-petit; on peut donc alors considérer les tangentes de la moitié de ces arcs comme égales à la moitié des tangentes des arcs eux-mêmes, de sorte qu'on a à très-peu près

$$\tang \tfrac{1}{2}\,a'' = \sqrt{w'}\,\tang \tfrac{1}{2}\,a$$
$$\tang \tfrac{1}{2}\,a' = \sqrt{w}\,\tang \tfrac{1}{2}\,a$$

et alors R devient à très-peu près, en supposant la température

---

(1) Il est évident que la formule (i) peut subir la même transformation que la formule (j). Dans ce cas les termes sous le signe $\sum$ deviennent $\sum \left(\sqrt{w'}\,\tang \tfrac{1}{2}\,a'' - \sqrt{w}\,\tang \tfrac{1}{2}\,a' \right)$ et le dénominateur $1+w'-w$ devient alors $1 + \sum (w'-w)$.

égale à zéro et la pression barométrique égale à 760^{mm}, ce qui réduit à l'unité le facteur $\dfrac{1+y}{1+nt}$,

$$R = m \sin z \sqrt{\dfrac{2r}{h'}} \operatorname{tang} \tfrac{1}{2} a,$$

ou, en remplaçant $\operatorname{tang} \dfrac{1}{2} a$ par sa valeur très-approchée $\dfrac{1}{2} \operatorname{tang} a$,

ou $\dfrac{1}{2} \sqrt{\dfrac{2h'}{r}} \sec z$,

$$R = m \operatorname{tang} z.$$

Pour $z = 45°$, $\operatorname{tang} z = 1$, on voit donc que, comme nous devions nous y attendre et comme cela résulte de nos premières formules, m est égal à la constante 60″,616 de la réfraction, c'est-à-dire que m est égal à la déviation que, sous l'angle de 45°, éprouverait un rayon lumineux en passant directement du vide dans une couche de même densité que l'air à la surface du sol, car la réfraction à 45° du zénith et sous la pression 0^m,760 et à la température 0 est à très-peu près égale à cette constante.

On prendra donc pour m la valeur en question, qui est connue et donnée par des expériences de physique aussi bien que par les observations sur la réfraction dans le voisinage de 45°.

180. — Pour obtenir les valeurs approchées des trois autres inconnues h', w et w', on ramène d'abord, au moyen du facteur $\dfrac{1+y}{1+nt}$, une série de réfractions observées entre 75° ou 80° et l'horizon à ce que ces réfractions seraient à une certaine température constante (peu différente de celle où les observations ont été faites), et à la pression barométrique 0^m,760 ; puis, en prenant les angles comme abcisses et les réfractions comme ordonnées, on marque par des points dans un tracé graphique les réfractions observées, et on trace à vue la courbe qui représente le mieux l'ensemble de ces observations. On en déduit les réfractions très-approchées qui conviennent à trois distances zénithales, par exemple à l'horizon, à un ou deux degrés au-dessus, puis vers 84 ou 85^b de distance zénithale.

Alors on se propose de trouver les valeurs de h', w et w', qui satisfont aux trois réfractions ainsi obtenues pour les trois distances zénithales choisies, dont une est l'horizon, et dont nous appellerons z' et z'' les deux autres.

A l'horizon, où tang $\frac{1}{2} a$, tang $\frac{1}{2} a'$, tang $\frac{1}{2} a''$, et $\sin z$ égalent l'unité, la formule devient en appelant R_0 la réfraction horizontale très-approximativement connue par ce qui précède,

$$R_0 = m \sqrt{\frac{2r}{h'}} \frac{1 + \sqrt{w'} - \sqrt{w}}{1 + w' - w}.$$

On essaye alors une série d'hypothèses sur w' et w pour arriver à savoir quelle grandeur approximative il convient de leur donner, et pour chaque série d'hypothèses l'équation précédente donne la valeur correspondante de h', qui est

(m') $\qquad h' = \dfrac{2\,rm^2}{R_0^{\,2}} \left(\dfrac{1 + \sqrt{w'} - \sqrt{w}}{1 + w' - w} \right)^2.$

Mais pour bien diriger les hypothèses afin d'arriver vite aux valeurs approchées, on fait d'abord $w = 1$, cas dans lequel $a' = a$, et qui répond à la contiguité des deux couches atmosphériques, l'équation (m) se réduit alors à

(m'') $\qquad R = m \sin z \sqrt{\dfrac{2r}{h'w'}} \, \mathrm{tang}\,\tfrac{1}{2} a''$

dans laquelle

$$\mathrm{tang}\, a'' = \sqrt{\frac{2\,h'w'}{r}} \sec z$$

et la formule (m') à l'horizon donne

$$w'h' = \frac{2\,rm^2}{R_0^{\,2}}.$$

Par cette dernière équation, $w'h'$ étant connu dans cette hypothèse, on calcule alors les réfractions que donne la formule (m'') pour l'une des deux distances zénithales z' et z'', z' par exemple.

Pour seconde hypothèse, on fait $w = 2$ et $w' - w = 1$, d'où $w' = 3$, c'est-à-dire qu'on augmente w d'une unité par rapport à l'hypothèse précédente, en même temps qu'on est amené à une première hypothèse sur $w' - w$.

Avec ces valeurs on calcule h' par l'équation (m'); et par la formule (m), on calcule ensuite de nouveau la réfraction pour la distance z'.

La différence du résultat avec celui qui a lieu dans l'hypothèse de $w = 1$, indique la variation de la réfraction pour une variation d'une unité dans la valeur de w. En appelant $\varkappa$ cette variation et $\varkappa'$ la différence de la réfraction observée et de celle qui a été obtenue pour $w = 1$, on obtient une indication grossière de la valeur qu'il convient de donner à w quand $w' - w = 1$, par la proportion suivante

$$\varkappa : 1 :: \varkappa' : w - 1$$

d'où $w = 1 + \dfrac{\varkappa'}{\varkappa}$.

Continuant de faire $w' - w = 1$, on donne successivement à w deux valeurs voisines de celles qu'on vient d'obtenir, et on en déduit pour ces deux nouvelles valeurs les grandeurs de la réfraction. Une proportion donne alors comme précédemment une nouvelle valeur de w plus rapprochée que la première, et, par deux ou trois essais, on arrive ainsi à avoir la valeur très-approchée w_0 qui convient à w pour la distance z', et pour $w' - w = 1$.

On fait alors $w' - w = 2$, et on obtient par le même procédé la valeur approchée w_1, qui convient pour w avec cette nouvelle valeur de $w' - w$, et avec la distance zénithale z'.

On calcule alors pour $w = w_0$ et pour $w' - w = 1$ la réfraction qui aurait lieu à la distance zénithale z''. On fait le même calcul pour $w = w_1$ et $w' - w = 2$. La différence des deux résultats donne la variation de la réfraction à la distance zénithale z'' pour une variation d'une unité dans la valeur de $w' - w$. Une proportion fait alors connaître comme précédemment la valeur vers laquelle on doit chercher $w' - w$. Pour deux nouvelles valeurs prises vers cette limite, on recherche comme la première fois, à l'aide de la réfraction pour la distance zénithale z', les valeurs de w correspondantes. Puis, dans ces deux nouvelles hypothèses, on calcule de nouveau la réfraction pour la distance zénithale z''; on obtient alors, par une proportion, une valeur déjà assez approchée de $w' - w$, et, en continuant ainsi, on arrive enfin à une valeur très-approchée de $w' - w$, et on détermine la valeur correspondante de w.

Quand les valeurs des coefficients sont ainsi approximativement connues, on procède à leur dernière correction en partageant en un petit nombre de groupes la totalité des observations faites entre

75° et 90° et en ayant soin de réunir dans chaque groupe celles qui sont faites pour des distances zénithales peu différentes. Dans chaque groupe, on prend la distance zénithale moyenne à laquelle ‑les observations de ce groupe ont été faites, et à l'aide de la formule, dans laquelle on a mis. les valeurs approchées des coefficients, on calcule, pour chaque observation, la différence de la réfraction pour la distance où l'observation a eu lieu et pour la distance zénithale moyenne des groupes. A l'aide de cette différence, on ramène chaque observation à ce qu'elle aurait été à la distance zénithale moyenne du groupe, et on prend la moyenne des résultats, ce qui donne, pour cette distance zénithale, la valeur de la réfraction déduite des observations. On a ainsi 8 à 10 valeurs bien déterminées de ces réfractions pour 8 à 10 distances zénithales convenablement choisies.

Cela fait, on différentie l'équation (m), en y faisant varier h', w et w'. Dans la différentiation s'introduisent les différentielles da, da' et da'', qui sont fonction de ces variables; mais les équations qui donnent les valeurs de tang a, tang a', tang a'', donnent les valeurs de ces différentielles en fonction de dh', dw et dw'. Substituant ces valeurs de da, da', da'', on a une équation qui ne renferme que les 3 différentielles dh, dw, dw'. Substituant successivement à R, dans cette équation, la valeur de la réfraction pour chacune des 8 ou 10 distances zénithales où elle a été calculée d'après les observations, et mettant en même temps pour z la distance zénithale correspondante, et pour h', w et w' leurs valeurs approchées, et enfin substituant aux différentielles dh', dw, dw', les corrections $\delta h'$, δw, $\delta w'$ à appliquer aux valeurs approchées de h', w, w' pour avoir les valeurs exactes, on a 8 ou 10 équations de la forme

$$M\delta h' + N\delta w + O\delta w' = P$$

dans lesquelles M, N, O et P sont des valeurs numériques connues. On peut alors résoudre le système de ces équations par la méthode des moindres carrés, et on a les valeurs de $\delta h'$, δw et $\delta w'$, et par suite les valeurs exactes de h', w et w'.

En calculant ensuite avec ces valeurs exactes les valeurs de la réfraction pour les 8 ou 10 distances zénithales, pour lesquelles on a obtenu la valeur vraie de la réfraction d'après les observations, on est alors certain, si les différences avec l'observation sont très-petites et de l'ordre des erreurs possibles en observant, que les termes sous

19

le signe Σ de la formule (i) se réduisent à un seul. Dans le cas contraire, il faut introduire 2 termes sous le signe Σ, et par une série de tâtonnements dirigés de la même manière, on obtiendra, par la comparaison avec les réfractions observées pour les distances zénithales comprises entre 75 ou 80° et l'horizon, les valeurs approchées des 4 coefficients w', w, $w'_{\prime}$, $w_{\prime}$, et on corrigera ensuite les valeurs de ces coefficients de la même manière. Si les observations ne sont pas encore représentées complétement dans la limite de leurs erreurs, il s'en faudra de peu, et alors on essayera 3 termes sous le signe Σ. Nous avons déjà vu qu'il y a tout lieu de croire que ce dernier nombre ne devra pas être dépassé.

181. — Si, pour la détermination des coefficients, on emploie des valeurs de la réfraction déduites d'observations faites au-dessous de l'horizon, on obtient une équation simple qui diminue le travail de la recherche des valeurs approchées des coefficients. Supposons, en effet, qu'on ait déduit du tracé graphique les valeurs de la réfraction pour 2 distances zénithales correspondantes, l'une au-dessus et l'autre au-dessous de l'horizon, par exemple pour 89° 30' et 90° 30', ou d'une manière générale, pour 90°— b et 90°+ b. Soient ρ et ρ' ces deux valeurs de la réfraction. En remontant à l'équation générale (i), dont l'équation (m) n'est qu'une transformation, on voit que tous les termes sous le signe Σ seront égaux pour ces 2 valeurs de z; il en sera de même du radical $\sqrt{r^2\cos^2 z + 2rh'}$. Les formules ne différeront donc que par le signe du terme $-r\cos z$, lequel devient $-r\sin b$ pour la distance zénithale 90°— b et $+r\sin b$ pour la distance 90°+ b. Dans un cas et dans l'autre, d'ailleurs, $\sin z$ devient $\cos b$. En retranchant donc l'une de l'autre les 2 équations obtenues en remplaçant successivement dans (i) R et z par ρ' et 90°+ b, puis par ρ et 90°— b, il vient

$$\rho' - \rho = \frac{2m'r\cos b\sin b}{h' + \Sigma(h''' - h'')} = \frac{m'r\sin 2b}{h' + \Sigma(h''' - h'')}.$$

Remplaçant h''' par sa valeur $w'\,h'$, et h'' par sa valeur $w\,h'$, on a

$$(m''') \qquad h'\left(1 + \Sigma(w' - w)\right) = \frac{m'r\sin 2b}{\rho' - \rho},$$

formule dont le premier membre se réduit à $h(1 + w' - w)$ quand on ne considère qu'un seul terme sous le signe Σ; et de plus, comme la réfraction varie très-vite dans le voisinage de l'horizon,

$\rho' - \rho$ est une quantité assez grande pour que les erreurs d'observation aient peu d'influence, ce qui rend cette équation très-bonne.

Dans le cas d'un seul terme sous le signe Σ, cette équation combinée avec l'équation (m') fournie par la réfraction horizontale, et qui donne h' en fonction de w et w', conduit à une équation entre w et w'; d'où il résulte que, pour chaque hypothèse sur $w' - w$, la valeur correspondante de h' est connue par l'équation (m'''), et l'équation (m') donne ensuite la valeur de w, en y substituant la valeur de h' et celle de w' en fonction de w d'après la différence supposée entre ces deux dernières quantités. Quand w est connu, on a la valeur de w' à l'aide de cette différence. On n'a plus alors, pour les diverses hypothèses sur $w' - w$, qu'à essayer le résultat qu'elles donnent pour la distance zénithale z', prise entre 85° et 88°, et par une simple proportion comme précédemment, on a très-vite la valeur de $w' - w$.

C'est de cette manière que j'ai, au moyen de mes observations faites à Olinda sur la réfraction dans le voisinage de l'horizon, entrepris la détermination des constantes, en me servant, pour la détermination des valeurs approchées de ces constantes, des valeurs des réfractions aux distances zénithales 89° 50', 90° 10', 86° et 90°, valeurs déduites du tracé graphique effectué d'après l'ensemble des observations.

182. — Mais une circonstance fortuite m'a beaucoup abrégé le travail. En supposant d'abord $w' - w = 1$, comme il était naturel de le faire pour la première hypothèse, il se trouva qu'après avoir obtenu par les équations (m') et (m''') les valeurs correspondantes de h' et de w, et après avoir calculé la réfraction pour 86°, la valeur que j'avais déduite du tracé graphique pour ce dernier angle se trouva si près d'être exactement représentée, qu'une nouvelle hypothèse sur $w' - w$ devenait provisoirement inutile. Je remarquai de plus que la valeur obtenue pour w était voisine de 2, dont elle différait d'environ $\frac{1}{7}$ en moins. J'adoptai donc comme valeurs approchées

$2 - \frac{1}{7}$ pour w, et par conséquent $3 - \frac{1}{7}$ pour w'. En employant ensuite ces valeurs approchées, je procédai à l'aide de la formule à ramener les observations très-voisines de l'horizon à ce qu'elles auraient été à l'horizon même, pour en prendre la moyenne et avoir la réfraction horizontale exacte, que, pour la température de 27°, moyenne du lieu, je trouvai de $1815''{,}12$; alors, à l'aide de l'équation (m') et de cette valeur de la réfraction horizontale, je corrigeai de nouveau h', en conservant les mêmes valeurs de w et w'. Ensuite, en calculant par la formule les réfractions pour les diverses distances au zénith comprises entre 75° et l'horizon, afin d'avoir les différences avec quelques distances zénithales choisies dans cet intervalle (dans le but, comme je l'ai dit précédemment, de conclure des réfractions observées les nombres se rapportant à ces distances choisies), je remarquai que les observations étaient toutes représentées dans la limite de leurs erreurs. J'ai donc pu regarder les valeurs de $w = 2 - \dfrac{1}{7} = 1 + \dfrac{6}{7}$ et $w' = 2 + \dfrac{6}{7}$ comme définitives, et en même temps je me suis trouvé dispensé d'essayer l'emploi de plusieurs termes sous le signe Σ, puisque je venais d'acquérir la preuve qu'un seul terme suffisait et représentait la réfraction pour la constitution réelle de l'atmosphère, depuis le zénith jusqu'au-dessous de l'horizon.

183.—La valeur de h' satisfaisant à la réfraction horizontale que je viens d'indiquer a été trouvée de 5146 mètres, en mettant pour m' sa valeur obtenue pour 27° de température et en employant dans le calcul de l'équation (m') le rayon terrestre convenant à la localité d'Olinda, dont la latitude est de 8° 1' sud. Cette valeur de h' donne lieu à une remarque importante; mais, pour la faire comprendre, nous allons présenter encore quelques considérations sur la forme de l'équation (i), dans laquelle nous rappellerons que $\dfrac{m'}{h' + \sum(h''' - h'')}$ n'est autre que la constante k de l'équation (f), équation qui n'est autre à son tour, en faisant $\beta = d\mathrm{R}$ et $x = d\mathrm{S}$, que l'équation différentielle qui nous a donné R, après avoir considéré S comme une fonction de h. En remplaçant donc dans (i) $\dfrac{m'}{h' + \sum(h''' - h'')}$, par la constante k, qui est la vraie forme sous laquelle cette quantité entre dans l'équation différentielle, l'équation (i) peut s'écrire

$$\mathrm{R} = k \sin z \left[\int_0^{h'} \frac{r\,dy}{\sqrt{r^2 \cos^2 z + 2ry}} + \sum \left(\int_0^{h'''} \frac{r\,dy''}{\sqrt{r^2 \cos^2 z + 2ry''}} \right. \right.$$
$$\left. \left. - \int_0^{h''} \frac{r\,dy'}{\sqrt{r^2 \cos^2 z + 2ry'}} \right) \right].$$

Car l'intégrale de $\dfrac{rdy}{\sqrt{r^2\cos^2 z + 2ry}}$ est $\sqrt{r^2\cos^2 z + 2ry}$ qui,

prise entre les deux limites o et h', devient $\sqrt{r^2\cos^2 z + 2rh'} - r\cos z$, et la différence des intégrales de cette même expression prise entre les limites o et h''', puis o et h'' est $\sqrt{r^2\cos^2 z + 2rh''} - \sqrt{r^2\cos z + 2rh''}$.

Or, en remarquant que R ou la réfraction totale de l'atmosphère est l'intégrale des réfractions prises depuis la couche inférieure jusqu'à la couche supérieure de l'atmosphère, l'intégrale du second membre de l'équation différentielle a dû être prise entre deux limites seulement, o et h_1, h_1 étant la hauteur de la dernière couche de l'atmosphère. Donc h', h''', h'' qui entrent dans les limites des intégrales du deuxième membre, ne sont autres que les valeurs que prennent y, y' et y' quand on fait la hauteur de la couche égale à celle de la couche limite de l'atmosphère. Conséquemment y, y' et y'' sont des fonctions de la hauteur de chaque couche atmosphérique, et, en appelant h cette hauteur, on peut poser $y=\varphi(h)$, $y''=\psi(h)$, $y'=\chi(h)$, et alors $h'=\varphi(h_1)$, $h'''=\psi(h_1)$, $h''=\chi(h_1)$. L'équation précédente devient ainsi

$$R = k\sin z \int_o^{h_1} \frac{rd\varphi(h)}{\sqrt{r^2\cos^2 z + 2r\varphi(h)}} + \int_o^{h_1} \Sigma\left(\frac{rd\psi(h)}{\sqrt{r^2\cos^2 z + 2r\psi(h)}} - \frac{rd\chi(h)}{\sqrt{r^2\cos^2 z + 2r\chi(h)}}\right),$$

c'est-à-dire que l'équation différentielle qui a donné la formule (i) était

$$dR = k\sin z \left[\frac{rd\varphi(h)}{\sqrt{r^2\cos^2 z + 2r\varphi(h)}} + \Sigma\left(\frac{rd\psi(h)}{\sqrt{r^2\cos^2 z + 2r\psi(h)}} - \frac{rd\chi(h)}{\sqrt{r^2\cos^2 z + 2r\chi(h)}}\right)\right],$$

et la quantité entre crochets n'est autre que la représentation de $\dfrac{x}{\mu}$ de l'équation (f), où μ est le rapport de la densité de la couche en contact avec le sol, à la densité de la couche de hauteur h, c'est-à-dire la fonction de h qui représente la vraie loi du décroissement des densités dans l'atmosphère réelle.

Comme, d'une manière générale, $\dfrac{r\,df\,(h)}{\sqrt{r^2\cos^2 z + 2rf(h)}}$ représente
le chemin parcouru dans une couche infiniment mince de hauteur
$f(h)$, par la ligne partant du sol sous l'angle z avec la verticale,
on voit donc que $\varphi(h)$, $\psi(h)$, $\chi(h)$, etc., représentent les diverses
hauteurs entre lesquelles une même couche doit être partagée,
pour que la somme des chemins parcourus par la ligne en question
dans les diverses parties de cette couche ainsi divisée, sous l'angle z
constant dans toute l'atmosphère, soit égale au chemin x fait par le
rayon lumineux sous son angle particulier en atteignant cette
couche, chemin divisé par la quantité μ qui est fonction de h.

Mais remarquons que la hauteur d'une couche est une fonction du
rang que cette couche occuperait dans l'atmosphère supposée de
densité constante, de telle sorte que les élévations $\varphi(h)$, $\psi(h)$, etc., des
diverses couches sont des fonctions de la hauteur que chaque couche
aurait si l'atmosphère perdant sa force élastique devenait un liquide
possédant la densité que l'air a réellement à la surface du sol; de telle
sorte que nous pouvons considérer la fonction comme renfermant
non la hauteur réelle de la couche, mais bien la hauteur que cette
couche prendrait dans ce dernier cas, et alors la limite h_1 de l'intégration est la hauteur qu'aurait l'atmosphère si sa densité était la
même qu'à la surface du sol. Cette considération est d'autant plus
exacte que, pour l'homogénéité, la formule qui donne le décroissement des densités avec la hauteur ne doit donner le rapport de la densité d'une couche à la densité de la couche de la surface du sol qu'en
fonction du rapport de la hauteur actuelle à la hauteur que la couche
en question posséderait si la densité était constante dans toute l'atmosphère, hauteur de laquelle dépend la pression supportée.
Comme grandeur linéaire, c'est donc cette dernière hauteur qui
doit intervenir.

Il résulte de là que la limite h_1 de l'intégration est la hauteur
que l'atmosphère aurait sous densité constante, et par conséquent
nos coefficients h', h''' et h'' sont les fonctions $\varphi(h_1)$, $\psi(h_1)$, $\chi(h_1)$.
Ces fonctions doivent donc avoir avec la hauteur h_1 quelque rela-
tion. Cette relation peut être compliquée, car cela dépend de la
loi du décroissement des densités dans l'atmosphère; mais quand
on a pu déduire des observations les valeurs de h', h'', h''', on peut
se proposer de la découvrir.

184.—Or, en calculant pour la latitude d'Olinda la hauteur qu'aurait l'atmosphère sous densité constante à la température de 27° et à la pression de $0^m,760$, on trouve $8820^m,6$ (1), hauteur que nous appellerons h_1. D'un autre côté, nous avons trouvé $h' = 5146^m,0$ et $h'' = wh' = \left(1 + \dfrac{6}{7}\right) h'$, d'où $h'' - h' = \dfrac{6}{7} h' = 4410^m,8$, ou à très-peu près exactement la moitié de $8820^m,6$, qui est $4410^m,3$ (2). De l'équation $h'' - h' = \dfrac{6}{7} h'$, nous tirons $h' = \dfrac{7}{6} (h'' - h')$, ou, comme nous venons de voir que $h'' - h' = \dfrac{1}{2} h_1$, il en résulte que $h' = \dfrac{7}{12} h_1$. D'un autre côté, $h''' = w' h' = \left(2 + \dfrac{6}{7}\right) h'$; or $2h' = h_1 + \dfrac{h_1}{6}$ et $\dfrac{6}{7} h' = h'' - h' = \dfrac{1}{2} h_1$, d'où $h''' = \left(3 + \dfrac{1}{3}\right) \dfrac{h_1}{2}$

Donc l'épaisseur des couches est la même que si toute l'atmosphère ramenée à la densité constante, se divisait en deux parties, chacune d'elles se dilatant ensuite d'un sixième, puis comme si la moitié de cette atmosphère était reportée au-dessus de l'autre à une distance égale à la moitié de sa hauteur primitive.

185. — Nous voyons donc que h', h'', h''' ou, en d'autres termes, les fonctions $\varphi (h)$, $\chi (h)$ et $\psi (h)$ de l'équation différentielle, quand on fait $h = h_1$, se réduisent à $\left(1 + \dfrac{1}{6}\right) \dfrac{h_1}{2}$, $\left(2 + \dfrac{1}{6}\right) \dfrac{h_1}{2}$, $\left(3 + \dfrac{1}{3}\right) \dfrac{h_1}{2}$, valeurs qu'on peut écrire respectivement $\left(\dfrac{1}{4} + \dfrac{1}{3}\right) h_1$, $\left(\dfrac{1}{2} + \dfrac{1}{4} + \dfrac{1}{3}\right) h_1$, $\left(2 - \dfrac{1}{3}\right) h_1$ et qui, comme on le voit sous cette forme, représen-

(1) La hauteur de l'atmosphère sous densité constante varie pour une même hauteur du baromètre avec l'intensité de la gravité, car le poids est proportionnel à la gravité; le poids des molécules d'air et celui des molécules du mercure varient bien, il est vrai, dans le même rapport, de sorte qu'il semble au premier abord que le rapport des longueurs des colonnes d'air et de mercure devrait être constant. Mais quand la gravité augmente, les couches inférieures de l'air doivent éprouver un accroissement de force élastique pour résister à la pression supérieure, et, pour cela, il faut qu'elles se compriment un peu. Le rapport est évidemment celui des gravités.

(2) Il paraît résulter de cet accord presque fabuleux qu'une compensation exacte s'était par hasard établie entre les erreurs des observations employées. Comme je ne veux pas attribuer ce fait à la perfection des observations, je dirai ici que les observations individuelles présentaient entre elles des divergences, et que l'accord en question ne s'est présenté que dans la moyenne.

tent des rapports très-simples avec h_1. Mais il faudrait se donner de garde d'en conclure que les fonctions $\varphi\,(h), \chi\,(h)$ et $\psi\,(h)$ sont simplement $\left(1+\dfrac{1}{6}\right)\dfrac{h}{2}$, $\left(2+\dfrac{1}{6}\right)\dfrac{h}{2}$ et $\left(3+\dfrac{1}{3}\right)\dfrac{h}{2}$, car il est évident qu'on peut leur joindre une expression quelconque qui s'annule aux deux limites $h=0$ et $h=h_1$, comme par exemple le ferait toute fonction algébrique de $h\,(h_1-h)$, ou comme le feraient également une multitude de fonctions transcendantes.

Ainsi donc avec une multitude d'expressions différentes pour les fonctions $\varphi\,(h)$, $\psi\,(h)$ et $\chi\,(h)$, la réfraction est la même que dans l'atmosphère réelle, ce qui montre qu'il existe sur la loi des densités une multitude d'hypothèses différentes qui peuvent donner la réfraction observée. Mais toutes les hypothèses possibles ne satisfont pas aux observations ; il n'y a que celles où les fonctions en question se réduisent pour $h=h_1$ aux valeurs ci-dessus, avec lesquelles les observations soient représentées.

Ceci nous explique pourquoi la formule de Laplace, quoique ne représenter le vrai décroissement des densités de l'air, a pu satisfaire très-approximativement aux réfractions observées. Cela doit venir de ce que cette hypothèse rentre dans celles pour lesquelles $\varphi\,(h)$, $\psi\,(h)$ et $\chi\,(h)$ ont sensiblement aux limites les valeurs ci-dessus.

186. — On remarquera que la valeur $1815''{,}12$ que j'ai, à la température de 27°, trouvée à Olinda pour la valeur de la réfraction horizontale devient $2096''{,}48$, à 0° (1) et diffère d'une dizaine de secondes de celle qu'a trouvée Delambre, valeur qui est de $2106''$, et a été admise par Laplace. Mais la différence n'est pas si grande qu'elle le paraît au premier abord. En effet, à Olinda, par la latitude de $8°{,}1$ sous la pression de $0^{m}{,}760$ de mercure, la densité de l'air est moindre que vers le 45° degré, où a été obtenue la valeur de $2106''$. Le rapport, comme nous l'avons

(1) Nous avons fait varier h_1, dans cette réduction pour passer de la température 27° à 0°, en le multipliant par le facteur $\dfrac{1}{1+nt}$ ou t égale alors 27°. Cette variation de h_1 avec la température, comme, il est facile de le déduire de la formule, est sans influence appréciable sur les réfractions qui ne sont pas dans le voisinage de l'horizon, mais il n'en est pas de même près de ce plan.

La différence entre la réfraction que j'ai trouvée à l'horizon et le nombre de Delambre, différence dont rend compte la variation de h_1, est la cause pour laquelle, comme je l'ai dit dans le n° 173, j'ai entrepris la recherche de la formule de la réfraction.

vu dans une note du n° 184, est égal à celui des gravités. Pour comparer mon nombre à celui de Delambre, il faut le multiplier par le rapport des gravités à 45° de latitude et à 8°, car le coefficient m de la formule est proportionnel au pouvoir réfringent, qui est lui-même proportionnel à la densité. Or, le rapport des gravités en question est 1,00245 (1). En ramenant donc la réfraction horizontale 2096″,48 observée au 8e degré de latitude sous la pression barométrique 0ᵐ,760 réduite à zéro, à celle qui aurait lieu si la densité de l'air était alors la même qu'au 45° parallèle sous la pression 0ᵐ,760, on trouve que cette réfraction devient 2102″,15, c'est-à-dire qu'elle augmente de près de 6″. Ce fait montre que, pour étudier les réfractions près de l'horizon, il importe d'avoir égard à la variation de la gravité, quand on compare les observations faites sous des latitudes éloignées. Mais d'après notre formule, la réfraction horizontale ne varie pas seulement par suite de la variation du coefficient m pour la même hauteur du baromètre en deux latitudes différentes, elle varie aussi par suite de la variation de longueur du rayon terrestre et de la variation de h_1. Ainsi h_1, qui à la température zéro, serait de 8013 mètres à Olinda, est de 7993ᵐ à 45° de latitude, car cette hauteur h_1 est en raison inverse des gravités. En ayant égard à la variation du rayon terrestre et à celle de h_1, on trouve par notre formule que pour passer de 8° à 45° de latitude, la réfraction horizontale augmente encore de 0″,91, ce qui, d'après la valeur que j'ai obtenue à Olinda pour la réfraction horizontale, donne pour la même réfraction au 45° parallèle 2103″,06, nombre qui ne diffère que de 3″ de celui de Delambre. Le nombre de mes observations voisines de l'horizon était de 82.

187.—Ma formule de la réfraction avec ses coefficients numériques devient donc, en appelant M le rapport de la gravité sous le parallèle où on veut la réfraction à la gravité au 45° parallèle, et en observant que $w' - w = 1$ et $w' = \dfrac{20}{7}$, $w = \dfrac{13}{7}$,

$$R = 60″,616\, M \sqrt{\frac{r}{2h'}} \left(\tan \tfrac{1}{2} a + \sqrt{\frac{20}{7}} \tan \tfrac{1}{2} a'' - \sqrt{\frac{13}{7}} \tan \tfrac{1}{2} a' \right) \frac{1+y}{1+nt} \sin z,$$

(1) L'expression de la gravité sous la latitude l est 9ᵐ,80606 — 0,02503 cos 2l.

dans laquelle tang $a = \sqrt{\dfrac{2\,h'}{r}}$ sec z, tang $a'' = \sqrt{\dfrac{20}{7}}$ tang a,

tang $a' = \sqrt{\dfrac{13}{7}}$ tang a, et où r est le rayon de la terre sous la

latitude considérée et $h' = 4663^{\mathrm{m}}\,\dfrac{1 + nt}{\mathrm{M}}$, car si h' varie avec la

température, il est indépendant de la pression atmosphérique.
Enfin $n = 0{,}00375$, t est la température actuelle, et $1 + y$ est le
rapport de la pression barométrique actuelle ramenée à zéro et
de la pression $0^{\mathrm{m}}760$.

188. — La hauteur de la colonne barométrique observée pour
la température t' de l'instrument se ramène à zéro en la multipliant par $\dfrac{1}{1 + ut}$, dans laquelle u est le coefficient de dilatation
du mercure, moins celui de l'échelle. Dans les tables de réfraction,
on suppose en général qu'on ne ramène pas le baromètre à zéro,
et on considère le facteur barométrique comme le rapport de la
pression actuelle et de la pression $0^{\mathrm{m}}760$ sous la température actuelle. On compense cette erreur en remplaçant le facteur thermométrique $\dfrac{1}{1 + nt}$ par le facteur $\dfrac{1}{(1 + nt)\,(1 + ut)}$, ce qui suppose
que le baromètre possède la température de l'air, quoique cepen-
dant sa température diffère presque toujours notablement de
cette dernière. Cette différence a peu d'importance pour les observations en mer et abrége le calcul, mais il n'en est pas de même
pour les observations dans les observatoires. Près de l'horizon surtout, dans les recherches sur la réfraction, il faut toujours ramener
le baromètre à zéro à l'aide de la température actuelle, avant de
chercher le facteur dans les tables, et alors on corrige la température à part à l'aide du facteur $\dfrac{1}{1 + nt}$, calculé d'après la valeur
de n, et non pas pris dans les tables données actuellement dans
les éphémérides. Toutefois, si on veut corriger pour la température
avec les tables de correction publiées dans les éphémérides, on le
peut en réduisant la hauteur barométrique à ce qu'elle serait à la
température de l'air.

189. — Pour la valeur de h' admise, ma formule donne $2103''{,}06$
pour la réfraction horizontale au 45$^\mathrm{e}$ parallèle avec la température

zéro et la pression 0^m,760. Afin de comparer cette formule aux tables de réfraction données par la formule de Laplace, je l'ai assujettie, en modifiant légèrement la valeur de h', à donner au 45° parallèle 2406″ pour réfraction horizontale à zéro, afin qu'elle satisfasse aux données avec lesquelles les tables de réfraction ont été calculées. Le tableau suivant montre, pour les angles compris entre le zénith et l'horizon, les différences de cette formule avec les tables de M. Caillet données dans la *Connaissance des temps* et calculées d'après la formule de Laplace. J'ai toutefois prolongé la comparaison avec la formule de Laplace jusqu'à 30′ au-dessous de l'horizon. On remarquera dans ce tableau que jusqu'à 70° de distance au zénith, les différences n'atteignent pas un dixième de seconde.

DISTANCES au zénith.	RÉFRACTIONS		DIFFÉRENCES.	DISTANCES au zénith.	RÉFRACTIONS		DIFFÉRENCES.
	par ma formule.	par la formule de Laplace.			par ma formule.	par la formule de Laplace.	
0°	0,0	0,0	0,0	85°	618,6	617,7	+ 0,9
10	10,7	10,7	0,0	86	737,3	736,1	+ 1,2
20	22,0	22,0	0,0	87	902,4	902,2	+ 0,2
30	35,0	35,0	0,0	88	1144,2	1145,6	— 1,4
40	50,8	50,8	0,0	89	1516,8	1518,6	— 1,8
50	72,1	72,1	0,0	89 30′	1778,7	1779,2	— 0,5
60	104,6	104,6	0,0	89 40	1881,1	1880,1	+ 0,9
70	165,0	165,0	0,0	89 50	1989,2	1989,0	+ 0,2
75	222,4	222,8	— 0,4	90 0	2106,0	2106,0	0,0
80	332,6	332,3	+ 0,5	90 10	2280,7	2280,5	+ 0,2
82 30′	435,5	434,8	+ 0,7	90 20	2364,0	2364,2	— 0,2
				90 30	2503,3	2505,0	— 1,7

On voit par ce tableau que Laplace était tombé sur une des hypothèses dont nous avons déjà parlé et qui, quoique ne représentant pas le décroissement réel de la densité de l'air, donne la même loi de réfraction que l'atmosphère réelle.

190. — La constante 60″,616 n'entre dans notre formule que comme facteur général de l'expression de la réfraction. Au premier abord, il semblerait qu'elle devrait entrer en outre d'une autre manière, car la réfraction influe sur la variation de l'angle z pour les diverses couches atmosphériques, et son influence est proportionnelle au coefficient en question, qui dépend de l'indice de réfraction; or cette variation de l'angle z influe à son tour sur la grandeur des divers coefficients h', h'', h'''. Mais, avec un

peu de réflexion, on voit que, dans la vraie intégrale de la réfraction, il peut très-bien se faire que la constante dépendant du pouvoir réfringent n'entre que comme simple multiplicateur. En effet,
ce qui doit rendre intégrable la vraie équation différentielle de la
réfraction dans le cas de la nature, est dans cette équation le
remplacement de l'expression de la densité en fonction de la hauteur par la vraie relation, et le remplacement de la variation du
pouvoir réfringent en fonction de la densité également par la vraie
relation. Donc l'élimination de la densité entre ces deux dernières
relations doit donner l'expression du pouvoir réfringent en fonction de la hauteur par une loi simple comme sont, en général,
toutes les lois naturelles. Par là, la variation de l'angle z avec la
hauteur devient simplement une fonction de la hauteur, puisque
la relation en question permet de substituer une fonction de la
hauteur aux expressions renfermant le pouvoir réfringent. C'est
de la combinaison des coefficients constants de ces expressions
finales que résultent les rapports simples que les observations nous
ont indiqués entre h', h'', h''' et $h_{,}$, et alors le coefficient de la réfraction disparaît autrement que comme multiplicateur de la formule.

Nous ne devons pas perdre de vue qu'en général les lois de la
nature sont très-simples. Des formules très-simples doivent donc
représenter les intégrales des équations différentielles que nous
posons pour chercher ces lois. Mais ces équations différentielles
représentant l'action de plusieurs espèces de forces, et vraies
tant qu'on n'exprime pas ces dernières en fonction de l'une
d'elles, cessent d'être rigoureusement exactes aussitôt que nous
exprimons quelques-unes de ces forces en fonction des autres par
des lois qui ne sont qu'approchées, telles que sont, par exemple,
la loi de Mariotte, la loi de la variation du pouvoir réfringent
considéré comme proportionnel à la densité dans un même milieu gazeux, etc. Ces lois approchées qui ne représentent que
le premier terme du développement des fonctions qui sont les
vraies lois, font souvent perdre de suite à l'équation différentielle, où on les introduit, son caractère d'intégrabilité sous forme
finie. Car, je le répète, les lois simples de la nature doivent être
données au moins en général par des équations différentielles intégrables (1).

(1) Il n'est pas jusqu'à la loi de la gravitation qui ne soit une loi seulement approchée, car elle n'est pas vraie aux petites distances, c'est-à-dire

Par des méthodes analogues à celle que nous avons employée pour obtenir sous forme finie et sans série l'expression générale de la réfraction, on a beaucoup de chance d'arriver à trouver un grand nombre des vraies lois de la nature. Cette méthode consiste à chercher dans le phénomène même dont on veut la loi, les expériences qui doivent pour ainsi dire achever l'intégration, au lieu de recourir à des expériences sur d'autres phénomènes dont les relations complètes avec celui-ci sont inconnues. Ainsi il est bien plus sage de demander aux observations sur la réfraction elle-même les dernières données plutôt que d'aller les demander aux observations sur la loi de variation de la densité de l'air en fonction de la température et de la pression, c'est-à-dire aux expériences propres à faire apercevoir la loi de Mariotte ou celle de la dilatation des gaz ; car ces dernières expériences ne sont pas générales, elles ne conviennent qu'entre les limites de pression ou de température où elles ont été effectuées et non dans toutes les conditions que nous offre l'atmosphère.

aux distances moléculaires. La vraie loi est donc une fonction de l'éloignement, fonction qui, pour de grandes distances, se ramène par son développement à la loi de la gravitation, lorsqu'on néglige les termes qui deviennent alors sensiblement nuls par rapport à celui qui fournit cette loi.

Le principe des aires et celui des forces vives ayant lieu pour un système quelconque de points matériels soumis à des forces simplement fonction des distances mutuelles des molécules, quelle que soit la forme de cette fonction, il en résulte qu'on peut obtenir les intégrales du premier ordre du problème du mouvement de deux points, puisque la vraie forme de la loi de la gravitation n'intervient pas dans ce cas. Mais dès qu'il y a plus de deux points, ces principes deviennent insuffisants pour fournir toutes les intégrales du premier ordre. Il n'est pas douteux qu'on obtiendrait facilement les autres intégrales du premier ordre si on pouvait mettre pour l'expression de la force sa véritable forme ; mais en y substituant la loi approchée de la gravitation, ces dernières intégrales se trouvent dissimulées. De ce que les intégrales du premier ordre, dans le cas du mouvement de deux corps, sont intégrables pour le cas de la loi de la gravitation comme nous la formulons, il n'en faudrait pas conclure qu'alors cette loi soit la vraie, car ces mêmes équations sont intégrables pour d'autres expressions de la force.

Il est excessivement probable que la loi du mouvement de plusieurs corps libres autour de leur centre de gravité est quelque chose d'aussi simple que celle du mouvement de deux corps et d'aussi simple aussi que la loi vraie quoique inconnue de la gravité.

DES PARALLAXES.

191. — Si un astre est immensément éloigné par rapport aux dimensions de la terre, il arrive que deux rayons visuels qui sont menés à ce corps de deux points différents de la surface de notre globe sont sensiblement parallèles. Dans ce cas, l'astre en question est vu dans la même direction que si l'observateur était au centre même de la terre. Tel est le cas des étoiles, pour lesquelles les observations n'ont pu faire percevoir aucun angle entre les rayons visuels menés des divers points du globe.

Mais il n'en est pas de même pour les autres astres, c'est-à-dire pour la lune, le soleil, les planètes et les comètes. Ces derniers corps célestes, plus rapprochés de nous, sont vus de deux points différents de la terre dans des directions un peu différentes. On appelle alors parallaxe l'angle formé par deux rayons visuels, dont l'un serait mené à ces astres du centre de la terre et l'autre d'un point de sa surface. La parallaxe est donc l'angle sous lequel, de l'astre considéré, est vu le rayon de la terre mené au lieu d'observation, à l'instant de l'observation elle-même. A cause de la rotation terrestre et du mouvement des astres, la parallaxe varie en un même lieu pour un même astre, suivant l'angle que fait le rayon terrestre en question avec les rayons visuels. Pour faire disparaître dans les observations ce qu'il y a à la fois de local et de particulier à l'instant de l'observation, il faut donc, à l'aide du calcul de la parallaxe, ramener les observations faites en un lieu quelconque de la terre à un instant donné à ce que ces observations auraient été si elles avaient été faites au centre même de la terre.

La parallaxe pouvant être regardée comme nulle pour les étoiles, et étant sensible pour les autres astres, il en résulte qu'en un même instant on voit de divers lieux de la terre ces derniers astres se projeter sur des régions différentes de la sphère étoilée, de sorte qu'en chaque lieu leurs ascensions droites et leurs déclinaisons semblent différentes, et ne sont pas celles qui sont inscrites dans les éphémérides et qui, afin de pouvoir s'en servir par tout le globe, sont calculées pour le centre de la terre. Cette considération nous montre l'utilité de la détermination de la parallaxe, soit pour déduire des observations les ascensions droites et les déclinaisons réelles des astres à parallaxes sensibles, dans le but de vérifier et de perfectionner les éphémérides, soit pour faire servir au calcul des observations faites en un lieu donné pour la détermination de sa position géographique, les coordonnées de la position d'un de ces astres tirées des éphémérides.

Nous allons donc nous proposer de calculer l'effet de la parallaxe sur les hauteurs et sur les azimuts observés, afin de réduire les observations de hauteur et d'azimut à ce qu'elles seraient sans cet effet, de manière à pouvoir ensuite effectuer les calculs dont on a besoin, comme si la parallaxe n'existait pas.

La plupart des ouvrages d'astronomie disent que la parallaxe n'agit pas sur les azimuts. Ce serait vrai, ainsi que nous allons le voir, si la terre était rigoureusement sphérique ; mais comme elle est ellipsoïdale, il y a une petite influence de la parallaxe sur les azimuts, influence dont il est essentiel de tenir compte dans les calculs précis.

192. — Nous allons d'abord calculer la parallaxe en supposant la terre sphérique, nous verrons ensuite les petites corrections que le défaut de sphéricité rigoureuse introduit dans ce calcul.

Par le centre de la terre, le lieu d'observation et le centre de l'astre observé, menons un plan qui sera celui de la figure 42. Soit O le centre de la terre, M le lieu d'observation, et L le centre de l'astre observé. La ligne OM est le rayon r de la terre, OL est la distance de l'astre observé au centre de la terre, distance que nous appellerons Δ, et l'angle MLO est la parallaxe cherchée.

L'angle ZML est la distance au zénith sous laquelle l'astre L est observé du point M. L'angle ZOL est l'angle correspondant qui serait vu du centre de la terre. Or, dans le triangle LOM, on a ZML = ZOL + MLO ; c'est-à-dire que la distance zénithale apparente en M égale la distance zénithale au centre de la terre plus la parallaxe. Maintenant, dans le triangle MOL, on a

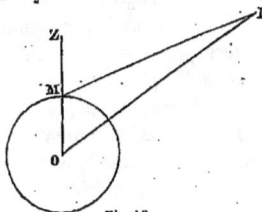

Fig. 42.

$$\frac{\sin MLO}{MO} = \frac{\sin OML}{OL} = \frac{\sin ZML}{OL},$$

ou, en appelant z' la distance zénithale apparente ZML et p la parallaxe MLO,

$$\sin p = \frac{r}{\Delta} \sin z'.$$

Cette équation ayant lieu quel que soit l'angle z' a lieu aussi quand cet angle est droit. En appelant alors H la parallaxe correspondante, on a $\sin H = \frac{r}{\Delta}$. En éliminant alors $\frac{r}{\Delta}$ entre ces deux équations, il vient

$$\sin p = \sin H \sin z'$$

et la distance zénithale vraie z est donnée par l'équation $z = z' - p$. Dans la formule précédente, H est la parallaxe de l'astre à l'horizon, p la parallaxe à la distance zénithale apparente z'. Pour une même distance Δ, H est constant pour tous les points de la terre, si la terre est sphérique. On appelle cette quantité la parallaxe horizontale, et les éphémérides la donnent jour par jour, à cause de ses variations par suite du changement de la distance Δ.

On voit que tout l'effet de la parallaxe s'est fait dans le plan de la figure, puisque les deux rayons visuels sont dans ce plan. La parallaxe ne dévie donc pas l'astre hors du plan passant par la verticale MZ, lequel plan définit l'azimut de l'astre. Donc, dans le cas de la terre sphérique, la parallaxe ne modifie pas les azimuts observés, mais agit seulement sur les hauteurs.

193. — Examinons maintenant l'effet de la non-sphéricité de la terre, et, conformément aux données de l'observation, regardons notre globe comme un ellipsoïde de révolution autour de son petit axe, lequel petit axe coïncide avec l'axe de rotation.

Dans ce cas, la ligne menée du point M au centre de la terre ne coïncide plus avec la verticale, et cette ligne fait avec la verticale dans le plan du méridien un petit angle que nous appellerons i.

La ligne qui joint le centre de la terre au point M marque, en la prolongeant jusqu'à la rencontre de la sphère céleste, un point qu'on appelle le zénith vrai du lieu M, tandis que le point marqué par la verticale prolongée, est appelé le zénith apparent.

Or il est évident que, dans le cas de la terre ellipsoïdale, la parallaxe agit de la même manière que dans le cas de la terre sphérique pour modifier les distances d'un astre au zénith vrai, mais celui-ci est alors distinct du zénith apparent, tandis que dans le

cas de la sphéricité, le zénith vrai et le zénith apparent se confondent. Quant aux azimuts, si on les mesurait autour du zénith vrai,
ils ne seraient pas modifiés par la parallaxe ; mais il n'en est plus
de même quand on mesure les azimuts autour du zénith apparent, c'est-à-dire autour de la verticale du lieu.

Ainsi, en appelant z' la distance au zénith vrai, on a toujours,
comme dans le cas de la terre sphérique, en appelant p' la parallaxe

$$\sin p' = \frac{r}{\Delta} \sin z'$$

et l'arc p' se mesure sur l'arc de grand cercle passant par l'astre et
par le zénith vrai.

Toutefois il faut remarquer que dans cette formule r n'a plus la
même valeur que dans le cas de la terre sphérique. Il change d'un
lieu à un autre, puisqu'il représente la distance du point d'observation au centre de la terre et puisque ces distances ne sont pas
toutes égales dans l'ellipsoïde.

En appelant H' la parallaxe horizontale du lieu d'observation, on
a, en faisant $p' = H'$ et $z' = 90°$, afin d'obtenir l'expression de la
parallaxe horizontale du lieu, $\sin H' = \frac{r}{\Delta}$, et par conséquent comme précédemment, $\sin p' = \sin H' \sin z'$. Seulement, dans cette
expression, la parallaxe horizontale est celle qui convient au lieu
d'observation, et elle varie d'un point à un autre, puisque
$\frac{r}{\Delta}$ varie par suite de la variation de r.

C'est à l'équateur que le rayon r est maximum : c'est donc à
l'équateur que la parallaxe a sa plus grande valeur. On appelle
parallaxe horizontale équatoriale celle de l'équateur, et c'est cette
parallaxe qu'on inscrit dans les tables, et que nous continue-
rons d'appeler H.

En considérant l'ellipsoïde terrestre comme de révolution, tous
les lieux qui ont la même latitude ont le même rayon vecteur r',
et par conséquent tous les lieux de même latitude ont la même
parallaxe H'.

Les éphémérides ne donnant que la parallaxe horizontale H il
importe d'abord de trouver la parallaxe horizontale H' qui convient
au lieu d'observation. Pour cela nous remarquerons qu'en appelant r le rayon équatorial, on a les deux équations

20

$$\sin H' = \frac{r'}{\Delta} \qquad \sin H = \frac{r}{\Delta} :$$

en les divisant membre à membre, il vient $\dfrac{\sin H'}{\sin H} = \dfrac{r'}{r}$.

Or, dans l'ellipsoïde terrestre, le rayon vecteur r' est donné avec une approximation suffisante en fonction du rayon équatorial r et de la latitude apparente l par l'expression :

$$r' = r \left(1 - u \sin^2 l + \frac{5}{8} u^2 \sin^2 2\, l \right),$$

formule dans laquelle u est l'aplatissement terrestre qu'au moyen des inégalités lunaires dépendant du défaut de sphéricité de la terre, Burckhardt a trouvé égal à $\dfrac{1}{305}$. Pour cette valeur de u, on

a log $u = \log \dfrac{1}{305} = \bar{3},5157002.$

Les recherches modernes sur la figure de la terre s'accordent à donner pour u une valeur un peu plus grande que $\dfrac{1}{305}$. L'aplatissement varie d'ailleurs un peu dans les diverses régions du globe. Sa valeur moyenne n'est qu'approximativement connue. Nous verrons plus tard les moyens d'obtenir la valeur de l'aplatissement pour les diverses régions de la terre.

En mettant pour r' sa valeur dans l'équation précédente, il vient

$$\sin H' = \sin H \left(1 - u \sin^2 l + \frac{5}{8} u^2 \sin^2 2\, l \right).$$

Dans cette équation, comme, à cause de la petitesse de u, le facteur $1 - u \sin^2 l + \dfrac{5}{8} u^2 \sin^2 2\, l$ diffère très-peu de l'unité, et comme les arcs H et H' sont petits, on peut, sans erreur sensible, même pour la parallaxe lunaire, remplacer les sinus par les arcs, et on peut écrire

$$H' = H \left(1 - u \sin^2 l + \frac{5}{8} u^2 \sin^2 2\, l \right).$$

Au moyen de cette formule et de la parallaxe horizontale équatoriale déduite des éphémérides pour l'instant de l'observation, on

peut calculer la parallaxe horizontale H' qui répond au lieu d'observation, et alors pour la valeur de la parallaxe p' on a l'é-
quation

$$\sin p' = \sin \mathrm{H}' \sin z'$$

expression dans laquelle $\sin \mathrm{H}'$ est connu.

194. — La question de l'influence de l'ellipticité de la terre pour
faire varier la parallaxe horizontale en chaque lieu du globe se trouve
exposée dans tous les ouvrages d'astronomie pratique, et la formule que nous venons de donner pour calculer cette parallaxe en
chaque lieu se trouve également dans les mêmes traités. Mais
nous venons de voir que l'ellipticité terrestre ne se borne pas à
faire varier la parallaxe horizontale, elle agit encore en ce que la
grandeur p du déplacement de l'astre pour une hauteur donnée
n'est pas proportionnelle au sinus de la distance zénithale apparente, c'est-à-dire de la distance apparente au zénith apparent,
mais bien au sinus de la distance apparente au zénith vrai. D'un
autre côté, ce déplacement p est effectué non dans l'arc de grand
cercle passant par le zénith apparent, mais dans celui qui passe
par le zénith vrai. Ces deux remarques sont en général oubliées
dans les traités d'astronomie, et c'est fort à tort, car, pour la lune,
les erreurs que l'on commet, en négligeant ces deux considérations,
sont très-notables. C'est précisément parce que le déplacement p
ne s'effectue pas suivant la direction du zénith apparent, mais
bien suivant celle du zénith vrai, que la parallaxe modifie un peu
les azimuts observés, car ces derniers azimuts sont mesurés autour du zénith apparent.

Proposons-nous de calculer l'expression du déplacement azimutal dû à la parallaxe.

Soient P le pôle (fig. 43), PZZ' le
méridien, Z le zénith apparent, Z' le
zénith vrai, E la position réelle d'un
astre, E' sa position apparente, de
sorte que $\mathrm{EE}' = p'$: Z'E' est alors la
distance apparente au zénith vrai,
que nous appelons z', ZE' la dis-

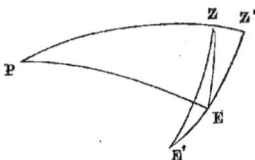

Fig. 43.

tance apparente au zénith apparent, distance que nous appelons
z, et qui est celle que les observations mesurent.

Nous appellerons l la latitude apparente ou latitude astronomique répondant au zénith Z, latitude qui est celle que les observations astronomiques mesurent directement, et nous nommerons $l - i$ la latitude vraie ou géodésique, c'est-à-dire celle qui répond au zénith vrai Z'. L'arc ZZ' est alors égal à i, c'est-à-dire à la différence des deux latitudes. Nous appellerons de plus z'' la distance vraie ZE au zénith apparent.

Dès qu'on connaît la latitude astronomique l, l'arc i est connu. Il est donné en secondes avec une approximation suffisante par l'équation

$$i = \text{K} \sin 2\,l + \tfrac{1}{2} \text{K}^2 \sin 4\,l$$

dans laquelle $\text{K} = \dfrac{2u - u^2}{2 - 2u + u^2}$, u étant l'aplatissement terrestre. Si on fait $u = \dfrac{1}{305}$, on a

$$\log u = 2{,}8308366 \qquad \log \tfrac{1}{2} u^2 = 0{,}0462181.$$

Appelons maintenant a l'azimut apparent observé Z'ZE'. Nous aurons dans le triangle Z'ZE'

$$\frac{\sin \text{ZE'Z'}}{\sin \text{ZZ'}} = \frac{\sin \text{Z'ZE'}}{\sin \text{Z'E'}}$$

ou

$$\sin \text{ZE'Z'} = \frac{\sin i \sin a}{\sin z'}.$$

Nous avons maintenant dans le triangle ZEE'

$$\frac{\sin \text{EZE'}}{\sin \text{EE'}} = \frac{\sin \text{ZE'Z'}}{\sin \text{ZE}}$$

ou

$$\sin \text{EZE'} = \frac{\sin \text{ZE'Z'} \sin p}{\sin z''}.$$

Mettant pour $\sin \text{ZE'Z'}$ sa valeur précédente, et pour $\sin p$ sa valeur $\sin \text{H'} \sin z'$, il vient

$$\sin \text{EZE'} = \frac{\sin \text{H'} \sin i \sin a}{\sin z''}.$$

Or l'angle EZE' est la déviation azimutale de l'astre par l'effet de la parallaxe. L'expression de cette déviation montre qu'elle est maximum dans le premier vertical, c'est-à-dire quand $a = 90°$ auquel cas $\sin a = 1$. Elle est aussi proportionnelle au sinus de l'arc i, dont la valeur maximum, qui a lieu pour une latitude de 45°, est de 678 secondes ou 11′ 18″ pour l'aplatissement $\frac{1}{305}$.

Quand la parallaxe lunaire est de 61′, on trouve alors que, dans le premier vertical, l'angle $EZE' = \frac{12''}{\sin z''}$. La déviation azimutale due à la parallaxe peut donc pour la lune atteindre à l'horizon jusqu'à 12″ et à 30° du zénith où $\sin z'' = \frac{1}{2}$, elle peut atteindre jusqu'à 24″. On voit par conséquent que cette déviation est loin d'être négligeable.

195. — On peut donner à l'expression de la déviation azimutale EZE', que nous appellerons φ, une forme indépendante de z'', c'est-à-dire de la distance zénithale vraie au zénith apparent. En effet, dans le triangle PZE, on a

$$\frac{\sin ZE}{\sin ZPE} = \frac{\sin PE}{\sin PZE}.$$

Or PE est le complément de la déclinaison D de l'astre : donc $\sin PE = \cos D$, ZPE est l'angle horaire de l'astre, que nous appellerons P, et on a pour l'angle PZE

$$PZE = PZE' + E'ZE = 180° - a + \varphi$$

d'où

$$\sin PZE = \sin (a - \varphi);$$

de là on tire

$$\sin ZE = \sin z'' = \frac{\sin P \cos D}{\sin (a - \varphi)}.$$

Reportant cette valeur de $\sin z''$ dans l'expression du sinus de l'angle EZE' que nous avons appelé φ, il vient

(A) $$\sin \varphi = \frac{\sin H' \sin i \sin a \sin (a - \varphi)}{\sin P \cos D}.$$

En développant $\sin (a - \varphi)$, et divisant par $\cos \varphi$, il vient

(B) $$\tang \varphi = \frac{2 \sin H' \sin i \sin^2 a}{2 \sin P \cos D + \sin H' \sin i \sin 2a},$$

formule dans laquelle a représente l'azimut apparent observé.

La valeur maximum de $\sin 2a$ étant de 1, on voit que $H' \sin i \sin 2a$ ne pourra dépasser 12″ même pour la lune, puisque nous avons vu dans le numéro précédent que la valeur maximum de H' sin i est de 12″. On peut donc dans le dénominateur négliger sin H' sin i sin 2 a toutes les fois que P est grand, et alors la déviation azimutale est donnée par la formule

$$\tan \varphi = \frac{\sin \mathrm{H}' \sin i \sin^2 a}{\sin \mathrm{P} \cos \mathrm{D}}.$$

Mais si la lune était très-près du zénith, auquel cas sin 2 a peut être grand en même temps que sin P est très-petit, il faudrait employer la formule complète (B).

Si nous posons $a - \varphi = a'$, auquel cas a' est l'azimut réel, on en tire $a = a' + \varphi$. Substituant dans l'équation (A), il vient

$$\sin \varphi = \frac{\sin \mathrm{H}' \sin i \sin (a' + \varphi) \sin a'}{\sin \mathrm{P} \cos \mathrm{D}}.$$

Développant sin $(a' + \varphi)$, il viendra comme précédemment

(C) $\tan \varphi = \dfrac{2 \sin \mathrm{H}' \sin i \sin^2 a'}{2 \sin \mathrm{P} \cos \mathrm{D} - \sin \mathrm{H}' \sin i \sin 2a'}$,

formule dans laquelle a' est l'azimut réel.

Cette formule se réduit à

$$\tan \varphi = \frac{\sin \mathrm{H}' \sin i \sin^2 a'}{\sin \mathrm{P} \cos \mathrm{D}}$$

tant que l'astre n'est pas voisin du zénith.

Telles sont les expressions des déviations azimutales dues à la parallaxe. Comme le zénith vrai est toujours du côté de l'équateur par rapport au zénith apparent, on voit que la parallaxe agit en augmentant l'azimut compté à partir du côté du méridien opposé au pôle.

196. — Proposons-nous maintenant de trouver l'effet de la parallaxe sur les hauteurs apparentes mesurées à partir du zénith apparent.

Nous avons déjà vu que l'effet de la parallaxe sur la distance au zénith vrai est donnée par l'équation

$$\sin p' = \sin \mathrm{H}' \sin z'.$$

La vraie parallaxe de hauteur p est égale à Z E' — Z E (fig. 43) ou $z - z''$; proposons-nous de la calculer en fonction de p'.

Dans le triangle E′ZE, on a

$$\cos EE' = \cos ZE' \cos ZE + \sin ZE' \sin ZE \cos E'ZE$$

ou

$$\cos p' = \cos z \cos z'' + \sin z \sin z'' \cos \varphi$$

ou encore

$$\cos p' = \cos(z - z'') - 2\sin z \sin z'' \sin^2 \tfrac{1}{2}\varphi.$$

Mais à cause de la petitesse de l'arc φ, on peut poser $\sin \frac{1}{2}\varphi = \frac{1}{2}\sin \varphi = \frac{1}{2}\frac{\sin H' \sin i \sin a}{\sin z''}$, et comme $z - z'' = p$, on a donc

$$\cos p - \cos p' = \frac{1}{2}\frac{\sin z}{\sin z''}\sin^2 H' \sin^2 i \sin^2 a.$$

Or, comme

$$\cos p - \cos p' = 2\sin\tfrac{1}{2}(p'+p)\sin\tfrac{1}{2}(p'-p),$$

il vient

$$\sin\tfrac{1}{2}(p'-p) = \frac{1}{4}\frac{\sin z}{\sin z''}\frac{\sin^2 H' \sin^2 i \sin^2 a}{\sin\tfrac{1}{2}(p'+p)}.$$

Mais, p et p' différant extrêmement peu, on peut, à des termes près du second ordre poser $\frac{1}{2}(p'+p) = p'$ et admettre que $\sin\frac{1}{2}(p'-p) = \frac{1}{2}\sin(p'-p)$, il vient alors

$$\sin(p'-p) = \frac{1}{2}\frac{\sin z}{\sin z''}\frac{\sin^2 H' \sin^2 i \sin^2 a}{\sin p'}.$$

Remplaçant dans le second membre $\sin p'$ par $\sin H' \sin z'$, sa valeur d'après le n° 193, on a

$$\sin(p'-p) = \frac{1}{2}\frac{\sin z}{\sin z'}\frac{\sin H'}{\sin z''}\sin^2 i \sin^2 a$$

ou

$$p'-p = \frac{i}{2}\frac{\sin z}{\sin z'}\frac{\sin H' \sin i}{\sin z''}\sin^2 a.$$

Toutes choses égales d'ailleurs, on voit donc que la valeur de $p'-p$ est maximum pour $a = 90°$, auquel cas $\sin^2 a = 1$. Or alors pour $H' = 61'$, et pour la valeur maximum de i, qui est de 678″

avec l'aplatissement $\frac{1}{305}$, on trouve que $\frac{i}{2}\sin H'\sin i = 0'',018$.
La valeur maximum de $p' - p$ est donc alors

$$p' - p = 0'',018\, \frac{\sin z}{\sin z' \sin z''}.$$

Sauf dans le voisinage du zénith, cette valeur sera donc toujours inférieure à $0'',1$, et on peut, à moins qu'on ne veuille une extrême précision, se dispenser d'y avoir.égard, et poser

$$\sin p = \sin p' = \sin H' \sin z'.$$

Toutefois, si on veut avoir égard à $p' - p$, il faut simplifier la formule, et pour cela on remarquera que $z' = z$, à une quantité près très petite de l'ordre i; on peut alors en négligeant les termes de l'ordre $0'',018 \sin i$, faire $z' = z$ dans l'expression de $p' - p$, et il vient

$$p' - p = \frac{i}{2}\frac{\sin H' \sin i}{\sin z''}\sin^2 a$$

si on veut éliminer $\sin z''$ on remarquera que $\sin z'' = \frac{\sin P \cos D}{\sin (a - \varphi)}$, d'après le n° 195, et il viendra

$$p' - p = \frac{i}{2}\frac{\sin H' \sin i}{\sin P \cos D}\sin^2 a \sin (a - \varphi),$$

ou, enfin, à moins que la lune ne soit très-près du zénith, en négligeant $\sin \varphi$ vu sa petitesse et celle de son coefficient

$$p' - p = \frac{i}{2}\frac{\sin H' \sin i}{\sin P \cos D}\sin^3 a,$$

expression dans laquelle on peut prendre à volonté pour a soit l'azimut calculé, soit l'azimut apparent.

197. — Nous venons de voir qu'il résulte de la petitesse de la valeur de $p' - p$ qu'on peut, en général, regarder la parallaxe de hauteur, comme égale à la parallaxe horizontale multipliée par le sinus de la distance apparente au zénith vrai.

Proposons-nous maintenant de calculer cette parallaxe p' en fonction de la distance apparente z au zénith apparent. Pour cela remarquons que $Z E = z'' = z - p$, et $Z' E = z' - p'$. Cela posé, dans le triangle PZE (fig. 43), on a

$$\cos(z - p) = \cos PZ \cos PE + \sin PZ \sin PE \cos ZPE,$$

et dans le triangle P Z' E

$$\cos(z' - p') = \cos PZ' \cos PE + \sin PZ' \sin PE \cos ZPE.$$

Or $\cos PZ = \sin l$; $\cos PZ' = \sin(l - i)$; $\sin PZ = \cos l$; $\sin PZ' = \cos(l - i)$.

On a donc, en remarquant que $PE = 90° - D$, et que ZPE égale l'angle horaire P,

$$\cos(z - p) = \sin l \sin D + \cos l \cos D \cos P,$$
$$\cos(z' - p') = \sin(l - i) \sin D + \cos(l - i) \cos D \cos P.$$

Multiplions la première équation par $\cos(l - i)$, la seconde par $\cos l$, et retranchons membre à membre, il vient

$$\cos(l - i) \cos(z - p) - \cos l \cos(z' - p') =$$
$$(\sin l \cos(l - i) - \sin(l - i) \cos l) \sin D$$

ou

$$\cos(l - i) \cos(z - p) - \cos l \cos(z' - p') = \sin i \sin D;$$

de là on tire

$$\cos(z' - p') = \frac{\cos(l - i)}{\cos l} \cos(z - p) - \frac{\sin i \sin D}{\cos l}$$

ou

$$\cos(z' - p') = (\cos i + \tan g\, l \sin i) \cos(z - p) - \frac{\sin i \sin D}{\cos l}$$

ou encore

$$\cos(z' - p') - \cos(z - p) = \frac{\sin l \cos(z - p) - \sin D}{\cos l} \sin i$$
$$- 2 \cos(z - p) \sin^2 \tfrac{1}{2} i.$$

En remarquant que $p' = p$, à quelques centièmes de seconde près, d'après ce que nous avons vu dans le numéro précédent, et en notant qu'une erreur de quelques centièmes de seconde sur l'arc z', que nous voulons obtenir, sera négligeable sur la parallaxe p', parallaxe qui est égale à $\sin H' \sin z'$, nous pouvons faire $p' = p$ dans le premier membre de l'équation précédente, et il nous vient, en remplaçant la différence des cosinus par le produit de deux sinus

$$2 \sin \tfrac{1}{2}(z - z') \sin \tfrac{1}{2}(z + z' - 2p) = \frac{\sin l \cos (z - p) - \sin D}{\cos l} \sin i$$
$$- 2 \cos (z - p) \sin^2 \tfrac{1}{2} i.$$

Posons $z - z' = \beta$, d'où $z' = z - \beta$, l'équation précédente devient

$$\sin \tfrac{1}{2}\beta = \frac{\sin l \cos (z - p) - \sin D}{2 \cos l \sin \left(z - p - \dfrac{\beta}{2} \right)} \sin i - \frac{\cos (z - p) \sin^2 \tfrac{1}{2} i}{\sin \left(z - p - \dfrac{\beta}{2} \right)}$$

ou, en remplaçant $\sin^2 \tfrac{1}{2} i$ par $\tfrac{1}{2} \sin i \sin \tfrac{1}{2} i$,

$$\sin \tfrac{1}{2}\beta = \frac{\cos (z - p)(\sin l - \cos l \sin \tfrac{1}{2} i) - \sin D}{2 \cos l \sin \left(z - p - \dfrac{\beta}{2} \right)} \sin i$$

ou encore, en remarquant qu'à des termes près du troisième ordre en i, on peut dans cette formule remplacer $\sin l$ par $\sin l \cos \tfrac{1}{2} i$,

$$\sin \tfrac{1}{2}\beta = \frac{\cos (z - p) \sin (l - \tfrac{1}{2} i) - \sin D}{2 \cos l \sin \left(z - p - \dfrac{\beta}{2} \right)} \sin i.$$

Si nous multiplions les deux membres de cette équation par $\dfrac{\sin \left(z - p - \dfrac{\beta}{2} \right)}{\sin (z - p)}$, et si nous développons $\sin \left(z - p - \dfrac{\beta}{2} \right)$, il vient en remarquant que $\sin \dfrac{\beta}{2} \cos \dfrac{\beta}{2}$ égale $\sin \dfrac{\beta}{2}$ à des quantités près du troisième ordre, puisque β est de l'ordre i,

$$\sin \tfrac{1}{2}\beta = \frac{\cos (z - p) \sin (l - \tfrac{1}{2} i) - \sin D}{2 \cos l \sin (z - p)} \sin i + \cot (z - p) \sin^2 \tfrac{1}{2} \beta.$$

Tant que $\cot (z - p)$ n'est pas très-grand, le terme en $\sin^2 \tfrac{1}{2} \beta$ peut être négligé, car il est du second ordre en i. Cela a lieu tant que l'astre est loin du zénith, mais s'il en était rapproché, il faudrait calculer β par l'équation précédente du second degré. Toutefois en général on peut faire

$$\sin \tfrac{1}{2}\beta = \frac{\sin (l - \tfrac{1}{2} i) \cos (z - p) - \sin D}{2 \cos l \sin (z - p)} \sin i$$

ou en négligeant les termes du deuxième ordre en i

$$\beta = \frac{\sin l \, \cos (z - p) - \sin D}{\cos l \sin (z - p)} i.$$

et dans ce cas on fait $p' = p$. L'expression de la parallaxe de hauteur est donc

$$\sin p = \sin H' \sin (z - \beta)$$

ou, en négligeant les termes de l'ordre β^2,

$$\sin p = \sin H' \sin z - \sin H' \cos z \sin \beta$$

ou

$$\sin p = \sin H' \sin z - \sin H' \cos z \frac{\sin l \cos (z - p) - \sin D}{\cos l \sin (z - p)} \sin i$$

ou encore, en négligeant les termes de l'ordre $\sin^2 H' \sin i$,

$$(D) \qquad \sin p = \sin H' \sin z - \frac{\sin H' \cot z}{\cos l} (\sin l \cos z - \sin D) \sin i.$$

Telle est l'expression de la parallaxe de hauteur en fonction de la distance apparente z au zénith apparent. Si on fait $p = m - n$, on a pour déterminer m et n,

$$\sin m = \sin H' \sin z$$
$$n = \frac{\sin H' \cot z}{\cos l \cos m} (\sin l \cos z - \sin D) i :$$

on rendra cette dernière quantité logarithmique en posant

$$\frac{\sin l \cos z}{\cos D} = \tang A$$

et il vient

$$n = \frac{\sin H' \cot z}{\cos l \cos m} \frac{\sin (A - D)}{\cos A} i.$$

Pour juger de la grandeur de l'erreur que l'on commet lorsqu'on détermine la parallaxe p par la formule $\sin p = \sin H' \sin z$, nous remarquerons que $i \sin H'$ peut atteindre jusqu'à $12''$ pour $l = 45°$, comme nous l'avons déjà vu précédemment; l'erreur sur la parallaxe de hauteur peut donc être égale à

$$\frac{12'' \cot z}{\cos 45°} (\sin 45° \cos z - \sin D) :$$

elle est donc nulle pour $z = 90°$; mais le facteur multipliant $12''$ peut devenir plus grand que l'unité quand l'astre est à une grande hauteur, surtout si la déclinaison est négative. Pour $D = 0$ et $z = 45°$, cette erreur est déjà de $12''$ sin $45°$, c'est-à-dire de $8'',5$.

198. — La valeur de l'aplatissement que nous avons adoptée dans ce qui précède, est celle qui déduite des inégalités lunaires, conviendrait à l'ensemble du globe. Mais on sait que cette valeur varie suivant les localités. Si on connaît la valeur de l'aplatissement u' qui répond à une région donnée et la valeur correspondante R' du rayon équatorial qui aurait lieu si cet aplatissement u' se prolongeait jusqu'à l'équateur, il faudrait, dans le calcul, employer pour parallaxe horizontale équatoriale celle des tables multipliée par le facteur $\dfrac{R'}{R}$, R étant le rayon équatorial admis pour la formation des tables. Le calcul se ferait ensuite comme précédemment, en calculant i à l'aide des formules que nous avons données, formules dans lesquelles on substituerait u' à u; on aurait alors pour la parallaxe horizontale locale H $\left(1 - u' \sin^2 l + \dfrac{5}{8} u'^2 \sin^2 2\, l\right)$. Tous les calculs se feraient ensuite comme précédemment. En général, pour la majeure partie des régions du globe, l'aplatissement local est inconnu. Il faut alors employer les formules précédentes en calculant i et H' à l'aide de l'aplatissement moyen. Il est bon toutefois de remarquer que, dans un observatoire, des observations précises continuées pendant longtemps sur la lune, observations permettant de mesurer la valeur du déplacement azimutal de cet astre par la parallaxe, feraient connaître comme conséquence la valeur de l'angle i pour cet observatoire, et par suite celle de l'aplatissement répondant à la région de cet établissement.

199. — Dans ce qui précède, nous avons calculé la parallaxe de hauteur en supposant connue la distance zénithale apparente. C'est le cas où on a le plus besoin du calcul de la parallaxe de hauteur, afin de réduire en distance zénithale vraie la distance apparente observée. Toutefois, il arrive quelquefois qu'on a besoin de calculer la distance apparente au zénith répondant à une distance vraie donnée. Nous allons indiquer le moyen de résoudre ce problème.

Soit connue la distance vraie z'' au zénith apparent, on calcule d'abord, à l'aide de la latitude, la distance i du zénith apparent au zénith vrai. Il faut ensuite calculer la distance vraie z''' au zénith vrai. Pour cela, remarquons que nous avons les deux équations.

$$\cos z'' = \sin l \sin D + \cos l \cos D \cos P$$
$$\cos z''' = \sin (l - i) \sin D + \cos (l - i) \cos D \cos P.$$

z'', D et l étant connus, on peut calculer P par la première équation en la transformant suivant l'usage pour la rendre logarithmique, et alors on peut calculer z''' par la seconde équation. Mais on peut aussi éliminer P entre les deux équations, en multipliant la première par $\cos (l - i)$, la seconde par $\cos l$ et en les retranchant ensuite l'une de l'autre, il vient alors

$$\cos (l - i) \cos z'' - \cos l \cos z''' = \sin D \sin i$$

d'où

$$\cos z''' = \frac{\cos (l - i)}{\cos l} \cos z'' - \frac{\sin D \sin i}{\cos l}.$$

Cette équation peut se transformer comme l'équation analogue du n° 197, donnant la valeur de $\cos (z' - p')$. Si donc nous faisons $z'' - z''' = \beta$, il viendra comme dans le numéro que je viens de citer

$$\sin \tfrac{1}{2} \beta = \frac{\cos z'' \sin (l - \tfrac{1}{2}i) - \sin D}{2 \cos l \sin z''} \sin i + \cot z'' \sin^2 \tfrac{1}{2} \beta.$$

β étant de l'ordre i, nous pouvons tant que cot z'' n'est pas très-grand, c'est-à-dire tant que l'astre n'est pas tout près du zénith, négliger le terme en $\sin^2 \tfrac{1}{2} \beta$ qui est du deuxième ordre (près du zénith, $\sin \tfrac{1}{2} \beta$ sera donné en résolvant l'équation du second degré). En général, on a donc, en négligeant les termes du second ordre en i,

$$\beta = \frac{\cos z'' \sin l - \sin D}{\cos l \sin z''} i.$$

En faisant alors

$$\frac{\sin l \cos z''}{\cos D} = \tang A$$

il vient

$$\beta = \frac{\sin (A - D)}{\cos A \cos l \sin z''} i.$$

z''', qui est égal à $z'' - \beta$, étant alors connu, on remarquera que $z' = z''' + p'$, et l'équation $\sin p' = \sin H' \sin z'$ devient

$$\sin p' = \sin H' \sin (z''' + p')$$

ou

$$\sin p' = \sin H' (\sin z''' \cos p' + \cos z''' \sin p')$$

d'où, en divisant par $\cos p'$,

$$(E) \qquad \operatorname{tang} p' = \frac{\sin \mathrm{H}' \sin z'''}{1 - \sin \mathrm{H}' \cos z'''}$$

équation qui fera connaître p' et qu'on résout facilement en posant $\sin \mathrm{H}' \cos z''' = \sin^2 \chi$, et on a alors $\operatorname{tang} p' = \dfrac{\sin \mathrm{H}' \sin z'''}{\cos^2 \chi}$.

200. — Dans les ouvrages d'astronomie, on développe la formule (E), qui peut se mettre sous la forme

$$\operatorname{tang} p' = \sin \mathrm{H}' \sin z''' \, (1 - \sin \mathrm{H}' \cos z''')^{-1}$$

ou, en développant

$$\operatorname{tang} p' = \sin \mathrm{H}' \sin z''' + \sin^2 \mathrm{H}' \sin z''' \cos z'''$$

et en remplaçant la tangente par l'arc, c'est-à-dire en faisant $\operatorname{tang} p' = p' \sin 1''$ et $\sin \mathrm{H}' = \mathrm{H}' \sin 1''$, il vient

$$(F) \qquad p' = \mathrm{H}' \sin z''' + \tfrac{1}{2} \mathrm{H}'^2 \sin 2 z''' \sin 1''.$$

Cette formule n'est pas rigoureuse, et donne une petite erreur. Elle suffit dans les approximations. Dans les calculs rigoureux, il faut employer la formule (E), dont le calcul est plus court que celui que l'on aurait à faire en poussant le développement jusqu'au troisième terme, et en tenant compte en même temps de l'erreur commise en remplaçant les tangentes et les sinus par les arcs. Toutefois la formule développée (F) peut être employée pour tous les astres autres que la lune, et même dans ce dernier cas on peut se limiter à son premier terme et faire $z''' = z''$, ce qui dispense du calcul de β.

Une fois l'arc p' obtenu par la formule (E), on peut en général regarder p' comme égal à p, et alors $z'' + p'$ peut être considéré comme égal à la distance zénithale apparente z. Si on veut une précision extrême, il faudra calculer $p' - p$ par la formule que nous avons donnée précédemment (n° 196),

$$p' - p = \frac{i}{2} \frac{\sin \mathrm{H}' \sin i}{\sin z''} \sin^2 a.$$

Mais si on ne connaît pas l'azimut apparent a, on pourra se dispenser de le calculer en remarquant qu'on a, comme nous l'avons vu précédemment (n° 195),

$$\sin(a - \varphi) = \frac{\sin P \cos D}{\sin z''};$$

mais l'arc φ peut, à moins que la lune ne soit tout près du zénith, être négligé à cause de sa petitesse dans l'expression de $p' - p$, par conséquent on peut y poser $\sin^2 a = \dfrac{\sin^2 P \cos^2 D}{\sin^2 z''}$, et alors

$$p' - p = \frac{i}{2} \frac{\sin H' \sin i}{\sin^3 z''} \sin^2 P \cos^2 D.$$

L'angle P pouvant être connu du moment où on connaît z'', et cet angle ayant généralement été d'ailleurs calculé pour pouvoir effectuer le calcul de z'', ou donné pour obtenir la valeur de z'' qu'on veut transformer en distance apparente, on voit que $p' - p$ est déterminé. En posant $p' - p = w$, on en tire $p = p' - w$, et alors la distance zénithale apparente est $z'' + p' - w$.

La déviation azimutale correspondante sera alors (n° 194)

$$\sin \varphi = \frac{\sin H' \sin i \sin a}{\sin z''} \text{ ou } \sin \varphi = \frac{\sin H' \sin i}{\sin^2 z''} \sin P \cos D, \text{ en}$$

remplaçant $\sin a$ par $\dfrac{\sin P \cos D}{\sin z''}$.

201. — Les déviations azimutales par la parallaxe sont négligeables pour tous les astres autres que la lune. On peut aussi, pour le soleil et les planètes, négliger dans les calculs de la parallaxe de hauteur la différence des distances au zénith vrai et au zénith apparent, et même on peut substituer les arcs à leurs sinus. On a alors, pour l'expression de la parallaxe de hauteur en fonction de la distance apparente z,

$$p = H' \sin z.$$

Cette considération simplifie beaucoup les calculs de parallaxes du soleil et des planètes. Les calculs de parallaxes ne sont donc compliqués que pour la lune.

202. — Ce dernier astre présente aussi une variation dans son diamètre apparent, suivant la hauteur à laquelle on l'observe. Soient O (fig. 44) le centre de la terre, Z le zénith vrai du point M, L le centre de la lune. Du centre de la terre, le demi-diamètre lunaire sous-tend l'angle LOK; du point M, il sous-tend l'angle LMN. Or, dans le triangle LMN, on a $\sin \text{LMN} = \dfrac{\text{LN}}{\text{ML}}$, et dans

le triangle LOK, $\sin \text{LOK} = \dfrac{\text{LK}}{\text{OL}}$; mais comme LK = LN, en

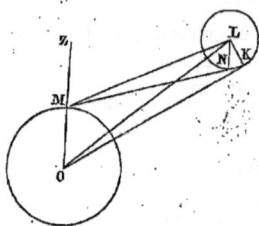

divisant ces deux équations membre à membre, il vient $\dfrac{\sin \text{LMN}}{\sin \text{LOK}} = \dfrac{\text{OL}}{\text{ML}}$.

Mais dans le triangle MOL, on a $\dfrac{\text{OL}}{\text{ML}} = \dfrac{\sin \text{ZML}}{\sin \text{ZOL}}$, donc $\dfrac{\sin \text{LMN}}{\sin \text{LOK}} = \dfrac{\sin \text{ZML}}{\sin \text{ZOL}}$.

Fig. 44.

Remarquons maintenant que ZOL est la distance vraie z''' au zénith vrai, ZML la distance apparente z' au même zénith; sin LOK est le demi-diamètre lunaire vu du centre de la terre, c'est celui qui est inscrit dans les éphémérides et que nous appellerons δ; enfin sin LMN est le demi-diamètre vu du point M pour la distance apparente z' au zénith vrai, nous appellerons δ' ce diamètre. Il vient donc

$$\sin \delta' = \sin \delta \frac{\sin z'}{\sin z'''}.$$

Mais $z''' = z' - p'$, donc

$$\sin \delta' = \sin \delta \frac{\sin z'}{\sin (z' - p')}.$$

Comme le demi-diamètre lunaire n'atteint jamais 17' et comme le sinus et l'arc de 17' ont la même valeur jusqu'à la septième décimale, on peut sans aucune erreur sensible remplacer ici les sinus des arcs δ et δ' par ces arcs eux-mêmes, et il vient

$$\delta' = \delta \frac{\sin z'}{\sin (z' - p')} = \delta \frac{1}{\cos p' - \sin p' \cot z'}.$$

Remplaçant dans cette équation $\cos p'$ par sa valeur très-approchée $1 - \frac{1}{2} \sin^2 p'$, et $\sin p'$ par sa valeur $\sin H' \sin z'$, il vient

$$\delta' = \delta \frac{1}{1 - \frac{1}{2} \sin^2 H' \sin^2 z' - \sin H' \cos z'};$$

d'où

$$\delta' - \delta = \delta \frac{\frac{1}{2} \sin^2 H' \sin^2 z' + \sin H' \cos z'}{1 - \frac{1}{2} \sin^2 H' \sin^2 z' - \sin H' \cos z'}.$$

ou en négligeant les termes en $\delta \sin^3 H'$, qui sont du quatrième ordre par rapport à la parallaxe

$$\delta' - \delta = \delta \left[\sin H' \cos z' + \tfrac{1}{2} \sin^2 H' (1 + \cos^2 z') \right].$$

203.—L'accroissement $\delta' - \delta$ du diamètre de la lune se trouve ici exprimé en fonction de la distance z' au zénith vrai; si on le veut en fonction de la distance z au zénith apparent, il faut remarquer (n° 197) que $z' = z - \beta$, β étant égal à $\dfrac{\sin l \cos (z - p') - \sin D}{\cos l \sin (z - p')} i$, en négligeant les termes de l'ordre i^2 dans la valeur de β, termes qui, dans l'expression de $\delta' - \delta$, donneraient des termes du quatrième ordre en i, δ et H'.

On a alors

$$\delta' - \delta = \delta \left[\sin H' \cos (z - \beta) + \tfrac{1}{2} \sin^2 H' (1 + \cos^2 (z - \beta)) \right].$$

β étant de l'ordre i, on peut remplacer dans le second terme du second membre $\cos^2 (z - \beta)$ par $\cos^2 z$, à des termes près du quatrième ordre, et on a alors

$$\delta' - \delta = \delta \left[\sin H' \cos (z - \beta) + \tfrac{1}{2} \sin^2 H' (1 + \cos^2 z) \right].$$

En développant et remarquant qu'on peut faire $\cos \beta = 1$ à des termes près du quatrième ordre, il vient

$$\delta' - \delta = \delta \left[\sin H' \cos z + \sin H' \sin z \sin \beta + \tfrac{1}{2} \sin^2 H' (1 + \cos^2 z) \right].$$

Or, dans l'expression de $\sin \beta$, on peut négliger p' à des termes près du quatrième ordre dans la valeur de $\delta' - \delta$, et on a alors

$$\sin \beta = \frac{\sin l \cos z - \sin D}{\cos l \sin z} \sin i.$$

En substituant, il vient

$$\delta' - \delta = \delta \left[\sin H' \cos z + \sin H' \sin i \, \frac{\sin l \cos z - \sin D}{\cos l} \right.$$
$$\left. + \tfrac{1}{2} \sin^2 H' (1 + \cos^2 z) \right].$$

Le plus souvent, on peut négliger les termes en $\sin H' \sin i$ et $\sin^2 H'$, qui réunis ne forment qu'une fraction de seconde, et on a alors

$$\delta' - \delta = \delta \sin H' \cos z.$$

Les formules précédentes font connaître très-simplement l'accroissement du demi-diamètre de la lune en fonction de la distance apparente du centre de l'astre au zénith astronomique. Si on n'a observé qu'un des bords de l'astre, auquel cas on n'a que la distance apparente de ce bord au zénith astronomique, on effectue d'abord la correction de réfraction, puis on ajoute ou on retranche, suivant qu'on a observé le bord supérieur ou le bord inférieur, la valeur que possède à l'horizon le demi-diamètre de l'astre. On a alors z d'une manière très-approchée, et on calcule $\delta' - \delta$ par la formule. On corrige ensuite la distance z apparente à l'aide du diamètre corrigé, mais il est inutile de recommencer le calcul de la correction de ce diamètre, parce que la différence avec la correction précédente serait de l'ordre de $\delta^2 \sin^2 H'$ ou du quatrième ordre.

204. — L'altitude d'un lieu au-dessus du niveau de la mer augmente la parallaxe, parce qu'elle augmente la distance de ce lieu au centre de la terre. Cette altitude modifie aussi légèrement l'angle i entre le zénith vrai et le zénith apparent. Soit, en effet, O (fig. 45) le centre de la terre, OP son axe de rotation. Considérons un point M au niveau de la mer. En ce point, la verticale apparente est ZM, la verticale vraie est Z'' MO et on a ZZ''$= i$. Considérons maintenant un point m pris sur la verticale apparente de M;

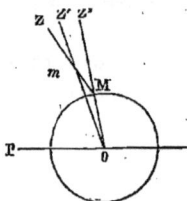
Fig. 45.

les points m et M auront la même latitude astronomique et le même zénith apparent Z; mais le zénith vrai de m sera en Z' sur la ligne Om prolongée : alors l'angle $Z m Z'$ différera de ZMZ'' ou i de l'angle Z'OZ'', on a donc

$$Z m Z' = i - Z' O Z'',$$

et en appelant i' l'angle $Z m Z'$ pour le lieu d'altitude h, c'est-à-dire pour lequel $m M = h$, on a $i' = i - Z' O Z''$. Mais, dans le triangle M m O, on a

$$\sin Z' O Z'' = \frac{h}{MO} \sin i'.$$

Or, en appelant r le rayon MO et remarquant que, vu la petitesse des arcs i' et $Z'OZ''$, on peut remplacer les sinus par leurs arcs, il vient

$$Z'OZ'' = \frac{h}{r} i'.$$

Substituant dans l'équation précédente, on a

$$i' = i - \frac{h}{r} i', \quad \text{d'où} \quad i' = \frac{r}{r+h} i.$$

Ainsi, pour avoir l'angle i' entre le zénith vrai et le zénith apparent d'un lieu d'altitude h, on calculera par les formules ordinaires l'angle i pour le niveau de la mer, et on le multipliera par $\frac{r}{r+h}$, r étant le rayon terrestre à la latitude du lieu, rayon donné par la formule habituelle; mais à cause de la petitesse des altitudes h auxquelles on peut observer par rapport à ce rayon, on peut prendre pour r le rayon moyen de la terre.

Dans le triangle mMO, on a encore $mO = MO \frac{\sin i}{\sin i'}$, ou très-approximativement $mO = r \frac{i}{i'} = r + h$. Or la parallaxe horizontale pour le lieu d'altitude h est à celle qui existe au niveau de la mer dans le rapport des distances de ces deux lieux au centre de la terre. La parallaxe horizontale H', calculée pour le niveau de la mer et la latitude l, devra donc être multipliée par $\frac{r+h}{r}$ pour être rapportée à l'altitude h.

205. — Nous avons supposé dans le calcul précédent que le point m situé sur la verticale astronomique de M avait la même latitude apparente que ce dernier point; cela n'a pas rigoureusement lieu à cause de la courbure de la verticale. Cette courbure provient de ce qu'à mesure qu'on s'élève au-dessus du niveau de la mer, la pesanteur diminue tandis que la force centrifuge augmente. Soit, en effet, O (fig. 46) le centre de la terre, OP l'axe polaire, et, pour plus de simplicité, supposons la terre sphérique et de rayon r. La pesanteur est alors dirigée suivant le rayon MO; soit g l'intensité de la pesanteur à la surface de la terre; à la hauteur h au dessus du point M, c'est-à-

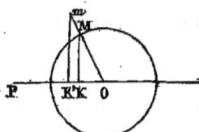

Fig. 46.

dire en m, la pesanteur sera alors $\dfrac{gr^2}{(r+h)^2}$. En M au niveau de la mer, la vitesse de rotation d'un point de la surface terrestre est égale à la vitesse v de l'équateur multipliée par $\cos l$; à la hauteur h elle est égale à $v\cos l\,\dfrac{r+h}{r}$. Conséquemment, au point M à la surface de la mer, la force centrifuge sera $\dfrac{v^2\cos^2 l}{MK}$ ou $\dfrac{v^2\cos^2 l}{r\cos l}$ ou enfin $\dfrac{v^2}{r}\cos l$; à la hauteur h elle sera $\dfrac{v^2\cos^2 l\,\dfrac{(r+h)^2}{r^2}}{(r+h)\cos l}$ ou $\dfrac{v^2}{r}\cos l\,\dfrac{r+h}{r}$: mais $\dfrac{v^2}{r}$ n'est autre que la force centrifuge à l'équateur, laquelle est $\dfrac{1}{289}$ de la gravité g. La force centrifuge au niveau de la mer sera donc $\dfrac{g}{289}\cos l$, et à la hauteur h, elle sera $\dfrac{g}{289}\cos l\,\dfrac{r+h}{r}$.

Cela posé, le fil à plomb, sollicité par la gravité et la force centrifuge, se place suivant la résultante des deux forces, et sa direction prolongée marque le zénith apparent. Or la force centrifuge se décompose en deux autres forces, l'une suivant la direction de la gravité, mais de sens contraire, et l'autre perpendiculaire à cette direction. En appelant f la force centrifuge, la première composante est $f\cos l$, la seconde $f\sin l$. Ainsi, par la force centrifuge, la gravité sera diminuée dans sa vraie direction de $f\cos l$; elle deviendra donc $g\left(1-\dfrac{1}{289}\cos^2 l\right)$ au niveau de la mer; et $g\dfrac{r^2}{(r+h)^2}-\dfrac{g}{289}\cos^2 l\,\dfrac{r+h}{r}$, c'est-à-dire $g\dfrac{r+h}{r}\left(\dfrac{r^3}{(r+h)^3}-\dfrac{1}{289}\cos^2 l\right)$ à la hauteur h. En posant $\dfrac{h}{r}=m$, cette dernière expression devient $g(1+m)\left(\dfrac{1}{(1+m)^3}-\dfrac{1}{289}\cos^2 l\right)$.

On a maintenant pour les composantes perpendiculaires à la direction de la gravité $\dfrac{g}{289}\cos l\,\sin l$ au niveau de la mer, et $\dfrac{g}{289}\dfrac{r+h}{r}\cos l\,\sin l$, ou $\dfrac{g}{289}(1+m)\cos l\,\sin l$ à la hauteur h.

Or la tangente de la déviation de la verticale par l'effet de la force centrifuge a pour expression cette dernière composante divisée par la gravité. En appelant donc α au niveau de la mer la déviation en question, α' cette même déviation à la hauteur h, on a

$$\operatorname{tang} \alpha = \frac{1}{289} \frac{\sin l \cos l}{1 - \frac{1}{289} \cos^2 l} = \frac{\sin l \cos l}{289 - \cos^2 l}$$

$$\operatorname{tang} \alpha' = \frac{1}{289} \frac{\sin l \cos l}{\frac{1}{(1+m)^3} - \frac{1}{289} \cos^2 l} = (1+m)^3 \frac{\sin l \cos l}{289 - (1+m)^3 \cos^2 l}.$$

On peut remplacer les tangentes par les arcs, et en retranchant ensuite les deux équations membre à membre, il vient

$$\alpha' - \alpha = \frac{\sin l \cos l}{\sin 1''} \left[\frac{(1+m)^3}{289 - (1+m)^3 \cos^2 l} - \frac{1}{289 - \cos^2 l} \right].$$

L'angle $\alpha' - \alpha$ donné par cette expression est l'angle que la force centrifuge détermine entre les verticales de deux points dont l'un serait au niveau de la mer et l'autre dans le prolongement de la verticale apparente du premier.

Si on fait $l = 45°$ et $h = 4$ kilomètres, auquel cas $m = \frac{4}{6367}$, et $1 + m = \frac{6371}{6367}$, on trouve que $\alpha' - \alpha = 0'',6751$.

On peut simplifier l'expression de $\alpha' - \alpha$, en ne gardant que les termes du premier ordre en m. Alors $(1+m)^3$ se réduit à $1 + 3m$, et la quantité entre crochets devient

$$\frac{(1+3m)(289 - \cos^2 l) - (289 - \cos^2 l - 3m \cos^2 l)}{(289 - \cos^2 l)(289 - \cos^2 l - 3m \cos^2 l)},$$

ce qui se réduit à $\dfrac{3m \times 289}{(289 - \cos^2 l)(289 - \cos^2 l - 3m \cos^2 l)}$ ou, en négligeant encore les termes en m^2, à $\dfrac{3m \times 289}{(289 - \cos^2 l)^2}$, on a alors

$$\alpha' - \alpha = \frac{3 \sin l \cos l}{\sin 1''} \frac{289 m}{(289 - \cos^2 l)^2}.$$

Pour $h = 4000$ millimètres et $l = 45°$, cette formule donne $\alpha' - \alpha$

$= 0'',6749$, tandis que la première formule donnait $0'',6751$; la différence n'est que de deux dix-millièmes de seconde pour les plus grandes hauteurs auxquelles on observe vers la latitude pour laquelle la valeur de $\alpha' - \alpha$ est maximum.

L'expression de $\alpha' - \alpha$ peut encore être simplifiée, car en développant le dénominateur et en divisant le numérateur et le dénominateur par 289, et négligeant dans ce dernier $\frac{1}{289} \cos^4 l$, qui n'introduirait que des termes du deuxième ordre à cause de la petitesse de son coefficient $\frac{1}{289}$, il vient

$$\alpha' - \alpha = \frac{3 \sin l \cos l}{\sin 1''} \frac{m}{289 - 2 \cos^2 l}$$

Remarquons que c'est vers le 45e degré que la valeur de $\alpha' - \alpha$ est maximum; cette valeur est nulle à l'équateur et au pôle; on peut donc, sans erreur sensible, donner à $\cos^2 l$ la valeur qui convient au 45e degré. Il n'en résultera aucune erreur pour le 45e degré, et pour les autres latitudes l'erreur sera excessivement petite. Or, au 45e degré $\cos^2 l = \frac{1}{2}$; donc nous pouvons sans erreur sensible admettre pour $\alpha' - \alpha$ l'expression

$$\alpha' - \alpha = \frac{3 \sin l \cos l}{\sin 1''} \frac{m}{288}$$

ou

$$\alpha' - \alpha = \frac{3 \sin 2l}{2 \sin 1''} \frac{m}{288} = \frac{3 \sin 2l}{2 \sin 1''} \frac{1}{288} \frac{h}{r}.$$

Telle est l'expression de l'augmentation de la latitude astronomique avec l'altitude, par suite de la diminution de la pesanteur et de l'accroissement de la force centrifuge avec l'élévation au-dessus du niveau des mers.

206. — Mais, pour l'obtention de cette formule, nous avons supposé que la gravité diminue en raison inverse du carré de la distance au centre du sphéroïde; ceci a lieu, en effet, si on ne considère que l'attraction de la partie du sphéroïde comprise jusqu'au niveau des mers; mais en s'élevant sur une montagne, il faut joindre à cette attraction celle des couches atmosphériques, qui, de supérieures à la station, deviennent inférieures, et de plus l'attraction de la montagne elle-même. D'après le docteur

Young, cette action diminue de 0,25 à 0,50 de sa valeur le décroissement de la pesanteur déterminé par l'augmentation de l'altitude.
D'après Baily, la diminution serait du tiers. En admettant le facteur
0,50, valeur qui paraît convenir aux massifs montagneux, la gravité, au
lieu de décroître en raison inverse du carré de la distance au centre
du sphéroïde, ne décroîtrait qu'en raison inverse de cette distance.

En effet en posant toujours $\frac{h}{r} = m$, et en appelant g la gravité à
l'altitude h et g' la gravité au niveau de la mer, on aurait dans
l'hypothèse du carré des distances $\frac{g'}{g} = \left(\frac{r+h}{r}\right)^2 = (1+m)^2$

ou, en négligeant les termes du second ordre en m, $\frac{g'}{g} = 1 + 2m$:
d'où $g' - g = 2mg$. En diminuant de moitié la valeur de $g' - g$,
il vient alors $g' - g = mg$, ou $\frac{g'}{g} = 1 + m = \frac{r+h}{r}$.

En reprenant le calcul de $\alpha' - \alpha$ d'après les raisonnements effectués dans le numéro précédent et d'après l'hypothèse que la gravité diminue simplement en raison inverse de la distance au
centre du sphéroïde terrestre, on trouverait

$$\alpha' - \alpha = \frac{2\sin l \cos l}{\sin 1''} \frac{289 \, m}{(289 - \cos^2 l)^2}$$

expression qui se réduirait alors, comme précédemment, à

$$\alpha' - \alpha = \frac{\sin 2l}{\sin 1''} \frac{m}{288} = \frac{\sin 2l}{\sin 1''} \frac{1}{288} \frac{h}{r}.$$

Cette valeur de $\alpha' - \alpha$ doit être regardée comme plus approchée encore que la première.

207. — A l'altitude h, l'angle i'' entre le zénith vrai et le zénith
apparent est par rapport à l'angle i qui aurait lieu au niveau de la
mer diminué, comme nous l'avons vu dans le n° 204, dans le rapport de r à $r + h$, et ensuite augmenté de $\alpha' - \alpha$. Nous allons voir
maintenant que ces deux effets se compensent sensiblement.

Pour l'angle i à la surface de la mer, nous avons en effet

$$i = K \sin 2l + \tfrac{1}{2} K^2 \sin 4l,$$

expression dans laquelle $K = \dfrac{2u - u^2}{2 - 2u + u^2}$ ou $K = \dfrac{u}{1 - u}$ en négligeant les termes du second ordre, u étant l'aplatissement.

En admettant pour u la valeur $\dfrac{1}{305}$, il vient alors $K = \dfrac{1}{304}$. On a donc

$$i = \frac{1}{304}\frac{\sin 2l}{\sin 1''} + \frac{1}{2}\left(\frac{1}{304}\right)^2\frac{\sin 4l}{\sin 1''},$$

En appelant i' l'angle i réduit dans le rapport de r à $r + h$, ou de 1 à $1 + m$, nous avons d'ailleurs

$$i'' = i' + \alpha' - \alpha = \frac{i}{1 + m} + \alpha' - \alpha.$$

En négligeant les termes de l'ordre $i m^2$, il vient

$$i'' = i\,(1 - m) + \alpha' - \alpha$$

d'où

$$i'' - i = \alpha' - \alpha - mi.$$

En mettant dans le second membre pour i sa valeur précédente et en négligeant les termes en $\left(\dfrac{1}{304}\right)^2 m$, on a

$$i'' - i = \alpha' - \alpha - \frac{m}{304}\frac{\sin 2l}{\sin 1''},$$

mettant pour $\alpha' - \alpha$ sa valeur donnée dans le numéro précédent,

$$i'' - i = m\left(\frac{1}{288} - \frac{1}{304}\right)\frac{\sin 2l}{\sin 1''} = \frac{h}{r}\left(\frac{16}{288 \times 304}\right)\frac{\sin 2l}{\sin 1''}$$

Pour $l = 45°$, cas où $i'' - i$ est maximum et pour $h = 4000^m$; on trouve alors que $i'' - i = 0'',02$, quantité tout à fait négligeable, comparativement aux anomalies locales, et dont par conséquent il est complétement inutile de tenir compte.

De là résulte ce théorème. *A la surface de la terre, l'angle entre le zénith vrai et le zénith apparent peut être regardé comme constant, quelle que soit l'altitude, du moins jusqu'aux limites où peuvent être faites des observations.*

Les calculs de la parallaxe ne sont donc modifiés par l'altitude qu'en ce que la parallaxe horizontale à faire entrer dans le calcul est augmentée dans le rapport de $\dfrac{r+h}{r}$. Quand la parallaxe horizontale de la lune possède sa valeur moyenne qui est de 57', son augmentation par kilomètre est donc de $\dfrac{1}{6367}$ de 57', et par conséquent de 0'',54, ce qui donne 0'',054 par 100^m.

On n'a besoin de réduire les latitudes astronomiques et géocentriques au niveau de la mer que dans certaines opérations géodésiques. Cette réduction se fera d'après ce qui précède, en retranchant des unes et des autres la valeur de $\alpha' - \alpha$, c'est-à-dire le nombre de secondes donné par l'expression $\dfrac{h \sin 2l}{288\, r \sin 1''}$.

Dans le calcul de $\alpha' - \alpha$, nous avons supposé la gravité dirigée vers le centre du sphéroïde, quoiqu'elle en soit un peu déviée. Mais cela ne change pas la valeur de $\alpha' - \alpha$, du moins lorsqu'on la considère comme représentant l'effet de la diminution de la gravité et de l'accroissement de la force centrifuge. Il n'y aurait que la différence de la direction de la résultante des forces attractives elles-mêmes, différence entre cette direction à la surface de la mer et à l'altitude h, qui viendrait s'ajouter à la valeur de $\alpha' - \alpha$ pour représenter l'effet total; mais cette différence déjà petite par rapport à $\alpha' - \alpha$ qui est lui-même presque négligeable, peut être complétement négligée, vu surtout les anomalies qui l'emportent de beaucoup sur la variation régulière.

208. — Nous avons donné (n° 194) l'expression de la déviation azimutale par la parallaxe en fonction de l'azimut a par la formule

$$(G) \qquad \sin \varphi = \frac{\sin H' \sin i \sin a}{\sin z''};$$

on peut dans cette formule éliminer l'azimut apparent a, sans introduire l'angle horaire P. En effet, dans le triangle formé par le pôle, le zénith astronomique et la position vraie de l'astre, on a, en remarquant que l'azimut vrai égale $a - \varphi$,

$$\sin D = \sin l \cos z'' + \cos l \sin z'' \cos \left(180^\circ - (a - \varphi) \right),$$

car (fig. 43, page 307) $\cos PE = \sin D$, $PZ = 90^\circ - l$ et $ZE = z''$, ou la distance zénithale vraie.

Nous avons appelé a l'azimut apparent E'ZZ', et φ est l'angle E'ZE de sorte que EZZ'$=a-\varphi$ et PZE$=180°-(a-\varphi)$.

La formule précédente se transforme en les deux suivantes

$$\sin D = \sin(l+z'') - 2\cos l\sin z''\cos^2\left(\frac{(a-\varphi)}{2}\right)$$

$$\sin D = \sin(l-z'') + 2\cos l\sin z''\sin^2\left(\frac{(a-\varphi)}{2}\right)$$

d'où

$$2\cos^2\left(\frac{a-\varphi}{2}\right) = \frac{2\sin\frac{1}{2}(l+z''-D)\cos\frac{1}{2}(l+z''+D)}{\cos l\sin z''}$$

$$2\sin^2\left(\frac{a-\varphi}{2}\right) = \frac{2\sin\frac{1}{2}\left(D-(l-z'')\right)\cos\frac{1}{2}\left(D+(l-z'')\right)}{\cos l\sin z''}$$

ou en posant pour abréger $l+z''=s$ et $l-z''=s'$, multipliant les deux équations membre à membre et prenant la racine carrée, il vient

$$\sin(a-\varphi) = \frac{2\sqrt{\sin\frac{1}{2}(s-D)\cos\frac{1}{2}(s+D)\sin\frac{1}{2}(D-s')\cos\frac{1}{2}(D+s')}}{\cos l\sin z''}$$

Remarquant que dans la formule (G) on peut, sans erreur sensible, sauf dans le voisinage immédiat du zénith, remplacer a par $(a-\varphi)$ et z'' par z, on a

$$\sin\varphi = \frac{2\sin H'\sin i\sqrt{\sin\frac{1}{2}(s-D)\cos\frac{1}{2}(s+D)\sin\frac{1}{2}(D-s')\cos\frac{1}{2}(D+s')}}{\cos l\sin^2 z}$$

Cette expression, dans laquelle alors $s=l+z$ et $s'=l-z$, donne φ en fonction de la distance zénithale apparente z.

209. — Par l'effet de la parallaxe, le soleil, la lune, les planètes et les comètes sont vus, comme nous l'avons déjà dit dans le n° 194, avec une ascension droite et une déclinaison différentes de leur ascension droite et de leur déclinaison vraie, c'est-à-dire avec une position différente de celle que ces astres occuperaient s'ils étaient vus du centre de la terre. Or c'est cette dernière position qu'on inscrit dans les éphémérides. Dans un assez grand nombre de problèmes, on a besoin de connaître les différences en ascension droite et en déclinaison, qui existent entre les positions apparentes et les positions vraies. Ces différences sont appelées parallaxes d'ascension droite et de déclinaison.

Nous commencerons par calculer la parallaxe d'ascension droite, qui n'est autre que l'augmentation de l'angle horaire due à l'effet de la parallaxe. .

Soient P (fig. 47) le pôle, N le zénith *vrai* et A la position vraie d'un astre. Par l'effet de la parallaxe, cet astre est transporté de A en B sur le prolongement de l'arc de grand cercle NA, de telle sorte que AB est la parallaxe de hauteur p' donnée par l'équation

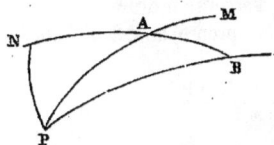

Fig. 47. .

$$\sin p' = \sin H' \sin z',$$

dans laquelle z' est la distance apparente NB au zénith vrai N.

Le triangle PAB, dans lequel le côté $PA = 90° - D$, D étant la déclinaison vraie de l'astre, et l'angle APB égale la parallaxe ϖ d'ascension droite, donne l'équation

$$\frac{\sin B}{\sin PA} = \frac{\sin APB}{\sin AB},$$

ou

$$\frac{\sin B}{\cos D} = \frac{\sin \varpi}{\sin p'},$$

ou encore, en remplaçant $\sin p'$ par sa valeur

(a) $$\frac{\sin B}{\cos D} = \frac{\sin \varpi}{\sin H' \sin z'}.$$

Le triangle PNB, dans lequel le côté $PN = 90 - l$, l étant la latitude *géodésique* de la station, et l'angle NPB égale l'angle horaire P plus la parallaxe ϖ d'ascension droite, donne à son tour l'équation

$$\frac{\sin NPB}{\sin NB} = \frac{\sin B}{\sin PN},$$

ou

(b) $$\frac{\sin (P + \varpi)}{\sin z'} = \frac{\sin B}{\cos l}.$$

Multipliant membre à membre les équations (a) et (b), $\sin B$ et $\sin z'$ disparaissent, et il vient l'équation

(c) $$\frac{\sin (P + \varpi)}{\cos D} = \frac{\sin \varpi}{\sin H' \cos l}.$$

En développant $\sin(P + \varpi)$, divisant par $\cos \varpi$ les deux mem-bres et résolvant par rapport à $\tang \varpi$, cette équation devient

$$(1) \qquad \tang \varpi = \frac{\sin H' \cos l \sin P}{\cos D - \sin H' \cos l \cos P},$$

équation qui donne l'accroissement ϖ de l'angle horaire par la parallaxe, c'est-à-dire la parallaxe d'ascension droite.

On rend facilement l'équation (1) propre au calcul logarith-mique en posant

$$\tang \alpha = \frac{\sin H' \cos l \sin P}{\cos D}$$

il vient alors

$$\tang \varpi = \frac{1}{\cot \alpha - \cot P} = \frac{\sin P \sin \alpha}{\sin P \cos \alpha - \sin \alpha \cos P}$$

ou enfin

$$(2) \qquad \tang \varpi = \frac{\sin P \sin \alpha}{\sin(P - \alpha)}.$$

A moins qu'on n'exige une extrême précision, on simplifie le calcul de l'angle α en posant $\alpha = \dfrac{H' \cos l \sin P}{\cos D}$.

Je préfère la formule (2) qui est très-simple, au développement en série de la formule (1), développement qu'on obtient en posant pour abréger $\beta = \dfrac{\sin H' \cos l}{\cos D}$, puis en développant la puissance -1 du dénominateur et en remplaçant $\tang \varpi$ par $\varpi \sin 1''$. Il vient alors

$$\varpi = \frac{\beta \sin P}{\sin 1''} + \frac{\beta^2 \sin 2 P}{2 \sin 1''} + \ldots$$

Comme β est très-petit, on a rarement besoin de pousser la série jusqu'au troisième terme. Toutefois le calcul de la série est plus long que celui de l'équation (2), et il est moins exact pour la parallaxe lunaire, à cause du remplacement de $\tang \varpi$ par $\varpi \sin 1''$. Le calcul d'un grand nombre de termes de la série pourrait aussi devenir nécessaire pour une comète très-rapprochée de la terre et située dans une direction voisine de celle du pôle.

Mais quand la parallaxe est très-petite, ce qui est le cas pour le soleil, les planètes et la majorité des comètes, on peut employer la série réduite au premier terme. Dans ce cas, la formule de la parallaxe devient en remplaçant sin H′ par H′ sin 1″ dans la valeur de β

$$\varpi = H' \frac{\cos l \sin P}{\cos D}.$$

Sauf le cas dont nous venons de parler, il vaut mieux pour le calcul de ϖ employer la formule (2) que la série.

L'angle ϖ est l'accroissement de l'angle horaire dû à la parallaxe. Or l'angle horaire exprimé en temps égale l'heure sidérale moins l'ascension droite. Un accroissement de l'angle horaire répond donc à une diminution de l'ascension droite. En appelant AR′ l'ascension droite apparente affectée de parallaxe, AR l'ascension droite vraie, et enfin ϖ_1 l'angle ϖ réduit en temps, on a par conséquent

$$AR' = AR - \varpi_1$$

et dans le calcul de l'angle ϖ, il faut avoir soin de donner à l'angle horaire P son signe, qui est positif à l'ouest du méridien, négatif à l'est, afin d'avoir le signe de ϖ et par conséquent de ϖ_1. ϖ, devenant négatif à l'est du méridien, la formule montre que de ce côté du ciel l'ascension droite apparente est plus grande que l'ascension droite vraie, comme d'ailleurs on reconnaît à première vue que cela doit avoir lieu.

210. — Nous allons maintenant passer au calcul de la parallaxe de déclinaison. En appelant D′ la déclinaison apparente, c'est-à-dire la déclinaison affectée de la parallaxe, on a dans le triangle PNB (fig. 47), PB = 90° — D′; on a d'ailleurs PN = 90 — l, et en appelant z' la distance apparente au zénith vrai N, on a dans le triangle PNB, par l'équation fondamentale de la trigonométrie sphérique,

$$\sin D' = \sin l \cos z' + \cos l \sin z' \cos PNB.$$

On a de même dans le triangle PNA, où on fait la distance zénithale vraie NA = z et où PA = 90 — D,

$$\sin D = \sin l \cos z + \cos l \sin z \cos PNB.$$

Égalant les valeurs de cos PNB cos l données par ces deux équations, il vient, en chassant les dénominateurs,

$$\sin z \ (\sin D' - \sin l \cos z') = \sin z' \ (\sin D - \sin l \cos z),$$

ou

$$\sin z \sin D' = \sin z' \sin D - \sin l \ (\sin z' \cos z - \sin z \cos z').$$

Mais $\sin z' \cos z - \sin z \cos z' = \sin (z' - z) = \sin p'$, et nous avons vu dans le n° 193 que $\sin p' = \sin H' \sin z'$. L'équation précédente devient donc

(d) $\qquad \sin z \sin D' = \sin z' (\sin D - \sin H' \sin l).$

D'un autre côté, la règle des sinus appliquée successivement aux triangles PNA et PNB donne en remarquant que NPA est l'angle horaire P, et que $NPB = P + \varpi$, ϖ étant la parallaxe d'ascension droite,

$$\sin PNB = \frac{\cos D \sin P}{\sin z} \qquad \text{et} \qquad \sin PNB = \frac{\cos D' \sin (P + \varpi)}{\sin z'}.$$

Égalant ces deux valeurs de $\sin PNB$, il vient

(e) $\qquad \sin z \cos D' = \dfrac{\sin z' \cos D \sin P}{\sin (P + \varpi)}.$

Divisant membre à membre l'équation (d) par l'équation (e), on obtient

(3) $\qquad \tang D' = \dfrac{\sin D - \sin H' \sin l}{\cos D \sin P} \sin (P + \varpi),$

formule qui donne la déclinaison apparente D' quand la parallaxe d'ascension droite ϖ est déterminée.

On rend l'équation (3) propre au calcul logarithmique en posant,

$$\tang \gamma = \frac{\sin H' \sin l}{\cos D},$$

et il vient

$$\tang D' = (\tang D - \tang \gamma) \frac{\sin (P + \varpi)}{\sin P},$$

ou

(4) $\qquad \tang D' = \dfrac{\sin (D - \gamma) \cdot \sin (P + \varpi)}{\cos D \cos \gamma \sin P}.$

Quand H' est très-petit, on peut faire $\gamma = H' \dfrac{\sin l}{\cos D}$, et on fait alors $\cos \gamma = 1$ dans la formule (4), qui devient ainsi

$$\tan g \, D' = \frac{\sin (D - \gamma) \sin (P + \varpi)}{\cos D \sin P}.$$

- Cette simplification peut même être employée pour la parallaxe lunaire, à moins qu'on n'exige une extrême précision.

D' étant obtenu par l'équation précédente, D' — D est alors connu, et c'est la parallaxe de déclinaison.

Quand P est très-petit, le rapport $\dfrac{\sin (P + \varpi)}{\sin P}$ devient celui de deux très-petits arcs, et, dans le calcul, cette circonstance fait perdre à la formule (4) un peu de sa précision. Pour éviter cet inconvénient, remarquons qu'on a, en développant $\sin (P + \varpi)$,

$$\frac{\sin (P + \varpi)}{\sin P} = \cos \varpi \, (1 + \tan g \, \varpi \cot P).$$

En remplaçant $\tan g \, \varpi$ par sa valeur donnée par l'équation (1) (n° 209), il vient

(f) . $\qquad \dfrac{\sin (P + \varpi)}{\sin P} = \cos \varpi \dfrac{\cos D}{\cos D - \sin H' \cos l \cos P}.$

Si on pose alors $\tan g \, \varkappa = \dfrac{\sin H' \cos l \cos P}{\cos D}$, il vient

$$\frac{\sin (P + \varpi)}{\sin P} = \frac{\cos \varpi}{1 - \tan g \, \varkappa} = \frac{\cos \varpi}{\tan g \, 45° - \tan g \, \varkappa} = \frac{\cos \varpi \cos \varkappa \cos 45°}{\sin (45° - \varkappa)}.$$

Cette formule servira à obtenir le rapport $\dfrac{\sin (P + \varpi)}{\sin P}$ quand P est très-petit.

On peut encore rendre logarithmique la valeur de $\dfrac{\sin (P + \varpi)}{\sin P}$ donnée par l'équation (f) en posant

$$\sin 2v = \frac{\sin H' \cos l \cos P}{\cos D};$$

il vient alors

$$\frac{\sin (P + \varpi)}{\sin P} = \frac{\cos \varpi}{1 - \sin 2v} = \frac{\cos \varpi}{2 \sin^2 (45° - v)}.$$

On peut facilement de l'équation (3) déduire le développement de la parallaxe de déclinaison D'— D en série, mais le calcul par la série ne me paraît offrir aucun avantage ni au point de vue du temps, ni à celui de l'exactitude, et il présente l'inconvénient que des erreurs de signe sont alors plus faciles à commettre qu'avec la formule primitive elle-même.

211. — Le demi-diamètre de la lune varie avec la distance au zénith, et nous avons vu (n° 202) qu'en appelant δ sa valeur à l'horizon et δ' sa valeur à la distance zénithale apparente z', on a, en appelant z la distance zénithale vraie,

$$\frac{\sin \delta'}{\sin \delta} = \frac{\sin z'}{\sin z}.$$

Remplaçant $\dfrac{\sin z'}{\sin z}$ par sa valeur déduite de l'équation (e), il vient, en remplaçant les sinus de δ' et de δ par leurs arcs,

$$(5) \qquad\qquad \delta' = \delta \, \frac{\cos D' \sin (P + \varpi)}{\cos D \sin P}.$$

Quand les parallaxes d'ascension droite et de déclinaison sont connues, cette équation fait connaître le demi-diamètre apparent de la lune, sans qu'il soit nécessaire de calculer la distance zénithale. On a soin, si P est petit, de calculer $\dfrac{\sin (P + \varpi)}{\sin P}$ à l'aide d'une des deux transformations que nous avons indiquées (n° 210).

212. — Passons maintenant au calcul des parallaxes de longitude et de latitude.

Si, à l'instant où nous voulons ces parallaxes, nous déterminons la distance λ du zénith vrai à l'écliptique, et par conséquent la distance 90°— λ de ce zénith au pôle de l'écliptique, et si nous déterminons en outre l'angle compris à ce pôle entre le zénith vrai et l'astre dont on veut la parallaxe, angle que nous appellerons II, il est évident que les parallaxes de longitude et de latitude seront données par les mêmes formules que les parallaxes d'ascension droite et de déclinaison, en remplaçant par II l'angle horaire P et par λ la latitude l du zénith vrai, et en substituant aux déclinaisons vraies et apparentes les latitudes vraies et apparentes de l'astre, car on construirait alors par rapport au pôle de l'écliptique la figure 47 que nous avons construite par rapport au pôle de l'équateur, en considérant toujours N comme le zénith vrai; seulement P devient alors le pôle de l'écliptique, $PN = 90° — \lambda$ au lieu de $90° — l$, $NPA = \Pi$ au lieu de P, PA est égal à $90° — L$, L étant la latitude vraie de l'astre, et PB à $90° — L'$, L' étant la latitude apparente; enfin l'angle APB égale la parallaxe ϖ' de longitude.

On aura donc, comme précédemment, en posant

$$\tan \alpha' = \frac{\sin H' \cos \lambda \sin \Pi}{\cos L},$$

(6) $$\tan \varpi' = \frac{\sin \Pi \sin \alpha'}{\sin (\Pi — \alpha')},$$

formule qui donnera la parallaxe ϖ' de longitude et se réduira à $\varpi' = H' \dfrac{\cos \lambda \sin \Pi}{\cos L}$ pour le soleil et les planètes.

La latitude apparente L' sera donnée en posant $\tan \gamma' = \dfrac{\sin H' \sin \lambda}{\cos L}$, par l'équation

(7) $$\tan L' = \frac{\sin (L — \gamma') \sin (\Pi + \varpi')}{\cos L \cos \gamma' \sin \Pi};$$

enfin le demi-diamètre de la lune sera fourni par l'équation

(8) $$\delta' = \delta \frac{\cos L' \sin (\Pi + \varpi')}{\cos L \sin \Pi}.$$

Il ne nous reste donc plus qu'à indiquer le moyen de calculer λ et Π.

213. — Pour calculer λ, remarquons que l'ascension droite du pôle nord de l'écliptique est de 270° ou 18h. En appelant donc S l'heure sidérale de l'instant pour lequel on veut effectuer le calcul des parallaxes, $S — 18^h$ est en temps l'angle horaire du pôle de l'écliptique. Nommons s l'heure sidérale réduite en arc, on a : angle horaire $= s — 270° = 360° + s — 270° = 90° + s$. Maintenant, dans le triangle formé par le pôle de l'équateur, le pôle de l'écliptique et le zénith vrai, nous connaissons l'angle $90° + s$ au pôle de l'équateur; nous connaissons de plus la distance du zénith à ce dernier pôle, distance qui est le complément de la latitude géodésique l de la station, et enfin nous trouvons dans les éphémérides la distance du pôle de l'équateur au pôle de l'écliptique, laquelle n'est autre que l'obliquité ω de l'écliptique

22

pour l'instant cherché. Nous connaissons donc deux côtés et l'angle compris, et il est facile de trouver le troisième côté, qui est la distance $90 - \lambda$ du zénith au pôle de l'écliptique. La formule générale de la trigonométrie sphérique nous donnera alors pour déterminer λ

(a') $\qquad$ $\sin \lambda = \sin l \cos \omega - \cos l \sin \omega \sin s.$

Maintenant remarquons que la longitude du pôle nord de l'équateur est de 90°; si donc nous appelons N la longitude du zénith, l'angle au pôle de l'écliptique entre le pôle de l'équateur et le zénith sera 90° — N. La règle des sinus appliquée au triangle zénith, pôle de l'écliptique et pôle de l'équateur, nous donnera donc l'équation

(b') $\qquad$ $\dfrac{\cos \lambda}{\cos s} = \dfrac{\cos l}{\cos N}.$

En outre, la formule générale de la trigonométrie sphérique appliquée au côté représentant la distance du pôle de l'équateur au zénith donne l'équation

(c') $\qquad$ $\sin l = \sin \lambda \cos \omega + \cos \lambda \sin \omega \sin N.$

Si dans l'équation (c') nous mettons pour $\sin \lambda$ et $\cos \lambda$ leurs valeurs déduites des équations (a') et (b'), et si nous remplaçons $\sin l - \sin l \cos^2 \omega$ par $\sin l \sin^2 \omega$, il vient après division de l'équation par $\sin \omega \cos l$

$$\tan l \sin \omega = - \cos \omega \sin s + \cos s \tan N,$$

d'où

(d') $\qquad$ $\tan N = \cos \omega \tan s + \dfrac{\tan l \sin \omega}{\cos s}$

ou

$$\tan N = \tan s \left(\cos \omega + \dfrac{\tan l}{\sin s} \sin \omega \right).$$

Si nous posons $\dfrac{\tan l}{\sin s} = \cot \varphi$, d'où $\tan \varphi = \cot l \sin s$, il vient alors

$$\tan N = \dfrac{\tan s}{\sin \varphi} (\cos \omega \sin \varphi + \sin \omega \cos \varphi),$$

ou

(e') $\qquad$ $\tan N = \dfrac{\tan s \sin (\omega + \varphi)}{\sin \varphi}.$

En posant également, dans l'équation (a'), tang $\varphi = \cot l \sin s$, après y avoir mis sin l sin ω en facteur commun, on a

$$(f') \quad \sin \lambda = \sin l \sin \omega (\cot \omega - \text{tang } \varphi) = \sin l \frac{\cos (\omega + \varphi)}{\cos \varphi}.$$

Quoique cette dernière équation soit logarithmique, elle a le défaut de donner l'arc par un sinus, mais on peut l'avoir par la tangente, en divisant cette équation membre à membre par l'équation (b') mise sous la forme $\cos \lambda = \dfrac{\cos l \cos s}{\cos N}$; il vient alors

$$\text{tang } \lambda = \frac{\text{tang } l \cos N \cos (\omega + \varphi)}{\cos \varphi \cos s},$$

équation qu'on peut simplifier en mettant pour cos N sa valeur déduite de l'équation (e') dans laquelle on remplace tang N par $\dfrac{\sin N}{\cos N}$; ce qui donne pour cos N

$$\cos N = \frac{\sin \varphi \sin N}{\text{tang } s \sin (\omega + \varphi)};$$

il vient alors

$$\text{tang } \lambda = \frac{\text{tang } l}{\sin s} \text{ tang } \varphi \sin N \cot (\omega + \varphi).$$

Mais tang $\varphi = \cot l \sin s = \dfrac{\sin s}{\text{tang } l}$: donc

$$\text{tang } \lambda = \sin N \cot (\omega + \varphi).$$

Ainsi donc au système des deux équations (a') et (d') qui donnent λ et N, on peut substituer pour avoir les mêmes arcs le système des trois équations suivantes :

$$(A) \quad \left\{ \begin{array}{l} \text{tang } \varphi = \cot l \sin s \\[4pt] \text{tang } N = \dfrac{\text{tang } s \sin (\omega + \varphi)}{\sin \varphi} \\[4pt] \text{tang } \lambda = \sin N \cot (\omega + \varphi). \end{array} \right.$$

Dans les équations (A), les arcs étant donnés par des tangentes, leurs valeurs peuvent être très-exactement obtenues, mais à une

même tangente répondent deux arcs qui diffèrent de 180°. Nous
avons donc à examiner quel est celui de ces arcs qui devra être
choisi suivant les cas.

Pour l'arc φ, il n'y a pas de difficulté, c'est un arc auxiliaire
qui doit être pris entre 0 et 90° avec le signe + ou le signe —,
suivant celui de sa tangente. (On voit au reste immédiatement
qu'en augmentant l'arc φ de 180°, les valeurs de tang N et de
tang λ ne changent pas.)

Mais pour l'arc N qui représente la longitude du zénith, comme
cet arc peut varier de 0 à 360°, il importe d'examiner quel est
celui qui doit être choisi parmi les deux arcs différant de 180° et
répondant à la valeur obtenue pour la tangente.

Pour cela remarquons que le point de l'écliptique dont la longitude est N est celui sur lequel tombe le pied de l'arc abaissé du
zénith perpendiculairement sur l'écliptique, arc qui, prolongé, passe
par le pôle de l'écliptique. Ce point de l'écliptique qui varie d'un
instant à l'autre, porte le nom de *nonagésime*, et l'arc N s'appelle
alors la *longitude du nonagésime*. Ce nom de nonagésime vient
de ce qu'en un instant donné, le point de l'écliptique en question
est le point de ce cercle qui est le plus rapproché du zénith ; il
se trouve par conséquent à 90° des deux points du même cercle situés dans l'horizon. Le nonagésime étant à la distance λ du zénith, on voit donc que ce point est à la hauteur 90° — λ au-dessus
de l'horizon.

Cela posé, en rappelant que l'heure sidérale est l'ascension droite
du point de l'équateur qui est au méridien, nous remarquerons que
la longitude du point de l'écliptique au méridien diffère peu de
l'heure sidérale réduite en arc, avec laquelle cette longitude va en
croissant, et, d'un autre côté, la longitude du nonagésime ne diffère
jamais beaucoup de celle du point de l'écliptique au méridien. Si
donc nous notons que l'arc s et la longitude du nonagésime passent
précisément ensemble par 90° et 270°, car quand l'heure sidérale
est de 6ʰ, auquel cas s = 90°, le pôle de l'écliptique qui a 18ʰ d'ascension droite est au méridien, de sorte que le nonagésime qui se
trouve par conséquent au méridien possède 90° pour longitude.
Après cet instant, la longitude du nonagésime continue de croître
en même temps que l'heure sidérale, et quand cette dernière est de
18ʰ, c'est-à-dire quand s = 270°, le pôle de l'écliptique se trouve à
son passage supérieur au méridien, et la longitude du nonagésime

est de 270° comme l'angle s, c'est-à-dire comme l'heure sidérale transformée en arc. On voit donc qu'on a, pour reconnaître lequel des deux arcs différant de 180° et répondant à tang N doit être choisi, la règle suivante qui est très simple. *Tant que s est compris entre 90° et 270°, on doit prendre pour N l'arc compris entre 90° et 270° qui répond à la valeur trouvée pour la tangente. Quand s est compris dans l'autre moitié de la circonférence entre 0 et 90° ou entre 270° et 360°, on doit également prendre pour N les arcs compris dans cette dernière moitié de la circonférence.*

Quand s égale 0 ou 180°, on a $\varphi = 0$; par conséquent on a à la fois tang $s = 0$ et sin $\varphi = 0$, la seconde des équations (A) donne alors tang $N = \dfrac{0}{0}$; mais si on remonte à l'équation (d') d'où elle est tirée, on voit qu'alors tang $N =$ tang l sin ω pour $s = 0$ et tang $N = -$ tang l sin ω pour $s = 180°$. Or quand sin s est très-voisin de zéro, la seconde des équations (A) ne donne plus N avec une exactitude suffisante. Dans ce cas, il faut recourir à l'équation (d') qu'on peut rendre logarithmique sous une autre forme en mettant $\dfrac{\sin \omega}{\cos s}$ en facteur commun; il vient alors

$$\text{tang } N = \frac{\sin \omega}{\cos s} (\cot \omega \sin s + \text{tang } l).$$

Si ensuite on pose

(g')
$$\text{tang } \alpha = \cot \omega \sin s,$$

on a

(h')
$$\text{tang } N = \frac{\sin \omega \sin (l + \alpha)}{\cos s \cos l \cos \alpha},$$

équation qui donne N également par la tangente et qui détermine cette tangente avec exactitude, puisque le second membre ne peut jamais se réduire à $\dfrac{0}{0}$, à moins que si s étant égal à 90° ou à 270°, α devenait égal et de signe contraire à la latitude l, ce qui n'est possible que quand $l = \pm (90 - \omega)$, c'est-à-dire aux cercles polaires. Mais, quand s a la valeur dont nous venons de parler, la seconde des équations (A) donne N avec exactitude.

Ainsi donc, en général, il y aura avantage à substituer à la seconde des équations (A) les équations (h') et (g').

N étant connu, la troisième des équations (A) fait toujours connaître λ avec exactitude et sans ambiguïté, car on doit toujours prendre pour λ l'arc inférieur à 90° et positif ou négatif suivant le signe de la tangente. Cela résulte de la manière même dont λ a été introduit dans les formules où il a été supposé inférieur à 90°.

Si maintenant on appelle M la longitude de l'astre dont on veut les parallaxes de longitude et de latitude, on a

$$\Pi = N - M.$$

Π et λ étant ainsi connus, on peut calculer les parallaxes de longitude et de latitude; les équations (6), (7) et (8) (n° 212) donnent ces parallaxes et le demi-diamètre de la lune.

DÉTERMINATION DE L'ANGLE HORAIRE D'UN ASTRE AU MOYEN D'OBSERVATIONS DE HAUTEUR.

214. — Dans ce problème, il y a trois cas à considérer : 1° celui où la hauteur simple d'un astre a été observée à un instant connu; 2° celui où l'observation se compose de la somme de deux distances au zénith obtenues à deux instants connus; 3° celui où l'observation est faite avec le théodolite répétiteur, et se compose d'une somme de plusieurs distances zénithales prises à des instants connus.

1° *Cas des distances zénithales simples.*

215. — Le premier cas a lieu particulièrement dans les observations au sextant, soit qu'on ait pris l'horizon de la mer pour point de départ, comme on le fait sur l'Océan, soit qu'on ait employé un horizon artificiel à glace ou au bain de mercure, auquel cas la hauteur obtenue est doublée, mais répond cependant à un seul instant d'observation, de sorte que la moitié de l'angle trouvé est la hauteur de l'astre à l'instant cherché. Si l'observation a été rapportée à l'horizon de la mer, il faut diminuer l'angle mesuré de la quantité représentée par la dépression de cet horizon. Si, au contraire, il a été employé un horizon artificiel, le demi-angle lu sur l'instrument est directement la demi-hauteur apparente observée.

Avec le théodolite, on peut obtenir également des observations de hauteur simple répondant à un instant donné. Pour cela, il suffit, à l'aide de deux pointés sur un point terrestre et éloigné, faits l'un dans la position directe et l'autre dans la position inverse de l'instrument, de déterminer la double distance au zénith de ce point fixe. On pointe ensuite sur ce dernier, puis sur l'astre, dont on veut la hauteur; la différence des lectures répondant à ces deux pointés fait connaître la différence des distances zénithales du point fixe considéré et de l'astre observé à l'instant donné. Retranchant cette différence de la distance zénithale du point fixe, on a la distance zénithale de l'astre observé. J'ai vu quelquefois employer cette méthode, qui cependant doit être condamnée comme multipliant les chances d'erreur. En effet, d'une part la distance zénithale des objets terrestres varie parfois rapidement à cause de changements rapides dans la valeur de la réfraction terrestre; d'autre part, les erreurs provenant, soit des pointés, soit de l'instrument, sont, pour la distance zénithale du point fixe, égales à celles d'une distance zénithale de l'astre lui-même observé à deux instants, et à ces erreurs se joignent celles qui sont commises dans la mesure de la différence de hauteur de l'astre et du point fixe considéré. Or ces dernières erreurs, qui se rapportent à un arc simple, ont à elles seules autant d'importance, quant aux pointés, à la graduation et au nivellement, que les erreurs qu'on aurait commises sur l'arc double fourni par les observations d'une même étoile à deux instants rapprochés. Donc, avec le théodolite, la mesure des distances zénithales simples d'un astre à un seul instant doit être toujours abandonnée. Les observations bien faites avec cet instrument rentrent donc dans le second cas.

Il y aurait toutefois un moyen d'obtenir avec les théodolites les arcs simples sans avoir à déterminer la distance zénithale d'un objet éloigné, mais il faudrait pour cela que le théodolite employé fût muni d'un oculaire portant le système d'éclairage nécessaire pour la réflexion des fils du réticule sur un bain de mercure. En général, les théodolites ne sont pas munis de cet appareil, mais on pourrait appliquer cette disposition à ceux dont la construction permet le pointé de la lunette au nadir. Avec un tel appareil, il serait possible de pointer successivement à l'astre et au nadir, et le supplément de l'angle ainsi obtenu serait la distance zénithale de l'astre. Ce procédé, qui, au premier abord, paraît avoir l'avantage de supprimer le niveau, laisse toutefois porter sur un arc simple l'erreur de deux pointés et celle de la graduation. Sous ce rapport, il est inférieur à la méthode des doubles distances zénithales, et cela, d'autant plus, que le pointé nadiral des fils sur leur image réfléchie est loin d'avoir la précision qu'on est tenté de lui attribuer, car il est très-difficile de reconnaître avec certitude si l'image directe et intense des fils recouvre exactement la totalité de la largeur de l'image réfléchie qui est très-affaiblie; de sorte qu'une très-petite déviation latérale de cette dernière n'est guère perceptible. D'un autre côté, l'avantage du pointé nadiral, qui permet de supprimer le niveau, est de fait illusoire dans le cas présent, car on a besoin du niveau pour s'assurer si l'instrument n'a pas varié dans son nivellement en passant du pointé de l'astre au pointé nadiral, surtout dans le cas où le théodolite est placé sur son pied en bois ordinaire, comme il arrive nécessairement en voyage. Ces pieds en bois n'offrent pas en effet une grande stabilité, de sorte que les corrections résultant des variations du niveau sont aussi nécessaires que dans le cas des doubles distances au zénith.

Il résulte de ce qui précède qu'avec les théodolites, la méthode des doubles distances zénithales doit toujours être préférée : ce n'est donc qu'avec les instruments de réflexion (sextant et cercle de réflexion, à la condition pour ce dernier de lire l'angle chaque fois) qu'on a à à calculer des arcs simples.

216. — Dans le cas d'une distance zénithale simple, le calcul de l'angle horaire se fait avec la plus grande facilité.

En effet, si nous appelons z la distance zénithale vraie que l'on déduit de la distance zénithale apparente donnée par l'instrument en y ajoutant la correction de réfraction, et en en retranchant la parallaxe s'il s'agit d'un astre à parallaxe sensible, et enfin en tenant compte de l'aberration diurne si on veut une grande précision (1), et si nous nommons de plus l la latitude du lieu d'observation, D la déclinaison de l'astre, et P l'angle horaire cherché, on a, en posant $l - D = a$ et $l + D = b$,

$$\sin^2 \tfrac{1}{2} P = \frac{\sin \tfrac{1}{2}(z+a)\sin \tfrac{1}{2}(z-a)}{\cos l \cos D}$$

(1) Cette dernière correction indiquée dans le n° 88 est si petite par rapport aux erreurs d'observation commises avec les instruments de réflexion, qu'il n'y a pas lieu en général d'y avoir égard.

$$\cos^2 \tfrac{1}{2} P = \frac{\cos \tfrac{1}{2}(b+z)\cos \tfrac{1}{2}(b-z)}{\cos l \cos D},$$

d'où en divisant ces deux équations l'une par l'autre (1)

$$\operatorname{tang}^2 \tfrac{1}{2} P = \frac{\sin \tfrac{1}{2}(z+a)\sin \tfrac{1}{2}(z-a)}{\cos \tfrac{1}{2}(b+z)\cos \tfrac{1}{2}(b-z)}.$$

L'une quelconque des trois formules précédentes peut servir pour le calcul de l'angle horaire, avec la réserve toutefois de ne pas employer la première pour les grands angles horaires, ni la seconde pour les petits. La troisième formule, celle de la tangente, peut être utilisée dans tous les cas.

Les latitudes et les déclinaisons seront regardées comme positives dans un des hémisphères (l'hémisphère boréal, par exemple), elles seront regardées comme négatives dans l'autre hémisphère.

Il est, au reste, facile de voir d'après la forme des formules précédentes qu'on peut à volonté regarder toujours la latitude comme positive; mais alors la déclinaison sera regardée comme positive, si elle est du même hémisphère que la latitude, et négative si elle est de l'hémisphère opposé.

Quant au signe de l'angle horaire, on le fait positif si l'astre est à l'ouest du méridien, et négatif dans le cas contraire.

(1) Ces formules dérivent immédiatement de la formule fondamentale de la trigonométrie sphérique. En effet, dans le triangle pôle, zénith, astre, on a

$$\cos z = \sin l \sin D + \cos l \cos D \cos P,$$

d'où

$$\cos P = \frac{\cos z - \sin l \sin D}{\cos l \cos D}$$

de là on tire

$$1 - \cos P = \frac{\cos (l - D) - \cos z}{\cos l \cos D}$$

$$1 + \cos P = \frac{\cos (l + D) + \cos z}{\cos l \cos D}$$

Remarquant que $1 - \cos P = 2 \sin^2 \tfrac{1}{2} P$, et $1 + \cos P = 2 \cos^2 \tfrac{1}{2} P$, et que $\cos (l - D) - \cos z = 2 \sin \frac{z + (l - D)}{2} \sin \frac{z - (l - D)}{2}$, et que $\cos (l + D) + \cos z = 2 \cos \frac{(l + D) + z}{2} \cos \frac{(l + D) - z}{2}$, et substituant ces valeurs, on retombe sur les deux équations ci-dessus.

2° *Cas des distances zénithales doubles.*

247.—Les formules que nous venons de donner pour le calcul de l'angle horaire ne sont autres que celles qui sont généralement usitées. Elles ne conviennent qu'au cas des distances zénithales simples. Cependant ce sont elles qu'on a employées jusqu'ici le plus souvent pour le cas des distances zénithales doubles, c'est-à-dire de la somme de deux distances zénithales prises à deux instants séparés, telle que la donne le théodolite. Pour faire dans ce dernier cas usage des formules précédentes, on prend la moitié de la distance zénithale double obtenue, et on suppose qu'elle s'applique à l'instant moyen des deux observations consécutives. Mais cette supposition n'est pas exacte. L'erreur commise, il est vrai, peut être regardée comme nulle si les deux observations ne sont séparées que d'une minute à une minute et demie de temps ; mais cette erreur cesse d'être négligeable, lorsque l'intervalle est plus grand. Or, dans la pratique, les intervalles dépassent souvent cette limite, surtout quand le temps est peu favorable et quand les nuages sont abondants. La formule que nous allons donner a l'avantage de s'appliquer à un intervalle quelconque sans introduire aucune erreur.

Appelons z' la distance zénithale de la première observation et p' l'angle horaire correspondant. Appelons de même z'' la distance zénithale de la seconde observation et p'' l'angle horaire qui lui répond ; soient toujours d'ailleurs l la latitude de la station et D la déclinaison de l'étoile observée. z' et z'' sont inconnus séparément ; mais $z' + z''$ est connu : c'est l'arc double $2z$ mesuré par l'instrument et corrigé de la réfraction répondant à la distance zénithale z, ainsi que de la variation du niveau entre les deux points (n° 13), p' et p'' sont également inconnus, mais $p' - p''$ est connu : c'est l'intervalle des deux pointés mesuré par l'horloge ou par le chronomètre et réduit en arc après transformation en temps sidéral.

Cela posé, la première observation donne l'équation

$$(1) \qquad \cos z' = \sin l \sin D + \cos l \cos D \cos p'.$$

La seconde observation donne

$$(2) \qquad \cos z'' = \sin l \sin D + \cos l \cos D \cos p''.$$

Ajoutons ces deux équations membre à membre, il vient

$$\cos z' + \cos z'' = 2 \sin l \sin D + \cos l \cos D (\cos p' + \cos p''),$$

ou

$$\cos \left(\frac{z' + z''}{2}\right) \cos \left(\frac{z' - z''}{2}\right) = \sin l \sin D$$
$$+ \cos l \cos D \cos \left(\frac{p' + p''}{2}\right) \cos \left(\frac{p' - p''}{2}\right).$$

ou encore en faisant $z' + z'' = 2 z$, $p' + p'' = 2 p$

$$(3) \quad \cos z \cos \left(\frac{z' - z''}{2}\right) = \sin l \sin D + \cos l \cos D \cos p \cos \left(\frac{p' - p''}{2}\right).$$

Dans cette équation, tout est connu, sauf $z' - z''$ et l'angle p, qui est la quantité à déterminer ou l'angle horaire moyen des deux observations. Il nous faut donc déterminer $z' - z''$, et alors l'équation (3) servira à déterminer l'angle horaire moyen cherché.

218. — Pour déterminer l'angle $z' - z''$, retranchons l'une de l'autre les équations (1) et (2), il vient

$$\cos z'' - \cos z' = \cos l \cos D (\cos p'' - \cos p'),$$

ou

$$\sin \left(\frac{z' - z''}{2}\right) \sin \left(\frac{z' + z''}{2}\right) = \cos l \cos D \sin \left(\frac{p' + p''}{2}\right) \sin \left(\frac{p' - p''}{2}\right)$$

ou encore

$$(4) \quad \sin \left(\frac{z' - z''}{2}\right) = \cos l \cos D \frac{\sin p}{\sin z} \sin \left(\frac{p' - p''}{2}\right).$$

L'angle horaire p n'est pas exactement l'angle horaire P, qui répond à la distance zénithale z, mais il en diffère extrêmement peu, et seulement de la quantité qui était négligée dans l'ancienne méthode. Or l'angle $\frac{z' - z''}{2}$ est toujours très-petit et n'entre dans l'équation (3) que par son cosinus. Comme une très-forte erreur sur l'arc n'en fait qu'une très-petite sur le cosinus, il en résulte que, dans le cas considéré, on peut calculer $\frac{z' - z''}{2}$ par l'équation (4), en substituant dans cette équation au rapport $\frac{\sin p}{\sin z}$ le rapport $\frac{\sin P}{\sin z}$; l'erreur qui en résultera sur la valeur de p déduite de l'équation (3), sera du second ordre, par rapport à celle que l'on commet avec la méthode des distances simples. Ainsi nous calculerons $\dfrac{z' - z''}{2}$ par la formule

$$(5) \qquad \sin\left(\frac{z'-z''}{2}\right) = \cos l \, \cos D \, \frac{\sin P}{\sin z} \sin\left(\frac{p'-p''}{2}\right).$$

Or P est lié à z par l'équation

$$\cos z = \sin l \sin D + \cos l \cos D \cos P,$$

équation d'où résultent, comme nous l'avons vu précédemment (note du n° 215), les deux suivantes :

$$\sin^2 \tfrac{1}{2} P = \frac{\sin \tfrac{1}{2}\left[z + (l - D)\right] \sin \tfrac{1}{2}\left[z - (l - D)\right]}{\cos l \cos D}$$

$$\cos^2 \tfrac{1}{2} P = \frac{\cos \tfrac{1}{2}(l + D + z) \cos \tfrac{1}{2}(l + D - z)}{\cos l \cos D};$$

multipliant membre à membre ces deux équations, puis multipliant chaque membre par 4 et remarquant que $4 \sin^2 \tfrac{1}{2} P \cos^2 \tfrac{1}{2} P = \sin^2 P$, on a, en prenant la racine carrée des deux membre

$$\sin P =$$

$$\frac{2 \sqrt{\sin \tfrac{1}{2}\left[z + (l - D)\right] \sin \tfrac{1}{2}\left[z - (l - D)\right] \cos \tfrac{1}{2}(l + D + z) \cos \tfrac{1}{2}(l + D - z)}}{\cos l \cos D}$$

Substituant cette valeur de sin P dans l'équation (5), il vient

$$(6) \qquad \sin\left(\frac{z'-z''}{2}\right) = 2 \sin\left(\frac{p'-p''}{2}\right) \times$$

$$\frac{\sqrt{\sin \tfrac{1}{2}\left[z + (l - D)\right] \sin \tfrac{1}{2}\left[z - (l - D)\right] \cos \tfrac{1}{2}(l + D + z) \cos \tfrac{1}{2}(l + D - z)}}{\sin z}$$

équation calculable par logarithmes, et qui détermine $\dfrac{z' - z''}{2}$, de sorte qu'on peut procéder au calcul de p par l'équation (3).

219. — Mais, avant d'examiner comment doit se faire ce calcul, je ferai remarquer qu'en général il existe dans la pratique des moyens plus simples d'obtenir $\dfrac{z' - z''}{2}$ avec une approximation suffisante, sans recourir à la formule (6). En effet, on ne fait pas ordinairement une seule observation de distance zénithale double,

mais on fait une série d'observations. Cela a surtout lieu quand on emploie le théodolite répétiteur et quand on lit chaque fois l'arc double, ce qui est le meilleur moyen de vérifier le comptage du nombre des observations.

Or, quand on a ainsi une série d'observations doubles, si on appelle t_1 l'instant moyen des deux pointés de la première observation double, et t_2 celui de la dernière, $t_1 - t_2$ représente en temps la variation d'angle horaire entre ces deux instants, variation qu'on transforme en arc. Nommons q l'arc obtenu par cette transformation, si de plus on appelle z_1 la demi-distance zénithale répondant à la première des observations doubles, et z_2 celle qui répond à la dernière, on pourra, sans erreur bien sensible sur les arcs $\dfrac{z' - z''}{2}$ répondant aux observations doubles, obtenir leur valeur par la proportion

$$\frac{z' - z''}{2} : \frac{p' - p''}{2} :: z_1 - z_2 : q,$$

d'où

$$\frac{z' - z''}{2} = \frac{z_1 - z_2}{q} \, \frac{p' - p''}{2}.$$

Le rapport $\dfrac{z_1 - z_2}{q}$ étant le même pour toutes les observations doubles de la série, on le calcule une fois pour toutes et on a alors rapidement les valeurs approchées de $\dfrac{z' - z''}{2}$ pour toutes ces observations doubles, lesquelles valeurs approchées sont suffisantes, puisque l'arc $\dfrac{z' - z''}{2}$ n'entre dans l'équation (3) que par son cosinus.

Ainsi, on voit qu'en général, dans la pratique, on n'a pas besoin de l'équation (6), sauf dans le cas où on n'a qu'une seule observation double.

220. — Passons maintenant au calcul de l'équation (3). Cette équation peut se mettre sous la forme

$$\cos p \cos \left(\frac{p' - p''}{2} \right) = \frac{\cos z \cos \left(\dfrac{z' - z''}{2} \right) - \sin l \sin D}{\cos l \cos D}.$$

On rend cette équation logarithmique en posant

$$\cos z \cos \left(\frac{z' - z''}{2} \right) = \cos Z,$$

$$\cos p \cos \left(\frac{p' - p''}{2} \right) = \cos A,$$

ce qui est toujours possible, puisque le produit de deux cosinus est plus petit que l'unité.

La formule devient alors

(7 $$\cos A = \frac{\cos Z - \sin l \sin D}{\cos l \cos D},$$

ou en retranchant chaque membre de l'unité

$$2 \sin^2 \tfrac{1}{2} A = \frac{\cos (l - D) - \cos Z}{\cos l \cos D}$$

$$\sin^2 \tfrac{1}{2} A = \frac{\sin \tfrac{1}{2} [Z + (l - D)] \sin \tfrac{1}{2} [Z - (l - D)]}{\cos l \cos D},$$

formule logarithmique qui donnera l'angle auxiliaire A. Cet angle pourrait encore s'obtenir par la formule

$$\cos^2 \tfrac{1}{2} A = \frac{\cos \tfrac{1}{2} (l + D - Z) \cos \tfrac{1}{2} (l + D + Z)}{\cos l \cos D},$$

qui résulterait de l'équation (7) en ajoutant l'unité à chaque membre, ou encore par l'équation

$$\tan^2 \tfrac{1}{2} A = \frac{\sin \tfrac{1}{2} [Z + (l - D)] \sin \tfrac{1}{2} [(Z - (l - D)]}{\cos \tfrac{1}{2} (l + D - Z) \cos \tfrac{1}{2} (l + D - Z)},$$

laquelle résulterait de la division des deux formules donnant $\sin^2 \frac{1}{2} A$ et $\cos^2 \frac{1}{2} A$, et qui a l'avantage de permettre le calcul de l'angle A, quelle que soit sa grandeur.

L'angle A étant obtenu par l'une des trois formules logarithmiques précédentes, on a l'angle p par la formule

$$\cos p = \frac{\cos A}{\cos \left(\frac{p' - p''}{2} \right)},$$

formule également logarithmique.

Il n'y a toutefois d'avantage à rendre l'équation (3) logarithmique que si on a une seule observation double à calculer. Si on a une série de plusieurs observations du même astre, il est plus court de mettre tout simplement cette équation sous la forme

$$\cos p = \frac{\cos z \cos\left(\dfrac{z' - z''}{2}\right) - \sin l \sin D}{\cos l \cos D \cos\left(\dfrac{p' - p''}{2}\right)}$$

et de calculer en passant des logarithmes aux nombres.

En effet, dans le cas en question, $\sin l \sin D$ est une quantité constante dont le nombre est à obtenir une fois pour toutes. On a également une fois pour toutes le logarithme du produit $\cos l \cos D$. Il n'y a donc dans chaque cas qu'à prendre le nombre répondant au produit $\cos z \cos\left(\dfrac{z' - z''}{2}\right)$; on en retranche le produit constant $\sin l \sin D$, et du logarithme de la différence on soustrait d'abord celui de $\cos\left(\dfrac{p' - p''}{2}\right)$, puis celui de $\cos l \cos D$, et on a le logarithme de $\cos p$. Le calcul se fait alors avec une grande rapidité.

221. — Examinons maintenant quelle est l'expression de l'erreur que l'on commet lorsqu'on suppose, au lieu d'employer la méthode précédente, que la distance zénithale moyenne se rapporte à l'instant milieu des deux observations. Pour cela, reprenons l'équation (3), mise sous la forme

$$\cos p \cos\left(\frac{p' - p''}{2}\right) = \frac{\cos z \cos\left(\dfrac{z' - z''}{2}\right) - \sin l \sin D}{\cos l \cos D}$$

en y remplaçant $\cos\left(\dfrac{p' - p''}{2}\right)$ par $1 - 2\sin^2\left(\dfrac{p' - p''}{4}\right)$ et $\cos\left(\dfrac{z' - z''}{2}\right)$ par $1 - 2\sin^2\left(\dfrac{z' - z''}{4}\right)$, elle devient

$$\cos p = \frac{\cos z - \sin l \sin D}{\cos l \cos D} + 2\cos p \sin^2\left(\frac{p' - p''}{4}\right) - \frac{2\cos z}{\cos l \cos D}\sin^2\left(\frac{z' - z''}{4}\right).$$

Or admettre la supposition en question, c'est admettre que, conformément à l'équation générale $\cos p = \dfrac{\cos z - \sin l \sin D}{\cos l \cos D}$;

c'est par conséquent négliger sur la valeur de $\cos p$ la quantité

$$2 \cos p \sin^2 \left(\frac{p' - p''}{4} \right) - 2 \frac{\cos z}{\cos l \cos D} \sin^2 \left(\frac{z' - z''}{4} \right).$$

Si on appelle α l'erreur qui en résulte sur l'arc p, de sorte qu'on ait à la fois les deux équations

$$\cos p = \frac{\cos z - \sin l \sin D}{\cos l \cos D},$$

et

$$\cos (p - \alpha) = \frac{\cos z - \sin l \sin D}{\cos l \cos D} + 2 \cos p \sin^2 \left(\frac{p' - p''}{4} \right)$$
$$- \frac{2 \cos z}{\cos l \cos D} \sin^2 \left(\frac{z' - z''}{4} \right).$$

Il en résulte en développant $\cos (p - \alpha)$ et remarquant que, vu la petitesse de l'angle α, on peut poser $\cos \alpha = 1$ et $\sin \alpha = \alpha \sin 1''$, puis en retranchant les deux équations l'une de l'autre

$$(8) \qquad \alpha \sin p \sin 1'' = 2 \cos p \sin^2 \left(\frac{p' - p''}{4} \right)$$
$$- \frac{2 \cos z}{\cos l \cos D} \sin^2 \left(\frac{z' - z''}{4} \right).$$

Remplaçant $\cos z$ par sa valeur $\sin l \sin D + \cos l \cos D \cos p$, et divisant par $\sin p \sin 1''$, il vient

$$\alpha = \frac{2 \cot p}{\sin 1''} \left[\sin^2 \left(\frac{p' - p''}{4} \right) - \sin^2 \left(\frac{z' - z''}{4} \right) \right]$$
$$- \frac{2 \tan l \tan D \operatorname{cosec} p}{\sin 1''} \sin^2 \left(\frac{z' - z''}{4} \right),$$

formule dans laquelle α est exprimé en secondes d'arc et qui pourrait servir à corriger l'angle horaire obtenu par la méthode ancienne pour obtenir l'angle horaire réel.

Dans cette expression de α, le second terme devient nul si l'observateur est à l'équateur, car alors $\tan l = 0$. Ce deuxième terme est également nul si l'étoile est à l'équateur, car $\tan D = 0$. Le premier terme est toujours positif, car $\sin \frac{p' - p''}{2}$ est toujours plus grand que $\sin \frac{z' - z''}{2}$, sauf si l'astre observé et l'observateur sont tous les deux dans l'équateur, auquel cas, le premier terme est nul, car alors $z' - z'' = p' - p''$. On voit donc que α est nul si l'observation est faite à l'équateur sur une étoile équatoriale, puisque, dans cette condition, le second terme est également nul. Mais, hors ce cas, le premier terme n'est jamais égal à zéro.

Si l et D sont de signe contraire, le second terme de α devient positif; α se trouve alors composé de la somme de deux termes positifs. Si l et D sont de même signe, il est composé de la différence de deux termes.

On peut encore donner à l'expression de α une autre forme, en remarquant, comme nous l'avons vu précédemment (n° 218), que

$$\sin\left(\frac{z' - z''}{2}\right) = \cos l \cos D \frac{\sin p}{\sin z} \sin\left(\frac{p' - p''}{2}\right),$$

ou, si les arcs $\dfrac{z' - z''}{2}$ et $\dfrac{p' - p''}{2}$ sont petits,

$$\sin\left(\frac{z' - z''}{4}\right) = \cos l \cos D \frac{\sin p}{\sin z} \sin\left(\frac{p' - p''}{4}\right);$$

il vient alors, en reportant cette valeur dans l'équation (8),

$$(9) \quad \alpha = \frac{2 \sin^2\left(\dfrac{p' - p''}{4}\right)}{\sin 1''} (\cot p - \cot z \operatorname{cosec} z \cos l \cos D \sin p).$$

Cette formule est d'un emploi plus commode que la précédente dans les cas où on voudrait corriger la valeur obtenue par la méthode ordinaire, car elle ne nécessite pas le calcul de l'angle $\dfrac{z' - z''}{4}$.

222. — Dans ce qui précède, nous avons supposé que la déclinaison de l'astre observé était la même lors des deux observations qui ont fourni une distance zénithale double. Ceci n'a lieu que pour les étoiles. Il est vrai que ce sont les astres que l'on doit toujours choisir de préférence lorsqu'on emploie le théodolite pour la détermination de l'heure. Toutefois il importe, dans le cas où on aurait observé le soleil, la lune ou une planète, de pouvoir également calculer l'observation avec précision. Pour le soleil, l'astre le plus employé après les étoiles, la variation de déclinaison est assez faible pendant le court intervalle qui sépare les deux observations, pour que l'on puisse employer la déclinaison qui répond à l'instant

moyen des deux pointés. Toutefois, nous allons indiquer une méthode pour, avec un astre dont la déclinaison varie, effectuer le calcul, en tenant compte de la variation de la déclinaison. Il faut seulement avoir au préalable corrigé de la parallaxe les distances zénithales, ce qu'on fait en corrigeant du double de la parallaxe répondant à la moyenne hauteur les doubles distances zénithales obtenues, comme on le fait d'ailleurs pour la réfraction.

Appelons D la déclinaison répondant à l'instant moyen des deux observations, et $D + \beta$ celle qui répond à la première observation, $D - \beta$ sera celle de la seconde. On a alors les deux équations suivantes, dans lesquelles z' et z'' sont les distances zénithales vraies :

$$\cos z' = \sin l \sin (D + \beta) + \cos l \cos (D + \beta) \cos p',$$
$$\cos z'' = \sin l \sin (D - \beta) + \cos l \cos (D - \beta) \cos p'',$$

ou en développant les sinus et les cosinus de $D + \beta$ et de $D - \beta$, et en ajoutant les deux équations

$$\cos z' + \cos z'' = 2 \sin l \sin D \cos \beta + \cos l \cos D \cos \beta (\cos p' + \cos p'')$$
$$+ \cos l \sin D \sin \beta (\cos p'' - \cos p'),$$

ou encore

$$\cos \left(\frac{z' + z''}{2} \right) \cos \left(\frac{z' - z''}{2} \right) = \sin l \sin D \cos \beta$$
$$+ \cos l \cos D \cos \beta \cos \left(\frac{p' + p''}{2} \right) \cos \left(\frac{p' - p''}{2} \right)$$
$$+ \cos l \sin D \sin \beta \sin \left(\frac{p' + p''}{2} \right) \sin \left(\frac{p' - p''}{2} \right).$$

En posant, comme précédemment, $\dfrac{z' + z''}{2} = z$ et $\dfrac{p' + p''}{2} = p$,

on a

$$\cos z \cos \left(\frac{z' - z''}{2} \right) = \sin l \sin D \cos \beta + \cos l \cos D \cos \beta \cos p \cos \left(\frac{p' - p''}{2} \right)$$
$$+ \cos l \sin D \sin \beta \sin p \sin \left(\frac{p' - p''}{2} \right).$$

Dans cette équation, remplaçons p par $p + \gamma$, il vient en négligeant le terme en $\sin \beta \sin \gamma \sin \left(\dfrac{p' - p''}{2} \right)$ qui est du 3ᵉ ordre,

$$\cos z \cos\left(\frac{z'-z''}{2}\right) = \sin l \sin D \cos\beta$$
$$+ \cos l \cos D \cos\beta \cos p \cos\gamma \cos\left(\frac{p'-p''}{2}\right)$$
$$- \cos l \cos D \cos\beta \sin p \sin\gamma \cos\left(\frac{p'-p''}{2}\right)$$
$$+ \cos l \sin D \sin\beta \sin p \cos\gamma \sin\left(\frac{p'-p''}{2}\right).$$

Déterminons maintenant γ par la condition d'égaler à zéro les deux derniers termes du second membre, nous aurons

$$(a) \qquad \tan\gamma = \tan D \tan\beta \tan\left(\frac{p'-p''}{2}\right),$$

et il nous reste l'équation

$$\cos z \cos\left(\frac{z'-z''}{2}\right) = \sin l \sin D \cos\beta$$
$$+ \cos l \cos D \cos\beta \cos p \cos\gamma \cos\left(\frac{p'-p''}{2}\right),$$

d'où on tire

$$(b) \qquad \cos p \cos\left(\frac{p'-p''}{2}\right) \cos\gamma$$
$$= \frac{\cos z \cos\left(\dfrac{z'-z''}{2}\right) - \sin l \sin D \cos\beta}{\cos l \cos D \cos\beta},$$

γ étant d'abord déterminé par l'équation (a), et $\frac{z'-z''}{2}$ par la méthode ordinaire; en employant pour déclinaison celle qui répond à l'instant moyen, tout est connu dans l'équation (b), qui donne alors $\cos p$. On la rend logarithmique en posant

$$\cos p \cos\left(\frac{p'-p''}{2}\right)\cos\gamma = \cos A, \qquad \frac{\cos z}{\cos\beta}\cos\left(\frac{z'-z''}{2}\right) = \cos Z.$$

La première équation est toujours possible, la deuxième ne cesserait de l'être que si z étant voisin de $0°$, $\cos\frac{z'-z''}{2}$ était plus grand que $\cos\beta$; mais cela n'a jamais lieu dans le cas des observations, car on n'entreprend pas de déterminer les angles horaires avec un astre au zénith; donc la seconde équation est également toujours possible dans le cas des observations. L'équation (*b*) devient alors

$$\cos A = \frac{\cos Z - \sin l \sin D}{\cos l \cos D},$$

équation qui, comme nous l'avons vu, se transforme en

$$\tan^2 \tfrac{1}{2} A = \frac{\sin \tfrac{1}{2}\left[Z + (l - D)\right] \sin \tfrac{1}{2}\left[Z - (l - D)\right]}{\cos \tfrac{1}{2}(l + D - Z) \cos \tfrac{1}{2}(l + D + Z)}.$$

On détermine donc A par cette formule logarithmique, et on a ensuite

$$(c) \qquad \cos p = \frac{\cos A}{\cos\left(\dfrac{p' - p''}{2}\right) \cos \gamma},$$

formule également logarithmique qui donne la valeur de *p*, et alors *p* + γ est l'angle horaire cherché.

Si l'intervalle des deux observations était un peu grand et si l'astre observé était la lune, il faudrait pour calculer l'observation double recourir au procédé que je viens d'indiquer.

223. — Ce même procédé peut encore servir à utiliser une observation double dans laquelle on n'aurait pas observé la même étoile aux deux observations, mais deux étoiles voisines et par conséquent différant peu de déclinaison. Une méprise de ce genre, quoique rare, peut avoir lieu quand, faisant une longue série d'observations au théodolite répétiteur, on observe par un temps très-chargé de nuages. Elle se manifeste en ce qu'un des groupes de deux observations ne concorde pas avec les autres. On peut alors facilement reconnaître quelle étoile a pu être prise entre les nuages pour celle qu'on voulait observer, et en essayant le calcul, on reconnaît, s'il y a accord parfait, que la méprise a réellement eu lieu. Dans un calcul de ce genre, on prend pour D la moyenne des déclinaisons des deux étoiles, et pour *p'* — *p''* la différence du temps des pointés exprimée en arc ± la différence des ascensions droites des deux astres, suivant que cette différence augmente ou diminue la différence des angles horaires, ce qu'on reconnaît à première vue. C'est à l'aide de cette valeur de *p'* — *p''* qu'on calcule la valeur approchée de *z'* — *z''*; mais il faut pour cela que la différence des déclinaisons soit très-petite. Si elle dépasse quelques minutes, il faut calculer *z'* — *z''* d'une autre manière.

Pour cela on différentie par rapport à z, D et P la formule générale

$$\cos z = \sin l \sin D + \cos l \cos D \cos P,$$

et on a

$$dz = \frac{(\cos l \sin D \cos P - \sin l \cos D)\,dD + \cos l \cos D \sin P\,dP}{\sin z},$$

remplaçant alors les différentielles par les variations qui sont $z' - z''$ pour la différence de distance zénithale, $p' - p''$ pour la différence d'angle horaire, et $D' - D''$ pour la différence de déclinaison, il vient

$$z' - z'' =$$
$$\frac{(\cos l \sin D \cos P - \sin l \cos D)(D' - D'') + \cos l \cos D \sin P (p' - p'')}{\sin z}.$$

En remplaçant dans cette formule $\cos P$ par $1 - 2 \sin^2 \tfrac{1}{2} P$, mettant pour $\sin^2 \tfrac{1}{2} P$, sa valeur

$$\frac{\sin \frac{1}{2}\left[z + (l - D)\right] \sin \frac{1}{2}\left[z - (l - D)\right]}{\cos l \cos D},$$

et pour $\sin P$ sa valeur qui est, d'après le n° 218,

$$\frac{2\sqrt{\sin\frac{1}{2}\left[z + (l - D)\right]\sin\frac{1}{2}\left[z - (l - D)\right]\cos\frac{1}{2}(l + D - z)\cos\frac{1}{2}(l + D + z)}}{\cos l \cos D}$$

il vient, en posant pour abréger $l - D = a$ et $l + D = b$,

$$z' - z'' = \left(\frac{-\sin a - 2\tan D \sin\frac{1}{2}(z + a)\sin\frac{1}{2}(z - a)}{\sin z}\right)(D' - D'')$$
$$+ \frac{2\sqrt{\sin\frac{1}{2}(z + a)\sin\frac{1}{2}(z - a)\cos\frac{1}{2}(b + z)\cos\frac{1}{2}(b - z)}}{\sin z}\,(p' - p'').$$

Dans cette formule, on met pour z la demi-distance zénithale donnée par l'observation, pour D la moyenne des déclinaisons des deux étoiles, et pour $p' - p''$ sa valeur obtenue, comme nous l'avons dit précédemment. La valeur de p donnée ensuite par l'équation (c) du numéro précédent se rapporte à l'instant moyen des observations et à un astre fictif dont l'ascension droite serait la moyenne des ascensions droites des deux étoiles observées. Par conséquent on connaît en cet instant l'angle horaire de chacune des deux étoiles, en ajoutant à p la différence de cette moyenne et de leur ascension droite.

En calculant la valeur de $z' - z''$ par la formule précédente, on peut utiliser des observations où les deux étoiles observées arriveraient jusqu'à différer de quelques degrés en déclinaison.

224. — Il résulte de ce qu'on peut calculer les observations donnant la somme des distances zénithales de deux étoiles différentes de la même région du ciel que, dans un cas de ciel défavorable où on a besoin d'un angle horaire pour utiliser des séries antérieures pour la latitude ou la longitude, on peut, pour accélérer les observations, si surtout on craint que le ciel ne se couvre tout à fait, changer d'étoiles dans le cours des observations. Les ouvrages théoriques ne prévoient pas ce cas. Mais, dans la pratique, on reconnaît qu'on peut avoir besoin de recourir à ces changements, et tel est le motif pour lequel j'ai donné quelques développements à cette théorie.

Si les deux étoiles observées étaient dans des régions du ciel éloignées l'une de l'autre, les formules précédentes ne seraient plus applicables. Cependant les observations pourraient être encore utilisées. En effet, en appelant p' l'angle horaire de la première étoile observée, D' sa déclinaison, B l'excès de son ascension droite sur celle de la seconde étoile, et C la différence en temps sidéral et réduite en arc des temps des observations des deux étoiles, on aurait en appelant p'' l'angle horaire de la seconde étoile

$$p'' = p' + C + B,$$

ou en posant $C + B = \varphi$

$$p'' = p' + \varphi.$$

Si donc D'' est la déclinaison de la seconde étoile; $2z$ la double distance zénithale donnée par l'observation, et si z' et z'' sont les distances zénithales des deux étoiles au moment de leurs observations, on a les trois équations :

$$\cos z' = \sin l \sin D' + \cos l \cos D' \cos p',$$
$$\cos z'' = \sin l \sin D'' + \cos l \cos D'' \cos (p' + \varphi),$$
$$z' + z'' = 2 z.$$

Ces trois équations ne renferment que trois inconnues : z', z'' et p'; on voit donc qu'elles peuvent être toutes les trois déterminées.

Si φ est très-grand et si D' et D'' sont très-différents, le mieux à faire est de résoudre ces équations par les approximations successives. Pour cela on substitue dans les deux premières équations une valeur approchée k pour p', valeur qu'on peut toujours connaître d'après l'heure approchée de l'observation donnée par le chronomètre. On en tire les valeurs correspondantes de z' et z''; on donne ensuite à p' une valeur un peu plus grande $k+m$, et on obtient de nouvelles valeurs pour z' et z''. Soient α la valeur de $z' + z''$ déduite du premier calcul, et β la valeur déduite du second. On forme alors la proportion

$$\alpha - \beta : m :: \alpha - 2z : p' - k,$$

d'où

$$p' = k + \frac{m(\alpha - 2z)}{\alpha - \beta}.$$

Si la quantité $\dfrac{m(\alpha - 2z)}{\alpha - \beta}$ est très-petite, la valeur de p' ainsi obtenue sera très-exacte; si cette quantité est un peu grande, on prend pour valeur de k la nouvelle valeur de p' ainsi obtenue, et on recommence les calculs, après quoi on a, avec une approximation suffisante, la valeur de p'.

On voit donc que dans la pratique on peut, au besoin, observer des étoiles quelconques toutes les fois que le temps y oblige. Le seul avantage que l'on a à continuer toujours les observations sur le même astre, provient de ce que les calculs sont alors plus rapides. Mais comme les calculs définitifs ne se font ordinairement qu'après les voyages, les observateurs ne doivent pas, pour s'astreindre à observer le même astre, manquer les observations ou déterminer l'état du chronomètre trop loin de l'instant d'un phénomène observé.

225. — Lorsqu'on observe un astre à déclinaison variable comme le soleil, la lune ou les planètes, la déclinaison pour l'instant des observations n'est connue qu'autant qu'on connaît l'heure exacte des observations. Or, précisément les calculs d'angle horaire ont pour but de déterminer cette heure. On ne connaît donc par le calcul que l'heure approchée, et, par conséquent, la déclinaison approchée. Après avoir obtenu l'heure, il faudrait donc recommencer les calculs avec la nouvelle déclinaison, en considérant l'heure ainsi obtenue comme une nouvelle approximation, plus grande toutefois que la première. Mais si les observations de la série sont nombreuses, il est plus simple de corriger le résultat au

moyen de la différentiation de la formule générale de la trigonométrie sphérique,

$$\cos z = \sin l \sin D + \cos l \cos D \cos p.$$

En considérant dans cette formule z et l comme constants, la
différentiation fait connaître la variation de p par rapport à D. En
effectuant cette différentiation, on a, en effet,

$$0 = (\sin l \cos D - \cos l \sin D \cos p)\, dD - \cos l \cos D \sin p\, dp,$$

d'où

$$\frac{dp}{dD} = \frac{\sin l \cos D - \cos l \sin D \cos p}{\cos l \cos D \sin p} \; ;$$

p et D étant approximativement connus (et on emploie ceux
qui se rapportent à l'instant moyen de la série), on peut calculer
le second membre, et on a la valeur très-approchée de $\frac{dp}{dD}$. En multipliant cette valeur de $\frac{dp}{dD}$ par la correction qu'il faudrait appliquer à la déclinaison, on a la correction à appliquer à l'angle
horaire moyen fourni par la série, sans pour cela recommencer
tous les calculs de cette série. Si on emploie les étoiles, dont les déclinaisons sont fixes, on est débarrassé de ces corrections. Au
point de vue de la rapidité des calculs comme à celui de la précision des résultats obtenus, les observations sur les étoiles doivent
donc toujours être préférées.

3° Cas d'une somme de plusieurs distances zénithales.

226. — Ce cas a lieu si le théodolite a été employé comme instrument répétiteur. L'arc final lu sur l'instrument est alors la somme
d'une série de distances zénithales obtenues à des instants connus.
Ce cas rentre dans le précédent si on a eu soin de lire l'arc sur le
limbe après chaque observation double, et je vais faire voir que,
dans cette manière de procéder, l'avantage de la répétition subsiste.
En effet, chaque double distance zénithale est donnée alors par la
différence des deux lectures consécutives faites sur le limbe. Or si
l'une des lectures a été faite trop grande, ce qui donnerait un arc trop
grand, on aura un arc trop petit de la même quantité pour la
double observation faite après celle-ci, quand on vient à retran-

cher de la suivante cette lecture trop grande. Soit donc x l'excès
d'une lecture, excès d'où résulterait pour une observation l'angle
trop grand de x, et, pour la suivante, l'angle trop petit de x.
L'angle horaire, répondant à la première observation, sera trop
grand de la quantité x multipliée par une fonction de z, et celui
de la seconde observation sera trop petit de la même quantité x
multipliée par la même fonction. Or, dans l'intervalle de deux
séries consécutives, la position de l'astre n'a été que peu changée,
de sorte que z et p ont très-peu varié, et, par conséquent, la
fonction qui multiplie x n'a varié que d'une quantité inappréciable. La moyenne des deux observations deviendra donc indépendante de x à une grandeur près du second ordre, et, par conséquent, la moyenne générale de toutes les observations de la série
sera indépendante des lectures intermédiaires, et ne dépendra que
de la lecture d'origine et de la lecture finale, de sorte que les erreurs de graduation et de lecture se trouvent divisées par le
nombre des observations, comme si les lectures intermédiaires
n'avaient pas existé et n'avaient pas été employées dans le calcul.

Mais, outre la facilité des calculs qui se font alors par la méthode
du cas précédent, le grand avantage qui résulte de ces lectures intermédiaires, consiste en ce qu'on est sûr du nombre des répétitions, nombre qui se trouve vérifié par la loi de variation des différences des lectures consécutives, de sorte que des accidents dans la
série deviennent immédiatement manifestes. Ainsi, si une des vis de
l'instrument n'a pas été bien serrée, on s'en aperçoit par la diver-
gence des résultats, et ce cas se distingue immédiatement de celui
des erreurs de lectures en ce qu'une observation seule est altérée,
tandis qu'une erreur dans une des lectures intermédiaires aurait agi
en sens contraire sur deux résultats consécutifs, de sorte que leur
moyenne se serait accordée avec les autres pour donner le même
état du chronomètre. On reconnaît ainsi les anomalies qui proviennent des erreurs de lecture, et comme elles n'altèrent pas le
résultat, on reste sans inquiétude sur la valeur de la série, tandis
que les accidents des vis se reconnaissent et permettent de rejeter
un résultat vicieux, tout en employant le reste de la série. Dans
le cas d'anomalie dans un des résultats partiels, il est bon toutefois, avant de les rejeter, de s'assurer si cette anomalie ne viendrait
pas, dans le cas de mauvais temps, d'une erreur d'étoile. Mais si
en essayant les étoiles voisines de même grandeur, on n'arrive

pas à des résultats concordants avec les autres, alors l'erreur vient certainement des vis, et l'observation fautive doit être rejetée. Les lectures intermédiaires servent aussi de vérification à la lecture finale et à la lecture primitive. De fait, en considérant toutes les erreurs possibles qui peuvent s'introduire dans une série au théodolite répétiteur, on voit qu'il est très-imprudent de faire une telle série d'observations sans prendre note des lectures intermédiaires, qui donnent les moyens de faire connaître ces erreurs et de rejeter celles des observations qui en seraient affectées. Avec la précaution de détruire le jeu des vis de rappel et de faire toutes les lectures intermédiaires, le théodolite répétiteur se trouve à l'abri des objections qu'on lui a faites, et reste le plus parfait des instruments propres à mesurer les angles.

227. — Toutefois, si une ou deux des lectures intermédiaires avaient été oubliées, la série n'en serait pas moins bonne, car la loi des variations des lectures précédentes et suivantes ferait facilement connaître si la somme des arcs dont les lectures ont été oubliées ne renferme pas d'anomalie. Seulement, dans ce cas, le calcul de la somme d'arcs en question ne pourrait plus être fait par les méthodes que nous avons indiquées, et comme il y a avantage à tenir compte de toutes les observations pour assurer la totalité du bénéfice de la répétition, nous allons indiquer le moyen de calculer une série dont les lectures intermédiaires n'ont pas eu lieu. On appliquera alors cette nouvelle méthode à la partie de la série, dans laquelle elles ont été oubliées.

Soient z', z'', z'''..... chacune des distances zénithales d'une étoile, distances dont la somme seule est connue. Soient p', p'', p'''..... les angles horaires correspondants. On a les équations

$$\text{(A)} \quad \left\{ \begin{aligned} &\cos z' = \sin l \sin D + \cos l \cos D \cos p' \\ &\cos z'' = \sin l \sin D + \cos l \cos D \cos p'' \\ &\cos z''' = \sin l \sin D + \cos l \cos D \cos p''' \\ &\qquad\qquad\vdots \\ &\cos z_m = \sin l \sin D + \cos l \cos D \cos p_m. \end{aligned} \right.$$

Soient z la distance zénithale moyenne et P l'angle horaire qui lui répondrait, angle donné par l'équation connue

$$\operatorname{tang}^2 \tfrac{1}{2} P = \frac{\sin \tfrac{1}{2}\left[z + (l - D) \right] \sin \tfrac{1}{2}\left[z - (l - D) \right]}{\cos \tfrac{1}{2}(l + D - z) \cos \tfrac{1}{2}(l + D + z)}.$$

Soit maintenant $P + y$, l'angle horaire moyen de la série, qui répond à l'instant moyen des observations. Appelons a', a'', a'''.....a_m la différence du temps des observations et de l'instant moyen, réduite en temps sidéral et transformée en arc (les premières différences seront négatives, les dernières positives, mais nous admettons que les lettres renferment leur signe). Nous aurons alors

$$p' = P + y - a', \quad p'' = P + y - a'' \ldots\ldots \; p_m = P + y - a_m.$$

Posons $z' = Z' + b'$, $z'' = Z'' + b''$, ...$z_m = Z_m + b_m$, équations dans lesquelles b', b'',.....b_m sont de petites quantités arbitraires, et substituons ces valeurs de p', z', p'', z'', etc., dans les équations (A), il viendra

$$\cos Z' \cos b' - \sin Z' \sin b' = \sin l \sin D + \cos l \cos D \cos (P - a') \cos y$$
$$- \cos l \cos D \sin (P - a') \sin y,$$

$$\cos Z'' \cos b'' - \sin Z'' \sin b'' = \sin l \sin D + \cos l \cos D \cos (P - a'') \cos y$$
$$- \cos l \cos D \sin (P - a'') \sin y,$$

$$\cos Z''' \cos b''' - \sin Z''' \sin b''' = \sin l \sin D + \cos l \cos D \cos (P - a''') \cos y$$
$$- \cos l \cos D \sin (P - a''') \sin y,$$

$$\vdots$$

$$\cos Z_m \cos b_m - \sin Z_m \sin b_m = \sin l \sin D + \cos l \cos D \cos (P - a_m) \cos y$$
$$- \cos l \cos D \sin (P - a_m) \sin y;$$

comme b', b'', b''',..... b_m sont arbitraires, posons

$$(B) \quad \begin{cases} \sin Z' \sin b' = \cos l \cos D \sin (P - a') \sin y \\ \sin Z'' \sin b'' = \cos l \cos D \sin (P - a'') \sin y \\ \vdots \\ \sin Z_m \sin b_m = \cos l \cos D \sin (P - a_m) \sin y \end{cases}$$

y étant un très-petit arc, nous pouvons poser $\sin y = y$ et $\cos y = 1$. Or, comme les seconds membres des équations (B) sont très-petits, tandis que Z', Z'', Z'''..... Z_m sont nécessairement assez grands, puisqu'on n'observe pas tout près du zénith, on voit que la condition que nous avons supposée, d'après laquelle b', b'', etc., seraient de très-petits arcs, est possible avec les équations (B). Nous poserons donc $\cos b' = 1$..... $\cos b_m = 1$, et $\sin b' = b'$, $\sin b'' = b''$..... $\sin b_m = b_m$. Alors les équations ci-dessus deviennent

$$\cos Z' = \sin l \sin D + \cos l \cos D \cos (P - a'),$$
$$\cos Z'' = \sin l \sin D + \cos l \cos D \cos (P - a''),$$
$$\cos Z''' = \sin l \sin D + \cos l \cos D \cos (P - a'''),$$
$$\vdots$$
$$\cos Z_m = \sin l \sin D + \cos l \cos D \cos (P - a_m),$$

équations dans lesquelles $P - a'$, $P - a''$, ... $P - a_m$ sont connus, de sorte que ces équations déterminent Z', Z'', Z'''... Z_m.

Les équations (B) deviennent

$$b' = \frac{\cos l \cos D \, \sin (P - a')}{\sin Z'} \, y,$$
$$b'' = \frac{\cos l \cos D \sin (P - a'')}{\sin Z''} \, y,$$
$$b''' = \frac{\cos l \cos D \sin (P - a''')}{\sin Z'''} \, y,$$
$$\vdots$$
$$b_m = \frac{\cos l \cos D \sin (P - a_m)}{\sin Z_m} \, y,$$

équations dont tous les seconds membres sont connus, moins y; en les ajoutant, nous avons

$$b' + b'' + b''' + ... + b_m = y \, \Sigma \, \frac{\cos l \cos D \sin (P - a)}{\sin Z},$$

dans laquelle $\Sigma \dfrac{\cos l \cos D \sin (P - a)}{\sin Z}$ est une quantité connue que nous appellerons H.

Nous aurons alors

$$z' + z'' + z''' + ... + z_m = Z' + Z'' + Z''' + ... + Z_m + H \, y.$$

Mais $z' + z'' + z''' + ... + z_m$ est connu, c'est l'arc mz lu sur l'instrument; Z', Z'', Z'''... Z_m sont également connus, de sorte que leur somme que nous appellerons M l'est également. L'équation devient donc

$$mz = M + Hy, \qquad \text{d'où} \qquad y = \frac{mz - M}{H},$$

équation dans laquelle le second membre composé de quantités connues fait connaître y; et comme P est connu, on connaît l'angle horaire $P + y$ répondant à l'instant moyen de la série.

228. — La méthode précédente se simplifie beaucoup si la du-

réc totale de la série qu'il s'agit de calculer est courte et ne dépasse pas 10 à 12 minutes.

En effet, reprenons l'équation générale

(1) $\qquad \cos z = \sin l \sin D + \cos l \cos D \cos P$;

Si on y remplace z par $z + \delta z$ et P par P $+ \delta$ P, en représentant par z la distance zénithale moyenne de la série et par P l'angle horaire qui a lieu pour cette distance z, il vient en développant les cosinus de $z + \delta z$ et P $+ \delta$P et en remplaçant les cosinus de δz et de δP par $1 - 2 \sin^2 \frac{1}{2} \delta z$ et $1 - 2 \sin^2 \frac{1}{2} \delta$P et en ayant égard à l'équation (1),

(2) $\quad 2 \cos z \sin^2 \frac{1}{2} \delta z + \sin z \sin \delta z = 2 \cos l \cos D \cos P \sin^2 \frac{1}{2} \delta P$
$$+ \cos l \cos D \sin P \sin \delta P.$$

Remplaçant $\sin \delta z$ par $\delta z \sin 1''$ et $\sin \delta$ P par δ P $\sin 1''$, ce qui est possible si la série est de peu de durée, et résolvant par rapport à δP, cette équation devient

(3) $\qquad \delta P = - \left(\dfrac{2 \cot P \sin^2 \frac{1}{2} \delta P - 2 \dfrac{\cos z \sin^2 \frac{1}{2} \delta z}{\cos l \cos D \sin P}}{\sin 1''} \right)$
$$+ \frac{\sin z}{\cos l \cos D \sin P} \delta z.$$

$\sin^2 \frac{1}{2} \delta$ P et $\sin^2 \frac{1}{2} \delta z$ sont de très-petites quantités par rapport à $\sin \delta$P et $\sin \delta z$. Si donc on les néglige dans l'équation (2), il vient approximativement

$$\sin z \sin \delta z = \cos l \cos D \sin P \sin \delta P,$$

ou encore

$$\sin \tfrac{1}{2} \delta z = \frac{\cos l \cos D \sin P}{\sin z} \sin \tfrac{1}{2} \delta P.$$

Substituant cette valeur très-approchée de $\sin \frac{1}{2} \delta z$ dans l'équation (3), cette équation devient

(4) $\qquad \delta P = - \dfrac{2 \sin^2 \frac{1}{2} \delta P}{\sin 1''} \left(\cot P - \dfrac{\cos l \cos D \sin P \cot z}{\sin z} \right)$
$$+ \frac{\sin z}{\cos l \cos D \sin P} \delta z.$$

Dans cette formule, δ P est pour chaque observation la diffé-rence de l'angle horaire répondant à cette observation avec l'angle horaire qui répondrait à la distance zénithale z, valeur moyenne de la série. La somme des δP pour toutes les observations de la série est donc la correction à appliquer à l'angle horaire P répondant à la distance zénithale z et donné par l'équation générale (1). En appelant donc δp la correction à ajouter à l'angle horaire P ainsi calculé pour avoir l'angle horaire moyen de la série, on a

$$\delta p = - \left(\cot P - \frac{\cos l \cos D \sin P \cot z}{\sin z} \right) \Sigma \frac{2 \sin^2 \frac{1}{2} \delta P}{\sin 1''}$$
$$+ \frac{\sin z}{\cos l \cos D \sin P} \Sigma \delta z.$$

Or z étant la distance zénithale moyenne de la série, ou l'arc somme lu sur le limbe et divisé par le nombre des observations, il s'ensuit que $\Sigma \delta z = o$, car $\Sigma \delta z$ n'est autre que la différence de toutes les distances zénithales avec leur moyenne, somme qui est nécessairement nulle. On a donc définitivement

$$(5) \quad \delta p = - \left(\cot P - \frac{\cos l \cos D \sin P \cot z}{\sin z} \right) \Sigma \frac{2 \sin^2 \frac{1}{2} \delta P}{\sin 1''},$$

formule dans laquelle z est la distance zénithale moyenne donnée par l'observation, P l'angle horaire correspondant donné par l'équation (1) et δP la différence réduite en arc entre l'instant de chaque observation et la moyenne des instants de toutes les observations de la série. L'angle horaire répondant à cette moyenne des instants de toute la série est alors $P + \delta p$.

On a pour les calculs de latitude construit sous le nom de tables de réduction au méridien, des tables dans lesquelles on entre avec l'angle horaire δP exprimé en temps et qui donnent directement les valeurs de $\dfrac{2 \sin^2 \frac{1}{2} \delta P}{\sin 1''}$. Avec ces tables, le calcul de la formule précédente se fait très-rapidement.

En terminant nous ferons remarquer que si on a des séries de distances zénithales de la même étoile ou de deux étoiles de déclinaison peu différente observées à l'est et à l'ouest du méridien, l'heure qu'on en pourra tirer sera sensiblement indépendante de l'effet des erreurs des tables de réfraction et des flexions de l'instrument. Ces dernières sont au reste négligeables dans les petits instruments.

En traitant plus tard des longitudes, nous ferons voir que les observations dans le voisinage du premier vertical offrent des avantages particuliers pour la précision des résultats.

Détermination de l'heure.

229. — Lorsqu'on a déterminé l'angle horaire d'un astre dont on connaît l'ascension droite, l'heure sidérale de l'observation est immédiatement connue ; en effet en appelant H l'heure sidérale, AR l'ascension droite exprimée en temps conformément à l'usage adopté dans les éphémérides, et P l'angle horaire réduit en temps, et qui est positif si l'astre est à l'ouest du méridien et négatif s'il est à l'est, l'ascension droite du point de l'équateur céleste qui est au méridien est AR + P, et cette ascension droite n'est autre que l'heure sidérale ; on a donc pour déterminer H, l'équation

$$H = AR + P,$$

formule dans laquelle il faut avoir bien soin de donner à P son signe. Si, au contraire, H et P sont connus, cette équation détermine l'ascension droite.

230. — L'heure sidérale H étant connue, il est facile d'obtenir l'heure de temps moyen correspondante.

Pour cela, on cherche d'abord quelle heure sidérale il était à midi moyen du lieu d'observation. Les éphémérides donnent pour chaque jour de l'année, sous le titre de *temps sidéral à midi moyen*, cette heure sidérale à midi moyen pour le premier méridien. En appelant L la longitude *occidentale* de la station par rapport au méridien auquel se rapporte l'éphéméride, L étant supposé réduit en heures et fraction décimale d'heure, il suffit d'ajouter aux nombres donnés par l'éphéméride le nombre de secondes représenté par l'expression $9^s,8565 \times L$ pour avoir les heures sidérales répondant à midi moyen pour le lieu d'observation. Ainsi T étant le temps sidéral à midi moyen pour le premier méridien à une date quelconque, $T + 9^s,8565 \times L$ est le temps sidéral à midi moyen à la même date de l'année pour le lieu dont la longitude occidentale est L. Nous l'appellerons T_1.

T_1 étant calculé, comme nous venons de le dire, pour la date astronomique de l'observation, c'est-à-dire pour le midi précédant l'observation, $H — T_1$ est la quantité de temps sidéral qui s'est écoulée depuis midi moyen (1). Or la seconde sidérale est plus courte que la seconde moyenne, puisqu'en vingt-quatre heures de temps moyen où il y a 86400ˢ de temps moyen, il y a 86636ˢ,5554 de temps sidéral. En appelant donc H′ la quantité de temps moyen écoulée depuis midi, c'est-à-dire l'heure moyenne, on a la proportion

$$H' : H - T_\iota :: 86400 : 86636,5554,$$

d'où on tire

$$H' = (H - T_\iota) \times \frac{86400}{86636,5554},$$

formule dans laquelle H — T, a dû être réduit en secondes, et alors H′ est donné en secondes et on le transforme ensuite en heures, minutes et secondes.

On a fait des tables à l'aide desquelles on évite ces transformations de H — T₁ en secondes, et par lesquelles H′ ou l'heure moyenne est directement donnée en heures, minutes et secondes. Ces tables donnent pour chaque nombre d'heures sidérales de 1 à 24 le nombre d'heures, minutes et secondes moyennes correspondantes, et pour chaque nombre de minutes et secondes sidérales de 1 à 60, les nombres de minutes et secondes moyennes correspondantes. Les mêmes tables donnent en outre la transformation des centièmes de secondes sidérales en centièmes de secondes moyennes. Avec ces tables, le calcul de H′ se fait très-rapidement; on transforme successivement les heures, les minutes et les secondes de H — T₁ en heures, minutes et secondes moyennes, et la somme de ces heures, minutes et secondes ainsi transformées est la valeur de H′.

231. — D'après ce qui précède, il est facile de voir comment doit se résoudre le problème inverse du précédent, c'est-à-dire la recherche de l'heure sidérale répondant à l'heure moyenne.

On transformera l'heure moyenne H′ en temps sidéral, en la multipliant par $\dfrac{86636,5554}{86400}$ après l'avoir réduite en secondes, on aura alors le nombre de secondes sidérales écoulées depuis midi

---

(1) Il importe de remarquer que si H était plus petit que T,, il faudrait lui ajouter 24ʰ. Il faut faire bien attention en prenant T dans les éphémérides à ce que ce soit la valeur de T qui répond au midi précédant l'observation.

moyen, et on réduira ce nombre en heures, minutes et secondes (1).
En y ajoutant ensuite T_1, ou le temps sidéral à midi moyen, donné
comme précédemment, on aura l'heure sidérale H.

On aura ensuite sans difficulté, et avec son signe, l'angle horaire P d'un astre quelconque, car l'équation du n° 229 donne

$$P = H - AR.$$

232. — Nous avons précédemment indiqué le moyen d'obtenir
l'angle horaire lorsque les observations ont fait connaître la distance zénithale d'un astre dont la déclinaison est connue. Le problème inverse consistant à trouver la distance zénithale d'un astre
dont on connaît l'angle horaire et la déclinaison, est parfois utile
dans les calculs. Ce problème est d'une grande simplicité; car la
formule générale de la trigonométrie sphérique donne, comme
nous l'avons vu, en appelant z la distance zénithale,

$$\cos z = \sin l \sin D + \cos l \cos D \cos P,$$

formule qui détermine la distance zénithale z cherchée.

Pour rendre cette formule logarithmique, remarquons qu'elle
peut s'écrire

$$\cos z = \sin l \, (\sin D + \cot l \cos D \cos P);$$

si nous posons

$$\tan \varphi = \cot l \cos P,$$

il viendra

$$\cos z = \sin l \, (\sin D + \tan \varphi \cos D) = \sin l \left(\frac{\sin D \cos \varphi + \sin \varphi \cos D}{\cos \varphi} \right),$$

ou

(A) $$\cos z = \sin l \frac{\sin (D + \varphi)}{\cos \varphi}.$$

La formule (A) à laquelle on joint l'équation

(B) $$\tan \varphi = \cot l \cos P,$$

qui détermine φ, donne donc la distance zénithale z par une formule logarithmique.

(1) Cette opération est abrégée par les tables de conversion du temps
moyen en temps sidéral, tables dont l'usage est semblable à celui des tables
de conversion du temps sidéral en temps moyen.

24

Dans l'équation (B) il faut, suivant le signe de tang φ, donner à l'arc φ la valeur positive ou négative qui est inférieure à 90° comme valeur absolue.

Les équations précédentes donnent z par un cosinus ; conséquemment quand la distance zénithale est petite, cette distance n'est pas obtenue avec une grande exactitude. Or, en remplaçant dans la formule générale de la trigonométrie sphérique cos P par $1 - 2 \sin^2 \frac{1}{2} P$, cette formule devient

(a) $\cos z = \cos (l - D) - 2 \cos l \cos D \sin^2 \frac{1}{2} P.$

En retranchant chaque membre de l'unité, cette équation devient

(b) $\sin^2 \frac{1}{2} z = \sin^2 \frac{1}{2} (l - D) + \cos l \cos D \sin^2 \frac{1}{2} P,$

formule qu'on rend facilement logarithmique en mettant cos l cos D $\sin^2 \frac{1}{2} P$ en facteur commun et en posant

$$\tan \beta = \frac{\sin \frac{1}{2} (l - D)}{\sin \frac{1}{2} P \sqrt{\cos l \cos D}},$$ il vient alors, en remarquant que $1 + \tan^2 \beta = \sec^2 \beta$,

$$\sin \tfrac{1}{2} z = \sqrt{\cos l \cos D} \; \frac{\sin \frac{1}{2} P}{\cos \beta}.$$

C'est cette formule qui devra être employée quand l'astre est voisin du zénith.

Toutefois si P était plus petit que $l - D$, il y aurait avantage à mettre $\sin^2 \frac{1}{2} (l - D)$ au lieu de cos l cos D $\sin^2 \frac{1}{2} P$ en facteur commun, et alors on poserait $\tan \alpha = \sqrt{\cos l \cos D} \; \dfrac{\sin \frac{1}{2} P}{\sin \frac{1}{2} (l - D)}$

et on aurait de la même manière $\sin \frac{1}{2} z = \dfrac{\sin \frac{1}{2} (l - D)}{\cos \alpha}.$

Quand P et $(l - D)$ sont des arcs de quelques minutes seulement, on peut dans l'expression de tang α remplacer les sinus par les arcs.

DÉTERMINATION DES LATITUDES PAR DES OBSERVATIONS DE HAUTEUR.

233. — Pour le problème des latitudes comme pour celui des angles horaires, il y a à considérer les cas où on a des distances zénithales simples (sextant, cercle de réflexion, etc.) et celui où on a seulement des distances zénithales doubles ou multiples (théodolite).

Lorsque l'heure est connue exactement, ce qui, par exemple, peut avoir lieu par l'emploi d'une lunette méridienne (n° 97), une distance zénithale mesurée hors du méridien peut donner la latitude au moyen d'un calcul assez simple.

En effet, dans le triangle formé par l'astre E, le zénith Z et le pôle P, on connaît deux côtés, savoir : 1° la distance z de l'astre au zénith, qui n'est autre que la distance mesurée par l'instrument et corrigée de réfraction ; 2° la distance de l'astre au pôle, qui est le complément de la déclinaison D de l'astre, et de plus on connaît l'angle opposé à la distance zénithale, lequel est l'angle horaire P. On connaît donc deux côtés et un angle opposé à l'un d'eux ; on peut par conséquent déterminer le troisième côté, qui est la distance du zénith au pôle ou le complément de la latitude.

Pour résoudre ce triangle, abaissons de la position E de l'astre observé un arc de grand cercle perpendiculaire au méridien, et soit M le point où cet arc rencontre le méridien. Dans le triangle rectangle P M E formé par cet arc, par le méridien du lieu et par le méridien de l'astre, on a

$$\text{tang PM} = \text{tang PE cos P} ;$$

mais tang $PE = \cot D$; l'équation peut donc s'écrire

$$\text{tang PM} = \cot D \cos P \quad \text{ou} \quad \cot PM = \frac{\text{tang D}}{\cos P}.$$

Cela posé, remarquons que le problème a deux solutions, car si de l'astre E, comme centre, on décrit un cercle avec la distance zénithale z observée, ce cercle coupera le méridien en deux points également espacés du pied M de l'arc perpendiculaire abaissé du même point E sur le méridien. Il y a donc deux latitudes répondant à la donnée de l'observation. Appelons l la plus grande de ces deux latitudes et l' la plus petite. La distance du point M à l'équateur est égale à $\frac{l+l'}{2}$, par conséquent $PM = 90° - \frac{l+l'}{2}$.

on a donc

$$\text{tang}\left(\frac{l+l'}{2}\right) = \frac{\text{tang D}}{\cos P},$$

et la distance du zénith au point M ou ZM est égale à $\dfrac{l-l'}{2}$.

Dans le triangle PEM, on a encore $\cos PE = \cos PM \cos EM$, d'où

$$\cos EM = \frac{\sin D}{\sin\left(\dfrac{l+l'}{2}\right)}$$

en mettant pour $\cos PE$ et $\cos PM$ leurs valeurs.

Maintenant dans le triangle rectangle EMZ, on a $\cos ZM = \dfrac{\cos ZE}{\cos EM}$ ou, en mettant pour $\cos EM$ sa valeur précédente,

$$\cos\left(\frac{l-l'}{2}\right) = \frac{\sin\left(\dfrac{l+l'}{2}\right)\cos z}{\sin D}.$$

Si $\dfrac{l-l'}{2}$ n'est pas trop petit, cette équation peut déterminer sa valeur et en la joignant à l'équation $\tang\left(\dfrac{l+l'}{2}\right) = \dfrac{\tang D}{\cos P}$ qui fait d'abord connaître l'arc $\dfrac{l+l'}{2}$, on a l'arc l en ajoutant ces deux arcs, et en les retranchant on obtient l'arc l', c'est-à-dire les deux solutions du problème. La connaissance de la latitude approchée, connaissance que l'on a toujours, indique celle des deux solutions qu'on doit choisir.

234. — Mais si $\dfrac{l-l'}{2}$ est petit, sa valeur ne peut être bien fixée par un cosinus, et il faut tâcher d'obtenir une formule qui donne $\tang\left(\dfrac{l-l'}{2}\right)$.

Pour cela remarquons que dans le triangle rectangle Z M E, on a

$$\tang ZM = \tang ZE \cos EZM = \tang ZE \sqrt{1 - \sin^2 EZM},$$

ou

$$\tang\left(\frac{l-l'}{2}\right) = \tang z \sqrt{1 - \sin^2 EZM};$$

mais on a par la règle des sinus

$$\sin EZM = \frac{\sin EM}{\sin z},$$

et dans le triangle rectangle P E M on a

$$\sin EM = \sin EPM \sin PE$$

ou

$$\sin EM = \sin P \cos D;$$

reportant cette valeur de sin E M dans celle de sin E Z M , il vient

$$\sin EZM = \frac{\sin P \cos D}{\sin z},$$

et substituant cette valeur dans celle de $\tan\left(\dfrac{l-l'}{2}\right)$, on a

$$\tan\left(\frac{l-l'}{2}\right) = \tan z \sqrt{1 - \frac{\sin^2 P \cos^2 D}{\sin^2 z}},$$

d'où

$$\tan^2\left(\frac{l-l'}{2}\right) = \frac{\sin^2 z}{\cos^2 z}\left(1 - \frac{\sin^2 P \cos^2 D}{\sin^2 z}\right),$$

ou encore

$$\tan^2\left(\frac{l-l'}{2}\right) = \frac{\sin^2 z - \sin^2 P \cos^2 D}{\cos^2 z}.$$

Le problème peut donc se résoudre dans tous les cas par les deux équations suivantes

$$\tan\left(\frac{l+l'}{2}\right) = \frac{\tan D}{\cos P},$$

et

$$\tan^2\left(\frac{l-l'}{2}\right) = \frac{\sin^2 z - \sin^2 P \cos^2 D}{\cos^2 z}.$$

La seconde formule n'est pas logarithmique, mais on peut la rendre telle en posant

$$\sin P \cos D = \sin \varphi,$$

car alors elle devient

$$\tan^2\left(\frac{l-l'}{2}\right) = \frac{\sin^2 z - \sin^2 \varphi}{\cos^2 z} = \frac{\sin(z+\varphi)\sin(z-\varphi)}{\cos^2 z}.$$

Les calculs pour déterminer $\dfrac{l-l'}{2}$ par la tangente sont donc un peu plus longs que pour la déterminer par le cosinus, et c'est pour cela que si on a lieu de soupçonner que l'arc $\dfrac{l-l'}{2}$ est grand la formule du cosinus est plus commode. Mais, hors ce cas, la formule de la tangente doit être préférée.

Si l'astre a été observé exactement au méridien, la formule $\tan\left(\dfrac{l+l'}{2}\right) = \dfrac{\tan D}{\cos P}$ se réduit à $\tan\left(\dfrac{l+l'}{2}\right) = \tan D$, d'où $\dfrac{l+l'}{2} = D$ et $\sin\left(\dfrac{l+l'}{2}\right) = \sin D$. La formule $\cos\left(\dfrac{l-l'}{2}\right) = \dfrac{\sin\left(\dfrac{l+l'}{2}\right)\cos z}{\sin D}$ se réduit alors à $\cos\left(\dfrac{l-l'}{2}\right) = \cos z$, d'où $\dfrac{l-l'}{2} = z$: on a donc les deux équations

$$\frac{l+l'}{2} = D \qquad \frac{l-l'}{2} = z,$$

d'où

$$l = D + z \qquad \text{et} \qquad l' = D - z.$$

La première solution est la vraie si l'astre passe au méridien entre le zénith et l'équateur, et la seconde si l'astre passe entre le zénith et le pôle.

Les valeurs de $l = D + z$ dans le premier cas, $l' = D - z$ dans le second, sont évidentes *à priori*, mais nous avons voulu faire voir comment elles dérivent naturellement des formules pour les distances zénithales prises hors du méridien, lorsqu'on donne à ces formules, comme nous l'avons fait, la forme qui renferme les deux solutions, au lieu de mettre des doubles signes, comme on a l'habitude de le faire. La forme avec les deux solutions est toujours plus claire à l'esprit que celle des doubles signes.

235.—Venons maintenant à la solution générale par laquelle on obtient la latitude par des observations extra-méridiennes de distances zénithales simples ou multiples.

Soient toujours l la latitude, D la déclinaison d'une étoile, z la distance zénithale observée et P l'angle horaire, on a l'équation

$$\cos z = \sin l \sin D + \cos l \cos D \cos P.$$

Remplaçons $\cos P$ par sa valeur

$$1 - 2\sin^2 \tfrac{1}{2} P,$$

il vient

$$\cos z = \cos(l - D) - 2\cos l \cos D \sin^2 \tfrac{1}{2} P.$$

Or $l - D$ est la distance zénithale que possède l'étoile quand elle passe au méridien, et ce passage a lieu par rapport au zénith du côté de l'équateur si D est plus petit que l, et du côté du pôle si D est plus grand que l, auquel cas $l - D$ est négatif. S'il s'agissait du passage inférieur d'une circompolaire, il faudrait dans cette formule remplacer D par $180° - D$. Mais en général on n'emploie pas les passages inférieurs des circompolaires pour des déterminations de latitude par les hauteurs circumméridiennes.

$l - D$ étant donc la distance zénithale de l'étoile quand elle passe au méridien, $z - (l - D)$ est l'excès de sa distance zénithale observée sur sa distance zénithale méridienne, et c'est cette quantité que nous allons nous proposer de déterminer ; car, pour chaque observation, en la retranchant de la distance zénithale observée, on réduira celle-ci, à ce qu'elle aurait été au méridien, et par conséquent à $l - D$. Or connaissant $l - D$ et D, on en déduira l, et le problème sera résolu.

Posons donc $z - (l - D) = i$, i est la correction cherchée. L'équation précédente peut s'écrire

$$\cos(l - D) - \cos z = 2\cos l \cos D \sin^2 \tfrac{1}{2} P,$$

ou

$$\sin\tfrac{1}{2}\left[z - (l - D)\right]\sin\tfrac{1}{2}\left[z + (l - D)\right] = \cos l \cos D \sin^2\tfrac{1}{2} P,$$

ou encore

(A) $$\sin\tfrac{1}{2} i = \frac{\cos l \cos D \sin^2 \tfrac{1}{2} P}{\sin\tfrac{1}{2}(z + l - D)}.$$

Dans le second membre z et D sont connus. Si on connaît l'heure de l'observation, on connaît aussi P (n° 234). Il n'y a donc d'inconnu dans le second membre que l, mais on connaît toujours sa valeur plus ou moins approchée. On substitue donc cette valeur approchée dans le second membre, et on en déduit une valeur approchée de i, avec laquelle on obtient une valeur très-approchée de la latitude qu'on substitue une seconde fois dans l'équation (A), et on a alors la vraie valeur de l dans les limites d'erreur de l'observation.

236. — Il est facile de reconnaître que la substitution de la valeur

approchée de l dans l'équation (A) conduira par cette méthode à une valeur très-approchée de l. Soit en effet λ, la valeur approchée en question et $l = \lambda + \alpha$ la valeur réelle de la latitude. En substituant à l dans l'équation (A) sa valeur $\lambda + \alpha$, cette équation devient en développant

$$\sin \tfrac{1}{2} i = \frac{(\cos \lambda \cos \alpha - \sin \lambda \sin \alpha) \cos D \sin^2 \tfrac{1}{2} P}{\sin \tfrac{1}{2}(z + \lambda - D) \cos \tfrac{1}{2} \alpha + \sin \tfrac{1}{2} \alpha \cos \tfrac{1}{2}(z + \lambda - D)}.$$

Or, comme α est un petit angle, en ne gardant que les termes du premier ordre en α, nous pouvons poser $\cos \alpha = 1$, et de plus

$$\left[\sin \tfrac{1}{2}(z + \lambda - D) + \cos \tfrac{1}{2}(z + \lambda - D) \sin \tfrac{1}{2} \alpha \right]^{-1}$$
$$= \frac{1}{\sin \tfrac{1}{2}(z + \lambda - D)} - \frac{\cos \tfrac{1}{2}(z + \lambda - D)}{\sin^2 \tfrac{1}{2}(z + \lambda - D)} \sin \tfrac{1}{2} \alpha,$$

pourvu toutefois que $\frac{1}{2}(z + l - D)$ ne soit pas un très-petit arc, c'est-à-dire pourvu que l'étoile ne soit pas observée dans le voisinage immédiat du zénith, et telle n'est pas en général la condition des observations employées, car on choisit une étoile passant au moins à 8 ou 10° du zénith. On a donc en négligeant les termes en $\sin^2 \alpha$

$$\sin \tfrac{1}{2} i = \frac{\cos \lambda \cos D \sin^2 \tfrac{1}{2} P}{\sin \tfrac{1}{2}(z + \lambda - D)}$$
$$- \frac{\cos \lambda \cos D \sin^2 \tfrac{1}{2} P \cos \tfrac{1}{2}(z + \lambda - D)}{\sin^2 \tfrac{1}{2}(z + \lambda - D)} \sin \tfrac{1}{2} \alpha$$
$$- \frac{\sin \lambda \cos D \sin^2 \tfrac{1}{2} P}{\sin \tfrac{1}{2}(z + l - D)} \sin \alpha,$$

ou en appelant $i_{\text{,}}$ la valeur approchée de i donnée par l'équation

$$\sin \tfrac{1}{2} i_{\text{,}} = \frac{\cos \lambda \cos D \sin^2 \tfrac{1}{2} P}{\sin \tfrac{1}{2}(z + \lambda - D)},$$

résultant de la substitution de λ à l dans l'équation (A) et remplaçant $\sin \alpha$ par $2 \sin \frac{1}{2} \alpha$, on a

$$\sin \tfrac{1}{2} i = \sin \tfrac{1}{2} i_{\text{,}} \left(1 - \left[\cot \tfrac{1}{2}(z + \lambda - D) + 2 \tan \lambda\right] \sin \tfrac{1}{2} \alpha\right).$$

Cette équation montre que, pourvu que $\cot \frac{1}{2}(z + l - D)$ $+ 2 \tan \lambda$ ne soit pas une très-grande quantité, c'est-à-dire pourvu que $\frac{1}{2}(z + l - D)$ ne soit pas un très-petit arc ou que λ ne soit pas très-voisin de 90°, le terme $\left(\cot\frac{1}{2}(z + \lambda - D) + 2\tan\lambda\right)$ $\sin\frac{1}{2}\alpha$ sera très-petit par rapport à l'unité, car $\sin\frac{1}{2}\alpha$ est un très-petit arc, et conséquemment i ne différera de i_i que d'une très-petite fraction de sa valeur. Sauf donc pour des lieux voisins du pôle ou pour des étoiles observées tout près du zénith, la valeur de i sera obtenue très-approximativement, en substituant λ à l dans l'équation (A), et par conséquent on aura une valeur très-approchée de la latitude en calculant i à l'aide de cette substitution. En substituant alors la valeur de l ainsi obtenue, on aura une nouvelle valeur de i, d'où on tirera la latitude avec une approximation suffisante.

237. — Mais, au lieu de répéter les approximations successives, on arrive plus vite au résultat par l'interpolation proportionnelle. Pour faire comprendre cette méthode, soit λ la valeur approchée de la latitude. On calcule pour chaque observation les valeurs de i, en substituant λ à l dans l'équation (A). Soient alors i_1, i_2, etc., les valeurs correspondant à chaque observation, on retranche de la moyenne z des distances zénithales mesurées, la somme $i_1 + i_2 + \ldots + i_n$ des arcs ainsi obtenus, divisée par le nombre n des observations; nous appellerons m le résultat de cette division. La différence $z - m$ donne une valeur de $l - D$ approchée, et on en tire une nouvelle valeur approchée de la latitude, valeur qui sera $z - m + D$, et que nous appellerons λ_1. Cela fait, on calcule avec une autre latitude $\lambda + \alpha$, un peu plus différente de λ que ne l'est λ_1, mais dans le même sens, les nouvelles valeurs de i pour chaque observation. Soient alors $i_1' + i_2' \ldots + i_n'$ la somme de ces arcs, on la divise par n comme précédemment, et, soit m' le résultat de cette division, on obtient alors, en le retranchant de z, une nouvelle valeur de $l - D$, d'où on tire $l = z - m' + D = \lambda_2$.

Nous savons maintenant qu'un changement α dans la latitude λ primitivement supposée a introduit une différence $m' - m$ dans la correction calculée. Soit alors $l = \lambda + x$ la vraie latitude, la différence introduite par la valeur de x dans le calcul de la correction à appliquer à la distance zénithale moyenne pour avoir $l - D$ sera donnée par la proportion

$$\alpha : m' - m :: x : y,$$

d'où

$$y = \frac{m' - m}{\alpha} x.$$

Ainsi la correction à appliquer à la distance zénithale moyenne, si on faisait le calcul avec la vraie valeur $\lambda + x$, serait $m + \dfrac{m' - m}{\alpha} x$. La vraie valeur de $l - D$, qui peut alors s'écrire $\lambda + x - D$, doit donc être égale à $z - m - \dfrac{m' - m}{\alpha} x$. Ainsi on a l'équation

$$\lambda + x - D = z - m - \frac{m' - m}{\alpha} x,$$

d'où

$$x = \frac{z - m + D - \lambda}{1 + \dfrac{m' - m}{\alpha}}$$

Mais $z - m + D$ est ce que nous avons appelé primitivement λ, c'est-à-dire la latitude calculée par la première approximation, et en ayant égard à ce que $\lambda_1 = z - m + D$ et $\lambda_2 = z - m' + D$, on a $m' - m = \lambda_1 - \lambda_2$.

Donc

$$x = \frac{\lambda_1 - \lambda}{\alpha + \lambda_1 - \lambda_2} \alpha$$

et la vraie latitude est alors

$$\lambda + \frac{\lambda_1 - \lambda}{\alpha + \lambda_1 - \lambda_2} \alpha$$

expression dans laquelle λ est la première latitude supposée, λ_1 la latitude calculée avec la formule (A) dans l'hypothèse de $l = \lambda$, λ_2 la latitude calculée dans l'hypothèse de $l = \lambda + \alpha$, et par conséquent α la différence des deux latitudes avec lesquelles on a calculé, différence qu'on choisit, comme nous l'avons dit précédemment, de telle sorte que $\lambda + x$ doive être compris entre λ et $\lambda + \alpha$. Suivant le sens de l'erreur primitivement commise sur λ, α peut être positif ou négatif, et il faut bien faire attention à lui conserver dans le calcul de la formule le signe qu'on lui a donné.

La méthode de l'interpolation proportionnelle entre les résultats des calculs pour deux valeurs rapprochées est bien préférable à celle des approximations successives, car on n'a besoin de faire que deux fois le calcul de toute la série, tandis que, pour obtenir la même exactitude par les approximations successives dans les cas peu favorables à cette dernière méthode, il faudrait le faire trois ou quatre fois. Ces cas défavorables ont lieu, par exemple, quand la latitude est très-grande, ou si l'astre a passé très-près du zénith ; or, dans ces circonstances, l'interpolation peut encore fonctionner. Sa rigueur ne cesserait que si on avait pris primitivement une latitude très-erronée, auquel cas on aurait été conduit à prendre pour α une valeur un peu grande. Mais alors on obtiendrait une valeur encore très-approchée, et il suffirait de refaire le calcul avec cette valeur approchée, et en comparant le résultat de la même manière avec la plus voisine des deux valeurs primitives λ et $\lambda + \alpha$ employées pour les deux premiers calculs, on obtiendrait une approximation toujours suffisante.

Ce n'est pas seulement dans le cas des déterminations de latitude que la méthode des interpolations proportionnelles l'emporte sur celle des approximations successives. Dans tous les problèmes d'astronomie où les approximations successives sont employées, l'interpolation proportionnelle peut leur être substituée avec avantage.

238. — La formule (A) du n° 235 n'est pas exactement celle qu'on a l'usage d'employer pour la réduction au méridien des distances zénithales circumméridiennes. Mais elle offre sur la formule ordinaire d'assez grands avantages. Pour le faire voir, nous allons donner cette dernière.

Nous avons déjà vu précédemment que l'équation fondamentale de la trigonométrie sphérique se transforme dans la suivante

$$\cos z = \cos (l - D) - 2 \cos l \cos D \sin^2 \tfrac{1}{2} P.$$

En posant $z = l - D + i$, cette équation devient

$$\cos (l-D) \cos i - \sin (l-D) \sin i = \cos (l-D) - 2 \cos l \cos D \sin^2 \tfrac{1}{2} P \,;$$

remplaçant $\cos i$ par $1 - 2 \sin^2 \dfrac{1}{2} i$, on a

(B) $2 \cos (l - D) \sin^2 \tfrac{1}{2} i + \sin (l-D) \sin i = 2 \cos l \cos D \sin^2 \tfrac{1}{2} P,$

ou, comme l'arc i est très-petit, en remplaçant $\sin \dfrac{1}{2} i$ par $\dfrac{1}{2} \sin i$,

$$\sin i = \frac{2 \cos l \cos D \sin \tfrac{1}{2} P}{\sin (l - D)} - \tfrac{1}{2} \cot (l - D) \sin^2 i \,;$$

sin² i étant une très-petite quantité, on le néglige provisoirement, ce qui donne

$$\sin i = \frac{2 \cos l \cos D \sin^2 \frac{1}{2} P}{\sin l - D}.$$

Substituant cette valeur approchée de sin i dans le second membre de l'équation précédente, il vient alors

(C) $$\sin i = \frac{2 \cos l \cos D \sin^2 \frac{1}{2} P}{\sin (l - D)}$$
$$- 2 \cot (l - D) \left(\frac{\cos l \cos D \sin^2 \frac{1}{2} P}{\sin l - D} \right)^2.$$

Telle est l'équation usitée, mais elle a l'inconvénient d'être composée de deux termes, tandis que l'équation (A) n'en a qu'un, et malgré cela l'équation (A) offre encore l'avantage d'être rigoureuse, tandis que l'équation (C) n'est qu'approchée.

Pour faciliter le calcul de l'équation (C), on remplace sin i par i sin $1''$ afin d'exprimer i en secondes, alors il vient

(D) $$i = \frac{2 \sin^2 \frac{1}{2} P}{\sin 1''} \left(\frac{\cos l \cos D}{\sin (l - D)} \right) - \frac{2 \sin^4 \frac{1}{2} P}{\sin 1''} \left(\frac{\cos l \cos D}{\sin (l - D)} \right)^2 \cot (l - D),$$

et on a formé des tables qui donnent en secondes les valeurs de $\frac{2 \sin^2 \frac{1}{2} P}{\sin 1''}$ et de $\frac{2 \sin^4 \frac{1}{2} P}{\sin 1''}$. Mais malgré cela, si on veut calculer chaque observation individuelle, le calcul est plus long que par la formule (A), pour laquelle d'ailleurs on peut aussi se servir des tables qui donnent $\frac{2 \sin^2 \frac{1}{2} P}{\sin 1''}$ exprimé en secondes, tables qui portent le nom de tables de réduction au méridien.

En effet, la formule (A) est

$$\sin \tfrac{1}{2} i = \frac{\cos l \cos D \sin^2 \frac{1}{2} P}{\sin \frac{1}{2} (z + l - D)}.$$

En y remplaçant $\sin \frac{1}{2} i$ par $\frac{1}{2} i$ sin $1''$, ce qui, tant que les observations sont très-voisines du méridien, est aussi bien possible qu'avec la formule (C), il vient

(E) $$i = \frac{2 \sin^2 \frac{1}{2} P}{\sin 1''} \left(\frac{\cos l \cos D}{\sin \frac{1}{2} (z + l - D)} \right).$$

On voit donc qu'on peut prendre $\dfrac{2 \sin^2 \frac{1}{2} P}{\sin 1''}$ dans les tables de réduction au méridien, et alors si on calcule une seule observation, le calcul sera moins long qu'avec l'équation (D).

Mais l'avantage de la formule (D) est de faciliter le calcul d'une série observée au théodolite répétiteur, lorsqu'on n'a pas lu les angles intermédiaires. En effet, dans ce cas, on cherche dans les tables de réduction au méridien les valeurs de $\dfrac{2 \sin^2 \frac{1}{2} P}{\sin 1''}$ pour les divers instants d'observation, c'est-à-dire pour les diverses valeurs de P, et on fait la moyenne. On fait de la même manière la moyenne des diverses valeurs de $\dfrac{2 \sin^4 \frac{1}{2} P}{\sin 1''}$. Comme les tables donnent ces quantités en nombres et non en logarithmes, le calcul des moyennes est assez rapide. Ce sont ensuite ces moyennes qu'on multiplie respectivement par $\dfrac{\cos l \cos D}{\sin (l - D)}$ et par $\left(\dfrac{\cos l \cos D}{\sin(l - D)}\right)^2 \cot (l - D)$. Mais si ce procédé est très-commode pour réduire une série d'observations de distances zénithales circumméridiennes dont on n'a que la somme et les instants d'observation, il a le défaut de ne pas permettre de comparer les résultats partiels pour voir si quelque accident ne s'est pas introduit dans les observations. Nous avons déjà dit en traitant de l'angle horaire qu'avec le théodolite répétiteur, il est toujours prudent de lire l'angle après chaque observation de double distance zénithale. C'est même réellement indispensable à cause des accidents qui peuvent se produire, et des erreurs de comptage et des erreurs d'étoiles, parfois possibles. Pour profiter de tout l'avantage de ces lectures, il est utile de réduire les observations deux à deux afin de juger de l'accord partiel des résultats. Or, dans ce cas, la formule (E) est plus avantageuse que la formule (D). On prend en effet, d'après les instants des deux observations, les valeurs de $\dfrac{2 \sin^2 \frac{1}{2} P}{\sin 1''}$ dans les tables ordinaires de réduction au méridien, et on fait la somme de ces deux valeurs. On multiplie alors cette somme par le facteur $\dfrac{\cos l \cos D}{\sin \frac{1}{2}(z + l - D)}$, dans lequel on prend pour valeur de z la moitié de l'angle mesuré et corrigé de réfraction, angle qui n'est autre que la moyenne des deux distances zénithales correspondantes; en retranchant le produit obtenu de l'angle mesuré, on a le double de la valeur de $l-D$. On voit que, dans ce cas, le calcul est plus rapide qu'avec l'équation (D), et on a l'avantage que la formule est plus exacte. Si les observations sont un peu loin du méridien, auquel cas on ne trouve plus dans les tables les valeurs en nombre de $\dfrac{2\sin^2\frac{1}{2}P}{\sin 1''}$, l'avantage est plus grand encore, car alors on se sert de la formule rigoureuse

$$\sin \tfrac{1}{2}\, i = \frac{\cos l \cos D \sin^2 \frac{1}{2}\, P}{\sin \frac{1}{2}\,(z + l - D)},$$

et on fait séparément le calcul pour chaque opération, en mettant toujours pour z le demi-angle observé corrigé de réfraction, puis on ajoute les deux valeurs de i obtenues. Dans ce cas, non-seulement le calcul est plus rapide qu'il n'aurait été avec la formule (D), mais encore cette dernière formule n'aurait pas été suffisamment exacte, tandis que la nôtre est rigoureuse.

Il est vrai qu'au lieu d'employer la valeur de z répondant à chaque observation, comme il aurait fallu le faire pour la rigueur absolue de la formule, nous avons employé la moyenne des deux valeurs de z. Mais cela se compense sensiblement sur la moyenne des résultats, car les deux observations sont rapprochées, et par conséquent les deux valeurs de $\sin^2 \frac{1}{2} P$ diffèrent peu. Dès lors l'emploi d'une valeur trop grande de z dans un des calculs, et trop petite de la même quantité dans l'autre, donne le même résultat moyen que si on avait employé pour chaque cas la valeur de z qui lui correspond.

Toutefois, si l'intervalle des deux pointés est grand, ce qui arrive surtout dans les cas de ciel très-nuageux, il est bon d'employer les vraies valeurs de z. On les obtient facilement. Nous avons vu, en effet (n° 218), qu'en appelant l'une z' et l'autre z'', on a, en désignant par z la moyenne de z' et z'' et en nommant p la moyenne des angles horaires correspondants p' et p'',

$$\sin \left(\frac{z' - z''}{2}\right) = \frac{\cos l \cos D \sin p}{\sin z}\, \sin \left(\frac{p' - p''}{2}\right).$$

De cette équation dont tout le second membre est connu, on tire la valeur de $z' - z''$. Soit a cette valeur, on a les deux équations

$$z' + z'' = 2z, \quad z' - z'' = a,$$

d'où on tire

$$z' = z + \frac{a}{2}, \qquad z'' = z - \frac{a}{2},$$

ët on peut alors calculer la formule (A) dans toute sa rigueur.

On voit donc par ce qui précède que l'équation (A), applicable à toutes les distances possibles du méridien, est dans la pratique plus commode que la formule (D) qui ne peut servir que dans le voisinage immédiat du méridien. L'équation (D) ne doit être employée que si on avait, contrairement aux renseignements fournis par l'expérience, négligé de faire au théodolite répétiteur les lectures intermédiaires.

239. — L'oubli d'une seule des lectures intermédiaires ne nuit pas à l'usage de la formule (A), car alors on peut prendre pour z le quart de l'angle mesuré, qui représente le quadruple de la distance zénithale. Si les lectures intermédiaires sont oubliées et si l'astre est loin du méridien, la formule (D) elle-même ne peut servir. Il faut donc dans ce cas calculer les distances zénithales à l'aide de l'angle horaire (n° 232) et introduire ces distances dans le calcul par la formule (A).

On pourrait au reste rendre la formule (D) un peu plus rigoureuse, à l'aide de la formule (A) elle-même. Nous avons en effet tiré cette formule de l'équation (B), qui est elle-même rigoureuse et qui nous donne

$$\sin i = \frac{2 \cos l \cos D \sin^2 \frac{1}{2} P}{\sin (l - D)} - 2 \cot (l - D) \sin^2 \tfrac{1}{2} i.$$

Substituant dans cette équation pour $\sin \frac{1}{2} i$ sa valeur rigoureuse donnée par l'équation (A), il vient

$$\sin i = \frac{2 \cos l \cos D \sin^2 \frac{1}{2} P}{\sin (l - D)} - 2 \cot (l - D) \frac{\cos^2 l \cos^2 D \sin^4 \frac{1}{2} P}{\sin^2 \frac{1}{2} (z + l - D)}.$$

Remplaçant $\sin i$ par $i \sin 1''$, sa valeur approchée, on a

$$\text{(F)} \qquad i = \frac{2 \sin^2 \frac{1}{2} P}{\sin 1''} \left(\frac{\cos l \cos D}{\sin (l - D)} \right)$$

$$- \frac{2 \sin^4 \frac{1}{2} P}{\sin 1''} \left(\frac{\cos l \cos D}{\sin \frac{1}{2} (z + l - D)} \right)^2 \cot (l - D).$$

On calculera avec cette équation (F), comme avec l'équation (D); seulement dans le facteur $\dfrac{\cos l \cos D}{\sin \frac{1}{2} (z + l - D)}$, on mettra pour z sa valeur moyenne donnée par l'instrument, après toutefois la correction de réfraction, et le résultat sera toujours un peu plus exact qu'avec la formule (B), sans que pour cela le calcul se trouve allongé.

240. — Dans toutes les formules précédentes, les angles horaires P sont obtenus en faisant la différence de l'heure de l'observation et de l'heure connue du passage de l'étoile au méridien. En temps sidéral, cette dernière n'est autre que l'ascension droite de l'étoile. Si le chronomètre est au temps sidéral et ne possède aucune avance ou aucun retard, ou aucun mouvement diurne, la différence de l'heure qu'il marquera et de l'ascension droite de l'étoile donnée en temps par les tables est directement la valeur de P exprimée en temps. Mais en général, le chronomètre n'est pas exactement à l'heure. Dans ce cas, si son mouvement diurne est nul, il suffit de calculer à quelle heure du chronomètre l'étoile passe au méridien, ce qu'on obtiendra en ajoutant à l'ascension droite de l'étoile l'avance du chronomètre, ou en retranchant son retard de la même ascension droite. La différence de l'heure d'observation et du passage méridien donne ensuite encore la valeur de l'angle P exprimé en temps. Si le chronomètre possède un mouvement diurne d'avance ou de retard, l'angle P ainsi obtenu doit être modifié proportionnellement à cette avance ou à ce retard. Le plus communément, le chronomètre est au temps moyen, de sorte qu'il possède par là même, par rapport au temps sidéral, un mouvement de retard de $3^m56^s,555$ dans la durée d'un jour moyen, et de plus il a dans le même temps une avance d'un certain nombre de secondes; nombre que nous appellerons a (a étant négatif dans le temps de retard). Cette avance provient de ce qu'il ne se trouve pas exactement réglé sur le temps moyen. En résumé, le chronomètre peut être considéré comme un chronomètre au temps sidéral dont le retard diurne serait de $3^m56^s,555$ — a ou de $236'',555$ — a; c'est-à-dire qu'en 24 heures moyennes, le chronomètre qui a battu $86400 + a$ secondes aurait dû en frapper $86400 + 236,555$ pour marquer le temps sidéral.

Supposons donc qu'ayant transformé en temps moyen l'heure sidérale du passage de l'étoile au méridien, et tenu compte de l'avance ou du retard du chronomètre à cet instant, on ait ainsi l'heure H marquée par le chronomètre au moment du passage de l'étoile, et soit H' l'heure d'un pointé marquée par le même ins-

trument. L'angle horaire correspondant P sera égal au temps
H' — H indiqué par le chronomètre, multiplié par le rapport
$\dfrac{86400+236,555}{86400+a}$, rapport que nous appellerons u et qu'on a soin
de calculer. Alors on aura pour la valeur de P exprimée en
temps $P = (H' - H)\, u$.

Pour transformer P en arc, on n'a donc qu'à réduire en arc
la valeur H' — H, et soit p cette valeur, on a alors pour la valeur de P exprimée en arc $P = up$. Or si toutes les observations ont
eu lieu à peu de distance du méridien, auquel cas les angles P
sont tous petits, on peut poser sans erreur sensible

$$\sin^2 \tfrac{1}{2}\, up = u^2 \sin^2 \tfrac{1}{2}\, p.$$

Ainsi l'équation (A) du n° 235 peut s'écrire

$$\sin \tfrac{1}{2} i = \frac{u^2 \cos l \cos D \sin^2 \tfrac{1}{2}\, p}{\sin \tfrac{1}{2}(z + l - D)},$$

et l'équation D ou même encore l'équation plus exacte (F) devient

$$i = \frac{2 \sin^2 \tfrac{1}{2}\, p}{\sin 1''}\left(\frac{u^2 \cos l \cos D}{\sin (l - D)}\right) - \frac{2 \sin^4 \tfrac{1}{2}\, p}{\sin 1''}\left(\frac{u^2 \cos l \cos D}{\sin \tfrac{1}{2}(z + l - D)}\right)^2 \cot (l - D),$$

et dans ces équations p est la différence réduite en arc entre les
heures d'observation et l'heure du passage de l'étoile données l'une
et l'autre en temps du chronomètre. Comme dans ces équations
$u^2 \cos l \cos D$ est déterminé une fois pour toutes, on voit qu'on a simplifié les calculs de réduction de la série, puisqu'on n'a plus à réduire tous les p en P. Cette simplification n'est possible que pour
des observations voisines du méridien. Mais c'est ordinairement le
cas dans lequel on emploie les formules en question.

241.—Si au lieu d'observer une étoile, on a observé le soleil, dont
la déclinaison varie, ou tout autre astre à déclinaison variable, on
peut, si la série est courte, effectuer le calcul en employant la déclinaison qui répond à la moyenne des instants des observations, et
les calculs se font alors comme si l'astre observé était une étoile.
Seulement la valeur de u serait différente; elle serait, en appelant K
l'accroissement qu'éprouve en 24 heures l'ascension droite de
l'astre observé, K étant exprimé en temps,

$$\frac{86636,555 - K}{86400 + a}.$$

Si on veut une extrême précision et si la série se prolonge un peu loin du méridien, il devient urgent de mettre pour chaque observation la valeur de D qui lui correspond et d'employer la formule (A) dans laquelle on fait $\sin^2 P = \sin^2 up$, u et p étant déterminés comme précédemment. En retranchant de la somme des distances zénithales observées la somme des corrections i, le résultat après division par le nombre des observations est égal à $l — D$, dans lequel D a pour valeur la déclinaison répondant à la moyenne des instants des observations.

242. — Dans ce qui précède, nous avons supposé que l'heure est rigoureusement connue. Cela n'a pas lieu en général, car en voyage le plus souvent on n'emploie que des observations de hauteur, et alors l'heure n'est elle-même connue que si on connaît la latitude. Toutefois on obtient l'heure très-approximativement en employant la latitude approchée pour la calculer.

Appelons donc α l'erreur commise sur l'état du chronomètre en temps moyen. Supposons-la transformée en temps sidéral, puis en arc, et soit β le résultat de cette transformation, de sorte que les angles horaires calculés P sont tous en erreur de β, leur vraie valeur étant $P + \beta$ (β pouvant être positif ou négatif). Proposons-nous maintenant de déterminer l'erreur commise en employant dans le calcul de la latitude les angles horaires fautifs P au lieu des angles horaires vrais $P + \beta$. Pour cela, substituons dans la formule (A), $P + \beta$ à P, il vient

$$\sin \tfrac{1}{2} i = \frac{\cos l \cos D \sin^2 \tfrac{1}{2} (P + \beta)}{\sin \tfrac{1}{2} (z + l — D)} ;$$

en développant, puis en faisant $\cos \tfrac{1}{2} \beta = 1$ et négligeant le carré de $\sin \tfrac{1}{2} \beta$ il vient

$$\sin \tfrac{1}{2} i = \frac{\cos l \cos D \sin^2 \tfrac{1}{2} P}{\sin \tfrac{1}{2} (z + l — D)} + \frac{2 \cos l \cos D \sin \tfrac{1}{2} P \cos \tfrac{1}{2} P}{\sin \tfrac{1}{2} (z + l — D)} \sin \tfrac{1}{2} \beta.$$

Remplaçons maintenant i par $i + \gamma$, faisons $\cos \dfrac{\gamma}{2} = 1$ et remarquons que $2 \sin \tfrac{1}{2} P \cos \tfrac{1}{2} P = \sin P$; on a

$$\sin \tfrac{1}{2} i + \cos \tfrac{1}{2} i \sin \tfrac{1}{2} \gamma = \frac{\cos l \cos D \sin^2 \tfrac{1}{2} P}{\sin \tfrac{1}{2} (z + l — D)} + \frac{\cos l \cos D \sin P}{\sin \tfrac{1}{2} (z + l — D)} \sin \tfrac{1}{2} \beta.$$

Quand on a calculé $\sin \tfrac{1}{2} i$ par la formule

$$\sin \tfrac{1}{2} i = \frac{\cos l \cos D \sin^2 \tfrac{1}{2} P}{\sin \tfrac{1}{2} (z + l — D)},$$

on voit donc qu'on a négligé la quantité $\dfrac{\cos l \cos D \sin P}{\sin\frac{1}{2}(z + l - D)} \sin \frac{1}{2}\beta$ et de plus qu'en appelant γ l'erreur commise sur i, on a pour déterminer γ l'équation

$$\sin \tfrac{1}{2}\gamma = \frac{\cos l \cos D \sin P}{\sin \frac{1}{2}(z + l - D)\cos \frac{1}{2}i} \sin \tfrac{1}{2}\beta.$$

Or, si les observations sont toutes très-voisines du méridien, $\sin\frac{1}{2}(z + l - D)\cos\frac{1}{2}i$ est une quantité presque constante et la moyenne de sa valeur est à très-peu près égale à $\sin\frac{1}{2}(z_1 + l - D)$, z_1 étant la moyenne des distances zénithales observées, car $\cos\frac{1}{2}i$ est sensiblement égal à 1. On peut donc adopter sans erreur sensible cette valeur pour toutes les observations, et en remplaçant les sinus de $\dfrac{\gamma}{2}$ et de $\dfrac{\beta}{2}$ par leurs arcs, il vient

$$\gamma = \frac{\cos l \cos D}{\sin \frac{1}{2}(z_1 + l - D)} \beta \sin P.$$

La moyenne des γ sera donc égale à la quantité constante $\dfrac{\cos l \cos D}{\sin\frac{1}{2}(z_1 + l - D)}\beta$ multipliée par la somme des sinus P divisée par le nombre des observations. Mais comme les arcs P sont très-petits, on peut admettre sans erreur bien sensible que les arcs sont proportionnels aux sinus, et dès lors la moyenne des sin P est égale au sinus de la moyenne des arcs P.

En appelant donc P_1 la moyenne des angles horaires des observations et γ_1 la moyenne des γ, on peut poser sans erreur notable

$$\gamma_1 = \frac{\cos l \cos D \sin P_1}{\sin \frac{1}{2}(z_1 + l - D)} \beta.$$

Ainsi la vraie valeur de $l - D$ sera $z_1 - i_1 - \gamma_1$, i_1 étant la moyenne des i calculée avec la valeur P au lieu de la vraie valeur $P + \beta$, comme z_1 est la moyenne des z et γ_1 celle des γ. La latitude sera donc égale à $z_1 - i_1 + D - \gamma_1$. Or $z_1 - i_1 + D$ est le nombre qu'on avait obtenu avec la valeur fautive de P : donc la correction à appliquer à la latitude obtenue sera $- \gamma_1$ ou $\dfrac{-\cos l \cos D \sin P_1}{\sin\frac{1}{2}(z_1 + l - D)}\beta$, et l'application de cette correction évitera de recommencer tous les calculs.

Avec la latitude ainsi corrigée, on corrigera de nouveau la détermination de l'heure par une formule aussi simple que la précédente et qu'on obtient en différentiant la formule générale de la trigonométrie sphérique par rapport à l et P seulement, z et D étant supposés constants. On obtiendra alors la variation de l'angle horaire avec la latitude comme nous avons obtenu sa variation avec la déclinaison dans le n° 225, et on tire de la même manière la correction de l'heure. Avec cette correction on fera une nouvelle correction à la latitude et ainsi de suite par les approximations successives.

243. — Mais il est plus simple d'employer à la fois pour la correction simultanée de l'heure et de la latitude, la méthode des interpolations proportionnelles entre deux valeurs très-voisines.

Soient donc deux séries faites au théodolite répétiteur, l'une près du méridien pour la détermination de la latitude, l'autre loin du méridien pour le calcul de l'heure.

Avec la latitude approchée λ, on calcule d'abord la série faite loin du méridien et on en tire la correction approchée de l'heure. Avec cette correction et la même latitude approchée, on calcule la série pour la latitude, et on obtient une nouvelle latitude plus approchée que nous appellerons λ_1. On choisit alors une autre valeur de la latitude approchée que nous appellerons $\lambda + \alpha$, et qui est telle que α soit un peu plus grand et de même signe que $\lambda_1 - \lambda$.

Avec cette valeur $\lambda + \alpha$, on calcule de nouveau la série qui a donné l'heure, et on obtient une nouvelle correction de l'angle horaire (1). Avec cette nouvelle valeur de l'heure et la latitude approchée $\lambda + \alpha$, on calcule de nouveau la série voisine du méridien qui donne pour la latitude la nouvelle valeur λ_2.

---

(1) On pourrait se contenter de calculer simplement pour l'heure la correction résultant de l'accroissement de latitude α en employant dans ce but la méthode expéditive que j'indique dans le numéro précédent; mais si on veut une grande approximation, le mieux est de calculer de nouveau la série entière de l'heure avec la nouvelle valeur de la latitude $\lambda + \alpha$, comme je viens de le dire. Ce calcul d'ailleurs n'est pas long, car dans la formule de l'heure, on a déjà les valeurs de $\cos\left(\dfrac{z' + z''}{2}\right)\cos\left(\dfrac{z' - z''}{2}\right)$ qui ne changent pas, puisque la valeur de $(z' - z'')$ employée peut rester la même. Presque tout le calcul est déjà fait et la modification introduite par le changement de λ en $\lambda + \alpha$ n'oblige qu'à reprendre une petite partie du calcul.

On a alors comme dans le n° 237 pour l'expression de la vraie latitude

$$\lambda + \frac{\lambda_1 - \lambda}{\alpha + \lambda_1 - \lambda_2} \alpha$$

et la vraie latitude l est ainsi connue.

Pour avoir la vraie correction de l'heure, appelons alors μ_1 la correction de l'heure du chronomètre donnée par le premier calcul effectué avec la latitude λ, et μ_2 la correction obtenue en calculant avec la latitude $\lambda + \alpha$.

Nous avons alors, en appelant μ la vraie correction, la proportion

$$\mu_2 - \mu_1 : \alpha :: \mu - \mu_1 : l - \lambda,$$

d'où

$$\mu = \mu_1 + \frac{(\mu_2 - \mu_1)(l - \lambda_1)}{\alpha}.$$

Ainsi on se trouve avoir la vraie latitude l et la vraie correction de l'heure μ.

A moins d'avoir fait une erreur considérable sur la latitude supposée λ, auquel cas α serait grand, les valeurs définitives ainsi obtenues sont parfaites. Si α était très-grand, on ferait de nouveau les calculs avec une nouvelle latitude $\lambda + \alpha_1$, α_1 étant très-peu différent de α et on prendrait $\lambda + \alpha$ à la place de λ, et $\lambda + \alpha_1$ au lieu de $\lambda + \alpha$ dans les formules de correction précédente; on aurait alors à la fois la latitude et l'heure aussi approchées qu'on pourrait le désirer. Mais il faudrait que l'erreur sur α eût été considérable, d'un degré par exemple, pour qu'il fût nécessaire de recourir à cette nouvelle approximation.

Si, au lieu d'une seule série d'observations voisines du méridien on en avait plusieurs, la méthode serait la même. On calculerait toutes les séries avec la latitude λ, puis avec la latitude $\lambda + \alpha$, et les latitudes λ_1 et λ_2 employées dans le calcul de la latitude exacte seraient les moyennes des résultats donnés par les diverses séries. Il en serait de même si on avait plusieurs séries pour la détermination de l'heure.

244. — Dans les séries voisines du méridien et faites en vue de déterminer la latitude, on peut, plus commodément encore que pour la détermination de l'heure, changer d'étoile dans la durée de la série, si c'est nécessaire; il suffit simplement d'en prendre note afin d'employer les déclinaisons et les angles horaires qui

conviennent à chaque cas lors du calcul des angles i. La somme des i se retranche toujours de la même manière de la somme des arcs mesurés et corrigés de réfraction (la somme des corrections de réfraction s'ajoute à l'arc mesuré, il faut seulement dans le calcul de chacune d'elles avoir égard à la distance zénithale correspondante). L'arc restant après cette soustraction de la somme des i est la somme des l—D, c'est-à-dire, est égal à nl — Σ D. La latitude a alors pour expression $z_1 - i_1 + \dfrac{\Sigma D}{n}$, dans laquelle z_1 est toujours la moyenne des distances zénithales observées (corrigées de réfraction), i_1 la moyenne des i, ΣD la somme des n déclinaisons des astres observés.

Les changements d'étoiles pendant la durée des séries ont l'avantage de rendre les résultats plus indépendants des erreurs particulières existant sur la déclinaison des étoiles observées.

245. — Si on fait deux séries, l'une au sud, l'autre au nord du zénith, sur des étoiles passant à peu près à la même distance de ce point de part et d'autre, la moyenne des résultats devient indépendante des erreurs des tables de réfraction, car ces erreurs affectent les observations en sens contraire.

En effet, en appelant z' et z'' deux distances zénithales apparentes observées au méridien et r' et r'' les deux réfractions correspondantes, les distances vraies sont $z'+r'$ et $z''+r''$; on a alors pour l'étoile qui a passé du côté de l'équateur l—D $=z'+r'$, et pour celle qui a passé du côté du pôle D'—$l = z''+r''$. De la première équation on tire $l = z'+r'+$D, de la seconde $l=$ D'—z''—r'' et, en ajoutant les deux valeurs de l, il vient $2l =$ D + D' $+(z'-z'') +(r'-r'')$: on voit donc que la valeur de l n'est altérée par la réfraction que de $\dfrac{r'-r''}{2} \cdot$ Si les deux astres ont passé sensiblement à la même distance du zénith, auquel cas $r'' = r'$, l'effet des réfractions sur la valeur obtenue est nul. Les flexions de l'instrument sont également éliminées de la même manière.

On voit donc que la réfraction ne peut plus intervenir que par ses anomalies, qui sont très-petites dans le voisinage du zénith. A cause de cela, il est toujours bon de choisir des étoiles qui ne passent pas au méridien par trop loin du zénith, du moins toutes les fois que l'atmosphère le permet dans la station au moment des observations.

246. — Il arrive quelquefois en voyage qu'on a besoin de déterminer la latitude dans une station, et que dans l'unique soirée qu'on peut consacrer à cette observation, l'état de l'atmosphère a empêché les observations voisines du méridien. Dans ce cas, on obtient encore la latitude à l'aide de deux séries de distances zénithales observées au théodolite répétiteur sur des étoiles éloignées du méridien.

Pour le faire voir, appelons H la moyenne des heures marquées par le chronomètre aux instants des observations de la première série, H' la moyenne des heures indiquées par le même instrument aux instants des observations de la seconde série. Prenons la différence H' — H de ces deux moyennes, transformons-la en temps sidéral en tenant compte en même temps du mouvement diurne du chronomètre, puis transformons le résultat en arc, et nommons θ l'arc ainsi obtenu.

Soient maintenant AR l'ascension droite de l'étoile observée dans la première série, AR' celle de l'étoile de la seconde série, et nommons α la différence AR — AR' des ascensions droites des deux étoiles, différence qui sera positive si AR est plus grand que AR', et négative dans le cas contraire.

Cela posé, si nous appelons P' l'angle horaire de la première étoile à l'instant H marqué par le chronomètre, et P'' l'angle horaire de la seconde étoile à l'instant H', auquel cas P' et P'' sont les moyennes des angles horaires de chaque série, angles positifs à l'ouest du méridien, négatifs à l'est, nous aurons

$$P'' = P' + \theta + \alpha \qquad \text{d'où} \qquad P'' - P' = \theta + \alpha.$$

Soit maintenant λ la latitude supposée; calculons successivement les angles horaires de chaque série par les méthodes que nous avons précédemment indiquées, d'abord en employant la latitude λ — x, puis ensuite la latitude λ + x, x étant une petite quantité qu'on choisit arbitrairement et qu'on fait d'autant plus petite que la latitude supposée est regardée comme plus approximative. L'essentiel est de choisir x de telle sorte que la latitude vraie doive être comprise entre λ — x et λ + x, x étant d'ailleurs le plus petit possible.

Appelons p' et p'' les angles horaires moyens donnés par les deux séries dans l'hypothèse de la latitude λ — x, et p'_1 et p''_1 les angles horaires donnés par les deux mêmes séries dans l'hypothèse de la latitude égale à λ + x. On aura alors la proportion

$$(p''_1 - p'_1) - (p'' - p') : 2\varkappa :: (P'' - P') - (p'' - p') : x$$

ou, en remplaçant $P'' - P'$ par sa valeur connue $\theta + \alpha$

$$x = \frac{(\theta + \alpha) - (p'' - p')}{(p''_1 - p'_1) - (p'' - p')} \, 2\varkappa$$

ce qui donnera la quantité x à joindre à $\lambda - \varkappa$ pour avoir la vraie latitude l, qui sera alors

$$l = \lambda - \varkappa + \frac{(\theta + \alpha) - (p'' - p')}{(p''_1 - p'_1) - (p'' - p')} \, 2\varkappa.$$

La vraie latitude étant ainsi connue, on aura ensuite les vrais angles horaires par une proportion entre ceux qu'ont donnés les latitudes $\lambda - \varkappa$ et $\lambda + \varkappa$, et par l'équation du n° 229 on en déduira l'état du chronomètre.

247. — Il y a avantage à ce que les deux séries soient aussi rapprochées que possible afin d'éliminer les anomalies de la marche du chronomètre; mais comme les deux angles horaires doivent être très-différents, on choisit deux étoiles présentant une grande différence d'ascension droite. Si surtout le mouvement diurne du chronomètre est imparfaitement connu, il y a intérêt à ce que les deux séries se suivent immédiatement afin qu'il n'y ait entre elles qu'un intervalle de quelques minutes.

Si au contraire on observe la même étoile des deux côtés du méridien, α est nul, et θ est très-grand. On tombe alors, si l'étoile est observée à la même hauteur des deux côtés du méridien, sur l'emploi de ce qu'on appelle *les hauteurs correspondantes*. Les hauteurs correspondantes ne sont donc qu'un cas particulier de la méthode précédente, et outre leur incommodité, on voit qu'elles sont, à cause des anomalies possibles du chronomètre dans leur intervalle, moins exactes que l'observation immédiatement successive de deux étoiles différentes.

On peut dans chaque série changer d'étoile si l'atmosphère l'exige; on n'en prend pas moins les angles horaires moyens; seulement, dans l'équation, α est égal à la différence $\dfrac{\Sigma \mathrm{AR}}{n} - \dfrac{\Sigma \mathrm{AR'}}{n'}$

n et n' étant les nombres des observations de chaque série, et $\Sigma \mathrm{AR}$ et $\Sigma \mathrm{AR'}$ les sommes des ascensions droites des étoiles observées, ascensions droites répétées pour chacune d'elles autant de fois que cette étoile a servi.

248. — La méthode que je viens de décrire est applicable d'une manière très-commode au problème de la détermination en mer de la latitude et de l'heure par deux hauteurs du soleil, seulement, il faut tenir compte ici de ce que les deux observations, à cause de la marche du navire, n'ont pas eu lieu au même point : mais on sait par la boussole corrigée de la déclinaison (sa déviation du méridien) dans quel azimut on a marché, et par le loch on connaît quelle était la vitesse dans l'intervalle des deux observations.

Appelons donc θ le temps *vrai* écoulé entre les deux observations et transformé en arc, γ l'augmentation de longitude occidentale dans le même intervalle par suite de la marche du navire, et β l'accroissement correspondant de latitude : γ et β, qui seront négatifs si on a marché vers l'est ou vers l'équateur, sont faciles à calculer et s'obtiennent par les procédés en usage dans la réduction des routes du navire.

Soient D la déclinaison du soleil à l'heure de la première observation, D' la déclinaison à celle de la seconde observation, h la première hauteur observée, corrigée de réfraction, parallaxe et dépression de l'horizon; h' la seconde hauteur, également corrigée des mêmes erreurs; enfin λ la latitude supposée lors de la première observation. Posons $\lambda - \delta' = l'$, puis calculons successivement les deux angles horaires p' et p'_1, répondant aux deux latitudes l' et $l' + 10'$ et à la déclinaison D et la hauteur h. Calculons de même les deux angles horaires p'' et p''_1, répondant aux latitudes $l' + \beta$ et $l' + \beta + 10'$ et à la déclinaison D' et la hauteur h'. Nous supposons toujours les angles horaires positifs à l'ouest : on regardera alors comme négatifs ceux qui sont à l'est.

Soit maintenant x le nombre de minutes à ajouter à la latitude l' pour avoir la vraie latitude l répondant à la première observation.

L'angle horaire de la première observation aura pour valeur $p' + \dfrac{p'_1 - p'}{10} x$ expression dans laquelle $p'_1 - p'$ est exprimé en minutes.

L'angle horaire de la seconde observation sera $p'' + \dfrac{p''_1 - p''}{10} x$

et on aura l'équation

$$(1) \qquad p'' - p' + \left(\frac{p''_1 - p''}{10} - \frac{p'_1 - p'}{10} \right) x = \theta - \gamma,$$

d'où

$$x = \frac{10\,(\theta - \gamma - p'' + p')}{(p''_{,} - p'') - (p'_{,} - p')}.$$

Le numérateur et le dénominateur étant réduits en minutes, cette équation donne alors la valeur de x en minutes, de sorte que la latitude est $l' + x$ pour la première observation, et $l' + \beta + x$ pour la seconde observation.

Les angles horaires correspondants sont alors $p' + \dfrac{p'_{,} - p'}{10}\,x$ pour la première observation, $p'' + \dfrac{p''_{,} - p''}{10}\,x$ pour la seconde observation.

Cette méthode très-simple qui n'emploie que quatre calculs d'angles horaires, calculs très-rapides et très-familiers aux marins, est beaucoup plus exacte que celle de Douwes qu'ils emploient parfois, et elle est très-expéditive sans toutefois qu'il ait été rien sacrifié de la précision.

La même méthode pourrait être appliquée à l'observation de deux hauteurs de la lune; seulement alors il faudrait tenir compte du mouvement de la lune en ascension droite pendant l'intervalle des deux observations. Pour cela, on réduirait cet intervalle en temps sidéral avant de le transformer en arc; et soit θ' sa valeur en arc; en appelant m le mouvement de la lune en ascension droite dans le même intervalle, également réduit en arc, il suffirait alors dans l'équation (1) de remplacer θ par $\theta' - m$, et par conséquent de faire cette substitution dans la valeur de x.

Avec une hauteur du soleil et une hauteur de la lune, le calcul serait le même; seulement on remplacerait encore θ par $\theta' + \alpha$, α étant la différence des ascensions droites des deux astres au moment de leurs observations. Il en serait de même si on employait dans le crépuscule la hauteur d'une planète et celle de la lune, ou, pendant un grand clair de lune, les hauteurs de deux astres quelconques. Dans ce cas, ces hauteurs pouvant être prises du même lieu on serait débarrassé du calcul de β et de γ qu'on ferait alors égaux à zéro.

249.—Le problème de la détermination simultanée de l'heure et de la latitude au moyen de hauteurs de deux astres ou de deux hauteurs d'un même astre, peut être résolu par des formules trigonométriques exactes et sans recourir aux interpolations proportionnelles. Seule-

ment cette solution n'est pas applicable aux séries données par le théodolite répétiteur. Dans la marine, cette même solution est trop compliquée pour les marins, et exige pour le second point d'observation
la réduction de la hauteur observée en ce que cette hauteur aurait
été au premier point. Dans ces divers calculs, des erreurs de signes
sont trop faciles pour les marins pour lesquels les erreurs sont de la
plus haute gravité par leurs conséquences. La méthode trigonométrique ne doit donc être employée qu'à terre, et elle ne peut servir
que dans le cas de hauteurs simples obtenues avec un sextant et
un horizon artificiel, car nous avons vu qu'avec le théodolite on
ne doit pas chercher à obtenir de hauteurs non répétées.

Bien que la méthode trigométrique soit donc rarement employée, cependant nous allons l'indiquer ici.

Nommons p le pôle et e et e' les positions des deux astres quand
on a observé les deux distances zénithales corrigées de réfraction z' et z''.

Appelons t le temps écoulé entre les deux observations, réduit
en temps sidéral; transformons-le en arc et soit θ le résultat de cette
transformation. Appelons toujours, comme précédemment α la
différence AR — AR' des ascensions droites des deux astres.

Dans le triangle epe', la valeur de l'angle epe' est connue, car
elle est égale à $\theta + \alpha$. Les côtés ep et ep' sont également connus,
car ce sont les compléments des déclinaisons des astres observés.
On a donc l'équation

$$\cos ee' = \sin D \sin D' + \cos D \cos D' \cos (\theta + \alpha),$$

ou en remplaçant $\cos (\theta + \alpha)$ par $2 \cos \tfrac{1}{2}(\theta + \alpha) - 1$ et en retranchant chaque membre de l'unité

$$\sin^2 \tfrac{1}{2} ee' = \cos^2 \tfrac{1}{2} (D + D') - \cos D \cos D' \cos^2 \tfrac{1}{2} (\theta + \alpha) :$$

en posant donc

$$\sin^2 y = \cos D \cos D' \cos^2 \tfrac{1}{2} (\theta + \alpha),$$

on a

$$\sin^2 \tfrac{1}{2} ee' = \cos \left(\frac{D + D'}{2} + y \right) \cos \left(\frac{D + D'}{2} - y \right),$$

ce qui donne ee' par une formule logarithmique : nous appellerons
A cet arc maintenant connu.

On a ensuite l'angle pee' par la formule du rapport des sinus
des côtés aux sinus des angles opposés, ce qui donne

$$\sin p\,e\,e' = \frac{\sin(\theta + \alpha)\cos D'}{\sin e\,e'} = \frac{\sin(\theta + \alpha)\cos D'}{\sin A}.$$

Appelons maintenant z le zénith; dans le triangle $e z e'$, on connaît les trois côtés, car nous venons d'obtenir $e e'$, et les côtés $e z$ et $e' z$ ne sont autres que les distances zénithales z' et z''.

On aura donc l'angle $z e e'$ par la formule

$$\tan g^2 \tfrac{1}{2}\,z\,e\,e' = \frac{\sin(a - A)\sin(a - z')}{\sin a \sin(a - z'')},$$

formule dans laquelle on a fait $a = \dfrac{1}{2}\left(z' + z'' + A\right)$.

Connaissant les angles $p\,e\,e'$ et $z\,e\,e'$, on connaît leur somme ou leur différence qui n'est autre que l'angle $p\,e\,z$ que nous appellerons b. Dans le triangle $p\,e\,z$, on connaît donc l'angle b, le côté adjacent $e z$ qui est égal à la distance zénithale z' et le côté $e p$ qui est le complément de la déclinaison D de l'étoile e. Le côté $p z$ est le complément de la latitude, l est donc donné par l'équation

$$\sin l = \cos z' \sin D + \sin z' \cos D \cos b,$$

équation dont on rendra le calcul logarithmique en posant $\cos b = 2\cos^2 \tfrac{1}{2}\,b - 1$ et en retranchant les deux membres de l'unité. Il vient alors

$$\sin^2\left(45° - \tfrac{1}{2}\,l\right) = \sin^2\left(45 - \tfrac{1}{2}(D - z')\right) - \sin z' \cos D \cos^2 \tfrac{1}{2}\,b,$$

ou en posant $\sin^2 y' = \sin z' \cos D \cos^2 \tfrac{1}{2}\,b$

$$\sin^2\left(45° - \tfrac{1}{2}\,l\right) = \sin\left(45° - \frac{D - z'}{2} + y'\right)\sin\left(45° - \frac{D - z'}{2} - y'\right).$$

La latitude étant ainsi connue, on obtient l'angle horaire dans le triangle $z\,p\,e$ par la règle des sinus, on a en effet,

$$\sin z p e = \frac{\sin z' \sin b}{\cos l}.$$

Cette méthode admet deux solutions, suivant qu'on a fait l'angle b égal à la somme ou à la différence des deux angles $p\,e\,e'$ et $z\,e\,e'$. Les conditions de l'observation font généralement savoir laquelle des deux valeurs de b doit être adoptée, car le plus souvent on reconnaît à vue si l'angle b est égal à la somme ou à la différence des deux arcs en question. Dans le cas de doute, on obtient avec les deux valeurs de b deux latitudes très-différentes, et la connaissance de la latitude approchée fait savoir laquelle des deux solutions on doit adopter.

250. — Si, au moyen des méthodes que nous avons précédemment exposées, on détermine les distances zénithales méridiennes d'une même étoile circompolaire à son passage inférieur et à son passage supérieur, en ramenant, par les procédés que nous avons indiqués, les observations circumméridiennes à ce qu'elles auraient été au méridien même, la latitude obtenue est indépendante de la déclinaison de l'étoile observée.

En effet, en appelant z la distance méridienne de l'étoile à son passage supérieur, on a $D - l = z$, et en appelant z' la distance méridienne de la même étoile à son passage inférieur, on a $180° - D - l = z'$; la première équation donne $l = D - z$, la seconde $l = 180° - D - z'$; et ajoutant ces deux valeurs de l, il vient

$$2l = 180° - (z + z'),$$
$$l = 90° - \frac{z + z'}{2}.$$

On voit donc que la déclinaison de l'étoile employée disparaît du résultat.

Malgré cet avantage, la détermination de la latitude par les étoiles circompolaires est inférieure en précision au résultat qu'on obtient par les observations de deux étoiles passant au nord et au sud du zénith, à peu près à la même distance, car les réfractions et les flexions de l'instrument ne sont pas éliminées dans le cas d'une étoile circompolaire, comme elles le sont dans celui de deux étoiles passant au nord et au sud à égale distance du zénith. En effet, en appelant f et f' les flexions supposées du côté de l'objectif, r et r' les réfractions, et z_i et z'_i les distances observées, on a $z = z_i + r - f$, $z' = z'_i + r' - f'$. En substituant ces valeurs de z et de z' dans la valeur de l, on a pour les circompolaires.

$$l = 90° - \frac{z_i + z'_i}{2} - \frac{r + r'}{2} + \frac{f + f'}{2},$$

et on voit ainsi que le résultat est affecté de la moyenne des réfractions et de la moyenne des flexions. Il est vrai que si l'étoile observée est très-voisine du pôle, et si la latitude est grande, les deux passages ayant lieu à peu de distance du zénith, les réfractions sont petites, de sorte que l'erreur qui peut provenir d'elles est très-faible. Il en est de même des flexions, surtout si l'instrument est petit. Mais dans les basses latitudes qui renferment la majeure partie des contrées inconnues, les réfractions sont très-grandes pour les circompolaires, et l'avantage d'éviter les déclinaisons qui sont d'ailleurs très-approximativement connues, est très-minime comparativement aux inconvénients que cette méthode entraîne.

DÉTERMINATION DE LA LONGITUDE AU MOYEN DES OBSERVATIONS DE LA LUNE.

251. — Dans le n° 3, nous avons indiqué brièvement (page 8), comment on peut, avec la lunette méridienne, obtenir la longitude d'un lieu à l'aide d'observations faites à la lunette méridienne, et dans la théorie des instruments méridiens que nous avons exposée page 152, nous avons fait voir comment peut être effectué le placement de l'instrument dans le méridien, et comment les observations peuvent être affranchies de l'effet des erreurs instrumentales, de façon à obtenir l'ascension droite d'un astre quelconque et par suite celle de la lune à un instant donné. La théorie de la détermination des longitudes par des observations méridiennes de la lune est entièrement comprise dans ces théories. Nous reviendrons au reste plus tard sur la méthode de détermination des longitudes par les passages méridiens de la lune, méthode dite des *culminations lunaires* et nous allons nous occuper d'abord de la détermination des longitudes au moyen des observations de hauteurs de la lune au-dessus de l'horizon.

Les observations de hauteur de la lune faites dans le but d'obtenir les longitudes, doivent être très-précises, et cette circonstance exige qu'elles soient faites avec le théodolite, et surtout avec le théodolite répétiteur. Avec les instruments de réflexion, on emploie de préférence la méthode dite des *distances lunaires* dont nous parlerons plus loin, et qui consiste à mesurer la distance de la lune à une étoile ou au soleil.

252. — Nous nous occuperons d'abord des observations faites avec le théodolite.

Le principe de la méthode consiste à déduire des distances zénithales de la lune observées à une heure connue du lieu, l'ascension droite de la lune. Cherchant alors dans les éphémérides l'heure où, sous le premier méridien, l'ascension droite de la lune a la valeur trouvée, la différence de l'heure du lieu et de celle du premier méridien donne la longitude exprimée en temps. On n'a plus alors qu'à la réduire en arc.

Afin de rendre les mesures plus indépendantes de la réfraction, au lieu de mesurer directement les distances de la lune au zénith, il vaut mieux prendre les différences de hauteur de la lune et d'une étoile voisine. L'heure connue du pointé sur l'étoile permet d'avoir l'angle horaire de cette dernière, et d'en déduire au moyen de sa déclinaison sa distance au zénith. On ajoute ou on retranche ensuite la différence de hauteur avec la lune, suivant que la lune était plus basse ou plus haute que l'étoile, après avoir toutefois corrigé cette différence de l'influence des réfractions, et on a la distance de la lune au zénith, à l'instant du pointé sur cet astre, comme si on avait observé cette distance directement. Mais il est évident dans ce cas que si on a eu soin de choisir une étoile dont la hauteur diffère très-peu de celle de la lune, les réfractions seront très-peu différentes pour les deux astres, et la différence des réfractions subies, différence qui représente alors la correction de la réfraction, sera très-petite par rapport à la réfraction totale que la lune éprouve. Si donc les tables de réfraction ne sont pas très-exactes, l'erreur commise sera, par l'emploi du procédé que nous indiquons, réduite dans le rapport de la différence en question à la réfraction totale. De plus il y a des chances pour que les anomalies de réfraction qui peuvent se produire affectent sensiblement les deux astres de la même manière et disparaissent du résultat, puisque ces deux astres sont dans la même région du ciel, de sorte que leurs rayons ont traversé des couches d'air peu éloignées les unes des autres. Enfin, les flexions de l'instrument sont sensiblement aussi les mêmes pour les deux astres, et disparaissent du résultat.

Si on observait les passages de la lune et de l'étoile par la même hauteur, c'est-à-dire sous le fil horizontal de l'instrument (la lunette conservant le même angle avec l'horizon) la différence des réfractions et celle des flexions disparaîtrait complétement. Cette méthode d'observation semble donc encore préférable à la précé-

dente. Elle a encore un autre avantage, qui consiste en ce qu'on
n'a pas à introduire la mesure de l'arc indiquant la différence des
hauteurs, mesure sur laquelle on peut commettre encore quelques
petites erreurs. Il est vrai que si les passages des deux astres étaient
séparés par un long intervalle de temps, ce dernier avantage serait
compensé par l'inconvénient résultant de ce que dans cette durée,
le chronomètre peut avoir des anomalies dans sa marche (chose qui
a bien fréquemment lieu pour les chronomètres fatigués par les
transports d'un voyage sur terre). Mais on peut choisir une étoile
qui soit presque à la même hauteur que la lune, de sorte que l'intervalle des passages ne soit guère plus long que celui qui aurait
lieu pour obtenir deux pointés consécutifs, et alors le chronomètre n'a plus le temps de varier sensiblement ; d'ailleurs il ne
varie pas plus que dans l'autre méthode. L'inconvénient de la
méthode des passages par la même hauteur vient donc uniquement de l'intervention des équations personnelles, intervention plus
grande que dans le cas des pointés. Lorsque la lune est pleine,
on ne voit pas assez bien les étoiles du voisinage pour les pointer
avec les petites lunettes des théodolites, et on est obligé de choisir
une étoile un peu éloignée en azimut. Il en résulte que si on répète
plusieurs fois les observations, la même étoile ne peut continuellement servir. En effet, les différences de hauteur des deux astres
vont en croissant, de sorte que les intervalles des passages croissent aussi. Mais on peut remédier à cela en changeant d'étoile
quand il est nécessaire.

253. — Lorsqu'on observe les passages de la lune et d'une étoile
par la même hauteur, on a l'avantage, si on retourne chaque fois
l'instrument de manière à opérer alternativement dans la position
directe et dans la position inverse de ce dernier, de mesurer directement sur le limbe les doubles distances zénithales de l'étoile
observée. Cette circonstance permet d'employer à la détermination
de l'heure du lieu les pointés effectués sur l'étoile, de sorte que
la détermination de l'heure se trouve faite en même temps que celle
de la longitude. En voyage, l'expérience m'a appris que cette
simultanéité est d'un avantage inappréciable, car, je le répète, on
ne peut compter sur la marche régulière d'un chronomètre ayant
voyagé par terre. Les chronomètres de poche ne sont jamais parfaits,
et les chronomètres de marine, au milieu des difficultés d'un voyage
continental en pays inconnu, ne peuvent être transportés avec les

soins suffisants. Le choc et les secousses ne tardent pas à déterminer dans leur marche des anomalies notables. De plus, quand on observe en plein air, ces instruments se trouvent soumis à des variations rapides de température, et la compensation est insuffisante pour en empêcher les inconvénients, car les divers métaux employés ne s'échauffent pas avec la même vitesse. Enfin, la pratique apprend qu'un métal ne se dilate pas d'une manière continue, mais par sauts brusques successifs. La marche de l'instrument est sans cesse variable, et il m'est arrivé de constater des anomalies dans l'intervalle de temps nécessaire pour faire deux séries distinctes d'observations au théodolite répétiteur, surtout quand ces séries étaient un peu prolongées.

Il est donc d'une très-grande importance que l'heure se trouve déterminée par la même série d'observations que la longitude, et non avant ou après.

Le procédé dont je viens de parler ne nuit nullement à l'emploi de la répétition de l'instrument. En effet, avec le théodolite répétiteur, supposons qu'on ait mis d'abord les zéros des deux limbes en coïncidence, puis qu'on attende le passage de la lune par une hauteur donnée. Notons l'heure de ce passage, et avant de toucher de nouveau à l'instrument, effectuons les lectures du niveau. Cela posé, sans rien changer à la hauteur de l'instrument, changeons l'azimut pour diriger la lunette vers l'étoile et attendons le passage de cette dernière, dont nous noterons l'heure. Après ce passage, effectuons de nouveau les lectures du niveau pour nous assurer si la hauteur de la lunette n'a pas varié dans le changement d'azimut. En général, quelque soin qu'on ait pris à niveler, il y aura un changement auquel contribue d'ailleurs le défaut de stabilité du pied de l'instrument. Mais cela ne fait rien, la différence des lectures du niveau aux deux pointés sur la lune et l'étoile, différence réduite en arc à l'aide de la valeur connue des divisions du niveau, fait connaître de combien de secondes d'arc le passage de la lune a été observé plus haut ou plus bas que celui de l'étoile, et on tiendra compte de cette correction dans le calcul.

Maintenant, détachons le limbe alidade et faisons prendre à l'instrument la position inverse, attendons le passage de la lune par une hauteur donnée, notons l'heure de ce passage et la position de la bulle du niveau. Puis déplaçons l'instrument en azimut, sans changer la hauteur de la lunette, pour viser à l'étoile,

notons l'heure du passage de cette dernière derrière le fil horizontal et observons la position du niveau. La différence des lectures
du niveau dans la position inverse nous fera de même connaître
la quantité dont la lune a été observée plus haut ou plus bas que
l'étoile.

Cela posé, effectuons la lecture du limbe, puis, sans rien changer à la position relative des deux cercles, donnons de nouveau à
l'instrument la position directe, de manière à recommencer l'opération en prenant pour point de départ la lecture qui répond à la
situation actuelle des limbes. Nous obtiendrons après les mêmes
opérations, position directe et inverse, une seconde lecture, avec
laquelle nous reprendrons l'opération entière, et ainsi de suite.
On voit de cette manière que les doubles distances zénithales s'a-
jouteront consécutivement sur le limbe. La lecture finale donnera
donc la somme des distances zénithales de l'étoile observée, et
les différences successives des lectures consécutives donneront la
série des doubles distances zénithales du même astre.

Considérons maintenant sur le cahier où les observations ont
été enregistrées, la série des opérations faites sur l'étoile seulement. Cette série est en tout semblable à celle qu'on aurait effectuée
pour une détermination d'heure. Comparant les lectures du niveau
dans les pointés inverses de l'étoile aux lectures dans les pointés directs, nous déduirons de leurs différences (n° 13) les corrections à appliquer aux arcs successifs, afin d'avoir les vraies distances zénithales
telles qu'on les aurait obtenues si le niveau n'avait pas varié. On
corrige alors de la réfraction ces doubles distances apparentes, et
on a les doubles distances vraies. On calcule ensuite l'angle horaire
correspondant à la moyenne des instants des deux pointés répondant à chaque double distance zénithale, en suivant pour cela la
méthode que nous avons donnée (n° 217). Puis on fait la moyenne
des angles horaires de toutes les opérations, et la moyenne des
heures marquées par le chronomètre pour les pointés effectués sur
l'étoile. De l'angle horaire moyen, on tire l'heure exacte répondant
à l'instant moyen, et la différence avec l'heure du chronomètre
donne la correction de cet instrument. On corrige alors les heures
marquées par le chronomètre aux instants des pointés sur l'étoile
afin de les ramener à l'heure réelle, et on calcule les distances
zénithales de l'étoile pour tous ces instants (n° 232), distances
qui se trouvent alors connues sans être affectées comme leurs pro-

près mesures individuelles par les erreurs de lecture faites sur l'instrument.

Toutefois, on peut abréger le calcul des distances zénithales de l'étoile à chacun de ses pointés. En effet, en appelant z', z'_1, z'_2..... les distances zénithales pour les pointés positions directe et z'', z''_1, z''_2... les distances correspondantes pour les pointés inverses, on a les valeurs de $z' + z''$, $z'_1 + z''_1$, $z'_2 + z''_2$,... qui sont données par les différences des lectures consécutives du limbe, et on a déjà été obligé pour l'obtention de l'heure de calculer les sommes deux à deux des angles horaires correspondants $p' + p''$, $p'_1 + p''_1$,.... pour l'obtention desquels on a eu à calculer les valeurs de $p' - p''$, $p'_1 - p''_1$, etc., qui ne sont autres que les différences des heures données par le chronomètre aux instants des pointés directs et inverses sur l'étoile, différences réduites en temps sidéral puis en arc. Au moyen de ces valeurs de $p' - p''$, $p'_1 - p''_1$..... on a eu également pour le calcul des angles $p' + p''$, $p'_1 + p''_1$...... à déterminer les arcs $z' - z''$, $z'_1 - z''_1$,..... Or, ces arcs $z' - z''$, etc., ont pu être déterminés par les procédés expéditifs que nous avons indiqués ; mais on peut aussi les avoir par la formule précise (n° 218)

$$\sin\tfrac{1}{2}(z' - z'') = \frac{2\sqrt{\sin\tfrac{1}{2}(z+a)\sin\tfrac{1}{2}(z-a)\cos\tfrac{1}{2}(b+z)\cos\tfrac{1}{2}(b-z)}}{\sin z}\sin\left(\frac{p'-p''}{2}\right)$$

formule dans laquelle $a = l - D$, $b = l + D$ et $z = \dfrac{z' + z''}{2}$, quantités connues.

Or, les $z' - z''$ étant ainsi connus, de même que les $z' + z''$, on en déduit les z' et les z'', et on a alors toutes les distances zénithales de l'étoile qui ont donné l'heure.

Il est vrai que les z', z'', z'_1, z''_1..... ainsi obtenus, sont affectés des erreurs des lectures intermédiaires du limbe; mais leur somme n'en est pas moins rigoureuse, puisque si l'une des lectures intermédiaires est augmentée, deux des arcs z' et z'' ont, à la vérité, été augmentés, mais les deux suivants ont été diminués de la même quantité. La moyenne des hauteurs lunaires qu'on déduira de ces z', z'', z'_1, z''_2, etc. ainsi calculés, en y ajoutant seulement les corrections dues au niveau et provenant des différences aux pointés lunaires et stellaires, sera donc également rigoureuse. Seulement certaines hauteurs seront augmentées de la quantité dont les autres sont diminuées, et l'ascension droite moyenne de la lune déduite de l'ensemble des pointés effectués sur cet astre sera aussi exacte que si chaque hauteur individuelle avait été rigoureuse.

Au point de vue de la rapidité des calculs, il y aura donc avantage à opérer comme nous l'avons dit en dernier lieu. Le premier procédé de calcul ne donnerait pas non plus rigoureusement les hauteurs individuelles, car il suppose nulles les anomalies chronométriques. Si ces anomalies existent, comme cela a lieu en général, les hauteurs individuelles sont aussi altérées, mais les moyennes ne sont pas changées, comme il est facile de le reconnaître.

Une fois les distances zénithales de l'étoile connues, comme nous venons de le dire, pour chacun des pointés de cet astre, on en tire celles de la lune en ajoutant les corrections provenant des différences de niveau aux pointés de la lune et de l'étoile, et on a les distances zénithales apparentes de la lune déjà corrigées de réfraction, mais encore affectées de parallaxe et trop grandes ou trop petites d'un arc égal au demi-diamètre si on a visé à un seul bord de la lune. Si on avait observé les passages des deux bords, on aurait pris l'heure moyenne, qui aurait donné le passage du centre, quel que fût d'ailleurs l'aplatissement de l'astre par la réfraction, car chaque bord, en arrivant à la même hauteur, aurait été affecté de la même erreur de réfraction, qui est aussi celle qui aurait affecté le centre à cette hauteur. On ramène les observations au centre de l'astre, s'il y a lieu, en ajoutant, si on a observé le bord supérieur, le demi-diamètre amplifié d'après la distance zénithale connue, et en retranchant ce demi-diamètre si on a observé le bord inférieur, puis on fait la correction de la parallaxe, et on obtient ainsi les distances zénithales vraies de la lune aux instants marqués par le chronomètre. On corrige ceux-ci de leur erreur d'après la correction de l'instrument donnée par l'observation de l'étoile, et on a définitivement les distances zénithales vraies de la lune à une série d'heures connues du lieu d'observation.

254.—C'est ici le moment de faire une remarque importante au sujet de l'absence d'influence sur le résultat de la part de toute erreur provenant de la réfraction. Nous avons dit qu'à cause de l'égalité des hauteurs des deux astres, ces erreurs n'existaient pas. Cependant, dans le calcul des distances zénithales de l'étoile, nous avons ajouté la réfraction aux distances apparentes mesurées, et c'est aux distances ainsi corrigées que nous avons appliqué les corrections données par le niveau, puis celles du demi-diamètre et de la parallaxe afin d'avoir les distances zénithales de la lune. Il semble donc au premier abord que nous avons introduit les corrections de réfraction dans le résultat, mais il n'en est rien, puisque nous avons changé l'heure correspondante. En effet, en introduisant par le calcul des réfractions une erreur qui altère la distance zénithale de l'étoile, la correction du chronomètre est modifiée ; il faut donc, comme en effet cela résulte de notre mode de calcul, que cette même erreur affecte la distance zénithale de la lune afin qu'il y ait compensation. La compensation, toutefois, ne serait tout à fait rigoureuse que si les deux astres avaient la même déclinaison, parce qu'alors un même changement sur la hauteur altérerait l'angle horaire de la même quantité pour chacun d'eux. Mais comme cette condition n'est pas rigoureusement remplie, il reste une petite erreur ; toutefois cette erreur est très-petite comparativement à celle qu'on aurait faite dans des mesures directes de la hauteur de la lune, effectuées à l'heure réelle du lieu donnée par un instrument méridien, par exemple, instrument par lequel l'heure obtenue ne serait affectée d'aucune erreur provenant de la réfraction.

Pour le faire voir, appelons P′ l'angle horaire de la lune altéré de la parallaxe d'ascension droite, et D′ la déclinaison affectée de la parallaxe de déclinaison au moment où le centre de l'astre passe par la distance zénithale z. Appelons P l'angle horaire de l'étoile et D sa déclinaison, on a les 2 équations

$$(a) \quad \begin{cases} \cos z = \sin l \sin D' + \cos l \cos D' \cos P' \\ \cos z = \sin l \sin D + \cos l \cos D \cos P. \end{cases}$$

Les erreurs que la réfraction introduit sur z sont les mêmes dans les deux équations ; nous les ferons égales à α, de sorte qu'au lieu de la distance z, on a calculé avec la distance $z + \alpha$; les erreurs correspondantes sur P′ et P seront obtenues en remplaçant dans les équations précédentes, en même temps qu'on substitue $z + \alpha$ à z, P par P $+ \varphi$, P′ par P′ $+ \varphi'$, et comme α est très-petit, de même que φ et φ', on pourra faire cos α, cos φ et cos φ' égaux à 1, et les sinus des petits arcs α, φ et φ' pourront être remplacés par les arcs eux-mêmes. En faisant ces substitutions dans les équations (a), et en ayant égard à ces équations elles-mêmes, il vient

(b) $\left\{\begin{array}{l} \alpha \sin z = \varphi' \cos l \cos D' \sin P' \\ \alpha \sin z = \varphi \cos l \cos D \sin P. \end{array}\right.$

Or, remarquons que dans le triangle formé par le pôle, le zénith et un astre, on a d'après la règle des sinus $\dfrac{\sin z}{\sin P} = \dfrac{\cos D}{\sin a}$, a étant l'azimut de l'astre compté du méridien ; on en tire

$$\sin z \sin a = \cos D \sin P.$$

En appelant donc a' l'azimut de la lune et a celui de l'étoile, la relation que nous venons d'indiquer transforme les équations (b) en

$$\alpha = \varphi' \cos l \sin a'$$
$$\alpha = \varphi \cos l \sin a$$

d'où

$$\varphi' - \varphi = \alpha \left(\frac{1}{\cos l \sin a'} - \frac{1}{\cos l \sin a} \right).$$

$\varphi' - \varphi$ est l'erreur commise sur la différence μ des angles horaires des deux astres, aux instants de leurs passages à la distance zénithale z. Or, comme cette différence μ jointe à l'intervalle observé des passages en temps sidéral, intervalle réduit en arc, est la quantité à retrancher de l'ascension droite de l'étoile pour avoir l'ascension droite apparente de la lune, il s'ensuit que, par l'effet des erreurs sur la réfraction, l'ascension droite de la lune sera en erreur seulement de cette quantité $\varphi' - \varphi$. Si au contraire on avait directement mesuré la distance zénithale de la lune, sans faire intervenir une étoile passant par la même hauteur, l'erreur sur l'ascension droite eût été égale à l'erreur sur l'angle horaire ou à φ', qui est égal lui-même à $\dfrac{\alpha}{\cos l \sin a'}$. Si donc les deux astres ont été observés dans des azimuts peu différents, ce qui aura lieu si la différence des déclinaisons est petite, il est clair que $\varphi' - \varphi$, c'est-à-dire $\dfrac{\alpha}{\cos l}\left(\dfrac{1}{\sin a'} - \dfrac{1}{\sin a}\right)$ est très-petit par rapport à $\dfrac{\alpha}{\cos l \sin a}$. Ainsi par la méthode en question, l'erreur des réfractions est presque annulée. Remarquons d'ailleurs que α ou l'erreur sur la distance zénithale z ne se compose

pas seulement de l'erreur introduite par la réfraction et qui affecte
de la même manière les distances zénithales pour les deux astres,
mais elle se compose de l'erreur de réfraction, plus celle de flexion,
plus enfin celle des lectures, et c'est l'ensemble de toutes ces erreurs
réunies qui affecte les observations des deux astres de la même manière. Toutes les fois donc que $\sin a = \sin a'$, ces diverses erreurs
réunies n'altèrent pas l'ascension droite de la lune donnée par les
observations, laquelle par notre méthode est alors obtenue d'une
manière tout à fait indépendante de ces erreurs, tandis que par les
mesures directes de la distance zénithale de la lune, l'ascension
droite obtenue pour cet astre aurait été affectée des erreurs en
question. L'angle horaire de l'étoile qui nous donne l'heure, est,
il est vrai, modifié par ces erreurs, et il en résulte sur la longitude
une erreur égale à celle qu'on commet sur cet angle horaire. Mais si
l'erreur avait porté sur l'ascension droite de la lune, son effet sur
la longitude aurait été trente fois plus grand, puisque la lune
emploie environ 30 jours à se mouvoir de 360° en ascension droite,
tandis que l'angle horaire de l'étoile varie de 360° en un jour.

Sin a peut être égal à $\sin a'$ de deux manières, si $a = a'$ et si
$a = 180 - a'$. Pour que $a = a'$, il faut que les deux astres soient
de même déclinaison, de façon à passer par le même point. Mais
en général la clarté de la lune empêche d'observer des étoiles
dans son voisinage immédiat. Il est donc bon, autant que possible, de choisir des étoiles dont la distance au premier vertical
soit égale à celle de la lune, mais du côté opposé de ce premier
vertical, auquel cas on a $a = 180 - a'$ et $\sin a = \sin a'$. A moins
que la lune ne soit elle-même dans le premier vertical, cette condition est facile à remplir, et alors les erreurs de réfraction, de
flexion et de lecture du limbe n'influent pas sur la détermination
de l'ascension droite de la lune.

255. — L'équation $\alpha = \varphi \cos l \sin a$, d'où on tire $\varphi = \dfrac{\alpha}{\cos l \sin a}$,
nous apprend que l'erreur φ sur l'angle horaire est minimum quand
$\sin a = 1$, c'est-à-dire quand $a = 90°$, ou encore, en d'autres termes, dans le premier vertical. On a donc avantage pour la détermination de l'heure à choisir une étoile peu éloignée du premier
vertical. Toutefois, comme $\sin a$ varie très-lentement dans le voisinage de 90°, on voit qu'on peut choisir sans inconvénient une
étoile à plusieurs degrés du premier vertical, et placée par rap-

port à ce grand cercle, autant que possible, symétriquement
à la lune. L'avantage d'éliminer alors l'influence des erreurs de
lecture, de flexion et de réfraction sur la détermination de l'ascension droite de la lune, est trop important pour le sacrifier à la condition de prendre l'étoile rigoureusement dans le premier vertical,
chose dont l'avantage réel peut d'ailleurs être regardé comme nul,
tant qu'on ne s'écarte pas trop de ce grand cercle.

256. — Outre les erreurs dont nous venons d'examiner les effets,
les autres erreurs d'observation que l'on peut commettre sont relatives à l'appréciation des instants des passages des astres par le fil
horizontal. Soit h' l'heure réelle sidérale du passage de la lune
derrière le fil de l'instrument, à la hauteur que ce dernier occupe,
et h l'heure réelle du passage de l'étoile. Pour avoir l'ascension
droite apparente de la lune, il faut retrancher de celle de l'étoile
la somme de la différence $h' - h$ réduite en arc et de la différence
$P' - P$. Mais l'observateur, au lieu de noter l'heure h', a pu noter
l'heure $h' + \beta'$, et au lieu de h, $h + \beta$. La différence $\beta' - \beta$ réduite en arc sera donc une erreur qui se reportera sur l'ascension
droite de la lune.

Or β' et β sont des quantités dont l'ordre de grandeur est celui
des erreurs qu'on commet dans l'appréciation du temps. Ce sont
des erreurs de même ordre, par conséquent, que celles que l'on
commet dans les estimations des passages méridiens, où les différences d'ascension droite sont également affectées d'erreurs telles
que $\beta' - \beta$. Donc les erreurs commises dans l'appréciation du
temps, introduisent sur la longitude des erreurs de même grandeur dans les culminations lunaires ou dans la méthode dont j'ai
exposé le procédé d'observation. Comme dans cette méthode, ce
sont les seules erreurs qui restent, si l'azimut de l'étoile est convenablement choisi par rapport à celui de la lune, on voit que notre
procédé est aussi précis, au point de vue des erreurs d'observation, que celui des culminations, puisqu'il n'est précisément affecté
que par les mêmes erreurs et de la même manière.

Le seul inconvénient que la méthode en question possède par
rapport aux culminations, consiste en ce qu'il faut appliquer des
corrections de parallaxes, de sorte que si la valeur de la parallaxe
tabulaire, ou celle du rayon terrestre calculé d'après l'aplatissement moyen et à l'aide duquel on réduit la parallaxe horizontale à
celle du lieu, sont en erreur, le résultat s'en ressent. Mais, si on

remarque qu'à l'est la parallaxe augmente l'ascension droite de la même quantité dont elle la diminue à l'ouest pour la même distance zénithale, on voit que la moyenne de deux opérations faites des deux côtés du méridien, est indépendante de la parallaxe si les hauteurs sont rigoureusement égales. Il est vrai que la parallaxe tabulaire varie dans l'intervalle des deux séries en question, mais la grandeur de cette variation est connue par les tables avec exactitude, de sorte qu'en tenant compte de cette variation, les erreurs introduites par la parallaxe disparaissent également. Si les hauteurs, à l'est et à l'ouest, ne sont pas égales, la différence de leurs résultats permet également d'obtenir la correction de la parallaxe pour le lieu d'observation, comme nous le verrons plus loin. Ainsi, l'inconvénient des parallaxes n'existe pas, si les observations sont convenablement dirigées.

Par contre, notre méthode offre sur les culminations l'avantage d'opérer avec des intervalles chronométriques toujours plus petits entre les passages. Par là on évite les erreurs provenant des anomalies du chronomètre, anomalies bien graves, surtout pour les instruments qui ont été transportés par terre dans les voyages lointains, et qui ont beaucoup souffert du cahot des transports. Elle permet en outre de répéter plusieurs fois l'opération dans la même journée, et par là, on arrive en moins de temps à plus de précision qu'avec les culminations. Enfin, elle n'exige pas la stabilité de l'instrument en azimut, condition irréalisable en voyage d'une manière absolue avec les pieds portatifs. Or, l'absence de cette stabilité azimutale des instruments jette sur la méthode des culminations de grandes incertitudes, aussi bien que les anomalies des chronomètres.

En somme, la pratique m'a appris que la méthode d'observation que je viens d'indiquer est en voyage beaucoup plus pratique que celle des culminations. Elle est, en outre, d'un usage plus fréquent, moins sujette à être empêchée par le mauvais temps, et enfin plus sûre comme résultat. Nous allons maintenant indiquer le moyen de calculer les observations.

257. — Je commencerai d'abord par faire remarquer que la méthode de calcul est la même, soit qu'on ait mesuré des différences de hauteur de la lune et d'une étoile, soit qu'on ait observé des passages de la lune ou d'une étoile par la même hauteur. Dans un cas comme dans l'autre, après le calcul des distances zénithales de

l'étoile aux instants où elle a été observée, calculs dont nous avons déjà parlé, on arrive à connaître finalement une série de distances zénithales de la lune affectées de parallaxes et les heures du lieu correspondantes.

Le cas même où on aurait directement mesuré des doubles distances zénithales de la lune peut encore se ramener au cas précédent, car nous avons vu les moyens de calculer les angles horaires avec les doubles distances zénithales d'un astre dont la déclinaison varie (n° 222), doubles distances corrigées de parallaxe. On peut donc, par les formules que nous avons données, calculer les $z' + z''$ et les $z' - z''$ corrigés de réfraction et de parallaxe et on en tire les z' et les z'' vrais. On arrive donc toujours finalement à des séries de distances zénithales vraies de la lune (et par conséquent de distances zénithales affectées de parallaxe comme dans le cas précédent en ajoutant à ces distances vraies les corrections de parallaxes primitivement retranchées pour les obtenir), pour chacune desquelles on connaît l'heure du lieu correspondante.

Cela posé, appelons L la longitude approchée du lieu exprimée en temps et $L + x$ la vraie longitude, x étant la quantité à déterminer et représentant un certain nombre de secondes de temps. Nous supposerons de plus que la longitude est comptée vers l'ouest, de sorte que L et $L + x$ représentent des longitudes occidentales.

Soit H l'heure sidérale du lieu à laquelle a été faite une observation et pour laquelle, par conséquent, on connaît la distance zénithale apparente de la lune corrigée de réfraction. Cette heure sidérale est précisément l'ascension droite de l'étoile observée, plus son angle horaire en temps, au moment du pointé sur la lune, lequel angle horaire est l'angle horaire observé de l'étoile, plus ou moins l'intervalle du pointé de la lune et de l'étoile mis en temps sidéral. $H + (L + x)$ sera l'heure sidérale correspondante au premier méridien. Nous transformerons $H + L$ en temps moyen du premier méridien, et nous aurons dans les tables la parallaxe horizontale équatoriale π répondant à cet instant que nous appellerons H_1, puis nous prendrons le mouvement horaire de la parallaxe, que nous appellerons w, et la parallaxe à l'instant de l'observation sera alors $\pi + wx$.

De la parallaxe horizontale équatoriale π nous déduirons la parallaxe horizontale locale par les méthodes connues, et de cette dernière nous tirerons, à l'aide de la distance zénithale apparente du centre de l'astre, la parallaxe de hauteur que nous retrancherons de la distance observée, et nous aurons la distance zénithale vraie de la lune, que nous appellerons z, laquelle sera altérée seulement de la correction de la parallaxe wx. A cause de la petitesse des deux facteurs w et x, nous calculerons l'effet de cette correction wx sur la distance zénithale sans tenir compte de la différence des zéniths vrais et apparents, de sorte que l'effet sur la hauteur sera wx multiplié par le sinus de la distance zénithale observée, ou en appelant w' la valeur de w multipliée par ce sinus, la distance zénithale vraie de la lune sera $z - w'x$.

Nous chercherons également dans les tables l'ascension droite et la déclinaison de la lune répondant à l'instant H_1 du premier méridien. Soient A cette ascension droite et D cette déclinaison, D étant positif dans l'hémisphère boréal, négatif dans l'hémisphère austral. Nous prendrons également dans les tables le mouvement horaire de la lune en ascension droite à l'instant H_1, et soit m ce mouvement exprimé en secondes d'arc. Soit également n le mouvement horaire du même astre en déclinaison au même instant, n étant positif si la lune marche vers le pôle boréal, négatif si elle marche vers le pôle austral; alors l'ascension droite réelle de la lune à l'instant $H + L + x$ sera $A + \dfrac{m}{3600} x$, et la déclinaison réelle $D + \dfrac{n}{3600} x$. Posons, pour abréger, $\dfrac{m}{3600} = m'$, $\dfrac{n}{3600} = n'$, et l'ascension droite ainsi que la déclinaison de la lune qui doivent entrer dans le calcul seront

$$A + m'x, \qquad D + n'x.$$

Soient maintenant P l'angle horaire que la lune aurait pour la distance zénithale z si sa déclinaison était D, et $P + y$ son angle horaire pour la déclinaison $D + n'x$ et la distance $z - w'x$. On aura les deux équations

$$\cos z = \sin l \sin D + \cos l \cos D \cos P$$
$$\cos (z - w'x) = \sin l \sin (D + n'x) + \cos l \cos (D + nx) \cos (P + y).$$

La première équation qui peut se transformer en la suivante

$$\tan^2 \tfrac{1}{2} P = \frac{\sin \tfrac{1}{2}\left[z + (l - D)\right]\sin \tfrac{1}{2}\left[z - (l - D)\right]}{\cos \tfrac{1}{2}(l + D + z)\cos \tfrac{1}{2}(l + D - z)},$$

nous fait connaître la valeur de P.

La seconde équation, en la développant et en ayant égard à la première, et remarquant de plus que, vu la petitesse des arcs, $\cos n'x$, $\cos w'x$ et $\cos y$ peuvent être remplacés par l'unité, tandis que le produit $\sin n'x \sin y$ étant du deuxième ordre peut être négligé, devient

$$\sin z \sin w'x + (\cos l \sin D \cos P - \sin l \cos D) \sin n'x$$
$$= - \cos l \cos D \sin P \sin y,$$

ou, en remplaçant les sinus par les arcs

$$y = - \frac{\tan D \cos P - \tan l}{\sin P} n'x - \frac{\sin z}{\cos l \cos D \sin P} w'x.$$

L'angle horaire réel de la lune est $P - \left(\dfrac{\tan D \cos P - \tan l}{\sin P} n' + \dfrac{\sin z}{\cos l \cos D \sin P} w'\right)x$; ou, en posant $\dfrac{\tan D \cos P - \tan l}{\sin P} n' + \dfrac{\sin z}{\cos l \cos D \sin P} w' = k$, cet angle devient $P - kx$, P et k étant connus.

L'ascension droite de la lune étant alors égale à l'heure sidérale moins son angle horaire, on a pour la valeur de cette ascension droite, d'après l'observation $H - P + kx$. Mais cette ascension droite est aussi $A + m'x$; on a donc l'équation

$$H - P + kx = A + m'x, \quad \text{d'où} \quad x = \frac{H - P - A}{m' - k},$$

équation dans laquelle x donne directement des secondes de temps, parce que m' et k ont précisément reçu les valeurs nécessaires pour qu'il en soit ainsi.

Si la valeur ainsi trouvée pour x n'est que de quelques secondes, on considérera comme définitive la valeur $L + x$. Si la valeur de x était grande, il faudrait refaire les calculs en prenant pour nouvelle valeur de L la valeur $L + x$ ainsi trouvée, parce qu'alors on aurait commis une petite erreur dans le calcul en faisant $\cos n'x$, $\cos w'x$ et $\cos y$ égaux à l'unité, et en remplaçant les sinus des petits arcs $n'x$, $w'x$ et y par les arcs eux-mêmes. Mais dans le second calcul, la nouvelle valeur de x ainsi obtenue serait tellement petite qu'il ne serait pas nécessaire de faire le calcul une troisième fois.

En calculant, comme nous venons de l'indiquer, toute la série des observations, on aura une suite de valeurs de $L + x$, dont la moyenne sera la longitude du lieu.

258. — Si on a deux séries de distances zénithales, l'une à l'est, l'autre à l'ouest, et si la moyenne des distances au zénith dans chaque série sont égales, la moyenne des longitudes données par chacune d'elles sera indépendante de la parallaxe, et par conséquent indépendante des erreurs tabulaires de cet élément et des incertitudes que les inégalités du sphéroïde terrestre jettent sur la transformation de la parallaxe horizontale équatoriale en parallaxe horizontale du lieu. Si les moyennes distances au zénith sont différentes des deux côtés, la compensation des erreurs de parallaxe n'aura plus lieu. Mais on peut encore appliquer au résultat la correction provenant de l'erreur commise sur la parallaxe. En effet, soient z la moyenne des distances au zénith observées à l'est, et z' la moyenne des distances observées à l'ouest; appelons α la petite erreur inconnue commise sur la parallaxe horizontale, qu'on a supposée π pour la première série, et π' pour la seconde, et qui devait être $\pi + \alpha$ pour la première série et $\pi' + \alpha$ pour la deuxième.

L'erreur commise à l'est du méridien sur la distance z corrigée sera donc $\alpha \sin z$, car vu la petitesse de α, on peut négliger la différence de position des zéniths vrais et apparents; l'erreur sur la distance z' sera de même $\alpha \sin z'$. Appelons z_i et z'_i les distances z et z' corrigées des parallaxes π et π'. Ce sont celles qu'on a employées dans le calcul, tandis qu'on aurait dû employer les distances $z_i - \alpha \sin z$ et $z'_i - \alpha \sin z'$. Cela posé, en appelant D la déclinaison de la lune pour l'instant moyen de la première série, D' cette déclinaison pour l'instant moyen de la seconde série, on a pour calculer les angles horaires correspondants $P + \beta$ et $P' + \beta'$ les équations

$$\cos(z_i - \alpha \sin z) = \sin l \sin D + \cos l \cos D \cos(P + \beta)$$
$$\cos(z'_i - \alpha \sin z') = \sin l \sin D' + \cos l \cos D' \cos(P' + \beta'),$$

tandis qu'on a calculé les angles horaires P et P' par les équations

(a)
$$\cos z_i = \sin l \sin D + \cos l \cos D \cos P$$
$$\cos z'_i = \sin l \sin D' + \cos l \cos D' \cos P'.$$

En développant les deux premières équations, et en remarquant que α étant un très-petit arc, on peut faire $\cos(\alpha \sin z)$, $\cos(\alpha \sin z')$, $\cos \beta$ et $\cos \beta'$ égaux à l'unité, il vient

$$\cos z_1 + \sin z_1 \sin(\alpha \sin z) = \sin l \sin D + \cos l \cos D \cos P$$
$$- \cos l \cos D \sin P \sin \beta$$
$$\cos z_1' + \sin z_1' \sin(\alpha \sin z') = \sin l \sin D' + \cos l \cos D' \cos P'$$
$$- \cos l \cos D' \sin P' \sin \beta'.$$

En introduisant dans ces deux équations pour P et P' les valeurs déduites des deux équations (a), et en ayant égard à ces mêmes équations, il reste en remplaçant les sinus des arcs $\alpha \sin z$, $\alpha' \sin z'$, β et β' par les arcs

$$\alpha \sin z \sin z_1 = - \beta \cos l \cos D \sin P$$
$$\alpha \sin z' \sin z_1' = - \beta' \cos l \cos D' \sin P'.$$

On tire de là

$$\beta = - \alpha \frac{\sin z \sin z_1}{\cos l \cos D \sin P}$$

$$\beta' = - \alpha \frac{\sin z' \sin z_1'}{\cos l \cos D \sin P'}$$

et tout dans ces expressions de β et β' est connu moins α.

Cela posé, soient H l'heure sidérale répondant au milieu de la première série, H' l'heure répondant au milieu de la seconde, H' — H est le mouvement du ciel dans l'intervalle considéré, et soit a le mouvement d'ascension droite de la lune donné par les tables pendant le temps sidéral H' — H (pour trouver a dans les éphémérides, on réduit H' — H en temps moyen, et les tables donnent ensuite le mouvement de la lune pendant cet intervalle pour l'époque des observations), alors on remarquera que l'ascension droite de la lune à l'instant de la première série, où la lune était à l'est, était H — P — β, P renfermant son signe qui est négatif, et pour la seconde série, où la lune était à l'ouest, H' — P' — β'. La différence de ces deux quantités doit être égale à a, on a donc l'équation

$$H' - P' - \beta' - (H - P - \beta) = a,$$

ou

$$H - H' + a + P' - P = \beta - \beta'.$$

Or $H - H' + a + P' - P$ est une quantité connue, et

$$\beta - \beta' = - \alpha \left(\frac{\sin z \sin z_1}{\cos l \cos D \sin P} - \frac{\sin z' \sin z_1'}{\cos l \cos D \sin P'} \right) = \alpha K.$$

K étant une quantité connue, on a donc

$$\alpha = \frac{H - H' + a + P' - P}{K},$$

ce qui fait connaître la correction α à appliquer à la parallaxe.

259. — α étant connu, on peut déterminer les valeurs de β et de β' ou la correction des angles horaires qu'on a employés pour le calcul de la longitude. Or, la correction de cette dernière a été donnée par les équations suivantes dans lesquelles x se rapporte à l'observation avant le méridien et x' à l'observation après le méridien,

$$x = \frac{H - P - A}{m - k} \qquad x' = \frac{H' - P' - A'}{m' - k'},$$

On aura donc pour les vraies valeurs de x

$$x = \frac{H - P - A - \beta}{m - k} \qquad x' = \frac{H' - P' - A' - \beta'}{m' - k'},$$

et les valeurs de x et x' que l'application de la correction de parallaxe aura rendues égales, seront la correction à ajouter à la longitude supposée L, pour avoir la vraie longitude.

260. — En général, dans la méthode que nous venons d'exposer, les observations se rapportent au bord même de la lune, à moins qu'on n'emploie ma méthode de pointé du n° 40, par laquelle on peut directement obtenir la distance du centre de la lune. Lorsqu'il s'agit de l'observation de l'instant d'un passage par une hauteur donnée et non d'un pointé en hauteur effectué à une seconde précise de l'horloge, suivant le procédé que j'ai indiqué dans le n° 134 ou celui du numéro précédent, la méthode du n° 40 pour obtenir directement la distance zénithale du centre de l'astre devient d'une application assez délicate, quoique je la considère encore comme plus exacte avec un peu d'habitude que la méthode du pointé tangentiel au bord de l'astre.

En outre de l'incertitude auquel il donne lieu, le pointé tangentiel présente un grand inconvénient provenant de ce qu'en général un seul bord de la lune est observable. Il en résulte qu'avec cette méthode de pointé, le diamètre de l'astre intervient dans le résultat, et cette remarque s'applique à la méthode des culminations lunaires aussi bien qu'à celle des longitudes par les hauteurs. Or chaque instrument, à cause des défauts de son

objectif, de l'aberration de sphéricité, de la diffraction, etc.,
donne à l'astre un diamètre apparent différent. Il en résulte donc
qu'en calculant, à l'aide de la valeur du demi-diamètre donné dans
les éphémérides, les distances zénithales du centre de la lune au
moyen de celles de l'un de ses bords, on commet généralement une
erreur dont la grandeur dépend de l'instrument employé, et même
aussi de l'œil de l'observateur, à cause de la variation de l'irradiation suivant les individus. Il importe donc qu'un observateur connaisse l'erreur qu'il commet ainsi avec son instrument. On y
peut parvenir en faisant des observations le jour de la pleine lune,
quand les deux bords sont observables.

Supposons, en effet, que par la méthode exposée précédemment,
on observe une série de passages des deux bords de la lune et
d'une même étoile par une même hauteur. Inscrivons à part les
observations du bord supérieur et celles du bord inférieur. Soient H
l'heure sidérale répondant à l'instant moyen de la première série
(bord supérieur), et H' l'heure sidérale répondant à l'instant
moyen de la seconde série, et soit comme précédemment a le
mouvement de la lune en ascension droite pendant le temps H'—H.

Soit maintenant μ l'excès du demi-diamètre donné à la lune par
l'instrument relativement au demi-diamètre qu'indiquent les éphémérides. En réduisant au centre de l'astre les observations de la
première série (bord supérieur), à l'aide du demi-diamètre tabulaire, nous commettons sur la distance zénithale moyenne de cette
série une erreur μ, de telle sorte que cette distance zénithale que
nous avons supposée z_i est $z_i + \mu$. De même pour la seconde série,
nous commettons la même erreur μ, mais en sens contraire, de
sorte qu'au lieu de la valeur z'_i que nous supposons à cette série,
c'est la valeur $z'_i - \mu$ que nous aurions dû admettre. Or, nous
aurions dû calculer les angles horaires $P + \beta$ de la première série
et $P' + \beta$ de la seconde série par les équations

$$\cos(z_i + \mu) = \sin l \sin D + \cos l \cos D \cos(P + \beta)$$
$$\cos(z'_i - \mu) = \sin l \sin D' + \cos l \cos D' \cos(P' + \beta'),$$

formules dans lesquelles D est la déclinaison de la lune à l'instant moyen de la première série et D' la déclinaison à l'instant
moyen de la seconde série.

Au lieu de cela, nous avons calculé les angles horaires P et P'
par les équations

$$\cos z_{\scriptscriptstyle 1} = \sin l \sin \mathrm{D} + \cos l \cos \mathrm{D} \cos \mathrm{P}$$
$$\cos z_{\scriptscriptstyle 1}{}' = \sin l \sin \mathrm{D}' + \cos l \cos \mathrm{D}' \cos \mathrm{P}'.$$

En développant les deux premières équations et en remarquant que μ, β et β' étant de très-petits arcs, on peut faire leurs cosinus égaux à l'unité et remplacer leurs sinus par les arcs correspondants, il vient, en remplaçant P et P' par leurs valeurs déduites des deux dernières équations, et en ayant égard à ces mêmes équations

$$\mu \sin z_{\scriptscriptstyle 1} = \beta \cos l \cos \mathrm{D} \sin \mathrm{P}$$
$$\mu \sin z_{\scriptscriptstyle 1}{}' = - \beta' \cos l \cos \mathrm{D}' \sin \mathrm{P}'.$$

Or, remarquant que pour la première série l'ascension droite de la lune était $\mathrm{H} - (\mathrm{P} + \beta)$, et pour la seconde série $\mathrm{H}' - (\mathrm{P}' + \beta')$, et que la différence de ces deux valeurs doit être égale à a, il vient, en mettant pour β et β' leurs valeurs en fonction de μ déduites des équations précédentes,

$$\mathrm{H}' - \mathrm{H} - (\mathrm{P}' - \mathrm{P}) + \mu \left(\frac{\sin z_{\scriptscriptstyle 1}{}'}{\cos l \cos \mathrm{D}' \sin \mathrm{P}'} + \frac{\sin z_{\scriptscriptstyle 1}}{\cos l \cos \mathrm{D} \sin \mathrm{P}} \right) = a$$

équation qui fera connaître la valeur de μ.

Quand cette valeur de μ est ainsi connue pour l'instrument employé, il suffit de l'ajouter aux demi-diamètres donnés par les éphémérides, et corrigés pour la hauteur apparente de l'astre, et les observations faites à un seul bord, peuvent être ramenées à ce qu'elles auraient été si on avait observé au centre de l'astre.

261. — Nous avons déjà démontré que si on fait deux séries d'observations, l'une à l'est, l'autre à l'ouest du méridien, et à des distances sensiblement égales des deux côtés de ce plan, la longitude obtenue est indépendante de l'erreur que l'on peut commettre sur la valeur de la parallaxe. Il en est de même dans ce cas de l'erreur qui pourrait, vers l'époque des observations, exister dans les tables au sujet de la déclinaison, car l'angle horaire calculé est trop grand de la même quantité pour les deux côtés du méridien, ce qui donne d'un côté de ce plan une ascension droite et par conséquent une longitude trop petite de la quantité dont on la fait trop grande de l'autre côté. Le résultat moyen est donc dans ce cas indépendant de l'erreur qu'on commet sur la déclinaison en prenant cette dernière dans les tables.

262. — Mais rien ne peut compenser l'erreur que les tables

27

peuvent renfermer sur l'ascension droite de la lune, erreur d'où
il résulte que l'instant que l'on compte au premier méridien, quand
la lune a l'ascension droite donnée par les observations, est lui-
même erroné, à moins toutefois que, vers le même instant
physique, on n'ait des observations de l'ascension droite faites
sous le premier méridien, lesquelles donneraient l'erreur des
tables. Il est bien rare que cette condition puisse se trouver
exactement remplie.

Autant que possible, quand on a, par une méthode quelconque,
effectué des observations lunaires en un lieu donné afin d'obtenir
la longitude de ce lieu, il faut, quelle que soit la méthode employée,
tâcher de se procurer les résultats des observations qui ont pu être
faites vers la même époque, soit sous le premier méridien, soit
sous un méridien bien déterminé. En comparant les ascensions
droites et les déclinaisons de la lune fournies par ces dernières observations à celles qui sont données par les éphémérides pour les
mêmes instants, on a les erreurs de ces éphémérides aux instants
en question. A moins qu'on ne distingue dans la variation de ces
erreurs avec le temps quelque loi semblant indiquer soit un accroissement, soit une diminution, soit encore, si la série est un peu
longue, quelque variation périodique, on se contente de prendre
la moyenne de ces erreurs, qu'on considère comme une erreur
constante des tables vers l'époque des observations. Appliquant
ensuite aux éphémérides une correction égale à cette erreur et de
signe contraire, on peut considérer celles-ci comme donnant les
vraies ascensions droites et les vraies déclinaisons de la lune.

Il y a quelques années, dans les éphémérides, les positions de
la lune étaient calculées au moyen des tables de Burckhardt. Ces
tables, fondées sur des formules beaucoup moins complètes que
les tables actuelles de Hansen, donnaient sur les positions de l'astre
des erreurs périodiques très-notables, provenant des termes négligés ; et parmi ces erreurs, il y en avait à très-courtes périodes ;
il était alors impossible de pouvoir regarder les erreurs des éphémérides comme constantes, même pendant un temps très-court.
Aujourd'hui, avec les nouvelles tables de Hansen, il n'en est plus
ainsi. Les formules, qui sont très-complètes, tiennent compte de
tous les termes périodiques de perturbation à courte période, et il
est certain que toutes les perturbations à courte période sont beaucoup plus exactement données par les tables, grâce au degré

d'exactitude qu'elles possèdent aujourd'hui, qu'elles ne le seraient par une série d'observations de courte durée, à cause des erreurs des observations elles-mêmes. La principale incertitude qui plane encore aujourd'hui sur les tables lunaires de Hansen vient de la possibilité de l'oubli de quelque terme à longue période, et surtout d'un certain vague qui règne encore sur la grandeur de la variation séculaire du mouvement de la lune.

La théorie de la gravitation, comme l'a fait voir M. Delaunay, ne paraît pas suffire à rendre compte de la grandeur totale de cette variation, et les coefficients introduits empiriquement par Hansen pour la représenter peuvent fort bien n'être pas complétement rigoureux. Il pourra donc se faire qu'à la longue, les tables de ce savant finissent par présenter des différences notables avec l'observation, mais ces différences pourraient alors être regardées comme sensiblement constantes pendant un certain temps. Le mode de correction que nous avons indiqué est donc bien alors celui qu'il faudrait appliquer aux éphémérides calculées avec ces tables, même quand les erreurs, aujourd'hui très-petites, seraient devenues notables.

Il est évident d'ailleurs que si on croit remarquer dans les erreurs tabulaires fournies par les observations effectuées sous le premier méridien, une loi quelconque d'accroissement ou de diminution pendant la durée de la série, on pourra diviser celle-ci en plusieurs parties, dans chacune desquelles on prendra l'erreur moyenne qu'on rapportera à l'instant moyen des observations correspondantes. On pourra ensuite par interpolation calculer l'erreur répondant à l'instant des observations faites à la station dont on veut la longitude. Cette interpolation pourrait d'ailleurs être effectuée soit par les méthodes générales d'interpolation, soit par un simple tracé graphique en prenant le temps comme abscisse et les erreurs comme ordonnées, et en traçant la courbe qui représentât le mieux possible l'ensemble de ces erreurs. Quelle que soit la méthode d'interpolation employée, il est certain qu'il restera toujours un léger vague provenant de ce qu'on n'aura pas ainsi la vraie forme de la variation, forme que dissimulent d'ailleurs les erreurs d'observation, et cette circonstance est ce qui limite beaucoup le degré d'exactitude qu'on peut atteindre dans la détermination des longitudes des pays lointains, détermination pour laquelle on ne peut recourir qu'aux observations lunaires.

Mais il est certain que, si on possède dans la station dont on veut la longitude une série d'observations un peu nombreuses et faites aux diverses phases de la lune, une compensation tend à s'établir pour les erreurs qui viendraient des termes de perturbation à courte période, oubliés ou mal déterminés, puisque les observations correspondraient tantôt à des valeurs presque nulles, tantôt à des valeurs positives, tantôt à des valeurs négatives de ces termes d'ailleurs très-petits; et dès lors, si on a appliqué à toute la série la correction égale et de signe contraire à l'erreur moyenne répondant à l'époque de cette série, de manière à tenir compte de l'influence des termes à longue période dont la valeur varie peu, il est clair que le résultat pourra être regardé comme sensiblement indépendant des erreurs tabulaires, grâce surtout à la perfection des tables actuelles dans lesquelles aucun terme très-important n'est oublié, comme le montre l'accord des observations et des éphémérides calculées avec ces tables.

263. — Si, indépendamment d'une série d'observations faites à l'est et à l'ouest du méridien, on observait les distances zénithales circumméridiennes de la lune en ramenant par la méthode du n° 241 ces observations au méridien (à l'aide de l'angle horaire qui est très-approximativement connu, ce qui suffit pour cette réduction), on en déduirait une série de valeurs de la déclinaison de la lune répondant aux instants des pointés indiqués par l'horloge, et on en tirerait la déclinaison de la lune répondant à l'instant moyen de ces pointés. Ayant ensuite égard au mouvement de la lune en déclinaison, mouvement donné par les tables, on en déduirait les déclinaisons de la lune aux instants des diverses observations faites à l'est et à l'ouest du méridien, et le résultat se trouverait ainsi indépendant des erreurs tabulaires de la déclinaison, quand même les angles horaires eussent été différents pour les observations à l'est et à l'ouest du méridien. Alors la différence des longitudes obtenues par les observations de l'est et de l'ouest ferait par la méthode du n° 258 connaître la correction de la parallaxe avec beaucoup d'exactitude. Ce procédé peut être employé pour déterminer la parallaxe lunaire; toutefois il importe de remarquer que dans ce cas la déclinaison obtenue par les distances zénithales circumméridiennes de la lune n'est pas complétement indépendante de la parallaxe; de sorte qu'en appelant α la correction de la parallaxe et z la distance zénithale méridienne obtenue, il faudra dans cha-

que formule, pour les observations de l'est et de l'ouest, appliquer à la déclinaison la correction $\alpha \sin z$, c'est-à-dire remplacer D par $D + \alpha \sin z$. Afin d'obtenir les ascensions droites, on pourra dans leurs expressions développer alors les sinus et les cosinus de $D + \alpha \sin z$, en faisant égaux à l'unité les cosinus de $\alpha \sin z$, et en remplaçant les sinus par les arcs; on aura ainsi dans les expressions de l'ascension droite de nouveaux termes en α à joindre à ceux que nous avons donnés dans le n° 258 ; et en égalant les différences de l'ascension droite données par ces expressions à la différence tabulaire pour l'intervalle H — H' des observations des deux séries, on aura comme précédemment la valeur de α.

Dans les basses latitudes où souvent la lune passe tout près du zénith, la petitesse de $\sin z$ rend presque nulle la correction en question. Cette condition est avantageuse pour la détermination des corrections de la parallaxe lunaire.

264.—La même méthode peut être employée avec avantage pour déterminer la parallaxe d'une planète au moyen d'observations de hauteur faites en un seul lieu, surtout quand la planète en question passe au méridien, tout près du zénith. C'est cette méthode que j'ai appliquée à Rio de Janeiro pour obtenir la parallaxe de la planète Mars à son opposition de 1860, en comparant de part et d'autre du méridien et très-loin de ce plan la hauteur de la planète à celles d'étoiles voisines.

205.—Quand la lune est voisine de l'équateur, son mouvement horaire en déclinaison est très-grand, et peut devenir à peu près la moitié de son mouvement horaire en ascension droite. Dans ce cas, la déclinaison de la lune à l'instant moyen des pointés, déduite des distances circumméridiennes de cet astre comme nous venons de le dire dans le numéro précédent, peut donner la longitude de la station, car il suffit alors de chercher dans les éphémérides quelle heure il était au premier méridien quand la lune avait cette déclinaison : la différence de cette dernière heure et de celle de la station est la longitude cherchée exprimée en temps. Mais cette méthode n'est applicable que quand le mouvement de la lune en déclinaison est très-grand.

Si les observations n'étaient pas faites très-près du méridien, sans cependant en être très-éloignées, cette méthode servirait encore, à la condition que les observations fussent faites des deux côtés du méridien et à des distances sensiblement égales et correspondantes, afin que les erreurs sur l'angle horaire employé pour la réduction au méridien fussent sensiblement égales et de signe contraire.

266.— Nous allons maintenant exposer la méthode des distances lunaires. Cette méthode consiste à mesurer, en un instant donné, avec un instrument de réflexion, la distance apparente de la lune au soleil ou à une étoile ou une planète. Pour cela, comme on ne peut viser au centre même de la lune, on mesure la distance d'un de ses bords à l'étoile ou au bord du soleil, en employant, pour s'assurer que la distance mesurée est la plus courte distance des deux astres, les précautions indiquées dans le n° 146 pour obtenir la plus courte distance d'un astre à l'horizon de la mer.

En ayant ensuite égard à la valeur du demi-diamètre de la lune (et à celle du demi-diamètre du soleil, s'il s'agit de cet astre), on déduit de la distance du bord lunaire à l'astre considéré la distance du centre de la lune à l'étoile ou au centre du soleil ou de la planète employée (1).

(1) Dans cette opération, comme dans toutes les réductions du bord au centre dans les observations de la lune, il ne faut pas oublier d'avoir égard à l'augmentation de son demi-diamètre apparent avec la hauteur de l'astre au-dessus de l'horizon. Mais il y a, de plus, une autre petite correction à faire ; cette seconde correction vient de ce que, par l'effet de la réfraction, qui élève plus le bord inférieur que le bord supérieur de l'astre, le disque de la lune paraît elliptique. En prenant, dans les tables de réfraction, les valeurs de la réfraction pour les distances zénithales que possèdent alors le bord supérieur et le bord inférieur de la lune, la différence de ces deux valeurs est la diminution que la réfraction fait éprouver au diamètre vertical. Appelons k cette demi-différence, et d le demi-diamètre de la lune, donné par les tables, et augmenté pour la hauteur actuelle au-dessus de l'horizon. Un des demi-diamètres d' de la lune, faisant l'angle ω avec le diamètre horizontal, sera alors, en ayant égard au développement de l'expression du rayon dans l'ellipse :

$$d' = d \left(1 - \frac{k}{d} sin^2 \omega\right) = d - k\, sin^2 \omega$$

en se limitant à la première puissance de l'aplatissement $\frac{k}{d}$, qui est très-petit. (Dans cette expression, d doit d'ailleurs être multiplié par le rapport du sinus de la distance zénithale apparente au sinus de la même distance corrigée de réfraction, afin de tenir compte de la diminution du diamètre horizontal par l'accroissement de hauteur de l'astre sous l'influence de la réfraction.)

Vu la petitesse de la correction, il suffit que l'angle ω soit approximative-

En même temps qu'un observateur mesure la distance apparente des centres des deux astres, deux autres observateurs mesurent les hauteurs apparentes des mêmes astres au-dessus de l'horizon, de façon à connaître les trois côtés du triangle apparent formé par le zénith et par les deux astres.

Au reste, un seul observateur peut suffire, pourvu qu'il mesure d'abord la hauteur apparente de la lune, puis celle du soleil ou de l'étoile, en notant l'heure de ces mesures, après quoi il mesure la distance des deux astres, en notant l'heure de cette opération, comme nous l'avons déjà dit, puis il recommence la mesure des hauteurs des deux astres, en inscrivant de nouveau l'heure de ces mesures. Au moyen du calcul, on réduit ensuite les hauteurs à ce qu'elles étaient à l'instant de la mesure de la distance des deux astres, et pour cela on répartit la différence des hauteurs trouvées avant et après cette mesure proportionnellement au temps, ce qui, vu la petitesse de l'intervalle, est suffisamment exact, surtout lorsque les astres sont loin du méridien. Par cette répartition proportionnelle, l'effet de la marche du navire, quand l'observation est faite à bord, est éliminé, aussi bien que celui du mouvement de l'astre.

Au lieu de mesurer les distances apparentes des centres des deux astres au zénith, on pourrait aussi les calculer au moyen de l'heure de l'observation. Mais ce procédé a moins de précision, à cause de la nécessité d'introduire dans le calcul la longitude approchée pour trouver l'heure du premier méridien , afin de prendre les ascensions droites et les déclinaisons dans les éphémérides, et surtout à cause de l'intervention de la latitude du lieu dans le calcul, latitude qui en mer, où cette méthode est souvent appliquée, n'est pas connue avec une grande précision. D'ailleurs, il est plus court de mesurer que de calculer les hauteurs apparentes.

Les trois côtés du triangle apparent formé par les deux astres et par le zénith étant connus par un des procédés que nous venons d'indiquer, il est facile de calculer l'angle au zénith. En effet, en ap-

ment connu, et cet angle peut être facilement obtenu à vue. Il est d'ailleurs facile à calculer, quand on connaît la distance zénithale des deux astres et leur distance mutuelle, c'est-à-dire les trois côtés du triangle que ces deux astres font avec le zénith.

Dès que la lune ou le soleil sont élevés de 10 à 15° au-dessus de l'horizon, la valeur de k est si petite que la correction peut être négligée.

pelant δ la distance apparente des deux centres, z la distance zénithale de la lune, z' celle de l'étoile ou du centre du soleil, on a, en posant $z + z' + \delta = 2p$, et en appelant Z l'angle au zénith

$$(1) \qquad \tan^2 \tfrac{1}{2} Z = \frac{\sin (p - z) \sin (p - z')}{\sin p \sin (p - \delta)},$$

formule à l'aide de laquelle on calculera l'angle Z.

Maintenant, en ajoutant aux angles z et z' la réfraction qui correspond aux distances zénithales apparentes, puis en retranchant de z ainsi corrigé la parallaxe de hauteur de la lune et retranchant de z' également corrigé de réfraction la parallaxe de hauteur du soleil ou de la planète observée, si le second astre n'est pas une étoile, on obtient la distance zénithale vraie de la lune, distance que nous appellerons z_i, et la distance zénithale vraie du second astre, que nous appellerons z'_i.

Dans le triangle formé par le zénith et les positions vraies des deux astres, on connaît donc deux côtés qui sont les distances zénithales vraies z_i et z'_i des deux astres, et l'angle au zénith compris entre ces deux côtés est égal à l'angle Z donné par l'équation (1) *corrigé de la parallaxe azimutale de la lune* (celle des étoiles est nulle, et celle du soleil et des planètes est négligeable), parallaxe que nous appellerons φ et qu'on calcule par la formule du n° 194 (1), formule dans laquelle l'angle azimutal a de la lune est compté à partir du côté du méridien opposé au pôle. Comme φ augmente l'azimut compté dans ce sens, on voit que l'angle Z est augmenté de φ toutes les fois que la lune n'est pas entre l'étoile (ou le soleil) et le méridien. Dans ce dernier cas, l'angle Z est diminué de φ. Nous appellerons donc Z_i l'angle Z corrigé

---

(1) La formule du n° 194 donne $\sin \varphi = \dfrac{\sin \mathrm{H}' \sin i \sin a}{\sin z_i}$ ou $\varphi = \dfrac{i \sin \mathrm{H}' \sin a}{\sin z_i}$. H' ou la parallaxe horizontale du lieu, i ou la différence des latitudes astronomiques et géodésiques et z_i sont connus : a est facile à calculer, car il suffit de l'obtenir approximativement, et on connaît toujours la latitude approchée l et la déclinaison approchée D de la lune. Alors, dans le triangle pôle, zénith, lune, on connaît les trois côtés qui sont $90° - l$, $90 - \mathrm{D}$ et z_i. On peut donc aisément calculer l'angle au zénith, qui n'est autre que l'angle a, si on ne l'a pas obtenu approximativement à l'aide de la boussole. Tout est alors connu dans la formule, et on a la valeur de φ, à l'aide de laquelle on corrige l'angle Z en suivant, pour le signe de la correction, la règle indiquée dans le texte.

de la parallaxe azimutale de la lune, et on voit ainsi que dans le triangle formé par le zénith et les positions vraies des deux astres, on connaîtra les deux côtés z_1 et z'_1 et l'angle compris Z_1. On aura par conséquent le troisième côté Δ qui est la distance vraie du centre de la lune à l'étoile (ou au centre du soleil) à l'aide de l'équation

$$(2) \qquad \cos \Delta = \cos z_1 \cos z'_1 + \sin z_1 \sin z'_1 \cos Z_1$$

qui peut s'écrire

$$\cos \Delta = \cos (z_1 - z'_1) - 2 \sin z_1 \sin z'_1 \sin^2 \tfrac{1}{2} Z_1.$$

En retranchant les deux membres de l'unité, on obtient une équation qui, divisée par celle qu'on a en ajoutant l'unité aux deux membres de cette même équation, donne, en remarquant que $1 - \cos \Delta = 2 \sin^2 \tfrac{1}{2} \Delta$ et $1 + \cos \Delta = 2 \cos^2 \tfrac{1}{2} \Delta$,

$$(3) \qquad \tan^2 \tfrac{1}{2} \Delta = \frac{\sin^2 \tfrac{1}{2} (z_1 - z'_1) + \sin z_1 \sin z'_1 \sin^2 \tfrac{1}{2} Z_1}{\cos^2 \tfrac{1}{2} (z_1 - z'_1) - \sin z_1 \sin z'_1 \sin^2 \tfrac{1}{2} Z_1} :$$

en divisant le numérateur et le dénominateur du second membre par $\sin \tfrac{1}{2} (z_1 - z'_1) \cos \tfrac{1}{2} (z_1 - z'_1)$ et en posant

$$\tan \tfrac{1}{2} y = \frac{\sin z_1 \sin z'_1 \sin^2 \tfrac{1}{2} Z_1}{\sin \tfrac{1}{2} (z_1 - z'_1) \cos \tfrac{1}{2} (z_1 - z'_1)} = \frac{2 \sin z_1 \sin z'_1 \sin^2 \tfrac{1}{2} Z_1}{\sin (z_1 - z'_1)}$$

on a

$$\tan \tfrac{1}{2} \Delta = \frac{\tan \tfrac{1}{2} (z_1 - z'_1) + \tan \tfrac{1}{2} y}{\cot \tfrac{1}{2} (z_1 - z'_1) - \tan \tfrac{1}{2} y}$$

ou

$$(4) \qquad \tan \tfrac{1}{2} \Delta = \tan \tfrac{1}{2} (z_1 - z'_1 + y) \tan \tfrac{1}{2} (z_1 - z'_1).$$

La combinaison des équations donnant $\tan \tfrac{1}{2} y$ et $\tan \tfrac{1}{2} \Delta$, l'une et l'autre logarithmiques et fournissant les arcs par les tangentes, permet d'obtenir alors par un calcul facile et avec beaucoup d'exactitude la distance vraie Δ des deux astres tant que $z_1 - z'_1$ n'est pas très-petit.

Si $z_1 - z'_1$ est très-petit, on peut employer pour la formule (2) une des transformations données dans le n° 232, et on a la valeur de $\sin \tfrac{1}{2} \Delta$.

La distance Δ étant obtenue, on n'a plus qu'à chercher au

moyen d'une interpolation dans les tables de distance lunaire données dans les éphémérides quelle heure il est au premier méridien quand cette même distance y existe. La différence des heures
correspondantes à la station et au premier méridien donne alors
la longitude cherchée.

La méthode que je viens d'exposer diffère un peu de la méthode des distances lunaires, telle qu'on la donne ordinairement.
Cela vient de ce que dans cette dernière on ne tient pas compte de
la *parallaxe azimutale de la lune*, qui, comme nous l'avons vu précédemment, peut atteindre jusqu'à 12″ à l'horizon pour le 45e parallèle. Or, dans ce cas, l'erreur que l'on commet ainsi sur la distance
vraie des deux astres peut atteindre jusqu'à 11″, quand, les deux
astres étant dans l'elliptique, ce grand cercle se trouve en même
temps ne faire qu'un angle de 21° ½ avec l'horizon au 45° parallèle. Or, une erreur de 11″ sur la distance répond alors à une erreur égale sur la longitude de la lune, et par conséquent à une
erreur d'environ 5′,5 sur la longitude de la station. On voit donc
que la méthode de Borda exposée dans les ouvrages est essentiellement vicieuse. Dans cette méthode, l'erreur se produit quand on
égale les angles au zénith dans les deux triangles formés, l'un par
ce point et les positions apparentes, l'autre par le même point et
les positions vraies.

267. — La méthode des distances lunaires pour la détermination
des longitudes serait d'une très-grande précision si les observations étaient précises. Mais malheureusement, n'étant applicable
qu'avec les instruments de réflexion dont les lunettes ne peuvent pas
avoir un grossissement suffisant pour la précision des mesures,
car avec un fort grossissement il serait impossible, en tenant l'instrument à la main, de conserver les astres dans le champ,
cette méthode ne peut donner de résultats satisfaisants, et les
erreurs dépassent souvent un quart de degré. Aussi la méthode
des distances lunaires n'est-elle employée qu'à la mer, où celle
des hauteurs de la lune ne peut pour la même cause que
donner des résultats encore inférieurs. En mer même, la méthode
des distances lunaires n'est guère utile aujourd'hui que dans des
cas exceptionnels; pour avoir la longitude du navire on se sert des
chronomètres du bord, comme nous l'avons indiqué dans le
numéro 164.

Quand on applique la méthode des distances lunaires, il importe toutefois que l'instrument soit parfaitement rectifié et que la lunette du sextant ou du cercle soit bien parallèle au plan du limbe. Ce parallélisme se reconnaît facilement quand dirigeant vers un point éloigné le plan de l'instrument appuyé contre un plan fixe, l'image de ce point paraît au milieu des fils, ou quand l'image du soleil étant au milieu du champ, une autre personne reconnaît par l'ombre que le limbe est dans la direction des rayons solaires. Comme on ne peut pas toujours arriver à établir exactement le contact des images au milieu du champ, on cherche à estimer à vue à quelle fraction de l'intervalle des fils il s'est produit, et l'intervalle des fils étant connu facilement, on tient compte, s'il y a lieu, de l'effet que cette déviation a pu introduire sur la mesure, ce qui revient à multiplier le sinus de la moitié de l'angle lu sur l'instrument par le cosinus de l'angle de déviation pour avoir le sinus de la moitié de l'angle réel. L'intervalle des fils se détermine, d'ailleurs, en tournant la lunette pour les placer dans la situation voulue pour qu'on puisse par un mouvement de l'alidade avoir une image directe sous l'un d'eux et l'image réfléchie correspondante sous l'autre, puis on fait coïncider les deux images. La différence des positions de l'alidade donne l'intervalle des fils.

Dans les distances de la lune au soleil, la direction perpendiculaire aux cornes de la lune, indique en visant directement à ce dernier astre la direction à donner au plan de l'instrument pour pouvoir obtenir l'image réfléchie du soleil. Je ferai encore remarquer que la mesure de la distance d'étoiles connues est peut-être le meilleur moyen d'étudier la graduation d'un sextant, car en calculant pour l'heure de l'observation les distances au zénith, on peut réduire la distance apparente en distance vraie en tenant compte de la réfraction. Sauf l'absence des parallaxes, ce calcul ressemble à celui des distances lunaires.

Nous allons maintenant nous occuper de la détermination des longitudes par les occultations et les éclipses.

Des occultations et des éclipses.

268. — Les éphémérides donnent l'indication de toutes les étoiles jusqu'à la sixième grandeur qui peuvent être occultées par la

lune, et en même temps l'instant de la conjonction en ascension
droite. Ces étoiles sont celles qui sont comprises dans une zone
qui s'étend de part et d'autre de l'orbite lunaire jusqu'à une distance angulaire égale à la parallaxe horizontale plus le demi-
diamètre de la lune. Mais toutes les occultations ainsi indiquées
dans les éphémérides ne sont pas vues en une station donnée. Pour
reconnaître s'il y a lieu de se préparer à observer une occultation
dans une certaine station, il faut voir d'abord, d'après l'heure de
la conjonction, si l'étoile sera sur l'horizon du lieu vers cet instant. De plus, d'après la latitude de la station et l'angle horaire que
possédera l'étoile vers l'époque de la conjonction, on reconnaît à
vue, dans la majeure partie des cas, si le sens d'action des parallaxes
d'ascension droite et de déclinaison est de nature à amener ou à
empêcher le phénomène. En se rappelant que la parallaxe abaisse
la lune dans son vertical, un peu d'attention fait saisir immédiatement si les ascensions droites et les déclinaisons sont par là
diminuées ou augmentées, choses qu'indiquent d'ailleurs les formules de parallaxe d'ascension droite et de déclinaison. D'après
cela, il est aisé de voir s'il y a quelque chance qu'avec son orbite
apparente le centre de la lune passe près de l'étoile à une distance inférieure à son demi-diamètre. Dans ce cas seulement, il
peut y avoir occultation dans la station en question. Par l'examen
préalable que nous venons d'indiquer, on évitera, pour le lieu où
on observe, le calcul d'une quantité considérable d'occultations
indiquées dans les éphémérides, et on se limitera à la détermination des occultations probables pour cette station.

Les éphémérides donnent aussi l'indication des éclipses de
soleil qui auront lieu chaque année, et elles accompagnent même
cette indication d'une carte marquant les limites de l'étendue
dans laquelle l'éclipse sera visible, de sorte qu'on reconnaît de
suite si la station où on se trouve est située dans la région de la
terre où cette éclipse est visible, et de plus on voit si on est près
de la ligne où l'éclipse est centrale, ligne qui est marquée sur la
carte.

269. — Quand on a ainsi reconnu à première vue, par un examen des éphémérides, qu'une éclipse ou une occultation est visible dans une station et quand on se propose de l'y observer, il est
utile de calculer à l'avance les instants des phases du phénomène,
afin de se préparer à l'y observer à l'instant voulu.

Ce calcul est des plus simples, et se réduit en réalité à savoir calculer la distance de la lune à une étoile ou au centre du soleil à un instant donné. Nous allons indiquer d'abord comment cette opération doit être effectuée, nous passerons ensuite à l'exposition de la méthode par laquelle on calcule les diverses phases du phénomène.

A l'aide de la latitude astronomique de la station, on calcule d'abord la latitude géodésique ; puis avec la longitude du lieu, connue exactement ou approximativement, on détermine pour l'instant donné de cette station l'heure du premier méridien, en ajoutant à l'heure de la station la longitude occidentale de cette dernière. Puis, avec l'heure moyenne du premier méridien on cherche dans les éphémérides l'ascension droite et la déclinaison, la parallaxe horizontale équatoriale et le demi-diamètre horizontal de la lune; enfin de la parallaxe horizontale équatoriale on tire la parallaxe horizontale du lieu. Cela fait, on calcule à l'aide de l'heure moyenne l'heure sidérale de la station, et la différence de cette heure sidérale et de l'ascension droite de la lune donne l'angle horaire de cet astre. On procède ensuite au calcul des parallaxes d'ascension droite et de déclinaison et à celui du demi-diamètre apparent de la lune. Ayant ensuite égard aux parallaxes ainsi calculées, on obtient l'ascension droite apparente et la déclinaison apparente de la lune.

Si le phénomène pour lequel on fait le calcul est une éclipse de soleil, on prend aussi dans les tables l'ascension droite, la déclinaison, la parallaxe horizontale et le demi-diamètre du soleil, puis on calcule également pour cet astre les parallaxes d'ascension droite et de déclinaison, et on a l'ascension droite apparente et la déclinaison apparente du soleil. S'il s'agit d'une occultation, on trouve directement dans les éphémérides pour l'instant de la conjonction, l'ascension droite et la déclinaison de l'étoile pour laquelle on n'a pas à s'occuper de la parallaxe, et il est inutile, vu la lenteur de la variation de ces éléments, de les calculer pour un autre instant.

Cela posé, appelons D' la déclinaison apparente de la lune et D celle du soleil s'il s'agit d'une éclipse, ou celle de l'étoile s'il s'agit d'une occultation, et nommons α la différence des ascensions droites apparentes de la lune et du soleil dans le premier cas, et la différence de l'ascension droite apparente de la lune et de l'ascension droite de l'étoile dans le second cas. Alors, dans le triangle formé par les positions apparentes des deux astres et le pôle, on connaît deux côtés et l'angle compris, savoir les distances polaires des deux astres, complément des déclinaisons, et l'angle α. On a donc, par la formule générale de la trigonométrie sphérique, pour le troisième côté Δ, qui n'est autre que la distance des centres des deux astres, l'équation

$$\cos \Delta = \sin D \sin D' + \cos D \cos D' \cos \alpha.$$

En remplaçant dans cette équation $\cos \alpha$ par $1 - 2 \sin^2 \tfrac{1}{2} \alpha$, et retranchant les deux membres de l'unité, cette équation se transforme en

(A) $\sin^2 \tfrac{1}{2} \Delta = \sin^2 \tfrac{1}{2} (D' - D) + \cos D \cos D' \sin^2 \tfrac{1}{2} \alpha$,

équation qui donnera Δ, et que l'on peut rendre logarithmique en recourant aux transformations indiquées dans le n° 232 (1).

(1) Le calcul de Δ peut, à l'aide des latitudes des deux astres et de leur différence de longitude, être fait de la manière que nous venons d'indiquer et par la même formule en substituant les latitudes apparentes aux déclinaisons apparentes, et la différence des longitudes apparentes à la différence des ascensions droites apparentes. Car on a entre les deux astres et le pôle de l'écliptique le triangle correspondant à celui que ces deux astres donnent par rapport au pôle de l'équateur. Dans ce cas, il faudrait prendre dans les éphémérides les longitudes et les latitudes des astres au lieu des ascensions droites et des déclinaisons et de plus calculer les parallaxes de longitude et de latitude, ce qui nécessite le calcul de la longitude du nonagésime et de la distance de ce point au zénith vrai ou latitude de zénith vrai.— Mais à cause des calculs du nonagésime, ce calcul par les longitudes et les latitudes qu'on exécuterait facilement d'après cette simple indication, est plus long que par les ascensions droites et les déclinaisons.

Le calcul de Δ pourrait encore se faire dans le triangle formé par le zénith vrai ou géodésique et les deux astres, en calculant, à l'aide des ascensions droites et des déclinaisons vraies, les distances zénithales des deux astres et leurs azimuts, d'où on tirerait la différence en azimut vrai ou géodésique. Les calculs de parallaxe ne se rapporteraient alors qu'aux distances zénithales. Substituant ensuite les hauteurs apparentes aux déclinaisons apparentes et la différence d'azimut à la différence d'ascension droite, on aurait, par la formule ci-dessus, la valeur de Δ. Mais ce calcul est également plus long que par les ascensions droites. Nous n'indiquons donc les procédés de calcul de Δ par les latitudes et les longitudes, ou par les distances zénithales et les azimuts, que pour faire voir que le problème a plusieurs solutions.

Dans le cas présent, comme les centres de deux astres seront très-voisins, $D' - D$, α et Δ seront de très-petits arcs, et on peut remplacer les sinus par les arcs, ce qui donne

$$\Delta^2 = (D' - D)^2 + (\cos D \cos D') \, \alpha^2.$$

Dans le cas d'éclipse de soleil, on abrége le plus souvent le calcul en employant les ascensions droites et les déclinaisons vraies de cet astre, et alors on diminue les parallaxes d'ascension droite et de déclinaison de la lune en employant pour parallaxe horizontale de cet astre la différence de sa parallaxe horizontale et de celle du soleil. Cette simplification est légitimée, d'un part, parce que les deux astres dans le cas d'éclipse étant très-près l'un de l'autre, il est à peu près indifférent pour la parallaxe solaire, qui est très-petite, de la calculer avec l'angle horaire et la déclinaison de la lune au lieu de ceux du soleil, et, d'autre part, parce que les déplacements du soleil par la parallaxe sont de même sens que ceux de la lune, et par conséquent diminuent l'effet de la parallaxe lunaire sur la distance des deux astres.

Δ étant déterminé de la manière précédente, si on appelle ρ' le demi-diamètre *apparent* de la lune et ρ le demi-diamètre du soleil, on reconnaîtra dans le cas d'occultation que l'étoile est occultée à l'instant donné si Δ est plus petit que ρ', et dans le cas d'éclipse du soleil, il suffit pour que l'éclipse ait lieu à l'instant en question, que Δ soit plus petit que $\rho' + \rho$.

270. — Après le calcul de Δ, si on veut connaître l'angle au centre de la lune formé par le pôle et l'étoile, dans le cas d'occultation, ou le soleil dans le cas d'éclipse, on remarquera que la règle des sinus donne dans le triangle formé par le pôle et les deux astres, en appelant v' l'angle cherché,

(B)
$$\sin v' = \frac{\cos D \sin \alpha}{\sin \Delta}.$$

Le même triangle donne pour l'angle à l'étoile ou au centre du soleil entre le pôle et la lune, c'est-à-dire pour l'angle de la ligne des centres et du méridien de l'astre à l'instant en question, en appelant v cet angle,

(C)
$$\sin v = \frac{\cos D' \sin \alpha}{\sin \Delta}.$$

Au même sinus répondent deux arcs, mais tout doute est levé
sur celui qu'on doit choisir en remarquant que si D' est plus
grand que D, ν sera plus petit, et ν' plus grand que 90°. ν est au
contraire plus grand, et ν' est plus petit que 90° si D' est plus petit
que D. De plus, ν doit être compté à l'est du méridien de l'astre
et ν' à l'ouest si l'ascension droite de la lune est plus grande que
celle du soleil ou de l'étoile; l'inverse a lieu si elle est plus petite.

271. — Maintenant que nous avons vu le moyen de calculer la
distance apparente des centres et la direction de la ligne des centres en un instant donné, nous pouvons indiquer la méthode à
suivre pour prédire toutes les phases d'une éclipse ou d'une
occultation. Supposons d'abord qu'il s'agisse d'une occultation.

Pour deux instants arbitraires, avant et après la conjonction,
par exemple, une heure avant et une heure après, calculons les
ascensions droites et les déclinaisons apparentes de la lune et les
deux distances apparentes Δ des centres des deux astres. Nous
pouvons avoir le déplacement Δ_0 de la lune sur le ciel depuis le
premier jusqu'au second de ces instants. Il nous sera donné
par la formule

$$\sin^2 \tfrac{1}{2} \Delta_0 = \sin^2 \tfrac{1}{2} (D'_1 - D_1) + \cos D_1 \cos D'_1 \sin^2 \tfrac{1}{2}\alpha_1$$

dans laquelle D_1 et D'_1 seront les déclinaisons apparentes de la
lune aux deux instants en question, et α_1 la différence de l'ascension droite apparente en ces deux instants. Cette formule, identique à la formule (A), s'obtient de la même manière dans le
triangle formé par le pôle et les deux positions apparentes de la
lune sur le ciel. Cela posé, dans le petit triangle formé par l'étoile
et les deux positions de la lune aux deux instants en question, on
connaît les trois côtés qui sont les deux distances des centres et
la distance Δ_0 des deux positions de la lune, et comme ce triangle
est très-petit, on peut, sans erreur appréciable, le regarder comme
rectiligne pour la première approximation (1).

Nous pouvons aussi, dans la première approximation, regarder

(1) Nous ferons remarquer que, dans ce triangle, l'angle à l'étoile pourrait
être également connu en calculant par la formule (C), pour les deux instants
en question, les angles ν avec le méridien de l'étoile, angles dont la différence est l'angle en question. Cet angle étant connu, ainsi que les deux
côtés qui le renferment, les règles de la trigonométrie donneraient le troisième côté, ou la distance des deux positions de la lune.

le mouvement de la lune comme uniforme et supposer que la lune a décrit la ligne droite passant par les deux positions calculées.

Cela posé, dans le triangle formé par l'étoile et les deux positions de la lune, triangle dont les trois côtés sont connus, nous pouvons calculer par les règles de la trigonométrie rectiligne l'un des angles ayant pour sommet une des deux positions de la lune, et en appelant β cet angle, et Δ_1 la distance de l'étoile à son sommet, c'est-à-dire à la position correspondante de la lune, que nous supposerons être la première, on aura pour la longueur k de la perpendiculaire abaissée de l'étoile sur la trajectoire de la lune $k = \Delta_1 \sin \beta$, et pour la distance μ du pied de cette perpendiculaire à la même position de la lune $\mu = \Delta_1 \cos \beta$. Si on appelle T le temps compris entre les deux instants pour lesquels on a calculé les positions de la lune qui a dans ce temps décrit l'espace connu Δ_0, le temps τ employé par cet astre pour décrire l'espace μ sera donné par la proportion $T : \Delta_0 :: \tau : \mu$. On aura donc l'instant du passage de la lune par le pied de la perpendiculaire en question en ajoutant τ avec son signe, qui sera celui de μ, à l'instant pour lequel on a calculé la distance apparente Δ_1 de la lune à l'étoile. (Il est évident d'ailleurs que μ sera positif si l'angle β est aigu, négatif dans le cas contraire ; et si Δ_1 se rapportait à la seconde position au lieu de la première, il faudrait retrancher τ au lieu de l'ajouter.) Si donc nous appelons t l'instant répondant à la première position, l'instant approché de la plus courte distance des centres sera $t + \tau$, et nous sera connu, ainsi que cette plus courte distance k.

Si k est plus grand que le demi-diamètre de la lune, c'est qu'alors l'occultation n'a pas lieu ; s'il est plus petit, on procède au calcul de l'heure approchée de l'immersion et de l'émersion.

Supposons qu'on décrive de l'étoile pour centre un cercle ayant le demi-diamètre apparent de la lune pour rayon, ce cercle coupera la trajectoire apparente de la lune en deux points équidistants du pied de la perpendiculaire de longueur k abaissée sur cette trajectoire, et la distance u de ces points au pied de la perpendiculaire est facile à calculer. En effet, en appelant toujours ρ' le demi-diamètre apparent de la lune, on a $u^2 = \rho'^2 - k^2 = (\rho' - k)(\rho' + k)$, formule calculable par logarithmes. On a ensuite pour le temps τ' employé par la lune à décrire l'espace u la proportion

28

$T : \Delta_0 :: \tau' : u$, d'où on tire la valeur de τ', et alors l'instant de l'immersion est $t + \tau - \tau'$, et celui de l'émersion $t + \tau + \tau'$.

272. — Ces instants, toutefois, ne peuvent être regardés que comme approchés, parce qu'on a supposé le mouvement de la lune rectiligne et uniforme pendant un temps assez long. Ils suffisent toutefois pour se préparer à l'observation; mais si on veut une plus grande précision, on calcule pour ces deux nouveaux instants les distances de l'étoile au centre de la lune, et en outre le demi-diamètre apparent de la lune répondant à chacun d'eux. Si les distances sont plus petites que le demi-diamètre, l'occultation est déjà commencée s'il s'agit de l'immersion, et pas encore finie s'il s'agit de l'émersion. On refait alors le calcul pour un instant choisi quelques minutes plus tôt de τ'' dans le premiers cas, et plus tard dans le second. La différence entre les distances des centres à ces deux instants séparés du court intervalle τ'' donne, en la divisant par τ'' réduit en secondes, la variation de la distance des centres par seconde vers l'instant de l'immersion, et en divisant par cette variation la différence du demi-diamètre de la lune et de la distance des astres à l'instant $t + \tau - \tau'$, on a le nombre de secondes à retrancher de ce dernier instant pour avoir l'instant de l'immersion. En opérant de même pour l'instant $t + \tau + \tau'$, on a le nombre de secondes à y ajouter pour avoir l'instant de l'émersion. Les corrections seraient de signes contraires, ainsi que τ'', si aux instants $t + \tau - \tau'$ et $t + \tau + \tau'$ la distance des centres était plus grande que le demi-diamètre de la lune. On vérifie alors le résultat par le calcul direct de la distance des centres pour les nouveaux instants obtenus, et on corrige encore par le même procédé, s'il y a lieu. Si ensuite on veut connaître les points du contour de la lune par lesquels se feront l'immersion et l'émersion, la formule (B) donnera les angles de ces points avec le méridien de la lune, et on voit ainsi que toutes les circonstances du phénomène seront connues.

273. — Passons maintenant au cas des éclipses de soleil. La méthode est identiquement la même, sauf qu'il faut substituer au demi-diamètre de la lune la somme des demi-diamètres de la lune et du soleil (1). De plus, il y a encore à remarquer que si la plus

_____

(1) Il est sous-entendu que, dans le calcul de la distance des centres, on tient compte de la parallaxe solaire, comme nous l'avons déjà dit, en traitant de ce calcul.

courte distance k des centres est plus petite que la différence des deux demi-diamètres, il y a en outre deux contacts intérieurs, et l'éclipse est totale si le diamètre augmenté de la lune est plus grand que celui du soleil, annulaire dans le cas contraire. On calcule les instants de ces deux contacts intérieurs de la même manière que ceux des contacts extérieurs, sauf que dans ce cas on substitue la différence à la somme des deux demi-diamètres.

Il y a toutefois une remarque importante à faire, c'est que le centre du soleil n'étant pas, comme l'étoile, immobile sur le ciel, la distance Δ_0 des deux positions de la lune aux deux instants pour lesquels on la calcule ne doit plus être, dans le cas des éclipses de soleil, la distance des deux positions de la lune dans sa trajectoire apparente réelle , mais la distance des deux positions dans la trajectoire apparente relative, en considérant le soleil comme fixe. Il en résulte que dans l'équation

$$\sin^2 \tfrac{1}{2} \Delta_0 = \sin^2 \tfrac{1}{2} (D'_1 - D_1) + \cos D_1 \cos D'_1 \sin^2 \tfrac{1}{2} \alpha_1.$$

α_1 est alors la différence des ascensions droites apparentes de la lune aux deux instants considérés, diminuée de la différence des ascensions droites du soleil aux mêmes instants, et au lieu de $D'_1 - D_1$, différence des deux déclinaisons apparentes de la lune, il faut mettre cette même différence diminuée de la différence des déclinaisons apparentes du soleil aux mêmes instants. Il faut avoir bien soin de faire algébriquement cette soustraction, c'est-à-dire de bien conserver leurs signes aux différences des déclinaisons (1).

En ayant égard dans le calcul de Δ_0 à la précaution que nous venons d'indiquer, une éclipse se calcule ensuite comme une occultation, avec la seule différence qu'il faut substituer au demi-diamètre lunaire la somme ou la différence des demi-diamètres des deux astres. On obtient donc, comme précédemment, les instants approchés des deux contacts extérieurs ou des deux contacts intérieurs, dans le triangle formé par le centre du soleil et les deux positions apparentes de la lune dans l'orbite

(1) Nous remarquerons, d'ailleurs, que si on calcule Δ_0 à l'aide des deux distances des centres et de la différence des angles v donnés par l'équation (C), comme nous l'avons indiqué dans la note du n° 270, la valeur de Δ_0 ainsi obtenue est bien celle qui convient à l'orbite relative et qui doit être employée dans le calcul.

relative, positions distantes de Δ_0 calculé comme nous venons
de le dire. On corrige ensuite ces instants, comme dans le cas des
occultations, par le calcul direct de la distance des centres à ces
mêmes instants et à d'autres instants rapprochés de ceux-ci. On a
ensuite par l'équation (C) (n° 270) les angles de la ligne des centres avec le méridien au moment des contacts.

274. — La plus courte distance des centres et l'instant de cette
plus courte distance s'obtiennent en répétant pour deux instants
très-voisins de celui qui a été obtenu pour cette plus courte distance par la première approximation, l'opération qui a donné cette
plus courte distance la première fois. L'erreur alors est nulle,
parce que le rapprochement des deux instants en question rend
rigoureuse l'hypothèse du mouvement rectiligne et uniforme de la
lune, hypothèse qui n'était qu'approchée pour un intervalle plus
grand. La plus courte distance des centres étant connue, il est facile
de voir, en ayant égard au demi-diamètre apparent de la lune
calculé pour cet instant, quelle longueur du diamètre solaire
est découverte au maximum de la phase quand l'éclipse n'est que
partielle. En appelant ρ le demi-diamètre du soleil, ρ' le demi-diamètre apparent de la lune, et k la plus courte distance des centres, cette longueur est $\rho - (\rho' - k)$, ou $\rho - \rho' + k$: le rapport de
la fraction couverte au diamètre est alors

$$\frac{2\rho - (\rho - \rho' + k)}{2\rho} \quad \text{ou} \quad \frac{\rho + \rho' - k}{2\rho}$$

D'une manière générale, la phase d'éclipse qui répond à un ins-
tant donné, est $\dfrac{\rho + \rho' - \Delta}{2\rho}$ en appelant Δ la distance des centres en

cet instant et en nommant ρ' le demi-diamètre apparent de la lune
au même moment. Si on veut avoir en cet instant la demi-distance des cornes, on l'obtiendra dans le triangle rectiligne formé
par les centres des deux astres et une des cornes, triangle dont
les trois côtés égaux à Δ distance des centres, et à ρ et ρ' demi-diamètres des deux astres, sont connus. Dans ce triangle, on calcu-
lera l'angle y au centre du soleil, et en remarquant que la demi-
distance des cornes est égale à la distance de l'une d'elles à la
ligne prolongée des centres des deux astres, on aura pour valeur
de cette dernière distance $\rho \sin y$.

Quand on connaît les instants des contacts d'une éclipse, on

peut pour ces instants calculer les angles horaires du soleil et ensuite la distance zénithale de cet astre dont la déclinaison est
connue. Dans le cas d'occultation on peut de même calculer la
distance zénithale de la lune et on voit si le phénomène est dans
de bonnes conditions d'observation.

Dans le triangle formé par le pôle, le zénith et l'astre, on peut
aussi calculer l'angle A à l'astre entre le pôle et le zénith. Cet angle est donné par la règle des sinus si on a déjà calculé la distance zénithale. Si on ne fait pas le calcul de cette distance, on peut
également obtenir l'angle en question par les analogies de Neper
qui donnent un angle dans un triangle dont on connaît deux côtés et
l'angle compris. Si alors on a calculé l'angle v par la formule (C),
$v - A$ est l'angle au centre de l'astre, entre le vertical du soleil et le
point de contact; cet angle est du côté du pôle si sa valeur est négative : v doit d'ailleurs être regardé comme positif quand l'angle horaire de la lune est moindre que celui du soleil, et comme négatif
dans le cas contraire. Dans le cas d'occultation, l'angle A est calculé
pour le centre de la lune, et on substitue à v l'angle v' donné par
la formule (B); on a alors, par rapport au vertical de la lune,
l'angle de la ligne joignant l'étoile au centre de la lune, ou l'angle
sur le contour lunaire à partir du point supérieur de ce contour
auquel aura lieu l'immersion ou l'émersion.

275. — Les planètes Vénus et Mercure passent quelquefois devant le disque solaire. Ces phénomènes sont rares; ils n'arrivent
pour Vénus que deux fois par siècle à huit ans d'intervalle. Pour
Mercure, les passages sont plus fréquents quoique rares. Les instants des contacts extérieurs et intérieurs de ces planètes lors de
leurs passages se calculent facilement pour un lieu donné en suivant
identiquement la même méthode que pour les éclipses de soleil, et
en substituant les coordonnées, les parallaxes et les demi-diamètres
de ces planètes aux données correspondantes de la lune. La parallaxe horizontale de ces astres est égale à la parallaxe moyenne du soleil multipliée par le rapport du rayon moyen de l'orbite terrestre au
rayon vecteur géocentrique de la planète. On trouve dans les éphémérides la valeur de ce rayon vecteur, et comme il y est exprimé sous
forme de rapport au rayon moyen de l'orbite terrestre, c'est le nombre même par lequel doit être divisée la parallaxe moyenne du soleil
pour avoir la parallaxe horizontale de la planète en question à l'instant donné. Le demi-diamètre de la planète est égal à sa parallaxe

multipliée par le rapport constant et connu de ce demi-diamètre à la parallaxe. Avec ces éléments et les ascensions droites et les déclinaisons données directement par les éphémérides, on peut appliquer la méthode que nous venons d'indiquer.

276. — On admet généralement que la réfraction n'agit pas sur les instants des contacts des éclipses et des planètes inférieures, ainsi que sur les immersions et les émersions lors des occultations. Cela n'est pas rigoureusement exact. Puisque les rayons lumineux venant des astres se brisent à leur entrée dans l'atmosphère et s'infléchissent alors vers la terre, il est clair que ces rayons rencontrent la surface terrestre en un point un peu différent de celui où ils l'atteindraient si la réfraction n'existait pas. Ainsi, les rayons qui atteignent l'œil de l'observateur passeraient un peu au-dessus de sa tête sans l'existence de la réfraction. Si donc on supposait que celle-ci cessât et que l'observateur, sans changer de position géographique, s'élevât un peu au-dessus du niveau qu'il occupe et jusqu'à la rencontre du rayon lumineux, alors il verrait à cette hauteur identiquement le phénomène que par suite de la présence de l'atmosphère il voit à la surface même du sol. Mais à une petite élévation au dessus du sol, les parallaxes qui sont proportionnelles à la distance au centre de la terre sont plus grandes qu'à la surface même du globe. On voit donc que l'effet de la réfraction atmosphérique est de faire que le phénomène soit vu de la station comme si la parallaxe de la lune était un peu plus grande que la parallaxe réelle. En appelant h la hauteur à laquelle il faudrait s'élever pour rencontrer le rayon lumineux et r le rayon de la terre, enfin H la parallaxe horizontale de la lune, $H \dfrac{r+h}{r}$ serait la parallaxe qui devrait être employée dans le calcul.

Il est impossible de calculer avec certitude la valeur de h, car elle dépend de la forme de la trajectoire du rayon lumineux dans l'atmosphère; seulement, vu la petitesse de la réfraction et la petitesse de la hauteur de l'atmosphère par rapport au rayon de la terre, h n'est que de quelques mètres. L'accroissement $\dfrac{Hh}{r}$ de la parallaxe dû à la réfraction atmosphérique peut donc être négligé sans erreur sensible.

277. — Les éclipses de lune sont visibles de la même manière pour tous les lieux de la terre qui ont la lune sur leur horizon, c'est-à-

dire pour un hémisphère entier. On en effectue donc le calcul pour le centre de la terre, et les éphémérides donnent les heures d'entrée de la lune dans le cône d'ombre de la terre, ou les heures de sortie hors de ce cône en temps du premier méridien. On a ces heures en temps d'un lieu quelconque, en retranchant de l'heure du premier méridien la longitude occidentale du lieu réduite en temps.

Si on appelle AR l'ascension droite du soleil et D sa déclinaison, l'ascension droite de l'axe du cône d'ombre sera pour le centre de la terre par lequel passe cet axe 180° + AR, et la déclinaison de cet axe sera — D. 180° + AR et — D sont donc les coordonnées du point du ciel que rencontre cet axe prolongé, point que, pour abréger, nous désignerons par A. Les calculs d'éclipse de lune se réduisent donc à obtenir au centre de la terre les distances angulaires Δ de la lune à ce point A. Elles sont données par l'équation (A) du n° 269, dans laquelle on substitue à D la déclinaison du point A et à D′ la déclinaison *vraie* de la lune, c'est-à-dire la déclinaison non affectée de parallaxe, et on substitue pour α la différence de l'ascension droite du point A et de l'ascension droite *vraie* de la lune. Si maintenant nous appelons H la parallaxe horizontale de la lune, *n* celle du soleil, et ρ le demi-diamètre angulaire du soleil, on remarquera que le demi-diamètre K que sous-tend au centre de la terre la section du cône d'ombre à la distance où la lune traverse ce cône, a pour expression K = H + *n* — ρ (1). On recherchera donc ensuite

---

(1) En effet, si on mène un plan par les centres de la terre et du soleil, les sections de ces deux corps seront deux cercles, dont les tangentes communes se coupant derrière la terre à l'opposé du soleil, représenteront la section du cône d'ombre. L'angle de l'une de ces tangentes et de la ligne passant par les deux centres est égal à ρ — *n*, car la perpendiculaire abaissée du centre de la terre sur le rayon du soleil mené du centre de cet astre au point de tangence, sera parallèle à la limite du cône d'ombre. Or, cette perpendiculaire rencontre le rayon du soleil à une distance du centre de ce corps égale à R — *r*, R étant le rayon solaire et *r* celui de la terre; et si on appelle *d* la distance des deux astres, $\frac{R - r}{d}$ est le sinus du petit angle de la ligne en question avec la ligne unissant les centres du soleil et de la terre; or, $\frac{R}{d}$ est le demi-diamètre ρ du soleil, tandis que $\frac{r}{d}$ est la parallaxe du soleil, ρ — *n* représente donc bien l'angle en question. Si maintenant, pour abréger, nous appelons C la pointe du cône d'ombre, T le centre de la terre et L le point de

par la même méthode que pour les occultations les instants auxquels
Δ est égal à $K + \rho'$ ou à $K - \rho'$, ρ' étant le demi-diamètre vrai de la
lune au centre de la terre. Les premiers instants sont les contacts
de la lune avec le cône d'ombre, les seconds le commencement et
la fin de la totalité. Mais, pour ce calcul, on se contente de la
première approximation, parce que la réfraction terrestre infléchit
les rayons lumineux du contour du cône d'ombre d'une manière
assez variable, de sorte qu'une grande précision serait ici superflue.

278. — Les observations des contacts des éclipses de soleil et
celles des immersions et des émersions des étoiles occultées par la
lune, sont employées pour la détermination des longitudes terrestres. Ces observations consistent uniquement à déterminer avec
soin l'état du chronomètre par rapport au temps sidéral, en employant une des méthodes quelconques que nous avons indiquées,
et ensuite on note la seconde, et autant que possible la fraction de
seconde à laquelle a lieu le phénomène. Alors, à l'aide de l'état du
chronomètre, on corrige l'heure obtenue afin d'avoir en temps du
lieu l'heure sidérale exacte correspondante. Cet instant et la latitude de la station qu'on a eu soin de déterminer avec exactitude,
sont les seules données nécessaires à emprunter à l'observation
pour ce problème.

En réalité, le problème de la détermination de la longitude se
réduit à conclure de la distance des centres des deux astres (distance qui est égale alors au demi-diamètre apparent de la lune en
cas d'occultation et à la somme des demi-diamètres du soleil et de
la lune en cas de contact extérieur d'une éclipse de soleil, ou enfin
à la différence de ces demi-diamètres dans le cas d'un contact
intérieur), l'ascension droite ou la longitude de la lune à l'instant

la limite du cône d'ombre situé à la distance de la lune, nous aurons, dans
le triangle CTL, où $C = \rho - n$, l'équation suivante entre les trois angles,
$T + C = 180° - L$. Or, $180° - L$ ou le supplément de l'angle L est l'angle en L
dans le triangle rectangle formé par la ligne TL égale à la distance d' de la terre
à la lune, par la ligne limite du cône d'ombre et par le rayon de la terre, qui lui
est perpendiculaire. Le sinus de cet angle, qui est très-petit, et auquel on peut
substituer l'arc, est alors égal à $\frac{r}{d'}$, c'est-à-dire à la parallaxe horizontale H de la lune ; on a donc, en mettant pour C sa valeur $\rho - n$, l'équation
$T + \rho - n = H$ d'où $T = H + n - \rho$ et T n'est autre que l'angle sous-tendu
au centre de la terre par une section faite dans le cône d'ombre à la distance de la lune.

de l'observation, et en cherchant dans les éphémérides l'instant où celui de ces éléments qu'on a calculé possède la valeur trouvée, la différence des heures comptées au premier méridien et à la station donne la longitude occidentale de cette station (1).

On peut diriger le calcul de façon à obtenir directement l'heure du premier méridien correspondante à celle de la station. Cette méthode que nous allons exposer est la plus exacte de toutes, parce qu'elle tient compte des variations de déclinaison ou de latitude.

En ajoutant la longitude occidentale supposée, réduite en temps, à l'heure sidérale du phénomène observé, on obtient l'heure sidérale approchée t_0 de ce phénomène en temps du premier méridien, puis on calcule pour deux instants très-rapprochés $t_0 - a$ et $t_0 + a$ qu'on réduit en temps moyen du premier méridien, les ascensions droites et les déclinaisons vraies des deux astres (2), les parallaxes horizontales et le demi-diamètre horizontal de la lune, et enfin, s'il s'agit d'une éclipse, la parallaxe horizontale et le demi-diamètre du soleil.

On calcule ensuite la latitude géodésique à l'aide de la latitude astronomique observée, en retranchant de cette dernière l'angle i donné par la formule indiquée dans le n° 194, puis on calcule les parallaxes d'ascension droite et de déclinaison en employant successivement pour ce calcul les ascensions droites et les déclinaisons répondant aux instants $t_0 - a$ et $t_0 + a$, ce qui ne présente aucune difficulté, puisque les angles horaires sont la différence entre l'heure sidérale connue de l'observation des contacts à la station et les ascensions droites en question. On a ensuite les ascensions droites et les déclinaisons apparentes des deux astres dans les

---

(1) On a généralement l'habitude de conclure de l'ascension droite ou de la longitude obtenue pour la lune l'instant de la conjonction des deux astres en ascension droite ou en longitude, instant qu'on obtient alors en temps de la station, et c'est ce dernier instant qu'on compare à l'instant correspondant donné par les éphémérides pour le premier méridien, afin d'avoir la longitude du lieu.

(2) Tout ce que nous disons ici s'applique identiquement aux éclipses et aux occultations, sauf que pour ces dernières l'ascension droite et la déclinaison de l'étoile sont les mêmes aux deux instants $t_0 - a$ et $t_0 + a$, tandis que dans le cas d'éclipse, les coordonnées correspondantes sont variables puisqu'elles se rapportent au soleil.

deux hypothèses, savoir dans le cas où les ascensions droites et les déclinaisons seraient celles qui répondent à l'instant $t_o - a$ du premier méridien, ou bien dans le cas où les mêmes coordonnées seraient celles qui ont lieu à l'instant $t_o + a$. On peut ensuite effectuer par la formule (A) du n° 269 le calcul de la distance apparente des centres dans les deux hypothèses. Nous appellerons Δ, la distance des centres ainsi obtenue dans la première hypothèse, Δ', la distance répondant à la seconde hypothèse (1). Enfin, on complète ces calculs préparatoires par celui du demi-diamètre apparent de la lune dans les deux hypothèses en question (2). Cela posé, si dans la première hypothèse nous désignons par ρ, le demi-diamètre apparent de la lune dans le cas d'une occultation, ou la somme des demi-diamètres du soleil et de la lune dans le cas d'un contact extérieur d'éclipse de soleil, ou enfin la différence des demi-diamètres des deux astres dans le cas d'un contact intérieur, puis si nous appelons ρ', le même élément pour la seconde hypothèse, et enfin si nous nommons $t_o - a + x$ l'heure du premier méridien correspondante à celle de l'observation à la station, nous aurons pour déterminer x la proportion

$$(\Delta_{\scriptscriptstyle 1} - \rho_{\scriptscriptstyle 1}) - (\Delta'_{\scriptscriptstyle 1} - \rho'_{\scriptscriptstyle 1}) : 2\,a :: (\Delta_{\scriptscriptstyle 1} - \rho_{\scriptscriptstyle 1}) : x;$$

car $2a$ est l'intervalle du temps du premier méridien entre les deux instants $t_o + a$ et $t_o - a$ répondant aux deux hypothèses, $\Delta_{\scriptscriptstyle 1} - \rho_{\scriptscriptstyle 1}$ est la différence de la distance des centres et du demi-diamètre qui doit s'anéantir, et $(\Delta_{\scriptscriptstyle 1} - \rho_{\scriptscriptstyle 1}) - (\Delta'_{\scriptscriptstyle 1} - \rho'_{\scriptscriptstyle 1})$ est la variation de cette différence dans le temps $2a$.

De la proportion précédente on tire la valeur de x et en la joignant à $t_o - a$, on a l'heure sidérale du premier méridien correspondante à celle où le phénomène a été observé à la station. La

---

(1) Au lieu d'effectuer le calcul de la distance apparente des centres par les ascensions droites et les déclinaisons, on aurait pu l'effectuer par les longitudes et les latitudes répondant aux instants donnés, comme nous l'avons dit dans la note du n° 269. Il est clair que les deux résultats seraient complétement identiques.

(2) On peut le calculer pour l'instant moyen t_o seulement, car sa variation, provenant de la faible différence des angles horaires dans les deux cas est négligeable. A la rigueur, on pourrait agir de même pour les parallaxes d'ascension droite et de déclinaison. Mais il y a d'autant plus d'avantage à faire les deux calculs que l'un sert de vérification à l'autre.

différence de ces heures sidérales est la longitude cherchée exprimée en temps.

Comme vérification, on refait ensuite directement le calcul avec les coordonnées des astres prises à l'instant sidéral $t_0 - a + x$ du premier méridien, et s'il reste une petite différence dans la valeur $\Delta - \rho$ obtenue, on la corrige de nouveau par comparaison avec la plus rapprochée des deux différences $\Delta_i - \rho_i$ et $\Delta'_i - \rho'_i$ en recourant pour cela à une nouvelle proportion analogue à la précédente. Mais cette seconde correction n'aurait lieu que si on avait commis une forte erreur sur la longitude supposée, de telle sorte que les instants $t_0 - a$ et $t_0 + a$ fussent loin de celui du contact, ou si on avait pris trop grand l'intervalle $2a$ (1).

279. — Remarquons que $(\Delta_i - \rho_i) - (\Delta'_i - \rho'_i)$ est égal à $\Delta_i - \Delta'_i + \rho'_i - \rho_i$. Or ρ_i est sensiblement égal à ρ'_i, puisque nous avons vu qu'on peut même se dispenser de calculer séparément ces deux quantités, mais prendre pour ρ'_i et ρ_i la même valeur. Dans

---

(1) Le plus communément, et surtout pour les éclipses de soleil, on fait les calculs de distance des centres par les longitudes et les latitudes. Si alors on remarque que le soleil est dans l'écliptique, la différence des longitudes apparentes peut être considérée comme la distance des deux astres, projetée sur l'écliptique, et comme la latitude du soleil est sensiblement nulle, on a, au moment du contact, en appelant ρ la somme ou la différence des deux diamètres, suivant qu'il s'agit d'un contact intérieur ou extérieur, et en nommant α la différence des longitudes apparentes des deux astres, et λ la latitude apparente de la lune diminuée de la très-petite latitude du soleil :

$$\alpha^2 = \rho^2 - \lambda^2 = (\rho - \lambda)(\rho + \lambda)$$

car la différence des longitudes, la latitude de la lune et la distance ρ forment les trois côtés d'un triangle rectangle très-petit qu'on peut regarder comme rectiligne.

L'équation précédente donne la valeur α de la différence des longitudes des centres des deux astres, et en ayant égard au mouvement relatif de la lune en longitude par rapport au soleil, mouvement dont la valeur est donnée par les éphémérides, on calcule par une simple proportion le temps qui doit s'écouler pour que cette différence soit nulle. En ajoutant ce temps, qui peut être positif ou négatif, à l'heure du lieu, on a l'instant de la conjonction en temps du lieu. Le comparant à l'instant de la conjonction en temps du premier méridien, on a la différence des longitudes.

Cette méthode est moins exacte que celle que j'ai donnée dans le texte, parce que la latitude apparente λ est calculée à l'aide de la longitude supposée, et n'est pas la vraie latitude apparente à l'instant du phénomène.

tous les cas, $\rho'_1 - \rho_1$, si on ne le regarde pas comme nul, est une
très-petite quantité qui peut être considérée comme indépendante
du diamètre lunaire, car sa variation avec ce diamètre serait de
l'ordre de cette différence elle-même, déjà négligeable, multipliée
par le sinus du diamètre lunaire qui est très-petit. $\Delta_1 - \Delta'_1$ est à
son tour complétement indépendant du diamètre lunaire. Nous
pouvons même regarder $\Delta_1 - \Delta'_1$ qui sera une très-petite quantité
si $2a$ est très-petit, comme indépendant d'une petite variation de
quelques secondes dans la parallaxe horizontale de la lune, ou
d'une petite variation également de quelques secondes dans la déclinaison de cet astre, car ces petites variations augmenteraient
de la même manière Δ_1 et Δ'_1 à des quantités près du second ordre. Il résulte de là que $\Delta_1 - \Delta'_1 + \rho'_1 - \rho_1$ peut être considéré
comme une quantité m_1 connue et indépendante des petites erreurs
qu'on pourrait supposer sur le demi-diamètre de la lune, la parallaxe horizontale ou la déclinaison de cet astre. Remarquons encore
que t_0 étant l'heure sidérale du phénomène qui aurait lieu au
premier méridien si la longitude était celle qu'on a primitivement supposée, et $t_0 - a + x$ l'heure réelle, la différence de ces
heures avec celle de la station, c'est-à-dire la longitude exprimée
en temps diffère de $x - a$ dans les deux cas, donc $x - a$ est la
correction δL à ajouter à la longitude supposée pour avoir la
longitude exacte. En remplaçant dans la proportion précédente
$(\Delta_1 - \rho_1) - (\Delta'_1 - \rho'_1)$ par sa valeur constante m_1, calculée pour
l'instant du phénomène, nous aurons pour la valeur de x

$$x = \frac{2a}{m_1}(\Delta_1 - \rho_1) \quad \text{d'où} \quad \delta L = \frac{2a}{m_1}(\Delta_1 - \rho_1) - a.$$

Différencions maintenant l'équation (A) du n° 269 par rapport
à Δ, D' et α, éléments qui varient avec la déclinaison de la lune et
les parallaxes horizontales, nous aurons, en remplaçant les différentielles par les variations,

$$\sin \Delta\, \delta\Delta = \left[\sin(D' - D) - 2\cos D \sin D' \sin^2 \tfrac{1}{2}\alpha\right]\delta D'$$
$$+ \cos D \cos D' \sin\alpha\, \delta\alpha.$$

Or, D' étant la déclinaison apparente de la lune, sa variation
se composera de l'erreur δd de la déclinaison vraie de la lune,
plus l'erreur provenant de la parallaxe lunaire. Si nous appelons
ϖ_0 la différence connue $D' - d$ de la déclinaison apparente et de

la déclinaison vraie de la lune, ϖ_o est la parallaxe de déclinaison de la lune, laquelle nous est ainsi donnée avec son signe et est proportionnelle à la parallaxe horizontale, toutes choses égales d'ailleurs. En appelant donc H cette dernière parallaxe, $\frac{\varpi_o}{H}\delta H$ sera la variation de la déclinaison apparente due à la variation δH de la parallaxe; on a donc $\delta D' = \delta d + \frac{\varpi_o}{H}\delta H$. Maintenant nous remarquerons que l'angle α est indépendant de la déclinaison de la lune et est modifié par la parallaxe lunaire de l'angle ϖ, provenant de cette parallaxe, dans le sens indiqué par la différence entre l'angle connu α et l'autre angle connu α_i qui existe entre l'ascension droite vraie de la lune et l'ascension droite apparente du soleil, de sorte que $\varpi = \alpha - \alpha_i$. En donnant à ϖ qui égale d'ailleurs la parallaxe d'ascension droite de la lune, le signe de la différence en question, on a $\delta\alpha = \frac{\varpi}{H}\delta H$. Substituant dans l'équation précédente ces valeurs de $\delta D'$ et de $\delta\alpha$, nous aurons la valeur de $\delta\Delta$ en fonction de δd et de δH, et si nous mettons pour Δ la valeur Δ_i, et pour D', D et α, leurs valeurs correspondantes avec lesquelles Δ_i a été calculé, nous aurons l'expression de la valeur de $\delta\Delta$ à l'instant considéré, valeur qui, après avoir fait les substitutions numériques dans les coefficients, sera, en l'appelant $\delta\Delta_i$, de la forme

$$\delta\Delta_i = M\delta d + N\delta H,$$

M et N étant connus.

Si maintenant nous supposons que dans les tables la déclinaison est en erreur de δd et la parallaxe horizontale de δH, et que le demi-diamètre horizontal est trop petit de $\delta\rho'$, nous devrons pour avoir la vraie valeur de δL substituer dans son expression au lieu de Δ_i, $\Delta_i + \delta\Delta_i$, et au lieu de ρ_i, $\rho_i + \delta\rho'$ (1).

(1) $\delta\rho'$ peut être regardé comme constant, quoique le demi-diamètre de la lune varie avec la hauteur, parce qu'à des quantités près du second ordre, la variation est la même, soit que ce demi-diamètre soit ρ' ou $\rho' + \delta\rho'$. Le demi-diamètre apparent sera donc $\rho_i + \delta\rho'$, quand dans les cas d'occultation ρ_i représente le demi-diamètre apparent de la lune. Dans les cas d'éclipse de soleil, ce sera la somme des deux demi-diamètres du soleil et de la lune sur laquelle il faudra supposer l'erreur $\delta\rho'$, s'il s'agit de contacts

En faisant ces substitutions dans la formule précédente qui donne δL, on aura

$$\delta L = \frac{2a}{m_1}(\Delta_1 - \rho_1) - a + \frac{2a}{m_1} M \delta d + \frac{2a}{m_1} N \delta H - \frac{2a}{m_1} \delta \rho'.$$

Si dans la même station on a observé l'immersion et l'émersion, en supposant que l'équation précédente se rapporte à l'immersion, et en appelant M', N', a', m_2, Δ_2, ρ_2 les quantités correspondantes aux homologues de l'équation précédente et calculées pour l'émersion, on aura une seconde équation

$$\delta L = \frac{2a'}{m_2}(\Delta_2 - \rho_2) - a' + \frac{2a'}{m_2} M' \delta d + \frac{2a'}{m_2} N' \delta H - \frac{2a'}{m_2} \delta \rho'.$$

Les deux corrections δL devant être égales dans les deux cas, on égalera leurs valeurs, ce qui donnera une équation de la forme

$$A \delta d + B \delta H + C \delta \rho' = K,$$

dans laquelle A, B, C, et K seront connus.

Si on suppose que l'occultation a été observée en plusieurs stations, on aura plusieurs équations de cette forme, et si leur nombre est supérieur à 3, les valeurs des inconnues δd, δH et $\delta \rho'$ pourront être déterminées par la méthode des moindres carrés. En mettant ensuite les valeurs de ces quantités dans les deux équations en δL de chaque lieu, on aura deux valeurs sensiblement égales de δL dont on prendra la moyenne (1), puisque les différences restantes ne pourront plus être attribuées qu'aux erreurs d'observation.

Si le phénomène observé est une éclipse totale ou annulaire de soleil auquel cas il y a quatre contacts, on pourra égaler les valeurs de δL données par les contacts extérieurs, et de même celles qui sont données par les contacts intérieurs, on aura alors deux équations entre les corrections, mais dans l'une de ces équations $\delta \rho'$ représentera l'erreur $\delta \rho'_1$ sur la somme des deux demi-diamètres, dans l'autre l'erreur $\delta \rho'_2$ sur leur différence. On aura

extérieurs, ou la différence des deux demi-diamètres s'il s'agit de contacts intérieurs. Dans ces cas, ρ, représente dans notre formule cette somme ou cette différence des demi-diamètres.

(1) On n'aurait, par les deux équations, qu'une seule valeur de δL, s'il n'y avait que trois équations pour les trois inconnues.

donc une inconnue de plus, puisque $\delta\rho'$ en fournit deux autres. Quand les quatres inconnues δd, $\delta\mathrm{H}$, $\delta\rho'_1$ et $\delta\rho'_2$ auront été déterminées par l'ensemble des équations formées par les diverses stations, on remarquera qu'en appelant v l'erreur sur le demi-diamètre du soleil et v' l'erreur sur le demi-diamètre de la lune, on aura les deux équations

$$\delta\rho'_1 = v + v' \qquad \delta\rho'_2 = \pm (v - v'),$$

le signe $+$ se rapportant au cas où le demi-diamètre du soleil est plus grand que celui de la lune, le signe $-$ au cas contraire. De ces deux équations on tirera les valeurs de v et de v', ou les corrections des diamètres des deux astres.

280.—Si l'une des stations où une occultation a été observée est au premier méridien, on doit y trouver $\delta\mathrm{L}=0$, après les corrections de demi-diamètre, de parallaxe et de déclinaison. Si cela n'a pas lieu, c'est parce que les tables sont en erreur. Si on trouve $\delta\mathrm{L}$ positif, cela indique que les coordonnées devaient être prises dans la table un temps $\delta\mathrm{L}$ plus tôt. L'ascension droite de la lune donnée par les tables est donc trop grande du mouvement de la lune pendant le temps $\delta\mathrm{L}$. Les déclinaisons, parallaxes et demi-diamètre doivent être également prises un temps $\delta\mathrm{L}$ plus tôt avant d'y ajouter les corrections δd, $\delta\mathrm{H}$ et $\delta\rho'$, après quoi on a tous ces éléments exactement à l'instant de l'observation. Leurs différences avec les valeurs données par les tables sont les corrections de ces éléments dans les éphémérides. Quant aux autres stations où le phénomène a été observé, leur différence de longitude avec la longitude qu'on a trouvée pour le premier méridien est la vraie longitude indépendante des erreurs des tables. Dans tous les cas, il est facile de se rendre compte que les différences de longitude des diverses stations où une même occultation a été observée sont indépendantes des erreurs tabulaires, pourvu que le demi-diamètre, la parallaxe et la déclinaison de la lune aient pu être corrigés de $\delta\rho'$, $\delta\mathrm{H}$ et δd.

La lune étant observable aux époques de sa révolution où on peut observer les occultations des étoiles, il arrive qu'en général, si l'occultation n'était pas visible au premier méridien, au moins (sauf le cas de mauvais temps en ce point) cet astre a pu y être observé vers l'époque de l'occultation. Alors, avant de faire les calculs, on corrige des erreurs tabulaires les ascensions droites et les déclinaisons prises dans les tables, de sorte que le résultat devient indépendant de ces dernières erreurs. Pour les éclipses de soleil, l'avantage d'observations de la lune dans la même journée n'existe pas, ce qui rend plus douteuses les corrections tabulaires fondées sur les observations faites au premier méridien dans le voisinage de l'époque du phénomène. Mais si l'éclipse a été observée au premier méridien, on retrouve, de la même manière que pour les occultations, l'avantage d'un résultat indépendant des erreurs tabulaires. Dans les éclipses, on a toutefois à craindre un genre d'erreur de plus que pour les occultations, ce sont les erreurs des tables du soleil. Mais on a l'avantage de pouvoir les faire disparaître en effectuant directement des séries d'observations sur l'ascension droite et la déclinaison du soleil dans la station même où on observe l'éclipse, ce qui donne en des instants connus en temps du lieu la position du soleil sur le ciel; puis à l'aide du mouvement de l'astre indiqué par les tables, on calcule au moyen des intervalles écoulés les positions à l'instant des contacts observés. En ces instants, la position du soleil est donc définie, sans que la longitude du lieu soit intervenue dans sa fixation, et en cela les choses se passent comme avec les occultations. Si l'éclipse est observée au premier méridien, le soleil y étant alors observable, on peut déterminer la correction de la position donnée par les tables, et pourvu que les observateurs du premier méridien ne se limitent pas à une seule observation méridienne, mais emploient des séries d'observations azimutales, la correction sera très-bonne. Comme l'éclipse donne la correction de la différence d'ascension droite des deux astres, on en déduira la correction de l'ascension droite de la lune.

Si on a observé une occultation d'une étoile dont la position soit incertaine, il est clair qu'on doit la déterminer avant de faire le calcul.

281. — Les passages de Vénus et de Mercure peuvent donner les longitudes par des calculs identiques à ceux des éclipses. Nous n'avons donc pas à nous étendre davantage sur ce sujet. Ce que nous avons dit pour la prédiction des passages suffit pour l'indication de ce qu'il y a à faire pour les recherches des éléments du calcul dans les tables. Le reste est en tout semblable au calcul des éclipses. Toutefois, pour la détermination de la correction de la parallaxe, nous rappellerons que la parallaxe des planètes en question étant égale à

celle du soleil divisée par le rapport connu de leur rayon vecteur géocentrique au rayon moyen de l'orbite terrestre, rapport que nous appellerons u, si nous appelons δp la correction de la parallaxe horizontale du soleil, la correction de leur parallaxe sera $\frac{1}{u} \delta p$. Substituant cette valeur à δH dans l'expression de $\delta D'$ que nous avons donnée pour les éclipses et les occultations, on aura l'expression de $\delta D'$ à substituer dans les équations du n° 279; mais il convient en même temps de faire varier la déclinaison apparente du soleil, c'est-à-dire de différencier l'équation (A) par rapport à D en même temps que par rapport à D' et α, et de remplacer δD par $\frac{\varpi}{p} \cdot \delta p$, ϖ_1 étant la parallaxe de déclinaison du soleil et p la parallaxe horizontale employée dans le calcul; de plus, $\delta \alpha$ sera égal à $\frac{\varpi}{p} \delta p$, ϖ étant égal à la différence entre l'angle connu α et l'angle α_1 qui existe entre les ascensions droites vraies de la planète et du soleil, par là l'influence totale de l'erreur sur la parallaxe horizontale du soleil sera exprimée dans l'équation. Avec ces substitutions des expressions de $\delta D'$, δD et $\delta \alpha$ dans l'équation (A) différenciée, on aura à chaque station, par la condition de l'égalité des corrections de longitudes données par les contacts extérieurs, une première équation, et par celle des mêmes corrections fournies par les contacts intérieurs, une seconde équation entre les corrections des déclinaisons et de la parallaxe du soleil et les corrections des sommes ou des différences des demi-diamètres. On tirera donc de l'ensemble des observations la parallaxe du soleil, en même temps que les longitudes; mais pour que cette détermination de la parallaxe solaire soit bonne, il faut que les stations soient très-différentes en latitude, de telle sorte que, par l'effet de la parallaxe, on voie de chacune de ces stations la planète décrire sur le soleil une corde très-différente (1),

(1) Remarquons que les corrections δL de la longitude, données par chaque contact, ne sont, au fond, que les corrections sur les instants supposés des contacts, en temps du premier méridien, instants qu'on a obtenus en retranchant une même longitude supposée des temps réels des contacts, de sorte que les intervalles adoptés pour les deux contacts, et dont la différence des valeurs de δL est la correction, sont précisément les intervalles réellement observés entre ces contacts. En égalant donc à zéro la différence des valeurs de δL pour les deux contacts intérieurs (ou la différences des

29

et en outre il faut que la planète ne décrive que de petites cordes sur le soleil. Quant aux déterminations de longitude, elles ne font, au contraire, que gagner à ce que la planète passe près du centre du soleil.

Nous ferons remarquer, en outre, qu'il y a, dans le cas des passages de planètes, avantage à effectuer le calcul des distances des astres par les longitudes et les latitudes, c'est-à-dire par la formule

$$\sin^2 \tfrac{1}{2} \Delta = \sin^2 \tfrac{1}{2} (\lambda' - \lambda) + \cos\lambda \cos\lambda' \sin^2 \tfrac{1}{2} \alpha$$

dans laquelle alors α représente la différence des longitudes apparentes des deux astres, λ et λ' leurs latitudes affectées de parallaxes.

En effet, λ et λ' étant très-petits, on peut, dans la différenciation de la formule, négliger les termes en $\cos\lambda \sin\lambda' \sin^2 \tfrac{1}{2} \alpha$ et $\sin\lambda \cos\lambda' \sin^2 \tfrac{1}{2} \alpha$, alors la différentielle de l'équation devient en remplaçant les différentielles par les variations

$$\sin \Delta \delta\Delta = \sin (\lambda' - \lambda) \, \delta \, (\lambda' - \lambda) + \cos\lambda \cos\lambda' \sin\alpha \delta\alpha.$$

En appelant toujours p la parallaxe horizontale du soleil, nommons $\lambda'_{,} - \lambda_{,}$ la différence des latitudes vraies et $\alpha_{,}$ la différence des longitudes vraies, de sorte que les effets de la parallaxe sont $\lambda' - \lambda - (\lambda'_{,} - \lambda_{,})$ et $\alpha - \alpha_{,}$; alors on a $\delta\alpha = \dfrac{\alpha - \alpha_{,}}{p} \delta p$ et $\delta (\lambda' - \lambda) = \delta l + \dfrac{\lambda' - \lambda - (\lambda'_{,} - \lambda_{,})}{p} \delta p$, équation dans laquelle δl est la correction de la différence de latitude des deux astres. On voit ainsi que les erreurs particulières des latitudes du soleil et de la planète n'interviennent pas : leur différence seule influe.

---

valeurs de δL pour les deux contacts extérieurs), c'est-à-dire en égalant les deux valeurs de δL, données par ces deux contacts, l'équation obtenue ne fait qu'exprimer que le temps employé par la planète à décrire la corde sur le soleil a été précisément celui qu'on a observé. La méthode que nous venons d'exposer comme un simple corollaire de celle des occultations, est donc au fond identiquement la même que la méthode décrite dans les ouvrages d'astronomie pour le calcul de la parallaxe du soleil par les passages des planètes inférieures sur son disque, méthode qui repose sur le temps employé à décrire la corde. Nous ne trouvons aucun avantage à exposer ici cette dernière méthode, où on néglige des quantités que la nôtre, qui est aussi courte, ne néglige pas.

Par l'élimination de δL, chaque station donne deux équations de condition. Avec deux stations, on a donc quatre équations entre les quatre inconnues, δp, δl, et les corrections de la somme et de la différence des deux demi-diamètres. Mais les contacts extérieurs, surtout le premier, ne peuvent pas être observés avec une précision aussi grande que les autres. Toutefois, en négligeant le premier contact extérieur, on peut encore dans chaque station remplacer l'équation des contacts extérieurs en égalant la valeur de δL donnée par le dernier contact extérieur à la valeur de δL donnée par les contacts intérieurs. Par là on évite l'emploi du premier contact, et le nombre des équations n'est pas diminué. Mais vu la petitesse du diamètre des planètes, l'équation des contacts extérieurs n'est pas assez différente de celle des contacts intérieurs pour bien déterminer toutes les inconnues. Comme en général, on a les observations à plus de deux stations très-différentes en longitude et en latitude, on peut, en n'employant que les contacts intérieurs, déterminer les inconnues, qui alors se réduisent à trois.

282. — Les plus graves erreurs à craindre étant toujours sur les diamètres, on suppose nulle, si on n'a que deux stations, la correction des latitudes ou des déclinaisons. C'est aussi ce qu'on fait pour les occultations si on n'a que l'immersion et l'émersion observées dans une seule station; il faut en plus dans ce cas supposer nulle la correction de parallaxe, mais on a une longitude indépendante du demi-diamètre de la lune. Pour les éclipses de soleil, comme pour les passages de planètes, les contacts extérieurs, surtout le premier, donnent des résultats très-inférieurs en précision à ceux des contacts intérieurs et à ceux des occultations. Ces dernières, dans lesquelles n'interviennent pas les erreurs des tables solaires, sont d'ailleurs toujours préférables aux éclipses de soleil pour la détermination des longitudes quand on peut observer l'immersion et l'émersion.

283. — Si, pendant une éclipse de soleil, on mesure à un instant donné la distance des cornes, on voit, en remarquant que le demi-intervalle β des cornes est la longueur de la perpendiculaire abaissée sur la ligne des centres, qu'on peut facilement, dans le triangle rectiligne formé par une des cornes et les centres des deux astres, obtenir la distance des centres qui forme un des côtés de ce triangle, car on connaît les deux autres côtés qui sont égaux aux demi-diamètres apparents ρ et ρ' des deux astres et la longueur de la perpendiculaire abaissée sur ce troisième côté. En appelant μ et

μ' les angles au centre des deux astres, on a pour déterminer ces angles les deux équations

$$\sin \mu = \frac{\beta}{\rho} \quad \text{et} \quad \sin \mu' = \frac{\beta}{\rho}.$$

$\rho \cos \mu$ et $\rho' \cos \mu'$ sont alors respectivement les distances du point de rencontre de la ligne des centres et de la ligne des cornes aux centres des deux astres, et suivant que la ligne des cornes est entre les deux centres ou extérieure à eux, la somme ou la différence de ces quantités connues $\rho \cos \mu$ et $\rho' \cos \mu'$ est la distance des centres. La distance des centres étant ainsi connue à l'instant de l'observation, il est évident qu'on peut calculer l'heure correspondante du premier méridien, exactement par la même méthode que pour les contacts, puisque les observations de contacts ne sont après tout que des observations de distances de centre. La seule différence est que dans les formules la somme ou la différence des diamètres est remplacée par la somme ou la différence de $\rho \cos \mu$ et $\rho' \cos \mu'$. Dans les formules de correction pour les demi-diamètres et la parallaxe de la lune, si on remarque que ρ et ρ' diffèrent toujours très-peu l'un de l'autre, de sorte que les angles μ et μ' sont peu différents, on voit qu'on pourra à des quantités près du second ordre, remplacer la correction de $\rho \cos \mu + \rho' \cos \mu'$, ou celle de $\rho \cos \mu - \rho' \cos \mu'$ par la correction de la somme des demi-diamètres dans le premier cas ou de leur différence dans le second, correction multipliée par $\cos \mu_1$, μ_1 étant la moyenne connue des angles μ et μ'.

Remarquons maintenant que peu de temps après le premier contact extérieur ou avant le dernier, une très-petite variation dans la distance des centres correspond à une variation considérable dans celle des cornes. Il en est de même dans le voisinage des contacts intérieurs, lors des éclipses totales ou presque totales. On voit donc que des mesures bien faites de distances de cornes seront préférables pour la détermination des longitudes aux observations des contacts, d'autant plus qu'on peut alors observer un grand nombre de ces distances, afin d'avoir une bonne moyenne pour le résultat.

284. — Il faut noter toutefois que les longueurs mesurées des distances des cornes ont besoin d'une petite correction, provenant de ce que les deux cornes n'étant pas généralement à la même distance du zénith, leur écartement est un peu diminué par la

réfraction. Cette correction est facile à obtenir, car nous avons vu (n° 274) le moyen de calculer pour un instant quelconque l'angle de la ligne des centres et du vertical du soleil, angle d'où on tire l'angle de la ligne des cornes et de ce vertical. L'intervalle mesuré des cornes multiplié par le cosinus de cet angle est la différence de distance au zénith pour les deux cornes. Prenant alors dans les tables de réfraction la variation de la réfraction avec cette différence de distance zénithale pour la distance actuelle du soleil au zénith, distance qu'on a calculée à l'aide de l'heure de l'observation (n° 232), on a la quantité dont doit être allongée la projection de la distance des cornes sur le vertical de l'une d'elles. Remarquons maintenant que la projection perpendiculaire est égale à la distance des cornes multipliée par le sinus de l'angle de la ligne des cornes et du vertical du soleil, et que la réfraction en élevant le soleil dans son vertical diminue cette projection dans le rapport du sinus de la distance zénithale affectée de réfraction au sinus de la distance zénithale vraie du soleil ; on aura donc la projection en question, en la multipliant par le rapport inverse. Les deux projections, l'horizontale et la verticale, étant ainsi obtenues corrigées de réfraction, la somme de leurs carrés est le carré de la distance vraie des cornes.

Ces corrections de réfraction étant très-petites, et les incertitudes de la réfraction ne pouvant les altérer que d'une petite fraction de leur valeur, on voit que les corrections peuvent, à des quantités près du second ordre, être regardées comme exactes, et l'erreur qui en résulterait sur la distance des centres est encore plus négligeable si les observations sont faites dans les moments favorables, puisqu'une très-forte erreur sur la distance des cornes n'en fait alors qu'une très-petite sur la distance des centres (1).

285. — L'angle de la ligne des cornes avec le vertical du soleil varie rapidement. Cette circonstance rend difficiles les mesures des distances de cornes. En général, l'angle avec le diamètre polaire est variable aussi. Toutefois, dans les éclipses centrales, ce dernier angle

(1) L'irradiation solaire (provenant de l'œil et de la lunette) ne modifie pas la distance des cornes, parce qu'elle augmente le diamètre solaire, en même temps qu'elle diminue le segment obscur de la lune de la même quantité. — Il est facile de voir que ces deux effets se compensent quant à l'écartement des cornes.

varie très-peu. Avec un équatorial, dans ce cas, les mesures seraient très-faciles à prendre en recourant à un objectif d'héliomètre ou à un micromètre à double image, ou enfin à mon micromètre à quatre images. Mais on peut toujours obtenir des mesures
de distances de cornes au moyen de photographies instantanées
faites sur collodion sec, car le soleil trace son image en moins
d'un centième de seconde. Dans ce cas, on fait passer rapidement
une fente, découpée dans un écran, devant la glace collodionnée, en
réglant le passage de cette fente à une seconde exacte de l'horloge. On a ainsi à un instant connu avec précision une photographie du soleil éclipsé. Pour avoir sur la glace même l'échelle des
minutes et des secondes d'arc, on peut faire deux photographies du
soleil sur la même glace à deux instants. On déduit de la distance des centres des deux images l'espace linéaire parcouru, lequel répond à l'angle entre les deux positions apparentes de
l'astre affectées de parallaxe et de réfraction à ces deux instants,
angle qu'on peut calculer, et on a ainsi sur la glace la valeur
linéaire de la minute d'arc.

Deux séries de mesures de distances de cornes faites l'une un
peu après le commencement et l'autre un peu avant la fin de
l'éclipse donnent la correction de la somme des diamètres comme
dans le cas des contacts extérieurs (1). On a celle de la différence
des diamètres par les séries obtenues un peu avant et un peu
après la totalité dans le cas d'éclipse totale.

286. — Dans une éclipse parfaitement centrale, l'angle de la
ligne des cornes et du diamètre polaire du soleil est constant aux
environs de la totalité avant et après. Il est très-variable dans
cette circonstance si l'éclipse n'est pas rigoureusement centrale. Il
résulte de là un moyen très-curieux d'obtenir la plus courte distance des centres, à l'aide de mesures de l'angle de position de
la ligne des cornes aux environs de la totalité, mesures prises avec
l'équatorial : le mieux, dans ce cas, est de recourir à la photographie. On dispose alors les glaces collodionnées dans un

_____

(1) Le demi-diamètre solaire ne peut être mesuré sur les plaques à cause
de l'irradiation et du manque de netteté parfaite de l'image sur les bords.
Ce manque de netteté est moins important pour les distances des cornes,
car l'incertitude est très-petite, et nous avons vu qu'une grande erreur sur
les distances de cornes n'en fait qu'une très-petite sur les distances des
centres, quand la ligne des cornes est une petite fraction du diamètre.

châssis dont une garniture métallique porte des repères, à l'aide desquels la position du châssis par rapport à la lunette peut être déterminée. Cette même monture métallique renferme une pointe de diamant avec laquelle un trait peut être tracé sur le derrière de la glace mise en place, afin de former une ligne de repère identique pour toutes les glaces. La différence de l'angle de cette ligne et de la ligne des cornes dans deux épreuves obtenues l'une avant, l'autre après la totalité, et tout près de cet instant quand la distance des cornes est déjà petite, donne l'angle des deux lignes des cornes et par conséquent celui des deux lignes des centres (1).

Or, sur les deux épreuves, la longueur de la ligne des cornes donne la distance des centres : on connaît donc la distance des centres aux instants des deux épreuves et l'angle compris ; on peut, par conséquent, dans le triangle rectiligne formé par le centre du soleil et les deux positions relatives du centre de la lune, calculer la longueur de la ligne abaissée du centre du soleil sur le côté opposé. Cette distance est la plus courte distance des centres, et on sait en outre de quel côté du centre du soleil elle a eu lieu.

Quand la ligne centrale du parcours de l'éclipse est très-inclinée au parallèle du lieu d'observation, on voit que la position de ce lieu sur le globe est fixée par l'intersection de son parallèle de latitude et de la ligne sur laquelle existe dans le sens trouvé la distance des centres obtenus. Si donc, avec la latitude du lieu et une longitude un peu plus petite que la supposée, on calcule par les tables la plus courte distance des centres, puis si on fait le même calcul pour une longitude un peu plus grande et la même latitude, une simple proportion donnera la longitude à laquelle avait lieu la plus courte distance observée, et cette longitude est celle de la station. L'heure de la station n'est intervenue ici dans le calcul

_____

(1) Cet angle est modifié par la réfraction; mais les deux épreuves étant faites à deux instants très-rapprochés, sont sensiblement altérées de même et par conséquent la différence des deux angles peut être regardée comme indépendante de la réfraction, à moins que l'astre ne soit très-loin du zénith. Nous avons vu précédemment le moyen de connaître les projections vraies (verticales et horizontales) de la ligne des cornes. Leur rapport est la tangente de l'angle vrai de la ligne des cornes et du vertical, tandis que le rapport des projections apparentes donne la tangente de l'angle apparent. La différence de ces deux angles est l'influence de la réfraction. La différence de ces influences ainsi calculées pour les deux épreuves donne la correction de l'angle observé.

que pour avoir l'augmentation du demi-diamètre lunaire avec la
hauteur. Il suffit donc qu'elle soit seulement approximativement
connue. La méthode que je viens d'exposer offre par conséquent
le caractère curieux de ne pas exiger la connaissance exacte de
l'heure de la station.

Mais toutefois il est préférable que cette heure soit connue,
ainsi que les instants des deux épreuves, car alors on peut obtenir
par les méthodes déjà exposées la correction de la différence des
demi-diamètres des deux astres, correction qui influe un peu sur
le résultat, et en tenant compte de cette correction, on a une longitude exacte.

J'ai imaginé la méthode que je viens de décrire à l'occasion de
l'éclipse du 7 septembre 1858, à Paranaguá, où je l'ai appliquée.
Cette application de la photographie à l'astronomie de précision
est la première qui ait été faite (1).

287. — Pour l'observation des passages de planètes, la photographie sera aussi d'un secours très-utile, car on pourra, sur des
épreuves bien faites, obtenir les coordonnées des centres des deux
astres, et par conséquent les distances de ces centres pour des secondes exactes de l'horloge en suivant le procédé que j'ai décrit,
à moins qu'on ne préfère enregistrer sur un chronographe électri-

---

(1) Il avait été fait, antérieurement, des photographies du soleil et de la
lune. Moi-même, j'en avais obtenu. Plusieurs années auparavant, j'avais
déjà publié une méthode pour l'application de la photographie à l'observation
du soleil, et j'avais fait déjà quelques expériences dans ce but. Mais ces essais et ces méthodes ne s'appliquaient pas directement à la correction des
positions astronomiques de la lune et du soleil et à la détermination des positions géographiques. Au sujet de l'application de la photographie à l'astronomie, je mentionnerai ici que j'ai indiqué dans mon mémoire *Sur l'emploi des observations azimutales pour la détermination des positions géographiques et des coordonnées des astres* un mode d'observation qui n'exigerait nullement l'emploi de photographies instantanées, en sorte qu'il est très-
pratiquement applicable aux étoiles. Il repose sur les procédés de pointé
que j'ai mentionnés dans le n° 129, et par lesquels la situation de l'instrument, dont la lunette suit l'astre par l'effet d'un mouvement d'horlogerie,
est enregistrée électriquement ou mécaniquement en un instant donné en
même temps que l'heure correspondante de l'horloge.

Dans l'ouvrage que je viens de citer, j'ai indiqué un moyen très-simple
de faire, à l'aide d'un mouvement d'horlogerie, accompagner une étoile
par la lunette de l'alt-azimut, sans rien sacrifier des rectifications d'axes
de ce dernier instrument.

que l'instant de l'ouverture. Par cet emploi de la photographie on pourra multiplier les observations pendant la durée du passage.

Quand les planètes décrivent des cordes voisines du centre du soleil, on peut aussi, à l'aide de prismes biréfringents d'un angle bien connu, doubler dans la lunette d'un équatorial l'image solaire, de façon à voir l'une des images de la planète décrire une corde très-voisine du bord de l'une des images du soleil, dont la déclinaison apparente serait par là augmentée ou diminuée de l'angle connu du prisme. Il y aurait en cela un excellent moyen d'obtenir des distances des centres; et les contacts extérieurs avec l'image solaire pourraient être aussi bien observés que les intérieurs, puisqu'il y aurait projection de la planète sur l'autre image solaire, de sorte qu'on la verrait venir. Si des observateurs veulent appliquer cette méthode lors des prochains passages de Vénus de 1874 et 1882, cette simple indication et les développements dans lesquels nous sommes déjà entré sur le calcul des passages leur suffiront pour comprendre comment doit être effectué le calcul.

288. — Les éclipses des satellites de Jupiter sont aussi employées à la détermination des longitudes terrestres. Ces éclipses présentant le même aspect en tous les points de la terre où l'astre est au-dessus de l'horizon, on voit que la différence des heures locales où on note la disparition ou la réapparition des satellites est directement la différence des méridiens. Si le phénomène est observé sous le premier méridien, la longitude obtenue est indépendante des erreurs des tables des satellites. Elle en est affectée, au contraire, si on calcule la longitude avec la différence de l'heure observée à la station et de l'heure calculée pour le premier méridien. Le premier satellite, ayant des mouvements rapides, peut donner d'assez bonnes déterminations quand l'observation est faite en même temps sous un méridien bien connu, afin d'éliminer les erreurs tabulaires, qui sont assez grandes. Mais il faut pour cela que la lunette soit de même ouverture et de même grossissement dans les deux cas; car, les satellites ne disparaissant pas instantanément, l'instant où on juge la disparition complète ou le commencement de la réapparition varie avec la puissance optique de la lunette employée. Dans mon ouvrage *l'Espace céleste*, chapitre Ier, j'ai indiqué quelques précautions à prendre quand on veut employer les éclipses des satellites à la détermination de la vitesse de la lumière. Je ne re-

viendrai donc pas ici sur ce sujet. Le degré de transparence atmosphérique et la hauteur de l'astre exercent aussi une petite influence sur les instants d'apparition et de disparition des satellites.

Les éclipses des satellites de Jupiter sont annoncées par les éphémérides, dans lesquelles un diagramme indique pour chaque jour de l'année les positions relatives de ces petits corps, de façon à les reconnaître les uns des autres.

289. — Pour bien voir les satellites de Jupiter, il faut une lunette d'un grossissement d'une trentaine de fois. Cette circonstance empêche d'observer leurs éclipses à bord des navires où ils donneraient les meilleures observations de longitude que l'on puisse avoir à la mer. Toutefois j'ai imaginé une disposition qui permettrait de les observer en mer. Elle est fondée sur ce qu'avec une lunette courte à grand champ grossissant trois ou quatre fois, on peut, même en appuyant la main sur le bordage, tenir un objet pointé au milieu du champ malgré les mouvements du navire. C'est un fait dont je me suis assuré par expérience. Or, si on disposait une lunette d'un grossissement de trente-deux à trente-cinq fois, repliée deux fois sur elle-même à l'aide de prismes à réflexion totale, de telle sorte que cette lunette fût courte et que son oculaire placé au milieu de sa longueur fût perpendiculaire à la direction dans laquelle cette même lunette doit viser, et si de plus à cette lunette était accolé un chercheur à grand champ grossissant deux ou trois fois seulement, il serait possible à un observateur de tenir ce chercheur pointé sur Jupiter et de garder les planètes au milieu du champ. Alors un autre observateur regardant dans l'autre lunette et dans la direction perpendiculaire à la lunette chercheur (et par conséquent dans une situation où les deux observateurs ne se gêneraient pas) verrait la planète et ses satellites en permanence, et l'observation serait possible. Un moyen analogue pourrait être essayé pour permettre en mer d'observer les distances lunaires avec des grossissements plus forts qu'avec les instruments actuels. Mais nous ne nous étendrons pas davantage sur ce sujet(1).

_____

(1) A terre, avec un cercle de réflexion soutenu par une monture parallactique, au lieu d'être tenu à la main, une fois l'instrument amené dans le plan des deux astres, et de façon à ne plus pouvoir tourner qu'autour de l'axe polaire, on pourrait employer un fort grossissement pour la mesure des distances lunaires. Dans ce cas, avec les distances zénithales apparentes observées des deux astres, on obtiendrait l'angle azimutal entre

290. — Les observations des contacts de la lune avec le cône d'ombre lors des éclipses de lune sont trop douteuses, et les instants de ces contacts eux-mêmes trop variables pour que les éclipses de lune puissent être employées à la détermination des longitudes. Mais, dans l'éclipse de 1855, je me suis assuré avec M. Goujon, qui observait à côté de moi, que deux observateurs peuvent, à deux ou trois secondes près, observer l'arrivée du bord de l'ombre sur une tache bien définie de la lune. Si donc on adoptait dans les observatoires du premier méridien l'usage de noter les heures d'arrivée de l'ombre sur certains points bien définis de quelques taches dont les dessins seraient publiés par ces observatoires, il résulte de ce que ces instants sont exactement les mêmes par toute la terre en temps du premier méridien, que les voyageurs pourraient, dans les éclipses de lune, observer les même contacts de l'ombre avec les taches adoptées. Les différences des heures obtenues pour douze ou quinze taches et des heures qui seraient notées au premier méridien donneraient pour la longitude une moyenne plus sûre que les éclipses des satellites de Jupiter, et à cause de l'absence de toute influence des erreurs des tables lunaires sur les instants rigoureusement identiques dans les diverses stations, le résultat vaudrait presque autant que les contacts dans les éclipses de soleil.

Détermination de l'heure et de la longitude par des observations d'azimut.

291. — La détermination de l'heure avec la lunette méridienne par les observations des passages au méridien, est au fond une dé-

les positions apparentes ; avec cet angle azimutal et les distances zénithales apparentes corrigées de réfraction, on aurait la distance apparente des centres affectée de parallaxe seulement, et conséquemment on aurait identiquement à résoudre le même problème que pour les éclipses. Cette manière de diriger le calcul aurait le très-grand avantage de ne pas faire intervenir les distances zénithales observées de la lune, sinon pour la correction de réfraction, qui est très-petite quand l'astre n'est pas près de l'horizon. En mer même, toutes les fois que la latitude est bien connue, il est préférable, pour le calcul des distances lunaires, de calculer plutôt que d'observer les hauteurs apparentes de la lune. Ce n'est que quand la latitude est mal connue, qu'il y a, comme nous l'avons dit dans le n° 266, avantage à observer ces hauteurs plutôt qu'à les calculer.

termination de l'heure par des observations d'azimut. Les développements dans lesquels nous sommes entré dans la première
partie de cet ouvrage au sujet de la théorie des instruments méridiens, nous dispensent de revenir ici sur ce point.

Toutefois, nous ajouterons que si l'astre observé possède un
diamètre apparent, la moyenne des instants des passages des deux
bords donnera l'instant du passage du centre au méridien. Mais
si un seul bord a été observé, il y a une correction à faire pour
déduire de l'instant du passage du bord celui du centre.

Remarquons d'abord que la réfraction et la parallaxe n'agissent
pas sur la durée du passage au méridien, non plus que l'accroissement du diamètre apparent de la lune avec sa hauteur au-dessus
de l'horizon, car quand un bord de l'astre arrive au méridien d'un
lieu, il est dans le même méridien au centre de la terre, et la réfraction et la parallaxe ne font que déplacer ce bord dans son plan.

Cela posé, si nous appelons ρ le demi-diamètre angulaire d'un astre,
l'arc d'équateur compris entre les méridiens de son centre et de son
bord est $\dfrac{\rho}{\cos D}$, en appelant D la déclinaison. Si maintenant nous
appelons m l'accroissement horaire de l'ascension droite de l'astre
en une heure de temps moyen ou $1^h 0^m 9^s,8565$ de temps sidéral,
m étant donné par les éphémérides, $m\,\dfrac{3600}{3609,8565}$ sera l'accroissement en une heure de temps sidéral, accroissement que nous appellerons m'. L'angle horaire de l'astre, au lieu de croître de $15°$
par heure, ne croîtra donc que de $15°.—m'$. On a alors la proportion
suivante en appelant t la durée du passage

$$15° — m' : 3600^s :: \frac{\rho}{\cos D} : t$$

ou

$$t = \frac{3600\,\rho}{(15 — m')\cos D}.$$

On ajoute cette durée à l'heure du passage pour le bord occiden-
tal ou premier bord de l'astre, on la retranche pour l'autre bord, et
on a l'heure du passage du centre au méridien.

En remarquant que le temps vrai est presque égal au temps
moyen, on peut admettre sans erreur sensible que le soleil décrit exactement $15°$ de l'équateur par heure de temps moyen;

alors l'arc d'équateur $\dfrac{\rho}{\cos D}$ est décrit dans le temps moyen exprimé par $\dfrac{\rho}{15 \cos D}$. Quand on observe les heures du passage du soleil avec une horloge de temps moyen, $\dfrac{\rho}{15 \cos D}$ est alors en temps de cet instrument la différence des temps du passage du bord et de celui du centre. Pour les planètes dont les diamètres sont très-petits et les mouvements horaires d'ascension droite peu considérables, on peut aussi négliger ces derniers mouvements et admettre que $\dfrac{\rho}{15 \cos D}$ est en temps sidéral la durée du passage de leur demi-diamètre.

292.—L'instant du passage du soleil au méridien marque midi vrai. En ajoutant au temps alors noté à l'horloge la différence du temps moyen et du temps vrai, donnée sous le nom d'équation du temps dans les éphémérides pour chaque jour de l'année à midi du premier méridien, on a le temps de l'horloge correspondant à midi moyen, et on en tire la correction de l'horloge. Il est clair que l'équation du temps doit être interpolée entre celles des deux midis consécutifs du premier méridien afin de l'avoir pour un certain instant, par exemple, pour le midi d'un autre lieu. Pour cela, on ajoute à midi la longitude occidentale de ce lieu, et on a l'heure du premier méridien pour laquelle il faut calculer l'équation du temps entre le midi de la date et le midi suivant. D'une manière générale, on a l'équation du temps pour un instant quelconque d'un lieu en ajoutant à l'heure de ce lieu sa longitude occidentale et cherchant pour l'heure obtenue du premier méridien la valeur de l'équation du temps. L'équation du temps jointe à l'angle horaire du soleil obtenu par une méthode quelconque est l'heure moyenne du lieu. En retranchant l'équation du temps de l'heure moyenne, on a au contraire l'angle horaire du soleil. Les éphémérides, du moins le *Nautical Almanac*, donnent l'équation du temps pour midi vrai et pour midi moyen. La première est celle avec laquelle on calcule pour passer du temps vrai au temps moyen, c'est-à-dire pour avoir le temps moyen, connaissant l'angle horaire du soleil, angle qui est nul au méridien ; la seconde, pour passer du temps moyen au temps vrai, c'est-à-dire pour avoir l'angle horaire, connaissant le temps moyen.

Le calcul de l'heure moyenne par l'angle horaire du soleil peut se faire de la même manière que pour les autres astres, à l'aide de son ascension droite d'où on tire l'heure sidérale qu'on transforme en temps moyen, et le problème inverse se fait en opérant en sens inverse comme pour les autres corps célestes. Le but de l'équation du temps est uniquement d'abréger ces transformations, car les résultats sont identiques par les deux méthodes. En donnant l'équation du temps dans les éphémérides, on a pour but unique d'abréger le calcul aux marins dont les observations ont lieu à peu près toutes sur le soleil.

293. — Si on a déterminé par des observations de passages d'étoiles l'état de son chronomètre en temps sidéral, on déterminera avec la lunette méridienne l'heure sidérale du passage d'un bord de la lune au méridien, et, par suite, à l'aide de la correction que nous venons d'indiquer pour le demi-diamètre, on aura l'heure du passage du centre. Cette heure sidérale est l'ascension droite de la lune quand elle passe au méridien du lieu. Si on cherche dans les éphémérides l'heure moyenne du premier méridien pour laquelle la lune avait cette ascension droite, et si on transforme cette heure moyenne en temps sidéral, la différence avec l'heure sidérale du passage de la lune au méridien du lieu en question est la longitude de ce lieu. Afin d'éliminer le plus possible les erreurs de la pendule ou du chronomètre, on choisit, pour la détermination de l'heure, des étoiles passant à peu de distance de la lune, les unes avant, les autres après. On prend en outre, autant que possible, des étoiles dont la déclinaison diffère peu de celle de la lune, afin que les erreurs instrumentales soient sensiblement les mêmes pour les étoiles qui donnent l'heure et pour la lune. De cette manière ces erreurs, dont au reste on tient compte, influent le moins possible sur la différence du temps des passages, différence qui, jointe à l'ascension droite de l'étoile, donne l'heure sidérale du passage de la lune. Pour chaque jour de l'année, le *Nautical Almanac* indique certaines étoiles dont il donne les positions calculées. On a d'autant plus d'avantage à s'en servir, que ces étoiles sont autant que possible observées dans les observatoires en même temps que la lune. Si donc on emploie les observations d'un observatoire pour corriger les éphémérides, comme nous l'avons dit n° 262, on a l'avantage que les erreurs sur les ascensions droites des étoiles observées disparaissent du résultat du calcul des longitudes.

294.—Nous avons vu dans la première partie de cet ouvrage les moyens d'obtenir le méridien avec un théodolite ou un alt-azimut, soit en y appliquant la méthode de la lunette méridienne, soit à l'aide d'un des azimuts extrêmes d'une circompolaire connue, ou mieux encore au moyen des deux azimuts extrêmes d'une même circompolaire. On peut donc déterminer l'azimut d'une mire éloignée. Dans la méthode des azimuts extrêmes on pointe alternativement à la mire et à l'étoile, dont on a l'azimut pour chaque pointé. La différence de la lecture faite sur la mire et sur l'étoile, différence ajoutée ou retranchée de la lecture sur l'étoile conformément à la direction de la mire choisie, donne l'azimut de la mire pour chaque observation, car ici si on a soin de lire les angles chaque fois, ce ne sont pas comme pour les distances zénithales les arcs doubles qu'on obtient, mais bien des arcs simples. La moyenne des azimuts de la mire fournie par l'ensemble des observations donne alors l'azimut de la mire, indépendamment des lectures intermédiaires si l'instrument est répétiteur, puisqu'une de ces lectures, si elle est trop grande ou trop petite altère deux déterminations en sens contraire exactement de la même quantité.

Il importe que pendant ces opérations la lunette inférieure du théodolite soit pointée sur la mire, afin de s'assurer si l'instrument n'éprouve pas un déplacement azimutal, et pour tenir compte des déplacements qui peuvent se produire entre les pointés avec la lunette supérieure sur l'étoile ou la mire. Pour la précision des mesures, la lunette inférieure devrait être munie d'un micromètre afin d'obtenir la mesure des déviations inévitables qu'éprouvent surtout les instruments portatifs pendant la durée d'une série d'observations. Les constructeurs de ces instruments négligent ordinairement cette précaution, et cette circonstance fait que la lunette inférieure ne rend qu'imparfaitement les services auxquels elle est destinée; car il ne suffit pas de savoir que l'instrument a dévié, vu qu'on peut considérer qu'on le sait d'avance puisqu'il dévie toujours, l'essentiel est de mesurer la quantité de cette déviation pour en corriger les observations. A défaut de micromètre à la lunette inférieure, on peut placer à une distance d'une centaine de mètres de l'instrument une règle horizontale divisée en portions égales, et on pointe la lunette inférieure sur une des divisions de cette règle. Avec la lunette supérieure, on peut alors mesurer sur le limbe l'angle que sous-tend l'intervalle d'un certain nombre de di-

visions, ce qui fait connaître l'angle que représente une division
de la règle, dans la situation où on l'a placée. Si alors l'instrument
dévie, on peut estimer la quantité de la déviation avec assez de
sûreté. Il importe de remarquer que la mire peut être différente
pour les deux lunettes, celle de la lunette inférieure n'étant destinée qu'à accuser les déviations de l'instrument. Pour la lunette
supérieure, la mire doit être très-éloignée, afin de pouvoir être
observée avec la même mise au point que les astres. Mais comme
les mires éloignées sont sujettes à varier d'azimut à cause de la
réfraction latérale dans les couches d'air, inégalement chaudes, en
contact avec le sol, il y a avantage, toutes les fois que c'est possible,
à lui substituer un collimateur.

295. — L'azimut de la mire étant connu, supposons qu'on observe
à un instant donné l'angle azimutal compris entre cette mire et
une étoile connue, on en déduira, après correction des erreurs instrumentales, l'azimut de l'étoile, et si surtout celle-ci est voisine
du méridien, on peut se proposer de déduire de cet azimut l'angle
horaire de l'étoile, et par suite l'heure correspondante. Pour cela,
abaissons du pôle P un arc de grand cercle perpendiculairement au
vertical de l'étoile dont nous connaissons l'azimut, et nommons M
le pied de cet arc perpendiculaire et Z le zénith. Dans le triangle
rectangle PZM, dont l'angle PZM égale l'azimut observé a et dont
l'hypoténuse PZ égale le complément de la latitude ou $90° - l$,
on a, en appelant φ l'angle au pôle,

$$\sin l = \cot a \cot \varphi, \quad \text{et} \quad \tang PM = \cot l \cos \varphi.$$

La première équation détermine l'angle φ et la seconde donne
ensuite la valeur de l'arc PM. Si maintenant du pôle comme
centre, avec un rayon égal à la distance polaire de l'étoile $90° - D$,
nous décrivons un arc de cercle, cet arc coupera en deux points le
vertical ZM, et les angles horaires de ces deux points représentent
les deux solutions du problème. Ces deux points sont d'ailleurs à
égale distance du pied M de l'arc perpendiculaire abaissé du pôle
sur le vertical considéré, et chacun d'eux forme avec le pôle et
le point M un triangle rectangle en M dont l'hypoténuse, qui est
égale à $90° - D$, et le côté PM sont connus.

En appelant donc ψ l'angle au pôle dans ce triangle, il vient

$$\tang PM = \cot D \cos \psi;$$

éliminant tang PM entre cette équation et la précédente, on a

$$\cos \psi = \frac{\text{tang} D}{\text{tang} l} \cos \varphi.$$

On transforme cette équation en une autre en retranchant chaque membre de l'unité. On la transforme en une seconde équation en ajoutant l'unité à chaque membre. Puis, en divisant membre à membre les deux équations ainsi obtenues, et remarquant que $\frac{1-\cos\psi}{1+\cos\psi} = \text{tang}^2 \frac{1}{2}\psi$, on a

$$\text{tang}^2 \tfrac{1}{2} \psi = \frac{\text{tang} l - \text{tang} D \cos \varphi}{\text{tang} l + \text{tang} D \cos \varphi},$$

équation qu'on rend logarithmique en posant tang D cos φ = tang θ et il vient

$$\text{tang}^2 \tfrac{1}{2} \psi = \frac{\sin (l - \theta)}{\sin (l + \theta)}.$$

Or, pour l'un des deux points d'intersection, l'angle horaire est égal à celui du point M moins l'angle ψ, et pour l'autre à ce même angle horaire de M plus l'angle ψ. Les deux solutions du problème sont donc $\varphi - \psi$ et $\varphi + \psi$, et l'équation qui donne l'angle φ peut d'ailleurs s'écrire tang $\varphi = \dfrac{\cot a}{\sin l}$.

Dans ces formules, on considère l'angle horaire comme positif à l'ouest et négatif à l'est, l'azimut a est compté à partir du pôle vers l'ouest. On peut regarder l comme toujours positif, pourvu qu'on compte les azimuts à partir du pôle de l'hémisphère de la station. Si on les compte toujours du pôle nord vers l'ouest, il faut regarder l comme négatif dans l'hémisphère austral. Mais il est toujours plus commode de compter les azimuts à partir du pôle de son hémisphère. On n'éprouve pas d'embarras pour savoir laquelle des deux solutions doit être adoptée. La hauteur de l'astre sur l'horizon estimée à vue, le côté du ciel où il était situé ou la connaissance de l'heure approchée lèvent toute incertitude sur le choix de la solution à adopter. S'il restait quelque doute, ce qui ne pourrait avoir lieu que si la valeur de ψ était très-petite, une seconde observation faite un plus tard le lèverait en donnant l'heure sidérale du lieu.

Toutefois, si l tend vers zéro, φ tend vers 90°, et dans les formules précédentes cos ψ et tang ψ tendent vers $\frac{0}{0}$. Dans ce cas, on tire de l'équation qui donne tang φ, la valeur de cos φ en sinus φ, valeur qui est cos $\varphi = \sin l \sin \varphi$ tang a et en la reportant dans l'équation qui donne cos ψ, on a cos $\psi = $ tang D cos l sin φ tang a. On en tire comme précédemment l'expression de tang$^2\frac{1}{2}\psi$ qui est, en posant tang $v = $ tang D cos l sin φ,

$$\operatorname{tang}^2\tfrac{1}{2}\,\psi = \frac{\cot a - \operatorname{tang} v}{\cot a + \operatorname{tang} v} = \frac{\cos\,(a+v)}{\cos\,(a-v)}.$$

Cette formule convient aux basses latitudes et ne tend vers $\frac{0}{0}$ que si a tend vers 90°, mais dans ce cas l'angle horaire ne peut non plus être obtenu par l'azimut.

296. — Le problème inverse du précédent, et qui consiste à calculer l'azimut d'un astre après avoir, à l'aide de l'heure du lieu, trouvé son angle horaire, est très-simple à résoudre. Nous avons vu en effet dans la note du n° 115 qu'en appelant P l'angle horaire d'un astre, l'azimut a est lié à cet angle horaire par la relation suivante,

$$\sin l \cos P = \operatorname{tang} D \cos l - \sin P \cot a,$$

a étant toujours compté du pôle vers l'ouest, P étant positif à l'ouest, négatif à l'est, et en faisant les mêmes remarques que précédemment pour le signe de la latitude. De là on tire

$$(1) \qquad \operatorname{tang} a = \frac{\sin P}{\operatorname{tang} D \cos l - \sin l \cos P},$$

équation qu'on rend logarithmique en posant cos P cot D $=$ tang β, d'où

$$\operatorname{tang} a = \frac{\operatorname{tang} P \sin \beta}{\cos\,(l + \beta)}.$$

Cette formule cesse d'être applicable quand P $= 90°$, car alors $\beta = 0$ et tang P $= \infty$, de sorte que la valeur de tang a est $\infty \times 0$ ou indéterminée. Cependant dans ce cas la formule primitive (1) donne tang $a = \dfrac{1}{\operatorname{tang} D \cos l}$. Lors donc que P est voisin de 90°, il vaudra mieux rendre la formule logarithmique en posant

$$\frac{\tang D \cot l}{\sin P} = \tang \gamma,$$

et il vient

$$\tang a = \frac{-\cos\gamma\sin P}{\sin l\,(\cos\gamma + P)}.$$

Le problème qui nous occupe peut encore être résolu par les analogies de Néper, car en appelant a l'azimut et b l'angle à l'étoile compris entre le pôle et le zénith, ces analogies donnent

$$\tang \tfrac{1}{2}(a+b) = \cot \tfrac{1}{2}P\,\frac{\cos\tfrac{1}{2}(l-D)}{\sin\tfrac{1}{2}(l+D)},$$

$$\tang \tfrac{1}{2}(a-b) = \cot \tfrac{1}{2}P\,\frac{\sin\tfrac{1}{2}(l-D)}{\cos\tfrac{1}{2}(l+D)}.$$

Les deux angles $\tfrac{1}{2}(a+b)$ et $\tfrac{1}{2}(a-b)$ étant ainsi connus, leur somme est l'angle a cherché.

297. — La détermination de l'heure par l'observation de l'azimut d'une étoile de faible déclinaison et voisine du méridien peut se faire sans l'emploi d'une mire éloignée pour la lunette supérieure, si on prend la différence d'azimut d'une étoile très-voisine du pôle comme la polaire dans l'hémisphère boréal ou σ octant dans l'hémisphère austral, car l'azimut d'une telle étoile varie très-lentement, et à l'aide des formules précédentes son azimut est obtenu avec une grande approximation si on connaît l'heure à peu près. On obtient alors l'azimut très approché de l'étoile de faible déclinaison, et cet azimut donne uue heure très-approchée à l'aide de laquelle on peut avoir l'azimut exact de l'étoile voisine du pôle, et par suite celui de l'étoile destinée à faire connaître l'heure qu'on a alors exactement. A cause des réfractions terrestres, ce procédé est beaucoup plus sûr que l'emploi des mires. Toutefois, dans les très-basses latitudes, on ne peut pas obtenir l'azimut exact par les étoiles très-voisines du pôle, car ces étoiles se trouvent dans la zone des réfractions anormales. Mais, dans ce cas, si nous considérons une étoile située dans l'équateur, auquel cas $\tang D = 0$, l'équation (1) donne $\tang a = \dfrac{\tang P}{\sin l}$, formule qui montre que quand P est grand et l voisin de zéro, a reste très-voisin de 90°; par conséquent, dans cette circonstance, l'azimut varie très-peu avec l'heure de l'observation. Dans les bas-

ses latitudes, au lieu donc de prendre pour repère une circompolaire voisine du pôle, il faut prendre une étoile aussi voisine que possible de l'équateur et située loin du méridien. Il faut, au contraire,
choisir pour la détermination de l'heure une étoile voisine du
méridien et de quelques degrés de déclinaison de signe contraire
à celle de la latitude du lieu, afin que cette étoile ne soit pas trop
près du zénith, chose à éviter à cause des erreurs instrumentales et de l'incommodité de l'observation zénithale.

298. — Si pour obtenir l'heure par les azimuts, on avait employé le soleil au lieu des étoiles, et si on ne s'était pas servi de mon
procédé pour obtenir l'azimut du centre, mais si on avait visé à un
bord latéral, il faudrait ramener l'observation à ce qu'elle aurait
été au centre de l'astre, en corrigeant l'observation de la différence
d'azimut du bord et du centre. Si on appelle z la distance zénithale vraie du centre du soleil, qu'on connaît approximativement
d'après l'heure approchée de l'observation, et si on nomme ρ le
demi-diamètre et α la différence d'azimut du centre et du bord,
la règle des sinus donne dans le triangle formé par le vertical du
centre de l'astre, celui du bord et le demi-diamètre du soleil,
triangle rectangle au bord du soleil,

$$(2) \qquad\qquad \sin \alpha = \frac{\sin \rho}{\sin z},$$

et on a ainsi α sur la valeur duquel n'agissent ni la réfraction ni
la parallaxe.

La même formule donnerait la différence d'azimut du centre et
du bord de la lune; seulement il faudrait substituer à ρ la valeur
du demi-diamètre apparent de la lune, c'est-à-dire du demi-diamètre horizontal augmenté pour la hauteur de l'astre sur l'horizon.
Dans la formule précédente, on mettra pour z sa valeur donnée
par la règle des sinus dans le triangle pôle, zénith, centre de l'as-
tre, valeur qui est $\dfrac{\sin P \cos D}{\sin (a \pm \alpha)}$, dans laquelle a est l'azimut du
bord observé ; puis on substitue pour α dans cette expression de z
sa valeur approchée, donnée par une première approximation
obtenue en négligeant α lors de la substitution de cette expression de z dans l'équation (2). On évite par là le calcul de l'angle z.

299. — Pour la lune, soit qu'on ait mesuré directement l'azimut
de son centre par ma méthode de pointé, soit qu'on ait réduit les

observations du centre à celles du bord par la formule précédente, l'azimut obtenu doit être corrigé de la parallaxe azimutale, qui, bien que très-petite, n'est pas négligeable, comme nous l'avons vu. On a alors l'azimut vrai de l'astre, avec lequel on peut déterminer la longitude de la station. Comme manière de diriger les observations, on peut soit déterminer les instants des passages de la lune et d'une étoile par le même azimut, auquel cas les heures des passages de l'étoile donnent l'azimut dans lequel la lune a passé à des instants connus, soit mesurer les différences d'azimut de la lune et d'une étoile voisine à peu près de même hauteur, de façon à rendre aussi petite que possible l'influence des erreurs d'axe, dont d'ailleurs on tient compte. On calcule alors les azimuts de l'étoile d'après l'heure des pointés effectués sur elle, et en ayant égard aux différences, on en déduit les azimuts de la lune qu'on corrige de parallaxe. Quel que soit le mode d'observation employé, on arrive donc à connaître les azimuts vrais de la lune à des instants connus.

Si on ajoute à l'heure sidérale de l'observation la longitude occidentale supposée du lieu, exprimée en temps, on a l'heure sidérale approchée correspondante du premier méridien; nous l'appellerons t_0. En nommant β un très-petit intervalle de temps, on cherche dans les éphémérides pour les instants $t_0 + \beta$ et $t_0 - \beta$ (qu'on réduit en heure moyenne du premier méridien) les ascensions droites de la lune et les déclinaisons correspondantes qu'on corrige des erreurs tabulaires, puis on calcule successivement l'azimut de la lune à la station avec les éléments obtenus pour l'instant $t_0 - \beta$ et pour l'instant $t_0 + \beta$ à l'aide des formules du n° 296. La différence k des azimuts ainsi calculés représente la variation de l'azimut pour une différence 2β sur la longitude, et en appelant k' la différence connue de l'azimut observé et de l'azimut calculé pour les éléments de l'instant $t_0 - \beta$, on a la proportion $k : 2\beta :: k' : x$ d'où on tire la valeur de x, et alors $t_0 - \beta + x$ est l'heure sidérale du premier méridien répondant à l'heure sidérale de l'observation dans la station. La différence est la longitude du lieu.

Pour que cette méthode donne de bons résultats, il faut que les azimuts de la lune soient observés quand cet astre est près du méridien. Toutefois, quand la déclinaison de la lune est vers son maximum de variation, ils peuvent être mesurés jusqu'aux environs du premier vertical.

Le procédé d'observation qui consiste à mesurer la différence d'azimut de la lune et d'une étoile située vers la même hauteur, est supérieur en précision à celui qui consiste à observer les passages par le même vertical, parce qu'en employant les procédés de pointé que j'ai indiqués dans les n°s 133 et 134, on évite à peu près complétement toute intervention des erreurs personnelles, qui ne sont pas les mêmes pour une étoile et le bord de la lune. Il faut toutefois pointer au vertical du centre de la lune en employant mon procédé du n° 40. Or, ce procédé, même en ne prenant de segment que sur un seul bord, peut être considéré comme indépendant de l'erreur d'horizontalité du fil de la lunette, pourvu que l'angle du fil et de l'horizon ne soit que de quelques secondes. En effet, l'erreur sur l'azimut du centre est égale au demi-diamètre de la lune multiplié par le sinus de l'inclinaison du fil et divisé par le sinus de la distance au zénith, c'est-à-dire qu'à 30° du zénith l'erreur ne serait encore que de 1 centième de l'inclinaison du fil ; or on peut rendre celui-ci horizontal à 4 ou 5 secondes près, même pour de faibles grossissements. Ainsi, on n'aura à craindre que des erreurs de 4 ou 5 centièmes de seconde d'arc sur l'azimut, pour de grandes hauteurs où ces erreurs ont précisément le moins d'importance. En outre, par les procédés indiqués n°s 103 et 124, l'inclinaison du fil peut être connue avec un degré d'exactitude plus grand que celui que je suppose ici et de façon à en tenir compte et à corriger le résultat. Son influence se renverse d'ailleurs en observant dans les positions directes et inverses.

Avec le procédé où on n'observe pas les deux astres dans le même vertical, on introduit la mesure des différences des arcs azimutaux compris entre eux, mais ici on peut répéter l'observation avec l'instrument répétiteur, et comme les lectures intermédiaires n'interviennent pas dans le résultat, les erreurs de lecture et de graduation sont pour ainsi dire annulées, comme dans tous les cas où on se sert des instruments répétiteurs. Il convient dans ce cas de prendre les différences d'azimut, alternativement dans la position directe et dans la position inverse de l'instrument, ce qui n'empêche pas les arcs de se sommer sur le limbe. Par là les erreurs instrumentales tendent à s'éliminer, et cela a lieu même pour le défaut d'horizontalité du fil de la lunette, comme nous l'avons dit plus haut. En même temps, puisque le cercle de hauteur n'intervient pas dans les mesures d'azimut, on a l'avantage de pouvoir observer les doubles distances zénithales de l'étoile et de les sommer sur le limbe, de façon à obtenir par ces distances l'état du chronomètre à l'instant même des observations. Comme le pointé simultané en hauteur et en azimut n'est pas rigoureux, on ne fait pas ces deux pointés simultanément, on s'arrange pour faire les deux pointés en hauteur au moment du renversement de l'instrument, alors que les deux limbes azimutaux (cercle gradué et alidade) sont solidaires; on note les instants de ces pointés en hauteur, et alors on peut choisir pour l'observation de hauteur une étoile autre que celle dont on compare l'azimut à celui de la lune. Il est bien entendu que les niveaux sont lus après chaque pointé soit en hauteur, soit en azimut, et il est tenu compte des corrections indiquées par ces lectures. Par ce procédé, on peut choisir une étoile placée le plus avantageusement possible pour une bonne détermination de l'heure, et on a pour ainsi dire simultanément l'état du chronomètre et l'azimut de la lune, puisque cet état est déterminé entre les deux observations de l'azimut, position directe et inverse, et se rapporte sensiblement à l'instant moyen de ces deux observations. On peut d'ailleurs, comme nous l'avons déjà vu, changer d'étoile dans cette détermination d'heure, afin d'observer vers la même hauteur des deux côtés du méridien pour mieux éliminer l'influence des réfractions et des flexions (1).

La méthode que je viens de décrire est bien supérieure à celle des passages méridiens de la lune, car, outre qu'elle permet d'obtenir un grand nombre de déterminations dans la même journée, l'avantage de la substitution des pointés aux estimations des passages est considérable au point de vue de la précision, surtout à cause de la suppression à peu près radicale de l'effet des équations personnelles.

300. — Le degré de précision auquel on peut parvenir dans l'estimation des passages décroît beaucoup plus rapidement que le grossissement de la lunette ; c'est un fait que l'expérience indique et dont la raison s'aperçoit aisément en remarquant qu'en même temps que le déplacement apparent de l'astre dans la lunette diminue comme le grossissement, l'angle sous-tendu par les fils au centre de l'objectif croît en raison inverse de la longueur focale de

_____

(1) On pourrait, mais avec moins d'avantage, faire l'opération inverse, c'est-à-dire déterminer la longitude par les hauteurs et l'heure par les azimuts.

ce dernier. Or, lorsqu'il s'agit du bord de la lune, qu'on suppose être sous l'axe du fil, sans jamais en être rigoureusement sûr, la précision de l'estimation des passages dépend à la fois de cet angle et de la rapidité du mouvement de l'astre. Chacun a sa manière de faire mordre le fil sur le bord, et il en résulte que la différence d'ascension droite de la lune et d'une étoile se trouve différente pour chaque observateur, lorsqu'il la déduit des passages qu'il a observés. Ces différences deviennent considérables avec les petits instruments, car si avec une lunette longue grossissant de 100 à 120 fois, on estime passablement les dixièmes de seconde, on arrive à peine à estimer le quart de seconde avec certitude pour un grossissement d'une trentaine de fois, surtout quand la lunette est courte. Dans ce cas les équations personnelles atteignent facilement la demi-seconde, c'est-à-dire le quart de seconde en plus ou en moins quand il s'agit de la différence de pointé entre le bord de la lune et une étoile. Or, la seconde de temps correspond à 30 secondes de temps de longitude. Deux observateurs avec les instruments de voyage peuvent donc trouver des différences constantes de longitude atteignant jusqu'à 15 à 16 secondes de temps ou 4 minutes d'arc. Avec de forts instruments, les résultats sont cinq à six fois meilleurs. Ceci montre combien il serait important que les artistes se décidassent à mettre toujours de fortes lunettes sur les instruments.

Les occultations, à cause des dentelures du bord de la lune, les éclipses, à cause de celles des bords des deux astres (car les facules solaires font saillie sur le bord du disque), permettent aussi des erreurs assez grandes; mais du moins ici les erreurs personnelles sont sans influence. En comparant les observations du diamètre solaire données à diverses époques par les éclipses, j'ai remarqué qu'il ne faudrait peut-être pas regarder ce diamètre comme constant. Il paraîtrait exister une petite périodicité comme pour les taches de la surface. Je ne fais ici qu'indiquer ce sujet, qui ne m'a été signalé que par quelques observations et qui mérite une étude approfondie. Comme la photosphère est composée de nuages lumineux flottants dont l'épaisseur, vue de la terre, représente plusieurs secondes et se montre assez variable d'après l'étude des taches, on conçoit qu'il ne peut exister une très-grande fixité dans la hauteur de la limite supérieure, et que, outre les anomalies irrégulières, les mêmes causes périodiques qui font ouvrir la photosphère peuvent modifier la hauteur moyenne de ces nuages.

En résumé, la méthode du n° 299 pour déterminer la longitude à l'aide des azimuts de la lune, est le procédé le plus exact qu'on puisse employer pour obtenir une longitude à l'aide d'observations lunaires.

DÉTERMINATION DES ASCENSIONS DROITES ET DES DÉCLINAISONS.

301. — Nous avons passé en revue les divers moyens d'obtenir les positions géographiques, lorsqu'on connaît les ascensions droites et les déclinaisons des astres. Nous allons maintenant parler du problème inverse, qui consiste à obtenir les coordonnées des astres lorsqu'on connaît la latitude. Ce problème important pour les astronomes est souvent utile aux géographes, quand, pour les longitudes, par exemple, ils ont déduit la position de la lune de celle d'une étoile voisine peu connue, dont ils peuvent plus tard fixer la position. La détermination des ascensions droites et des déclinaisons par les instruments méridiens ne présente pas de difficulté. La lunette méridienne donne directement les différences d'ascension droite, et le cercle mural les différences de déclinaison après les corrections de réfraction. Ce dernier donne même directement les distances polaires, lorsque par les lectures faites aux passages supérieurs et inférieurs d'une circompolaire, on a déterminé la lecture du cercle répondant au pôle, ou mieux encore, quand, par un pointé nadiral, on a la lecture répondant au zénith, d'où, avec la latitude connue, on déduit celle qui répond au pôle.

La méthode des latitudes par les distances zénithales circumméridiennes mesurées au théodolite ou au cercle répétiteur donne les déclinaisons, quand la latitude est connue, car nous avons vu les moyens d'obtenir la valeur de $l - D$, et si l est connu on en tire D ou la déclinaison. Cette méthode suppose connue l'heure du passage méridien, laquelle suppose à son tour la connaissance de l'ascension droite de l'astre. Mais on peut tirer approximativement de la série elle-même l'heure du passage méridien, en remarquant vers quel instant l'astre était le plus près du zénith. Si alors on prend des

distances zénithales loin du méridien et vers le premier vertical, on
aura l'angle horaire approché à l'aide de la déclinaison tirée du
premier calcul. On en déduira l'ascension droite approchée, avec
laquelle, en revenant à la série circumméridienne, on aura la déclinaison exacte, qui, reportée dans la série faite loin du méridien,
donnera l'ascension droite. On a ainsi la détermination des coordonnées de l'astre par des observations de distances zénithales.

302.—Si on connaît simultanément la distance zénithale et l'a-
zimut d'un astre, on aura sans difficulté son angle horaire et sa
déclinaison, car dans le triangle pôle, zénith, astre, on connaît deux
côtés, la distance du pôle au zénith, complément de la latitude, et la
distance zénithale de l'astre, on connaît de plus l'angle compris qui
est l'azimut; on pourra donc calculer le troisième côté, qui sera
donné par les formules du n° 232, en y remplaçant P par a, D par h
(en appelant h la hauteur de l'astre, complément de la distance zénithale mesurée), et z par 90° — D, D étant la déclinaison. Quand D
est connu, la règle des sinus ou les formules du n° 296 en y faisant
les mêmes substitutions, donneront ensuite l'angle horaire P.

303.—Nous avons dit dans le n° 5 comment on peut avec le
théodolite répétiteur obtenir simultanément la répétition en hauteur et en azimut. Pour pointer simultanément en hauteur et en
azimut, on fixe la lunette dans l'un des deux sens, en azimut par
exemple, et dans une situation où l'astre doive, en vertu du mouvement du ciel, couper le fil correspondant de la lunette, puis on
pointe l'astre dans l'autre sens sous l'autre fil, qui sera alors le fil
horizontal dans le cas supposé; alors avec la vis de rappel on tient
l'astre bissecté par ce dernier fil jusqu'à ce qu'il rencontre l'autre fil,
et on note l'instant de ce passage, à partir duquel on ne touche plus
à l'instrument. On peut appliquer cette méthode à la différence des
hauteurs et des azimuts d'un astre inconnu et d'un astre connu,
à peu près de même hauteur et de la même région du ciel, afin
d'éliminer le plus possible les anomalies de réfraction et les erreurs
d'axes, qu'on peut diminuer encore en faisant trois séries, la première position directe de l'instrument, la seconde position inverse,
et la troisième position directe, la seconde série étant double des
deux autres. Il est clair qu'en calculant, pour les instants des pointés
sur l'étoile connue, l'azimut et la hauteur de cette étoile, on aura
les hauteurs et les azimuts de l'astre inconnu en y ajoutant les
différences lues sur le limbe après chaque pointé à ce dernier

astre, ou, en d'autres termes, les différences des lectures consécutives quand l'instrument est répétiteur. Il est entendu que les
différences de hauteur devront être corrigées de la différence des
réfractions pour les distances zénithales des deux astres. Ayant
les azimuts et les hauteurs de chaque observation, on calculera
les ascensions droites et les déclinaisons correspondantes, dont
la moyenne sera rapportée à l'instant moyen des observations
sur l'astre inconnu. Cette méthode est surtout applicable à celles
des comètes qu'on ne peut observer qu'à de petites hauteurs sur
l'horizon, ce qui rend important de les comparer à une étoile voisine, à cause de l'incertitude de la réfraction. Nous avons d'ailleurs
vu comment on observe ces astres avec l'équatorial.

En général, toutefois, les pointés simultanés en hauteur et en
azimut doivent être abandonnés, sauf quand on dispose de peu de
temps, comme il arrive souvent pour les comètes, dont d'ailleurs les
positions ne peuvent être aussi exactement déterminées que celles
des étoiles, à cause des variations dans leur noyau ou leur région
d'éclat maximum. Il vaut mieux, autant que possible, au lieu des
pointés simultanés, employer les pointés successifs en hauteur et
en azimut, et à l'aide de la loi des variations de l'un des éléments,
on ramène au moyen du calcul les observations aux pointés simultanés. Les pointés simultanés en deux sens n'ont pas en effet autant de précision que les pointés dans un seul sens, car il y a dans
un des sens à estimer un passage, et il faudrait que l'arrêt de la vis
dans l'autre sens eût lieu à la fraction de seconde estimée, ce qui
n'est guère possible. Toutefois, par la méthode de pointé du
n° 133, et avec un instrument disposé en conséquence, on pourrait
arriver à maintenir d'une manière continue un astre pointé dans les
deux sens, en conduisant d'une main la vis de rappel azimutale, et
de l'autre la vis de hauteur : alors, avec une pédale, on pourrait à
une seconde précise de l'horloge désembrayer les roues conduisant
les deux vis. Il est bon de remarquer que des observations simultanées de hauteur et d'azimut, dont la première, par exemple, donnerait l'heure de l'observation, permettraient de résoudre sans
horloge une multitude de problèmes d'astronomie, car on peut obtenir les ascensions droites et les déclinaisons des astres à l'aide
de simples observations d'azimut, comme nous allons maintenant
le démontrer.

Détermination des coordonnées des astres par des observations azimutales.

304. — Actuellement, presque tous les travaux astronomiques sont fondés sur des observations faites dans le méridien. Or ces dernières observations présentent de très-graves inconvénients, notamment pour la mesure des déclinaisons.

Parmi ces inconvénients il faut citer en premier lieu les réfractions et les flexions des cercles.

Les réfractions présentent d'énormes incertitudes. Elles ne peuvent être calculées qu'en tenant compte de la température et de la pression barométrique dont elles dépendent, puisque ces deux éléments modifient la densité de l'air. Nous avons, dans des mémoires antérieurs, fait connaître un moyen d'obtenir la température exacte de l'air. La pression barométrique est mesurable avec une assez grande précision. Il semble donc que, dans ces condittons, on peut espérer connaître assez exactement la réfraction, mais il n'en est rien. En effet, ce n'est pas seulement la température générale de l'air du lieu qui détermine la réfraction pour l'observation présente, mais c'est en même temps la température de l'air en contact avec la surface de l'objectif. Ce n'est même pas cette dernière température seule qui agit, mais c'est aussi la nature des surfaces isothermes qui existent entre l'objectif et la région où l'air possède la température générale du lieu, région à partir de laquelle on pourra regarder les couches d'air de même température comme horizontales.

Pour faire voir le rôle de ces surfaces, considérons un instrument méridien placé dans une salle rectangulaire, et voyant le ciel par une fente horizontale dans un toit et par des fenêtres verticales, comme cela a lieu à l'Observatoire de Paris et dans la majorité des observatoires. La température intérieure diffère presque constamment de la température extérieure. Si elle est plus basse, et si on pointe par une des fenêtres verticales, le rayon lumineux, à la rencontre de couches d'air froid verticales, se rapprochera de l'horizon, et le froid de l'air voisin de l'instrument, loin d'avoir augmenté la réfraction, l'aura diminuée. L'inverse aurait lieu si la température était plus élevée dans la salle que dehors. Mais les phénomènes seront encore plus compliqués que cela, parce que les couches isothermes ou plutôt les couches de même densité ne restent pas verticales, mais prennent des formes tout à fait inconnues et variables, lesquelles doivent présenter ordinairement leur convexité à l'extérieur si l'air est plus froid à l'intérieur qu'à l'extérieur, et leur concavité dans le cas contraire. Généralement, toutefois, le froid intérieur doit diminuer la réfraction, tandis que le froid extérieur l'augmente, et de plus, l'angle du rayon lumineux et des normales aux surfaces rencontrées par lui pouvant être très-grand même pour de petites distances au zénith, les erreurs peuvent être très-notables. Dans ces circonstances, avec quelle température faire le calcul? Il est évident que le mieux est de négliger tout ce qui passe entre l'objectif et la distance à laquelle l'air est à la température générale du lieu, et d'employer cette dernière température. Vouloir tenir compte de la température intérieure est absurde, puisqu'on ne sait pas dans quel sens elle a agi. J'insiste sur cette dernière remarque, parce que tous les astronomes ne semblent pas avoir réfléchi à ces considérations, et il a été proposé de se servir de la température intérieure (1). Mais, quoi que l'on fasse, on commettra toujours des erreurs. C'est en vain que l'on croirait s'en affranchir totalement en plaçant l'instrument dehors, à l'air libre. Le verre a un pouvoir émissif considérable, et, par suite, l'objectif et aussi l'air ambiant prendront une température très-différente de celle de l'air. Il se produira donc toujours un peu à la surface de l'objectif ce qui se faisait à l'ouverture des trappes.

Dans le sens azimutal, au contraire, tout est symétrique autour de l'objectif, puisqu'il n'y a pas de raison pour qu'il en soit autrement comme dans le sens vertical, où agit la pesanteur. Le vent seul peut influer; mais quand il existe, lui-même empêche la température de l'objectif de différer notablement de celle de l'air, et, sauf auprès de l'horizon, les réfractions azimutales sont insensibles.

Ajoutons qu'en outre de l'action de la chaleur sur la densité de

---

(1) Pour juger de cette influence des trappes, le mieux serait de diviser les observations d'un même astre en trois séries : celles pour lesquelles la température intérieure est supérieure à la température extérieure, celles pour lesquelles elle lui est égale, celles pour lesquelles elle est inférieure. Alors on comparerait les déclinaisons fournies par chacune des séries.

l'air, il n'est pas prouvé que la température n'ait pas une autre action sur le pouvoir réfringent de ce gaz. Cela a lieu pour certains corps, le verre, par exemple : chaud, il réfracte plus que froid.

L'humidité de l'air, si difficile à mesurer, a aussi une petite influence sur le pouvoir réfringent, comme l'a prouvé Arago avec un appareil interférentiel.

Il résulte donc de ce qui précède que, quand même les réfractions moyennes et la température de l'air seraient parfaitement connues, il serait encore impossible d'éliminer toute influence de la réfraction sur la mesure des déclinaisons.

Le meilleur moyen d'étudier les réfractions est de combiner des observations azimutales avec des observations de hauteur, ce qui nous ramène à l'emploi de l'alt-azimut, qui non-seulement peut étudier les réfractions, mais encore affranchir de leur influence les résultats.

Outre les erreurs produites par la réfraction, il y a, lorsqu'on observe dans un sens vertical, déformation des cercles par la flexion provenant de l'action de la pesanteur. Ces déformations produisent des erreurs que le calcul ne peut faire connaître avec certitude. Il y a encore déformation par l'action de la température, qui diffère souvent notablement dans le bas et dans le haut de la salle. Ces diverses déformations se font d'ailleurs par sauts brusques et dépendent du temps pendant lequel le cercle reste dans chaque position.

De plus, les images des étoiles sont allongées dans le sens vertical par la dispersion de l'atmosphère qui en sépare les couleurs, de sorte que la coloration et l'intensité de la lumière atmosphérique peuvent changer la situation du maximum de lumière. Tout le monde ne voyant pas les couleurs de la même manière, au même instant chaque observateur voit une situation différente à ce maximum ; de là des équations personnelles de pointé. Dans le sens azimutal rien de semblable n'a lieu, à cause de la symétrie des images.

Dans un mémoire en date du 26 janvier 1857 (voir les Comptes rendus de l'Académie des sciences), M. Babinet présente des considérations analogues aux précédentes, et que nous croyons devoir reproduire (1) :

(1) Ces considérations précèdent l'exposition d'une méthode pour la dé=

« Les inconvénients de l'emploi des angles mesurés dans le plan du méridien sont, dit-il :

« 1° L'incertitude des réfractions avec les indications peu sûres du thermomètre et du baromètre ;

« 2° La flexion et la déformation des limbes circulaires mobiles et d'une forme tellement complexe, que le calcul ne peut remédier à ces causes d'erreur ;

« 3° Le pointé par des fils horizontaux qui, avec la dispersion et l'absorption de l'atmosphère, n'offre rien de fixe et varie avec le plus ou moins d'illumination du champ ;

» 4° L'imperfection de l'image focale de l'étoile, l'équation personnelle du pointé qui n'est pas compensée, et enfin l'erreur d'axe qui se manifeste quand on observe la même étoile circompolaire à deux hauteurs différentes. Quant aux erreurs de division, on suppose que, par des études très-laborieuses et dont Bessel nous a donné un exemple plus admiré qu'imité, on soit parvenu à en tenir compte dans toute l'étendue du limbe divisé.

« Il est évident que les arcs divisés horizontaux n'offrent aucun des inconvénients des arcs divisés sur un limbe vertical. D'abord on peut leur donner un diamètre quelconque, comme, par exemple, quatre mètres et plus ; tandis que jusqu'ici, pour les limbes verticaux, la flexion des matériaux n'a pas permis de dépasser deux mètres.

« La réfraction agissant dans le plan vertical n'a aucune influence sur les erreurs azimutales. Il suffit de rappeler les observations merveilleuses faites à l'instrument des passages situé dans le premier vertical, pour établir la supériorité de ce mode d'observer. De plus, on supprime l'emploi du baromètre, et surtout du thermomètre.

« Les étoiles, par suite de la dispersion de l'atmosphère, qui est un quatorzième ou un quinzième de la réfraction totale, offrent un spectre allongé vertical qui, pour une réfraction d'une minute

termination des latitudes par des observations azimutales. Cet illustre savant a communiqué à l'Académie des sciences, le 1er janvier 1856, un mémoire relatif à l'emploi des azimuts extrêmes de deux circompolaires différentes dont on suppose les coordonnées connues. Ses deux autres mémoires du 26 janvier et du 9 février 1857 sur la détermination de la latitude sont relatifs à l'emploi des observations d'une même étoile dans plusieurs azimuts, notamment à l'azimut extrême et au passage au premier vertical.

vers la hauteur de 45 degrés, n'a pas moins de 4 secondes de dimension verticale, le long de laquelle l'absorption variable de l'atmosphère et l'imperfection de l'objectif répartissent d'une manière variable le maximum de lumière sur lequel pointe l'observateur. Ce centre d'intensité est donc essentiellement variable quand on bissecte l'image de l'étoile par un fil horizontal. Il n'en est pas de même pour la bissection de l'image par un fil vertical. L'allongement de l'étoile en hauteur aide au contraire à l'exactitude de la bissection. Le pointé de la lunette méridienne qui est de cette espèce n'a jamais donné lieu à aucune remarque défavorable, pas plus que le pointé à fils verticaux dans l'instrument des passages placé est et ouest. »

On voit par ce qui précède combien sont nombreux les avantages des instruments azimutaux sur les instruments méridiens, et l'on s'étonne alors de l'emploi presque exclusif de ces derniers. Mais les causes en sont faciles à trouver. Les observations azimutales sont des observations de temps, puisqu'elles consistent à déterminer l'instant précis auquel un astre passe par un azimut donné. Les observations au cercle mural sont, au contraire, des mesures d'arc, pour lesquelles il semble à priori que l'on peut obtenir un degré de précision plus grand que pour les mesures de temps. Je dis *à priori*, car en réfléchissant à toutes les causes d'erreur des arcs verticaux, erreurs dont nous venons de parler, il est douteux que l'on puisse atteindre plus de précision. Quoi qu'il en soit, cette première impression est celle qui a déterminé le choix des cercles muraux pour les déclinaisons. Il faut y joindre, au reste, un autre motif qui a dû exercer une grande influence. Au cercle mural, les différences de déclinaison des astres sont directement obtenues après les corrections plus ou moins bonnes de réfraction, tandis que, pour les déduire des observations azimutales, il faut des artifices de calcul que l'on n'aperçoit pas immédiatement. Le cercle méridien est donc plus élémentaire, c'est une raison pour qu'il ait été employé de préférence, mais non pour qu'il soit préférable.

Nous avons vu dans les n°⁵ 20 à 23, 45, 70 à 83 et 87 comment on peut corriger des erreurs de l'instrument, avec une très-grande précision, les mesures azimutales, c'est-à-dire tenir compte des inclinaisons d'axes, des erreurs de collimation, de graduation et même de l'aberration diurne. Dès lors, la seule objection que l'on pourrait faire à l'emploi des mesures d'azimut au lieu des mesures de hauteur au méridien pour la détermination des déclinaisons, serait de faire intervenir à la fois des mesures d'arc et de temps. Cette objection n'en est pas une, vu les incertitudes des mesures de hauteur, comme nous l'avons déjà dit ; mais, au reste, dans nos formules, nous allons faire voir qu'il est possible d'éliminer entièrement toute influence des irrégularités de marche de la pendule, quelque anormales qu'elles soient. De plus, et encore bien que ce ne soit pas nécessaire pour l'emploi de nos formules, nous rappellerons que nous avons indiqué dans les n°ˢ 129 à 134 des procédés très-simples, par lesquels on peut transformer les observations azimutales en des opérations de pointé analogues au pointé des hauteurs méridiennes, et dès lors l'objection ci-dessus, quoique sans valeur, disparaît totalement.

305. — Quant aux différences d'ascension droite, l'instrument généralement employé, savoir, la lunette méridienne, ou instrument des passages, est en réalité un instrument azimutal, puisqu'il a pour but d'observer l'heure des passages dans un même azimut, qui est le méridien. Cet instrument, s'il est parfaitement rectifié, donne directement les différences d'ascension droite des astres. Le mode d'observer étant le même que celui de l'alt-azimut, il ne semble pas, au premier abord, que nous ayons d'objection à faire à la lunette méridienne en faveur de ce dernier instrument. Mais, au contraire, nous dirons que la limitation des observations à un seul azimut, limitation qui a lieu dans la lunette méridienne, est un énorme inconvénient, en ce que toutes les différences d'ascension droite sont entièrement affectées des erreurs de la pendule. Or, il est parfaitement connu que, quelques précautions que l'on prenne pour obtenir des pendules une marche parfaitement régulière, on ne peut les empêcher d'éprouver un grand nombre d'anomalies, dont nous avons parlé dans le n° 160.

L'expérience confirme sur ce point la théorie. Ainsi en comparant la marche diurne que prend la pendule sidérale de l'Observatoire de Paris, en été et en hiver, on voit que, malgré sa compensation, elle varie de un dixième de seconde environ par chaque degré de température. Or, comme il fait plus chaud le jour que la nuit, les horloges présentent une marche périodique, variable dans chaque saison et inconnue, dont le jour est la période. L'effet de cette période disparaît donc, dans le calcul du mouvement

31

diurne de la pendule par le retour d'une même étoile au méridien. Si ensuite avec ce mouvement diurne ainsi obtenu, on applique les corrections nécessaires pour déduire des observations de passage s' de deux étoiles leur différence d'ascension droite, on commet une erreur qui vient de ce qu'on s'est servi du mouvement diurne moyen, au lieu de l'avance horaire correspondant à l'intervalle des observations.

Les observations des mêmes étoiles, à part quelques étoiles brillantes, ne se faisant que la nuit, et spécialement dans la soirée, il ne peut y avoir compensation dans les moyennes, et l'on rapporte au ciel les variations inconnues du mouvement de l'horloge. C'est ainsi que les observations de Bradley donnent une variation périodique entre les différences d'ascension droite de deux groupes d'étoiles distants, variation s'élevant jusqu'à $0^s,120$, et dont la périodicité est réglée sur les saisons. Les observations de Greenwich de l'époque moderne donnent une variation analogue.

Nous venons de parler de la température, mais il existe dans les horloges, comme nous l'avons vu dans le n° 160, beaucoup d'autres variations périodiques, les unes dépendant de la pression atmosphérique, d'autres du mécanisme lui-même, etc. Or, avec l'alt-azimut, on peut, comme nous le verrons plus loin, éliminer toute influence de l'horloge.

Nous n'avons jusqu'ici parlé des avantages des instruments azimutaux sur les instruments méridiens qu'au point de vue de la précision des observations. Il est toutefois une autre considération qui, quoique secondaire, mérite cependant d'entrer en ligne de compte. Je veux parler de la commodité de l'observateur. Les observations azimutales d'un astre offrent en effet l'immense avantage de pouvoir être faites pendant toute la durée de la présence de cet astre au-dessus de l'horizon, et elles ne sont pas restreintes à un seul instant très-court pouvant tomber aux heures les plus incommodes de la journée ou les plus fatigantes de la nuit. Avec elles, on n'est pas exposé, après avoir veillé plusieurs heures pour attendre le moment favorable, à voir un nuage cacher l'astre au moment où on allait l'observer. Pour les déterminations d'azimut, on profite de toutes les éclaircies, ce qui permet d'observer plus fréquemment, et on peut choisir les instants où on est le mieux dispos, question très-importante au point de vue de la qualité des observations. Objectera-t-on la plus grande longueur des calculs de réduction? Cette objection n'est pas sérieuse. D'abord si, en effet, le calcul de réduction pour chaque observation est plus long, la précision des observations azimutales étant plus grande, une seule d'entre elles vaut une moyenne de plusieurs observations méridiennes. Elle offre même la certitude que la limite des erreurs est renfermée entre les limites restreintes où la *probabilité seulement* indique que doit être contenue la moyenne en question. A égalité, à supériorité même de précision, les calculs de réduction ne seront donc pas plus longs pour les observations azimutales que pour les observations méridiennes. Mais quand même la réduction serait plus longue, n'est-il pas préférable, au point de vue de l'astronome, d'employer quelques minutes de plus à faire les calculs, pour éviter de passer souvent plusieurs nuits à attendre le moment favorable pour une observation dont la réduction serait plus courte, et en présence de l'importance de la précision des résultats, doit-on s'arrêter à de pareilles objections?

En résumé, lorsqu'on compare entre elles les déclinaisons et les différences d'ascension droite des étoiles fondamentales prises dans divers catalogues, on y remarque des discordances très-grandes, et qui proviennent du mode d'observation dont on s'est servi, c'est-à-dire de l'emploi exclusif des observations méridiennes; et il semble que, quant à présent, on a tiré de l'astronomie méridienne tout ce qu'elle peut donner comme précision. Pour aller plus loin, il faut donc recourir à de nouveaux procédés d'observation.

306. — La formule générale qui lie l'azimut d'un astre à son angle horaire et à sa déclinaison est, comme nous l'avons vu dans la note du n° 115,

$$(1) \qquad \sin l \cos \varphi = \tang D \cos l - \sin \varphi \cot a,$$

dans laquelle l est la latitude du lieu d'observation, φ l'angle horaire et D la déclinaison de l'astre, a l'azimut à partir du point nord, compté positivement du nord vers l'ouest.

Si on fait plusieurs observations d'un même astre, c'est-à-dire si on note au moyen de l'horloge l'instant auquel cet astre passe par diverses positions de la lunette correspondantes à diverses lectures du cercle azimutal, on aura plusieurs équations de la forme de l'équation (1). l ou la latitude du lieu a la même valeur dans toutes ces équations, D ou la déclinaison de l'étoile peut également être regardée comme constante, car elle ne varie que de quantités négligeables dans l'intervalle des deux observations du même jour (1). L'angle horaire varie de quantités approximativement connues par la pendule, et le changement de l'azimut, en passant d'une observation à l'autre, est connu par la différence des lectures du cercle azimutal qui correspondent à ces observations.

Toutes les équations ne renferment donc que quatre inconnues, en supposant le mouvement de la pendule connu, savoir : l, φ, D et a de la première observation. Si donc on a quatre observations d'une même étoile, on peut déterminer ces quatre inconnues *approximativement*. Je dis *approximativement*, parce que nous avons supposé le mouvement de la pendule parfaitement uniforme. Après la détermination des valeurs approximatives, nous verrons le moyen de nous débarrasser de cette condition. Le mouvement moyen de la pendule est d'ailleurs connu si on a observé le retour d'un même astre au même azimut.

On facilite beaucoup la détermination des valeurs approchées de l, φ, D et a, si on a déterminé par les observations des azimuts extrêmes d'une même circompolaire la lecture du cercle azimutal qui répond au méridien. Cette opération peut être faite avec une grande précision, au moyen de l'observation des azimuts extrêmes des circompolaires, comme nous l'avons vu dans les n°s 114 à 119, et elle nous servira très-utilement à la détermination des valeurs exactes de l, φ et D comme à celle de leurs valeurs approchées ; conséquemment on doit à peu près la regarder comme indispensable. Les valeurs des azimuts des observations sont alors connues, et trois observations d'un même astre suffisent à déterminer l, φ et D approximativement.

On a, en effet, les trois équations :

---

(1) Au reste, connaissant par une première approximation la valeur de l'ascension droite et de la déclinaison d'une étoile, les formules de la nutation et de l'aberration font connaître la variation très-petite que ces éléments ont pu éprouver dans l'intervalle de deux observations. On trouve ces variations en tables dans les éphémérides pour les étoiles dites fondamentales. Si l'astre observé n'est pas une étoile, on a également par les tables son changement de position dans l'intervalle des observations. On peut donc faire le calcul en ayant égard à ces changements.

$$(2) \begin{cases} \sin l \cos \varphi = \tang D \cos l - \sin \varphi \cot a \\ \sin l \cos (\varphi + m) = \tang D \cos l - \sin (\varphi + m) \cot a_1 \\ \sin l \cos (\varphi + m_1) = \tang D \cos l - \sin (\varphi + m_1) \cot a_2 \end{cases}$$

équations dans lesquelles on connaît a, a_1, a_2, et où m et m_1 sont donnés approximativement par la pendule.

En retranchant les deux dernières équations de la première, on élimine D, et les deux équations résultantes divisées par $\cos \varphi$ sont :

$$(3) \begin{cases} \sin l (1 - \cos m + \sin m \tang \varphi) = \cot a_1 \cos m \tang \varphi \\ \qquad + \cot a_1 \sin m - \cot a \tang \varphi \\ \sin l (1 - \cos m_1 + \sin m_1 \tang \varphi) = \cot a_2 \cos m_1 \tang \varphi \\ \qquad + \cot a_2 \sin m_1 - \cot a \tang \varphi. \end{cases}$$

En divisant ces deux équations membre à membre, on élimine $\sin l$, et on a une équation du second degré en $\tang \varphi$ d'où l'on tire deux valeurs de cette tangente, entre lesquelles il est facile de reconnaître à vue, d'après les conditions de l'observation, celle que l'on peut admettre. On ferait, au reste, disparaître tout doute par une quatrième observation. Substituant cette valeur dans l'une des équations (3) on a $\sin l$, puis mettant pour l et φ leurs valeurs dans la première des équations (2) on a $\tang D$.

Les valeurs ainsi obtenues peuvent être considérées comme exactes si l'azimut a été bien déterminé, et si le mouvement de la pendule a été bien uniforme. Mais comme on n'est pas certain de cette dernière condition, elles ne doivent être considérées que comme des valeurs approchées. Nous allons maintenant examiner les procédés à employer pour avoir les valeurs exactes, lorsqu'on connaît déjà les valeurs approchées (1).

(1) En général, la détermination des valeurs approchées est plus simple que nous ne venons de l'indiquer, parce qu'on peut recourir aux observations de hauteur, et employer pour la détermination de l'heure et de la latitude des étoiles de déclinaison et d'ascension droite assez bien connues. Dans ce cas, les méthodes à suivre sont celles que nous avons déjà décrites. Toutefois, nous avons dû indiquer le moyen d'obtenir les valeurs approchées en employant seulement quelques-unes des observations azimutales qui sont nécessaires pour les déterminations exactes que ces valeurs approchées vont nous faciliter. D'une part, on rend par là les déterminations entièrement possibles avec un instrument muni seulement d'un cercle azimutal sans cercle de hauteur; d'autre part, on peut employer,

307. — Reprenons la formule générale (1)

$$\sin l \cos \varphi = \tang D \cos l - \sin \varphi \cot a.$$

Si les valeurs approchées de l, φ, D et a, correspondantes à une observation d'un astre, sont connues, nous devrons satisfaire à l'équation (1) en y substituant, pour $l : l + \delta l$; pour $\varphi : \varphi + \delta\varphi$; pour D : D $+ \delta$D; et pour $a : a + \delta a$; δl, $\delta\varphi$, δD et δa étant de très-petites quantités dont nous négligerons les carrés et les puissances supérieures, et δa représentant l'erreur sur la lecture du limbe répondant au point nord. La formule (1) devient alors :

(4) $(\cos l \cos \varphi + \tang D \sin l) \delta l + (\cot a \cos \varphi - \sin l \sin \varphi) \delta\varphi$
        $- \cos l \sec^2 D \delta D - \sin \varphi \cosec^2 a \delta a + \sin l \cos \varphi$
        $- \tang D \cos l + \sin \varphi \cot a = o.$

On ne peut pas observer deux étoiles à la fois ; mais au bout de 2 ou 3 minutes, on peut avoir observé une seconde étoile de déclinaison D′ et présentant sur la première un excès d'ascension droite A, D′ et A étant également approximativement connus. L'angle horaire de cette seconde étoile sera égal à celui de la première étoile à l'instant de son observation, augmenté en secondes d'arc de 15 fois l'intervalle en secondes de temps qui sépare les instants des deux observations, et diminué de l'excès d'ascension droite. Or, quelque mauvaise que soit une horloge, elle donne avec une très-grande approximation un intervalle de deux ou trois minutes. En effet, les variations anormales du mouvement diurne d'une pendule passable seront inférieures à une seconde, et il n'y a que celles d'une très-mauvaise horloge astronomique qui pourraient atteindre 5 secondes. Quelque mauvaise que soit la pendule, son mouvement diurne d'avance ou de retard à un instant quelconque peut toujours être considéré comme connu à 5 secondes près. Or, 3 minutes font $\frac{1}{480}$ de jour.

L'erreur d'une horloge, sur la durée de 3 minutes, ne pourra

pour avoir les valeurs approchées, les observations qui sont nécessaires pour les déterminations exactes affranchies de la pendule, et il devient alors inutile de faire des observations spéciales pour les valeurs approchées, considération qui peut être très-utile dans beaucoup de cas, où le temps de l'observation est plus précieux que celui que l'on emploierait plus tard à la réduction.

donc pas excéder $\frac{1}{180}$ de seconde, ou un centième de seconde environ, et elle sera très-loin d'atteindre cette valeur avec une pendule seulement passable. Une quantité de cet ordre échappant à nos sens et étant inférieure aux erreurs d'observation, on peut considérer l'intervalle de deux observations aussi rapprochées comme parfaitement et exactement mesuré par l'horloge (1). L'erreur sur l'angle horaire φ_1 de la seconde étoile doit donc être considérée comme égale à l'erreur sur l'angle φ de la première observation, moins l'erreur sur la différence d'ascension droite ; on a donc

$$\delta\varphi_1 = \delta\varphi - \delta A ;$$

δl et δa sont les mêmes d'ailleurs que dans l'équation précédente.

La seconde observation donnera donc l'équation suivante :

$$(5) \qquad (\cos l \, \cos\varphi_1 + \tang D' \sin l) \, \delta l$$
$$+ (\cot a_1 \cos\varphi_1 - \sin l \sin\varphi_1)(\delta\varphi - \delta A) - \cos l \, \sec^2 D' \delta D' -$$
$$\sin\varphi_1 \, \cosec^2 a_1 \delta a + \sin l \cos\varphi_1 - \tang D' \cos l + \sin\varphi_1 \cot a_1 = o.$$

---

(1) Cette intervention de la pendule, déjà si réduite, disparaîtrait même totalement, s'il y avait deux observateurs et deux instruments, et si on employait la méthode de pointé indiquée dans le n° 133, conformément à la remarque faite dans la note du même numéro. — Dans ce cas, la réitération des observations, effectuée avec la précaution que chaque observateur observât à la seconde observation l'étoile que l'autre observait à la première, aurait pour effet de faire disparaître toute inquiétude au sujet d'une influence personnelle des observateurs. J'ajouterai au reste que j'ai même reconnu qu'il existe une disposition d'instrument qui permettrait à un observateur de tenir pointés à la fois deux astres rapprochés ou distants, avec la même précision que s'il en observait un seul. Cette disposition est fondée sur l'application d'un même mouvement parallactique communiqué simultanément aux lunettes de deux alt-azimuts, et sur une disposition des lunettes, par laquelle on observerait dans une direction fixe et identique pour les deux instruments ; un seul oculaire servirait pour les deux lunettes, la moitié supérieure du champ se rapportant à l'une des lunettes, la moitié inférieure à l'autre. Les positions des fils correspondants seraient alors définies par les objectifs eux-mêmes suivant le procédé du n° 61, procédé qui permet de recourber les lunettes sans inconvénient. Ce qui précède suffit pour faire comprendre les principes d'après lesquels devrait être construit l'instrument en question ; je ne m'étendrai pas ici davantage sur cet appareil auquel serait applicable le système de pointé du n° 133.

En éliminant $\delta\varphi$ entre (4) et (5), et en posant pour abréger :

$$\cos l \cos\varphi + \tang D \sin l = M \; ; \; \cot a \cos\varphi - \sin l \sin\varphi = N;$$
$$- \cos l \sec^2 D = 0 \; ; \; - \sin\varphi \cosec^2 a = P;$$
$$\cos l \cos\varphi_1 + \tang D' \sin l = M' \; ; \; \cot a_1 \cos\varphi_1 - \sin l \sin\varphi_1 = N';$$
$$- \cos l \sec^2 D' = 0' \; ; \; - \sin\varphi_1 \cosec^2 a_1 = P';$$
$$\sin l \cos\varphi - \tang D \cos l + \sin\varphi \cot a = Q;$$
$$\sin l \cos\varphi_1 - \tang D' \cos l + \sin\varphi_1 \cot a_1 = Q',$$

il vient l'équation générale :

$$(6) \qquad (MN' - M'N)\, \delta l + NN'\delta A + ON'\delta D - O'N\delta D'$$
$$+ (PN' - P'N)\, \delta a + QN' - Q'N = o.$$

Cette formule est indépendante de l'angle φ, et renferme les cinq inconnues $\delta l, \delta a, \delta A, \delta D, \delta D'$.

En faisant plusieurs autres observations azimutales des mêmes étoiles, on a plusieurs équations semblables, renfermant les cinq mêmes inconnues, sans introduction d'aucune nouvelle inconnue. Si le nombre des couples d'observations des deux étoiles dépasse cinq, on a donc le moyen de déterminer les cinq inconnues par la méthode des moindres carrés, qui est facilement applicable dans ce cas.

Ordinairement, on peut obtenir immédiatement les valeurs de l, A, a, D et D' assez approchées pour que les corrections $\delta l, \delta a, \delta A, \delta D$ et $\delta D'$ soient très-petites. S'il en était différemment, on substituerait dans les équations générales au lieu de l, A, a, D et D' les valeurs $l + \delta l$, A + δA, $a + \delta a$, D + δD, et D' + δD', données par la première approximation, et on déterminerait de nouvelles corrections beaucoup plus approchées, et ainsi de suite, jusqu'à ce que les corrections fussent négligeables. Mais, en général, une première approximation suffit.

La détermination de a peut être faite avec une très-grande précision, comme nous l'avons vu nᵒˢ 114 à 119, par les observations des écarts extrêmes des circompolaires. En opérant de cette manière, on n'a que quatre inconnues $\delta l, \delta$A, δD, δD' pour deux étoiles. Lorsqu'on a fait dans un même lieu un grand nombre d'observations de beaucoup d'étoiles, l est déterminé par l'ensemble de toutes les observations, et, par conséquent, est connu avec une grande exactitude. On reporte alors cette valeur de l dans les équations données par chaque série d'observations, et on détermine pour chaque groupe les valeurs de δD, $\delta D'$ et δA.

La différence des lectures du cercle azimutal répondant aux azimuts extrêmes d'une même circompolaire, différence qui peut être déterminée avec une grande précision, et dont la moitié fait connaître la grandeur de l'azimut extrême, donne d'ailleurs, entre la latitude du lieu et la déclinaison de l'étoile observée, comme nous l'avons vu dans le n° 120, l'équation

$$\cos l = \frac{\cos D}{\sin a},$$

a étant l'azimut extrême de l'étoile. On peut tirer un grand parti de cette équation pour l'élimination de δl, et sa détermination après l'obtention de δD.

De plus, si on faisait un catalogue d'étoiles fondamentales, les observations des étoiles dont on voudrait déterminer l'ascension droite seraient généralement combinées deux à deux d'un grand nombre de manières, de sorte qu'on aurait plusieurs relations entre des sommes de différences d'ascensions droites. Ces relations augmenteraient la précision des résultats, en ce qu'elles diminueraient le nombre des inconnues, sans réduire le nombre des équations.

En reportant dans les équations données par une seule étoile, telles que (4) et (5), les valeurs de la latitude, de l'ascension droite, de la déclinaison et de l'azimut ainsi déterminées, on obtient la valeur de la correction $\delta \varphi$ de l'angle horaire, et par suite l'état de la pendule en cet instant.

On voit donc, par ce qui précède, que des observations azimutales seules pourront donner la latitude, l'heure, le méridien, les déclinaisons et les ascensions droites des astres et par conséquent des mesures de longitudes. Il va sans dire que nous avons supposé dans ce qui précède que les observations sont au préalable corrigées par les formules données dans les numéros 20 à 23, 45 et 87 des erreurs provenant des inclinaisons d'axes de l'instrument, de la collimation de la lunette ainsi que de l'aberration diurne.

308.—Afin de bien faire comprendre les précautions exigées par la méthode qui précède, nous allons d'abord jeter un coup d'œil sur les situations des astres dans lesquelles on ne peut pas observer.

Si l'une des deux étoiles (que nous appellerons E), celle de déclinaison D, par exemple, qui ont concouru à la formation de l'une des équations de la forme de l'équation (6), a été observée dans le plan que l'on suppose être le méridien, auquel cas les valeurs approchées de a et de φ à substituer dans cette équation sont zéro, on a alors $\sin \varphi = o$; $\cot a = \infty$; $\operatorname{cosec} a = \infty$; $\cos \varphi = 1$; $\cos a = 1$. La valeur de N se réduit à $\operatorname{cosec} a$ ou à l'infini, et celle de P à $o \times \infty$. Pour voir alors ce que devient l'équation (6), nous en diviserons tous les termes par N qui, comme nous venons de le dire, est égal à $\operatorname{cosec} a$ ou à l'infini. Dès lors $\dfrac{MN'}{N}$ et $\dfrac{ON'}{N}$ sont égaux à zéro, puisque N est infini, $\dfrac{P}{N}$ est égal à $- \sin \varphi \operatorname{cosec} a$, et par conséquent se trouve encore de la forme $o \times \infty$, et $\dfrac{QN'}{N}$ se réduit à $\sin \varphi \cos a$ ou zéro.

Pour savoir ce que devient alors réellement $\dfrac{P}{N}$ dans le cas que nous considérons, nous remarquerons que l'équation (1), quand a et φ tendent vers zéro, auquel cas $\cos a$ et $\cos \varphi$ tendent vers l'unité, peut s'écrire sous la forme suivante rigoureuse à la limite

$$\sin \varphi \operatorname{cosec} a = \tang D \cos l - \sin l,$$

donc

$$\frac{P}{N} = \sin l - \tang D \cos l.$$

L'équation (6) divisée par N devient donc dans le cas considéré

(7) $- M'\delta l + N'\delta A - O'\delta D'$
    $+ \left[(\sin l - \tang D \cos l) N' - P' \right] \delta a - Q' = o.$

Si le méridien a été exactement déterminé par les azimuts extrêmes des circompolaires, δa est nul, et l'équation (7) ne renferme que les trois inconnues δl, δA et $\delta D'$.

A cause des erreurs instrumentales, on n'observe pas rigoureusement au méridien, mais il y a une déviation azimutale de quelques secondes; alors on mettra la valeur connue de cette déviation à la place de δa dans l'équation (7), qui ne renfermera que les trois

inconnues $\delta\,l$, $\delta\,A$ et $\delta\,D'$, comme si on avait observé rigoureusement dans le méridien.

Ainsi, quoique certains coefficients de l'équation (6) deviennent infinis ou paraissent indéterminés quand l'une ou l'autre
des deux étoiles passe au méridien, on voit que les observations
peuvent également avoir lieu dans ce cas, et même qu'il en
résulte une simplification de l'équation et la disparition d'une des
inconnues.

Il n'existe d'ailleurs aucun azimut autre que le méridien où
les coefficients de cette équation deviennent infinis ou prennent
des formes indéterminées, et par conséquent, à ce point de vue,
l'équation (6) admet des observations dans tous les verticaux.

309. — Nous avons vu dans le n° 22 que l'inclinaison i de
l'axe de la lunette introduit sur l'azimut une correction ε' dont
l'expression est, en appelant h la hauteur de l'étoile au-dessus de
l'horizon,

$$(8) \qquad\qquad \varepsilon' = i\ \tang h,$$

et la collimation c jointe à l'aberration diurne donne lieu (n°ˢ 45
et 87) à une autre correction ε fournie par la formule

$$(9) \qquad \varepsilon = (c + 0'',31 \cos l \cos a) \sec h. \qquad (1)$$

En approchant du zénith, $\tang h$ et $\sec h$ augmentent très-rapidement, les formules cessent de donner une approximation suffisante, et une petite erreur soit sur i ou c, soit sur h, donne un erreur notable sur les corrections.

Résulte-t-il de là que les observations voisines du zénith ne
puissent être employées ? Non, nous allons faire voir qu'elles donneront toute la précision désirable, pourvu qu'elles ne soient pas
dans les environs du premier vertical.

Il existe, en effet, deux moyens de corriger des erreurs de
l'instrument une observation azimutale, puisque cette observation
consiste à noter d'une part l'heure d'un pointé azimutal, de
l'autre la lecture azimutale répondant à ce même pointé. Or, on

_____

(1) Nous rappellerons que, dans ces formules, a est compté de 0° à 360° en
partant du point nord vers l'ouest, et h de 0° à 90° ; i est positif si le tourillon le plus élevé est celui de la droite de l'observateur, et c est positif
quand la collimation porte l'axe optique vers la gauche de l'observateur.

peut considérer ou que les erreurs instrumentales ont altéré la lecture azimutale répondant à l'instant du pointé, ce qui donne lieu aux corrections dans la forme où nous les avons déjà présentées, ou bien, on peut admettre que ces mêmes erreurs ont altéré l'heure du pointé répondant à la lecture azimutale réellement faite.

Cette seconde méthode est précisément celle qu'on suit dans la correction des passages observés à la lunette méridienne. Nous allons en faire l'application aux observations azimutales.

Considérons d'abord l'inclinaison de l'axe. Appelons S la position que l'astre devrait occuper sur son parallèle pour se trouver dans l'azimut a lu sur l'instrument, et S_1 la position qu'il occupait réellement au moment de l'observation, et qui se trouve à l'intersection de son parallèle par l'arc de grand cercle décrit par la lunette et incliné de l'angle i; soit h la hauteur apparente de l'astre observé, mesurée sur le cercle de calage et par conséquent sur l'arc de grand cercle incliné dont nous venons de parler. Par le point S_1, menons un arc de grand cercle perpendiculaire au vertical passant par l'azimut a et renfermant le point S, et appelons S_2 le point d'intersection de ces deux grands cercles. Enfin nommons P le pôle, Z le zénith et B le point de rencontre du vertical d'azimut a avec l'horizon.

On a dans le triangle $S_1 S_2 B$, en mettant l'arc i pour son sinus,

$$S_1 S_2 = i \sin h.$$

Mais on a dans le triangle PSS_1, μ_1 désignant l'erreur sur l'angle horaire φ,

$$SS_1 = \mu_1 \cos D.$$

Enfin le triangle PSZ donne

$$\frac{\sin PS}{\sin Z} = \frac{\sin PZ}{\sin PSZ}.$$

Or PSZ égale sensiblement $90° - S_1 SS_2$, car on a $PSZ + S_1 SS_2$ $= PSS_1$ et PSS_1 est sensiblement égal à $90°$, puisque le triangle SPS_1 est isocèle et que l'arc SS_1 est très-petit. Donc $\sin PZS$ $= \cos S_1 SS_2$, d'où

$$\cos S_1 SS_2 = \frac{\cos l \sin a}{\cos D},$$

et par suite

$$\sin S_1 S S_2 = \frac{\sqrt{\cos^2 D - \cos^2 l \sin^2 a}}{\cos D}.$$

Or dans le triangle SS_1S_2, rectangle en S_2, on a, en remplaçant les sinus des côtés par les arcs,

$$S_1 S_2 = SS_1 \sin S_1 SS_2.$$

En mettant dans cette dernière équation pour S_1S_2, SS_1 et $\sin S_1SS_2$, leurs valeurs ci-dessus, il vient :

$$\mu_1 = \frac{i \sin h}{\sqrt{\cos^2 D - \cos^2 l \sin^2 a}}.$$

Dans cette formule, μ_1 est de même signe que i ou de signe contraire, à cause du double signe du radical, et pour qu'il représente la correction à appliquer à l'angle horaire, i doit être regardé comme positif quand, la lunette étant pointée à l'opposé du pôle, le tourillon ouest est le plus élevé et le radical positif.

On trouvera de même la correction μ relative à la collimation, en remarquant seulement que dans ce cas, l'arc S_1S_2, au lieu d'être égal à $i \sin h$, est constant et égal à c, ou mieux encore à c et à l'aberration diurne, c'est-à-dire à $c - 0''{,}31 \cos l \cos a$, c étant positif à l'est et le radical positif, et a étant compté de $0°$ à $\pm$ $90°$ à partir du côté opposé au pôle (ce qui a renversé le signe de $\cos a$).

On a donc

$$\mu = \frac{c - 0''{.}31 \cos l \cos a}{\sqrt{\cos^2 D - \cos^2 l \sin^2 a}}.$$

La correction totale sur l'angle horaire, correction relative aux erreurs instrumentales et à l'aberration diurne, sera donc $\mu_1 + \mu$, et sera donnée par la formule suivante, dans laquelle a sera compté de $0°$ à $\pm 90°$, et par suite h de $0°$ à $180°$, ce qui ne change rien à l'expression ci-dessus de μ_1.

$$(10) \qquad \mu_1 + \mu = \frac{i \sin h + c - 0''{.}31 \cos l \cos a}{\sqrt{\cos^2 D - \cos^2 l \sin^2 a}}.$$

Cette formule est précisément, dans le cas du méridien, celle que les astronomes emploient pour les observations à la lunette méridienne. On a , en effet, dans le cas du méridien : $\cos a = 1$, $\sin a = o$ et $h = 90° - (l \pm D)$, d'où

$$\sin h = \cos (l \mp D),$$

et

$$\mu_1 + \mu = \frac{i \cos (l \mp D)}{\cos D} + \frac{c - 0'',31 \cos l}{\cos D}.$$

C'est, comme on le voit, la formule de la lunette méridienne dans laquelle l'azimut est nul.

Pour corriger les observations azimutales des erreurs instrumentales, on devra donc employer les formules (8) et (9) ou la formule (10), suivant que c'est sur la lecture azimutale ou sur l'angle horaire que la correction à appliquer est la plus petite.

Ainsi la formule (10) ne pourra pas être employée aux azimuts extrêmes des circompolaires, car dans cette position de l'astre, on a $\sin a = \dfrac{\cos D}{\cos l}$, ce qui rend la valeur $\mu_1 + \mu$ infinie. Dans ce cas, on emploie donc les formules (8) et (9) destinées à corriger la lecture azimutale. Pour les circompolaires, la formule (10) est applicable au reste partout ailleurs qu'aux environs de l'azimut extrême.

Pour toutes les étoiles qui passent au sud du zénith, $\cos D$ est plus grand que $\cos l$, et la formule (10) est applicable dans tous les azimuts. Cependant, si l'étoile passe très-près du zénith, $\cos D$ surpasse très-peu $\cos l$, et quand $a = 90°$, auquel cas $\sin a = 1$, la formule cesse d'être très-exacte.

Ainsi donc, en employant la formule (10) pour effectuer la correction des erreurs instrumentales, on peut observer jusqu'au zénith, pourvu que l'azimut ne soit pas voisin de 90°.

310. — Nous ferons donc remarquer ici que, tout en rejetant les observations faites à la fois près du premier vertical et du zénith, à cause des altérations que leur font subir les erreurs instrumentales, on pourrait, si ces dernières erreurs n'étaient pas connues, se servir précisément de la combinaison de ces mêmes observations avec les séries faites dans d'autres azimuts et à d'autres hauteurs, afin de déterminer les erreurs instrumentales par la méthode des équations de condition. Nous ne nous étendrons pas davantage sur ce sujet, qui ne présente aucune difficulté d'ailleurs, parce

que nous avons indiqué des moyens plus précis pour déterminer les erreurs d'inclinaison et de collimation de la lunette.

Près de l'horizon, la précision des observations azimutales diminue à cause des réfractions azimutales. Ces réfractions sont de deux natures : les unes proviennent de l'ellipticité de la terre et du défaut d'horizontalité des couches d'air à cause de la variation de la température et de la pression barométrique suivant la latitude et la longitude. Elles sont très-petites. Les autres sont dues à des anomalies de température dans les couches d'air voisines du sol. Toutes ces réfractions sont négligeables dès que l'astre a atteint une hauteur de 12 à 15 degrés au-dessus de l'horizon, hauteur qui est suffisante pour que le rayon visuel s'écarte immédiatement du sol.

Ainsi, en résumé, il résulte de la discussion à laquelle nous venons de nous livrer, qu'on peut utiliser, pour la correction des déclinaisons et des différences d'ascension droite des étoiles, les observations azimutales faites dans toutes les positions que chaque astre peut occuper sur le ciel, sauf les observations trop voisines de l'horizon et celles qui sont à la fois trop près du zénith et du premier vertical.

311.—Si on veut employer la méthode que nous venons de décrire pour déterminer les coordonnées des astres par des observations azimutales, il est toujours avantageux de diminuer le nombre des inconnues. Dès lors, il y a avantage autant que possible à déterminer le méridien par les azimuts extrêmes des circompolaires, et la latitude peut, comme nous allons le voir, se déduire des observations de ces azimuts extrêmes.

Nous rappellerons ici que nous avons déjà indiqué avec détail le moyen d'obtenir le méridien à l'aide des observations des azimuts extrêmes de ces dernières étoiles. Les observations de ces mêmes azimuts extrêmes (n° 120) donnent de plus

$$\cos l = \frac{\cos D}{\sin a},$$

équation qui permet d'obtenir δl en fonction de δD avec une grande exactitude. Ainsi donc, si on observe deux circompolaires de déclinaison d et d' et de différence α d'ascension droite, à leurs deux azimuts extrêmes, on a deux équations qui donnent δd et $\delta d'$ en fonction de δl, et de plus ces mêmes observations font connaître le méridien ; si ensuite on observe presque simultanément ces deux mêmes étoiles quand elles sont loin de leurs azimuts extrêmes dans deux conditions différentes, par exemple, d'une part, dans la partie supérieure du cercle qu'elles décrivent, d'autre part, dans la partie inférieure, on a deux équations de la forme de l'équation (6), dans chacune desquelles δa est nul, puisque le méridien est connu. Reportant ensuite dans ces deux équations les valeurs de δd et de $\delta d'$ en fonction de δl, fournies par les observations aux azimuts extrêmes, chacune des deux équations ne renferme plus que deux inconnues δl et $\delta \alpha$, et comme ces équations sont très-différentes, ainsi qu'on le reconnaît *à priori*, on obtient sans difficulté δl et $\delta \alpha$ avec exactitude. Il est bon de remarquer que des étoiles à 10 ou à 15 degrés du pôle sont préférables à des étoiles très-voisines, parce que leur différence d'ascension droite donne lieu à une plus grande différence d'azimut suivant qu'elles occupent les mêmes positions par rapport au méridien supérieur ou inférieur ; par conséquent les équations fournies par les observations au-dessus et au-dessous du pôle sont plus distinctes. δl et $\delta \alpha$ étant ainsi connus, on aura sans difficulté δd et $\delta d'$, dont on connaît déjà les valeurs en fonction de δl (1).

312. — Lorsqu'on veut faire un catalogue d'étoiles, la moyenne des valeurs de δl ainsi obtenues par les circompolaires peut être reportée dans les équations fournies par les étoiles de faible déclinaison, de sorte que ces dernières équations de la forme de l'équation (6) ne renfermeront en réalité que trois inconnues δA, δD et $\delta D'$. Trois observations suffiront donc à déterminer les déclinaisons et la différence d'ascension droite de deux étoiles de déclinaison faible ou moyenne (2).

(1) La méthode que j'indique ici pour déterminer la latitude par les observations azimutales des circompolaires est indépendante des irrégularités de la pendule. C'est en cela qu'elle diffère des diverses méthodes publiées par M. Babinet avec lesquelles elle a d'ailleurs le plus grand rapport.

(2) Dans le mémoire que j'ai publié sur l'emploi des observations azimutales pour la détermination des ascensions droites et des déclinaisons des étoiles, j'ai examiné comment la méthode que je viens d'exposer pourrait être le plus avantageusement appliquée pour la formation d'un catalogue d'étoiles dans les latitudes moyennes, et j'ai montré, par une application, que les erreurs à craindre seraient plus de dix fois plus petites qu'avec les instruments méridiens, notamment pour les différences d'ascension droite.— Je ne reviendrai pas ici sur ce sujet.

Lorsqu'on a déterminé un certain nombre d'étoiles fondamentales, par exemple quelques étoiles distantes embrassant tout le tour du ciel, on peut leur rapporter toutes les autres, et comme les déclinaisons des étoiles de comparaison sont alors connues, on n'a que deux inconnues pour chaque série destinée à déterminer une nouvelle étoile. Deux observations seulement suffisent donc.

Par ce procédé, la révision d'un catalogue tel que celui de Baily serait assez rapidement faite, car, vu la précision de la méthode, il ne serait pas utile de répéter les observations.

En prenant dans les tables les positions du soleil, de la lune et des planètes, comme positions approchées de ces astres au moment de chaque observation azimutale qu'on veut en faire, observation combinée avec une autre observation d'une étoile fondamentale dont les positions soient connues par les procédés que nous avons décrits, on aura les corrections des tables de la même manière que celles des positions des étoiles fondamentales.

313. — Dans ce qui précède, nous avons supposé la lecture azimutale répondant au point nord déterminée par les azimuts extrêmes des circompolaires. Mais il peut se faire que cette lecture soit variable avec le temps, et c'est même ce qui aura lieu en général, car on n'obtient jamais des instruments une stabilité absolue. Quelque petite que soit d'ailleurs, d'après la disposition de l'instrument, l'influence de la torsion de l'axe sur les situations respectives de l'axe optique de la lunette et du zéro du limbe, il se produit toujours à la longue quelques variations. De plus, le sol lui-même n'est pas stable : les tassements, les dégradations provenant des pluies, et surtout les variations de la température, font éprouver des mouvements aux piliers, mouvements qui peuvent amener des variations d'azimuts. Or, si dans l'intervalle de plusieurs heures qui sépare les pointés d'une circompolaire à ses deux azimuts extrêmes, il s'est produit de petites variations, la moyenne des lectures répondant à ces deux pointés pourra n'être pas la vraie lecture azimutale répondant au point nord.

On obvie en grande partie à cet inconvénient par l'emploi des mires. Si après chaque pointé d'un azimut extrême d'une circompolaire on vise à une mire placée dans de bonnes conditions, on reconnaît, par les deux pointés de la mire faits aux deux azimuts extrêmes, s'il y a eu variation. On peut alors tenir compte

32

du changement s'il y a lieu, et en conclure l'azimut de la mire. Un pointé sur cette mire fait à chaque observation permettra alors de connaître à l'instant de cette observation la lecture azimutale répondant au point nord, et par suite l'azimut correspondant à cette observation.

Cet emploi des mires est fondé sur ce que, si la mire est éloignée, les petits déplacements qu'elle peut subir, de même que l'instrument, ne peuvent pas modifier sensiblement l'azimut de la ligne joignant le centre de la mire au centre de l'instrument.

Mais ceci suppose que les rayons lumineux émanés de la mire arrivent directement à la lunette sans avoir éprouvé aucune déviation. Or c'est ce qui n'a pas lieu ordinairement, car ces rayons rasent le sol sur une grande étendue, et sont par suite exposés à des réfractions anormales qui détruisent la confiance que l'on pourrait accorder à priori à la mire. Il est donc préférable de prendre pour mires les étoiles elles-mêmes. Le procédé général à suivre dans ce but, est le suivant : supposons qu'on observe successivement trois étoiles E, E', E'', dans l'intervalle de 4 à 5 minutes pendant lequel on peut supposer, comme nous l'avons déjà vu, le mouvement de la pendule connu, et de plus la lecture azimutale répondant au point nord constante. Appelons D, D', D'' leurs déclinaisons, A la différence d'ascension droite de E et E', A' la différence d'ascension droite de E et E''. En combinant entre elles les observations des étoiles E et E' d'une part, et E et E'' de l'autre, on obtiendra deux équations de la forme de l'équation (6) et qui renfermeront pour inconnues, sans aucune intervention des erreurs de la pendule, la première : δl, δA, δD, $\delta D'$ et δa; la seconde : δl, $\delta A'$, δD, $\delta D''$ et δa. En éliminant δa entre ces deux équations, on aura une relation entre les six inconnnes δl, δA, $\delta A'$, δD, $\delta D'$ $\delta D''$. Six observations de ces trois étoiles donneront six équations semblables qui suffiront à déterminer ces six inconnues.

Dans la pratique, on peut éprouver quelque difficulté à faire sans approcher trop près de l'horizon, six observations très-distinctes, et la ressemblance de ces équations peut diminuer le degré de précision auquel on arrive. Mais on peut faire disparaître cet inconvénient dans les latitudes moyennes en prenant pour l'étoile E'' une circompolaire voisine du pôle qui peut être observée pendant les vingt-quatre heures loin de l'horizon.

314. — Nous ferons encore remarquer que, dans la détermination des longitudes par l'électricité, il existe encore en employant les instruments méridiens une grande cause d'erreur provenant des irrégularités de la pendule (1). En employant des instruments azimutaux, où les observations auraient lieu par pointé suivant la méthode des n°⁸ 129 à 134, et en observant sensiblement, au même instant dans les deux stations, les azimuts des deux ou trois mêmes étoiles afin d'éliminer la stabilité de l'instrument, et enfin en faisant enregistrer les observations simultanément sur deux chronographes électriques placés aux deux stations, il est évident, d'après ce qui précède, qu'on pourra calculer la différence des deux méridiens sans aucune intervention des erreurs des positions des étoiles employées, ni des erreurs de la pendule, tandis que la méthode de pointé fera disparaître l'influence des équations personnelles. Je ne m'étendrai pas davantage sur ce sujet, que, d'après les détails que nous avons donnés, il suffit d'indiquer.

En résumé, il résulte des développements dans lesquels nous sommes entrés, au sujet de l'emploi des observations azimutales,

---

(1) La méthode pour déterminer par l'électricité les longitudes avec les instruments méridiens consiste à observer en deux stations les passages méridiens des mêmes étoiles et à comparer, à l'aide de signaux transmis par l'électricité, les horloges des deux stations, dont on connaît l'état par rapport à l'heure du lieu au moyen des passages observés. C'est ainsi qu'a été déterminée la différence de longitude entre Paris et Greenwich. Les observateurs changent alternativement de station pour éliminer l'influence de leurs erreurs personnelles.

J'ai introduit à l'Observatoire de Paris une méthode plus sûre consistant à enregistrer directement sur la bande de papier d'un même chronographe électrique, divisée en secondes par l'horloge, les observations obtenues par chaque observateur, qui frappait sur une touche, quand il voyait l'étoile passer derrière les fils de sa lunette. Cette méthode, qui avait déjà servi en Amérique, a été employée, en se servant de l'instrument que j'avais construit dans ce but, pour la longitude de Bourges, la première opération de ce genre faite par l'Observatoire de Paris. J'ai introduit plusieurs perfectionnements dans la méthode américaine, en rendant, à l'aide d'un rhéostat, les courants égaux dans les deux stations. J'ai de plus corrigé les erreurs du chronographe, en faisant battre simultanément la seconde aux diverses pointes, à l'aide d'un même courant bifurqué. Par là les résultats étaient rendus indépendants de l'influence des positions de ces pointes par rapport à la bande ; enfin j'ai pu faire tracer directement l'électricité à des distances considérables, sans l'emploi des relais. Je renvoie à ce sujet aux Comptes rendus de 1857.

que toute l'astronomie peut se faire par l'azimut, et que les méthodes que nous avons décrites ont l'avantage de rendre les résultats indépendants d'une multitude d'erreurs qui se trouvent dans les observations méridiennes. Ainsi la latitude et la longitude d'un lieu, les ascensions droites et les déclinaisons des étoiles peuvent être obtenues à l'aide d'observations azimutales seulement, sans être altérées par la réfraction, la flexion des cercles et des lunettes, la dispersion atmosphérique, les irrégularités de la pendule et le défaut de stabilité des instruments. Les équations personnelles et les différences d'estime le jour et la nuit disparaissent en outre par les méthodes de pointé que nous avons imaginées et décrites dans les n⁰ˢ 129 à 134. Enfin l'emploi des observations d'azimut peut, comme nous l'avons démontré, rendre les déterminations dix fois plus précises qu'elles ne le sont aujourd'hui.

315. — Dans les très-basses latitudes, les azimuts extrêmes des circompolaires ne peuvent plus être observés que dans le voisinage immédiat de l'horizon. Cette circonstance rend leur emploi peu sûr ; mais nous avons vu déjà que, dans ce cas, on peut déterminer le méridien par les observations d'une étoile presque équatoriale observée loin du méridien. Une observation de ce genre faite à des hauteurs à peu près égales des deux côtés du méridien, et en ayant égard à la petite différence d'angle horaire, qui intervient peu sur le résultat, donne le méridien, indépendamment de la déclinaison de l'étoile, et la différence des azimuts observés fournit le moyen d'obtenir la déclinaison de l'étoile. Deux autres azimuts pris tout près du méridien, en y appliquant la méthode de correction que nous avons indiquée dans le n° 309 fournirait alors une équation dont on tirerait la latitude par l'élimination de l'angle horaire de la première observation suivant les méthodes des n⁰ˢ 306 et 307. La différence des angles horaires des observations correspondrait à un intervalle trop petit au chronomètre pour que de graves anomalies fussent à craindre. Au reste, les azimuts d'une autre étoile voisine du méridien et vers 45° de déclinaison donneraient le moyen d'appliquer à l'intervalle les corrections nécessitées par ces anomalies.

316. — S'il s'agissait de la latitude d'un lieu situé à 1 ou 2 minutes de l'équateur on pourrait, après avoir déterminé la déclinaison par les azimuts loin du méridien, recourir aussi, au lieu des deux azimuts voisins du méridien, à l'emploi d'une lunette zénithale d'un

grand pouvoir amplifiant, et avec bain d'eau du système Porro. Avec
cette lunette on mesurerait la distance zénithale de l'étoile, dont la
déclinaison serait connue, ce qui donnerait la latitude. Seulement
il ne faut pas perdre de vue que l'emploi de la lunette zénithale n'est
pas aussi rigoureux qu'il le semble au premier abord. Nous avons
dit, en effet, dans le n° 215 combien il est difficile de pointer exactement des fils sur leur image réfléchie. Mais j'ai imaginé un moyen
assez simple pour parer à cet inconvénient. Supposons qu'au lieu
de placer les fils dans le centre du champ, on dispose un fil un peu
latéralement et qu'on place du côté opposé deux autres fils très-
rapprochés parallèles entre eux et au premier; ce système des
trois fils parallèles doit être répété dans les deux sens perpendiculaires, ce qui ferait six fils en tout. On peut alors placer la lunette
de telle sorte que l'image réfléchie du fil unique de l'un des systèmes tombe exactement au milieu de l'image directe des deux
autres fils parallèles et rapprochés de ce même système, et alors
l'image directe de ce même fil se montre exactement au milieu des
images réfléchies de ces deux derniers fils; on voit alors que la
position moyenne entre le milieu de l'intervalle de ces deux derniers fils parallèles et l'axe du troisième fil représente la position
que devrait occuper un fil central pour que son image réfléchie fût
rigoureusement couverte par lui-même. Cela ayant lieu dans les
deux sens perpendiculaires, l'axe optique vertical est défini, et ici
on n'a pas à recouvrir l'image réfléchie d'un fil par ce fil lui-même,
opération fort douteuse, mais on n'a à effectuer que des bissec-
tions très-faciles à obtenir rigoureusement. Cela posé, le micromètre de la lunette porte au lieu d'un fil unique deux fils parallèles très-rapprochés (mais ces deux fils ont entre eux un autre
intervalle que les fils fixes rapprochés), et on pointe les étoiles dans
leur intervalle. On n'a plus alors qu'à prendre la lecture micrométrique correspondante et la différence avec les moyennes des deux
lectures obtenues, la première lorsqu'on place ce système mobile
des deux fils au milieu des deux fils rapprochés parallèles du système fixe, la seconde, lorsqu'on place le fil fixe unique latéral au
milieu de ces deux fils mobiles, cette différence, dis-je, donne la
plus courte distance zénithale de l'étoile. Le parallélisme des fils
avec le mouvement diurne s'obtient facilement à vue, et se manifeste
en ce que l'étoile doit rester au milieu de leur intervalle, pendant
qu'elle traverse la lunette. En mesurant à l'entrée et à la sortie du

champ les distances des deux positions obtenues par le système des
fils mobiles lorsque l'étoile est au milieu d'eux, il devient facile de
calculer le défaut de parallélisme des fils et d'en tenir compte d'une
manière analogue à celle que nous avons indiquée pour le fil
horizontal du cercle mural. Si d'ailleurs on emploie comme micromètre mon système où la valeur des tours de vis n'influe pas,
on voit que l'instrument sera d'une immense précision (1).

317. — Supposons donc que, soit par les azimuts seulement (2),
soit par les azimuts combinés avec la lunette zénithale, on obtienne
la latitude d'un point situé à quelques secondes de l'équateur, puis
qu'on fasse la même opération pour un second point voisin qui se
trouve à quelques secondes de l'autre côté, une opération topographique donnera alors la position du point intermédiaire qui
est rigoureusement dans l'équateur. Ainsi peut se résoudre facilement le problème de trouver sur la surface terrestre un point
exactement situé dans l'équateur.

318. — Nous avons toujours supposé jusqu'ici que la réfraction ne
dévie les astres que dans la direction du zénith apparent ou zénith
astronomique. Mais, comme l'a fait remarquer M. Babinet, il y a
en un lieu donné un certain défaut d'horizontalité des couches
d'air. « Ce manque d'horizontalité, dit-il, vient de ce que la température n'est pas ordinairement égale autour d'une même station.
Généralement la couche d'égale température s'élève vers le midi.
Dans la moyenne d'une série d'observations, les anomalies accidentelles doivent s'éteindre, il est vrai ; mais la part due aux iné-

(1) La disposition des fils que je viens d'indiquer est applicable non-seulement à la lunette zénithale, mais à tous les collimateurs destinés à viser sur
l'image réfléchie de leurs fils afin d'obtenir les erreurs instrumentales. On
pourrait encore employer deux systèmes de deux fils parallèles et rapprochés, croisés à angle droit. Chacun de ces systèmes serait muni d'un autre
système de fils croisés à angle droit et mis en diagonale avec les premiers, et
dont la croisée des fils fût au milieu de l'intervalle de ceux-ci, mais latéralement par rapport à l'axe de l'instrument. Les images réfléchies de ces fils
croisés devraient alors paraître de l'autre côté de l'axe optique au milieu
des fils parallèles correspondants.

(2) Dans mon ouvrage l'Espace céleste, chap. IX, page 285, j'ai décrit un
nouvel instrument que j'appelle l'azimutal, et avec lequel, à Olinda, j'ai
fait quelques applications de ma méthode de détermination des coordonnées
des astres par des observations d'azimut. Je renvoie à cet ouvrage pour la
description de cet instrument entièrement nouveau.

galités azimutales de la température moyenne autour du lieu de l'observation ne peut s'effacer, quelque grand que soit le nombre des observations. On peut donc considérer en chaque point l'atmosphère comme formant dans son état moyen un prisme d'air chaud dont l'angle et l'azimut nous sont inconnus. Si on se limite à des observations méridiennes, il est évident que les moyens de déterminer ce prisme d'air manquent complétement. »

Nous ferons remarquer que la variation des pressions barométriques moyennes avec la latitude et même avec la longitude, puisque les pressions, par exemple, ne sont pas les mêmes à égalité d'altitude et de latitude près des mers et dans le centre des continents, concourt avec la température à la formation du prisme d'air, sur lequel réagit même la courbure de la verticale, et M. Babinet a fait observer que ces influences se sont déjà nettement manifestées dans les observations d'Oxford.

Il résulte de là qu'en un lieu donné, on peut considérer que la réfraction se fait non vers le zénith apparent de ce lieu, mais vers un point très-voisin de ce zénith à une distance ι inconnue et dans un azimut a, également inconnu. Il s'ensuit donc que la réfraction peut exercer une très-légère influence sur les mesures azimutales.

Pour en trouver l'expression, remarquons qu'elle s'obtiendra exactement comme celle de l'influence de la parallaxe, en suivant les raisonnements du n° 194 et en remarquant seulement que dans ce cas $EE' = R$, R étant la réfraction donnée par les tables pour la distance zénithale de l'astre, car on peut regarder comme égales sans erreur sensible la distance au zénith Z et la distance au point Z' vers lequel se fait la réfraction; alors l'angle Z'ZE, Z étant toujours le zénith apparent, est égal à $a - a_{,}$, a étant l'azimut de l'astre; en outre $ZZ' = \iota$ au lieu de i. On a donc pour l'angle EZE' représentant la déviation azimutale par la réfraction, angle que nous appellerons b,

$$\sin b = \frac{\sin \iota \sin (a - a_{,}) \sin R}{\sin z \sin z'} = \frac{\sin \iota \sin (a - a_{,}) \sin R}{\sin^2 z},$$

en regardant comme égales les distances z et z' aux deux points Z et Z', ce qui est possible sauf tout près du zénith.

Or, la réfraction R étant très-petite quand l'astre est à plus de 30° de hauteur, la déviation azimutale peut être regardée comme nulle, sauf quand z devient lui-même extrêmement petit. Lorsque des observations comprises entre 30° et 60° de distance zénithale, ont donné par les formules précédentes l'ascension droite et la déclinaison d'une étoile, on voit qu'en observant celle-ci près de l'horizon, où R devient considérable (et en éliminant d'ailleurs la pendule par les observations d'une autre étoile connue située à une grande hauteur sur l'horizon), on aura par une moyenne d'un très-grand nombre d'observations la possibilité de déterminer la différence entre les azimuts observés et calculés. Cette différence, égalée à l'expression ci-dessus de la réfraction azimutale donnera par les observations de l'étoile en question effectuées dans le voisinage de l'horizon des deux côtés du ciel, deux équations de condition d'où on tirera ι et a_{ι}, seules inconnues dans ces équations. Cette opération répétée sur un grand nombre d'étoiles donnera par la méthode des équations de condition les valeurs de ι et de a_{ι}, au moyen desquelles on pourra corriger ensuite les observations azimutales, même celles qui sont faites à de grandes hauteurs; on aura alors avec plus d'exactitude encore les coordonnées des étoiles, et on pourra refaire de nouvelles déterminations plus exactes de ι et a (1).

Il est facile de voir, au reste, qu'avec des déterminations directes de la réfraction en hauteur, déterminations effectuées pour les hauteurs voisines de l'horizon dans divers azimuts, et possibles, après avoir bien fixé par des observations azimutales faites à de grandes hauteurs les coordonnées des étoiles choisies, on pourrait déterminer les valeurs de ι et a_{ι}. Je ne m'étendrai pas davantage sur ce sujet, qui ne présente aucune difficulté, mais dont l'étude ne peut être trop recommandée dans les observatoires.

---

(1) Au reste, en introduisant directement les expressions de la déviation azimutale par la réfraction dans des séries très-nombreuses d'équations de condition de la forme de l'équation (6), séries dans lesquelles on remplacerait δa par $\delta a - b$, on pourrait déterminer directement a et a_{ι} en même temps que les corrections des ascensions droites et des déclinaisons.

TROISIÈME PARTIE.

GÉODÉSIE APPLIQUÉE A LA GÉOGRAPHIE.

319. — Nous avons déjà vu dans les n⁰ˢ 294 et 296 le moyen de déterminer l'azimut d'un point quelconque à l'aide du théodolite. Dans les n⁰ˢ 138, 139 et 149 nous avons indiqué le moyen de l'obtenir avec le cercle répétiteur ou avec les instruments de réflexion. Ces numéros contiennent entièrement la théorie des relèvements astronomiques. Nous pouvons donc maintenant nous proposer de déterminer les différences de longitude de deux points à l'aide de la latitude et de l'azimut dans lequel une des deux stations est vue de l'autre.

Si la terre était rigoureusement sphérique, le problème qui nous occupe serait des plus simples. Soient en effet l, la latitude de l'une des stations A (fig. 48), l_i la latitude de l'autre station B, et a, l'azimut de B vu de A.

Par le centre de la terre et la station A menons le plan méridien qui coupera la surface terrestre suivant l'arc de grand cercle PAM,

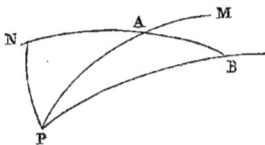

Fig. 48.

P étant le pôle de l'hémisphère de la station A. Par le centre de la terre, menons également le plan méridien passant par B, et dont la trace sur la surface sera l'arc de grand cercle PB; enfin, par le centre de la terre et par les points A et B menons un plan dont l'intersection par la surface terrestre sera l'arc de grand cercle AB.

Dans le triangle PAB, nous connaissons le côté PA qui est égal au complément de la latitude de A ou à $90° - l_1$, et le côté PB qui est égal au complément de la latitude de B ou à $90° - l_2$, et nous connaissons l'angle MAB, qui n'est autre que a_1 ou l'azimut de B vu de A (nous supposerons désormais les azimuts comptés à partir du méridien vers l'ouest, en prenant pour point de départ le côté du méridien opposé au pôle), et par conséquent nous connaissons l'angle PAB qui n'est autre que $180° -$ MAB ou $180° - a_1$. Nous connaissons donc deux côtés et l'angle opposé à l'un d'eux ; le triangle est défini, et conséquemment nous pouvons déterminer l'angle P, qui n'est autre que la différence des longitudes des deux stations A et B.

Prolongeons le côté AB et abaissons de P l'arc de grand cercle PN perpendiculaire sur AB.

Dans le triangle PNA, on a en faisant l'angle NPA $= \varphi$

$$\cos PA = \cot NPA \cot NAP$$

ou

$$\sin l_1 = \cot \varphi \cot a_1,$$

d'où

$$(1) \qquad \tang \varphi = \frac{1}{\tang a_1 \sin l_1}.$$

On a de plus

$$\tang PN = \tang PA \cos NPA = \cot l_1 \cos \varphi.$$

Dans le triangle rectangle NPB, on a de même

$$\tang PN = \tang PB \cos NPB = \cot l_2 \cos (P + \varphi).$$

Éliminant tang PN entre ces deux équations, il vient

$$\cot l_1 \cos \varphi = \cot l_2 \cos (P + \varphi);$$

ou en remplaçant cos φ par sa valeur en sin φ déduite de l'équation (1)

$$(2) \qquad \cos (P + \varphi) = \tang l_2 \tang a_1 \cos l_1 \sin \varphi.$$

L'angle P étant très-petit, il en résulte que dans le cas où l'angle φ est lui-même petit, cette formule donnant l'angle $P + \varphi$ par un cosinus, ne pourrait le faire connaître avec exactitude ; il faut donc, pour qu'elle s'applique à tous les cas, la transformer en une formule donnant l'arc par la tangente. En retranchant de l'unité les deux membres de l'équation (2), on obtient une autre équation qui, divisée par celle qu'on obtient en ajoutant l'unité aux deux membres de cette même équation (2) devient en remarquant que $1 - \cos(P + \varphi) = 2 \sin^2 \frac{1}{2}(P + \varphi)$, et $1 + \cos(P + \varphi) = 2 \cos^2 \frac{1}{2}(P + \varphi)$,

$$\tan^2 \tfrac{1}{2}(P + \varphi) = \frac{1 - \tan l_2 \tan a_1 \cos l_1 \sin \varphi}{1 + \tan l_2 \tan a_1 \cos l_1 \sin \varphi}$$

$$\tan^2 \tfrac{1}{2}(P + \varphi) = \frac{\cot a_1 - \tan l_2 \cos l_1 \sin \varphi}{\cot a_1 + \tan l_2 \cos l_1 \sin \varphi}.$$

Cette formule est facilement rendue logarithmique en posant

(3) $\qquad \tan l_2 \cos l_1 \sin \varphi = \tan \theta.$

Il vient alors

(4) $\qquad \tan^2 \tfrac{1}{2}(P + \varphi) = \dfrac{\cos(a_1 + \theta)}{\cos(a_1 - \theta)}.$

A moins que a_1 ne soit voisin de 90°, cette formule donnera toujours l'angle $P + \varphi$ avec exactitude, et comme avec l'équation (1) l'angle φ est aussi donné par la tangente avec exactitude, on aura l'angle P. Quand a_1 est de 90°, auquel cas φ et par suite θ sont égaux à zéro, le second membre de l'équation (4) se réduit à $\frac{0}{0}$. Mais ceci n'est pas un inconvénient, car on ne peut se proposer de déterminer la différence de longitude de deux points à l'aide de leurs latitudes et de l'azimut de la ligne qui les joint, quand cet azimut est voisin du premier vertical. On n'aura donc pas à faire usage de l'équation (4) dans les conditions où la valeur du second membre tend vers $\frac{0}{0}$, ni par conséquent dans les cas où le pied de l'arc perpendiculaire PN tomberait entre A et B. Si l'angle MAB ou a_1 (positif ou négatif) est plus petit que 90°, comme valeur absolue, le point N sera du côté opposé à B par rapport à A ; on considérera a_1 comme positif, dans le calcul, et on prendra, pour la valeur de la tangente $\frac{1}{2}(P + \varphi)$, l'angle positif plus petit que 90°. Si a_1 est plus grand que 90° comme valeur absolue (mais avec le signe + ou le signe —), le point B sera entre A et N, et en employant a_1 comme positif dans le calcul, auquel cas $\tan a_1$ est négatif, φ est négatif, et on prend pour $\tan \frac{1}{2}(P + \varphi)$ la valeur négative.

320. — Mais la terre n'est pas rigoureusement sphérique, il en résulte que les verticales des points A et B ne rencontrent pas l'axe terrestre au même point, et cette circonstance empêche de traiter le triangle PAB comme un triangle sphérique. Toutefois, supposons que nous menions du centre O de la terre les rayons OA et OB aux points A et B, ces rayons prolongés couperont une sphère décrite du centre de la terre, avec le rayon équatorial pour rayon, en des points A' et B' dont les latitudes seront les latitudes géodésiques des points A et B, et en appelant i_1 et i_2 les distances angulaires des zéniths vrais et apparents aux points A et B, leurs latitudes géodésiques seront $l_1 - i_1$, $l_2 - i_2$, l_1 et l_2 étant les latitudes astronomiques, et i_1 et i_2 de petits arcs que nous savons calculer (n° 194), de sorte que $l_1 - i_1$ et $l_2 - i_2$ ou les latitudes des points A' et B' nous seront connues. Or le plan passant par l'axe de la terre et le point A renferme le point A'; le plan passant par le même axe et par B renferme le point B'; donc la différence des longitudes des points A' et B' est égale à celle des points A et B. Si donc l'azimut du point B' vu de A' pouvait être conclu de celui du point B vu de A, nous pourrions, par les formules précédentes, résoudre le triangle sphérique A'B'P, dont l'angle P n'est autre que la différence des longitudes des points A et B. Proposons-nous donc de déduire de l'azimut de A vu de B celui de A' vu de B'.

Soient O (fig. 49) le centre de la terre, OAZ' la verticale géodésique du point A, AZ sa verticale apparente ou verticale astronomique, et le plan OPZZ'M le méridien de A, qui renferme les deux zéniths Z et Z', P'A son intersection par la surface terrestre.

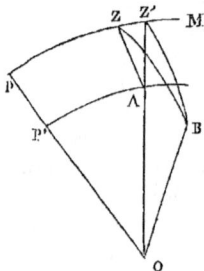

L'azimut astronomique du point B mesuré de A est l'angle des deux plans ZAB et OPZZ'M. L'azimut géodésique du point B vu de A sera l'angle des plans Z'AOB et OPZZ'M, et c'est précisément l'azimut du point B' vu de A', car ces deux derniers

Fig. 49.

points sont situés dans le plan Z'AOB, qui passe par la verticale OAZ' du point A.

Cela posé, considérons le point A comme centre de la sphère étoilée, soit PM le méridien, Z et Z' étant les deux zéniths de A; appelons z la distance ZB du point B au zénith astronomique Z de A, distance qui a été observée, et soit a_1 l'azimut astronomique BZM observé. Appelons a'_1 l'azimut géodésique BZ'M cherché, et soit aussi z' la distance inconnue du point B au zénith géodésique. L'arc $ZZ' = i$ nous est d'ailleurs connu. Cela posé, dans le triangle ZZ'B, on a

$$\cos z' = \cos z \cos i + \sin z \sin i \cos a_1$$

$$\sin z' - \frac{\sin a_1 \sin z}{\sin a'_1}$$

$$\cos z = \cos z' \cos i - \sin z' \sin i \cos a'_1.$$

Substituons dans cette dernière équation les valeurs de $\sin z'$ et $\cos z'$ déduites des deux premières, remplaçons $\cos z (1 - \cos^2 i)$ par $\cos z \sin^2 i$, et divisons par $\sin i \sin z$, cette équation devient

$$\cot z \sin i = \cos i \cos a_1 - \sin a_1 \cot a'_1.$$

En faisant $z = 90° - h$, h étant la hauteur du point B au-dessus de l'horizon astronomique de a et résolvant par rapport à $\cot a'_1$, puis posant $a'_1 = a_1 + \beta$, développant $\cot a'_1$, et multipliant les deux membres par $\tan a_1 + \tan \beta$, il vient

$$1 - \tan a_1 \tan \beta = \cos i - \tan h \frac{\sin i}{\cos a_1} + \cos i \cot a_1 \tan \beta$$
$$- \tan h \tan \beta \frac{\sin i}{\sin a_1}.$$

en remplaçant $1 - \cos i$ par $2 \sin^2 \frac{1}{2} i$, multipliant par $\sin a \cos a_1$, et résolvant par rapport à $\tan \beta$, il vient après réduction

$$(a) \qquad \tan \beta = \frac{\sin^2 \frac{1}{2} i \sin 2 a_1 + \tan h \sin i \sin a_1}{1 - 2 \sin^2 \frac{1}{2} i \cos^2 a_1 - \tan h \sin i \cos a_1}.$$

Si on suppose que $h = 0$, auquel cas le point B serait dans l'horizon astronomique de A, la formule se réduit à

$$(b) \qquad \tan \beta = \frac{\sin^2 \frac{1}{2} i \sin 2 a_1}{1 - 2 \sin^2 \frac{1}{2} i \cos^2 a_1},$$

ou si on néglige les termes du 4° ordre en $\sin^2 \frac{1}{2} i$, elle devient simplement

$$(c) \qquad \tan \beta = \sin^2 \frac{1}{2} i \sin 2 a_1,$$

ou encore

$$\beta = \frac{i}{2} \sin \tfrac{1}{2} i \sin 2a_1,$$

à cause de la petitesse des arcs i et β.

La valeur maximum de β aura donc lieu pour les valeurs maxima de i et de $\sin 2\,a_1$. Or, la valeur maximum de $\sin 2\,a_1$ a lieu pour $a_1 = 45°$, auquel cas $\sin 2\,a_1 = 1$. La valeur maximum de β sera donc $\tfrac{1}{2} i \sin \tfrac{1}{2} i$ au 45° degré de latitude où i est maximum et devient de $678''$ en le calculant avec l'aplatissement moyen de la terre. En donnant à i cette valeur, on voit que la valeur maximum de β est alors de $0'',557$, et l'erreur commise en négligeant les termes du 4ᵉ ordre n'est que de $0'',0000015$, ce qui nous montre d'une part que ces termes sont entièrement négligeables, et d'autre part que la différence entre les azimuts astronomiques et géodésiques n'est jamais que d'une fraction de seconde, tant que le point B est dans l'horizon astronomique de A, ou distant de cet horizon seulement de quelques minutes, auquel cas le terme $\tang h \sin i \sin a_1$ est du même ordre de petitesse que le terme $\sin^2 \tfrac{1}{2} i \sin 2 a_1$.

321. — Mais avant de passer outre, faisons encore une remarque au sujet de la formule complète (b), qui a lieu quand $h = 0$, c'est-à-dire quand B est dans l'horizon de A.

Considérons un second point B′ également dans l'horizon de A et dont l'azimut astronomique, au lieu d'être a_1, soit $180°+a_1$, de telle sorte que les deux azimuts astronomiques de B et de B′ diffèrent exactement de 180°. Remarquons alors que $\sin 2\,(180° + a_1) = \sin 2a_1$, et que $\cos^2 (180° + a_1) = \cos^2 a_1$. Les valeurs de β seront donc égales pour les points B et B′, de sorte qu'en appelant k cette valeur, l'azimut géodésique de B deviendra $a_1 + k$ et celui de B′ sera $180° + a_1 + k$. Dans ce cas, les deux azimuts géodésiques différeront de 180° comme les deux azimuts astronomiques. Il est au reste facile de reconnaître géométriquement qu'il devait en être ainsi. En effet, les points B et B′ étant l'un et l'autre dans l'horizon astronomique de A et à 180° l'un de l'autre sont en ligne droite avec le point A. En menant par la ligne AB et par la verticale géodésique un plan, l'angle de ce plan, avec le méridien de A, n'est autre que l'azimut géodésique de B; mais le plan qui contient AB contient AB′, puisque AB et AB′ sont deux portions d'une même ligne droite; donc l'azimut géodésique de B′ est égal à celui de B.

Cette propriété cesse dès que les points B et B', quoique toujours opposés par leurs azimuts astronomiques, sont au-dessus ou au-dessous de l'horizon astronomique de A, quand même ce serait de la même quantité h, car alors ces deux points ne sont plus en ligne droite avec A, et le plan passant par AB et la verticale géodésique ne renferme plus B'. C'est ce que nous apprend la formule complète (a).

Si en effet nous remplaçons dans cette formule a_1 par $180° + a_1$ afin d'avoir la valeur de β pour le point B', elle devient

$$\tan \beta = \frac{\sin^2 \frac{1}{2} i \sin 2 a_1 - \tan h \sin i \sin a_1}{1 - 2\sin^2 \frac{1}{2} i \cos^2 a_1 + \tan h \sin i \cos a_1}$$

car $\sin(180° + a_1) = - \sin a_1$ et $\cos(180° + a_1) = - \cos a_1$.

On voit donc que les termes renfermant h changent de signe. Les valeurs de β ne sont donc plus égales pour les points B et B', quoique ces points soient à une même hauteur au-dessus de l'horizon astronomique de A, et en appelant β_1 la valeur répondant au point B, β_2 celle qui répond au point B', l'azimut géodésique de B devient $a_1 + \beta_1$ et celui de B' devient $180° + a_1 + \beta_2$. La différence de ces deux azimuts géodésiques est alors de $180° + \beta_2 - \beta_1$, tandis que celle des azimuts astronomiques était de $180°$.

322.—Reprenons maintenant la formule générale (a), elle peut s'écrire, en négligeant les termes du 3e ordre en i, et en remarquant que $2 \sin a_1 \cos a_1 = \sin 2a_1$,

$$\tan \beta = \sin^2 \frac{1}{2} i \sin 2 a_1 + \tan h \sin i \sin a_1 + \frac{1}{2} \tan^2 h \sin^2 i \sin 2 a$$

expression qui peut se remplacer par la formule plus simple

$$\beta = \frac{i}{2} (\sin \frac{1}{2} i \sin 2 a_1 + 2 \tan h \sin a_1 + \tan^2 h \sin i \sin 2 a_1).$$

Remarquons que le terme $\frac{1}{2} \tan^2 h \sin i \sin 2 a_1$ a la même valeur pour $a_1 = x$ et $a_1 = 180° + x$, de sorte qu'il n'influe pas sur la différence des azimuts géodésiques de 2 points de même hauteur au-dessus de l'horizon astronomique de A, et dont l'azimut astronomique diffère de $180°$, quelle que soit cette hauteur; c'est donc le terme $i \tan h \sin a_1$ qui seul change de signe dans ce cas.

Le terme $\frac{1}{2} i \tan^2 h \sin i \sin 2 a_1$ est ordinairement négligeable. Sa valeur maximum a lieu pour $a_1 = 45°$, auquel cas sin 2 a_1 = 1; en donnant alors à i sa valeur maximum de 11′ 18″, la valeur maximum de ce terme devient 1″, 1147 tang^2 h, et si on fait $h = 5°,25′$, cette valeur n'est encore que 0″,01. Pour toute valeur de h inférieure à 5°,25′ (et tel est le cas ordinaire dans les opérations géodésiques) le terme en question sera donc de moins d'un centième de seconde. Ce terme est donc négligeable, pour toutes les valeurs de h inférieures à 5°, c'est-à-dire dans le cas des opérations géodésiques. Tant que h est inférieur à cette limite, la valeur de β se réduit donc à

$$\beta = \frac{i}{2}(\sin \tfrac{1}{2} i \sin 2 a_1 + 2 \tan h \sin a_1).$$

Telle est l'expression simplifiée et suffisamment exacte de la différence des azimuts géodésiques et astronomiques.

323. — Si donc on a la latitude astronomique l_1 d'un point A, et la latitude astronomique l_2 d'un point B et l'azimut astronomique a_1 du point B vu de A, on calculera les latitudes géodésiques $l_1 - i_1$ et $l_2 - i_2$ des points A et B, et la valeur de β, et alors, avec ces deux latitudes géodésiques et l'azimut géodésique $a_1 + \beta$, on calculera par les formules (1), (3), (4) du n° 319 l'angle P qui est la différence de longitude des points B et A. Telle est la solution très-simple du problème proposé de la différence de longitude de deux points dont on connaît les latitudes et l'azimut de la ligne qui les joint, en ayant égard à la forme ellipsoïdale de la terre. L'altitude des stations au-dessus du niveau de la mer n'influe pas sur le calcul des angles i, comme nous l'avons vu en traitant des parallaxes, de sorte qu'on n'a nullement besoin d'avoir égard à cette altitude.

324. — Supposons une série de points consécutifs A, A′, A″..... de même niveau au-dessus de la surface terrestre, et tels que les azimuts astronomiques pris de l'un quelconque de ces points sur le point précédent et le suivant diffèrent de 180°. Il en résulte que, si la terre était sphérique, tous les points A, A′, A″ seraient compris dans un même plan passant par le centre de la terre, et par conséquent renfermés dans un arc de grand cercle. A cause de la courbure de la terre, les points A_{n-1} et A_{n+1} vus de A_n ne seront pas dans l'horizon astronomique de A_n, puisque nous supposons ces points de même niveau : ils se montreront un

peu en dépression de petites quantités que nous appellerons h et h', et qui dépendent des distances des points A_{n-1} à A_n et A_{n+1} à A_n. Il en résulte, ainsi que nous l'avons vu précédemment, que si nous tenons compte de la forme ellipsoïdale de la terre, les azimuts géodésiques de A_{n-1} et A_{n+1} vus de A_n ne seront pas opposés de 180° exactement, comme les azimuts astronomiques, puisque leurs hauteurs au-dessus de l'horizon seront $-h$ et $-h'$. Donc, avec la forme ellipsoïdale de la terre, la série des points A; A', A''. . . ne sera pas comprise dans un même plan passant par le centre de la terre, et la ligne formée par leur réunion, si nous les supposons infiniment rapprochés, sera une courbe à double courbure. Une ligne définie à la surface de la terre, comme nous venons de l'indiquer, porte le nom de ligne géodésique.

Prenons l'expression de la variation des azimuts géodésiques en fonction de la latitude sur une ligne de cette nature.

Appelons l_1 la latitude astronomique du point A_{n-1}, et l_2 celle du point A_n, et $l_1 - i_1$ et $l_2 - i_2$ les latitudes géodésiques des mêmes points. Appelons de plus a'_1 l'azimut géodésique du point A_n vu de A_{n-1} et a'_2 celui de A_{n+1} vu de A_n.

Soient PA_{n-1} (fig. 50) le méridien de A_{n-1}, PA_n celui A_n, $PA_{n-1}A_n$ est alors égal à 180° $-a'_1$. Or, dans le triangle sphérique $PA_{n-1}A_n$, on a par la règle des sinus

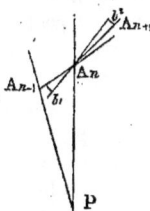

$$\frac{\sin A_{n-1}A_nP}{\sin a'_1} = \frac{\cos(l_1 - i_1)}{\cos(l_2 - i_2)}.$$

Fig. 50.

Or les azimuts astronomiques de A_{n-1} et A_{n+1} pris de A_n diffèrent de 180°, et en appelant $-h''$ la hauteur de A_{n-1} vu de A_n et $-h'$ celle de A_{n+1} vu du même point A_n, les azimuts géodésiques diffèrent de 180° de la quantité $\beta_2 - \beta_1$; le point A_{n+1} n'est donc pas sur l'arc du grand cercle $A_{n-1}A_n$ prolongé, mais sur un arc partant de A_n, et qui fait l'angle $\beta_2 - \beta_1$ avec cet arc.

En effet, l'azimut géodésique de A_{n-1} vu de A_n est 180° + $A_{n-1}A_nP$; l'azimut astronomique était donc 180° + $A_{n-1}A_nP$ $-\beta_1$, et comme l'azimut astronomique de A_{n+1} diffère de 180° de celui A_{n-1}, l'azimut astronomique de A_{n+1} vu de A_n est $A_{n-1}A_nP - \beta_1$; pour le transformer en azimut géodésique, il faut y ajouter β_2 : donc l'azimut géodésique de A_{n+1} vu de A_n est $A_{n-1}A_nP + \beta_2 - \beta_1$.

Or nous aurons β_2 en remplaçant h dans l'expression générale de β par — h'' et l'azimut astronomique a_1 par $A_{n-1} A_n P — \beta_1$, ce qui donne, en négligeant le terme du deuxième ordre en tang h' et les termes du troisième ordre en i,

$$\beta_2 = \frac{i}{2} \sin \tfrac{1}{2} i \sin 2 (A_{n-1} A_n P — \beta_1) — h'' \sin i \sin (A_{n-1} A_n P — \beta_1).$$

Nous aurons β_1 en remplaçant de même h par — h' et a_1 par $180° + A_{n-1} A_n P — \beta_1$, d'où

$$\beta_1 = \frac{i}{2} \sin \tfrac{1}{2} i \sin 2 (A_{n-1} A_n P — \beta_1) + h' \sin i \sin (A_{n-1} A_n P — \beta_1)$$

et par conséquent

$$\beta_2 — \beta_1 = — (h' + h'') \sin i \sin (A_{n-1} A_n P — \beta_1).$$

β_1 est une quantité de l'ordre du carré de i par son premier terme, et de l'ordre ih' ou du deuxième ordre par son second terme. On peut donc le négliger dans le sinus de $(A_{n-1} A_n P — \beta_1)$, et on ne commet par là sur la valeur de $\beta_2 — \beta_1$ qu'une erreur du troisième ordre en i, on peut donc à volonté remplacer $\sin (A_{n-1} A_n P — \beta_1)$ par $\sin A_{n-1} A_n P$ ou par $\sin (A_{n-1} A_n P + \beta_2 — \beta_1)$ puisque β_2 est du même ordre que β_1, c'est-à-dire par l'azimut géodésique de A_{n+1} vu de A_n, azimut qui ne diffère que d'une quantité infiniment petite de l'azimut de A_n vu de A_{n-1}, de sorte que

$$\beta_2 — \beta_1 = — (h' + h'') \sin i \sin a'_1$$

car h' et h'' étant du premier ordre, la substitution de l'une à l'autre des deux quantités en question, qui ne diffèrent que d'une quantité du premier ordre, est exacte à une quantité près du second ordre en h', quantité qui devient égale à zéro à la limite.

En menant un plan par la normale de A_n et par A_{n-1}, la normale de A_n et celle de A_{n-1} projetée sur ce plan feront un triangle avec la ligne $A_n A_{n-1}$. Or la somme des trois angles du triangle est égale à deux angles droits. L'angle entre les deux normales est donc égal à la différence des deux autres angles avec deux angles droits, différence qui est égale elle-même à $h' + h''$, à une quantité près du second ordre, qui s'anéantit en passant aux infiniment petits, et qui provient de ce que la normale en

A_{n-1}, fait un angle infiniment petit avec le plan du triangle. $h' + h''$ est donc égal au petit arc compris entre A_{n-1} et A_n, lequel est lui-même égal à la différence des latitudes astronomiques, divisée par le cosinus de l'angle a_1. En appelant donc dl la différence des latitudes astronomiques, on a $-(h' + h'') = \dfrac{dl}{\cos a_1}$, puisque dans le cas présent dl est négatif, car les latitudes vont en diminuant. Par conséquent $\beta_2 - \beta_1 = + dl \sin i \tan a'_1$, à une quantité près du troisième ordre en i, car en passant aux infiniment petits les termes en h^2, que nous avons négligés, disparaissent comme étant des infiniment petits du second ordre.

Cela posé, l'équation

$$\frac{\sin A_{n-1} A_n P}{\sin a'_1} = \frac{\cos(l_1 - i_1)}{\cos(l_2 - i_2)}$$

donne, en posant $A_{n-1} A_n P = a'_1 + \alpha$,

$$\frac{\sin a'_1 \cos \alpha + \sin \alpha \cos a'_1}{\sin a'_1} = \frac{\cos(l_1 - i_1)}{\cos(l_2 - i_2)}.$$

Si on suppose le triangle très-petit, auquel cas $\cos \alpha = 1$ aux termes près de l'ordre α^2, qui en passant aux infiniment petits deviendront égaux à zéro, on a

$$\sin \alpha = \frac{\cos(l_1 - i_1) - \cos(l_2 - i_2)}{\cos(l_2 - i_2)} \tan a'_1,$$

ou encore

$$\sin \alpha = \frac{2 \sin \frac{1}{2}(l_2 - l_1 + i_1 - i_2) \sin \frac{1}{2}[l_1 + l_2 - (i_1 + i_2)]}{\cos(l_2 - i_2)} \tan a'_1.$$

Si on passe aux infiniment petits, auquel cas $l_2 - l_1 = dl$ et $i_1 - i_2 = -di$ et enfin $\dfrac{\sin \frac{1}{2}\left(l_1 + l_2 - (i_1 + i_2)\right)}{\cos l_2 - i_2} = \tan(l - i)$ en appelant $l - i$ la latitude géodésique correspondant au point considéré, on a

$$\alpha = \tan(l - i) \tan a'_1 (dl - di).$$

Or $\alpha + \beta_2 - \beta_1$ est la variation da'_1 de l'azimut géodésique, on a donc l'équation

$$da'_1 = \tan a'_1 \left[\tan(l - i)(dl - di) + \sin i\, dl \right]$$

dans laquelle a', est l'azimut géodésique d'un point quelconque de la ligne géodésique et l sa latitude astronomique, et cette équation différentielle est rigoureuse aux quantités près du troisième ordre en i, qui sont entièrement négligeables.

Pour intégrer cette équation, nous remplacerons $\sin i$ par sa valeur en fonction de l, laquelle est, comme nous l'avons vu, $\sin i = k \sin 2\,l + \frac{1}{2} k^2 \sin 4\,l$, expression dans laquelle $k = \dfrac{2\,u - u^2}{2 - 2\,u + u^2}$, u désignant l'aplatissement terrestre.

L'équation devient alors

$$\cot a', d a', = \tang (l - i)\,(d\,l - d\,i) + k \sin 2\,l\,d\,l + \tfrac{1}{2} k^2 \sin 4\,l\,d\,l,$$

dont l'intégrale est

$$\log \sin a', = - \log \cos (l - i) - \tfrac{1}{2} k \cos 2\,l - \tfrac{1}{8} k^2 \cos 4\,l + \text{constante.}$$

On fera disparaître la constante en remarquant que cette équation doit satisfaire à l'azimut primitif A_1, et à la latitude géodésique primitive $l_0 - i_0$. En substituant donc ces valeurs à a', et l dans l'équation précédente et en retranchant l'équation ainsi obtenue de la précédente, il vient

(A) $\log \sin a', - \log \sin A_1 = \log \cos (l_0 - i_0) - \log \cos (l - i)$
        $+ \tfrac{1}{2} k\,(\cos 2\,l_0 - \cos 2\,l) + \tfrac{1}{8} k^2\,(\cos 4\,l_0 - \cos 4\,l),$

équation rigoureuse à des quantités près du troisième ordre en i, complétement négligeables.

Si nous posons

$$\tfrac{1}{2} k\,(\cos 2\,l_0 - \cos 2\,l) + \tfrac{1}{8} k^2\,(\cos 4\,l_0 - \cos 4\,l) = \log \mu,$$

l'équation devient

(B) $\dfrac{\sin a'_1}{\sin A_1} = \dfrac{\cos (l_0 - i_0)}{\cos (l - i)}\,\mu.$

Remarquons maintenant que

$$\cos 2\,l_0 - \cos 2\,l = 2 \sin (l - l_0) \sin (l + l_0)$$
$$\cos 4\,l_0 - \cos 4\,l = 2 \sin 2\,(l - l_0)\sin 2\,(l + l_0);$$

on a donc

$$\mu = c^{\,k \sin (l - l_0) \sin (l + l_0) + \frac{1}{4} k^2 \sin 2\,(l - l_0)\sin 2\,(l + l_0)}.$$

Nous allons maintenant développer l'équation (B) jusqu'aux quantités de l'ordre k^2.

Pour cela développons μ jusqu'aux quantités de cet ordre, en négligeant les quantités de l'ordre supérieur, il vient.

$$\mu = 1 + k \sin (l - l_0) \sin (l + l_0) + \tfrac{1}{4} k^2 \sin 2 (l - l_0) \sin 2 (l + l_0)$$
$$+ \tfrac{1}{2} k^2 \sin^2 (l - l_0) \sin^2 (l + l_0).$$

Développons maintenant $\dfrac{\cos (l_0 - i_0)}{\cos (l - i)}$ jusqu'aux termes de l'ordre k^2. En remarquant que $\cos i_0 = \sqrt{1 - \sin^2 i_0} = 1 - \tfrac{1}{2} \sin^2 i_0$ aux termes près du quatrième ordre en i_0, c'est-à-dire en k, puisque i_0 est de l'ordre de k, et de même que $\cos i = 1 - \tfrac{1}{2} \sin^2 i$, si nous mettons pour $\sin i_0$ sa valeur $\sin i_0 = k \sin 2 l_0 + \tfrac{1}{2} k^2 \sin 4 l_0$ et pour $\sin i$ sa valeur $\sin i = k \sin 2 l + \tfrac{1}{2} k^2 \sin 4 l$, l'une et l'autre exactes jusqu'aux termes de l'ordre k^3, il vient, en négligeant les termes de l'ordre supérieur à k^2,

$$\frac{\cos (l_0 - i_0)}{\cos (l - i)} = \frac{\cos l_0}{\cos l} \left(1 + 2 k \sin (l_0 - l)(\sin l_0 + l) \right.$$
$$\left. + 2 k^2 (\sin^4 l - \sin^4 l_0) - 4 k^2 \sin^2 l (\sin^2 l_0 - \sin^2 l) \right)$$

$$\frac{\cos (l_0 - i_0)}{\cos (l - i)} = \frac{\cos l_0}{\cos l} \left(1 + 2 k \sin (l_0 - l) \sin (l_0 + l) + \tfrac{1}{2} k^2 \sin 2 (l_0 \right.$$
$$\left. + l) \sin 2 (l_0 - l) - 2 k^2 (2 - \cos 2 l) \sin (l_0 - l) \sin (l_0 + l) \right).$$

Substituant cette valeur dans l'équation (B), il vient

$$\text{(C)} \qquad \frac{\sin a_1}{\sin A_1} = \frac{\cos l_0}{\cos l} + k \frac{\cos l_0}{\cos l} \sin (l_0 - l) \sin (l_0 + l)$$

$$+ k^2 \frac{\cos l_0}{\cos l} \left[\tfrac{1}{4} \sin 2 (l_0 - l) \sin 2 (l_0 + l) - 2 (2 - \cos 2 l) \sin (l_0 \right.$$
$$\left. - l) \sin (l_0 + l) - \tfrac{3}{2} \sin^2 (l_0 - l) \sin^2 (l_0 + l) \right].$$

Remarquons maintenant que, si la terre était sphérique, on aurait

$$\frac{\sin a'_1}{\sin A_1} = \frac{\cos l_0}{\cos l};$$

En appelant a_0 la valeur de a'_1 donnée par cette équation et $a_0 + \alpha$ sa valeur donnée par l'équation (C), on a

$$\frac{\sin (a_0 + \alpha)}{\sin A_1} = \frac{\sin a_0 \cos \alpha + \cos a_0 \sin \alpha}{\sin A_1}.$$

ou en remplaçant $\dfrac{\sin a_0}{\sin A_1}$ par sa valeur $\dfrac{\cos l_0}{\cos l}$, et en négligeant le carré de $\sin \frac{1}{2}\alpha$

$$\frac{\sin (a_0 + \alpha)}{\sin A_1} = \frac{\cos l_0}{\cos l} + \frac{\cos a_0 \sin \alpha}{\sin A_1}.$$

En substituant dans l'équation (C), il vient donc

$$(D) \qquad \sin \alpha = \frac{\sin A_1}{\cos a_0} \, k \, \frac{\cos l_0}{\cos l} \sin (l_0 - l) \sin (l_0 + l)$$

$$+ \frac{\sin A_1}{\cos a_0} \, k^2 \, \frac{\cos l_0}{\cos l} \left[\frac{1}{4} \sin 2 \, (l_0 - l) \sin \, 2 \, (l_0 + l) \right.$$

$$\left. - 2 \, (2 - \cos 2 \, l) \sin (l_0 - l) \sin (l_0 + l) - \frac{3}{2} \sin^2 (l_0 - l) \sin^2 (l_0 + l) \right].$$

Telle est l'expression de la valeur de α ou de la correction à appliquer à l'azimut calculé dans l'hypothèse de la terre sphérique pour avoir cet azimut dans l'hypothèse de la terre ellipsoïdale.

325. — $\operatorname{Sin} A_1 \sin (l_0 - l)$ est nul dans le méridien ou $A_1 = 0$, et si la distance des deux points considérés est petite, il est nul aussi perpendiculairement au méridien, car alors $\sin (l_0 - l)$ est à peu près égal à zéro et tend vers cette valeur à la limite. Donc, si on considère deux points peu éloignés placés sur une même ligne géodésique, c'est quand cette ligne fait un grand angle avec le méridien et avec la perpendiculaire à ce cercle que α est maximum. Nous avons déjà reconnu en effet antérieurement que c'est pour l'azimut de 45° que les différences entre les azimuts astronomiques et géodésiques sont maxima. C'est donc dans cet azimut que la déviation, par l'effet de la forme ellipsoïdale de la terre, se fait le plus sentir.

$\operatorname{Sin} (l_0 + l)$ est maximum quand $l_0 + l = 90°$, c'est-à-dire quand la latitude moyenne de la ligne géodésique est de 45°. Pour une même valeur de $(l_0 - l)$, le produit $\sin (l_0 - l) \sin (l_0 + l)$ sera donc maximum pour $l_0 + l = 45°$. Ainsi, si on suppose l'arc $l_o - l$ très-petit, auquel cas $\dfrac{\cos l_o}{\cos l}$ diffère peu de l'unité, la valeur maximum de α aura lieu pour $A_1 = 45°$ et $l + l_o = 90°$.

Voyons quelles seront dans cette condition les valeurs de α, en remarquant que pour $u = \dfrac{1}{305}$, $k = \dfrac{1}{304,5}$ et $\log k = 7,51641$.

Si on fait $l_o - l = 10°$, on trouve, en ayant égard seulement au terme du premier ordre en k, que $\alpha = 1'\,26'',71$; si on a égard au terme en k^2, c'est-à-dire à la valeur complète, on trouve que la vraie valeur de α est $1'\,26'',12$. Le terme en k^2 n'influe donc sur la valeur de α que de $0'',59$. Ceci prouve le peu d'importance de ce terme qui, dans les conditions que nous venons d'examiner, se trouvait dans les conditions du maximum du facteur principal de ses deux derniers termes, car pour $l_o + l = 90°$, le facteur $\sin (l_o - l) \sin (l_o + l)$ est maximum ; le terme renfermant $\sin 2 (l_o - l) \sin 2 (l_o + l)$ est alors égal à 0, car $\sin 180° = 0$.

Pour déduire de l'équation (C) la valeur de $\sin \alpha$, nous avons négligé un terme en $\sin^2 \frac{1}{2} \alpha$. Or, pour la valeur déjà considérable que nous venons de supposer à $l_o - l$, et qui dépasse la longueur de la plupart des opérations géodésiques que l'on a à faire, en levant une carte, on voit que, dans les conditions de maximum, $\frac{1}{2} \alpha$ n'atteint pas $45''$. Or, dans ces conditions, $\sin^2 \frac{1}{2} \alpha$ égale à peu de chose près k^3, quantité de l'ordre que nous avons négligé. Donc la formule (D) est exacte aux termes près de l'ordre k^3, qui sont complétement négligeables, comme le prouve au reste le peu d'importance du terme en k^2, lequel n'est qu'une fraction de seconde.

Si, toujours dans les mêmes conditions de $l_o + l = 90°$ et $A_1 = 45°$, on fait $l_o - l = 5°$, on trouve que $\alpha = 0'\,50'',23$ en ayant égard au premier terme en k. Le terme en k^2 influerait à peine sur cette valeur.

Si maintenant nous voulons voir ce que α deviendrait dans les basses latitudes, en faisant toujours $A_1 = 45°$, $l_o - l = 5°$ et $l_o + l = 40°$, d'où $l_o = 22°,30'$ et $l = 17°,30'$, on trouve, en ayant égard seulement au terme du premier ordre en k, que $\alpha = 0'\,35'',68$ si on néglige le terme en k^2.

Supposons maintenant que, dans les mêmes conditions de latitude, c'est-à-dire pour $l_o - l = 5°$ et $l_o + l = 40°$, on suppose l'angle A_1 beaucoup plus petit que 45°, par exemple, de 20°, on trouverait alors, en négligeant le terme en k^2, qui est à peu près insensible, $\alpha = 13'',32$.

Ainsi, même dans ce cas, qui est un des plus défavorables, puisque la latitude est petite et l'angle avec le méridien petit, les différences entre les azimuts calculés dans l'hypothèse de la terre sphérique et dans sa condition réelle d'un aplatissement de $\frac{1}{305}$ dépasse encore d'une manière notable les limites d'erreur des observations.

Vu l'influence presque nulle du terme dépendant du carré de k, on voit que la différence α entre les azimuts réels à l'extrémité d'une ligne géodésique et les azimuts calculés à partir de celui du point de départ dans l'hypothèse de la terre sphérique sont sensiblement proportionnels à k. Si donc dans une région de la terre, comme cela a lieu en France, par exemple, l'aplatissement répondant à cette région a une valeur double de la valeur $\frac{1}{305}$ que nous avons admise dans les calculs précédents, on voit que la valeur de α sera doublée. C'est-à-dire que, pour la latitude moyenne de 45° et des arcs de 10°, une différence de cet ordre sur l'aplatissement se manifesterait par un excès de déviation de $1'26''$, et pour un arc de 5°, par un excès de déviation de 50'', pour un azimut de 45° au départ ; et pour le même azimut et une latitude moyenne de 20°, les excès de déviation seraient de 36'', et atteindraient encore 13'' pour un azimut de 20°. De telles déviations seraient facilement indiquées par les observations, et même on pourrait en manifester une petite fraction. Ce fait prouve donc que, par des observations azimutales convenablement dirigées, on peut déterminer la valeur de k qui convient à la région qu'on explore, avec une approximation qui devient très-notable pour des arcs courts, même dans les basses latitudes si l'azimut de départ est d'environ 45°, et cette approximation devient très-grande pour les latitudes voisines de 45°.

Si, au lieu d'un azimut de départ de 45°, on prenait un azimut de 135°, les déviations seraient encore plus grandes pour une même valeur des différences et des sommes des latitudes; seulement dans ce cas $l_o - l$ devient négatif, car l serait plus grand que l_o. La valeur de α serait donc négative. Mais sa grandeur absolue serait supérieure à celle qui a lieu pour l'azimut de départ de 45°, car le facteur $\dfrac{\cos l_0}{\cos l}$ serait plus grand que l'unité pour l plus grand que l_0, tandis qu'il était plus petit pour l plus petit que l_0, et, comme conséquence, $\cos a_0$ serait plus petit que pour l'azimut de 45°, car $\sin 135° = \sin 45°$ et $\sin a_0 = \dfrac{\cos l_0}{\cos l}\sin A_1$; donc a_0 serait plus grand pour $A_1 = 135°$ qu'il n'est pour $A_1 = 45°$, et par conséquent $\cos a_0$ serait plus petit, le facteur $\dfrac{\sin A_1}{\cos a_0}$, comme le facteur $\dfrac{\cos l_0}{\cos l}$, serait donc plus grand pour $A_1 = 135°$, que pour $A_1 = 45°$.

Pour $A_1 = 225°$, les valeurs de α seraient égales, toutes choses semblables d'ailleurs, à celles qui ont lieu pour $A_1 = 135°$, ou en général pour $A_1 = 180° + m$, elles seraient égales à ce qu'elles sont pour $A_1 = 180° - m$, seulement le signe serait contraire, car $\sin(180° + m) = -\sin(180° - m)$. Il y aurait donc écart semblable du méridien pour les angles correspondants $180° + m$ et $180° - m$. La même chose a lieu pour les angles m et $-m$.

Si A_1 était beaucoup plus grand que 45°, mais encore assez loin de 90°, comme pour $A_1 = 70°$, à moins d'opérer sur des arcs très-longs, on ne pourrait pas employer entre les latitudes des points extrêmes d'aussi grandes différences que pour des valeurs plus petites de A_1; mais comme par compensation le facteur $\dfrac{\sin A_1}{\cos a_0}$ serait beaucoup plus grand, les déviations seraient encore très-notables.

Ainsi, en réalité, les différences d'azimut aux deux extrémités d'une même ligne géodésique de quelques degrés de longueur font connaître l'aplatissement convenant à la région explorée, pourvu que ces azimuts différent d'une vingtaine de degrés du méridien ou de l'arc perpendiculaire.

326. — Il faut remarquer que les différences azimutales aux deux extrémités de la ligne géodésique, différences dont nous avons parlé jusqu'ici, se rapportent aux azimuts géodésiques des deux extrémités de la ligne et non aux azimuts astronomiques. Mais nous avons vu que l'azimut astronomique a égale l'azimut géodésique a_1 moins la quantité β qui n'est que d'une fraction de seconde, tant

que h est voisin de zéro. Les différences entre les azimuts astronomiques a et a' des deux extrémités de la ligne sont donc sensiblement égales aux différences entre les azimuts géodésiques a_1 et a'_1, et cela d'autant plus que les valeurs de β sont presque égales aux deux extrémités de cette ligne. En effet on a

$$a = a_1 - \beta = a_1 - \frac{i}{2} (\sin \tfrac{1}{2} i \sin 2 a + 2 \tang h \sin a)$$

$$a' = a'_1 - \beta' = a'_1 - \frac{i}{2} (\sin \tfrac{1}{2} i \sin 2 a' + 2 \tang h' \sin a');$$

on a donc

$$a - a' = a_1 - a'_1 - \frac{i}{2} \sin \tfrac{1}{2} i (\sin 2 a - \sin 2 a') - i (\tang h \sin a - \tang h' \sin a'),$$

ou

$$a - a' = a_1 - a'_1 - i \sin \tfrac{1}{2} i \sin (a - a') \cos (a + a') - i (\tang h \sin a - \tang h' \sin a')$$

Or a diffère peu de a'; $a - a'$ est donc un très-petit arc; $i \sin \tfrac{1}{2} i \sin (a - a')$, qui est déjà du deuxième ordre en i devient donc une quantité du troisième ordre, et si de plus a diffère peu de $45°$, auquel cas $a + a'$ diffère peu de $90°$, $\cos (a + a')$ diffère peu de zéro, $i \sin \tfrac{1}{2} i \sin (a - a') \cos (a + a')$ devient donc du quatrième ordre dans ce dernier cas. Si donc h et h' sont nuls, on a $a - a' = a_1 - a'_1$, à des quantités près du troisième ou du quatrième ordre. Si h et h' ne sont pas rigoureusement nuls, mais sont très-petits et de même signe, la différence $\tang h \sin a - \tang h' \sin a'$ est aussi une quantité presque nulle; son produit par i sera donc également négligeable. Il n'y a conséquemment que si h et h' étaient un peu grands que la différence des azimuts astronomiques différerait d'une quantité appréciable de celle des azimuts géodésiques; mais pour les azimuts pris sensiblement dans l'horizon astronomique, on a $a - a' = a_1 - a'_1$ à moins d'un centième de seconde près.

Donc la différence entre les azimuts astronomiques observés aux deux extrémités d'une ligne géodésique est altérée d'une quantité α représentée par la formule (D), quantité que fera connaître la différence entre la différence réellement observée et celle que le calcul donnerait dans l'hypothèse de la terre sphérique en partant de l'azimut de l'une des extrémités. En substituant pour α cette valeur dans l'équation (D), on peut en tirer la valeur correspondante de k.

Dans la formule (D), l'azimut A_t est l'azimut géodésique de la ligne géodésique au point de départ. Mais, cet azimut ne différant de l'azimut astronomique que d'une quantité du second ordre en i et par conséquent en k, tant que h est nul ou voisin de zéro, on voit qu'on peut substituer dans la formule (D) l'azimut astronomique connu du point de départ à l'azimut géodésique, qui est inconnu tant qu'on ne connaît pas k, et cela à une quantité près du troisième ordre en k.

327. — Dans le calcul de la formule (D), nous avons supposé tous les points de la ligne géodésique de même niveau. Mais cette supposition, que nous avions faite pour simplifier la démonstration, n'est pas nécessaire, et la formule (D) est exacte, même dans le cas où la ligne géodésique suivrait les aspérités du sol.

Pour le faire voir, nous remarquerons que dans la démonstration de la formule (D), la condition du niveau de la ligne géodésique n'est intervenue que pour nous permettre de négliger les termes en h'^2 et h''^2, — h' et — h'' étant la dépression d'un point vu du point contigu, parce que, pour des points de même niveau, la dépression h est un infiniment petit du 1er ordre, ce qui rend h^2 du 2º ordre, et par conséquent égal à zéro.

L'expression générale de β est en effet, en négligeant les termes du 3º ordre en i,

$$\beta = \frac{i}{2} \sin \tfrac{1}{2} i \sin 2 a_1 + i \tang h \sin a_1 + \frac{i}{2} \sin i \tang^2 h \sin 2 a_1.$$

Or appelons toujours comme précédemment — h' la hauteur d'un point A_{n-1} vu de A_n, et — h'' celle d'un point A_{n+1} vu de A_n. L'azimut géodésique de A_{n-1} vu de A_n est $180° + A_{n-1} A_n P$ ou $180° + a$, en posant $A_{n-1} A_n P = a$. Son azimut astronomique est donc $180° + a — \beta_1$, et comme l'azimut astronomique de A_{n+1}, diffère de $180°$ de celui de A_{n-1}, il faut y ajouter β_2 pour le transformer en azimut géodésique, de sorte que l'azimut géodésique de A_{n+1} vu de A_n est $a + \beta_2 — \beta_1$.

Or nous aurons β_2 comme précédemment en remplaçant h dans l'expression générale de β par — h'' et a_1 par l'azimut astronomique $a — \beta_1$, ce qui donne

$$\beta_2 = \frac{i}{2} \sin \tfrac{1}{2} i \sin 2 (a — \beta_1) — i \tang h'' \sin (a — \beta_1)$$
$$+ \frac{i}{2} \sin i \tang^2 h'' \sin 2 (a — \beta_1).$$

Nous aurons β_1 en remplaçant de même h par $-h'$ et a_1 par $180° + (a - \beta_1)$, d'où

$$\beta_1 = \frac{i}{2} \sin \tfrac{1}{2} i \sin 2 (a - \beta_1) + i \tang h' \sin (a - \beta_1)$$

$$+ \frac{i}{2} \sin i \tang^2 h' \sin 2 (a - \beta_1),$$

d'où

$$\beta_2 - \beta_1 = - i (\tang h' + \tang h'') \sin (a - \beta_1)$$

$$+ \frac{i}{2} \sin i \sin 2 (a - \beta_1) (\tang^2 h'' - \tang^2 h').$$

Cela posé, considérons une portion de la ligne géodésique qui se relève, de sorte que A_n (fig. 51) est plus haut que A_{n-1}, et A_{n+1} plus haut qne A_n, et menons les normales en ces trois points. L'élément infiniment petit $A_{n-1} A_n A_{n+1}$ de la ligne géodésique peut être regardé comme se confondant avec sa tangente à des quantités près infiniment petites, et dès lors $h' = -h''$ à une quantité près infiniment petite.

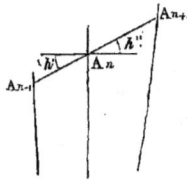
Fig. 51.

Or, cette quantité infiniment petite est égale à l'angle de deux normales consécutives, ou à $\frac{dl}{\cos a}$. On a donc $h' + h'' = -\frac{dl}{\cos a}$ comme dans le cas où les points auraient été de niveau. En effet, dans le triangle formé par deux normales consécutives et la ligne qui joint les deux points où ont été menées ces normales, la somme des deux angles de cette ligne de jonction avec les normales est égale à $180°$, moins l'angle des deux normales, qui est $\frac{dl}{\cos a}$, et de plus la somme des deux angles h et h' est égale à la somme des angles en question diminuée de $180°$, puisque les angles h et h' sont deux angles avec les perpendiculaires aux normales, et non avec ces normales elles-mêmes.

La différence est donc précisément égale à $-\frac{dl}{\cos a}$, et par conséquent, quel que soit h', on a $h' + h'' = -\frac{dl}{\cos a}$.

Développons maintenant $\sin (a - \beta_1)$ et $\sin 2 (a - \beta_1)$ dans la valeur que nous avons donnée ci-dessus pour $\beta_2 - \beta_1$, et remarquons que β_1 étant de l'ordre i, on peut faire $\cos \beta_1 = 1$ à des quantités près de l'ordre i^2. Or, comme le premier terme de la valeur de $\beta_2 - \beta_1$ est de l'ordre i, et le second terme de l'ordre i^2, ce remplacement de $\cos \beta_1$ par l'unité est possible à des quantités près de l'ordre i^3, que nous négligeons. $\sin \beta_1$ peut à plus forte raison être remplacé par β_1 à des quantités près de l'ordre i^3. En développant donc, faisant ces substitutions, mettant pour β_1 sa valeur et négligeant les quantités de l'ordre i^3, et enfin substituant pour i^2 la valeur correspondante $i \sin i$, il vient, en remarquant de plus que $\cos a \sin a = \frac{1}{2} \sin 2a$

$$\beta_2 - \beta_1 = -i \left(\tan h' + \tan h'' \right) \sin a$$
$$+ \frac{i}{2} \sin i \tan h'' \left(\tan h' + \tan h'' \right) \sin 2a.$$

Or, de l'équation $h' + h'' = -\dfrac{dl}{\cos a}$ on tire $h' = -h'' - \dfrac{dl}{\cos a}$,

d'où

$$\tan h' = -\tan \left(h'' + \frac{dl}{\cos a} \right) = -\tan h'' - (1 + \tan^2 h'') \frac{dl}{\cos a}.$$

en négligeant les infiniment petits du deuxième ordre : donc

$$\tan h' + \tan h'' = -(1 + \tan^2 h'') \frac{dl}{\cos a};$$

en substituant, il vient, en remarquant que la substitution de $\tan \dfrac{dl}{\cos a}$ par $\dfrac{dl}{\cos a}$ exige celle de i par $\sin i$,

$$\beta_2 - \beta_1 = (1 + \tan^2 h'') \sin i \tan a \, dl$$
$$- (1 + \tan^2 h'') \sin \frac{i}{2} \sin i \tan h'' \sin 2a \frac{dl}{\cos a}.$$

$\beta_2 - \beta_1$ étant un infiniment petit du premier ordre, on peut comme précédemment à des quantités près infiniment petites du deuxième ordre, remplacer a par $a + \beta_2 - \beta_1$ ou par a_1; on a donc définitivement

$$\beta_2 - \beta_1 = (1 + \tan^2 h'') \sin i \tan a_1 \, dl$$
$$- (1 + \tan^2 h'') \sin \frac{i}{2} \sin i \tan h'' \sin 2a_1 \frac{dl}{\cos a_1}.$$

Si on supposait les divers points de niveau, auquel cas $h'' = o$, la formule se réduirait à $\beta_2 - \beta_1 = \sin i \tang a_1 dl$, formule que nous avons employée pour la démonstration de la formule (D).

Mais si $\tang h''$, sans être rigoureusement nul, est de l'ordre i, on a également, en négligeant les termes du troisième ordre en i,

$$\beta_2 - \beta_1 = \sin i \tang a_1 dl,$$

Donc la formule (D) ne cesse pas d'être exacte aux termes près du troisième ordre en i, que nous avons négligés pour l'obtenir.

Mais $\tang h''$ peut même n'être pas sans cesse de l'ordre i sur toute la longueur de la ligne géodésique, et cependant la formule (D) être encore exacte ; car d'abord le terme en $\sin 2a$, étant multiplié par $\tang h''$, change de signe avec l'inclinaison, et comme en passant par-dessus les aspérités du sol, h'' change de signe continuellement, ce terme s'annulera sensiblement dans l'intégrale de $\beta_2 - \beta_1$, et comme il est déjà du deuxième ordre en i, dans l'équation différentielle, il est complétement négligeable. Quelles que soient donc les grandeurs par où passe h'', on peut faire simplement $\beta_2 - \beta_1 = \sin i (1 + \tang^2 h'') \tang a_1 dl$. D'un autre côté, comme il arrive dans le tracé des lignes géodésiques que h'' n'atteint jamais que quelques degrés, $\tang^2 h''$ est une quantité toujours très-petite et à peu près de l'ordre i. En faisant donc $\beta_2 - \beta_1 = \sin i \tang a_1 dl$, on ne commet en réalité qu'une erreur du deuxième ordre en i, sur les points où h'' atteint ses plus grandes valeurs. Mais l'erreur sur l'intégrale ne serait du même ordre que si h'' conservait toujours ses grandes valeurs sur la totalité de la ligne géodésique, ce qui n'a pas lieu, car souvent il s'annule ou au moins devient négligeable. L'erreur sur l'intégrale tombera donc beaucoup au-dessous des erreurs du deuxième ordre en i, et par conséquent on peut toujours considérer l'équation (D) comme exacte aux termes près du troisième ordre, même quand la ligne géodésique n'est pas de niveau.

328. — Dans la pratique, on ne peut pas tracer sur la surface du globe une ligne géodésique par points contigus ; on est obligé de donner aux lignes de visée une certaine longueur, et il en résulte qu'on ne peut que placer une série de jalons distants les uns des autres, et dont on considère l'ensemble comme indiquant le parcours de la ligne géodésique. La différence entre cette manière de procéder et l'hypothèse de la contiguïté que nous avons supposée pour la

démonstration de la formule (D) consiste uniquement en ce que, dans le cas de la contiguïté, dl est un infiniment petit du premier ordre, de sorte qu'en négligeant son carré, nous ne négligions rien, tandis que dans le cas de la pratique, dl n'est pas infiniment petit; mais pourvu qu'on n'établisse qu'une faible distance entre les signaux consécutifs, de sorte que dl soit un très-petit arc, son carré sera négligeable, et en n'y ayant pas égard, on retombera sur la formule (D). Cette formule, calculée dans l'hypothèse de la contiguïté, est donc applicable au cas de la pratique, pourvu que l'intervalle des signaux ne dépasse pas quelques centaines de mètres, de sorte que dl soit d'une fraction de minute. Si, dans la formule (D), on néglige les termes en i^2, dl peut même atteindre quelques kilomètres, et on a encore, aux quantités près de l'ordre i^2,

$$(E) \qquad \sin \alpha = \frac{\sin A_1}{\cos a_0} \, k \, \frac{\cos l_0}{\cos l} \sin (l_0 - l) \sin (l_0 + l).$$

Il est bon de noter d'ailleurs que l'écart entre les stations a pour effet de réduire les valeurs maximum de l'angle h, de sorte que la ligne géodésique tracée passant par les points culminants des inégalités du sol, ne suit pas, comme dans l'hypothèse de la contiguïté, la totalité des contours des inégalités du sol, comme pour descendre dans les plus grandes dépressions. Sous ce rapport, les conditions de la pratique rendent moins sensible encore l'influence du défaut de niveau de la ligne géodésique.

Supposons donc qu'en un certain point A on détermine la latitude l_0 et l'azimut astronomique a d'un autre point voisin A', choisi de telle sorte que cet azimut fasse un grand angle avec le méridien et avec sa perpendiculaire; supposons ensuite qu'on se transporte au point A', et qu'on place un signal en un autre point voisin et exactement opposé A'', c'est-à-dire dont l'azimut diffère de 180° exactement de celui de A. Après quoi on se transportera en A'' et on y placera un signal en autre point opposé A''', dont l'azimut diffère de 180° de celui de A', et ainsi de suite. Supposons qu'on soit arrivé enfin en un point A_n, où on s'arrêtera, et où on déterminera la latitude, que nous appellerons l, et où on mesurera par des observations célestes l'azimut astronomique du point précédent A_{n-1}. En retranchant 180° de cet azimut, on aura l'azimut du point, que, si nous avions continué la ligne, nous aurions appelé A_{n+1}; nous appellerons a' cet azimut.

Cela posé, il est évident que si la terre était sphérique, les points A, A', A'', A'''... A_n seraient sur un arc de grand cercle de cette sphère, et par conséquent l'azimut du point A_{n+1} vu de A_n serait donné par l'équation

$$\sin a'_0 = \frac{\cos l_0}{\cos l} \sin a$$

en appelant a'_0 la valeur qu'il aurait alors.

Mais la terre n'étant pas sphérique, les points en question, au lieu d'un arc de cercle représenteront une ligne géodésique, et en appelant k l'aplatissement correspondant de la région considérée, l'azimut du point A_{n+1} vu de A_n, serait égal à l'azimut a_0 calculé dans l'hypothèse de la terre sphérique et en supposant l'azimut primitif A_1 au lieu de a, A_1 étant égal à l'azimut géodésique ou $a + \beta$, lequel azimut a_0 serait augmenté de la quantité α donnée par l'équation (D). On a donc

$$\sin a_0 = \frac{\cos l_0}{\cos l} \sin(a + \beta).$$

Or β étant une quantité du deuxième ordre en i, pourvu que le niveau de A_n diffère peu de celui de A, si nous négligeons provisoirement les quantités du deuxième ordre, nous pouvons poser aux quantités près de cet ordre $\sin a_0 = \sin a'_0 = \dfrac{\cos l_0}{\cos l} \sin a$, et nous avons vu de plus qu'on peut remplacer A_1 par a dans l'équation (D) aux quantités près du troisième ordre.

Ayant donc calculé a'_0, on comparera la valeur à l'azimut observé a', et la différence $a' - a'_0$ qui devient alors une quantité connue est égale à α, qui se trouve ainsi connu.

Reportons cette valeur de α dans l'équation (E) qui n'est autre que la formule (D) dans laquelle on néglige le terme en k^2, et remarquons que dans cette formule (E) on peut remplacer A_1 par a et a_0 par a'_0 aux quantités près du troisième ordre. Il vient en faisant cette substitution et résolvant l'équation (E) par rapport à k

$$k = \frac{\sin \alpha \cos a'_0}{\sin a} \frac{\cos l}{\cos l_0 \sin(l_0 - l) \sin(l_0 + l)},$$

et cette valeur de k est exacte à des quantités près du second ordre.

Si on veut avoir la valeur de k à des quantités près du troisième ordre, on pourra, à l'aide de cette valeur très-approchée de k, calculer l'angle i entre le zénith vrai et le zénith apparent pour le point de départ A. A l'aide de cette valeur de i on calculera β qui est donné par la formule.

$$\beta = \frac{i}{2}(\sin \tfrac{1}{2} i \sin 2\, a_i + 2 \tang h \sin a_i).$$

On connaîtra alors l'angle $A_i = a + \beta$ et l'équation $\sin a_0 = \frac{\cos l_0}{\cos l} \sin (a + \beta) = \frac{\cos l_0}{\cos l} \sin A_i$ fera connaître l'angle a_0. Substituant alors pour k^2 sa valeur approchée dans le terme en k^2 de l'équation (D), on aura numériquement la valeur de ce terme, que l'on retranchera de la valeur connue de $\sin \alpha$. Appelant m la valeur de $\sin \alpha$ diminuée de celle du terme en k^2 et qui sera ainsi connue, on aura aux quantités près du troisième ordre

$$k = \frac{m \cos a_0}{\sin A_i} \frac{\cos l}{\cos l_0 \sin (l_0 - l) \sin (l_0 + l)},$$

et comme les quantités du troisième ordre sont entièrement négligeables, on voit qu'on pourra regarder la valeur de k comme exactement connue.

329. — Dans ce qui précède, nous avons supposé que la ligne AA_n était exactement une ligne géodésique; c'est-à-dire que les points consécutifs A, A', A''..... A$_n$ étaient exactement à 180° les uns des autres en azimut. Dans la pratique, cette condition est à peu près impossible à remplir. Mais heureusement elle n'est pas nécessaire pourvu que les latitudes astronomiques des points A, A'..... A$_n$ soient déterminées. Il est bon toutefois, à cause des erreurs possibles sur ces latitudes, que les divers points consécutifs soient presque opposés, c'est-à-dire qu'ils ne s'éloignent pas beaucoup de la ligne géodésique qui réunit les points extrêmes.

Pour le faire voir, soient (fig. 52) P le pôle, PA, PA'..... PA$_n$ les méridiens des divers points A, A'..... A$_n$.

Supposons qu'en tous les points A, A', A''..... A$_n$ on ait déterminé la latitude, et qu'en A, on ait déterminé l'azimut astrono-

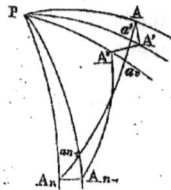

Fig. 52.

mique PAA' de A', puis qu'en A' on ait mesuré l'angle azimutal AA'A", puis en A",
l'angle A'A"A''', et ainsi de suite jusqu'en A_n
où on déterminera l'azimut astronomique
$PA_n A_{n-1}$.

Si la terre était sphérique, dans le triangle PAA', on connaîtrait les côtés PA et PA',
compléments des latitudes, et l'angle PAA'
mesuré. On en tirerait donc l'angle PA'A

dont le sinus est égal à $\dfrac{\sin PA}{\sin PA'}$ sin PAA'. L'angle PA'A étant

ainsi déterminé, on aurait l'angle PA'A", qui est égal à l'angle
mesuré AA'A" — PA'A. Alors dans le triangle PA'A", on aurait
les deux côtés PA' et PA", compléments des latitudes de A' et A"
et l'angle PA'A", on pourrait donc calculer de même l'angle PA"A',
d'où on tirerait l'angle PA"A''', et ainsi de suite jusqu'à A_n, où on
aurait l'angle $PA_n A_{n-1}$.

Mais la terre n'étant pas sphérique, tous les angles PA'A,
PA'A', etc., sont un peu modifiés, de sorte que l'angle final
$PA_n A_{n-1}$, déduit du calcul dans l'hypothèse de la terre sphérique,
diffère de l'angle $PA_n A_{n-1}$ réellement observé, et nous allons
faire voir que la différence est du même ordre de grandeur que
celle qu'on aurait obtenue sur l'azimut final de la ligne géodésique
$Aa'a''a'''\ldots a_{n-1} A_n$, en calculant cet azimut dans l'hypothèse de
la terre sphérique, auquel cas la ligne géodésique se confond avec
un arc de grand cercle.

En effet, en appelant toujours l_0 la latitude du point A et l' la
latitude du point A', l'' celle du point A", et ainsi de suite, si nous
prenons sur la ligne géodésique qui va de A à A_n le point a' qui a
la même latitude que A', et si nous appelons toujours A_1 l'azimut
géodésique de départ de cette ligne au point A, nous aurons pour
la différence entre l'azimut final de la ligne géodésique Aa', azimut
calculé dans l'hypothèse de la terre sphérique, et l'azimut réel, une
quantité α donnée par l'équation (D). De même, pour le point a'' de la
ligne géodésique $Aa'a''\ldots A_n$, qui a la même latitude que A", nous
aurons également une différence donnée par l'équation (D) en substituant à l'azimut géodésique A_1 au départ en A, l'azimut géodésique de départ qui a lieu en a', et ainsi de suite; et c'est la somme

de ces déviations qui se reporte sur l'azimut final calculé dans l'hypothèse de la terre sphérique, et qui donne la différence observée en A_n.

Or, si on considère la ligne géodésique menée de A à A', la différence en A' entre l'azimut observé et celui qui aurait été calculé dans l'hypothèse de la terre sphérique est également donnée par la formule (D), et puisque nous supposons que les points A' et a ont même latitude, les angles $(l_o - l)$ et $(l_o + l)$ sont les mêmes dans les déviations α calculées par cette formule pour ces deux points; la même chose a lieu pour les valeurs du coefficient $\frac{\cos l_o}{\cos l}$. Les deux déviations ne diffèrent donc qu'en ce que les azimuts en A des deux lignes géodésiques Aa' et AA' diffèrent un peu, ce qui change la valeur du coefficient $\frac{\sin A_1}{\cos a_o}$. Mais comme nous avons supposé le point A' peu distant de la ligne géodésique A$a'a''$.....A_n, les angles A_1 diffèrent peu l'un de l'autre pour les points A' et a', et il en est de même alors des angles a_o, puisque a_o est donné par l'équation $\sin a_o = \frac{\cos l_o}{\cos l} \sin A_1$, dans laquelle $\frac{\cos l_o}{\cos l}$ a la même valeur pour A' et a'. Donc les deux valeurs de $\frac{\sin A_1}{\cos a_o}$ diffèrent peu. Il en est de même pour les lignes géodésiques $a'a''$ et A'A'', qui ont même différence de latitude à leurs extrémités, et dont les azimuts de départ ne sont pas non plus très-différents, et ainsi de suite. La somme des déviations α sur la ligne brisée AA'A''.....A_n sera donc à la somme des déviations sur la ligne géodésique A$a'a''$..... A_n, dans un rapport très-voisin de l'unité, puisque pour chaque portion correspondante, le rapport entre les valeurs de $\frac{\sin A_1}{\cos a_o}$ reste toujours voisin de l'unité pour les fragments $A_k A_{k-1}$ et $a_k a_{k-1}$. Donc la déviation totale sur l'azimut P$A_n A_{n-1}$ sera à celle qui a lieu sur l'azimut de l'extrémité de la ligne géodésique AA$_n$ dans un rapport très-voisin de l'unité, et cela d'autant plus que les rapports pour les divers fragments de la ligne ont, tout en restant voisins de l'unité, été tantôt plus grands, tantôt plus petits que sur la ligne géodésique. Ainsi on pourra, pour obtenir la valeur de k, substituer à la ligne géodésique AA_n une ligne brisée entre A et A_n, pourvu qu'on détermine les latitudes en chaque point de brisure et l'angle azimutal de brisure. On obtiendra alors la valeur de k avec le même degré d'approximation que si on avait tracé la ligne géodésique elle-même.

Remarquons de plus qu'en négligeant les termes du second ordre en k, chacune des déviations partielles sur un segment de la ligne brisée est proportionnelle à k. Leur somme ou la déviation totale est donc proportionnelle à k, comme dans le cas de la ligne géodésique.

330. — On voit donc qu'on pourra obtenir la valeur de k répondant à une région du globe, en déterminant les latitudes d'une série de points A, A', A''..... A_n, et les angles azimutaux A A' A'', A' A'' A''', etc., ainsi que les hauteurs au-dessus de l'horizon de chaque point vu de l'autre, et enfin les azimuts astronomiques des deux extrémités de la ligne brisée A A' A''..... A_n, c'est-à-dire l'azimut astronomique de A' vu de A, et celui de A_{n-1} vu de A_n.

Pour cela, on calculera, comme nous l'avons dit précédemment, l'azimut astronomique de A_{n-1} vu de A_n en partant de celui de A' vu de A dans l'hypothèse de la terre sphérique, et nous appellerons B la valeur obtenue; puis on fera le même calcul pour un aplatissement arbitraire k' (le mieux est de choisir l'aplatissement moyen de la terre). Nous appellerons B' la valeur ainsi obtenue; on aura alors aux termes près du second ordre, en appelant B'' l'azimut donné par l'observation

$$B' - B : k' :: B'' - B : k,$$

puisque les déviations sont proportionnelles à k. De cette proportion on tirera une valeur de k exacte aux quantités près du second ordre. Nous verrons plus loin le moyen de l'obtenir aux quantités près du troisième ordre; mais auparavant il faut que nous indiquions avec détails comment, dans l'hypothèse de l'aplatissement k', on calculera l'azimut de A_{n-1} vu de A_n à l'aide de celui de A' vu de A.

331. — Pour cela, nous corrigerons d'abord de la réfraction terrestre les hauteurs d'où chaque signal a été vu de l'autre. Cette correction est facile et nous allons indiquer le moyen de la faire. Soit h la hauteur au-dessus de l'horizon d'où le point A' a été vu de A, et h' celle d'où A a été vu de A' (h' sera négatif si h est positif). Dans le triangle formé par le pôle et les deux

points A et A', calculons, à l'aide de leurs latitudes astronomiques et de l'azimut A' vu de A, l'arc AA' dans l'hypothèse de la terre sphérique. Cet arc représenterait l'angle des deux normales en A et A', si la terre était réellement sphérique, et il n'en diffère que d'une quantité excessivement petite et négligeable à cause du peu de distance des points A et A'. Le calcul se fait d'ailleurs par les formules (1) (3) (4) du n° 319, formules qui donnent l'angle P. La règle des sinus qui convient dans ce cas, puisque A A' étant très-petit est bien donné par son sinus, donne ensuite

$$\sin AA' = \frac{\sin P \cos l'}{\sin a},$$

dans laquelle l' est la latitude de A' et a, l'azimut de A' vu de A. Cela posé, soit A O (fig. 53) la normale en A et A' O la normale en A'. L'angle A O A' ou l'angle des normales, que nous appelons n, nous est donné par ce qui précède. En appelant h_1 la hauteur vraie de A' vu de A, on a A' A O $= 90° + h_1$, et en appelant h'_1 la hauteur de A vu de A', l'angle A A' O $= 90° + h'_1$. Or les trois angles du triangle sont égaux à deux angles droits, on a donc

$$90° + h_1 + 90° + h'_1 + n = 180°,$$

ou

$$h_1 + h'_1 + n = 0.$$

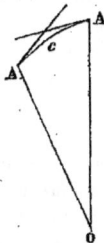

Fig. 53.

Mais le rayon lumineux, au lieu de décrire la ligne droite A A', a décrit la courbe A c A' à cause de la réfraction; A' a donc été vu trop haut de A d'une quantité μ égale à l'angle entre la tangente à cet arc et la corde AA', de sorte qu'on a $h_1 = h - \mu$. De plus, A a été également vu de A', trop haut et d'une quantité égale à l'angle entre la tangente à l'arc A c A' et la corde A A', lequel angle est aussi sensiblement égal à μ, comme l'a fait voir M. Biot dans son *Mémoire sur la réfraction*. (Les différences que l'expérience a indiquées entre cette hypothèse et la réalité sont d'ailleurs d'un ordre tellement petit qu'elles ne peuvent introduire d'erreur dans le cas présent, même quand les observations n'auraient pas été simultanées, mais faites dans deux états atmosphériques différents.) On a donc $h'_1 = h' - \mu$. Substituant ces valeurs de h_1 et h'_1 dans l'équation $h_1 + h'_1 + n = 0$, il vient

$$h + h' + n = 2\mu,$$

équation qui donne la valeur de μ, puisque h, h' et n sont connus, et, par suite, on en tire les hauteurs vraies h_1 et h'_1, par les équations $h_1 = h - \mu$ et $h'_1 = h' - \mu$.

332. — Les observations se trouvant ainsi ramenées à ce qu'elles auraient été sans la présence de l'atmosphère, on calcule, à l'aide de la valeur k' adoptée pour l'aplatissement, la valeur de l'angle i aux points A et A', et on en tire les latitudes géocentriques $l_0 - i_0$, $l' - i'$ des points A et A'. Puis, à l'aide de l'azimut a et de la hauteur h, on calcule la valeur de β par les formules que nous avons données, et on en tire pour l'aplatissement supposé l'azimut géodésique $a + \beta$ de A vu de A'. Le triangle P A A' se trouve alors ramené à un vrai triangle sphérique dans lequel les côtés P A et P A' égaux aux compléments des latitudes géocentriques $l_0 - i_0$ et $l' - i'$, sont connus ainsi que l'angle P A A', supplément de l'azimut géodésique $a + \beta$. On en tire donc l'angle P A' A par la règle des sinus, qui convient dans ce cas, puisque nous supposons que les azimuts choisis ne sont pas voisins de 90°. L'angle P A' A + 180° est l'azimut géodésique de A vu de A'. A l'aide de la latitude l' de A', de la valeur i' de i et de la hauteur h'_1, corrigée de réfraction, à laquelle A a été vu de A' et enfin de l'azimut géodésique de A vu de A', on calcule la différence β' des azimuts géodésiques et astronomiques, de sorte que 180° + P A' A — β' est l'azimut astronomique de A vu de A'. (Si h'_1 est très-petit, la valeur de β_1 ainsi obtenue est exacte aux termes près du troisième ordre en i; mais, si h'_1 est grand, il est bon de calculer β' une seconde fois en substituant l'azimut astronomique donné par la première approximation de l'azimut géodésique, et on a β' à une quantité près du troisième ordre : c'est cette nouvelle valeur de β' qu'on emploie pour avoir l'azimut astronomique de A vu de A'.)

L'azimut astronomique de A vu de A' étant ainsi obtenu, on en retranche l'angle azimutal A A' A'' mesuré, et on a l'azimut de A' vu de A'. On se trouve alors, pour le triangle P A' A'', dans les mêmes conditions qu'on se trouvait à l'origine pour le triangle P A A'. On y corrige les hauteurs de la même manière de l'effet de la réfraction ; on transforme le triangle en triangle géodésique, et on calcule l'angle P A'' A'; on en tire de même l'azimut astronomique de A' vu de A'', et, en en retranchant l'angle A' A'' A''', on a l'azimut de A''' vu de A''. On peut alors calculer le triangle P A'' A''', et ainsi de suite jusqu'au dernier, pour lequel on a alors dans l'hypothèse de $k = k'$ l'azimut final de A_{n-1} vu de A_n. En le comparant à l'azimut observé et à celui qu'on a calculé dans l'hypothèse de la terre sphérique, on peut alors obtenir la valeur de k par la proportion du n° 330 (1).

La valeur de k étant connue, à des quantités près du deuxième ordre en i, on aura par la méthode de l'interpolation proportionnelle, cette valeur avec une approximation plus grande et atteignant jusqu'aux termes du troisième ordre, que nous avons négligés dans nos formules. Pour cela, on prendra deux valeurs de k, l'une un peu plus petite, l'autre un peu plus grande que la valeur obtenue par la première approximation, et on fera de nouveau successivement le calcul avec chacune de ces valeurs. En appelant alors B_1 l'azimut final donné par la plus petite des deux valeurs supposées, que nous appellerons k_1, et B_2 l'azimut final donné par la plus grande que nous appellerons k_2, appelant toujours B'' l'azimut observé, nous aurons pour trouver la correction x à appliquer à k_1 pour avoir la vraie valeur de k la proportion

$$B_2 - B_1 : k_2 - k_1 :: B'' - B_1 : x,$$

d'où

$$x = \frac{B'' - B_1}{B_2 - B_1}(k_2 - k_1),$$

et $k_1 + x$ est la vraie valeur de k.

333. — Il est bon de rappeler ici ce que nous avons démontré dans le chapitre des parallaxes, à savoir que, dans le calcul des angles i entre le zénith vrai et le zénith apparent, il n'est pas nécessaire de tenir compte de l'altitude des stations au-dessus du niveau

(1) Il importe de remarquer que dans ce cas les erreurs dans le calcul des réfractions sont sans influence sur le résultat, à cause de leur peu d'influence sur h, lequel lui-même intervient si peu, à cause de la petitesse de β, même pour de grandes valeurs de h. Si donc on n'a pas mesuré les hauteurs réciproques, mais l'une d'elles seulement, on peut faire $\mu = 0,08 \, n$, l'expérience ayant appris que le facteur 0,08, assez variable d'ailleurs, convient à la moyenne des cas. Ainsi, si du point A, par exemple, on a mesuré la hauteur apparente h de A', on diminuera h de la quantité 0,08 A O A'. ou 0,08 n, puisque nous avons appelé n l'angle A O A', A O A' étant d'ailleurs calculé comme nous l'avons dit précédemment, et on aura la hauteur vraie h_1 de A' vu de A. On en déduira la hauteur vraie h' de A, vu de A' à l'aide de l'équation $h_1 + h' + n = 0$ dans laquelle h_1 et n seront alors connus.

de la mer. Ce calcul se fera donc en employant directement les
latitudes astronomiques observées, et on aura les latitudes géodésiques exactes en retranchant les angles i des latitudes mesurées.
Mais dans le calcul effectué dans l'hypothèse de la terre sphérique,
les latitudes astronomiques observées doivent être diminuées de
l'augmentation qu'elles subissent par l'effet de l'altitude sous l'influence de la rotation terrestre, augmentation qui, comme nous
l'avons vu dans le chapitre des parallaxes, a pour expression, en
appelant H la hauteur de la station au-dessus du niveau de la
mer et R le rayon terrestre moyen,

$$\frac{\sin 2\,l\,\mathrm{H}}{\sin 1''\,\mathrm{R}}\frac{1}{288}.$$

Mais, en général, cette correction est négligeable ; elle ne devrait
être prise en considération que pour de très-grandes valeurs de H,
comme nous l'avons déjà vu en la démontrant. En appliquant la
correction que nous venons d'indiquer, les résultats deviennent
complétement indépendants de l'altitude des stations employées,
aussi bien pour les stations extrêmes que pour les stations
centrales.

334. — Le seul inconvénient qu'il y a pour la détermination de
la valeur de k à ce que les points A, A', A'' . . . A_n ne soient pas
sur une même ligne géodésique, c'est que les latitudes des points
intermédiaires A', A'' . . . A_{n-1} interviennent dans le calcul de
la valeur de k, tandis que, dans le cas où les points sont sur une
même ligne géodésique, nous avons vu que cette valeur s'obtient
sans avoir égard aux latitudes des points intermédiaires, dont elle
est alors indépendante. Or, dans la détermination des latitudes
des points intermédiaires, on commet de petites erreurs d'observation, et en outre les attractions locales elles-mêmes introduisent,
en modifiant la direction de la verticale, de petites anomalies indépendamment des erreurs d'observation. La valeur de k se trouve
donc modifiée par ces petites erreurs. Mais heureusement, pourvu
qu'on choisisse les points A', A'' . . . A_{n-1} de manière à s'écarter
peu de la ligne géodésique de A à A_n, ce qui a lieu si les points
consécutifs, au lieu d'être rigoureusement opposés en azimut, ne
font entre eux en les comptant dans le même sens que des angles
voisins de 180°, tantôt en plus, tantôt en moins, les erreurs

sur les latitudes intermédiaires, quelleque soit leur origine, n'influent pas sensiblement sur le résultat.

En effet, les déviations de la verticale ne modifient pas sensiblement sur les azimuts, car elles n'atteignent jamais que quelques secondes, et elles sont très-petites par rapport aux valeurs maximum de l'angle i qui, comme nous l'avons vu, en passant des azimuts astronomiques aux azimuts géodésiques, n'influe lui-même que d'une fraction de seconde à ses valeurs maximum. Une déviation de $10''$, ou 70 fois moindre environ que la valeur maximum de i, ne ferait donc sur les azimuts astronomiques qu'une différence de moins d'un centième de seconde, si h est petit, comme il arrive dans les opérations, et cela quel que soit d'ailleurs le sens de cette déviation. On peut donc considérer que les déviations de la verticale, aussi bien dans le sens du méridien que dans le sens perpendiculaire, ne modifient pas les azimuts observés, tant que h est petit, et il est toujours facile de choisir des stations de manière à satisfaire à cette condition.

Les azimuts n'étant pas modifiés, les déviations de la verticale par les attractions anormales n'agissent sur le calcul que par une modification des latitudes, et par conséquent de la même manière que les erreurs d'observation. Or, si une latitude d'un des points intermédiaires est supposée trop grande par exemple, sa différence avec celle du point précédent sera trop petite et, avec celle du point suivant, trop grande de la même quantité. Dès lors la formule (D) appliquée entre ce point et le point précédent donnerait pour α une valeur trop petite; appliquée entre le même point et le point suivant, elle donnerait une valeur trop grande à très-peu près de la même quantité, pourvu que $\dfrac{\cos l_o \sin A_r}{\cos l \cos a_0} \sin (l_o + l)$ y conserve sensiblement la même valeur, ce qui aura lieu si les trois points sont presque en ligne droite, et ce qui aurait exactement lieu s'ils étaient sur la même ligne géodésique. Il y a donc compensation des très-petites erreurs introduites par les latitudes des points intermédiaires, s'ils sont placés dans le voisinage de la ligne géodésique de A à A_n, de telle sorte que les angles formés par trois d'entre eux soient toujours voisins de 180°. Il faudra donc, autant que possible, satisfaire à cette dernière condition, si on se propose d'obtenir par la méthode que nous venons d'indiquer la détermination de la valeur de k, et alors la valeur obtenue sera

indépendante des déviations de la verticale aux points intermédiaires. Elle sera indépendante également des déviations
de la verticale, c'est-à-dire des attractions locales dans le
sens perpendiculaire au méridien pour les points extrêmes. Il
n'y aura que les déviations dans le sens du méridien qui, affec-
tant les latitudes des points extrêmes, pourront avoir une influence
dans le calcul. Mais l'erreur résultante sera elle-même du deuxième
ordre. En effet, supposons qu'on ait mené une ligne géodésique
entre les points A et A_n, la déviation α en A_n sera donnée par
l'équation (D), dans laquelle l'arc $l_o - l$ sera toujours un arc de
plusieurs degrés ; une erreur de quelques secondes sur cet arc
et sur l'arc beaucoup plus grand $l_o + l$ est la seule erreur que les
erreurs des latitudes extrêmes puissent introduire. Or, en mettant
pour α sa valeur déduite de l'observation, l'erreur sur k sera, par
rapport à la valeur de k, de l'ordre de l'erreur sur $l_o - l$, c'est-
à-dire de l'ordre de $1''$ ou $2''$ par rapport à un degré, ou de
$\frac{1}{2000}$ à $\frac{1}{1000}$ de la valeur de k. Donc on peut considérer la valeur de k
comme complétement indépendante de toutes les déviations de la
verticale par les attractions anormales même aux points extrêmes.

Il est encore bon de remarquer que s'il existe beaucoup de points
d'observation entre A et A_n, les déviations des latitudes intermédiaires par les attractions anormales, ainsi que les erreurs sur les latitudes, tendraient à se compenser les unes les autres quand même
les divers points ne seraient pas dans le voisinage de la ligne géodésique menée de A à A_n, et il en résulterait que l'erreur restante
serait à peu près du même ordre que l'erreur sur les latitudes
extrêmes dans le cas de cette ligne géodésique. Ainsi, bien qu'il
soit préférable de choisir les stations dans le voisinage de cette
ligne, des stations intermédiaires quelconques pourraient encore
conduire à une valeur de k qu'on pourrait regarder comme indépendante des déviations anormales de la verticale par les attractions locales.

335. — Considérons deux points A et A' visibles l'un de l'autre
quoique très-éloignés. Appelons toujours l_o la latitude de A, l'
celle de A' et a l'azimut de A' vu de A.

Si la terre était sphérique, l'azimut de A vu de A' serait, en
l'appelant $180° + a_o$ donnée par l'équation

$$\sin a_o = \frac{\cos l_o}{\cos l'} \sin a.$$

Mais avec l'aplatissement k, cet azimut, en appelant i_0 et i' les angles aux points A et A' entre le zénith vrai et le zénith apparent, serait, en l'appelant $180 + a_1$, donné par l'équation

$$\sin (a_1 + \beta') = \frac{\cos (l_0 - i_0)}{\cos (l' - i')} \sin (a + \beta_0).$$

Cherchons, aux termes près de l'ordre k^2, la différence $a_1 - a_0$, différence que nous appellerons α. Et remarquons d'abord que, comme nous l'avons vu précédemment,

$$\frac{\cos (l_0 - i_0)}{\cos (l' - i')} = \frac{\cos l_0}{\cos l'} + 2 k \frac{\cos l_0}{\cos l'} \sin (l_0 - l') \sin (l_0 + l'),$$

et que $a_1 = a_0 + \alpha$, de sorte que $\sin (a_1 + \beta') = \sin a_0 + \cos a_0 \sin \alpha + \cos a_0 \sin \beta'$ et $\sin (a + \beta_0) = \sin a + \cos a \sin \beta_0$.

On a alors

$$\sin a_0 + \cos a_0 \sin \alpha = \frac{\cos l_0}{\cos l'} \sin a + 2 k \frac{\cos l_0}{\cos l'} \sin (l_0 - l') \sin (l_0 + l') \sin a$$

$$+ \frac{\cos (l_0 - i_0)}{\cos (l' - i')} \cos a \sin \beta_0 - \sin \beta' \cos a_0.$$

Or, si h est petit, β_0 et β' peuvent déjà être regardés comme du second ordre en i. De plus, ils sont presque égaux, $\cos a$ diffère très-peu de $\cos a_0$ et $\frac{\cos (l_0 - i_0)}{\cos (l' - i')}$ diffère peu de l'unité. Donc $\frac{\cos (l_0 - i_0)}{\cos (l' - i')} \cos a \sin \beta_0 - \cos a \sin \beta'$ peut être regardé comme sensiblement nul, et certainement il est au plus du second ordre en k^2. Nous pouvons donc le négliger et en ayant égard à ce que $\sin a_0 = \frac{\cos l_0}{\cos l'} \sin a$, il nous viendra

$$\sin \alpha = 2 \frac{\sin a}{\cos a_0} k \frac{\cos l_0}{\cos l'} \sin (l_0 - l') \sin (l_0 + l').$$

C'est-à-dire que la déviation observée sur la visée directe de A' à A sera, aux termes près du second ordre, termes qui sont presque nuls, double de ce qu'elle aurait été sur le dernier élément de la ligne géodésique menée de A à A'.

Il y a donc un grand avantage à substituer les visées directes entre deux points très-éloignés à la ligne géodésique qui les joint, et par là on augmente à la fois la précision du résultat et la simplicité de l'opération.

Si entre deux points A et A_n éloignés de 5 à 6° en latitude, on peut, en quatre ou cinq visées, relier A_n à A par une chaîne combinée d'azimuts et de latitudes, les termes du second ordre négligés entre les points deux à deux ne se trouveront répétés que quatre ou cinq fois. Par conséquent, ils n'atteindront pas encore une valeur appréciable et pourront continuer d'être négligeables.

La déviation finale sur l'azimut du dernier point déterminée par la méthode que nous avons donnée sera donc sensiblement double de celle dont nous avons obtenu l'expression. On voit donc qu'on n'a pas avantage à suivre la courbure de la ligne géodésique, et qu'en appliquant à de longues visées la méthode que nous avons indiquée, on arrivera à déterminer k avec une approximation à peu près double de celle que nous aurait donnée la ligne géodésique, puisque les différences entre l'azimut observé à l'extrémité de la ligne brisée et l'azimut calculé dans l'hypothèse de la sphéricité de la terre seront doublées et atteindront, par conséquent (pour l'aplatissement moyen de $\frac{1}{305}$, au quarante-cinquième parallèle, pour une différence de 5° en latitude, et pour des azimuts d'environ 45°), jusqu'à 1′40″, et pour un aplatissement deux fois plus fort, comme celui de la France, jusqu'à 3′20″. On voit donc avec quel degré remarquable d'approximation la valeur de k pourra être obtenue. L'emploi des azimuts pour déterminer la valeur de k par les procédés que nous avons indiqués est préférable à la mesure directe des arcs de méridien et de parallèle, car le résultat est indépendant des attractions locales même pour les points extrêmes. Il n'en est pas de même pour les arcs de méridien et de parallèle, pour lesquels l'influence des erreurs d'observation et des déviations de la verticale sur les différences de latitude ou de longitude des extrémités de l'arc mesuré se portent en entier sur la valeur qu'on attribue aux arcs en question, puisqu'on suppose que la mesure obtenue s'applique à un arc trop grand ou trop petit d'une quantité précisément égale à ces erreurs. De plus, comme précision, les azimuts, même abstraction faite de cet avantage, l'emportent encore sur la méthode de comparaison des arcs de méridien et de parallèle, et ils ont encore l'avantage d'une simplicité d'observation remarquable et de la suppression de la nécessité de mesurer des bases, chose qui n'est pas toujours possible, du moins dans les pays très-accidentés.

336.—Lorsque les latitudes d'une série de points A, A', A''... A$_n$ ont été déterminées, ainsi que l'azimut de A' vu de A, et la série des angles azimutaux A A' A'', A' A'' A''', A'' A''' A$_{iv}$, etc., nous avons déjà vu, en traitant de la détermination de k, comment on obtient les azimuts de A'' vu de A', de A''' vu de A'' et ainsi de suite, qu'on calcule alors avec la vraie valeur de k. Dans chacun des triangles P A A', P A' A'', etc., on peut donc déterminer, par la méthode que nous avons exposée dans le n° 319, les angles P, ou les différences de longitudes des points A et A', A' et A'', etc., et par suite les différences des longitudes des divers points A', A''.... A$_n$ avec A. Ces différences de longitude ainsi obtenues sont indépendantes des déviations de la verticale dans le sens perpendiculaire aux méridiens, aussi bien que les azimuts qui les ont donnés. Elles seraient aussi indépendantes des déviations dans le sens des latitudes, si ce n'est que les latitudes entrant dans le calcul et étant affectées par ces déviations, les influences en question se reportent par là sur les différences de longitude. Mais si par les méthodes que nous exposerons plus loin, on corrige les latitudes des influences des attractions locales, les longitudes calculées, comme nous venons de le dire, en sont complétement indépendantes.

On voit donc que si une opération du genre de celle que nous venons d'indiquer était faite dans un pays bien pourvu de télégraphes électriques, et si on déterminait avec précision par des observations astronomiques les différences des longitudes entre le point A et les points A', A''.... A$_n$, la différence des longitudes astronomiques ainsi obtenues et de celles qu'on déduirait du calcul que nous avons indiqué ferait connaître en chaque point la différence des déviations de la verticale dans le sens perpendiculaire aux méridiens, au point A et à chacun des points A', A''.... A$_n$.

Si donc du point A, on faisait dans divers azimuts une chaîne d'opérations comme celles que nous avons indiquées, par exemple dans les azimuts de 45°, 135°, 225° et 315°, on aurait, en supposant nulles les déviations en tous les points, sauf en A, une série de valeurs de la déviation en A, dont la moyenne pourrait être regardée comme la déviation au point A, par rapport à son vrai méridien déterminé par la courbure de l'ensemble de la région considérée.

A défaut de l'électricité pour déterminer les différences des longitudes, les signaux de feu pourraient être employés ; mais le moyen est beaucoup moins exact.

337. — Dans toute la théorie qui précède, nous avons considéré la terre comme un ellipsoïde de révolution. Si elle était un ellipsoïde à trois axes, ou mieux encore, comme elle est réellement, un sphéroïde avec beaucoup d'irrégularités dans sa courbure, ce qui précède est également applicable ; seulement la valeur de k ainsi obtenue s'applique à l'ellipsoïde de révolution osculateur à la région considérée. Pour le faire voir, supposons en effet que l'équateur soit une ellipse et prolongeons le méridien des points A et A_u jusqu'à l'équateur. Ces plans méridiens sont normaux à l'équateur et à la surface terrestre aux points A et A_n. Si l'ellipsoïde était de révolution, ils se couperaient suivant l'axe terrestre ; s'il n'était pas de révolution, ils se couperaient suivant une autre ligne perpendiculaire à l'équateur. Du point où cette ligne rencontre l'équateur, point que nous appellerons C et qui sera différent alors du centre de la terre, menons les rayons vecteurs C A et $C A_n$ qui font avec l'équateur des angles que nous considérons alors comme la latitude géodésique des points A et A_n (laquelle latitude n'est plus géocentrique). Menons dans le méridien de A_n une ligne CA' égale à C A, et faisant avec l'équateur l'angle égal à la latitude géodésique de A, le point A' sera alors le rabattement du point A sur le méridien de A_n. Par les points A et A' menons alors une ellipse dont le centre soit en C, et l'axe sur l'équateur (ce sera le grand axe à cause de l'aplatissement réel de la terre). Une ellipse dont le centre et la direction des axes sont connus, est définie par deux points. Notre ellipse est donc bien définie. Supposons alors qu'elle tourne autour de son petit axe qui passe par le centre C et qui est perpendiculaire à l'équateur. En tournant, cette ellipse décrira un ellipsoïde de révolution qui passera par le point A, et cet ellipsoïde de révolution se confondra à cause de la petitesse de l'arc AA_n avec la surface terrestre dans cette région. Donc, dans notre opération, nous pouvons supposer que la terre est l'ellipsoïde en question dont nous déterminons l'aplatissement k par les formules que nous avons données.

On voit donc que toute la théorie que nous avons exposée est indépendante en réalité de toute hypothèse sur la forme de l'ensemble de la terre. Supposons maintenant que l'opération que nous avons indiquée soit faite sur diverses parties d'un même méridien, la moyenne des valeurs de k sera l'aplatissement moyen de ce méridien.

Supposons que l'aplatissement soit ainsi déterminé sur plusieurs méridiens. Si les valeurs de l'aplatissement sont égales sur tous, alors la terre est dans son ensemble un ellipsoïde de révolution. S'ils diffèrent, l'ellipticité dans le sens de l'équateur est manifeste et peut être facilement déterminée. Outre la forme générale et d'ensemble, on posséderait en outre la connaissance des anomalies qu'elle éprouve dans les diverses régions explorées.

Ainsi donc, sans la mesure d'aucun arc de méridien ou de parallèle, on peut arriver à une connaissance exacte de la forme de la terre, par de simples déterminations de latitudes et d'azimuts astronomiques et cela avec plus de précision que par les mesures elles-mêmes de méridien et de parallèle.

Résolution des triangles géodésiques.

338. — Supposons qu'on ait déterminé la latitude des deux points A et A' (fig. 54), l'azimut de A' vu de A et les deux angles A''AA', A''A'A d'un troisième point A'' avec les points A et A' ainsi que les hauteurs auxquelles chaque point est vu de l'autre, et proposons-nous d'en déduire la latitude du point A'', et sa différence de longitude avec A.

Nous pouvons d'abord ramener le triangle AA'A'', à un triangle sphérique, en prenant en place des latitudes astronomiques l_0 et l de A et de A', leurs latitudes géodésiques $l_0 - i_0$, $l - i'$, i_0 et i' étant des quantités que nous savons calculer quand nous connaissons l_0 et l'_0. Nous substituerons aussi à l'azimut astronomique a de A' vu de A, l'azimut géodésique correspondant $a + \beta$, que nous appellerons a_1. β est connu et donné par les formules que nous avons déjà exposées. Cela posé, par les formules (1), (3), (4) du n° 349, nous déterminerons l'angle P, différence de longitude entre A et A', et nous en déduirons

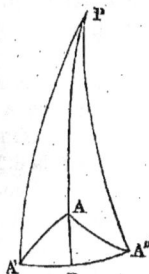

Fig. 54.

l'arc A A′ par la formule des sinus, applicable dans ce cas, puisque cet arc est très-petit. Cette formule nous donne $\sin AA' = \dfrac{\sin P \cos (l' - i')}{\sin a}$. Nous obtiendrons l'azimut géodésique a'_i de A vu de A′ par la formule

$$\sin a'_i = \frac{\cos (l_o - i_o)}{\cos(l' - i')} \sin a_i.$$

Si l'arc a'_i était voisin de 90°, cette formule ne le donnerait pas avec précision, mais comme on connaît maintenant les trois côtés du triangle PAA′, on a aussi a'_i par la formule

$$\tan^2 \tfrac{1}{2} a'_i = \frac{\cos \tfrac{1}{2} (l_o + l' - i_o - i' + \delta) \sin \tfrac{1}{2} (\delta + l' - l_o + i_o - i')}{\sin \tfrac{1}{2}(\delta + l_o - l' + i' - i_o) \cos \tfrac{1}{2} (l_o + l' - i_o - i' - \delta)},$$

en appelant δ l'arc AA′ qui est connu.

L'azimut géodésique $180° + a'_i$ étant connu, on a l'azimut astronomique correspondant en calculant la valeur β_i correspondante de β, et $180° + a'_i - \beta_i$ est l'azimut astronomique. En y ajoutant l'angle observé AA′A″, on a l'azimut astronomique de A″ vu de A′. On calcule la valeur correspondante de β, et en l'ajoutant avec son signe à l'azimut astronomique, on a l'azimut géodésique de A″ vu de A′. La différence entre les azimuts géodésiques connus de A″ et de A vus de A′, est alors l'angle AA′A″ ramené au triangle sphérique. Nous appellerons φ' cet angle.

Nous ramènerons de même l'angle A′AA″ à ce qu'il doit être dans le triangle sphérique, car, connaissant l'azimut astronomique de A′ vu de A et l'angle mesuré A′A A″, on en tire l'azimut astronomique de A″ vu de A. On calcule les valeurs de β qui correspondent aux azimuts de A′ vu de A et de A″ vu de A, et en ajoutant ces valeurs à ces azimuts, on a les azimuts géodésiques correspondants, dont la différence est dans le triangle sphérique l'angle cherché A′AA″ que nous appelons φ.

Le triangle AA′A″ se trouve donc ramené à un triangle rigoureusement sphérique, dans lequel on connaît le côté AA′ $= \delta$ et les angles A′AA″ $= \varphi$ et AA′A″ $= \varphi'$. Proposons-nous de trouver le côté AA″ $= \delta'$.

De A, abaissons l'arc perpendiculaire AD sur A′A″.

Dans le triangle AA'D nous aurons, en posant l'angle DAA' = θ et DAA'' = θ',

$$\cot \theta = \tang \varphi' \cos \delta.$$

Cette première équation nous fait connaître θ dont la valeur étant fournie par une cotangente est bien donnée.

On a ensuite

$$\varphi = \theta + \theta' \qquad \text{d'où} \qquad \theta' = \varphi - \theta,$$

équation qui nous fait connaître θ' qui peut être négatif.

Maintenant, dans le triangle rectangle DAA', on a

$$\tang AD = \tang \delta \cos \theta,$$

et dans le triangle DAA''

$$\tang AD = \tang AA'' \cos \theta' ;$$

égalant les deux valeurs de tang AD, il vient

$$\tang AA'' = \tang \delta \, \frac{\cos \theta}{\cos \theta'},$$

équation qui nous donne le côté AA'' par sa tangente, c'est-à-dire dans de bonnes conditions, quelle que soit sa grandeur.

Le côté AA'' étant ainsi déterminé, on connaît dans le triangle PAA'' le côté PA = 90° — $(l_0 - i_0)$, le côté AA'' = δ' et l'angle PAA'' ou l'azimut géodésique m de A'' vu de A, diminué de 180°, si A'' est à l'est de A. On connaît donc deux côtés et l'angle compris. On a conséquemment le côté PA'', par la formule générale

$$\cos PA'' = \cos \delta' \sin (l_0 - i_0) + \sin \delta' \cos (l_0 - i_0) \cos m,$$

ou

$$\cos PA'' = \sin (l_0 - i_0 + \delta') - 2 \sin \delta' \cos (l_0 - i_0) . \sin^2 \tfrac{1}{2} m,$$

ou

$$\frac{1 - \cos PA''}{1 + \cos PA''} = \tang^2 \tfrac{1}{2} PA''$$

$$= \frac{1 - \sin (l_0 - i_0 + \delta') + 2 \sin \delta' \cos (l_0 - i_0) \sin^2 \tfrac{1}{2} m}{1 + \sin (l_0 - i_0 + \delta') - 2 \sin \delta' \cos (l_0 - i_0) \sin^2 \tfrac{1}{2} m},$$

ou encore

$$\tang^2 \tfrac{1}{2} PA'' = \frac{\sin^2 \left[45° - \tfrac{1}{2} (l_0 - i_0 + \delta') \right] + \sin \delta' \cos (l_0 - i_0) \sin^2 \tfrac{1}{2} m}{\cos^2 \left[45° - \tfrac{1}{2} (l_0 - i_0 + \delta') \right] - \sin \delta' \cos (l_0 - i_0) \sin^2 \tfrac{1}{2} m}.$$

35

équation qu'on rend facilement propre au calcul des logarithmes en divisant le numérateur et le dénominateur du second
membre par $\sin\left[45° - \frac{1}{2}(l_0 - i_0 + \delta')\right]\cos\left[45° - \frac{1}{2}(l_0 - i_0 + \delta')\right]$
et en posant

$$\frac{2\sin\delta'\cos(l_0 - i_0)\sin^2\frac{1}{2}m}{\cos(l_0 - i_0 + \delta')} = \tan\gamma,$$

et il vient

$$\tan^2\tfrac{1}{2}PA'' = \tan\left[45° - \tfrac{1}{2}(l_0 - i_0 + \delta') + \gamma\right]\tan\left[45° - \tfrac{1}{2}(l_0 - i_0 + \delta')\right]$$

On peut aussi, au lieu de la transformation précédente, employer les autres transformations de la formule générale que nous
avons eu occasion d'indiquer précédemment.

Le côté PA'' étant ainsi connu, son complément est la latitude
géodésique de A''. Maintenant, dans le triangle PAA'', on a

$$\sin P = \frac{\sin\delta'\sin m}{\sin PA''},$$

ce qui fait connaître la différence de longitude de A et A''.

Dans le triangle PAA'', où on connaît les trois côtés, l'angle
$PA''A$ peut être obtenu par sa tangente, comme nous l'avons indiqué précédemment, et on en déduit l'azimut géodésique de A
vu de A''. Si on voulait celui de A' vu de A'', on remarquerait que
dans le triangle $PA'A''$ on connaît PA' et PA'', et que l'arc
$A'A''$ est donné dans le triangle $AA'A''$ par l'équation

$$\sin A'A'' = \frac{\sin\varphi\sin AA''}{\sin\varphi'},$$

et comme $A'A''$ est un petit arc, sa valeur est bien donnée par
son sinus. (On aurait pu d'ailleurs déterminer primitivement l'arc
$A'A''$, au lieu de l'arc AA''.) Alors dans le triangle $PA'A''$, dont
on connaît les trois côtés, on a facilement l'angle $PA''A'$, et
par suite l'azimut géodésique de A' vu de A''.

De la latitude géodésique de A'', on peut tirer la valeur de la
latitude astronomique. En effet, en appelant l' la latitude géodésique d'un point et l sa latitude astronomique, on a

$$l' = l - i \quad \text{et} \quad i = k\sin 2l + \tfrac{1}{2}k^2\sin 4l.$$

i étant très-petit, on a sa valeur par une première approximation en remplaçant l par l' dans son expression; on a alors une valeur très-approchée de i, et on en tire une valeur très-approchée de l, qui est $l = l' + i$; substituant cette nouvelle valeur pour l dans l'expression de i, on a la vraie valeur de i avec une approximation suffisante, et on en tire la vraie valeur de l.

Les azimuts astronomiques se déduisent ensuite des azimuts géodésiques en calculant les valeurs de β correspondantes. Ainsi, on a la latitude astronomique de A'', sa différence de longitude avec A et A', et les azimuts de A et A' observés de A''. La hauteur du point A, vu de A'', a d'ailleurs été donnée par l'équation

$$h + h' + \delta = 0,$$

dans laquelle h est la hauteur connue de A'' vu de A, et h' la hauteur cherchée de A vu de A'', et δ l'arc $A A''$. On a de même la hauteur de A', vu de A'', par une équation semblable. (Il va sans dire que les hauteurs de A'', vu de A et de A', ont été corrigées de la réfraction par la méthode abrégée que nous avons donnée.)

339. — Si nous considérons une suite de triangles $A A' A''$, $A'A''A'''$, $A''A'''A_{IV}$, etc. (fig. 55), il est évident que si on a déterminé les latitudes de A et A', l'azimut de A' vu de A (azimut que nous supposons n'être pas voisin de 90°), et les divers angles $A'A A''$, $A A'A''$, $A'A''A'''$, $A''A'A'''$, etc., on peut, par la méthode qui précède, obtenir les latitudes de tous les sommets A'', A''', A_{IV}, A_V, etc., et leurs différences de longitude avec A, ainsi que les azimuts astronomiques de tous les côtés de ces triangles. En effet, la résolution du premier triangle $A A' A''$ nous fera, d'après ce qui précède, connaître la latitude de A'', sa différence de longitude avec A,

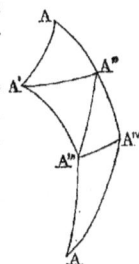

Fig. 55.

le côté $A' A''$ (qui peut être sans inconvénient voisin du premier vertical) et l'azimut de A' vu de A''; et comme la latitude de A' est connue, on voit que le second triangle est autant connu que le premier l'était à l'origine. On peut donc le résoudre et obtenir la latitude de A''' et sa différence de longitude avec A'' et par suite avec A', le côté $A'' A'''$ et l'azimut de A''' vu de A, ce qui permettra de résoudre le troisième triangle, et ainsi de suite. On arrive ainsi de proche en proche à connaître les positions géographiques de tous les sommets des triangles, et il est bon de noter qu'il a suffi pour cela de mesurer seulement deux angles de chaque triangle.

340. — Si l'on a mesuré les trois angles dans chaque triangle, il n'y a qu'avantage, parce que les erreurs d'observation peuvent être réparties entre les angles, comme nous allons le faire voir, et de plus on peut simplifier la résolution des triangles en les regardant comme rectilignes. Pour le montrer, nous allons rappeler ici la remarquable démonstration, due à Legendre, au sujet d'une propriété très-curieuse des triangles sphériques à côtés très-petits.

Considérons un triangle sphérique dont nous appellerons a, b, c les côtés et A, B, C les angles (fig. 56). On a l'équation

$$\cos c = \cos a \, \cos b + \sin a \sin b \cos C,$$

ou

$$\cos c - \cos a \cos b = \sin a \sin b \cos C.$$

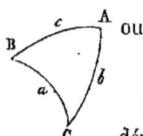

Fig. 56.

Substituons aux sinus et cosinus de a, b, c leurs développements en fonction des arcs, qui sont, en négligeant les termes du cinquième ordre en a, b, c,

$$\sin a = a \sin 1'' - \frac{a^3}{6} \sin^3 1'' \qquad \cos a = 1 - \frac{a^2}{2} \sin^2 1'' + \frac{a^4 \sin^4 1''}{24},$$

et des expressions analogues pour les sinus et les cosinus de b et de c. Le sinus de $1''$ est introduit dans les formules parce que nous supposons a, b, c exprimés en secondes, et alors $a \sin 1''$, $b \sin 1''$, $c \sin 1''$ sont les valeurs de a, b, c en fonction du rayon, valeurs qui doivent entrer dans les développements.

En effectuant les substitutions, développant les produits, et négligeant les termes du cinquième ordre en a, b, c, il vient en divisant par $\sin^2 1''$

$$ab \left(1 - \frac{a^2 + b^2}{6} \sin^2 1''\right) \cos C = \frac{a^2 + b^2 - c^2}{2}$$
$$+ \frac{c^4 - a^4 - b^4 - 6 \, a^2 \, b^2}{24} \sin^2 1''.$$

En multipliant les deux membres par

$$\left(1 + \frac{a^2 + b^2}{6} \sin^2 1''\right),$$

et remarquant que

$$\left(1 - \frac{a^2 + b^2}{6} \sin^2 1''\right)\left(1 + \frac{a^2 + b^2}{6} \sin^2 1''\right)$$
$$= 1 - \left(\frac{a^2 + b^2}{6}\right)^2 \sin^4 1'' = 1,$$

en négligeant les termes en $\sin^4 1''$, il vient

$$ab \cos C = \frac{a^2 + b^2 - c^2}{2}$$
$$+ \frac{a^4 + b^4 + c^4 - 2a^2 b^2 - 2a^2 c^2 - 2b^2 c^2}{24} \sin^2 1'',$$

ou

$$\cos C = \frac{a^2 + b^2 - c^2}{2ab} + \frac{(a^2 + b^2 - c^2)^2 - 4a^2 b^2}{24 ab} \sin^2 1''.$$

Cela posé, concevons un triangle rectiligne A'B'C' formé des côtés a, b, c ayant même longueur que ceux du triangle courbe, c'est-à-dire dans lesquels nous prenons pour unité de longueur l'arc de 1″ en fonction du rayon multiplié par la longueur du rayon de la sphère, sur laquelle était inscrit notre triangle sphérique. Pour déterminer l'angle C' nous avons

$$\cos C' = \frac{a^2 + b^2 - c^2}{2ab},$$

d'où

$$\cos^2 C' = 1 - \sin^2 C' = \frac{(a^2 + b^2 - c^2)^2}{4a^2 b^2}$$

d'où encore

$$- 4a^2 b^2 \sin^2 C' = (a^2 + b^2 - c^2)^2 - 4a^2 b^2.$$

Or le second membre de cette équation est précisément le numérateur de la deuxième fraction de l'expression de cos C. Par conséquent cette deuxième fraction est

$$\frac{(a^2 + b^2 - c^2)^2 - 4a^2 b^2}{24 ab} = - \frac{ab \sin^2 C'}{6};$$

donc on a

$$\cos C = \cos C' - \frac{ab \sin^2 C'}{6} \sin^2 1''.$$

Or, si du point A' on abaisse la perpendiculaire A'D sur B'C', on a A′D $= b \sin$ C′, et la surface S du triangle est égale à $\dfrac{a \times A′D}{2}$,

ou $\frac{1}{2}\, a\, b \sin$ C′, donc

$$\cos C = \cos C′ - \tfrac{1}{3} S \sin^2 1″ \sin C′.$$

Posons maintenant

$$C = C′ + \delta,$$

nous aurons

$$\cos C = \cos C′ - \sin \delta \sin C′,$$

en faisant $\cos \delta = 1$, c'est-à-dire en négligeant les termes de l'ordre δ^2. Si on égale cette valeur de $\cos C$ à la précédente, on en tire

$$\sin \delta = \tfrac{1}{3} S \sin^2 1″,$$

et comme $\sin \delta = \delta \sin 1″$

$$\delta = \tfrac{1}{3} S \sin 1″.$$

Telle est l'expression de la différence entre l'angle du triangle sphérique et l'angle correspondant du triangle rectiligne à côtés égaux.

Cette expression est une fonction symétrique des côtés a, b, c. La valeur de δ est donc la même pour les trois angles; par conséquent on a

$$C = C′ + \tfrac{1}{3} S \sin 1″, \qquad B = B′ + \tfrac{1}{3} S \sin 1″, \qquad A = A′ + \tfrac{1}{3} S \sin 1″.$$

En faisant la somme de ces trois équations et remarquant que dans le triangle rectiligne A′ + B′ + C′ = 180°, il vient

$$A + B + C = 180° + S \sin 1″,$$

expression dans laquelle $S \sin 1″$ représente un nombre défini de secondes. En effet, les côtés a, b, c du triangle étant exprimés en secondes, S est le produit de deux nombres de secondes; son produit par $\sin 1″$, représente donc directement un nombre de secondes.

Ainsi la somme des trois angles de tout triangle sphérique à petits côtés surpasse 180° d'une petite quantité dont l'expression est $S \sin 1″$. Cette quantité est ce qu'on appelle *l'excès sphérique*.

341.—De plus, on peut toujours former un triangle rectiligne dont

les côtés sont égaux à ceux d'un triangle sphérique inscrit sur une
sphère de rayon donné. Dans ce dernier triangle, les angles sont
chacun plus grands que leur correspondant dans l'autre d'une
quantité égale au tiers de l'excès sphérique. Ainsi, si on retranche
le tiers de l'excès sphérique de chaque angle mesuré dans le triangle sphérique, on peut ensuite traiter ce dernier comme un triangle rectiligne.

Cela posé, supposons qu'on ait mesuré les trois angles d'un
triangle A A' A'' à la surface de la terre supposée sphérique ; faisons la somme de ces trois angles, elle surpassera 180° d'une certaine quantité qui serait rigoureusement égale à l'excès sphérique, si les trois angles avaient été rigoureusement mesurés. Mais
s'ils renferment des erreurs, la somme sera égale à 180° + l'excès
sphérique + la somme des erreurs, ou 180° + α, en appelant α la
somme de l'excès sphérique et des erreurs, somme qui sera ainsi
connue. Si nous voulons répartir ces erreurs également sur les
trois angles, en considérant les erreurs comme égales sur chaque
angle, ce qui est ce qu'on peut supposer de plus probable, on voit
qu'on transformera le triangle en triangle rectiligne en retranchant de chaque angle observé $\frac{1}{3}\alpha$, puisque l'excès sphérique se
répartit également sur les trois angles, comme nous voulons le
faire pour la somme des erreurs.

Ainsi, dans le triangle A A' A'', en appelant φ, l'angle A'A A''
ainsi corrigé, φ'_1 l'angle A A'A'' également corrigé et φ''_1 l'angle
A A''A' corrigé, et nommant toujours δ le côté A A' (δ représentant un nombre de secondes), on a

$$AA'' = \delta \frac{\sin \varphi'_1}{\sin \varphi''_1} \qquad A'A'' = \delta \frac{\sin \varphi_1}{\sin \varphi''_1},$$

et on aura ainsi très-simplement les côtés A A'' et A'A'' directement exprimés en secondes, dans la condition de probabilité la
plus favorable pour le minimum d'erreur provenant des erreurs
commises sur les angles.

C'est de cette manière que les triangles de la série A A'A'',
A'A''A''', etc., doivent être résolus si tous les angles ont été
mesurés. Pour une extrême exactitude, les angles A'A A'' et
A A'A'' ont dû d'abord être ramenés à la sphéricité parfaite du
triangle au moyen des valeurs de β, comme nous l'avons indiqué, et après le premier calcul et après avoir déterminé les azimuts

très-approchés de A et A' vus de A", on calcule les valeurs de β correspondantes, et on en tire la très-petite correction qui ramène l'angle A'A"A également à la sphéricité parfaite. C'est avec les trois angles ainsi ramenés à la sphéricité parfaite qu'on fait la somme des trois angles pour avoir la différence avec 180°, qu'on partage en trois et qu'on retranche de chaque angle.

Si on n'a que deux angles de mesurés, A'AA", AA'A", on peut après les avoir ramenés à la sphéricité, supposer le triangle rectiligne, et si on calcule l'un des côtés AA", qui est ainsi connu très-approximativement, son produit par sin A'AA" et par sin 1" fait connaître le facteur par lequel il faut multiplier A A', pour avoir S sin 1", ou l'excès sphérique, qui, à cause de sa petitesse, est ainsi connu avec une approximation suffisante. Retranchant le tiers de cet excès sphérique de chacun des angles A'AA" et AA'A", on a réellement ramené le triangle à un triangle rectiligne. On a donc immédiatement les côtés AA" et A'A" exprimés en seconde, et le troisième angle AA"A' qui est égal à 180° moins la somme des deux autres. En y ajoutant le tiers de l'excès sphérique, on a l'angle sphérique AA'A", et le triangle se trouve entièrement résolu.

Tel est le parti qu'on peut tirer de la propriété de l'*excès sphérique* de Legendre, pour la résolution des triangles géodésiques déterminés par des angles, des latitudes et un azimut d'un côté.

342. — Dans une chaîne de triangles tels que AA'A", A'A"A''', A"A'''A$_{iv}$..... dans laquelle les latitudes de tous les points A", A''', A$_{iv}$...... A$_n$ sont déduites de celles de A et A', il est évident que les erreurs sur les latitudes vont en croissant, à mesure qu'on s'éloigne des deux points primitifs, si les latitudes de ces deux premiers points sont en erreur. Supposons qu'en A$_n$ on détermine la vraie latitude astronomiquement et qu'on trouve la différence ×. Si la valeur de k convenant à la région est exactement connue, on pourra modifier la latitude de A' d'une très-petite quantité, par exemple l'augmenter de λ, et recommencer le calcul, la différence sera alors ×' avec la nouvelle latitude. Une proportion donnera ensuite la vraie augmentation x à faire à la latitude de A' pour satisfaire à celle de A$_n$. En effet, on aura

$$×' — × : λ :: × : x,$$

d'où
$$x = \frac{× λ}{×' — ×}.$$

Si la latitude de A' a été très-bien déterminée, cette valeur de x sera alors la déviation de la verticale de A' par les attractions locales, et en calculant de nouveau toutes les latitudes avec celle de A' ainsi corrigée, on aura les latitudes exactes. Si on détermine les latitudes astronomiques en tous ces points, leurs différences avec les latitudes calculées seront les déviations de la verticale en tous ces points par les attractions locales, en supposant exactes les deux latitudes extrêmes A et A_n. Or, pour le milieu de la région des triangles, les erreurs sur les latitudes de A et de A_n influent très-peu ; et si d'ailleurs on calcule les déviations en prenant successivement pour point de départ et d'arrivée tous les autres points, et en partant de leurs latitudes astronomiques, la moyenne des déviations de la verticale ainsi obtenues en un point du milieu de la région des triangles sera la déviation réelle par rapport à l'ensemble de la région considérée. On voit qu'on peut ainsi obtenir toutes les déviations locales des latitudes.

La bande de terrain renfermant la chaîne des triangles peut être dans son ensemble inclinée au méridien; les azimuts de deux côtés, l'un au premier, l'autre au dernier triangle, et les latitudes extrêmes nous permettront d'appliquer la méthode que nous avons indiquée pour la détermination de k. Si donc on a déterminé les latitudes astronomiques de tous les sommets, les comparaisons avec les latitudes calculées nous donneront les déviations de la verticale dans le sens du méridien, et les comparaisons avec les longitudes, les déviations perpendiculaires au méridien sous l'influence des attractions locales.

343. — Si une chaîne de triangles est très-longue et suit à peu près le méridien, condition peu favorable à la détermination de k par les azimuts comparés aux extrémités, on peut encore obtenir k au moyen des deux latitudes des extrémités et de celle d'un point du milieu déterminées directement.

Ainsi, on a, pour pouvoir effectuer les calculs, déterminé les latitudes de deux points voisins A et A', puis ensuite deux autres latitudes, l'une d'un point A_i, l'autre d'un point A_n à l'extrémité de la chaîne.

On calculera pour l'aplatissement k supposé la correction à faire à la latitude de A' pour satisfaire à celle de A_i comme nous l'avons dit, puis avec cette latitude corrigée, on effectuera le calcul jusqu'en A_n, où on trouvera une différence μ avec la latitude astronomique de ce point.

On prendra ensuite un autre aplatissement un peu plus grand ou plus petit, k' ; on corrigera pour cet aplatissement la latitude de A' pour satisfaire à celle de A_i, puis on fera le calcul de toute la chaîne avec cette latitude corrigée et cet aplatissement, et on trouvera pour la latitude A_n une autre différence μ'; on aura alors la proportion

$$\mu' - \mu : k' - k :: \mu : y,$$

d'où

$$y = \frac{(k' - k)\,\mu}{\mu' - \mu},$$

et $k + y$ est l'aplatissement convenant à la région.

Si la valeur obtenue pour y est très-petite, on pourra s'arrêter à cette approximation, sinon, on recommencera avec deux nouvelles valeurs de k renfermant entre elles la valeur de $k + y$ donnée par la première approximation, et on aura une valeur définitive de k par le même procédé.

L'avantage d'obliger la latitude de A' à satisfaire à celle de A_i, au lieu d'employer celle de A', vient de ce que, toute la chaîne étant déduite des deux latitudes rapprochées A et A', leurs erreurs auraient trop d'importance. En satisfaisant à une autre latitude éloignée, les erreurs de latitude ne se trouvent plus multipliées dans la même proportion. Mais la latitude de A' a été nécessaire pour simplifier les calculs. Si elle n'avait pas été déterminée, on aurait besoin d'y substituer une latitude approchée pour pouvoir effectuer les calculs, et cette latitude se trouverait ensuite corrigée par la méthode indiquée, après quoi elle serait connue.

Si une chaîne de triangles a été menée obliquement au méridien, la même méthode pour déterminer k par les latitudes est applicable. La combinaison avec la détermination par les azimuts peut donner en outre des équations de condition entre les erreurs d'observation et les déviations de la verticale, équations dont le nombre varie suivant les conditions de l'opération et la multiplicité des triangles.

Des diverses combinaisons d'observations qu'on peut employer
pour fixer sur la surface terrestre la position d'un point par
rapport à un ou plusieurs autres.

344. — Un point étant défini par deux coordonnées, savoir : sa
latitude et sa différence de longitude avec un autre point connu,
il s'ensuit qu'il faut toujours deux observations pour fixer ces deux
coordonnées.

Si l'une des observations consiste en une détermination directe
de la latitude, on peut déduire l'autre coordonnée de la fixation
de l'azimut dans lequel un point connu est vu du point dont on
veut les coordonnées, ou par celui dont ce dernier est vu du point
connu. Ces deux cas ne comprennent qu'un seul et même problème. En effet, on connaît les deux latitudes des deux points et
l'azimut dans lequel un de ces points est vu de l'autre. On
déduira la différence des longitudes des deux points en question
par la méthode que nous avons déjà indiquée.

Mais, au lieu de l'azimut dans lequel une des stations est vue
de l'autre, on peut du point cherché mesurer l'angle azimutal
compris entre deux autres points connus. C'est un cas que nous
n'avons pas encore examiné et dont nous allons traiter, après
avoir passé en revue les diverses observations qui peuvent fixer
la position d'un point.

Si la latitude du point dont les coordonnées sont cherchées n'a
pas été déterminée, ces coordonnées peuvent être déduites des deux
angles réduits à l'horizon que de chacun des deux points connus,
le point en question fait avec l'autre point connu. Ce cas nous
ramène à la résolution d'un triangle dont on connaît un côté et
deux angles adjacents, cas que nous avons déjà examiné. En effet,
l'angle au centre de la terre entre les deux points connus est un
côté que nous avons indiqué le moyen d'obtenir, et comme nous
pouvons avoir en chacun des points connus l'azimut de l'autre
par le calcul, il s'ensuit que, même si on s'était contenté de mesurer l'azimut du point cherché, au lieu de mesurer l'angle entre
le point cherché et l'autre point connu, ce dernier angle serait
connu par la différence des deux azimuts. Les deux cas se réduisent donc encore à un seul que nous avons déjà examiné, et sur
lequel nous ne reviendrons pas.

Mais on peut encore définir le point cherché par l'angle compris entre deux points connus et l'azimut de l'un d'eux, le tout mesuré de ce point lui-même.

On peut encore le définir par son propre azimut vu d'un point connu, et par l'angle entre deux points connus observé du point cherché, ou bien par l'azimut d'un point connu vu du point cherché. On peut en outre le définir par deux angles observés du point cherché, chacun entre deux points connus.

Ces divers procédés comprennent tout l'ensemble des moyens que l'on peut employer pour déterminer par des observations géodésiques la position d'un point à la surface de la terre. Il y a sept cas, dont deux ont déjà été examinés; nous allons étudier les cinq autres, qui sont alors :

1° La latitude et l'angle compris au point cherché entre deux points connus;

2° L'angle compris au point cherché entre deux points connus et l'azimut de l'un d'eux, ou celui d'un troisième point connu ;

3° L'azimut du point cherché vu d'un point connu et l'angle entre deux points connus, observé du point cherché;

4° L'azimut du point cherché vu d'un point connu et l'azimut d'un autre point connu vu du point cherché ;

5° Deux angles observés du point cherché, chacun entre deux points connus.

345. — *Premier cas.* On connaît la latitude d'un point et l'angle azimutal observé en ce point entre deux autres points connus. On demande la différence de longitude avec un de ces deux derniers points.

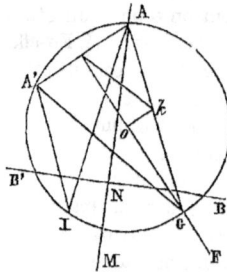

On obtient d'une manière très-approchée la position du point cherché par un moyen très-simple. Soient A et A′ (fig. 57) les deux points connus , B le point dont on veut la position , α l'angle observé en B entre A et A′, c'est-à-dire l'angle azimutal ABA′, et λ la latitude de B.

Si nous négligeons l'effet de la sphéricité de la terre dans l'espace du petit triangle A B A′, supposons

Fig. 57.

que nous menions la ligne AA′, élevons en son milieu D la perpendiculaire DF, et menons par le point A une ligne qui fasse avec AA' un angle égal à $90° - \dfrac{\alpha}{2}$, cette ligne rencontrera DF en un certain point G, et on aura l'angle AGD $= \dfrac{\alpha}{2}$. Si on joignait G à A', on aurait de même A'GD $= \dfrac{\alpha}{2}$, et par conséquent AGA' $= \alpha$. Menons maintenant un cercle par les points A, A' et G, nous en obtiendrons le centre en élevant une perpendiculaire sur AG en son milieu K, et cette perpendiculaire coupera DF en un point O, qui sera le centre du cercle passant par AA'G. Si maintenant, avec OA comme rayon, nous décrivons le cercle, ce cercle jouit de la propriété que si on joint un point quelconque I de sa circonférence à A et à A', l'angle A'IA $=$ AGA' $= \alpha$. Ainsi le point cherché est sur le cercle A'AGI. Menons maintenant le méridien AM de A, prenons sur ce méridien une distance AN égale à la différence des latitudes de A et de B qui est connue, et par N élevons une perpendiculaire à ce méridien. Ce sera le parallèle de B sur la figure, les deux points d'intersection B et B' satisferont l'un et l'autre à la condition de posséder la latitude λ et de voir un angle α entre les points AA', et ce seront les seuls points satisfaisant à cette condition. On voit ainsi que le problème a deux solutions. Le point B n'est donc pas complétement défini, à moins qu'on ne connaisse en outre l'azimut approché de l'un des points A et A', azimut à l'aide duquel on reconnaîtra lequel des deux points B ou B' doit être adopté. Il est donc utile d'avoir cet azimut approché à l'aide de la boussole ou de toute autre manière approximative, et alors le problème est défini. Un azimut grossièrement obtenu suffit dans ce cas. L'azimut, ici, ne joue que le rôle de renseignement ; nous ne le considérons donc pas comme observation. La latitude de B et l'angle α sont les deux quantités qui, mesurées avec soin, donnent la vraie position de B.

Si les points A et A' sont déjà marqués sur une carte, la construction que nous venons d'indiquer exécutée sur la carte, fait connaître la position du point B. En topographie, quand les côtés du triangle sont petits, cette construction est parfaitement suffisante. La même construction est employée pour les cartes marines dans le levé de ces cartes, et son approximation est aussi suffisante par rapport aux incertitudes sur les latitudes et sur les angles α mesurés à bord (1).

346. — Mais si les points A, B, A' sont très-distants, et si les observations ont été bien faites, et c'est un cas qui arrive à terre dans les opérations de géodésie expéditive où la précision n'est pas sacrifiée, mais seulement où les procédés employés doivent dispenser de se transporter en tous les points ; on peut encore obtenir la position de B avec toute la précision désirable et même tenir compte de l'aplatissement terrestre. Pour cela, on corrigera de la manière suivante la position approchée de B, obtenue graphiquement ou par calcul. Au moyen de la valeur connue de k, on ramènera les latitudes de A, A' et B aux latitudes géodésiques, en en retranchant les valeurs calculées pour i par la formule du n° 194. Puis à l'aide des azimuts approchés de A et A' vus de B, on calculera les valeurs correspondantes de β du n° 320. (Il est clair que si on veut une grande précision, on a dû mesurer en B les hauteurs h et h' de A et de A' au-dessus de l'horizon.) La différence des valeurs de β pour A et A' est la correction à appliquer à l'angle α pour le rendre géodésique, et il est évident que vu la petitesse de β et de β', les azimuts approchés ont été suffisants pour avoir la valeur $\beta' - \beta$ au degré d'approximation du centième de seconde. Nous appellerons donc α_1 l'angle α ainsi corrigé et qui sera connu, et on voit que la solution du problème se trouve ramenée au cas de la sphéricité de la terre.

Cela posé, avec la différence approchée de longitude entre le point B et les points A et A' et avec les latitudes géodésiques de ces trois points, on calcule dans le triangle au pôle PAB dont les côtés PA et PB et l'angle compris P sont connus, l'azimut de A vu de B. Ce calcul se fait par les mêmes formules que le calcul de l'azimut d'un astre dont on connaît l'angle horaire et la déclinaison, en remarquant qu'ici l'angle horaire est remplacé par la différence P des longitudes et la déclinaison de l'astre par la latitude géodésique du point A, tandis que la latitude géodésique de B remplace la latitude l du lieu dans la formule du n° 296. On calcule ensuite

---

(1) Il est clair d'ailleurs qu'au lieu de construire le triangle rectiligne A A'G, on pourrait le calculer par la trigonométrie rectiligne et obtenir le rayon du cercle et la position de son centre ; la géométrie analytique donnerait ensuite les coordonnées des points B et B', qu'on pourrait aussi obtenir par une solution trigonométrique.

dans le triangle PA'B l'azimut de A' vu de B, en remarquant que l'angle au pôle A'PB égale P plus la différence connue de longitude entre A et A'. Nous appellerons P' cet angle. Alors la différence a des azimuts ainsi calculés de A et A' doit être égal à α_i. Si elle ne l'est pas, on augmente les différences P et P' de longitude avec A et A' d'une petite quantité μ, et on calcule dans cette nouvelle hypothèse la différence des azimuts a_1. En appelant alors x la correction à appliquer aux valeurs P et P' supposées, on a la proportion

$$a_1 - a : \mu :: a - \alpha_2 : x,$$

ce qui donne la valeur de x. Les vraies différences de longitude du point B avec A et A' deviennent alors $P + x$ et $P' + x$, et le point B dont la latitude était connue est alors entièrement déterminé.

On voit donc que si, en faisant une opération de géodésie expéditive, on est, dans une chaîne de points reliés par des azimuts ou des triangles, obligé de renoncer à la mesure d'azimuts astronomiques, ou de deux au moins des angles d'un triangle, une latitude combinée avec l'angle réduit à l'horizon compris entre deux points connus permet de relier les deux parties de la chaîne de façon à appliquer l'étude de la variation des azimuts aux deux bouts de la chaîne à la détermination de l'aplatissement de la région, et de plus on voit que les différences de longitude seront bien déterminées, pourvu toutefois que l'angle ABA' ne soit pas trop petit, auquel cas les erreurs d'observations auraient une grande influence. La même chose a lieu pour les autres cas indiqués dans le n° 344, comme nous allons maintenant le voir.

347. — *Deuxième cas.* — On connaît l'angle compris au point B entre deux points connus A et A' et l'azimut a de l'un de ces derniers, A, par exemple. On demande la latitude et la longitude de B.

On obtient facilement la position du point B, graphiquement par une construction analogue à celle du cas précédent. Soient A et A' (fig. 58) les deux points connus. On cherche, comme dans le cas précédent le centre O du cercle qui jouit de la propriété que tous les points de la circonférence voient l'angle α entre A et A'. Puis, menant le méridien AM de A, on mène du point A une ligne AN suivant l'azimut $180° + a$. Le point B d'intersection de cette ligne avec le cercle est le point cherché. En effet, en menant le méridien de B parallèle à celui de A , l'azimut de A vu de B sera égal à a.

Cette construction suffit pour la topographie et se fait directement sur la carte. Elle suffit aussi pour les cartes marines , sauf le cas de distances très-grandes, et se fait également sur la carte.

Si on veut une plus grande approximation, on calcule, à l'aide de la latitude approchée de B déduite de la construction précédente, la valeur de β, de manière à ramener l'azimut observé de A à l'azimut géodésique, opération pour laquelle la connaissance de la latitude approchée est suffisante. On ramène aussi l'angle entre A et A' vu de B à l'angle géodésique correspondant, comme dans le cas précédent. Puis on calcule la latitude géodésique correspondant à la latitude supposée de B, ainsi que les latitudes géodésiques de A et de A'. Par là le problème se trouve ramené au cas de la sphère.

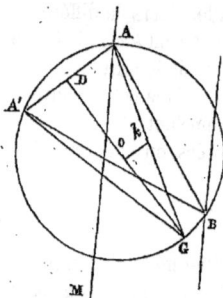

Fig. 58.

Cela posé, prenons pour première hypothèse la latitude géocentrique supposée de B, et dans le triangle PAB, calculons l'angle au pôle, c'est-à-dire la différence de longitude de A et B par les formules ordinaires. Ajoutant cet angle à la différence de longitude des points A et A', on a l'angle au pôle avec A', et on en tire l'azimut de A' vu de B dans l'hypothèse en question. La différence avec l'azimut de A vu de B donne l'angle entre les points A et A' dans cette même hypothèse. On fait alors une seconde hypothèse (très-voisine de la précédente) sur la latitude de B, et on recommence ces calculs de manière à avoir dans cette seconde hypothèse l'angle entre les mêmes points. Par une proportion on trouve ensuite, comme dans le cas précédent, la latitude géodésique de B répondant à l'angle observé entre A et A'. Puis, avec cette latitude exacte, on calcule la différence de longitude de A et B dans le triangle APB, et enfin avec la latitude géodésique on obtient la latitude astronomique correspondante.

348. — *Troisième cas*. — L'azimut du point B dont on veut la

position est mesuré d'un point connu A″ (*fig.* 59), et on a l'angle
entre deux autres points connus
A et A′. On demande la latitude
du point B et sa différence de longitude avec A.

Graphiquement, pour la topographie et les cartes marines, la
solution de ce problème est des
plus simples.

On fait sur les points A et A′ la
construction indiquée dans les
deux cas précédents. Puis, au point

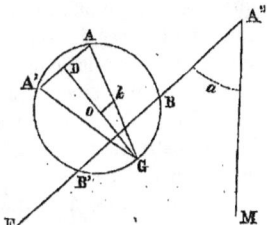

Fig. 59.

A″, on mène le méridien A″M et la ligne A F faisant avec le méridien A″M l'angle *a* observé. On a deux points d'intersection en B
et B′. Un azimut grossièrement approché de l'un des points A′
ou A étant connu, fait savoir lequel des points B ou B′ doit être
choisi.

Si ensuite on veut corriger les positions approchées, ce problème se traite comme le précédent par deux hypothèses très-
voisines, renfermant entre elles, autant que possible, la vraie
latitude du point B. On ramène les latitudes, l'azimut de B vu
de A″ et l'angle entre les points A′ et A vus de B aux quantités géodésiques correspondantes, et, pour chaque hypothèse,
on calcule la différence de longitude de B et de A″, d'où on tire
les différences correspondantes avec A et A′. On calcule alors dans
les deux hypothèses l'angle entre les points A et A′, et par une
proportion on trouve la latitude pour laquelle l'angle calculé
serait égal à l'angle observé. La latitude de B étant ainsi connue,
sa longitude se détermine dans le triangle au pôle A″PB. Le cas
où le point A″ se confondrait avec A′ rentre dans le précédent.

349. — *Quatrième cas.* — On connaît l'azimut du point cherché B vu d'un point connu A et l'azimut *a* d'un autre point connu
A′ vu du point B.

La construction graphique dans ce cas est plus simple encore que
la précédente. Du point A on mène une ligne dans l'azimut de B
et du point A′, une autre ligne dans l'azimut 180° + *a*. L'intersection de ces deux lignes donne le point B.

Si on veut une grande précision, on corrige la position de B, à
l'aide de sa latitude approchée, en ramenant les azimuts astrono-

iniques aux azimuts géodésiques. On calcule les latitudes géodésiques des trois points. Puis, avec la latitude supposée de B, on calcule sa différence de longitude avec A; on en tire la différence
avec A', puis on calcule l'azimut de A' vu de B. On fait les mêmes
calculs pour une seconde hypothèse (très-voisine de la première)
sur la latitude de B, et par une proportion on trouve la latitude
intermédiaire pour laquelle l'azimut de A' vu de B est égal à l'azimut observé. On a ensuite dans le triangle APB la différence vraie
de longitude entre A et B.

350. — *Cinquième cas.* — Du point cherché B, on a observé
les angles compris entre deux premiers points connus A et A',
puis entre deux autres points connus A″ et A‴, angles réduits à
l'horizon.

Comme construction géométrique, ce cinquième cas ne présente pas plus de difficulté que les autres. Sur les deux premiers
points A et A', on construit comme précédemment le cercle d'où
ces points sont vus en faisant entre eux l'angle horizontal observé.
On fait ensuite la construction correspondante sur les points A″
et A‴, et les deux points d'intersection des circonférences de ces
deux cercles satisfont au problème. Un azimut approché relevé à
la boussole sur l'un des quatre points A, A', A″ ou A‴, fait savoir
lequel des deux points d'intersection doit être adopté.

Si on veut pousser plus loin l'approximation, on ramène comme
précédemment tous les angles mesurés et toutes les latitudes au cas
de la sphère. Puis avec la latitude géocentrique supposée et la longitude supposée du point B, on calcule l'angle entre les points A
et A' comme dans les problèmes précédents. Modifiant un peu la
latitude, on répète le calcul, et par une proportion on a pour la
longitude supposée la latitude répondant à l'angle observé.

On fait ensuite une seconde hypothèse très-approchée de la
première relativement à la longitude, et on cherche de même pour
cette seconde longitude la latitude correspondant à l'angle observé
entre les points A et A'.

Cela posé, avec la première longitude supposée et la latitude
correspondante satisfaisant à l'angle observé entre A et A', on
calcule l'angle entre A″ et A‴. On fait le même calcul pour la seconde longitude supposée et la latitude correspondante. Une proportion entre les longitudes fait alors connaître la longitude exacte
satisfaisant à l'angle observé, et une proportion entre les latitudes

donne la vraie latitude géodésique, qu'on transforme en latitude astronomique, et le problème est résolu.

Il est évident que deux des quatre points pourraient se réduire à un seul, et la solution serait la même. Un point est donc défini par les angles horizontaux compris entre trois points connus.

351. — La construction graphique de ce cinquième cas est très-employée par les marins, pour savoir à quelle distance le navire se trouve des points connus d'une côte. Ils relèvent pour cela les azimuts avec la boussole marine, et effectuent la construction sur la carte. La construction se simplifie beaucoup quand on connaît la variation du compas, car alors l'azimut de deux points suffit, ce qui ramène au deuxième cas, le plus fréquemment employé. La construction de ce deuxième cas se simplifie d'ailleurs en menant des deux points connus deux lignes dans les azimuts où ils sont observés, l'intersection de ces deux lignes est la position du navire sur la carte, position dont on connaît alors la longitude et la latitude. Ce procédé est celui par lequel on peut rectifier à bord, quand on passe près de côtes connues, l'état du chronomètre par rapport au temps du premier méridien, comme nous l'avons dit dans le n° 164.

Quand on n'aperçoit pas deux points d'une côte, mais un seul point lointain, on relève l'azimut de ce point en notant l'heure de l'observation, puis, au bout d'un instant, on répète l'opération. Si alors on a eu soin de mesurer avec le loch la vitesse du navire, on peut, en ayant égard au sens de la marche, connaître, par la réduction de la route effectuée dans l'intervalle, la distance des deux points d'observation et l'azimut de la ligne qui les joint. Dans le triangle considéré comme rectiligne formé par ces deux positions et le point de la côte, on connaît donc un côté et les deux angles adjacents; on en tire la longueur d'un des côtés. Traçant alors, à partir du point de la côte en question, une ligne dans l'azimut de ce côté et prenant sur cette ligne la longueur obtenue, on a la position approchée du navire à l'instant de l'observation. On a donc encore dans ce cas la correction de l'état du chronomètre par rapport au méridien, si on a soin de déterminer l'heure locale.

Lorsqu'on effectue des sondages pour les cartes nautiques, les divers procédés que nous venons d'indiquer sont également employés pour obtenir la position des points où on a fait les sondages qu'on inscrit sur la carte. Il est bien entendu que, dans ce cas, on se limite aux solutions graphiques.

Considérations sur la mesure des dimensions de la terre.

352. — Si on suppose la verticale astronomique d'un certain point prolongée jusqu'à la rencontre de l'axe terrestre, ce point de rencontre sera, partout ailleurs qu'à l'équateur, différent du centre de la terre. Une sphère ayant pour centre le point de rencontre en question, et pour rayon la distance de ce dernier point au point de la surface dont on a prolongé la verticale, sera osculatrice à la surface terrestre en cette région de la surface, car une verticale astronomique n'est autre qu'une normale à la surface du globe. C'est en considérant les triangles géodésiques comme des triangles sphériques sur les sphères osculatrices ainsi menées qu'on a, pour la détermination des dimensions de la terre, calculé les arcs de méridien et de parallèle; pour cela on a démontré que la longueur des côtés sur le triangle ellipsoïdal peut, sans erreur sensible, être considérée comme égale à celle des côtés du triangle sphérique sur cette sphère osculatrice, du moins dans l'étendue des triangles géodésiques qu'on peut obtenir par les observations. On considère alors les normales aux trois angles de ces triangles comme rencontrant l'axe terrestre au même point, ce qui n'est pas rigoureusement vrai, mais toutefois n'introduit pas d'erreur appréciable.

Il est facile d'obtenir en fonction du rayon équatorial le rayon de la sphère osculatrice en question. Nommant A le point où l'on veut ce rayon, l sa latitude astronomique, $l - i$ sa latitude géodésique, et r' le rayon géocentrique en ce point A, rayon dont nous avons rappelé l'expression en fonction du rayon équatorial (n° 193), la perpendiculaire abaissée du point A sur l'axe terrestre a pour longueur $r' \cos(l - i)$.

Or, cette perpendiculaire est égale au rayon R de la sphère osculatrice en question, multiplié par le cosinus de la latitude astronomique. On a donc $R = r' \dfrac{\cos(l - i)}{\cos l}$.

La différence des longitudes de deux points est la même sur l'ellipsoïde et sur la sphère osculatrice menée, comme nous venons de le dire ; on voit donc que, si par les procédés que nous avons précédemment indiqués, on connaît cette différence pour deux points rapprochés, on peut, avec les latitudes astronomiques des deux points en question, dont les compléments sont les distances polaires, et avec cette différence de longitude, calculer sur la sphère osculatrice la longueur de l'arc de cercle unissant ces deux points. On emploiera pour cela les formules du n° 216, en y remplaçant D par la latitude astronomique du deuxième point et P par la différence des longitudes : z est alors l'arc cherché. $\frac{z}{180} \pi R$, expression dans laquelle π est le rapport de la circonférence au diamètre, représente donc la longueur métrique de la distance des deux points en question sur la surface terrestre.

Nous avons vu (n°ˢ 342 et 343) comment, dans une chaîne de triangles, on arrive à corriger la différence des latitudes astronomiques de deux points voisins, au moyen des latitudes de deux points très-éloignés. Si donc on a mesuré la distance linéaire de ces deux points, on en tirera, en égalant l'expression précédente à cette distance, la valeur de R, et par suite celle du rayon r', et enfin celle du rayon équatorial r correspondant à l'aplatissement de la région, rayon lié à r' par l'équation du n° 193. Ce procédé est au fond identiquement le même que celui qui consiste à calculer la longueur des côtés de tous les triangles pour les projeter sur le méridien, car dans le cas présent on a corrigé les latitudes des deux points voisins à l'aide de celles des points éloignés, ce qui revient au même.

L'aplatissement de la région étant connu par les procédés que nous avons indiqués, il est facile d'en conclure la longueur des arcs de méridien et de parallèle. On voit donc que notre mode de solution des problèmes géodésiques est aussi bien applicable à la mesure de la terre qu'à la géodésie expéditive. Seulement cette dernière, seule utile pour la géographie proprement dite, ne nécessite pas la connaissance de la longueur du rayon terrestre. Quand alors on veut la distance de deux points, on suppose, au contraire, le rayon connu, et en substituant cette valeur dans les expressions précédentes, on a la distance métrique des deux points, distance qu'on mesure au contraire dans les opérations pour déterminer les dimensions du globe, mais dont on n'a pas besoin pour la géographie qui n'emploie que les distances angulaires.

Réduction à l'axe du signal et nivellement.

353. — Les seuls cas où, dans la géodésie expéditive, on a besoin de la distance réelle de deux points sont : 1° pour la réduction des observations à l'axe du signal; 2° pour les nivellements géodésiques. Dans ces cas, on a toujours cette distance avec une approximation suffisante par le procédé que nous venons d'indiquer et qui consiste à supposer le rayon terrestre connu.

La réduction à l'axe du signal devient nécessaire parce que le plus souvent on ne peut placer l'instrument au point même du signal, ou du moins dans sa verticale. Supposons qu'il s'agisse d'un azimut. On place l'instrument tout près du signal, et on mesure sa distance à ce signal, soit directement, si c'est possible, soit par un petit triangle. On prend ensuite l'angle (réduit à l'horizon) entre le signal et l'objet B dont on veut l'azimut. Soit α la distance du signal projetée sur l'horizon, β cet angle et d la distance approchée de B à l'instrument, on a pour la correction γ à appliquer à l'azimut de B observé afin de le rapporter au signal A, l'équation

$$\tang \gamma = \frac{\alpha \sin \beta}{d \pm \alpha \cos \beta},$$

le signe — se rapportant au cas où le point A est entre l'instrument et le point B, le signe + au cas où l'instrument est entre les deux points A et B. On reconnaît d'ailleurs et à première vue si cet angle γ doit être ajouté à l'azimut observé pour avoir celui de B vu de A ou s'il doit être retranché. Si l'instrument et les points A et B sont presque en ligne droite, une erreur sur α ne fera pas d'erreur appréciable sur la correction γ, et cette correction sera très-petite. S'il s'agit de ramener à l'axe du signal l'angle entre les deux points éloignés B et C, on calcule la correction γ sur l'azimut de chacun de ces points, et la somme ou la différence de ces deux valeurs de γ est la correction de l'angle cherché. Les conditions du problème indiquent sans peine si c'est une somme ou une différence qui doit être employée.

354. — Supposons qu'on ait déterminé, comme nous l'avons dit précédemment, l'angle formé, au centre de la sphère osculatrice en un point donné, par les rayons menés à deux points A et B, et de plus qn'on ait mesuré les hauteurs réciproques de A et B, ou même seulement que, de l'un de ces points A, par exemple, on ait mesuré la hauteur de l'autre, auquel cas on connaîtra, après la correction de la réfraction terrestre (n° 331 et note du n° 332), la hauteur vraie du point B vu de A. Alors, dans le triangle rectiligne formé par le centre O de la sphère osculatrice, et les points A et B, on connaît l'angle AOB au centre de la sphère, angle que nous appellerons C, et l'angle BAO, que nous appellerons $180° - z$; on connaîtra donc le troisième angle ABO en retranchant de $180°$ la somme des deux autres, de sorte que ABO $= z - $ C. Si donc on a, comme nous l'avons indiqué précédemment, déterminé le rayon OA de la sphère osculatrice, rayon que nous appellerons r' (nous supposons que l'altitude du point A au-dessus du niveau de la mer est jointe au vrai rayon R calculé, comme nous l'avons dit (n° 352), pour la surface de la mer, et c'est cette somme que nous appelons r'), on aura la longueur du côté AB par la règle des sinus qui donne $AB = \dfrac{r' \sin C}{\sin z - C}$. Nous appellerons m cette longueur AB, qui sera ainsi connue (1).

Si alors on appelle h l'excès inconnu de l'altitude du point B par rapport à celle du point A, de sorte que $r' + h$ soit la distance du point B au centre O de la sphère osculatrice, le triangle OAB donne

$$(r' + h)^2 = r'^2 + m^2 + 2 mr' \cos z,$$

d'où en développant et négligeant le carré de h, vu la petitesse de h par rapport au rayon de la terre

$$h = \frac{m}{2\,r'}\,(m + 2\,r'\cos z),$$

équation qui fera connaître la différence h existant entre le niveau

---

(1) m pourrait aussi être connu au moyen d'une base mesurée et à l'aide d'un triangle rectiligne dont le point A serait l'un des angles. Il arrive quelquefois, dans la géométrie expéditive, qu'on détermine ainsi à l'aide de petites bases l'éloignement d'un sommet qu'on craint de ne plus revoir, et près duquel on ne pourra passer dans le cours de son voyage.

des deux stations A et B. Si, au contraire, on supposait que *m* n'eût
pas été déterminé, et que la différence *h* du niveau eût été donnée
par des observations barométriques, cette équation résolue par
rapport à *m*, en prenant le signe + pour le radical donnerait la
distance *m*. On en déduirait ensuite l'angle AOB au centre de la
terre par la règle des sinus, ce qui permettrait de corriger de la
réfraction l'angle *z*, et un nouveau calcul donnerait la distance *m*
et l'angle AOB. Si alors on connaît l'azimut de B vu de A, ainsi
que la latitude de B ou celle de A, on connaîtra dans le triangle
sphérique PAB formé par le pôle et les points A et B, deux
côtés et l'angle compris, et il deviendra facile de calculer la latitude du second point et la différence de longitude entre les deux
stations. On voit ainsi le parti que, dans la géodésie expéditive,
on peut dans certains cas tirer des altitudes barométriques, par
exemple, à proximité de sommets très-élevés d'une chaîne de
montagnes, et surtout dans la zone intertropicale où le baromètre
n'éprouve que de très-petites variations irrégulières, de sorte
qu'un petit nombre d'observations permettent de calculer l'altitude d'un point (1).

355. — Il est bien rare dans les voyages d'exploration, au milieu des continents, qu'on puisse obtenir les altitudes par une
chaîne d'opérations commencée depuis le niveau de la mer. C'est
alors au baromètre qu'on a recours, et en réalité, vu les incertitudes de la réfraction terrestre, ce nivellement est au moins aussi
exact que le nivellement géodésique dont nous venons d'indiquer
les principes. Nous ne nous étendrons pas ici sur le calcul des
nivellements barométriques, calcul pour lequel l'*Annuaire du bu-
reau des longitudes* donne une instruction et des tables. Toutefois,
nous signalerons qu'il arrive souvent qu'on ne peut avoir des observations barométriques correspondantes à celles de la station et
faites dans un lieu du voisinage d'altitude connue. C'est un grave
inconvénient et qui exige dans la zone tempérée de bien longues séries d'observations, pour qu'on puisse supposer avoir la
moyenne du lieu et la comparer à la pression moyenne au niveau

---

(1) Dans les hauteurs réciproques, il y a à faire souvent des réductions à
l'axe du signal de la même manière que dans le sens des azimuts et par le
même procédé. Il est sous-entendu ici que nous supposons ces réductions
faites.

de la mer. Dans la zone équatoriale, cinq à six jours d'observation suffisent; seulement, il faut avoir bien soin, dans le calcul, d'admettre pour pression moyenne au niveau de la mer celle qui répond à la latitude de la station, car la pression moyenne au niveau des mers varie avec la latitude. Dans l'*Annuaire de la Société météorologique de France*, j'ai donné une formule qui indique la pression moyenne au niveau de la mer en fonction de la latitude.

Dans les nivellements faits dans les voyages d'exploration, quand on ne peut séjourner que peu de temps en chaque point, on mesure, autant que possible, géodésiquement les différences d'altitude des divers points où on fait les observations barométriques; il devient alors possible de comparer tous les nivellements barométriques obtenus dans une région étendue, et d'employer les observations faites en un grand nombre de points à la détermination de l'altitude d'un point pris pour niveau général de la carte. Par là, on a une bonne mesure de l'altitude de ce point. à cause du nombre des observations, et les différences obtenues géodésiquement avec les autres points servent à fixer l'altitude de ceux-ci.

356. — Si, d'un point situé près d'un rivage, on mesure la dépression de l'horizon de la mer, il est facile de voir qu'avec la formule de la dépression que nous avons donnée n° 147, on pourra obtenir l'altitude de ce point. Ici encore c'est le rayon de la sphère osculatrice qui devra être employé comme rayon de la terre. Une grande incertitude règne toutefois au sujet du coefficient à employer pour la réfraction dans le calcul de la dépression. Au lieu de 0,08, M. de Tessan, par une belle série d'observations faites dans le voyage de *la Vénus*, a trouvé qu'en général pour de petites hauteurs, le coefficient est de $\frac{1}{20}$ à $\frac{1}{22}$, c'est-à-dire environ 0,05. Le mélange de l'air par l'agitation des vagues est la cause à laquelle ce savant hydrographe attribue avec raison la diminution du coefficient. On a imaginé, sous le nom de dépressiomètre des instruments destinés à mesurer à la mer la dépression de l'horizon. Le plus simple est celui de M. Daussy. Il consiste en un cercle de réflexion, sur la grande alidade duquel est placé un petit miroir auxiliaire faisant l'angle de 45° avec le petit miroir ordinaire, et couvrant environ la moitié de la partie étamée. En amenant le grand miroir à donner une image qui coïncide avec celle de ce petit miroir dont la perpendicularité du limbe se

vérifie par cette coïncidence, et en faisant alors la lecture, il suffit ensuite de déplacer le grand miroir à l'aide de son alidade, de façon à avoir l'image d'un côté de l'horizon, tandis que le miroir auxiliaire donne l'image de l'autre côté. En faisant coïncider ces images opposées, auquel cas le grand miroir est presque perpendiculaire au miroir auxiliaire, la différence de la lecture alors obtenue et de celle que donnent les images en coïncidence, représente l'angle dont l'excès sur 180° est le double de la dépression de l'horizon. A l'aide de cette disposition, on voit que le cercle de réflexion peut mesurer des angles de plus de 180°. Il atteint, en effet, jusqu'à 230°.

Opérations à la boussole et tracé des routes.

357. — Quand, par les procédés que nous avons indiqués, on a déterminé les positions d'une série de points remarquables d'une région, points reliés entre eux par des chaînes de triangles ou d'azimuts et de latitudes, on fixe les points secondaires par rapport à ceux-ci, à l'aide des diverses méthodes indiquées ; seulement on peut alors se dispenser de la mesure des azimuts astronomiques, et on accélère le travail par l'emploi des azimuts obtenus à la boussole. Il importe toutefois de connaître la déviation de l'aiguille hors du méridien, afin d'en corriger les observations : cette opération est facile. A l'aide de pointés à la boussole, effectués sur le soleil ou les étoiles, quand ces astres ne sont pas très-élevés sur l'horizon, on a l'azimut magnétique de ces astres à des instants connus, et si on calcule à l'aide de l'heure de l'observation leurs azimuts astronomiques, la différence avec leur azimut magnétique est la correction à appliquer aux azimuts donnés par la boussole, pour avoir dans cette région les azimuts astronomiques. Cet angle est ce que les marins appellent la variation du compas. Il diffère de la déclinaison magnétique en ce que celle-ci est la déviation de l'axe magnétique de l'aiguille, tandis que la variation est celle de son axe de figure dans la position que l'aiguille occupe dans l'instrument. En renversant les aiguilles, de sorte que la face supérieure devienne inférieure, la moyenne des variations obtenues dans les deux cas est la dé-

clinaison magnétique. Ce renversement n'est possible que dans des boussoles faites dans ce but et qu'on appelle boussoles de déclinaison. Il est clair qu'on n'a pas besoin de la déclinaison magnétique absolue dans les opérations topographiques ou dans la marine, puisqu'on détermine la variation dans la situation de l'aiguille.

358. — Les fers des navires produisent des déviations dans les boussoles. Si, dans un port, on connaît la déclinaison magnétique, on peut, en déterminant la variation de la boussole à bord, obtenir les erreurs que donne la boussole pour les diverses directions qu'occupe le navire par rapport au méridien. On corrige alors par une masse de fer convenablement placée l'effet de la déviation des fers du bâtiment, puis on détermine les erreurs restantes, qui sont ensuite petites. Cette opération s'appelle le réglage des boussoles. A part le procédé que nous venons d'indiquer pour obtenir la variation de la boussole, ce réglage n'appartient plus à l'astronomie appliquée, et sort du cadre de cet ouvrage. Nous ne nous y arrêterons donc pas davantage.

Mais il existe une précaution que les bons navigateurs ne négligent jamais; c'est de déterminer fréquemment à bord la variation de la boussole, en recourant soit au soleil, soit aux étoiles, car il ne faut jamais compter trop aveuglément sur le réglage, qui est toujours imparfait. Quant à la vraie direction de la marche du navire, on sait qu'à cause de la déviation de ce dernier sous l'action du vent, elle est donnée, non par la direction du navire lui-même, mais par celle de son sillage, dont on a soin de déterminer l'angle avec la direction du navire. Quand il n'y a pas de courants et *quand la variation de la boussole est bien déterminée*, les erreurs que les marins commettent sur l'estime de la route sont peu considérables. Il en résulte que, si de grandes différences existent entre le déplacement du navire d'après l'estime et d'après les positions déterminées astronomiquement, ces différences doivent être attribuées aux courants, dont alors la direction et la vitesse se trouvent données par ces différences.

359. — Si, en faisant la carte géographique d'un pays, on note, en se rendant d'un point connu à un autre point connu peu distant, la direction de la route suivie à chaque instant et l'heure correspondante, spécialement à chaque changement de direction, et si la vitesse dans la route a été constante, on peut facilement tracér

sur la carte la route parcourue, et ce tracé ne nécessite pas la connaissance de la vitesse ni celle de la variation de la boussole. En
effet, on projette les durées de la marche dans chaque sens sur le
méridien de la boussole et sur la perpendiculaire à ce méridien, en
ayant soin, bien entendu, de donner des signes contraires aux
routes nord et sud, ou est et ouest. Si alors on appelle m la somme
des projections sur le méridien et n la somme des projections perpendiculaires, la longueur de la route sera $\sqrt{m^2 + n^2}$, c'est-à-
dire que $\sqrt{m^2 + n^2}$ serait le temps qu'avec la même vitesse on
aurait mis à parcourir la distance rectiligne des deux points. Cette
distance étant connue si ceux-ci sont déterminés, on en déduira
la vitesse. Si la vitesse a varié dans des rapports connus approximativement, on multiplie les temps employés dans chaque section
de la route par des coefficients, avant de les projeter, et par là on
les ramène à une des vitesses prises pour types. On a alors par
le même procédé cette dernière vitesse et, par suite, les autres.

De plus, $\dfrac{n}{m}$ est la tangente de l'angle de la route moyenne avec le
méridien de la boussole; car dans un petit espace la ligne *loxo-
dromique* ou faisant le même angle avec tous les méridiens, se
confond avec l'arc de grand cercle, et celui-ci se confond sensiblement avec la ligne droite; or, comme il est facile, à l'aide des positions connues des deux points limites, de calculer l'azimut astronomique de la ligne qui les unit, on en tire l'angle du méridien
astronomique et de la boussole. On peut alors tracer chaque section de la route sur la carte en direction et en longueur, de telle
sorte que les deux extrémités du tracé soient rigoureusement aux
deux points en question. Si la route ne fait qu'un petit angle avec le
méridien, et si on connaît la variation de la boussole, on a en projetant directement les routes sur le méridien, le temps m employé à parcourir la différence de latitude des deux points, différence dont on peut connaître la longueur métrique, et en divisant
cette longueur par m on a la vitesse employée, vitesse avec laquelle
on peut ensuite tracer la route. On voit donc que la connaissance des latitudes suffit, dans ce cas, pour effectuer le travail.

Si, le long du cours d'une rivière, on rattache tous les 5 à 6 milles
à une grande triangulation générale un point de la rive, ou si on
détermine les latitudes, cette méthode est applicable au tracé du
cours de la rivière parcourue dans une barque, surtout en ayant

soin de temps à autre de déterminer la vitesse du courant, et de tenir compte, quand il y a lieu, des variations de vitesse de la barque. Il est évident, dans ce cas, que les erreurs que l'on peut commettre sont de l'ordre de celles du tracé graphique lui-même, et cela à cause du rapprochement des points bien déterminés.

Méthode employée pour tracer le cours du Rio de San-Francisco.

360. — Cependant, j'ai cru devoir, dans le Rio de San-Francisco, employer une méthode encore plus précise, méthode que j'ai imaginée pour le tracé du cours des rivières. Elle est fondée sur l'emploi de la lunette de Rochon, n° 153. Une règle noire de 2 mètres de longueur, suspendue verticalement et portant trois signaux blancs, distants de 1 mètre, était portée le long d'une des rives par un canot qui s'arrêtait fixement contre la rive, à une certaine distance ; d'un point de l'autre rive, on mesurait la distance avec la lunette de Rochon et l'azimut avec la boussole ; puis avec une embarcation on remontait le long de la même rive en un autre point, d'où on mesurait de nouveau la distance à la règle, qui n'avait pas bougé, et l'azimut correspondant. Alors, restant en ce point, l'observateur faisait signe au canot de la règle d'aller plus loin. Ce canot s'arrêtait à un signal convenu. Là on prenait de nouveau la distance et l'azimut, puis, la règle restant en place, l'observateur avançait une nouvelle fois le long de la rive, et ainsi de suite. On voit, de cette manière, qu'on pouvait tracer la position de la règle par rapport à celle de la première station, puis la position de la deuxième station par rapport à la première position de la règle, ensuite la deuxième position de celle-ci par rapport à cette deuxième station et ainsi de suite ; de cette manière les deux rives étaient tracées par points. Dans un fleuve large, on peut relever de cette façon 5 à 6 milles marins par jour. De plus, quand on voyait des points remarquables, tels que des roches ou des pointes d'île, on les relevait de deux stations, ce qui définissait leur position. J'ajouterai que, d'ailleurs, des latitudes étaient déterminées tous les 5 à 6 milles, et la majorité des points où ces latitudes étaient prises étaient rat-

tachés à la grande triangulation géodésique, afin d'empêcher les erreurs de la lunette de Rochon de s'accumuler. Or ce procédé est si précis que les différences entre les latitudes conclues de l'opération de la lunette de Rochon et les déterminations directes ont toujours été inférieures à la limite des erreurs d'observation, c'est-à-dire qu'elles n'ont pas dépassé 40 mètres, même en ajoutant le travail de plusieurs jours consécutifs, de façon à représenter un intervalle de plus d'un demi-degré. Cette opération se trouvait, par suite de la direction du cours du fleuve, faite suivant un très-petit angle avec le méridien.

361. — En somme, l'opération que j'ai effectuée dans la province de Minas-Geraes du Brésil, pour tracer le cours du Rio de San-Francisco et du Rio das Velhas, dont j'ai publié les cartes dans mon ouvrage intitulé : *Hydrographie du haut San-Francisco et du Rio das Velhas*, se composait de cinq parties. — 1° Détermination des positions absolues des points principaux de la carte. 2° Triangulation géodésique entre les lieux où, soit des pointes de rochers, soit de petits buissons isolés et reconnaissables sur un sommet, soit des palmiers se projetant sur le ciel, soit enfin des clochers comme au Morro da Piedade et à Jaguara, à Sabara, etc., soit des croix comme à Curral d'el Rey, au Morro da Cruz de Sabara, etc., permettaient d'avoir des signaux distincts. Une chaîne continue de bons signaux convenablement choisis a été établie le long du cours des deux rivières, et a formé une triangulation très-soignée, avec des triangles tantôt complets, tantôt remplacés par des latitudes et des azimuts. Cette opération donnait les différences de longitude des points principaux. 3° Cinquante-deux points le long des deux rivières ont eu leur latitude déterminée. Ces points étaient spécialement des confluents. Un grand nombre d'entre eux ont été rattachés par une triangulation à des sommets voisins, rattachés à leur tour à la triangulation générale, ce qui donnait les différences de longitudes de ces points. 4° L'opération topographique dans le cours des rivières dont j'ai parlé plus haut. 5° Enfin, le nivellement a été effectué au moyen du baromètre pour l'ensemble du niveau général, et les différences de nivellement géodésique ont été employées quand cela a été possible.

Ce que je viens de dire de mon opération du Rio de San-Francisco est pour indiquer par un exemple comment en général on doit lever les cartes. Le calcul appliqué à la triangulation à grande distance effectuée entre Curral d'el Rey, Piedade et notre station de José Marianna, cinquième carte de l'Hydrographie, m'a donné $\frac{1}{283}$ pour l'aplatissement de la région. En ayant égard aux erreurs possibles et au voisinage de cette valeur de celle de $\frac{1}{305}$ de l'aplatissement moyen, j'ai employé la valeur moyenne $\frac{1}{305}$ pour le calcul, ne pouvant pas dans ces basses latitudes, regarder la détermination $\frac{1}{283}$ comme bien sûre ; mais toutefois cette valeur me montrait que l'aplatissement moyen était, sans erreur sensible, applicable à cette région. Après la station de José Marianna, les triangles moins étendus et les signaux moins bons m'ont empêché de pouvoir employer cette partie de l'opération à augmenter la précision de la détermination faite avec la première.

Les méthodes que j'ai employées de préférence ont été celles des hauteurs, et toutes les rectifications de l'instrument indiquées dans cet ouvrage ont été faites avec soin. J'ai toutefois employé quelquefois les autres méthodes. En somme, j'ai eu à mettre en pratique, tant dans cette opération que dans celle que j'ai faite sur la côte de Pernambuco, à peu près la totalité des méthodes décrites dans cet ouvrage.

CONCLUSION.

En résumé, les renseignements que contient le présent livre suffiront aux explorateurs pour lever les cartes géographiques avec le plus grand degré de précision possible. On ne peut fixer de règle précise pour le choix des stations, il est défini par les circonstances locales. On voit d'ailleurs qu'on peut, dans beaucoup de cas, éviter de se transporter aux signaux eux-mêmes. De deux points arbitraires, qu'on détermine à l'aide d'azimuts de points connus ou de latitudes ou enfin d'angles entre des points connus, on peut fixer la position d'autres points, qui serviront plus loin à assurer celle d'autres stations déterminant de nouveaux points, et ainsi de suite. C'est ainsi qu'on opère également en mer pour lever sous voile ou sous vapeur la carte d'une côte. On forme des chaînes par lesquelles les positions du navire sont rattachées à des points connus, puis à l'aide de ces positions on détermine de nouveaux

points, et quand la nécessité de s'éloigner des côtes et le manque de
signaux définis jettent de l'interruption dans les chaînes, les positions du navire déterminées astronomiquement servent de lien
aux diverses parties de la carte séparées par des intervalles où le
tracé de la côte est resté indéterminé. De plus on débarque pour
observer à terre, de temps en temps, quand c'est possible.
A terre, on trouve toujours le moyen d'effectuer des chaînes continues, et on peut porter un plus haut degré de précision ;
c'est alors qu'il est bon de ne plus considérer la terre comme sphérique, mais d'avoir égard aux méthodes exposées dans la troisième
partie de cet ouvrage.

TABLE DES MATIÈRES.

Pages.

RAPPORT SUR L'EXPLORATION DU RIO DE SAN-FRANCISCO. V
Hydrographie du Rio de San-Francisco. — Considérations sur le sol
et le climat du Brésil. — Nature et objet du présent ouvrage.

PREMIÈRE PARTIE.

**Description des instruments d'astronomie et des méthodes
à employer pour rendre les observations indépendantes des
erreurs instrumentales.** 1
Aperçu général sur les instruments, n° 1.

Des divers genres d'instruments propres à la mesure des angles. . . 2
Division des instruments, n° 2. — Instruments méridiens, n° 3. —
Théodolite et alt-azimut, n° 4. — Principe de la répétition, n° 5.

DES NIVEAUX A BULLE D'AIR ET DU NIVELLEMENT DANS LES INSTRUMENTS MÉRI-
DIENS ET ALT-AZIMUTAUX. 16
Du niveau et du nivellement de la lunette méridienne, n° 6. — Réglage
du niveau, n° 7. — Parallélisme du niveau et de sa tringle, n° 8. —
Diverses manières de disposer les niveaux sur les instruments, n° 9.
— Nivellement du théodolite, n° 10 et 11. — Détermination de la
valeur angulaire des divisions des niveaux, n° 12. — Corrections à appliquer aux distances zénithales par suite des défauts du nivellement, n° 13 et 14. — Effet de la flexion des axes sur le nivellement,
n° 15. — Mesure de la différence de diamètre des tourillons des axes
horizontaux, n° 16. — Élimination de cet effet, n° 17. — Influence de
l'inclinaison des axes du théodolite sur les azimuts, n° 18 à 23. —
Influence de l'inclinaison de l'axe de la lunette méridienne sur les instants des passages observés, n° 24.

DES LUNETTES. 51
Aperçus généraux sur la théorie des lunettes, n° 25. — Lunette astronomique, n° 26. — Application des lunettes sur les cercles, n° 27.

37

Pages.

— Placement du réticule dans le plan focal, parallaxe des fils, mise au point, nos 28 à 30. — Éclairage des fils, n° 31. — Réticules, mesure de la distance des fils du réticule de la lunette méridienne, nos 32 et 33. — *Idem* au théodolite et à l'équatorial, n° 34. — Fils mobiles, micromètres, nos 35 et 36. — Aperçu sur les microscopes, n° 37. — Pointé des astres, nos 38 et 39. — Nouvelle méthode pour le soleil et la lune, n° 40. — Emploi des verres absorbants et des projections du soleil, précautions nécessaires, n° 41. — Des chercheurs, n° 42. — Pointé au zénith, oculaire à prisme, n° 43. — Erreur de collimation, collimateurs, détermination de la collimation dans les divers instruments, n° 44. — Son influence sur la mesure des azimuts, n° 45. — *Idem* sur les instants des passages à la lunette méridienne, n° 46. — *Idem* sur les observations de hauteur, n° 47.

Sur les procédés optiques qui peuvent, dans les instruments méridiens ou alt-azimutaux, faire connaître avec précision les erreurs instrumentales au moment des observations. 92

Considérations sur les axes, nos 48 et 49. — Pointé au nadir par réflexion et collimateurs dans les axes, nos 50 à 54. — Miroirs employés comme collimateurs, n° 55. — Application au théodolite et à l'alt-azimut, n° 56. — Pointé au zénith, méthode Porro, n° 57. — Influence de l'excentricité du théodolite sur la mesure des angles entre les objets rapprochés, n° 58. — Des collimateurs à très-long foyer, n° 59.

Sur la flexion des lunettes. 109

Son influence sur les mesures de hauteur, n° 60. — Élimination des effets de la flexion, n° 61.

DES CERCLES GRADUÉS. 113

Aperçus généraux, n° 62. — Vernier, n° 63. — Précautions qu'exigent les lectures, nos 64 et 65. — Microscopes avec micromètres, n° 66. — Précautions qu'exigent leur emploi, n° 67. — Perfectionnements qu'ils devraient recevoir, nos 68 et 69. — Placement des cercles sur leurs axes, élimination de l'effet de l'excentricité, n° 70. — Inclinaison par rapport à l'axe, n° 71. — Moyen d'atténuer les effets des erreurs de graduation, n° 72. — Répétition, moyen d'éviter les inconvénients qu'on lui attribue, nos 73 à 75. — Étude des erreurs de graduation, nos 76 à 82. — Système de graduation permettant une étude facile des erreurs du cercle, n° 83.

THÉORIES RELATIVES À DIVERS INSTRUMENTS. 148

Division de la question, n° 84.

De l'aberration diurne. 148

Sa cause, n° 85. — Influence sur les observations à la lunette méridienne, n° 86. — *Idem* sur les azimuts, n° 87. — *Idem* sur les hauteurs, n° 88. — De l'aberration annuelle, n° 89.

Pages.

Théorie des instruments méridiens. 152
Lunette méridienne, influence de sa déviation hors du méridien sur
les instants des passages, n° 90. — Réunion des diverses erreurs,
formule de correction pour les observations, n° 91. — Rectification
de l'instrument, n° 92. — Détermination des erreurs de l'instrument au moyen des observations, n°ˢ 93 à 97. — Placement dans le
méridien, n° 98. — Cercle méridien, n° 99. — Correction des observations du cercle mural, n° 100. — Observations circumméridiennes
des circompolaires, n° 101. — Inclinaison des fils, n°ˢ 102 à 105.

Théorie de l'équatorial. 176
Son placement, ses erreurs, son emploi, n°ˢ 106 à 111. — Son emploi
pour les observations des comètes, n° 112. — Angles de position,
n° 113.

Détermination du méridien par les azimuts extrêmes des circompo-
laires. 185
Aperçu sur la méthode, n° 114. — Formule de correction pour ramener à l'azimut extrême les observations faites dans le voisinage,
n° 115. — Petitesse des erreurs possibles, n° 116. — Exposition de
la méthode, n°ˢ 117 à 119. — Détermination sans recourir à l'emploi de la pendule, n° 120. — Observations avec renversement de
l'instrument et par réflexion, n° 121. — Changement de la déclinaison de l'étoile, n° 122. — Détermination de l'inclinaison des fils
et de leurs intervalles ; *idem* de la valeur des divisions des micromètres, n°ˢ 123 à 125.

Sur la manière de pointer les astres. — Procédés à employer pour
substituer le pointé à l'estimation des passages. — Disparition des
équations personnelles 199
Des erreurs de pointé, n° 126. — Equations personnelles, n° 127. —
Observations au chronographe électrique, n° 128. — Méthodes pour
substituer un pointé à une estimation de passage, n°ˢ 129 à 133. —
Procédé applicable avec un instrument quelconque, n° 134.

Du cercle répétiteur. 215
Sa description, n° 135. — Son emploi pour la mesure de l'angle de
deux points, n° 136. — Pour les distances zénithales, n° 137. — Réduction à l'horizon, n° 138. — Mesure des azimuts, n° 139 et 140.

Des instruments de réflexion. 221
Sextant, n°ˢ 141 à 142. — Sa rectification, n°ˢ 143 à 145. — Son emploi en mer, n° 146. — Dépression de l'horizon, n° 147. — Horizon
artificiel, n° 148. — Remarques sur l'emploi du sextant à terre par
les géographes, n° 149. — Cercle de réflexion, n°ˢ 150 à 151.

De l'héliomètre, des micromètres à double image, et des réticules
employés pour la formation des catalogues d'étoiles. 236
Héliomètre, n° 152. — Lunette de Rochon, n° 153. — Micromètre à
double image d'Arago, n° 154. — Micromètre de l'auteur à quatre
images, n° 155. — Réticules, n° 156. — Micromètre circulaire, n° 157.
— Lunette zénithale, n° 158.

Pages.

DES INSTRUMENTS DESTINÉS A LA MESURE DU TEMPS. 246

Horloges et chronomètres, n° 159. — Causes d'erreurs dans les horloges astronomiques, n° 160. — *Id.* dans les chronomètres, n° 161. — Transport des chronomètres pour la mesure des différences de longitude, n° 162 à 163. — Leur emploi pour la longitude du bord, n° 164. — Comparaison des chronomètres, n° 165. — Méthode des coïncidences, n° 166.

DEUXIÈME PARTIE.

Sur la détermination des positions géographiques et des coordonnées des astres. 257

Genres d'observations à préférer dans les voyages ou dans les observatoires, n° 167.

DE LA RÉFRACTION ASTRONOMIQUE. 258

Aperçus généraux, n° 168. — Formules de Laplace, n° 169 à 170. — Sur les tables calculées avec ces formules, n° 171. — Détermination des constantes par les observations; formule de M. Babinet, n° 172. — Inconvénients de la formule de Laplace, n° 173. — Nouvelle formule dans le cas du décroissement de la densité de l'air en progression arithmétique, n° 174. — Passage de ce cas à celui d'une atmosphère quelconque, formule générale de la réfraction dans une atmosphère quelconque, n° 175 et 176. — Application à l'atmosphère terrestre, n° 177. — Transformation de la formule en une autre plus commode, n° 178. — Détermination des coefficients, n° 179 à 182. — Remarques importantes sur les coefficients donnés par les observations, n° 183 et 184. — Il existe une multitude d'atmosphères pouvant donner la même loi de réfraction, n° 185. — Comparaison des constantes avec la réfraction horizontale trouvée par Delambre, n° 186. — Formule définitive, n° 187. — Corrections de température et de pression, n° 188. — Comparaison avec la formule de Laplace, n° 189. — Remarques au sujet de la méthode employée, n° 190.

DES PARALLAXES. 302

Définition, n° 191. — Formule de la parallaxe de hauteur dans l'hypothèse de la sphéricité de la terre, n° 192. — Effet de l'ellipticité, variation de la parallaxe horizontale avec la latitude, n° 193. — Parallaxe azimutale de la lune, n° 194 et 195. — Parallaxe de hauteur en fonction de la distance zénithale apparente, n° 196 à 198. — Parallaxe de hauteur en fonction de la distance zénithale vraie, n° 199 et 200. — Absence de déviation azimutale sensible pour le soleil et les planètes, n° 201. — Augmentation du diamètre apparent de la lune avec la hauteur, n° 202 et 203. — Examen de l'influence

de l'altitude sur la parallaxe et sur la distance entre le zénith vrai et
le zénith apparent, courbure de la verticale, n°ˢ 204 à 207. — Eli-
mination de l'azimut de la lune dans l'expression de la déviation
azimutale par la parallaxe, n° 208. — Parallaxes d'ascension droite et
de déclinaison, n°ˢ 209 à 211. — Parallaxes de longitude et de latitude, n°ˢ 212 et 213.

DÉTERMINATION DE L'ANGLE HORAIRE D'UN ASTRE AU MOYEN D'OBSERVATIONS
DE HAUTEUR 342

Divers cas à considérer, n° 214. — Distances zénithales non répétées,
n°ˢ 215 et 216. — Distances zénithales doubles, n°ˢ 217 à 220. —
Erreurs que l'on commet quand on les calcule comme des distances
simples, n° 221. — Calcul dans le cas d'un long intervalle et d'une
variation dans la déclinaison, n° 222. — Cas d'une somme de deux
distances zénithales de deux étoiles différentes , n°ˢ 223 et 224. —
Formule de correction pour les calculs primitivement faits avec la déclinaison approchée , n° 225. — Cas d'une somme de plusieurs distances zénithales, n°ˢ 226 et 227. — Simplification si la série totale
est de courte durée, n° 228.

Détermination de l'heure 367

Calcul de l'heure sidérale, n° 229. — Transformation en temps moyen,
n° 230. — Conversion du temps moyen en temps sidéral, n° 231. —
Calcul de la distance zénithale d'un astre connu, étant donnée l'heure
moyenne ou sidérale, n° 232.

DÉTERMINATION DES LATITUDES PAR DES OBSERVATIONS DE HAUTEUR 370

Cas d'une seule observation, n°ˢ 233 et 234. — Solution générale pour
des sommes de distances zénithales circumméridiennes, n° 235 à 239.
— Simplification, n° 240. — Cas du soleil, n° 241. — Détermination
de l'heure et de la latitude, n° 242. — Autre méthode, n° 243. —
Changements d'étoiles pendant la série, n° 244. — Observations des
deux côtés du zénith, n° 245. — Détermination par des étoiles situées
loin du méridien, n°ˢ 246 et 247. — Détermination en mer de l'heure
et de la latitude par deux hauteurs de soleil, n° 248. — Solution par
des formules exactes, n° 249. — Observations par les circompolaires,
n° 250.

DÉTERMINATION DE LA LONGITUDE AU MOYEN DES OBSERVATIONS DE LA
LUNE 398

Culminations lunaires, n° 251. — Différences de hauteur de la lune et
d'une étoile voisine et passages par la même hauteur; méthode et
examen des erreurs à craindre, n°ˢ 252 à 257. — Correction de la
parallaxe par deux séries faites à l'est et à l'ouest, n°ˢ 258 et 259.
— Corrections du demi-diamètre, n° 260. — Influence des erreurs
de déclinaison, n° 261. — Corrections des erreurs tabulaires,
n° 262. — Détermination de la parallaxe de la lune par des observations en un même lieu, n° 263. — Id. de la parallaxe de Mars,

Pages.

n° 264. — Détermination de la longitude par les observations des déclinaisons de la lune dans les cas de grande variation, n° 265. — Distances lunaires, n° 266. — Remarques sur cette méthode, correction de l'angle de déviation des instruments de réflexion, n° 267.

Des occultations et des éclipses 427

Prédiction de ces phénomènes, n°ˢ 268 à 274. — Prédiction des passages de Mercure et de Vénus sur le disque solaire, n° 275. — Remarque au sujet de l'absence d'influence de la réfraction dans les éclipses et les occultations, n° 276. — Prédiction des éclipses de lune, n° 277. — Calcul des longitudes par les observations des immersions et des émersions des étoiles ou par celles des contacts extérieurs et intérieurs des éclipses, n° 278. — Formation des équations de condition quand il y a plusieurs observations, n°ˢ 279 et 280. — Calcul des longitudes et de la parallaxe du soleil par les passages des planètes inférieures, n°ˢ 281 et 282. — Calcul des longitudes par des distances de cornes dans les éclipses de soleil ; emploi de la photographie, n°ˢ 283 et 284. — Détermination de la plus courte distance des centres, parti qu'on en peut tirer pour les longitudes, 285 et 286. — Sur les observations des passages de planètes, n° 287. — Longitudes par les éclipses de satellites, n°ˢ 288 à 290.

Détermination de l'heure et de la longitude par des observations d'azimut. 459

Durée des passages des diamètres des astres au méridien, n° 291.—Sur l'emploi de l'équation du temps dans le calcul de l'heure par les observations du soleil, n° 292.—Culminations lunaires, n° 293.—Observations des azimuts au théodolite, n° 294.—Etant donné l'azimut, calculer l'angle horaire et l'heure, n° 295. — Problème inverse du précédent, n° 296. — Emploi des circompolaires comme mires, n° 297. — Réduction des azimuts des bords du soleil et de la lune à l'azimut du centre, n° 298. — Longitudes par les azimuts de la lune, n°ˢ 299 et 300.

DÉTERMINATION DES ASCENSIONS DROITES ET DES DÉCLINAISONS. 473

Leur obtention par des observations de hauteur et des observations méridiennes, n°ˢ 301 et 302. — Observations simultanées en hauteur et en azimut ; leurs inconvénients, n° 303.

Détermination des coordonnées des astres par des observations azimutales. 476

Avantages des observations azimutales, n°ˢ 304 et 305. — Méthode générale, élimination de la pendule, n°ˢ 306 à 308. — Nouvelle méthode pour les corrections instrumentales à employer pour les observations voisines du zénith et du méridien, n°ˢ 309 et 310. — Détermination de la latitude par les azimuts extrêmes des circompolaires, n° 311. — Formation d'un catalogue d'étoiles, n° 312. — Élimination de la stabilité de l'instrument, n° 313. — Longitudes par l'électricité, n° 314. — Détermination de la latitude dans les basses latitudes, n° 315. — Perfectionnements à la lunette zénithale et aux collimateurs visant à l'image réfléchie de leurs fils, n° 316. — Détermination de l'équateur, n° 317. — Du prisme d'air; moyen de le déterminer et formules pour affranchir les observations des erreurs qu'il peut introduire, n° 318.

TROISIÈME PARTIE.

Géodésie appliquée à la géographie 505

Détermination de la différence de longitude de deux points à l'aide de leurs latitudes et d'un azimut, dans le cas de la sphéricité de la terre, n° 319. — Cas de la terre ellipsoïdale, moyen de ramener les observations au cas de la sphère, n° 320 à 323. — Lignes géodésiques. Variations des azimuts sur leur longueur, n° 324 à 327.—Détermination de l'aplatissement terrestre par l'observation des différences entre les azimuts astronomiques et géodésiques, n° 328 à 335. — Détermination des déviations de la verticale, n° 336. — Détermination de la forme de la terre, n° 337.

Résolution des triangles géodésiques. 543

Solution du problème, excès sphériques, corrections des latitudes, n° 338 à 343.

Des diverses combinaisons d'observations qu'on peut employer pour fixer sur la surface terrestre la position d'un point par rapport à un ou plusieurs autres. 555

Examen des divers cas, n° 344. — Leur solution, n° 345 à 350. — Détermination de la distance d'une côte, n° 351.

Considérations sur la mesure des dimensions de la terre. 564

Sphère osculatrice à la surface terrestre, mesure des arcs de méridien et de parallèle, n° 352.

Réduction à l'axe du signal et nivellement. 566

Réduction à l'axe du signal, n° 353. — Nivellement géodésique, n° 354. — Nivellement barométrique, n° 355. — Mesure de la hauteur d'un point par la dépression de l'horizon; dépressiomètre, n° 356.

Opérations à la boussole et tracé des routes. 570

Variation de la boussole et déclinaison magnétique, n° 357. — Variation à bord, n° 358. — Tracé d'une route sur la carte, n° 359.

584   TABLE DES MATIÈRES.

Pages.

Méthode employée pour tracer le cours du Rio de San-Francisco. . . 573

Méthode pour le tracé du cours des rivières, n° 360. — Détails sur les
opérations faites dans le val du San-Francisco, n° 361.

Conclusion. 575

ERRATA.

Page 425, formule (4), au lieu de tang $\frac{1}{2}\Delta$, lisez tang $2\frac{1}{2}\Delta$.

FIN DE LA TABLE DES MATIÈRES.

Paris. — Imprimerie de Ad, Lainé et J. Havard, rue des Saints-Pères, 19.

www.ingramcontent.com/pod-product-compliance
Lightning Source LLC
Chambersburg PA
CBHW031718210326
41599CB00018B/2434